CAD/CAM 专业技能视频教程

CATIA V5-6 R2014 基础技能课训

云杰漫步科技 CAX 教研室

张云杰　尚　蕾　张云静　编著

電子工業出版社
Publishing House of Electronics Industry
北京 • BEIJING

内容简介

CATIA 是法国 Dassault 公司开发的 3D CAD/CAM/CAE 一体化软件，是目前世界上主流的 CAD/CAE/CAM 软件之一，广泛用于电子、通信、机械、模具、汽车、自行车、航空航天、家电、玩具等制造行业的产品设计。本书共 11 章，主要针对 CATIA V5-6 R2014 中文版进行讲解，详细介绍其基本操作、系统和界面设置、草绘设计、零件特征设计、部件装配设计、钣金件设计、工程图设计、曲面设计、模具设计和数控加工等内容，另外，本书还配备交互式多媒体教学视频，便于读者学习。

本书结构严谨、内容翔实、知识全面、可读性强，设计实例专业性强，步骤明确，是读者快速掌握 CATIA V5-6 R2014 设计的实用指导书，也适合作为职业培训学校和大专院校计算机辅助设计课程的指导教材。

图书在版编目（CIP）数据

CATIA V5-6 R2014基础技能课训 / 张云杰，尚蕾，张云静编著. —北京：电子工业出版社，2016.8
CAD/CAM专业技能视频教程
ISBN 978-7-121-29058-9

Ⅰ. ①C… Ⅱ. ①张… ②尚… ③张… Ⅲ. ①机械设计—计算机辅助设计—应用软件—教材 Ⅳ. ①TH122

中国版本图书馆CIP数据核字（2016）第131911号

策划编辑：许存权
责任编辑：许存权　　　特约编辑：谢忠玉 等
印　　刷：北京京科印刷有限公司
装　　订：北京京科印刷有限公司
出版发行：电子工业出版社
　　　　　北京市海淀区万寿路 173 信箱　邮编 100036
开　　本：787×1 092　1/16　印张：28.5　字数：730 千字
版　　次：2016 年 8 月第 1 版
印　　次：2016 年 8 月第 1 次印刷
定　　价：59.00 元（含光盘 1 张）

凡所购买电子工业出版社图书有缺损问题，请向购买书店调换。若书店售缺，请与本社发行部联系，联系及邮购电话：（010）88254888，88258888。

质量投诉请发邮件至 zlts@phei.com.cn，盗版侵权举报请发邮件至 dbqq@phei.com.cn。

本书咨询联系方式：（010）88254484，xucq@phei.com.cn。

Preface/前 言

本书是“CAD/CAM 专业技能视频教程”丛书中的一本，本套丛书是建立在云杰漫步科技 CAX 教研室和众多 CAD 软件公司长期密切合作的基础上，通过继承和发展了各公司内部培训方法，并吸收和细化了其在培训过程中客户需求的经典案例，从而推出的一套专业课训教材。丛书本着服务读者的理念，通过大量的内训用经典实用案例对功能模块进行讲解，提高读者的应用水平。使读者全面地掌握所学知识，投入到相应的工作中去。丛书拥有完善的知识体系和教学套路，采用阶梯式学习方法，对设计专业知识、软件的构架、应用方向以及命令操作都进行了详尽的讲解，循序渐进地提高读者的使用能力。

本书介绍的是 CATIA 软件设计方法，CATIA 是法国 Dassault 公司于 1975 年起开始开发的一套完整的 3D CAD/CAM/CAE 一体化软件，是目前主流的 CAD/CAE/CAM 软件之一，它涵盖产品从概念设计、工业设计、三维建模、分析计算、动态模拟与仿真、工程图的生成到生产加工成产品的全过程。目前已经推出了 CATIA V5-6 R2014 版本，众多优秀功能让用户感到惊喜，感受到现代 3D 技术革命的速度。为了使读者能更好地学习和熟悉 CATIA V5-6 R2014 中文版的设计功能，笔者根据多年在该领域的设计经验精心编写了本书。本书拥有完善的知识体系和教学套路，按照合理的 CATIA V5-6 R2014 软件教学培训分类，采用阶梯式学习方法，对 CATIA V5-6 R2014 软件的构架、应用方向以及命令操作都进行了详尽的讲解，循序渐进地提高读者的使用能力。全书共 11 章，主要包括以下内容：CATIA V5-6 R2014 基本操作、系统和界面设置、草绘设计、零件特征设计、部件装配设计、钣金件设计、工程图设计、曲面设计、模具设计和数控加工，在每章中结合了实例进行讲解，以此来说明 CATIA V5-6 R2014 设计的实际应用，也充分介绍了 CATIA V5-6 R2014 的设计方法和设计职业知识。

笔者的 CAX 教研室长期从事 CATIA 的专业设计和教学，数年来承接了大量的项目，参与 CATIA 的教学和培训工作，积累了丰富的实践经验。本书就像一位专业设计师，针对使用 CATIA V5-6 R2014 中文版的广大初、中级用户，将设计项目时的思路、流程、方法和技巧、操作步骤面对面地与读者交流，是广大读者快速掌握 CATIA V5-6 R2014 的实用指导书，同时更适合作为职业培训学校和大专院校计算机辅助设计课程的指导教材。

本书还配备了交互式多媒体教学演示光盘，将案例制作过程制作为多媒体进行讲解，有从教多年的专业讲师全程多媒体语音视频跟踪教学，以面对面的形式讲解，便于读者学习使用。同时光盘中还提供了所有实例的源文件，以便读者练习使用。关于多媒体教学光盘的使用方法，读者可以参看光盘根目录下的光盘说明。另外，本书还提供了网络的免费技术支持，欢迎大家登录云杰漫步多媒体科技的网上技术论坛进行交流：http://www.yunjiework.com/bbs。论坛分为多个专业的设计板块，可以为读者提供实时的软件技术支持，解答读者问题。

本书由云杰漫步科技 CAX 教研室编著，参加编写工作的有张云杰、靳翔、尚蕾、张云静、郝利剑、金宏平、李红运、刘斌、贺安、董闯、宋志刚、郑晔、彭勇、刁晓永、乔建军、马军、周益斌、马永健等。书中的设计范例、多媒体光盘效果均由北京云杰漫步多媒体科技公司设计制作，同时感谢电子工业出版社的编辑和老师们的大力协助。

由于本书编写时间紧张，编写人员的水平有限，因此在编写过程中难免有不足之处，在此，编写人员对广大用户表示歉意，望广大用户不吝赐教，对书中的不足之处给予指正。

编　者

CAR PORCH ROOFTOP PLAN
KIOSK
WALL LIGHT
200 mm x 200 mm WOOD POST

Contents/目录

第 1 章　CATIA V5-6 R2014 基础

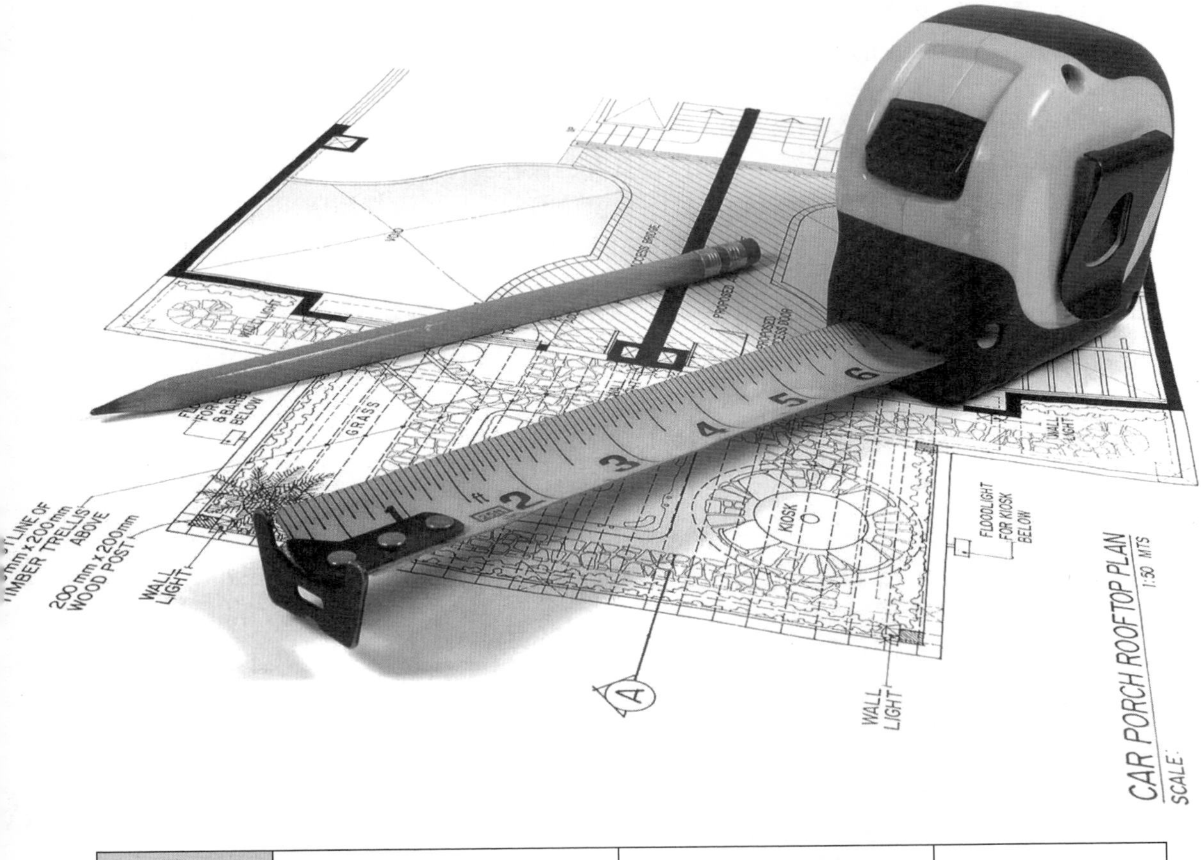

课训目标	内　容	掌握程度	课　时
	界面和基本操作	熟练运用	2
	工作环境设置	熟练运用	2
	界面定制	了解	2

课程学习建议

CATIA 是英文 Computer Aided Tri-Dimensional Interactive Application 的缩写。它是世界上一种主流的 CAD/CAE/CAM 一体化软件。CATIA 是法国 Dassault System 公司于 1975 年开发的 CAD/CAE/CAM 一体化软件，居世界 CAD/CAE/CAM 领域的领导地位，广泛应用于航空航天、汽车制造、造船、机械制造、电子\电器、消费品行业，它的集成解决方案覆盖所有的产品设计与制造领域，其特有的 DMU 电子样机模块功能及混合建模技术更是推动着企业竞争力和生产力的提高。CATIA 的系统设置和界面定制在使用软件操作时十分重要，有一个适合自己使用的软件设置，才能更便利地完成设计任务。各个环境的正确设置更可以提高工作效率。

本章主要介绍 CATIA V5-6R 2014 的基础知识，包括软件的相关知识和基本界面的操作。CATIA 的基本操作包括新建文件，以及打开、保存文件和退出的操作，另外还有鼠标的操作方法，利用罗盘进行操作，使用视图和窗口的调整功能进行绘图，这些基本操作是 CATIA 后续学习的基础。CATIA V5-6R 2014 中正确设置工作环境是高级用户必须了解的，正确的环境设置可以让你更得心应手地使用 CATIA。最后讲解了定制界面的设置方法，以便于读者更方便地定制适合自己的界面，有利于设计过程的顺利进行。

本课程主要基于软件的机械设计模块来讲解，其培训课程表如下。

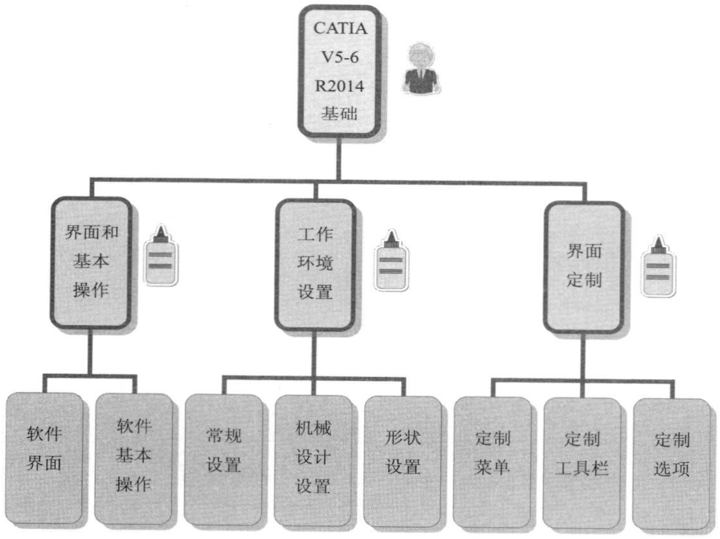

1.1 界面和基本操作

基本概念

CATIA 各个模块下的用户界面基本上一致，包括标题栏、菜单栏、工具栏、命令提示栏、绘图区和特征树等，我们着重介绍 CATIA 界面的菜单栏、工具栏、命令提示栏和特征树的功能，以便后续课程的学习。

课堂讲解课时：2 课时

1.1.1 设计理论

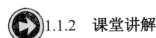

双击桌面 CATIA 的快捷方式图标，或者选择【开始】|【所有程序】|【CATIA P3】|【CATIA P3 CATIA V5-6R 2014】命令，打开软件启动界面，CATIA 启动完成之后进入零件设计界面，进行界面和操作的熟悉。

1.1.2 课堂讲解

1. CATIA V5-6R 2014 操作界面

（1）菜单栏

与其他 Windows 软件相似，CATIA 的菜单栏位于用户界面主视窗的最上方。系统将控制命令按照性质分类放置于各个菜单中。单击展开【开始】菜单，如图 1-1 至图 1-3 所示。

【开始】菜单包含了 CATIA 的各个不同设计模块，每个模块都有其相应的子菜单。

名师点拨

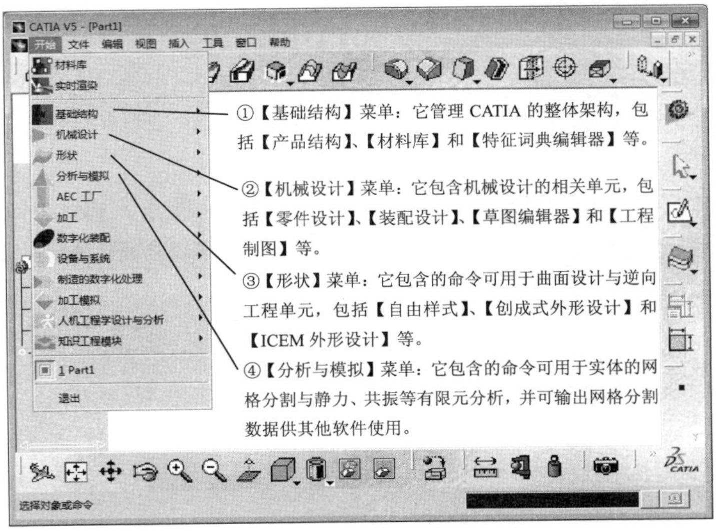
CATIA V5 - [Part1]
开始 文件 编辑 视图 插入 工具 窗口 帮助
材料库
实时渲染
基础结构
机械设计
形状
分析与模拟
AEC 工厂
加工
数字化装配
设备与系统
制造的数字化处理
加工模拟
人机工程学设计与分析
知识工程模块
1 Part1
退出
①【基础结构】菜单：它管理 CATIA 的整体架构，包括【产品结构】、【材料库】和【特征词典编辑器】等。
②【机械设计】菜单：它包含机械设计的相关单元，包括【零件设计】、【装配设计】、【草图编辑器】和【工程制图】等。
③【形状】菜单：它包含的命令可用于曲面设计与逆向工程单元，包括【自由样式】、【创成式外形设计】和【ICEM 外形设计】等。
④【分析与模拟】菜单：它包含的命令可用于实体的网格分割与静力、共振等有限元分析，并可输出网格分割数据供其他软件使用。
选择对象或命令

图 1-1 【开始】菜单 1

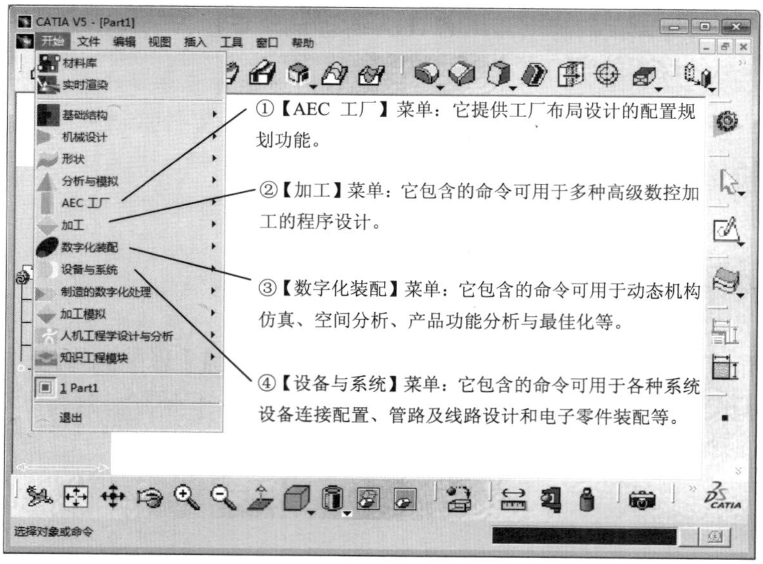
CATIA V5 - [Part1]
开始 文件 编辑 视图 插入 工具 窗口 帮助
材料库
实时渲染
基础结构
机械设计
形状
分析与模拟
AEC 工厂
加工
数字化装配
设备与系统
制造的数字化处理
加工模拟
人机工程学设计与分析
知识工程模块
1 Part1
退出
①【AEC 工厂】菜单：它提供工厂布局设计的配置规划功能。
②【加工】菜单：它包含的命令可用于多种高级数控加工的程序设计。
③【数字化装配】菜单：它包含的命令可用于动态机构仿真、空间分析、产品功能分析与最佳化等。
④【设备与系统】菜单：它包含的命令可用于各种系统设备连接配置、管路及线路设计和电子零件装配等。
选择对象或命令

图 1-2 【开始】菜单 2

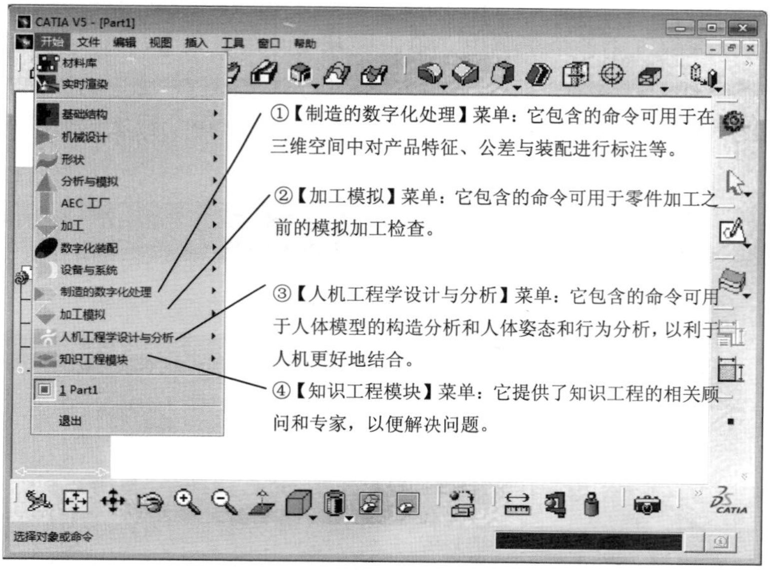
CATIA V5 - [Part1]
开始 文件 编辑 视图 插入 工具 窗口 帮助
材料库
实时渲染
基础结构
机械设计
形状
分析与模拟
AEC 工厂
加工
数字化装配
设备与系统
制造的数字化处理
加工模拟
人机工程学设计与分析
知识工程模块
1 Part1
退出
①【制造的数字化处理】菜单：它包含的命令可用于在三维空间中对产品特征、公差与装配进行标注等。
②【加工模拟】菜单：它包含的命令可用于零件加工之前的模拟加工检查。
③【人机工程学设计与分析】菜单：它包含的命令可用于人体模型的构造分析和人体姿态和行为分析，以利于人机更好地结合。
④【知识工程模块】菜单：它提供了知识工程的相关顾问和专家，以便解决问题。
选择对象或命令

图 1-3 【开始】菜单 3

其他的菜单含义，如图 1-4 所示。

（2）工具栏

CATIA 创建不同的模型，有不同的工具栏和其对应。选择【开始】|【机械设计】|【零件设计】菜单命令，打开的软件界面如图 1-5 所示。

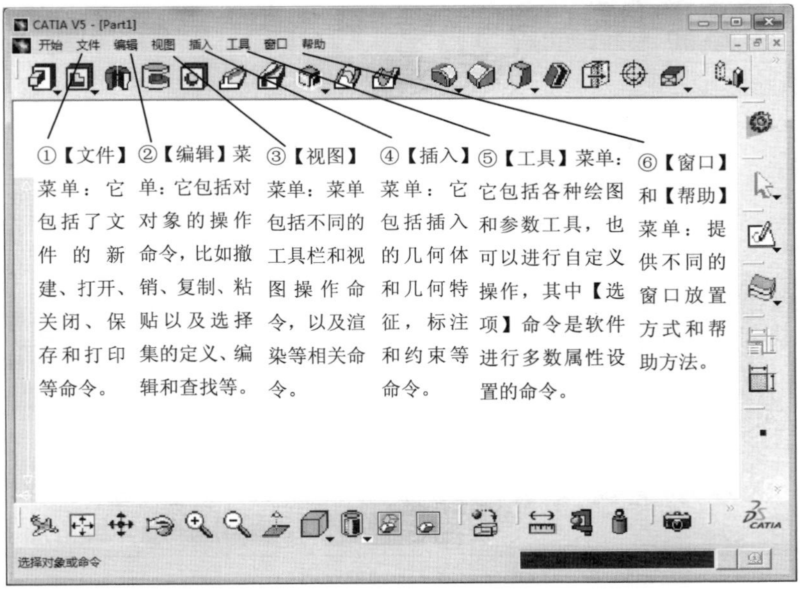
CATIA V5 - [Part1]
开始 文件 编辑 视图 插入 工具 窗口 帮助
①【文件】菜单：它包括了文件的新建、打开、关闭、保存和打印等命令。
②【编辑】菜单：它包括对对象的操作命令，比如撤销、复制、粘贴以及选择集的定义、编辑和查找等。
③【视图】菜单：菜单包括不同的工具栏和视图操作命令，以及渲染等相关命令。
④【插入】菜单：它包括插入的几何体和几何特征，标注和约束等命令。
⑤【工具】菜单：它包括各种绘图和参数工具，也可以进行自定义操作，其中【选项】命令是软件进行多数属性设置的命令。
⑥【窗口】和【帮助】菜单：提供不同的窗口放置方式和帮助方法。
选择对象或命令

图 1-4　菜单栏

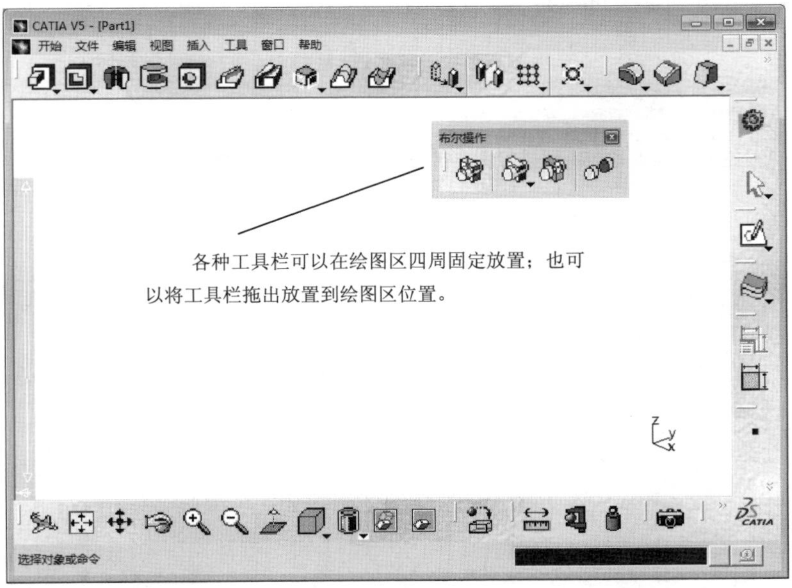
CATIA V5 - [Part1]
开始 文件 编辑 视图 插入 工具 窗口 帮助
布尔操作
各种工具栏可以在绘图区四周固定放置；也可以将工具栏拖出放置到绘图区位置。
选择对象或命令

图 1-5　工具栏

有的工具栏还有次级目录，如图 1-6 所示。

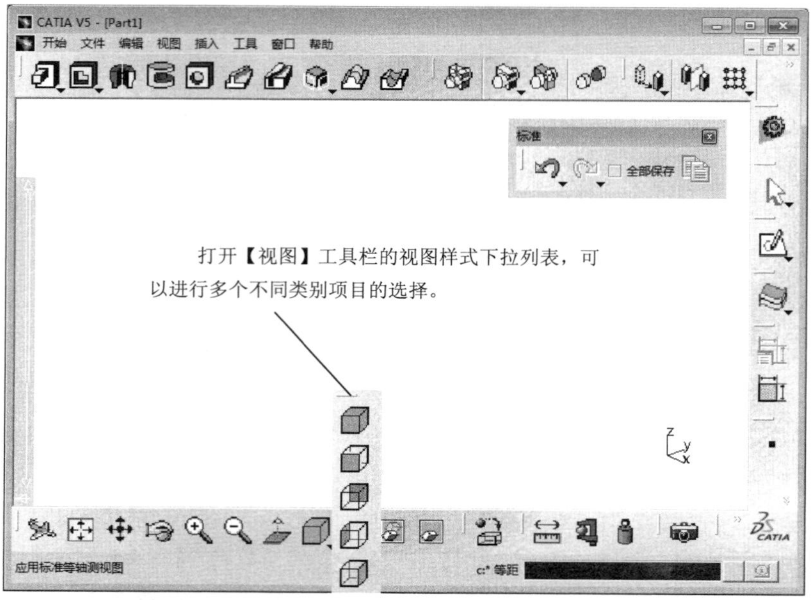

图 1-6 【视图】工具栏

（3）命令提示栏

命令提示栏位于软件界面最下方，在鼠标无操作的状态下是选择状态，命令提示栏提示当前的状态为选定元素的状态，而右方的命令输入栏可以输入各种绘图命令，如图 1-7 所示。

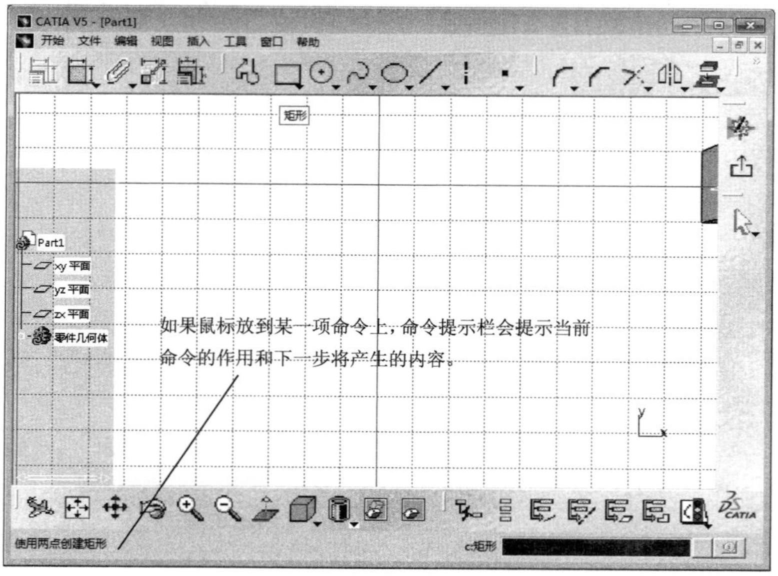

图 1-7 命令提示栏

（4）特征树

打开的零件特征树，如图 1-8 所示，它包括零件的所有特征和基础平面。

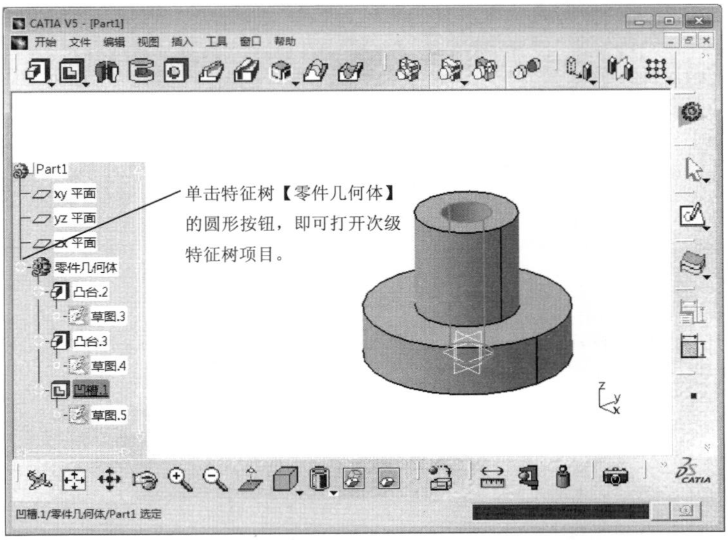

图 1-8　次级特征树和选中的特征

在特征树中，鼠标右键单击【凹槽 1】选项，弹出快捷菜单，如图 1-9 所示。

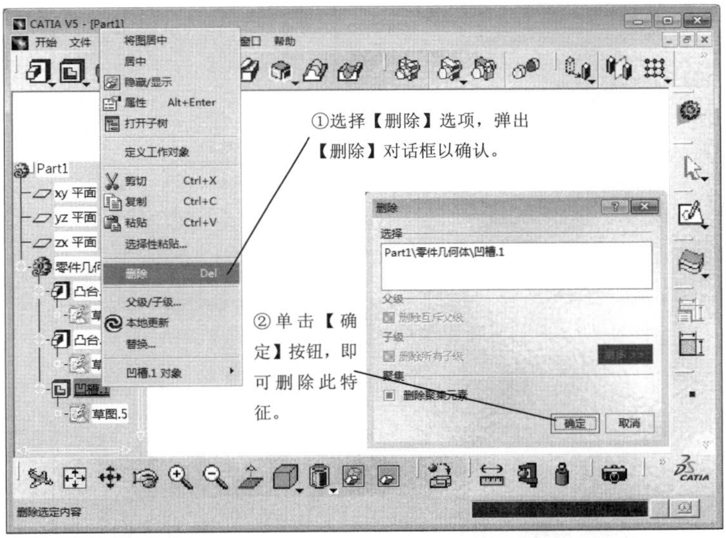

图 1-9　快捷菜单和【删除】对话框

选择【编辑】|【撤销删除】菜单命令，可以撤销刚才的删除操作，如图 1-10 所示。

2. 软件基本操作

文件的基本操作包括新建文件、打开文件、保存文件和退出文件。

（1）新建文件

启动 CATIA，进入初始界面，如图 1-11 所示。

进入零件设计环境，如图 1-12 所示。

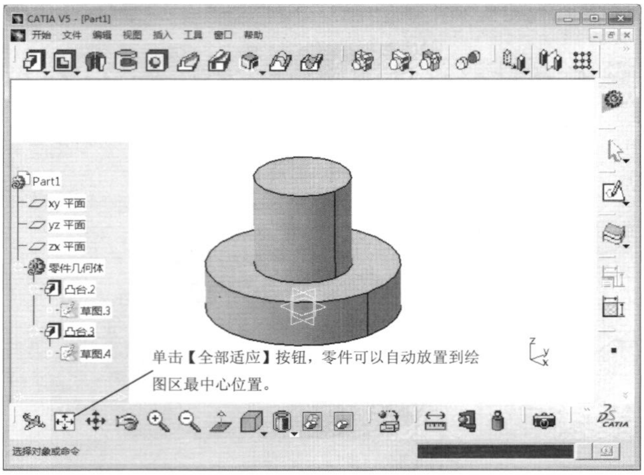
单击【全部适应】按钮，零件可以自动放置到绘图区最中心位置。

图 1-10　删除凹槽特征

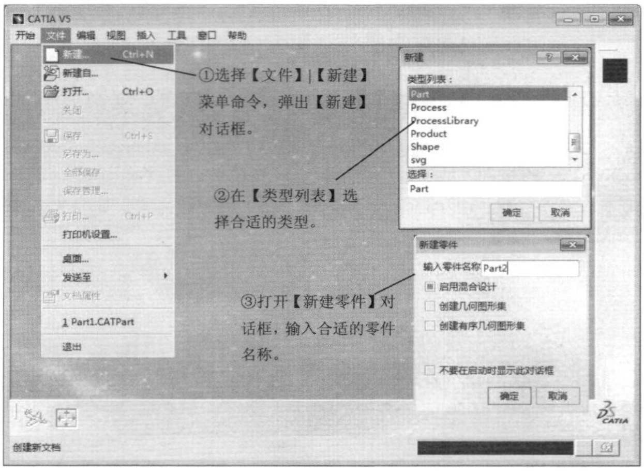
①选择【文件】|【新建】菜单命令，弹出【新建】对话框。
②在【类型列表】选择合适的类型。
③打开【新建零件】对话框，输入合适的零件名称。

图 1-11　【新建】零件操作

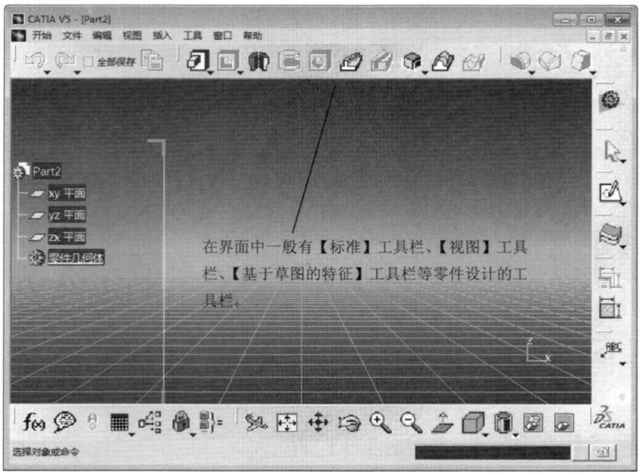
在界面中一般有【标准】工具栏、【视图】工具栏、【基于草图的特征】工具栏等零件设计的工具栏。

图 1-12　零件设计界面

选择【文件】|【新建】菜单命令，弹出【新建】对话框，进入图纸设计环境，如图 1-13、图 1-14 所示。创建其他类型的新文件和这两种方法类似。

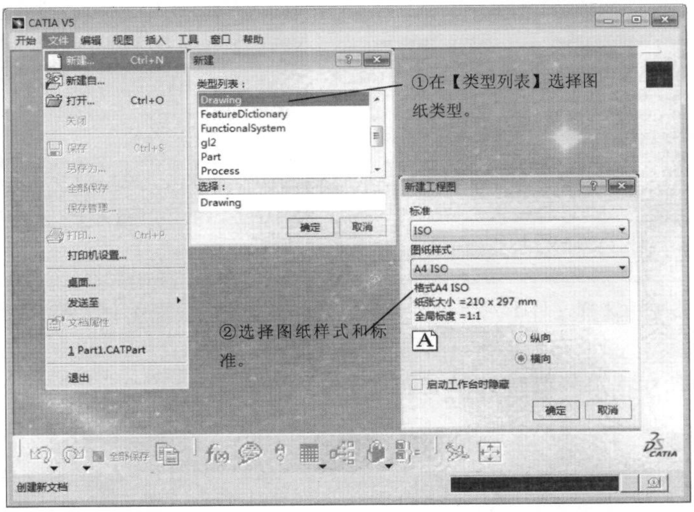
①在【类型列表】选择图纸类型。
②选择图纸样式和标准。

图 1-13 【新建】和【新建工程图】对话框

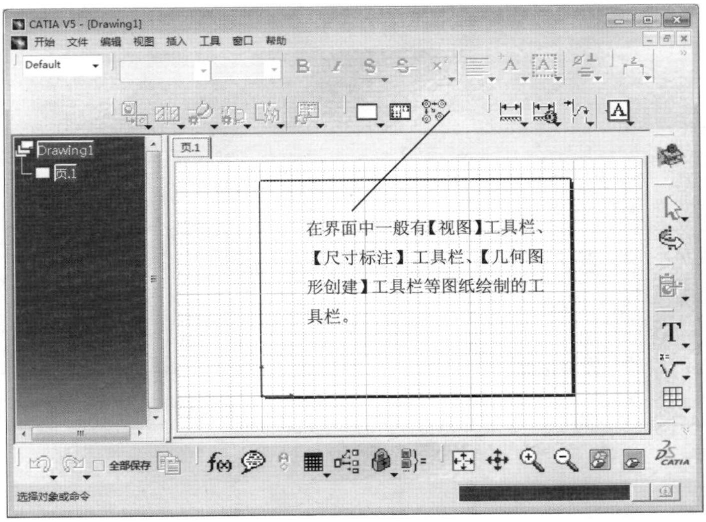
在界面中一般有【视图】工具栏、【尺寸标注】工具栏、【几何图形创建】工具栏等图纸绘制的工具栏。

图 1-14 图纸绘制界面

（2）打开文件

选择【文件】|【打开】菜单命令，弹出【选择文件】对话框，如图 1-15 所示。

打开的零件显示如图 1-16 所示。

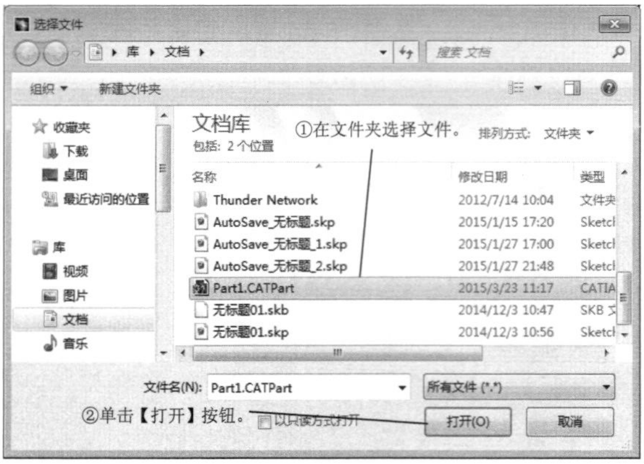

图 1-15　【选择文件】对话框

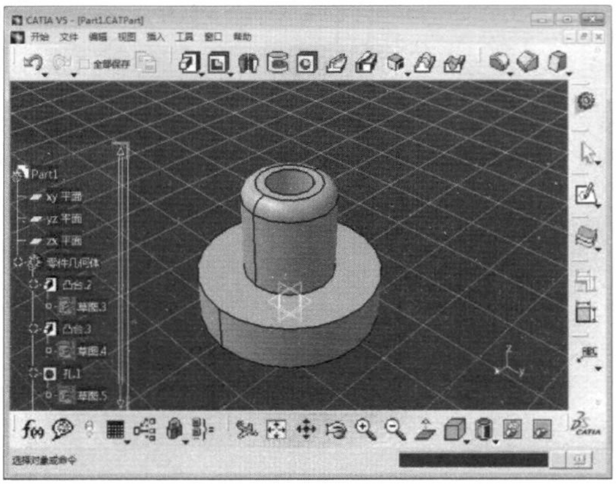

图 1-16　打开的零件

软件界面左下方显示的是创建的零件窗口，如图 1-17 所示。

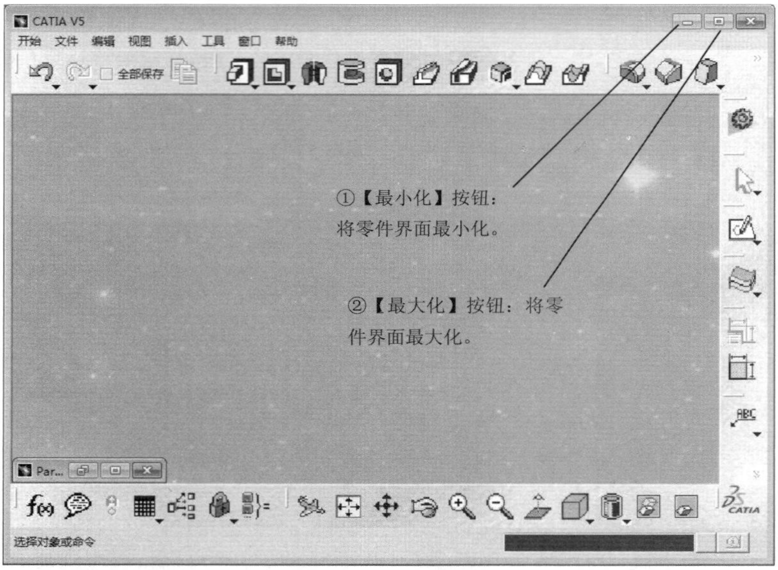

图 1-17　窗口设置

（3）保存文件

选择【文件】|【保存】或者【另存为】菜单命令，弹出【另存为】对话框，如图 1-18 所示。

（4）退出文件

在保存完毕文件之后，可以直接进行退出。单击绘图区右上方的【关闭】按钮，可以直接关闭已经保存的文件。如果文件没有经过保存，单击【关闭】按钮后会弹出【关闭】对话框，如图 1-19 所示。

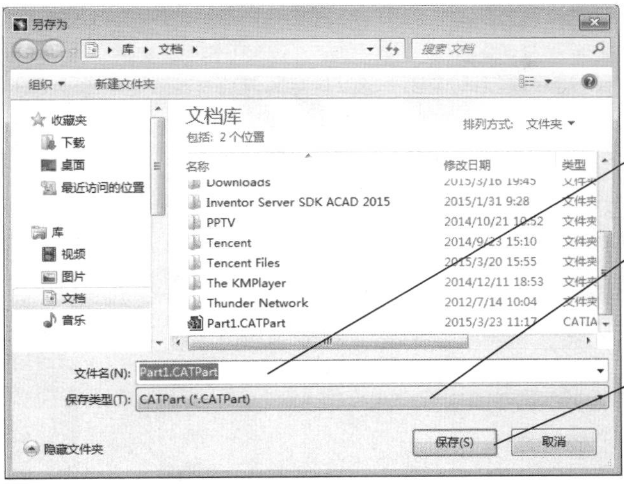

图 1-18 【另存为】对话框

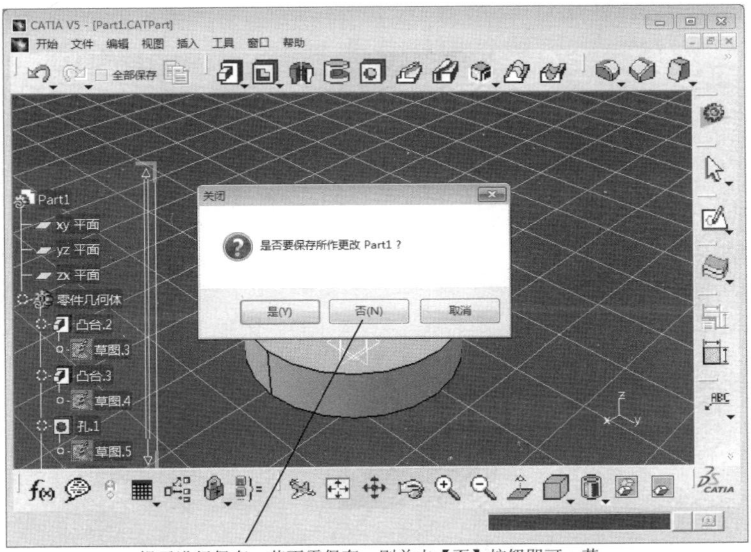

提示进行保存，若不需保存，则单击【否】按钮即可；若单击【取消】按钮，则返回原绘图界面。

图 1-19 【关闭】对话框

（5）鼠标操作

零件的基本操作包括鼠标操作和罗盘操作。

鼠标左键用于选取，单击模型的一个特征，如凸台，如图 1-20 所示。

在特征树中，右键单击【孔.1】特征，弹出快捷菜单，如图 1-21 所示。

在特征树中，右键单击【凸台.1】特征，弹出快捷菜单，选择【属性】选项，弹出【属性】对话框，如图 1-22 所示。

在特征树中，右键单击【凸台.2】特征，弹出快捷菜单，选择【打开子树】选项，打开【Part1】对话框，如图 1-23 所示，显示的是【凸台.2】特征的子项目。

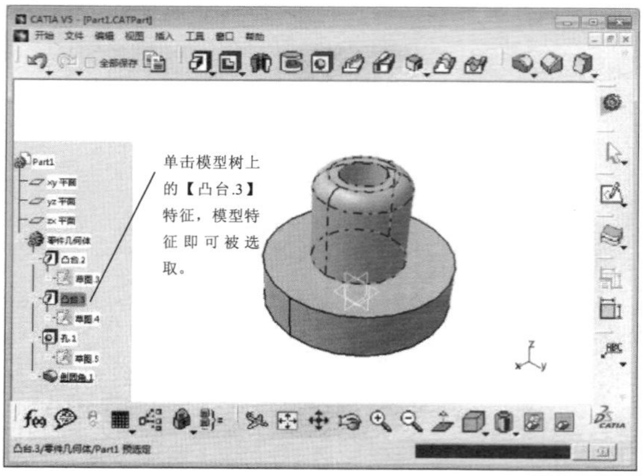
单击模型树上的【凸台.3】特征，模型特征即可被选取。

图 1-20　选中的特征

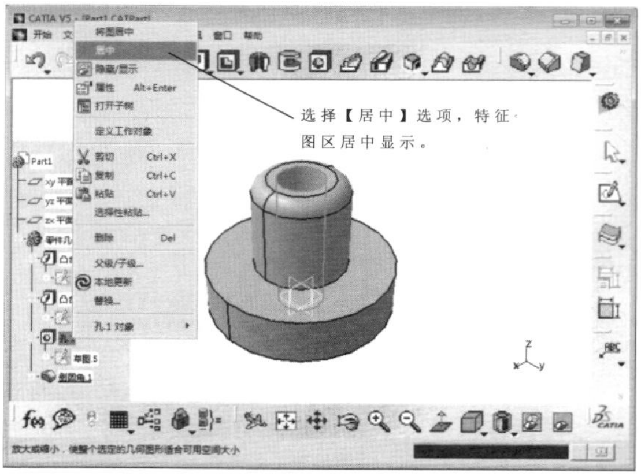
选择【居中】选项，特征图区居中显示。

图 1-21　特征显示

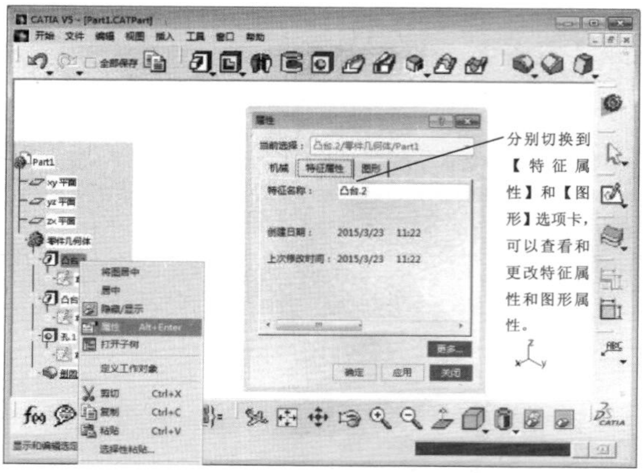
分别切换到【特征属性】和【图形】选项卡，可以查看和更改特征属性和图形属性。

图 1-22　【属性】对话框

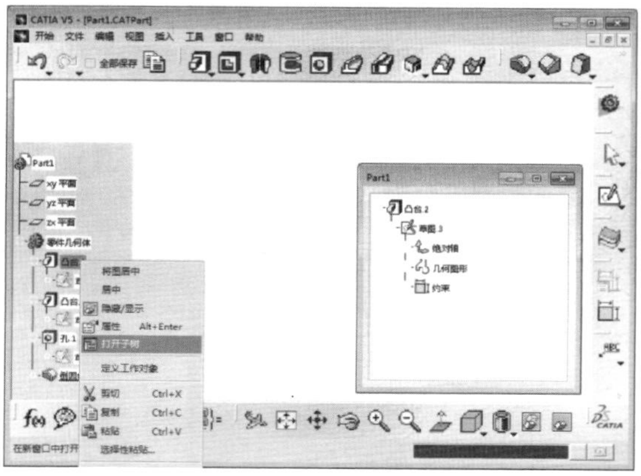

图 1-23　【Part1】对话框

（6）坐标系操作

在绘图区右下角显示的是模型的当前坐标系，如图 1-24 所示。

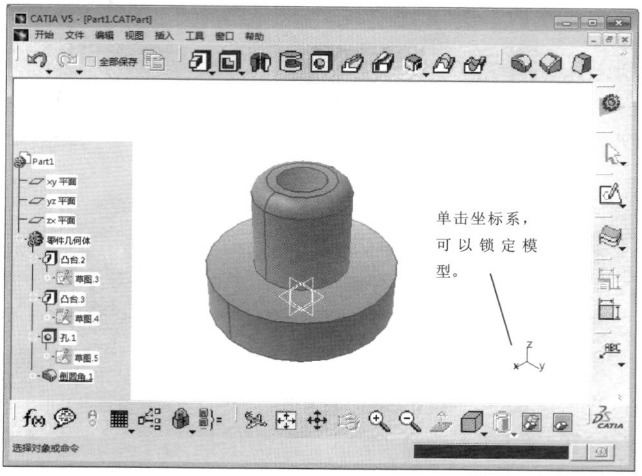
单击坐标系，可以锁定模型。

图 1-24　模型及坐标系

（7）视图操作

模型的视图操作包括视图显示操作和多窗口的操作，视图和窗口显示在绘图当中十分重要。视图操作有【视图】工具栏，可以调出进行快捷操作，如图 1-25 所示。

单击【视图】工具栏中的【检查模式】按钮，恢复【视图】工具栏的原状态，如图 1-26 所示。

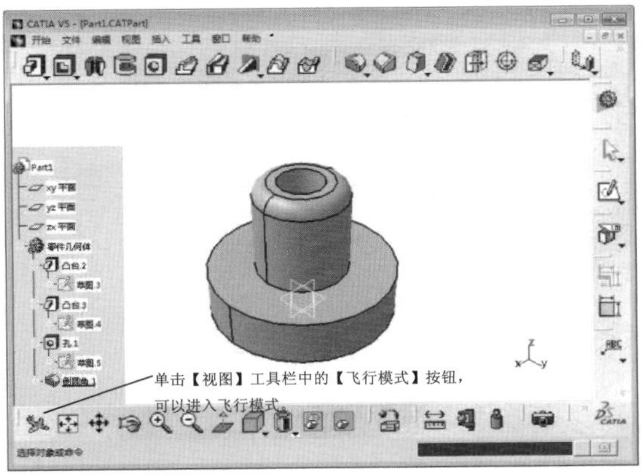
单击【视图】工具栏中的【飞行模式】按钮，可以进入飞行模式。

图 1-25 【视图】工具栏

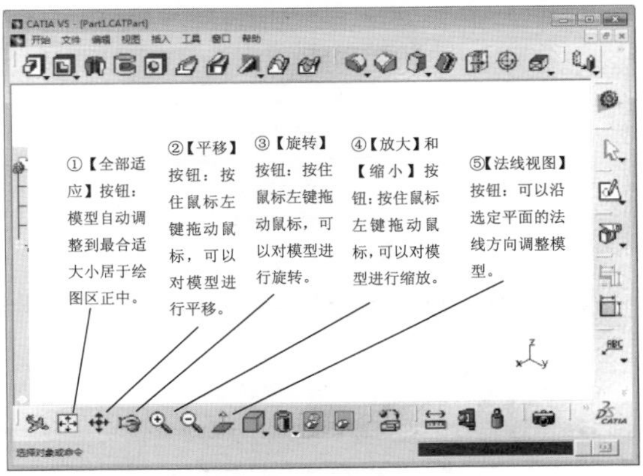
①【全部适应】按钮：模型自动调整到最合适大小居于绘图区正中。
②【平移】按钮：按住鼠标左键拖动鼠标，可以对模型进行平移。
③【旋转】按钮：按住鼠标左键拖动鼠标，可以对模型进行旋转。
④【放大】和【缩小】按钮：按住鼠标左键拖动鼠标，可以对模型进行缩放。
⑤【法线视图】按钮：可以沿选定平面的法线方向调整模型。

图 1-26 【视图】工具栏的按钮含义

单击打开【视图】工具栏模型显示的下拉列表，如图 1-27 所示。

（8）窗口操作

选择【窗口】|【新窗口】菜单命令，创建一个新的文件窗口，分别选择【窗口】|【水平窗口】、【垂直窗口】和【层叠】菜单命令，窗口会显示不同的位置状态，如图 1-28 至图 1-30 所示。

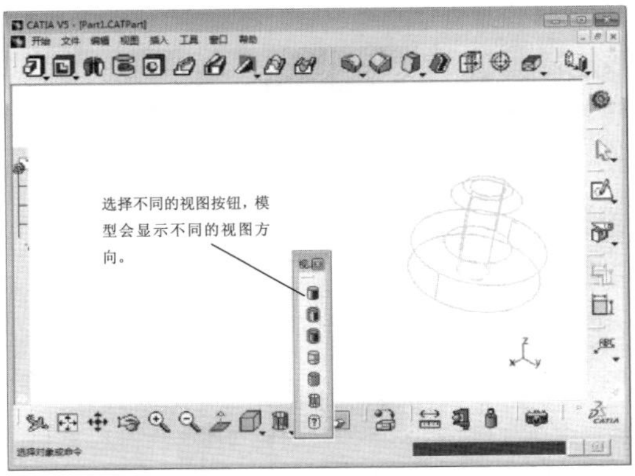
选择不同的视图按钮，模型会显示不同的视图方向。

图 1-27 视图方向的下拉列表

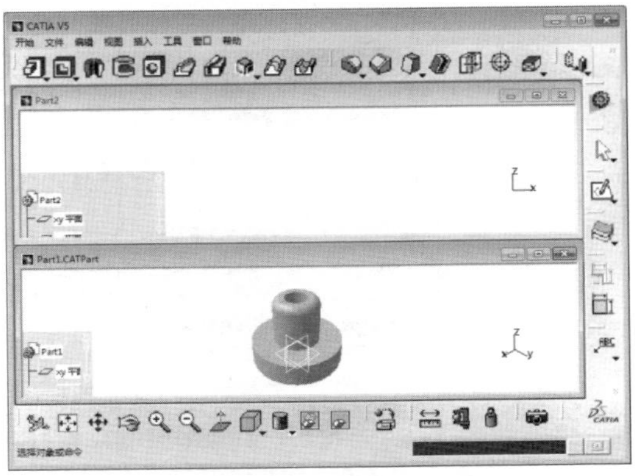

图 1-28 水平窗口

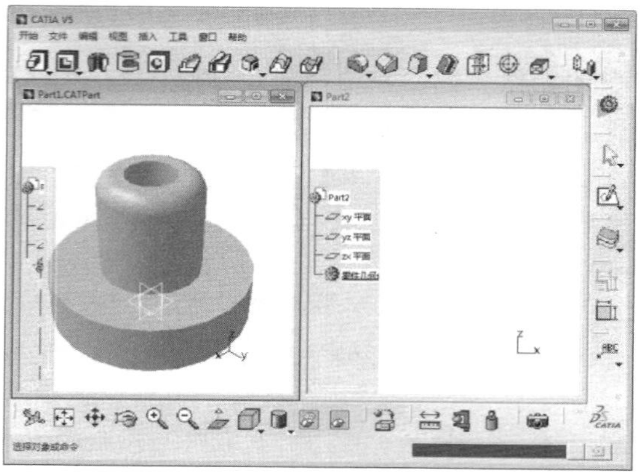

图 1-29　垂直窗口

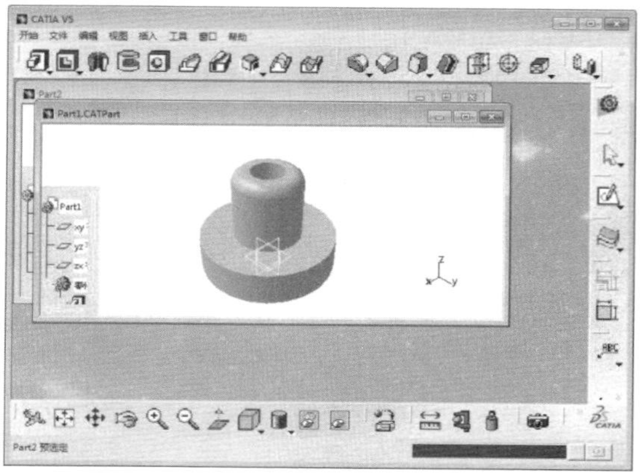

图 1-30　层叠窗口

1.1.3　课堂练习——创建滑块零件

课堂练习开始文件： ywj /01/01.CATPart

课堂练习完成文件： ywj /01/01.CATPart

多媒体教学路径： 光盘→多媒体教学→第 1 章→1.1 练习

Step 1 新建零件，如图 1-31 所示。

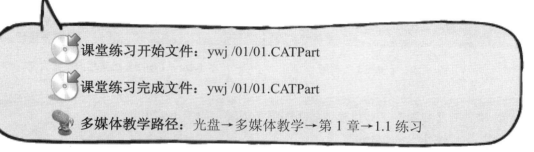

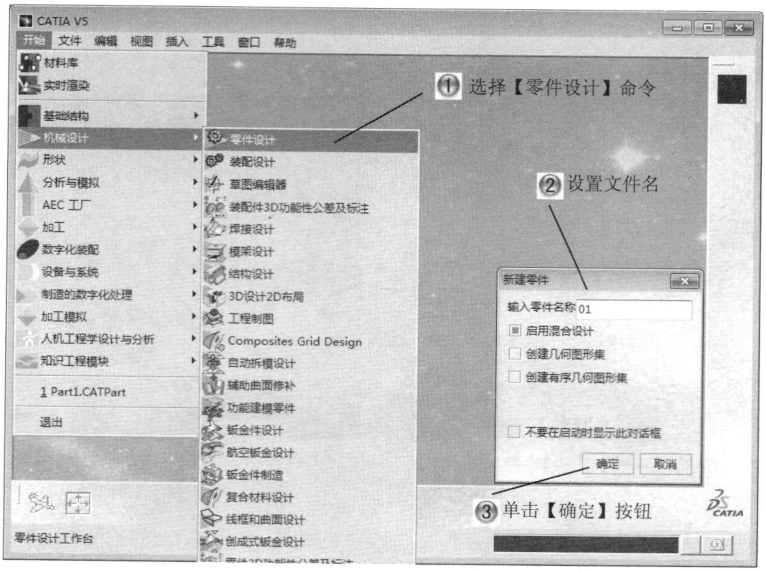
① 选择【零件设计】命令
② 设置文件名
③ 单击【确定】按钮

图 1-31　新建零件

Step2 选择草绘面，如图 1-32 所示。

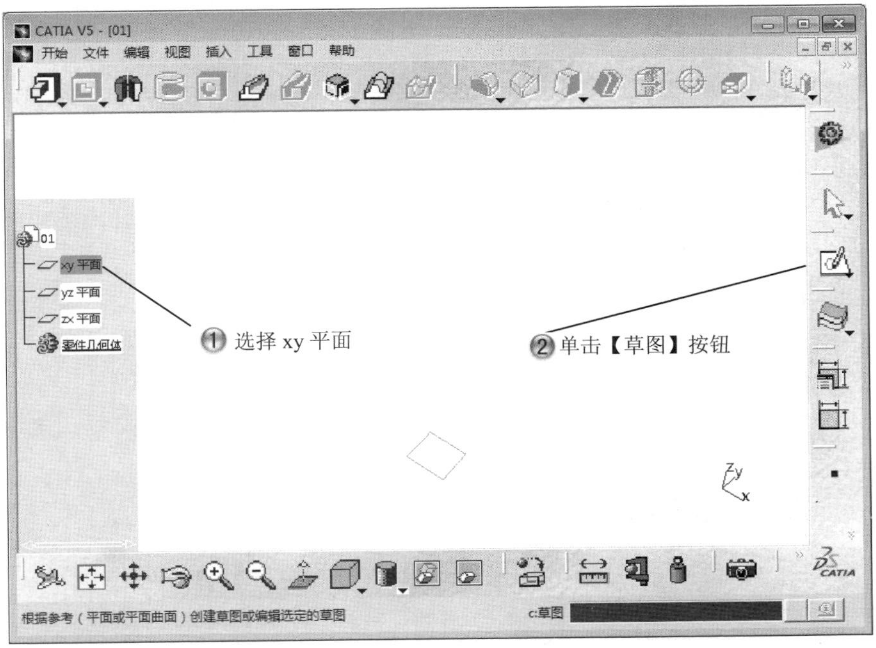

图 1-32 选择草绘面

Step3 绘制矩形，如图 1-33 所示。

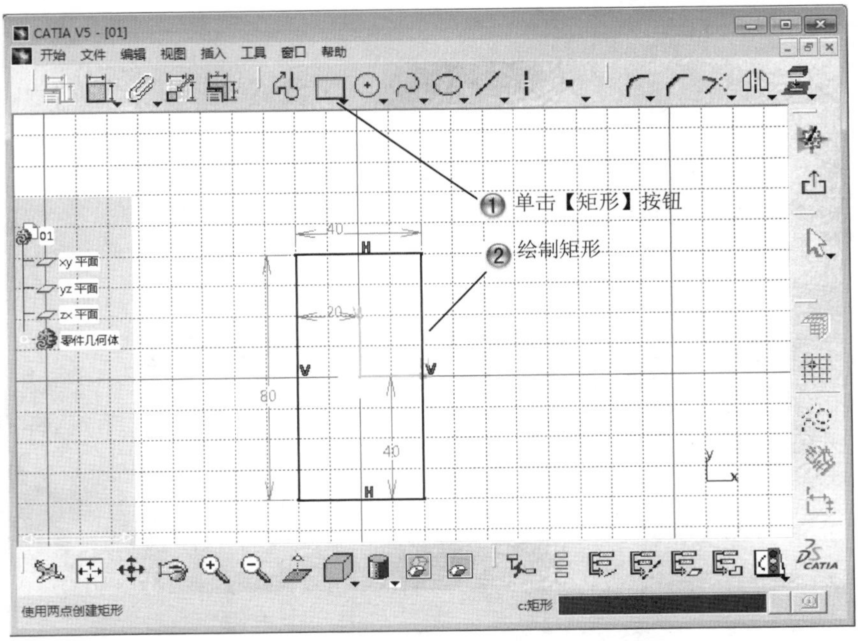

图 1-33 绘制矩形

Step4 创建凸台，如图 1-34 所示。

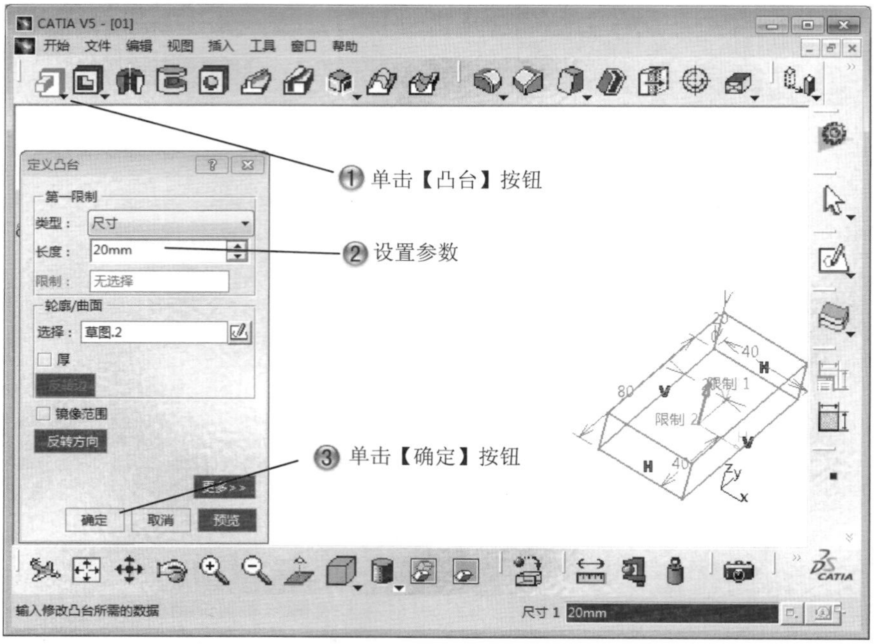

图 1-34　创建凸台

Step5 选择草绘面，如图 1-35 所示。

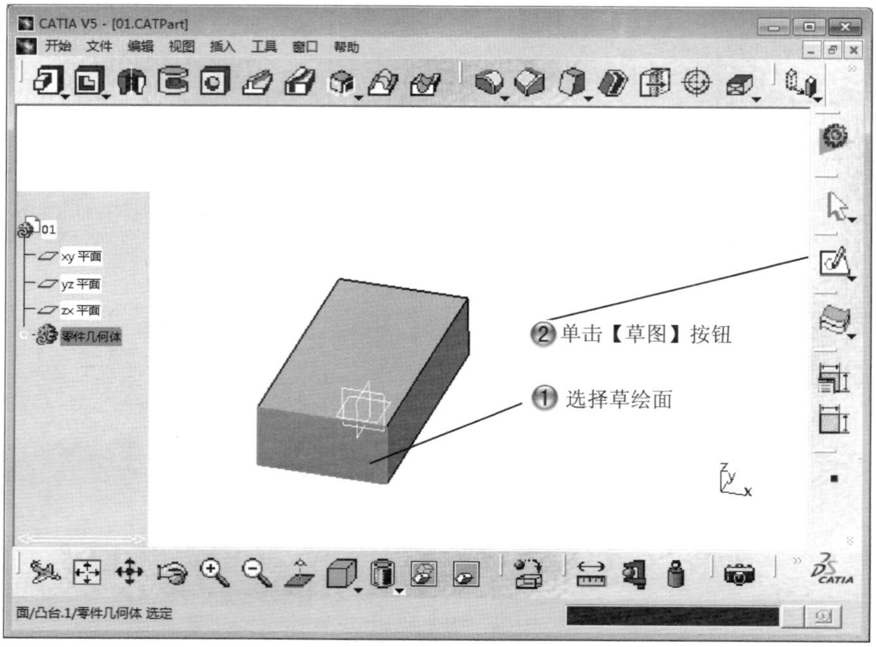

图 1-35　选择草绘面

Step6 绘制矩形，如图 1-36 所示。

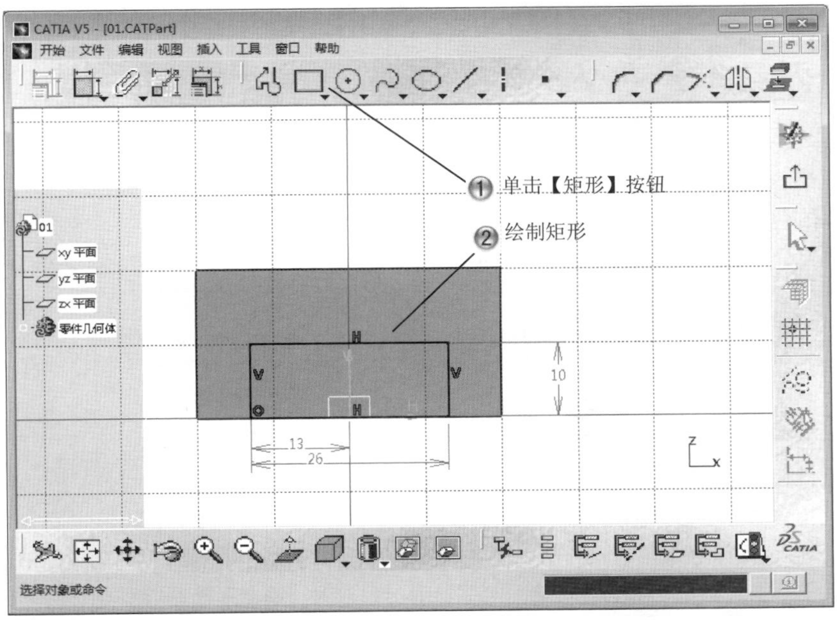

图 1-36 绘制矩形

Step7 创建凹槽，如图 1-37 所示。

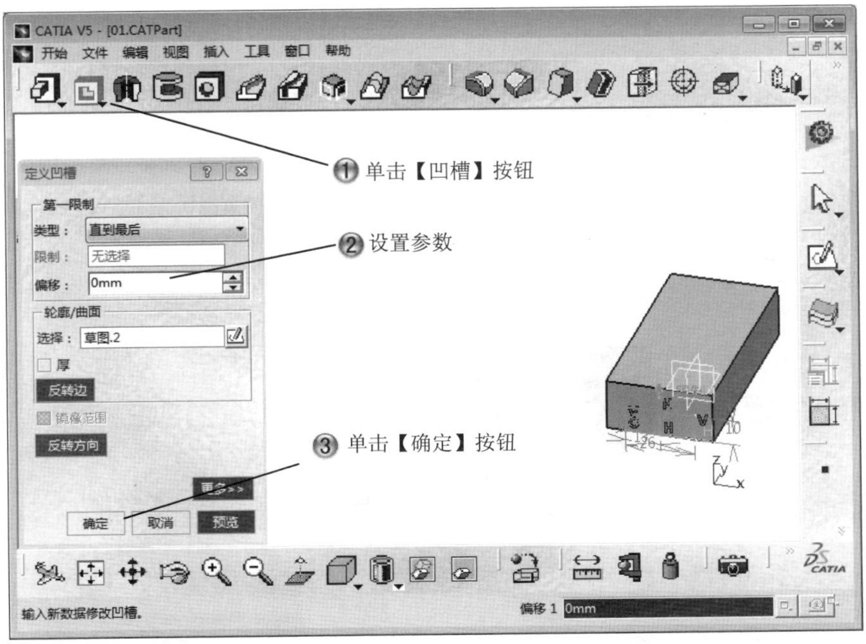

图 1-37 创建凹槽

Step8 选择草绘面，如图 1-38 所示。

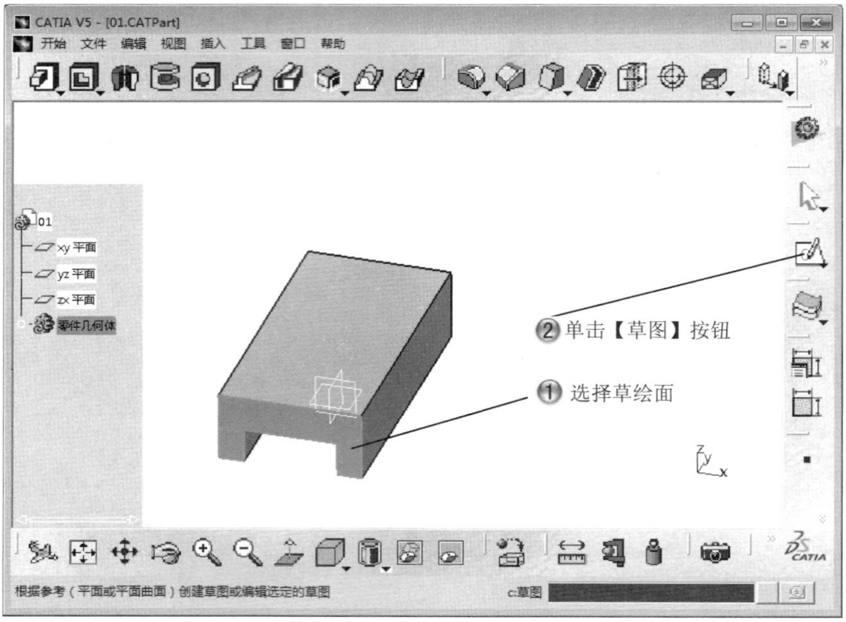

图 1-38　选择草绘面

Step9 绘制矩形，如图 1-39 所示。

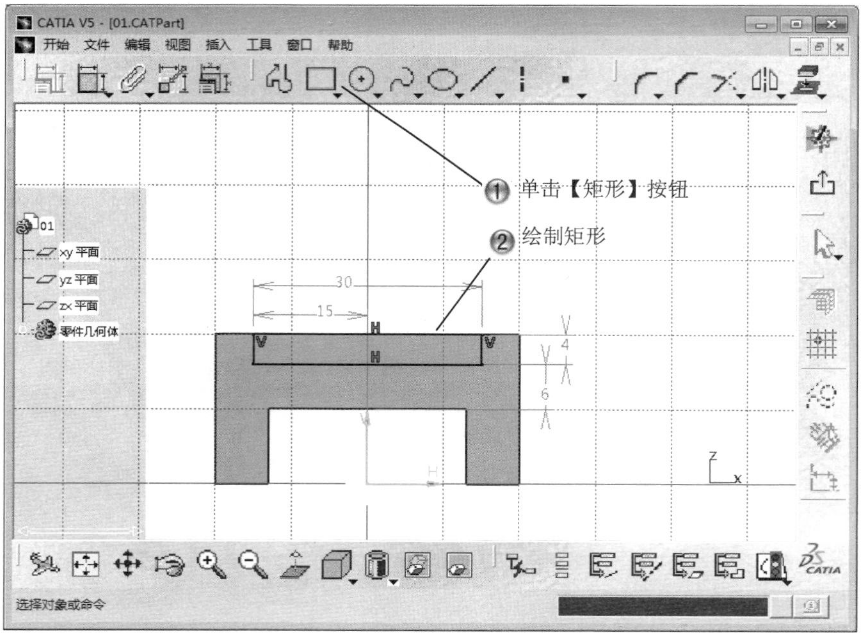

图 1-39　绘制矩形

Step10 创建凹槽，如图 1-40 所示。

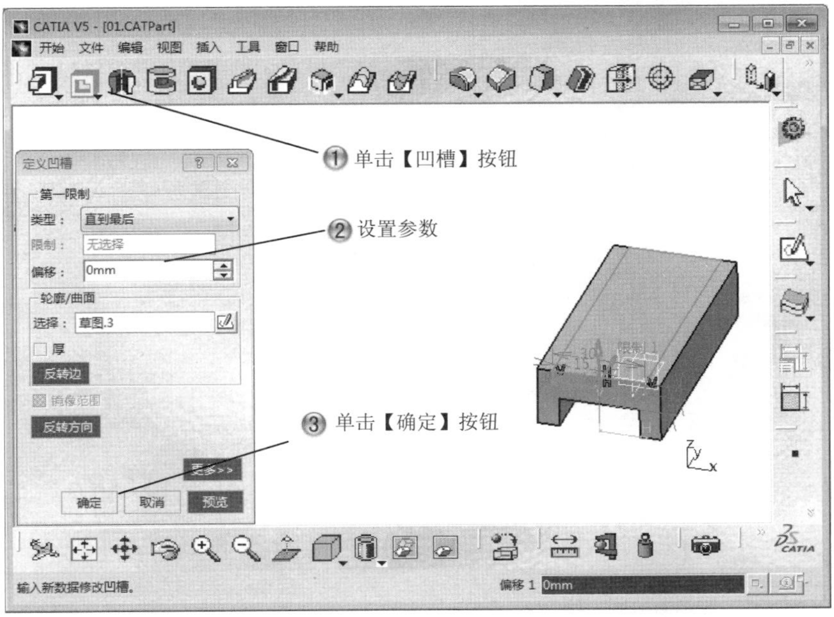

图 1-40 创建凹槽

Step11 选择草绘面，如图 1-41 所示。

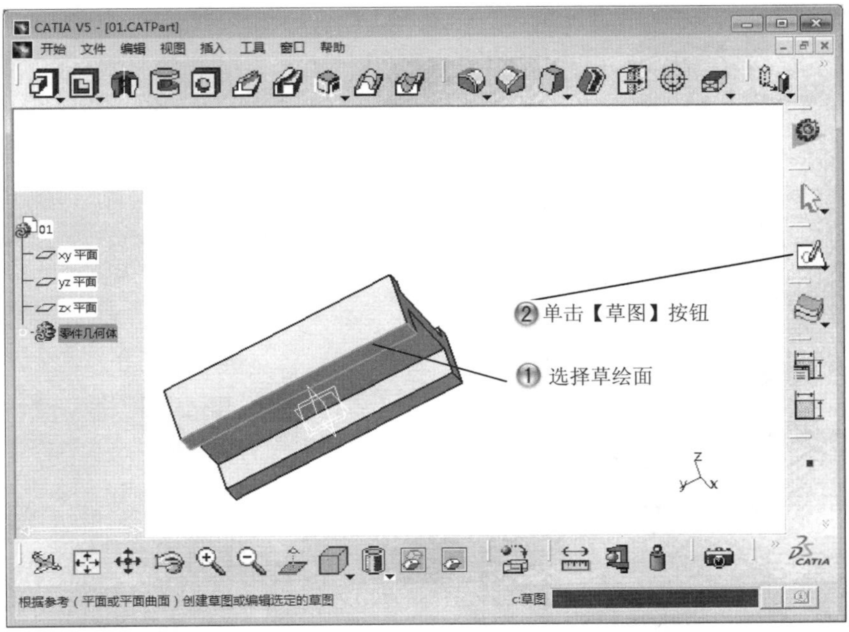

图 1-41 选择草绘面

Step 12 绘制矩形，如图 1-42 所示。

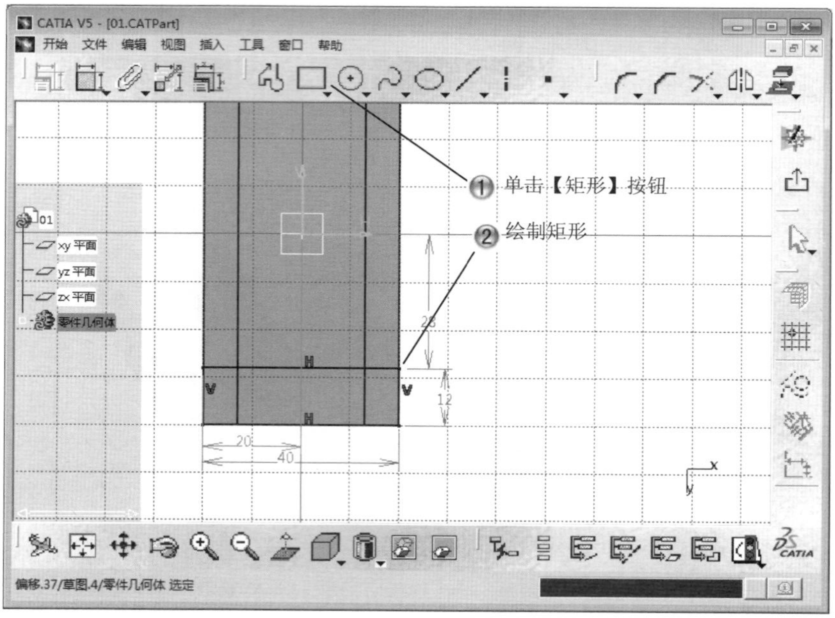

图 1-42 绘制矩形

Step 13 创建凸台，如图 1-43 所示。

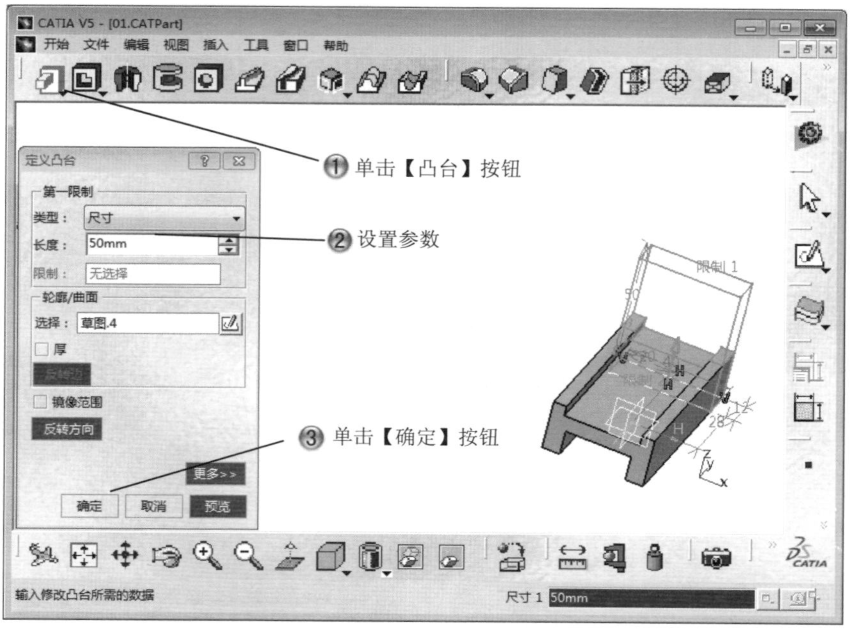

图 1-43 创建凸台

Step14 选择草绘面，如图 1-44 所示。

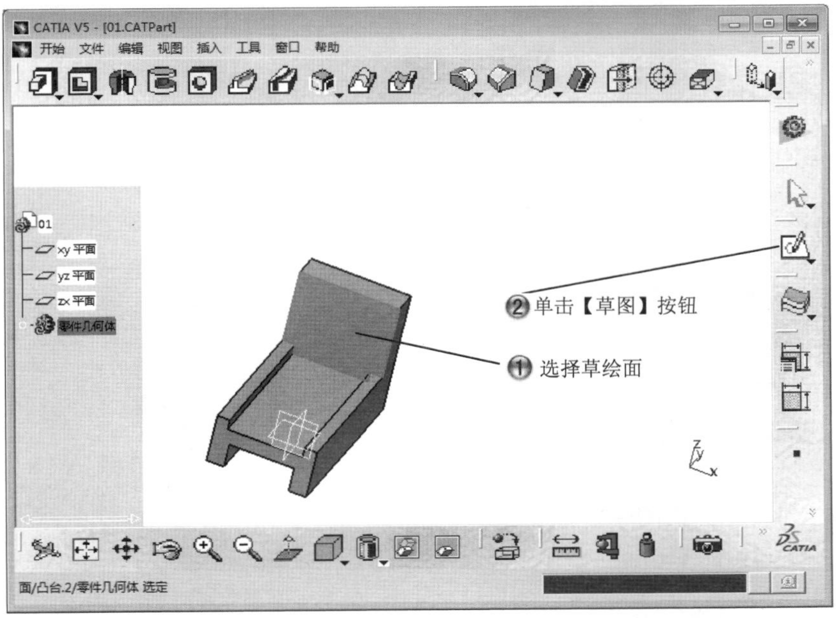

图 1-44　选择草绘面

Step15 绘制圆形，如图 1-45 所示。

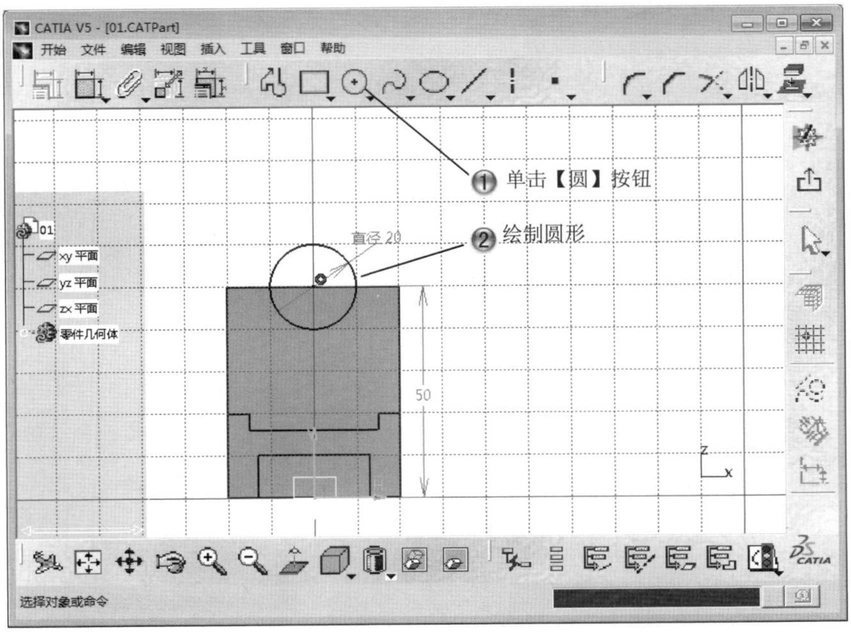

图 1-45　绘制圆形

Step16 创建凹槽，如图 1-46 所示。

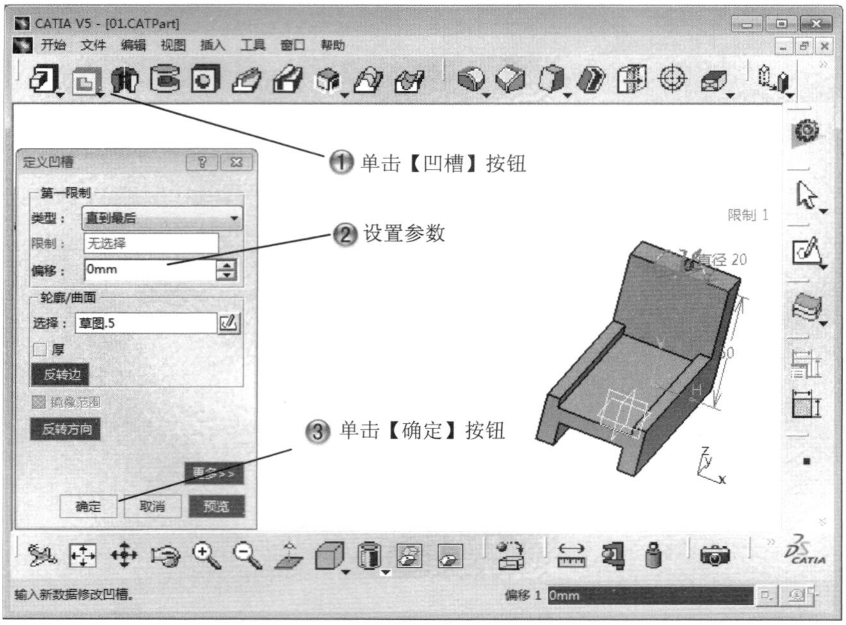

图 1-46 创建凹槽

Step17 完成滑块零件，如图 1-47 所示。

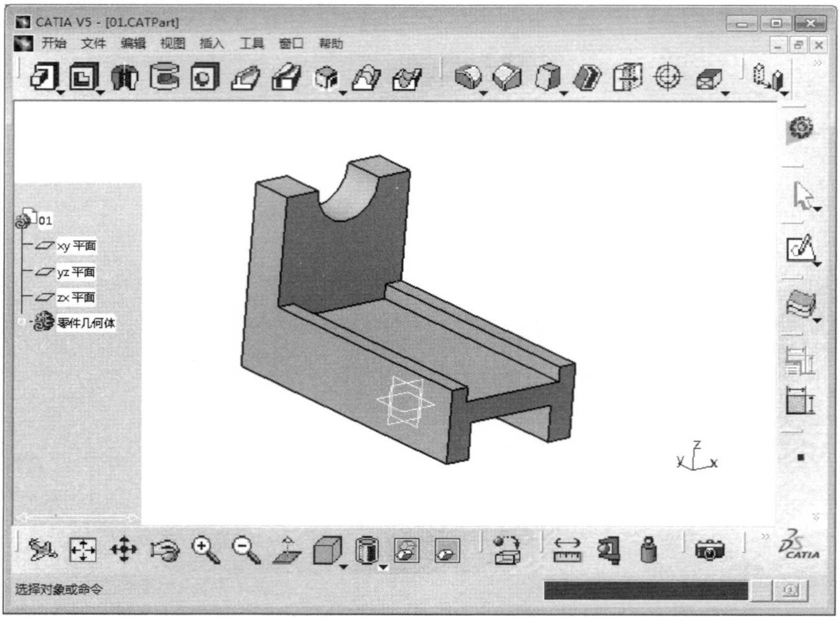

图 1-47 完成滑块零件

Step18 保存零件，如图 1-48 所示。

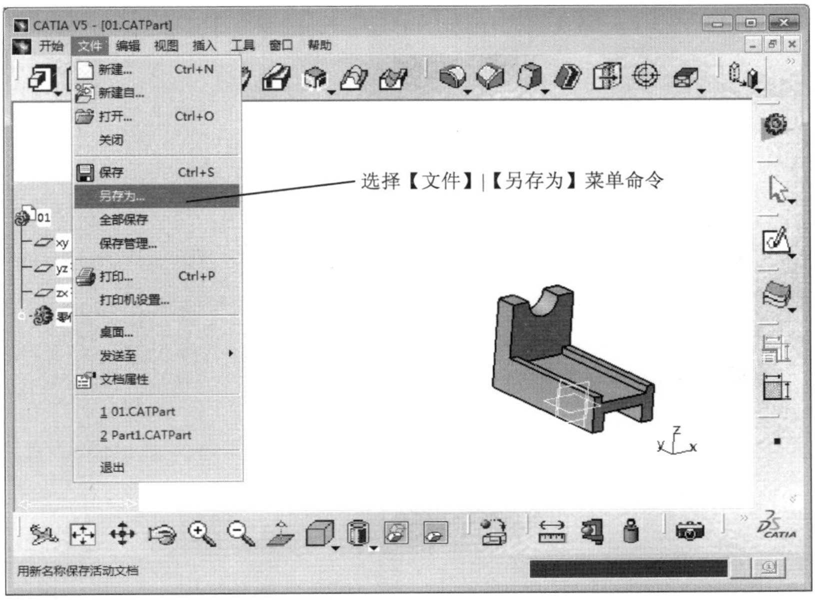

图 1-48 保存零件

Step19 设置文件名，如图 1-49 所示。

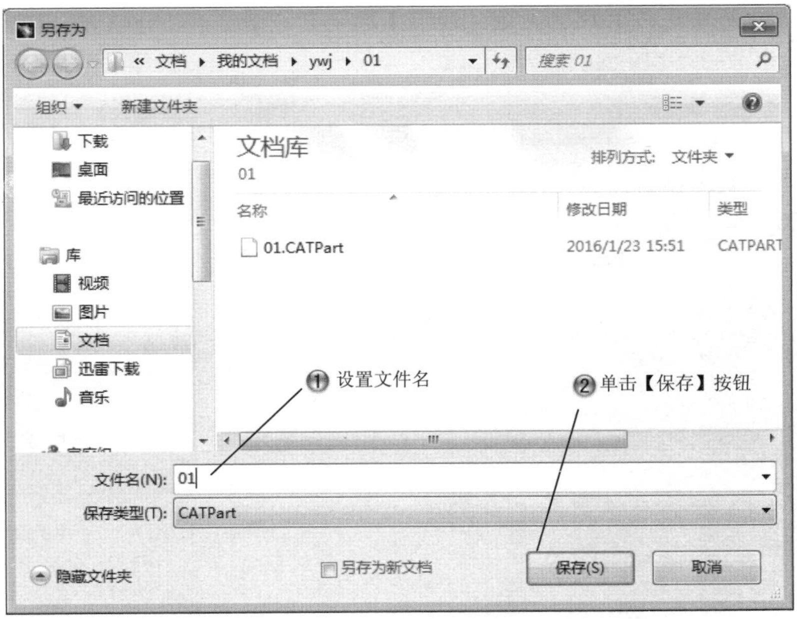

图 1-49 设置文件名

1.2 工作环境设置

基本概念

工作环境设置包括【常规】、【机械设计】和【形状】等属性的设置。

课堂讲解课时：2 课时

1.2.1 设计理论

合理设置工作环境，对于提高工作效率，得到个性化环境，都是必需的。设置工作环境是高级用户必须掌握的技能。

1.2.2 课堂讲解

下面对工作环境的设置方法进行详细的介绍，以便读者对各项功能了然于胸。

1. “常规”设置

选择【工具】|【选项】菜单命令，弹出【选项】对话框，CATIA 的大多数设置都可以在这里完成，如图 1-50 所示。

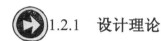

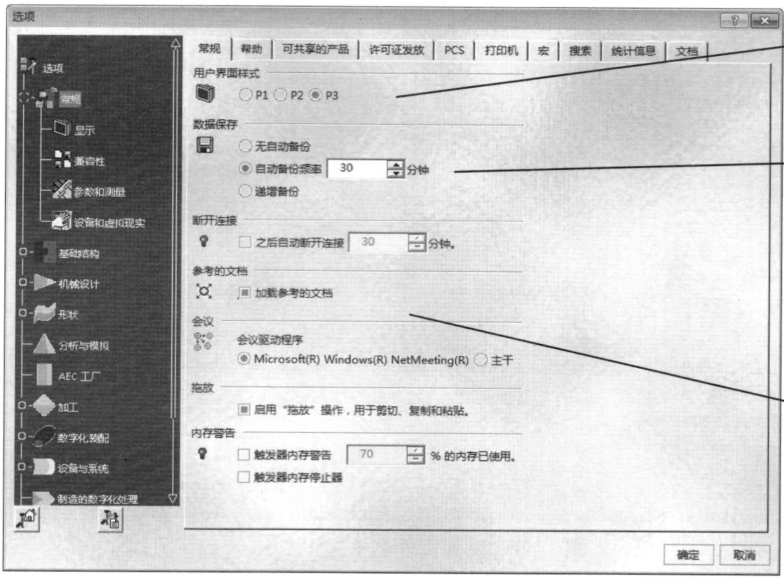

图 1-50 【选项】对话框

切换到【可共享的产品】选项卡，如图 1-51 所示。

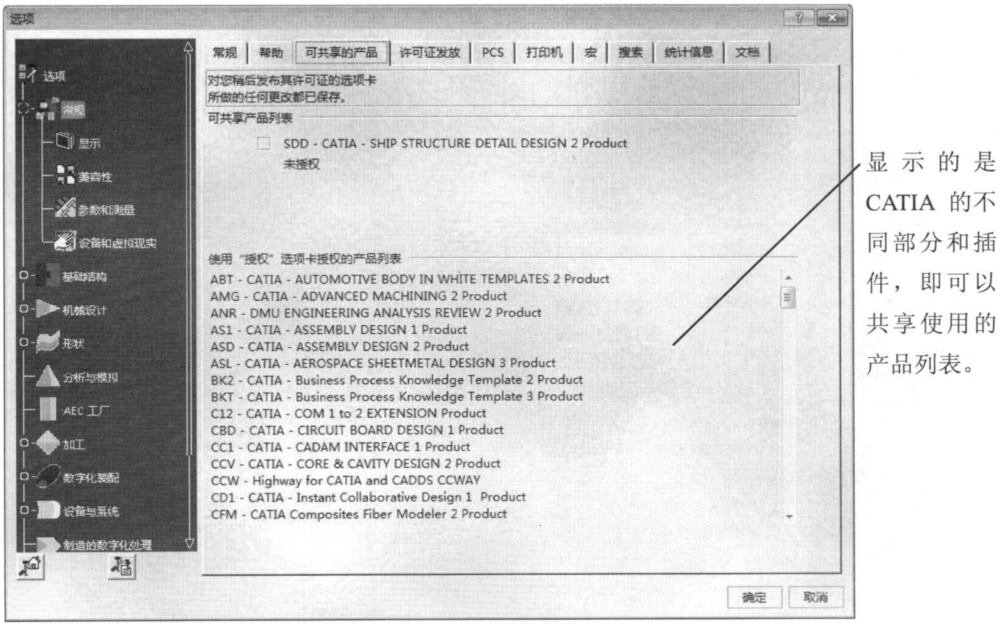

图 1-51　【可共享的产品】选项卡

切换到【打印机】选项卡，如图 1-52 所示。

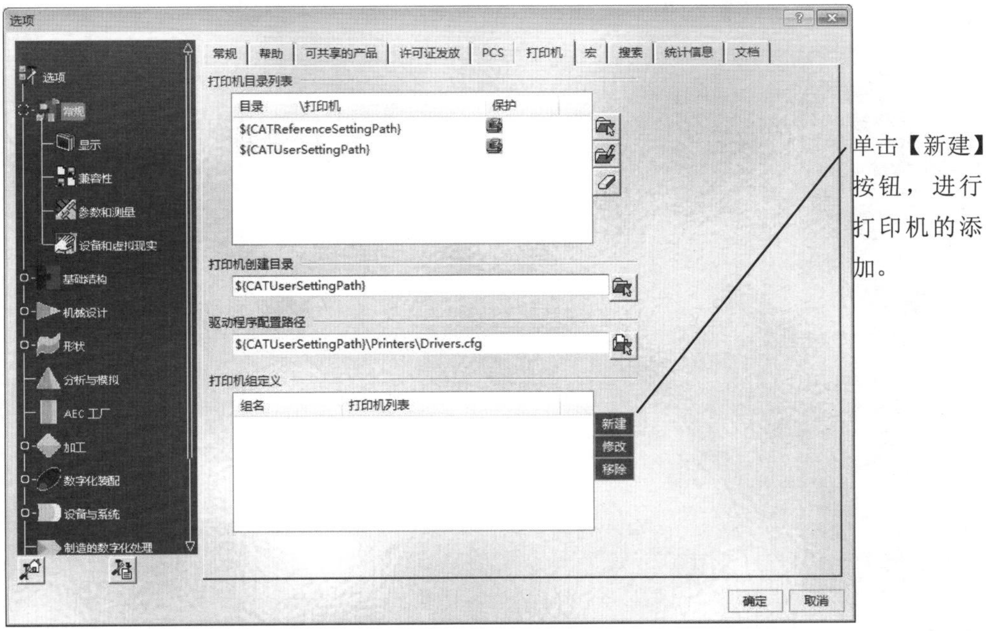

图 1-52　【打印机】选项卡

切换到【可视化】选项卡，如图 1-53 所示，这里主要设置可视化效果。系统默认的颜色一般可用于设计过程，可根据需要修改。

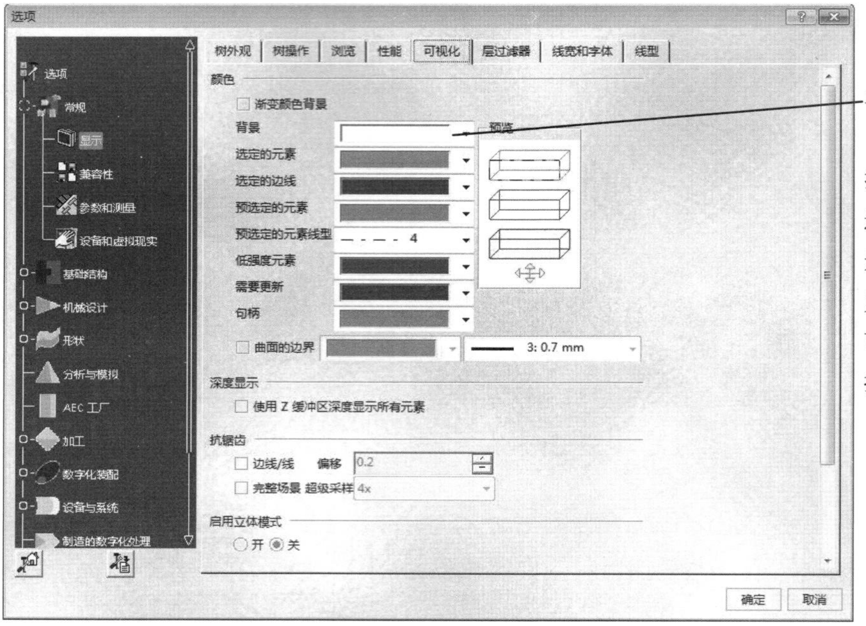

单击展开【背景】下拉列表框，选择白色背景，在【预览】选项中可以查看选择的效果。

图 1-53 【可视化】选项卡

切换到【线宽和字体】选项卡，如图 1-54 所示。

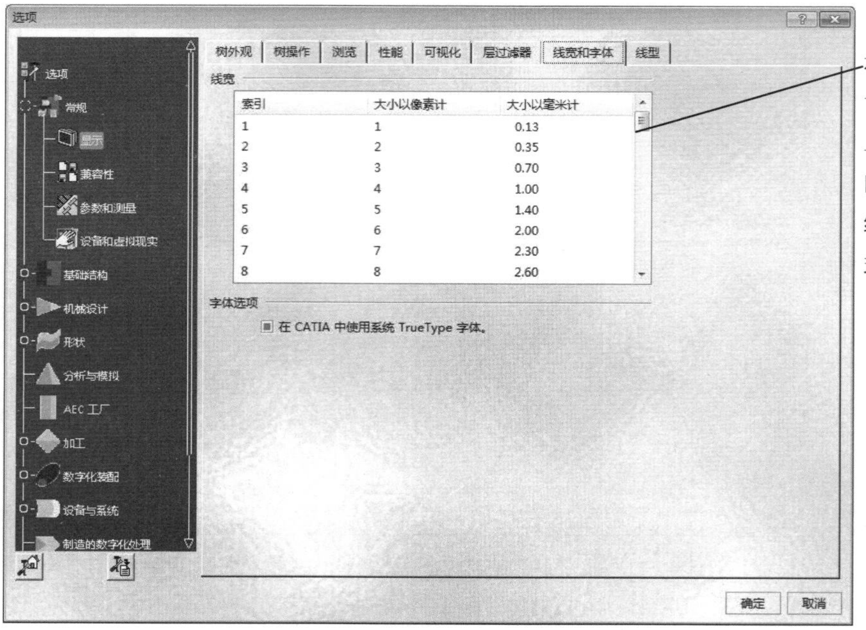

选项卡用于设置绘图区显示的字体的大小以及线条的样式。

图 1-54 【线宽和字体】选项卡

打开选项树中【常规】选项的【参数和测量】选项，切换到【单位】选项卡，如图 1-55 所示。

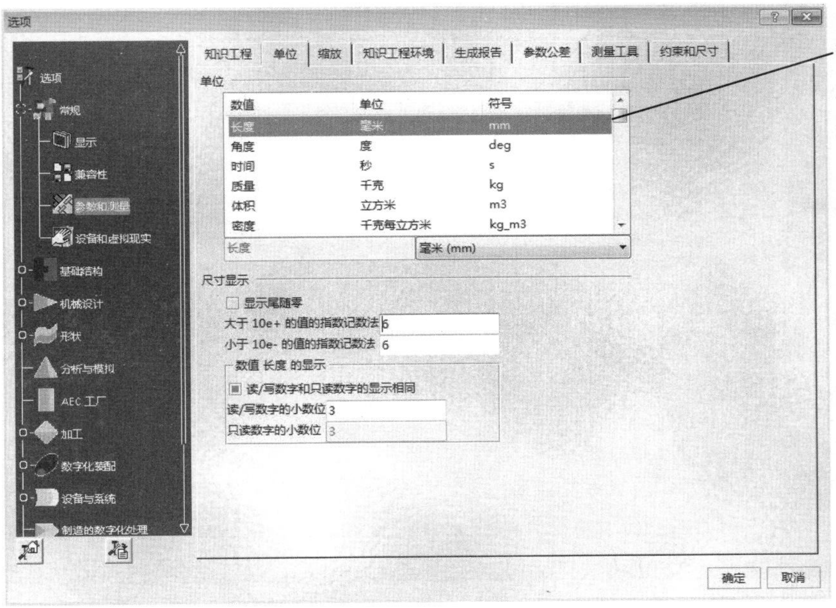

设置【长度】、【角度】、【时间】、【质量】和【体积】为公制单位，在英制环境下也可以设置为英制单位。

图 1-55 【单位】选项卡

2. “机械设计”设置

打开选项树中【机械设计】选项的【装配设计】选项，切换到【常规】选项卡，如图 1-56 所示。

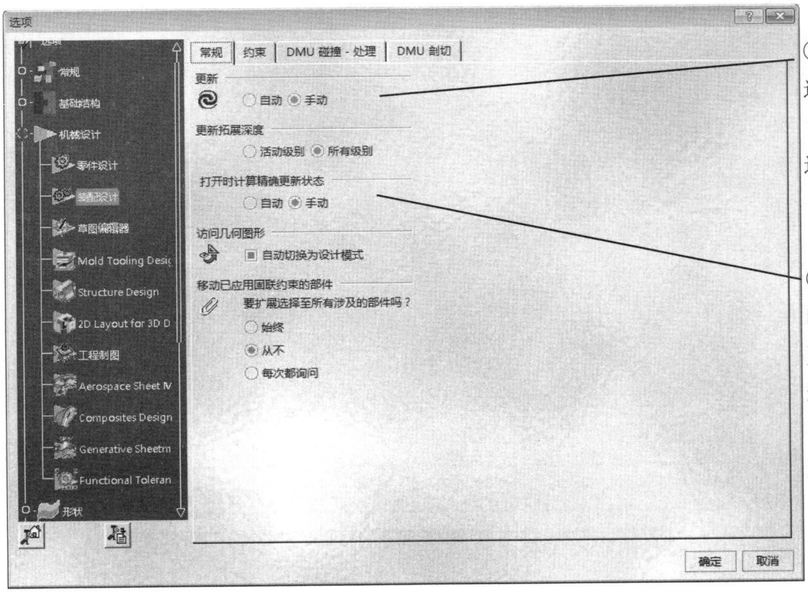

①在【更新】选项组选中【手动】单选按钮。
②在【打开时计算精确更新状态】选项组选中【手动】单选按钮。

图 1-56 【常规】选项卡

切换到【约束】选项卡，如图 1-57 所示。

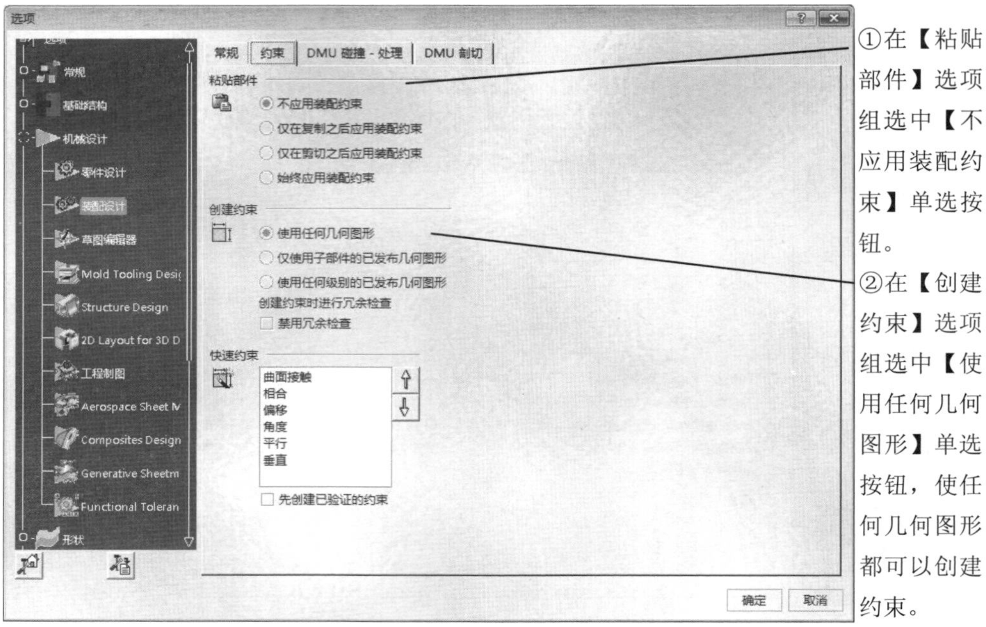

图 1-57 【约束】选项卡

打开选项树中【机械设计】选项的【草图编辑器】选项，如图 1-58 所示。

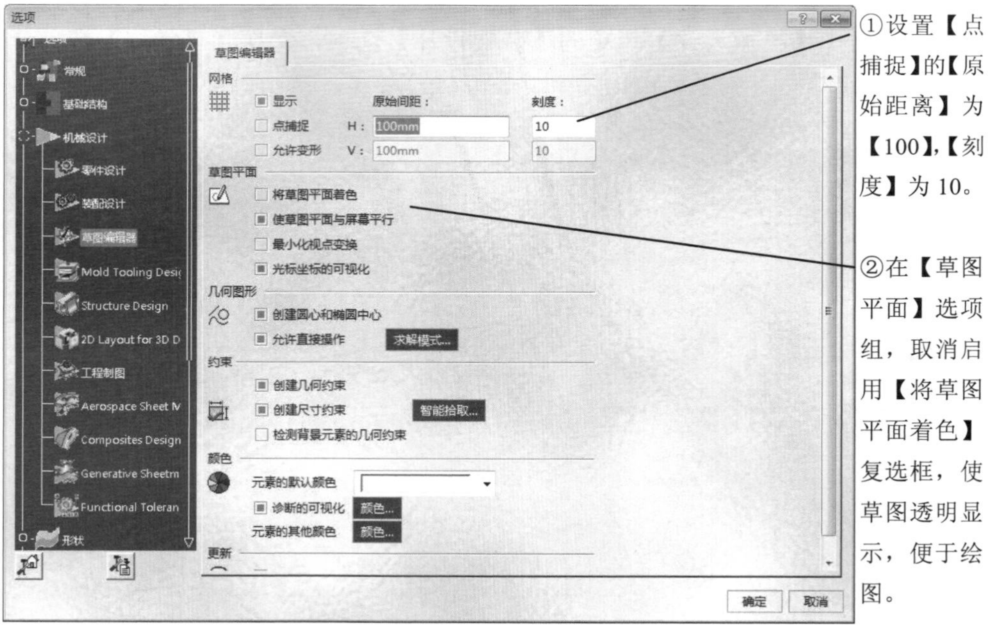

图 1-58 【草图编辑器】选项卡

打开选项树中【机械设计】选项的【工程制图】选项，切换到【常规】选项卡，如图 1-59 所示。

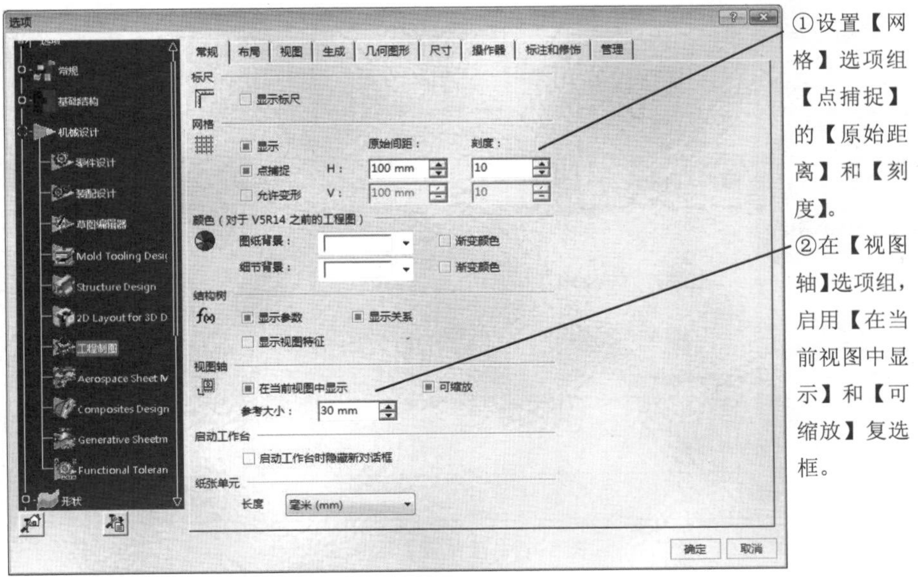

①设置【网格】选项组【点捕捉】的【原始距离】和【刻度】。
②在【视图轴】选项组，启用【在当前视图中显示】和【可缩放】复选框。

图 1-59 【常规】选项卡

切换到【布局】选项卡，如图 1-60 所示。

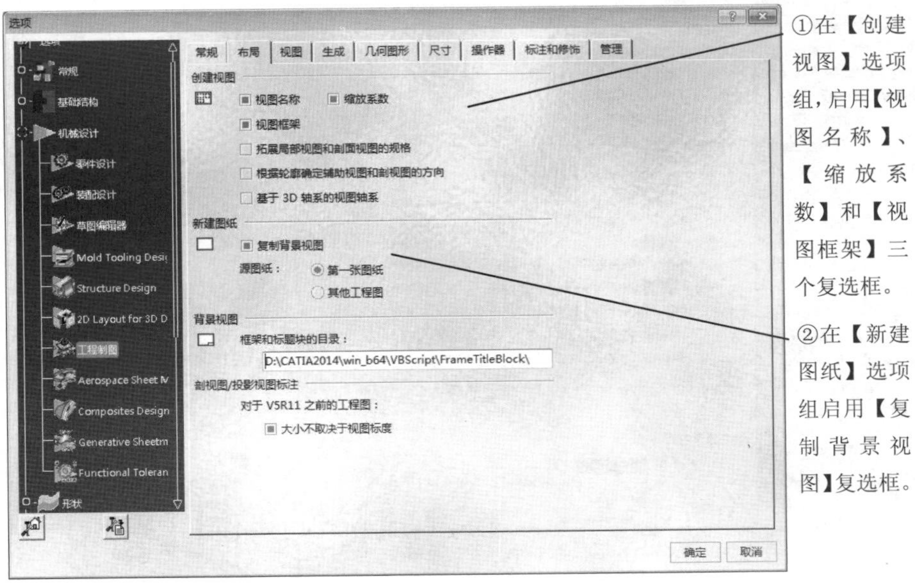

①在【创建视图】选项组，启用【视图名称】、【缩放系数】和【视图框架】三个复选框。
②在【新建图纸】选项组启用【复制背景视图】复选框。

图 1-60 【布局】选项卡

3. “形状”设置

打开选项树中【形状】选项的【自由样式】选项，切换到【常规】选项卡，如图 1-61 所示。

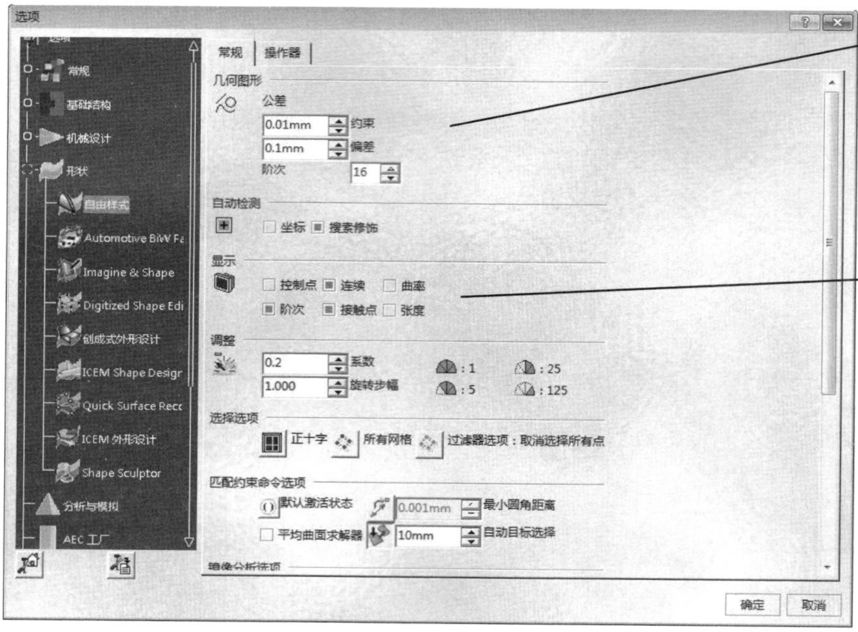

①设置【几何图形】选项组的【公差】项目数值。

②在【显示】选项组启用【连续】、【阶次】和【接触点】复选框，用于自由曲面的属性显示。

图 1-61 【常规】选项卡

切换到【操作器】选项卡，如图 1-62 所示。

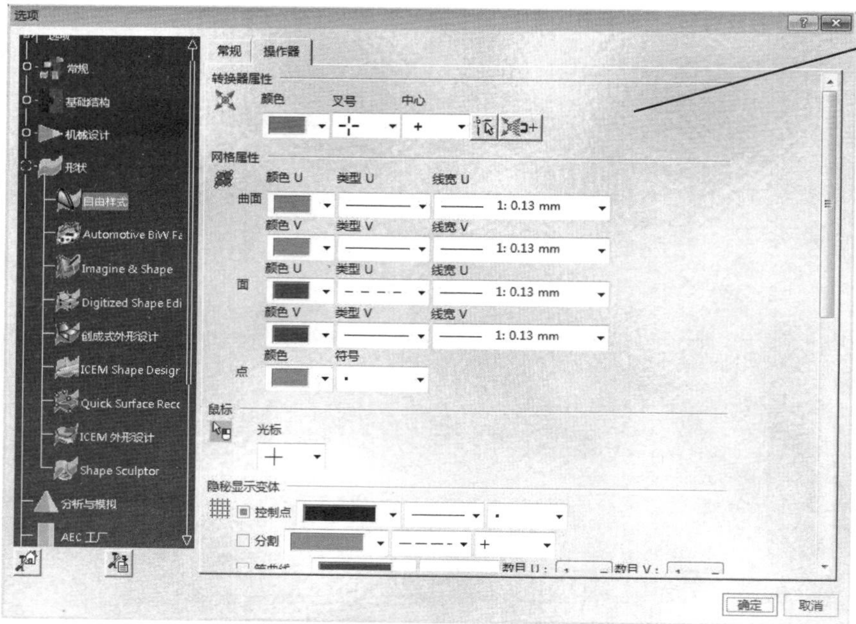

可以设置转换圆和网格的属性，包括【颜色】、【类型】和【线宽】选项。

图 1-62 【操作器】选项卡

打开选项树中【形状】选项的【创成式外形设计】选项，切换到【常规】选项卡，如图 1-63 所示。

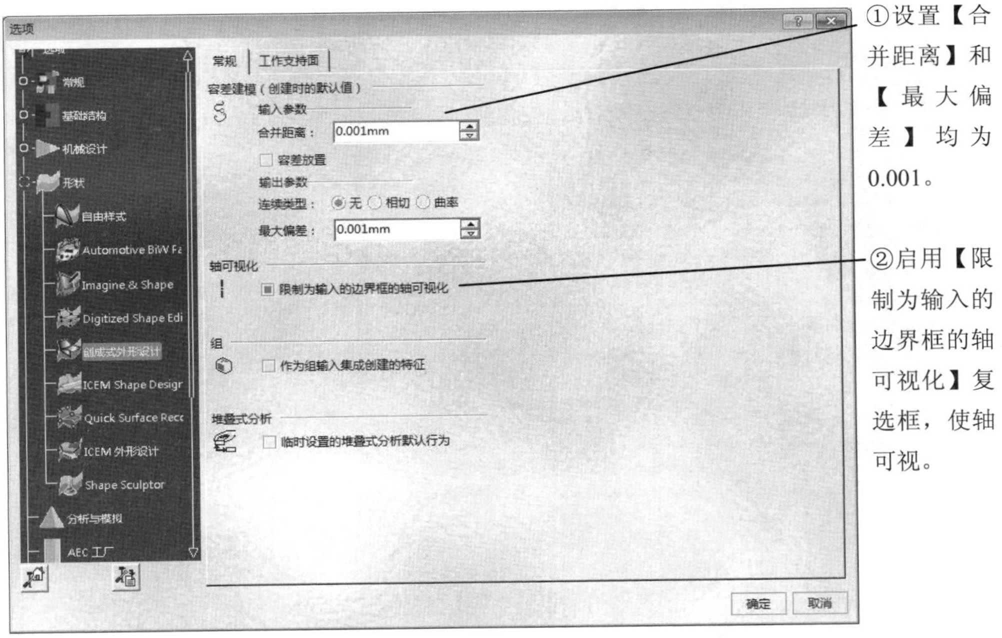

图 1-63　【常规】选项卡

切换到【工作支持面】选项卡，如图 1-64 所示。

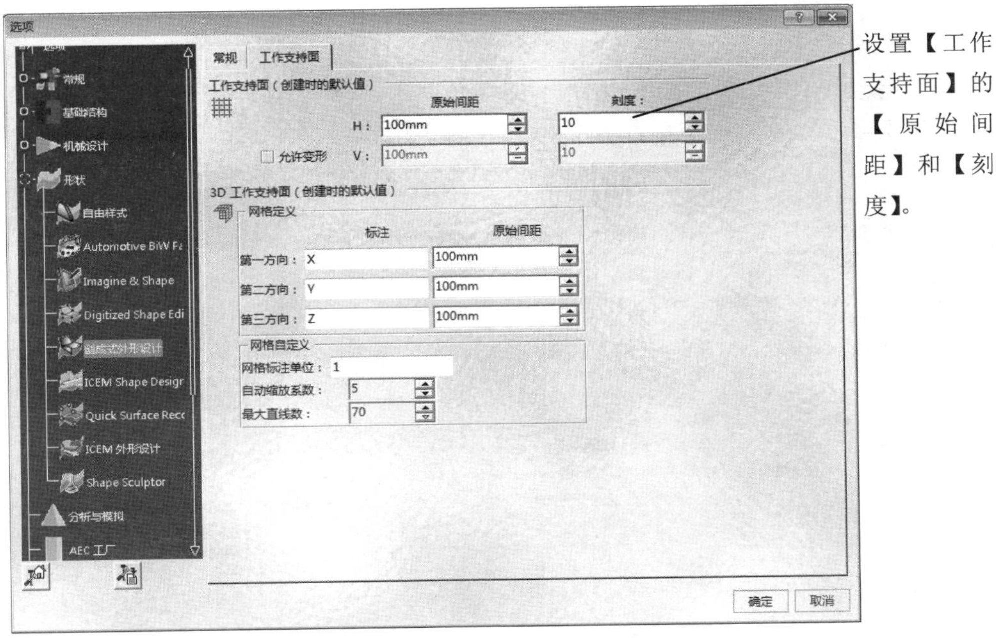

图 1-64　【工作支持面】选项卡

打开选项树中【形状】选项的【ICEM 外形设计】选项，切换到【常规】选项卡，如图 1-65 所示。

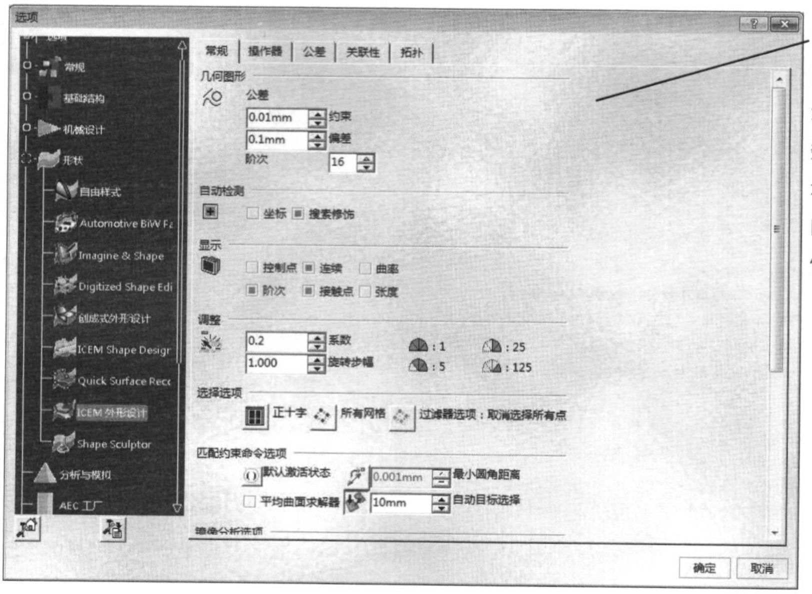

设置【几何图形】选项组的【公差】数值和【显示】选项组的各个属性。

图 1-65 【常规】选项卡

切换到【操作器】选项卡，如图 1-66 所示，可以设置【转换器属性】和【网格属性】。

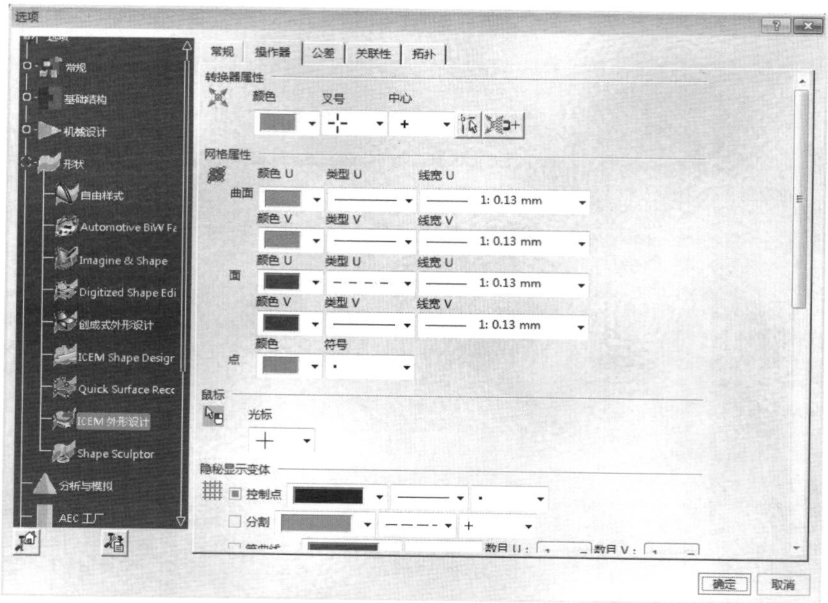

图 1-66 【操作器】选项卡

切换到【公差】选项卡，如图 1-67 所示，可以设置【连续公差】属性和【约束条件的颜色】。

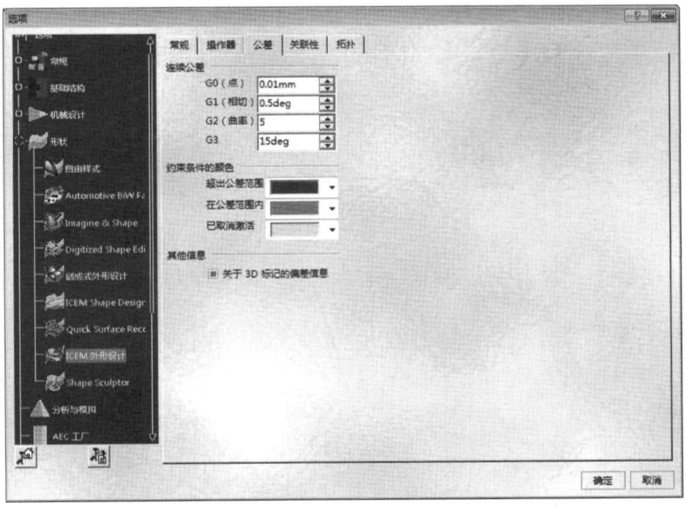

图 1-67　【公差】选项卡

1.2.3　课堂练习——工作环境设置

课堂练习开始文件：ywj /01/01.CATPart

课堂练习完成文件：ywj /01/01.CATPart

多媒体教学路径：光盘→多媒体教学→第 1 章→1.2 练习

Step1 打开零件，如图 1-68 所示。

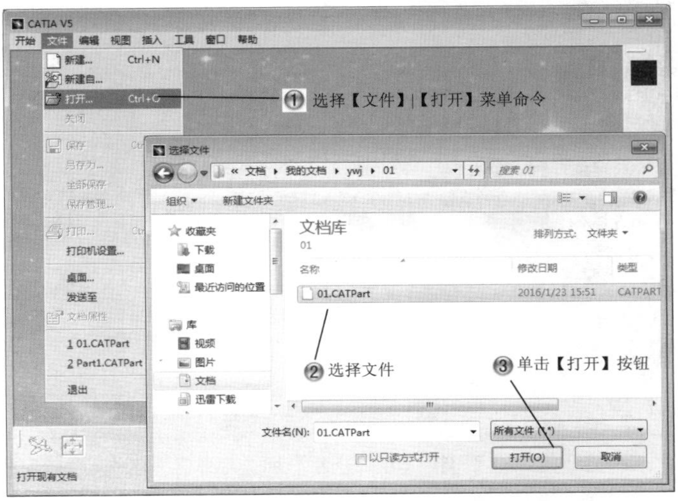
① 选择【文件】|【打开】菜单命令
② 选择文件
③ 单击【打开】按钮

图 1-68　打开零件

Step2 选择【选项】命令，如图 1-69 所示。

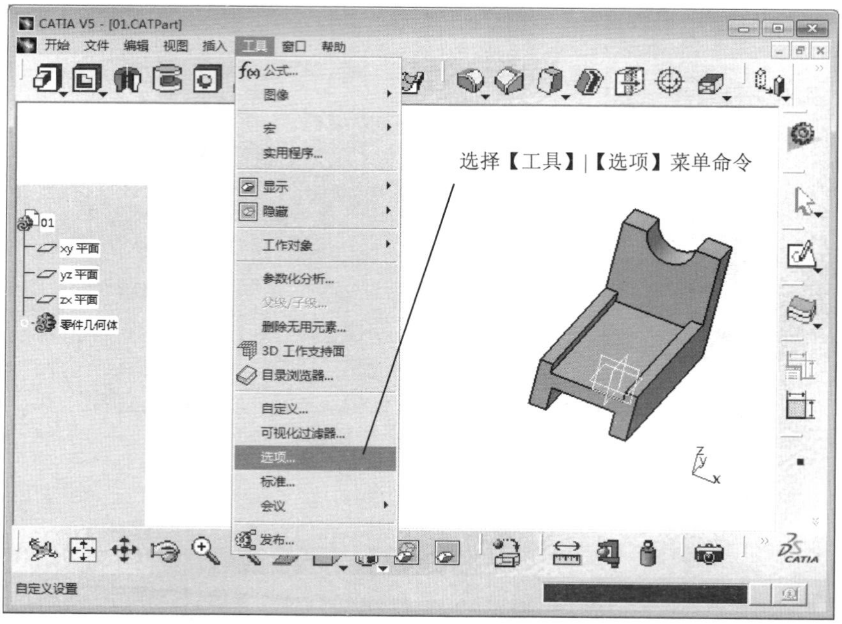
选择【工具】|【选项】菜单命令

图 1-69　选择【选项】命令

Step3 设置常规选项，如图 1-70 所示。

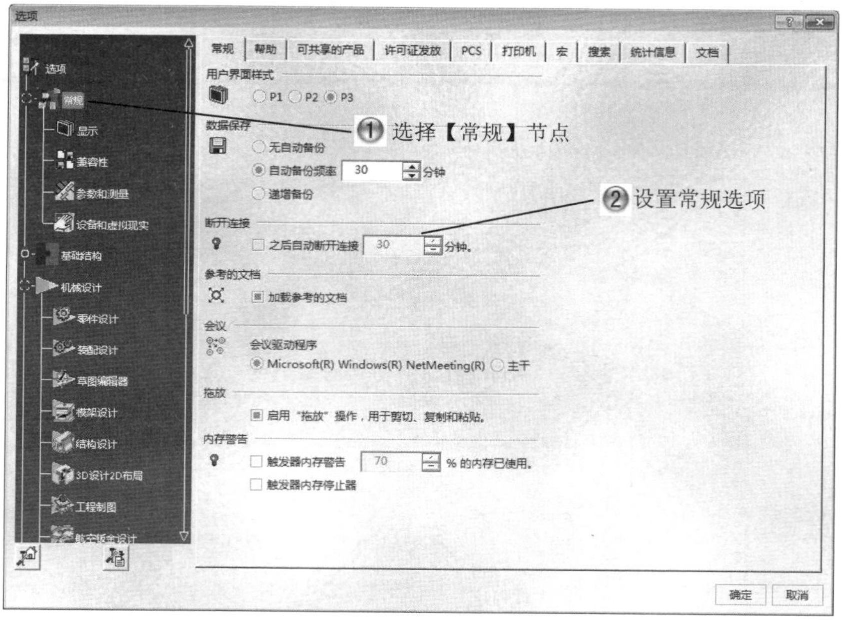
① 选择【常规】节点
② 设置常规选项

图 1-70　设置常规选项

Step4 设置树外观选项，如图 1-71 所示。

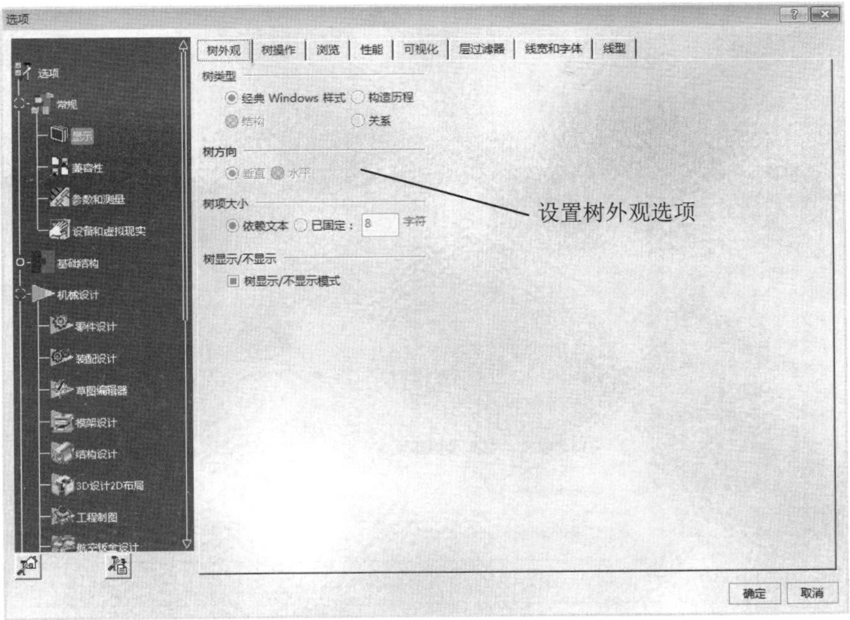
设置树外观选项

图 1-71　设置树外观选项

Step5 设置可视化选项，如图 1-72 所示。

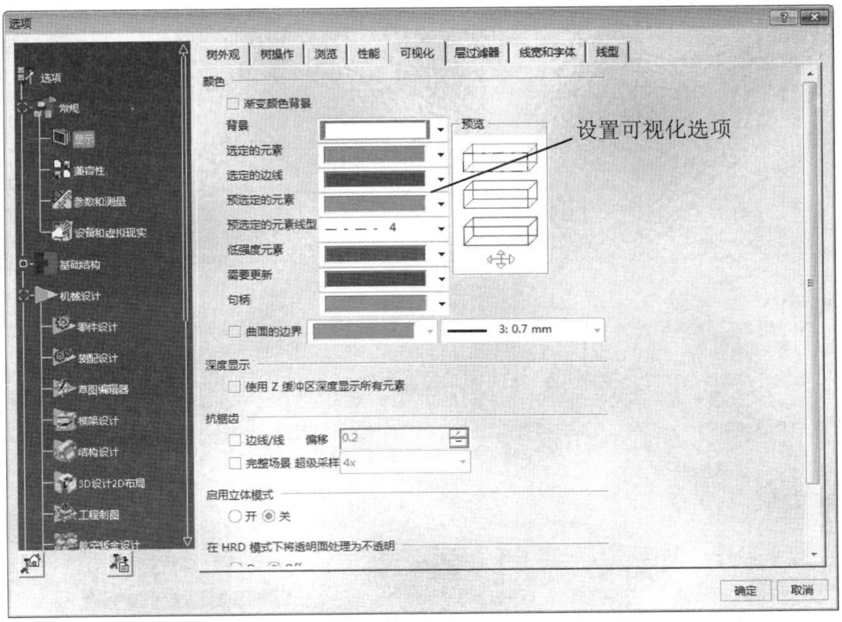
设置可视化选项

图 1-72　设置可视化选项

Step6 设置草图编辑器选项，如图 1-73 所示。

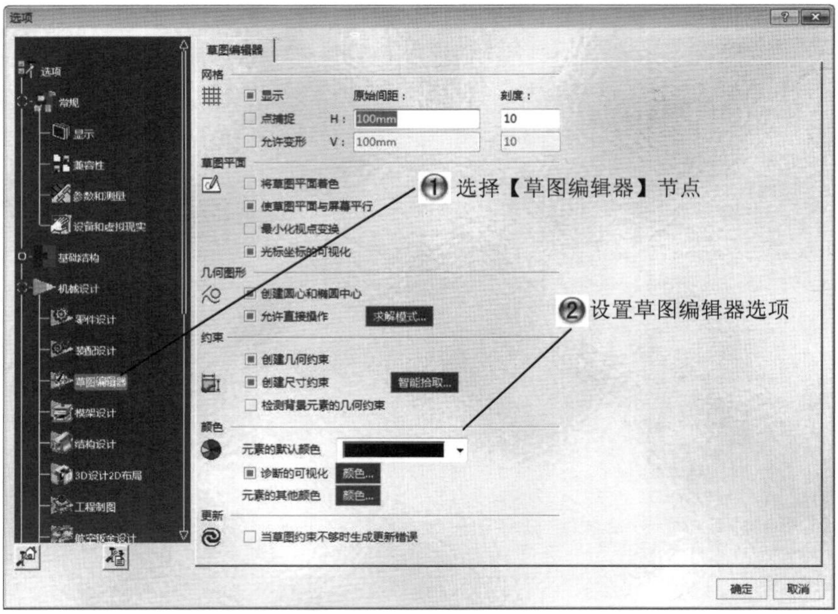
①选择【草图编辑器】节点
②设置草图编辑器选项

图 1-73　设置草图编辑器选项

Step7 设置线框视图，如图 1-74 所示。

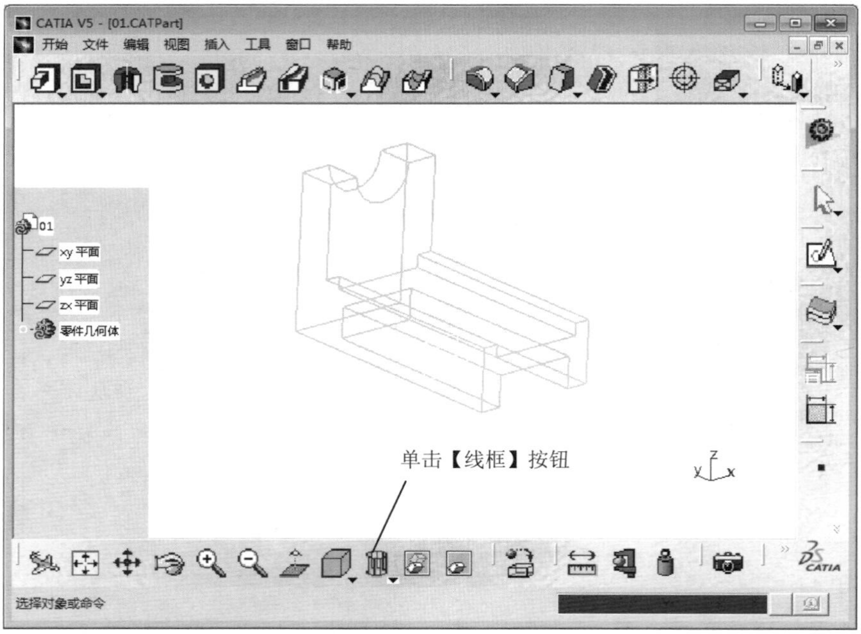
CATIA V5 - [01.CATPart]
单击【线框】按钮

图 1-74　设置线框视图

Step8 设置着色视图，如图 1-75 所示。

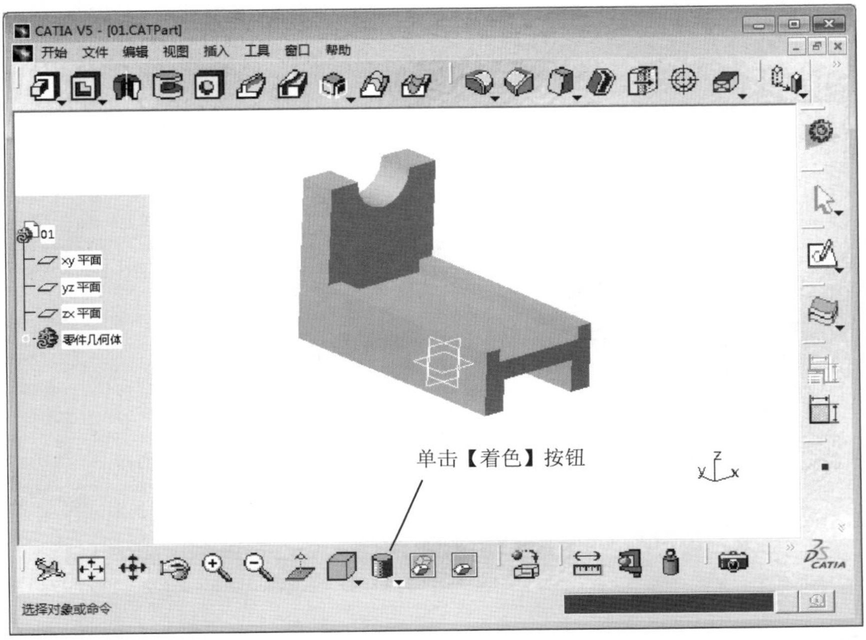

图 1-75 设置着色视图

Step9 设置左视图，如图 1-76 所示。

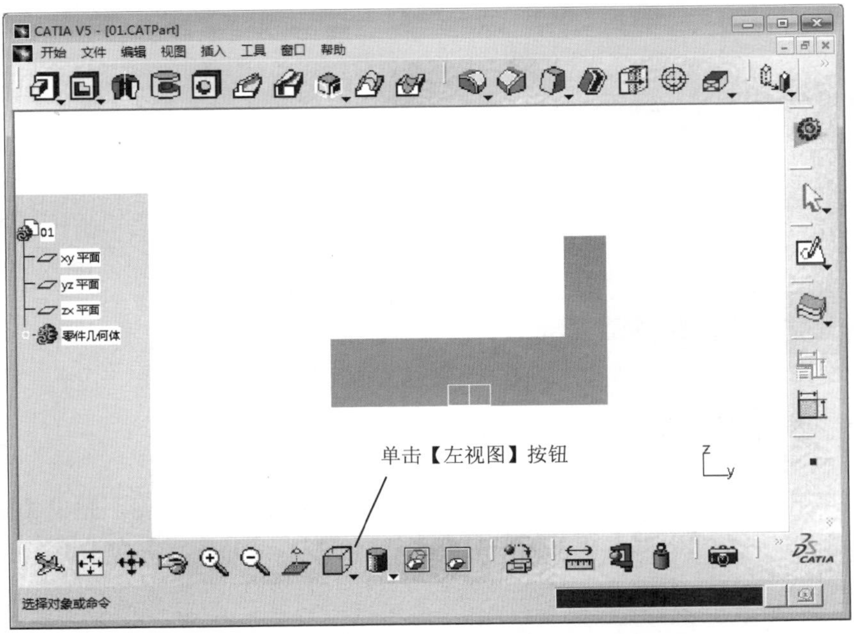

图 1-76 设置左视图

Step10 设置等轴测视图，如图 1-77 所示。

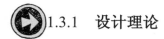

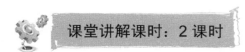

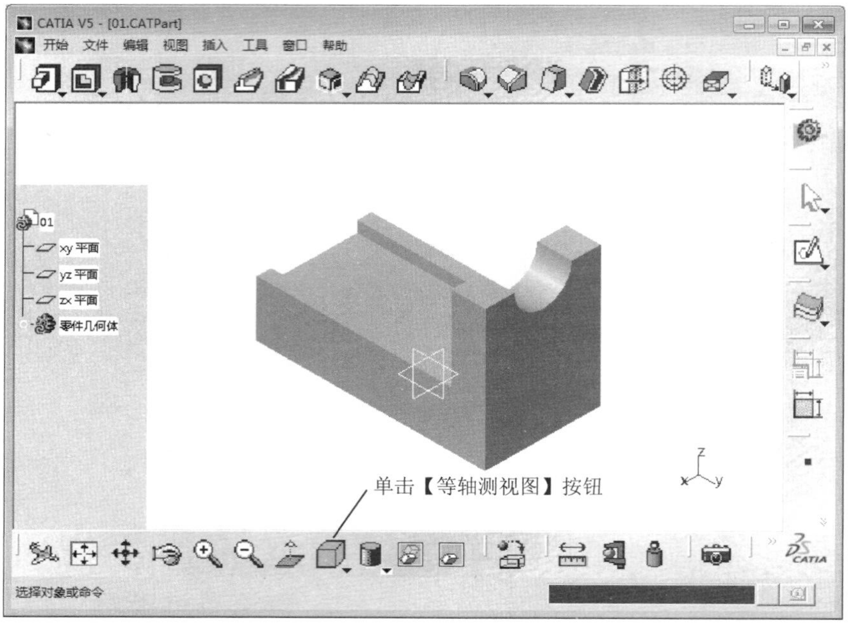

图 1-77　设置等轴测视图

1.3　界面定制

基本概念

界面的设置包括菜单、工具栏和特定选项等项目，设置适合自己的界面风格可以有利于设计过程中的操作。

课堂讲解课时：2 课时

1.3.1　设计理论

定制菜单需要使用自定义工具，选择【工具】|【自定义】菜单命令，弹出【自定义】对话框，如图 1-78 所示。【开始】菜单如果要更改，则可以在【自定义】对话框中进行修改。

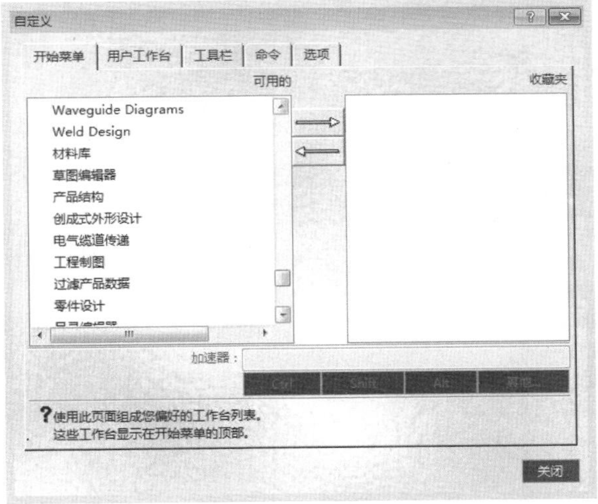

图 1-78 【自定义】对话框

1.3.2 课堂讲解

1. 定制菜单

在【自定义】对话框中，选择自己需要添加的选项，同样将【实时渲染】选项添加进【收藏夹】。这时打开【开始】菜单，可以看到【开始】菜单已经变更，如图 1-79 所示。

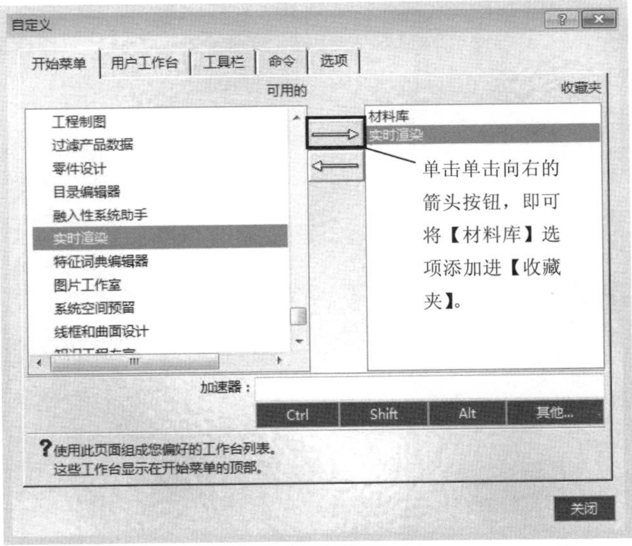

图 1-79 【自定义】对话框

如果要去除添加到【开始】菜单的项目，则在【自定义】对话框【收藏夹】列表中选择相应的选项，单击向左的箭头即可，如图 1-80 所示。

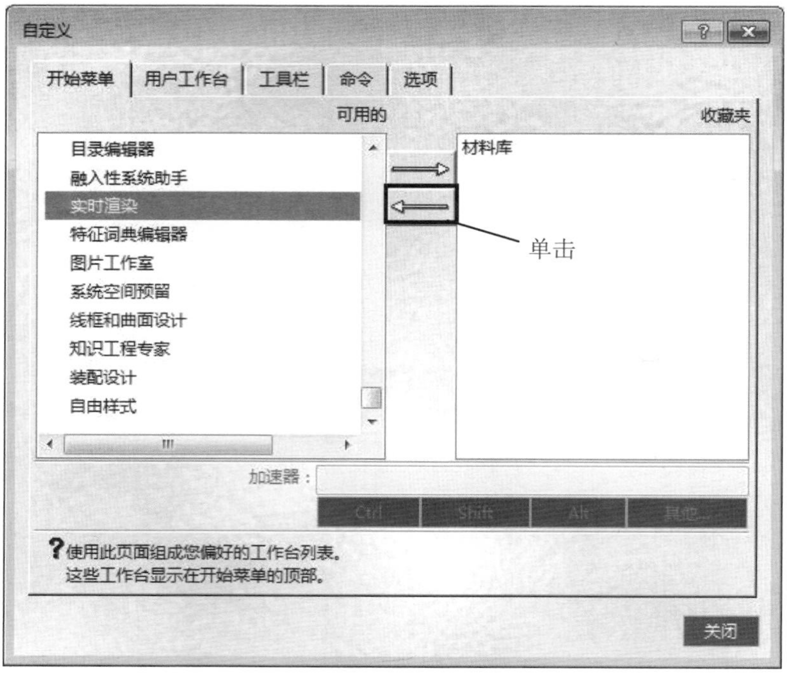

图 1-80 【自定义】对话框

2. 定制工具栏

在【自定义】对话框中，切换到【工具栏】选项卡，如图 1-81 所示。

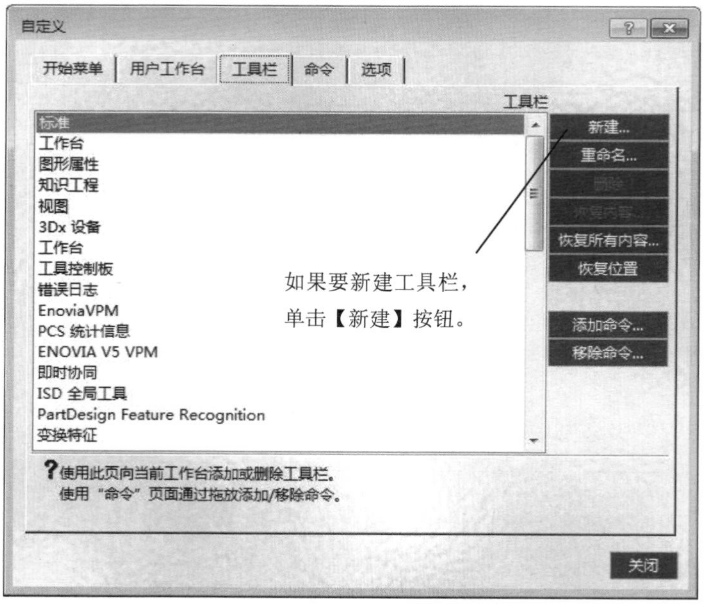

图 1-81 【自定义】对话框

弹出【新工具栏】对话框，如图 1-82 所示。

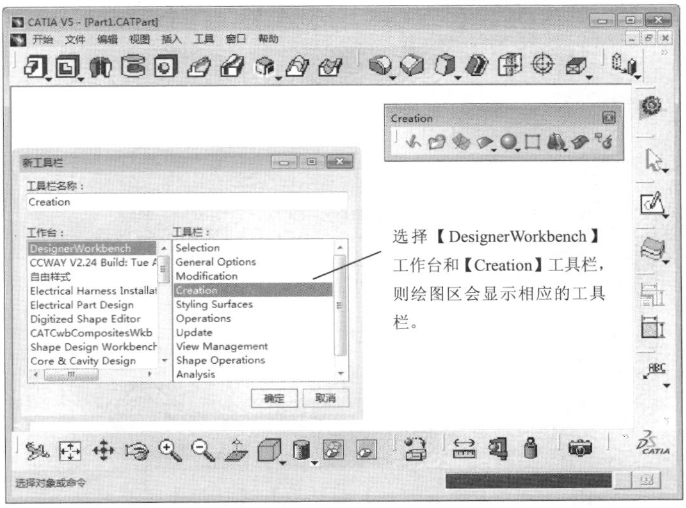
选择【DesignerWorkbench】工作台和【Creation】工具栏，则绘图区会显示相应的工具栏。

图 1-82 【新工具栏】对话框和【Creation】工具栏

添加工具栏后的【自定义】对话框，如图 1-83 所示。

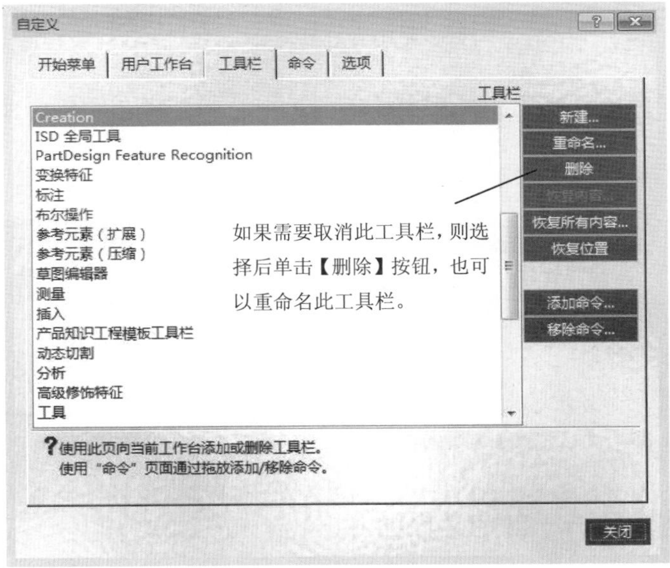
如果需要取消此工具栏，则选择后单击【删除】按钮，也可以重命名此工具栏。

图 1-83 【自定义】对话框

如果需要在工具栏上添加新的命令，则在【自定义】对话框中单击【添加命令】按钮，弹出【命令列表】对话框，如图 1-84 所示。

3. 定制选项

在【自定义】对话框中的【选项】选项卡，可以设置图标的大小，调整【图标大小比率】，如图 1-85 所示，调整图标大小后，弹出【警告】对话框提示重启会话，如图 1-86 所示。

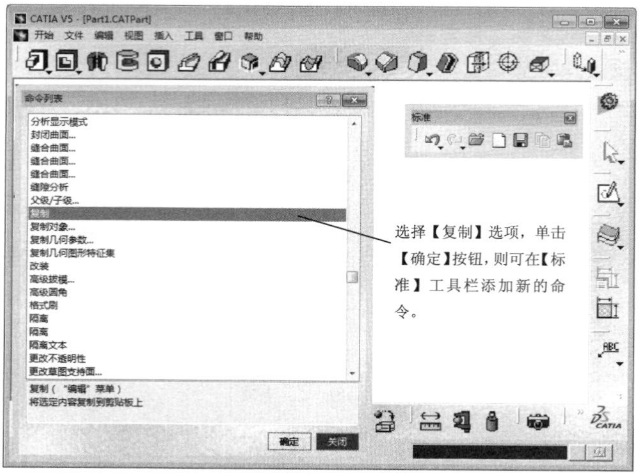

图 1-84 【命令列表】对话框和【标准】工具栏

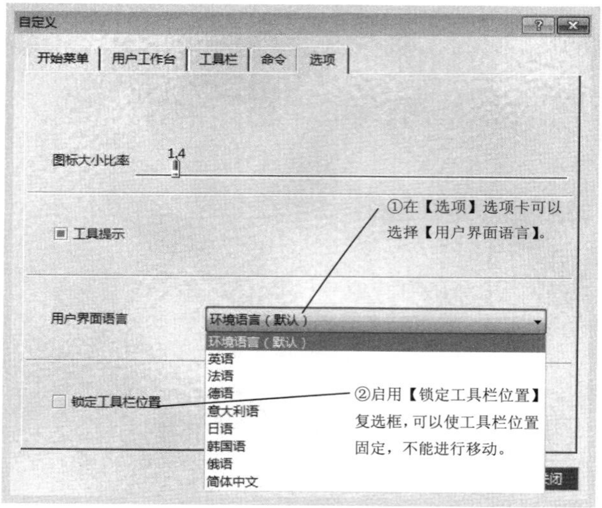

图 1-85 【自定义】对话框

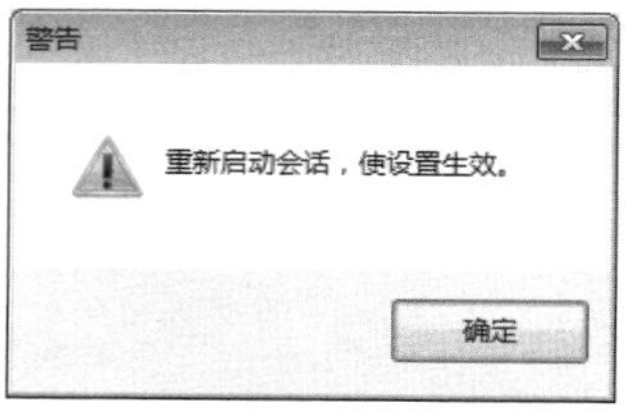

图 1-86 【自定义】对话框

1.3.3 课堂练习——自定义界面

课堂练习开始文件： ywj /01/01.CATPart

课堂练习完成文件： ywj /01/01.CATPart

多媒体教学路径： 光盘→多媒体教学→第 1 章→1.3 练习

Step1 选择【自定义】命令，如图 1-87 所示。

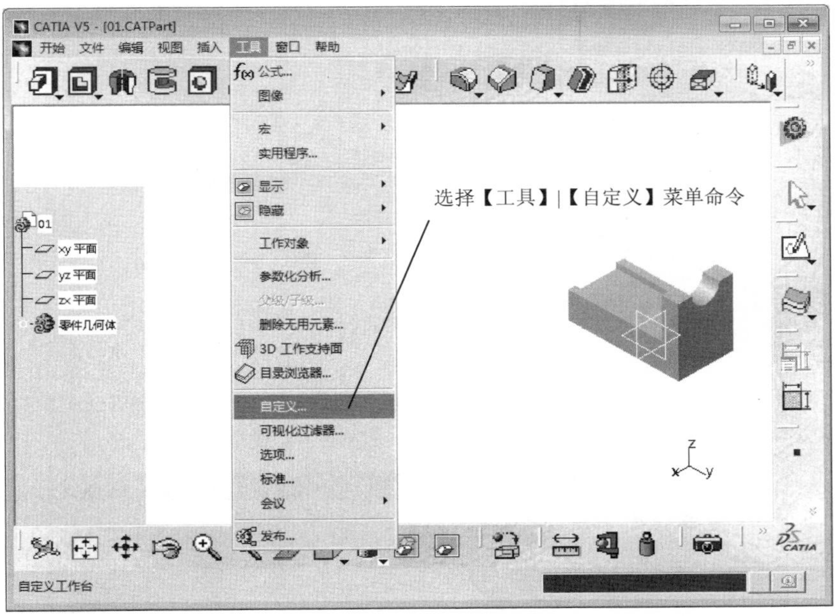

图 1-87　选择【自定义】命令

Step2 新增自由曲面，如图 1-88 所示。

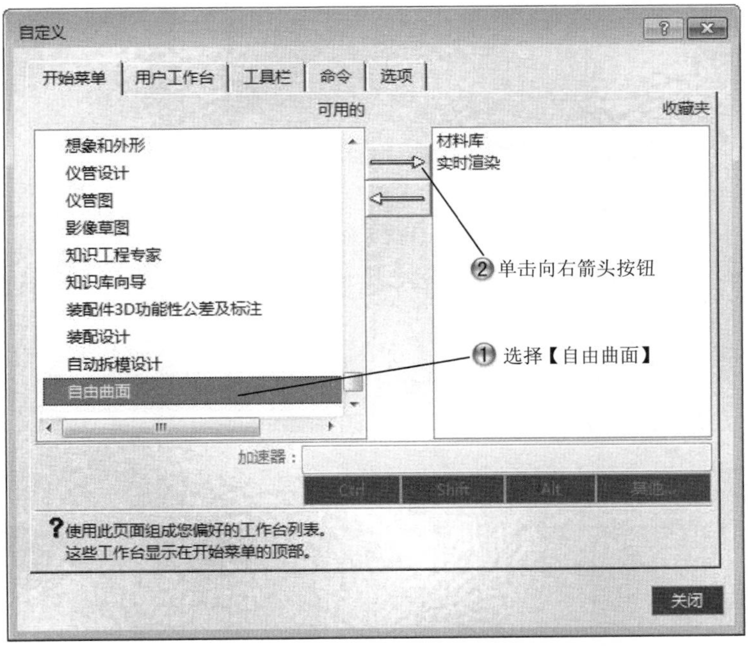

图 1-88　新增自由曲面

Step3 新增知识工程专家，如图 1-89 所示。

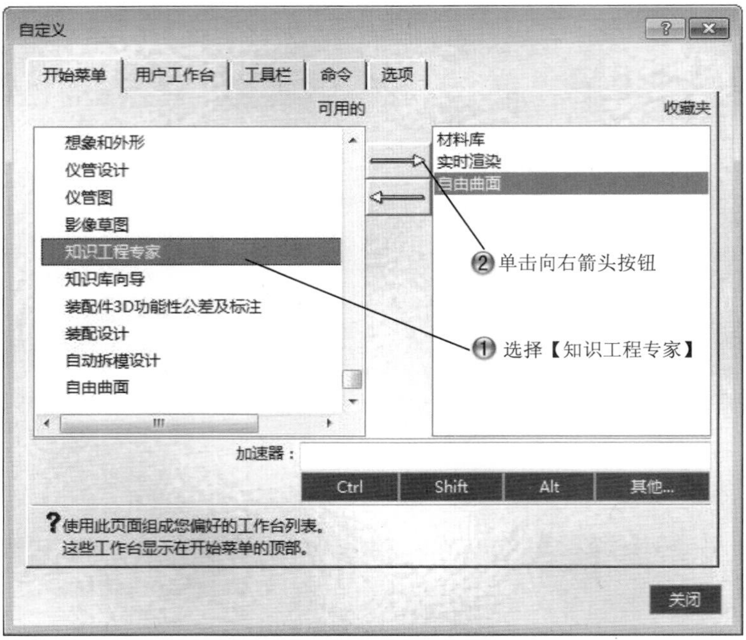

图 1-89　新增知识工程专家

Step4 选择新建按钮，如图 1-90 所示。

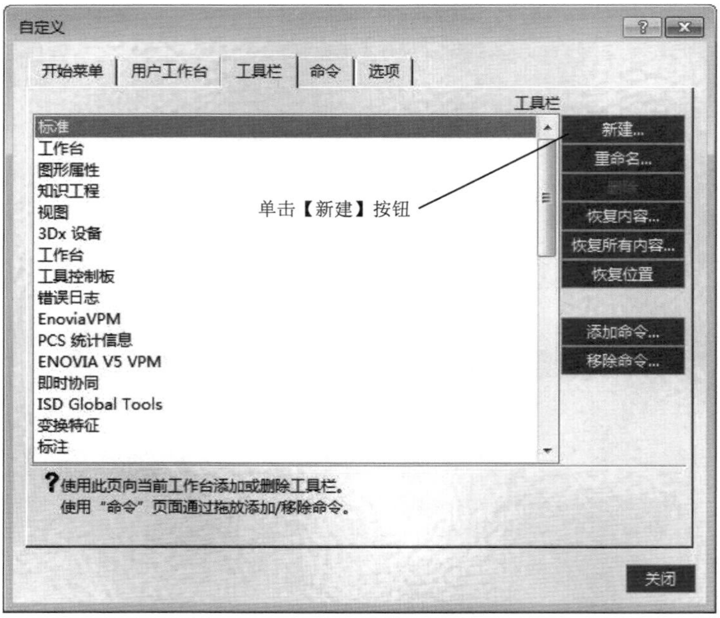

图 1-90　选择新建按钮

Step5 新增工具栏，如图 1-91 所示。

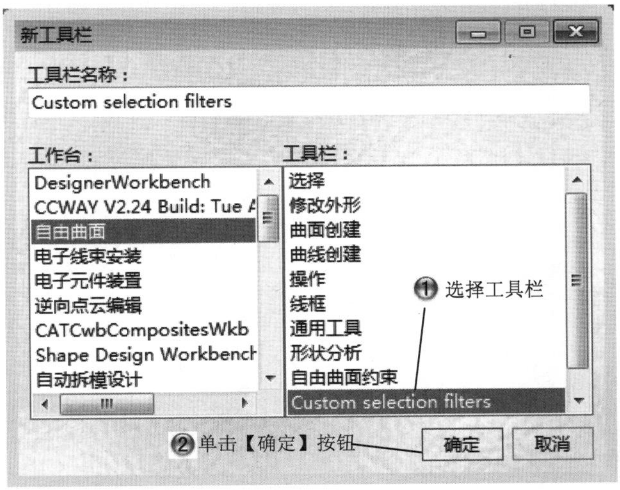

图 1-91　新增工具栏

Step6 设置选项，如图 1-92 所示。

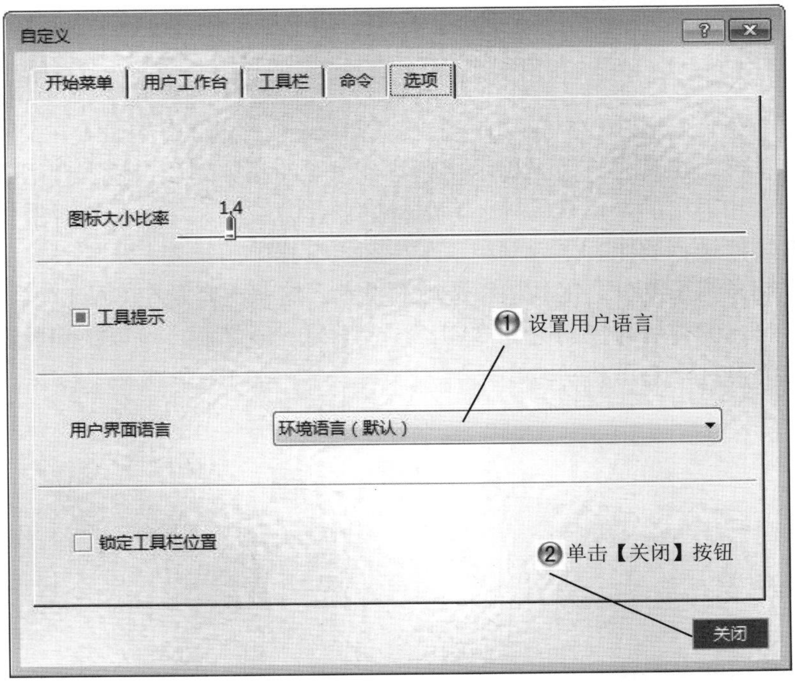

图 1-92　设置选项

Step7 完成自定义设置，如图 1-93 所示。

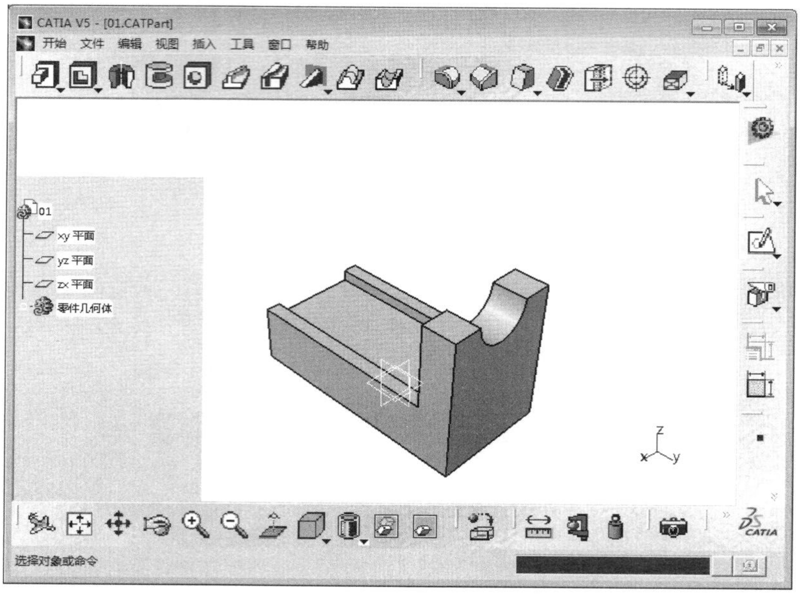

图 1-93　完成自定义设置

1.4　专家总结

本章主要介绍了 CATIA V5-6R 2014 的相关知识、软件的工作界面，并在软件的工作界面中介绍了菜单栏、工具栏、命令提示栏和特征树等的相关知识。接着介绍了新建文件，打开、保存文件和退出的操作，另外还有鼠标的操作方法，利用罗盘进行操作，使用视图和窗口的调整功能进行绘图。之后介绍了工作环境设置中的常规、机械设计和形状部分的设置，界面定制介绍了菜单、工具栏和选项的设置，这些内容是在 CATIA 学习过程当中，使软件更符合自己的使用习惯的关键内容。读者学习一段之后，可以找到最适合自己的设置方法，通过练习进行熟悉和学习。

1.5　课后习题

1.5.1　填空题

（1）文件关闭的方法有________、________。

（2）设置软件界面的命令是________。

（3）CATIA 的基本操作有________、________、________、________。

1.5.2 问答题

（1）文件的多种保存方法是什么？

（2）工作环境里如何设置颜色？

1.5.3 上机操作题

使用本章学过的知识来熟悉软件的操作。

练习步骤和方法：

（1）熟悉软件界面。

（2）学习文件操作。

（3）设置操作环境。

第2章　草绘设计

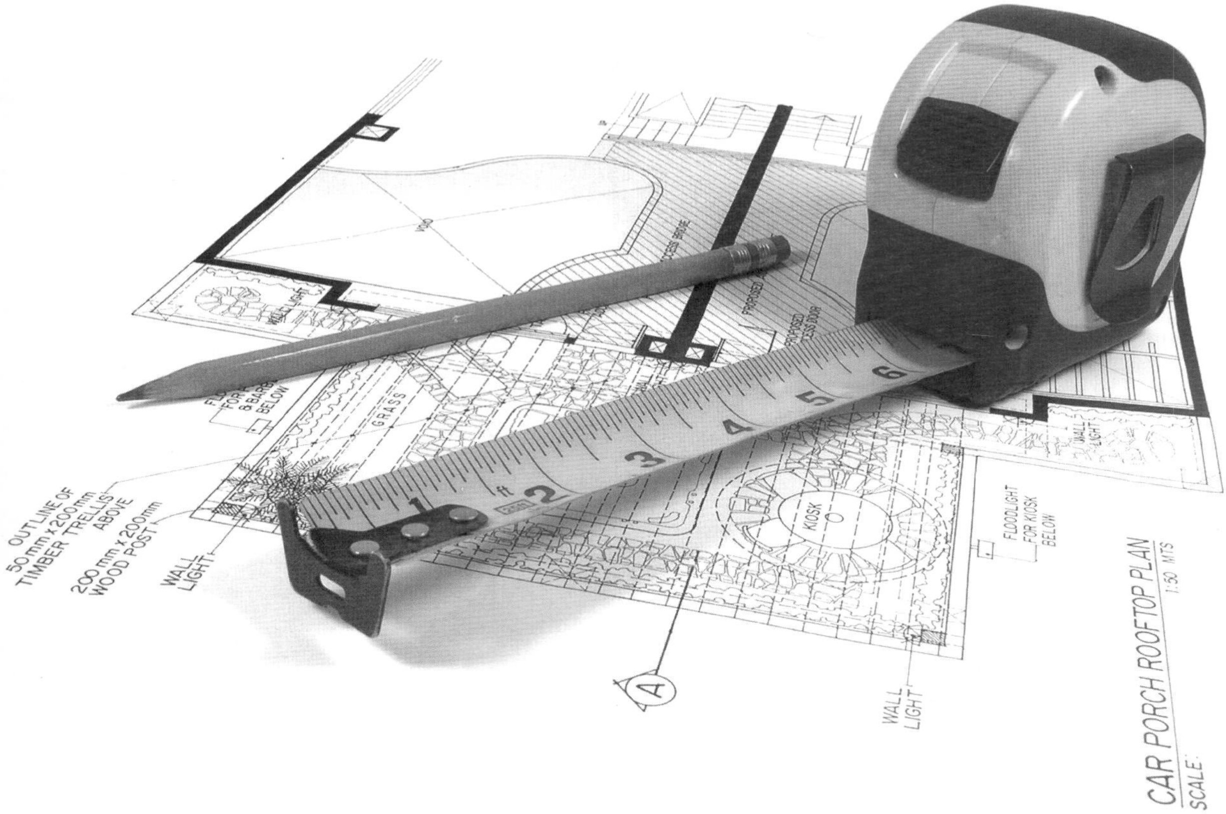

课训目标	内　容	掌握程度	课　时
	草绘设计	熟练运用	2
	草图约束	熟练运用	2
	修饰草图	熟练运用	2

课程学习建议

机械制图中的草图能正确表达零件的形状与尺寸、精度等所有的要求，能满足加工制造的要求。但线条、文字、比例等并不是很规范。目前行业通用的零件图是各项要求均要符合国家机械制图标准，它主要是有别于装配图、示意图、分析图等。

三维造型生成之前需要绘制草图，草图绘制完成以后，可以用拉伸等实体命令生成实体造型。草图对象和拉伸凸台、旋转生成的实体造型相关。绘制草图是生成模型零件的基础步骤。绘制草图是在草绘器中，使用草绘工具命令绘制出实体模型的截面轮廓，然后使用零件设计功能生成实体模型。绘制草图是零件建模的基础，也是 3D 建模的必备技能。

本章主要讲述草绘、草图约束和修饰草图的方法。

本课程主要基于软件的机械设计模块来讲解，其培训课程表如下。

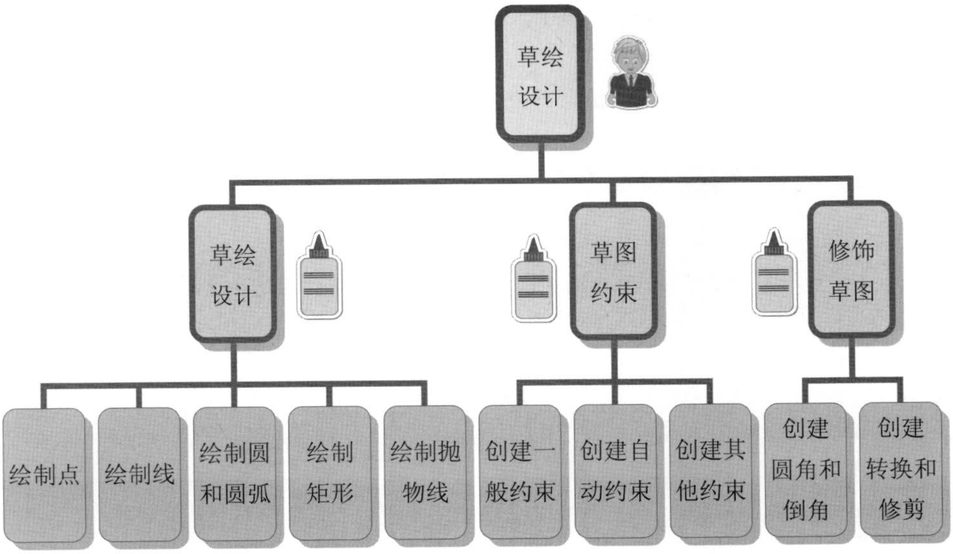

2.1 草绘设计

基本概念

草绘编辑器是 CATIA 进行草图绘制的专业模块，与其他模块配合进行 3D 模型的绘制。下面主要讲解进入和退出草绘编辑器，以及在草绘编辑器中进行草图绘制、编辑和约束的工具按钮。

课堂讲解课时：2 课时

2.1.1 设计理论

利用【轮廓】工具栏可以生成草图轮廓，CATIA 提供了 8 类草图轮廓供用户选用。它们是轮廓、预定义轮廓、圆、样条线、二次曲线、直线、轴线和点。绘制草图的方法有两种，即精确绘图和非精确绘图。精确绘图只需要在【草图工具】工具栏中相应的文本框中输入参数，按下 Enter 键完成；非精确绘制，则使用鼠标在绘图区中单击确定图形参数位置点即可。

选择【开始】|【机械设计】|【草图编辑器】菜单命令，打开【新建零件】对话框。在【输入零件名称】文本框中输入文件名称，单击【确定】按钮，进入零件设计平台。

选择一个绘图平面，xy、xz、yz 或者一个实体面，单击【草图编辑器】工具栏中的【草图】按钮，系统自动进入草图绘制平台，如图 2-1 所示。

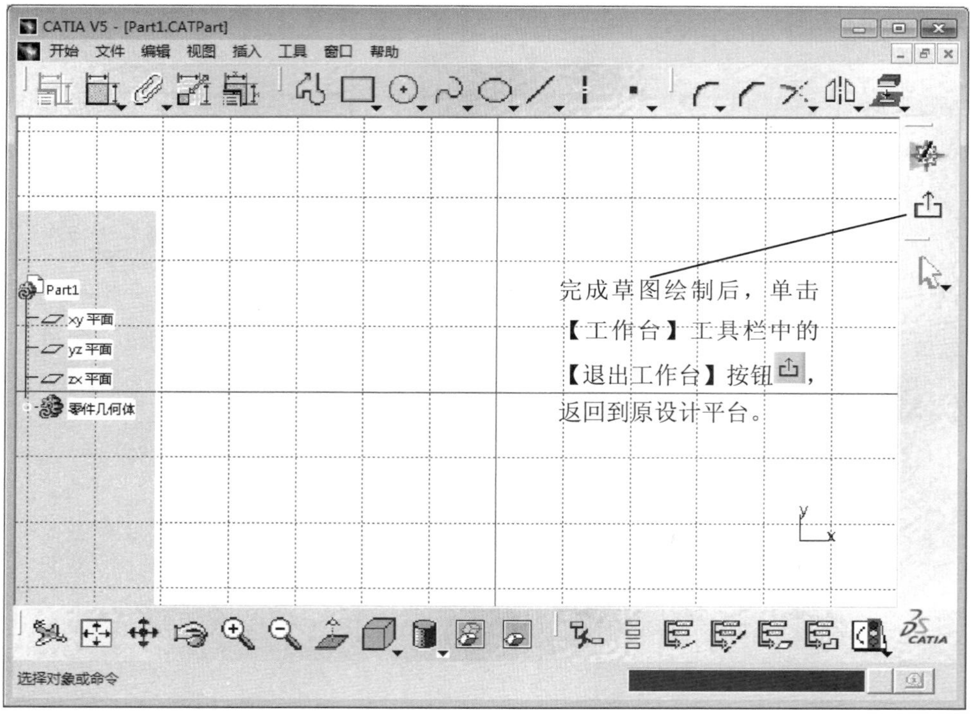

图 2-1　草图绘制平台

在草图编辑器中，主要使用【草图工具】、【轮廓】、【约束】和【操作】四个工具栏，如图 2-2 所示。工具栏中显示常用的工具按钮，单击工具右侧黑色三角，展开下一级工具栏。

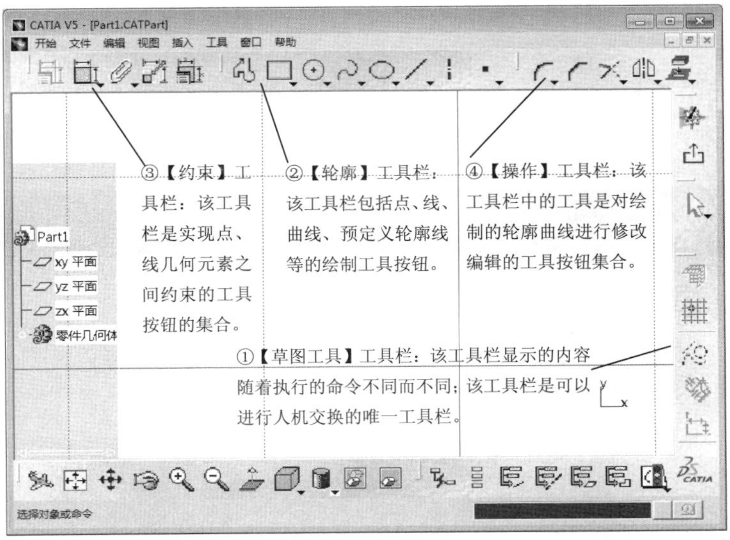
CATIA V5 - [Part1.CATPart]
开始 文件 编辑 视图 插入 工具 窗口 帮助
③【约束】工具栏：该工具栏是实现点、线几何元素之间约束的工具按钮的集合。
②【轮廓】工具栏：该工具栏包括点、线、曲线、预定义轮廓线等的绘制工具按钮。
④【操作】工具栏：该工具栏中的工具是对绘制的轮廓曲线进行修改编辑的工具按钮集合。
Part1
xy 平面
yz 平面
zx 平面
零件几何体
①【草图工具】工具栏：该工具栏显示的内容随着执行的命令不同而不同；该工具栏是可以进行人机交换的唯一工具栏。
选择对象或命令

图 2-2　工具栏

2.1.2　课堂讲解

1. 绘制点

单击【通过单击创建点】按钮右侧黑色三角，展开【点】工具栏。它提供了通过单击创建点、使用坐标创建点、等距点、相交点和投影点等工具按钮。

（1）创建点

单击【点】工具栏中的【通过单击创建点】按钮，【草图工具】工具栏展开为如图 2-3 所示。

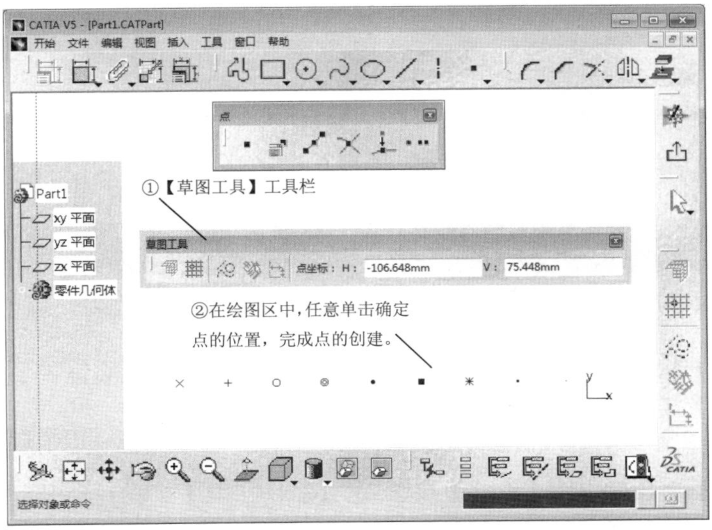
CATIA V5 - [Part1.CATPart]
开始 文件 编辑 视图 插入 工具 窗口 帮助
点
①【草图工具】工具栏
Part1
xy 平面
yz 平面
zx 平面
零件几何体
草图工具
点坐标：H：-106.648mm V：75.448mm
②在绘图区中，任意单击确定点的位置，完成点的创建。
选择对象或命令

图 2-3　点的形状

在【草图工具】工具栏中输入点的直角坐标值（H，V），按下 Enter 键，即可完成点的创建。

名师点拨

（2）创建等距点

单击【点】工具栏中的【等距点】按钮，在绘图区中，选择创建等距点的直线或曲线，系统弹出如图 2-4 所示的【等距点定义】对话框。

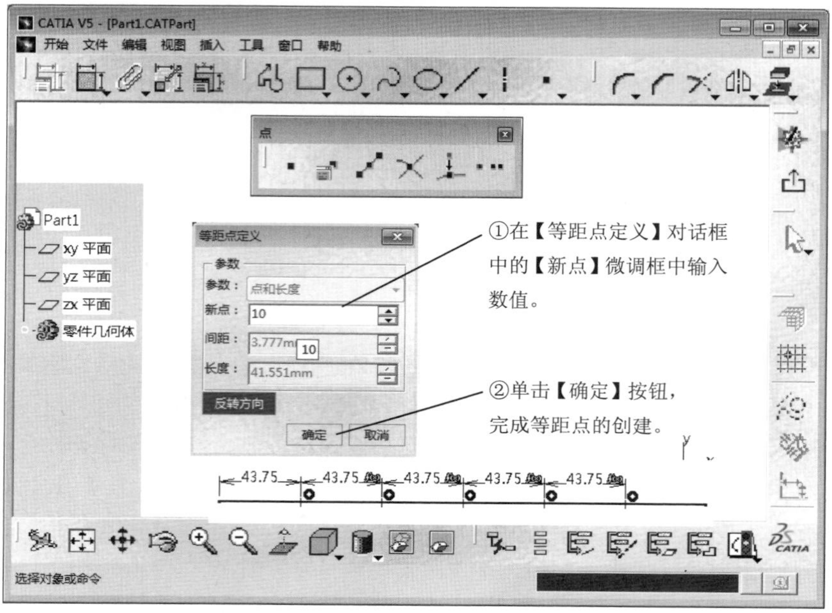

图 2-4　创建的等距点

创建等距点为 5，则对曲线或线段进行 6 等分。

名师点拨

2. 绘制直线

单击【直线】按钮右侧黑色三角，展开【直线】工具栏。它提供了【直线】、【无限长线】、【双切线】、【角平分线】和【曲线的法线】5 个工具按钮。

（1）绘制直线

单击【直线】工具栏中的【直线】按钮，【草图工具】工具栏展开起点参数输入文本框，如图 2-5 所示。

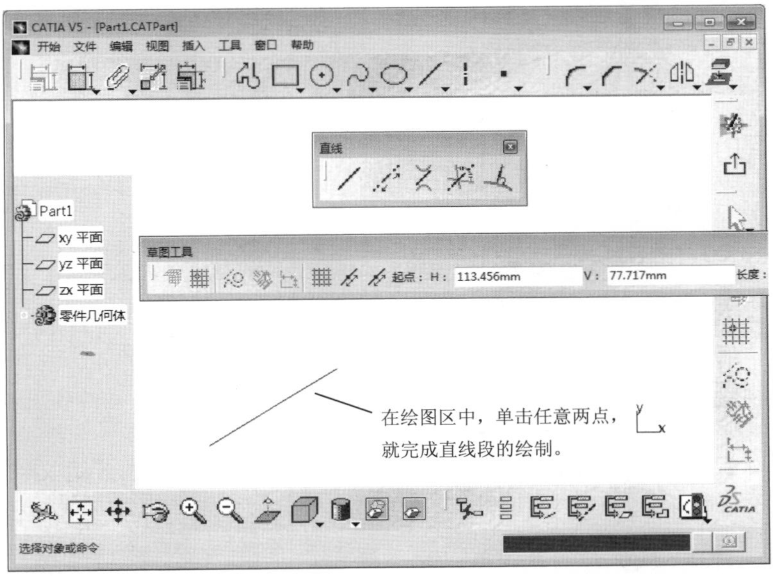

图 2-5 绘制直线

双击该直线段，系统弹出如图 2-6 所示的【直线定义】对话框，可以通过对话框设置直线两端点的坐标值，单击【确定】按钮，完成直线的修改。

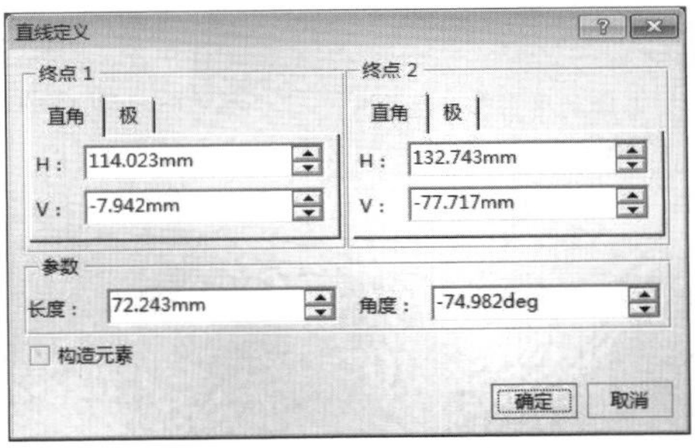

图 2-6 【直线定义】对话框

只有设置完起点，【草图工具】工具栏中才显示终点的设置。如果绘制的直线段有确定的起点和终点参数，就在【草图工具】工具栏中输入参数值，按下 Enter 键，就完成直线段的绘制。

名师点拨

（2）绘制双切线

单击【直线】工具栏中的【双切线】按钮，在绘图区中，选择直线、点、曲线、圆弧、圆等图形。在绘图区中，选择另一相切图形，完成双切线的绘制，如图 2-7 所示。

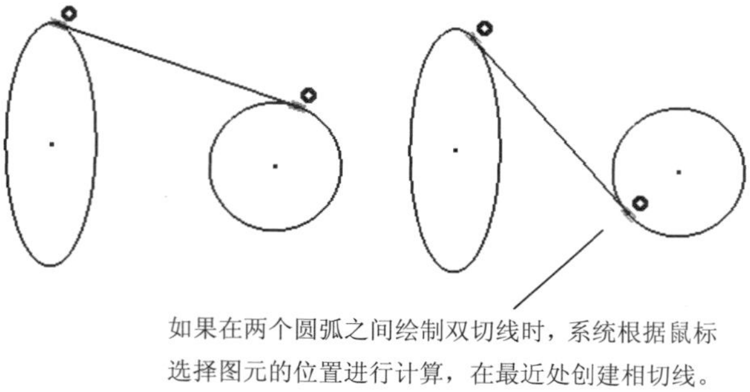

图 2-7　绘制双切线

3. 绘制中心线

单击【轮廓】工具栏中的【轴】按钮，【草图工具】工具栏展开定义轴线起点参数的文本框，如图 2-8 所示。

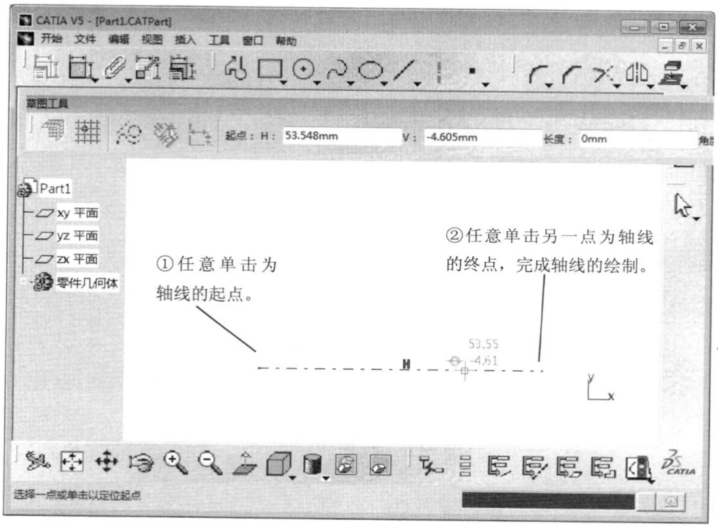

图 2-8　绘制中心线

如果绘制的轴线有精确的起点和终点参数，就在【草图工具】工具栏中相应的文本框中输入参数，按下 Enter 键即可。

名师点拨

4. 绘制圆

单击【轮廓】工具栏中的【圆】按钮右侧黑色三角，展开【圆】工具栏。它提供了绘制圆和圆弧的各种方法按钮。

单击【圆】工具栏中的【圆】按钮，【草图工具】工具栏展开定义圆的圆心、半径参数输入文本框，如图 2-9 所示。

双击该圆，系统弹出如图 2-10 所示的【圆定义】对话框，可以通过对话框设置圆心坐标值和圆的半径。单击【确定】按钮，完成圆的修改。

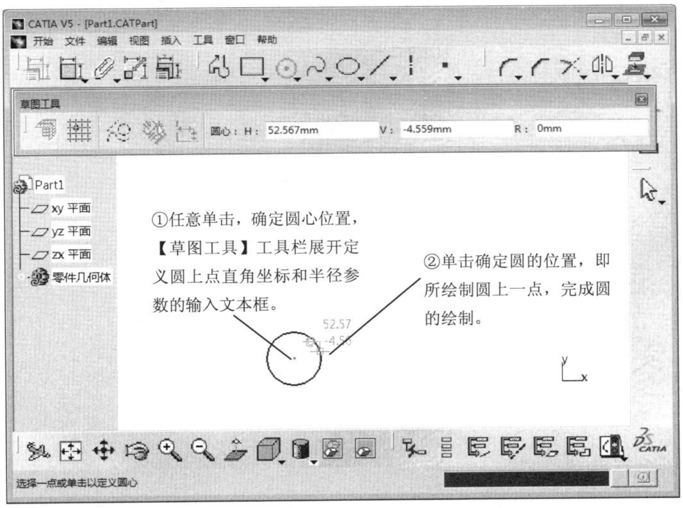

图 2-9 绘制圆形

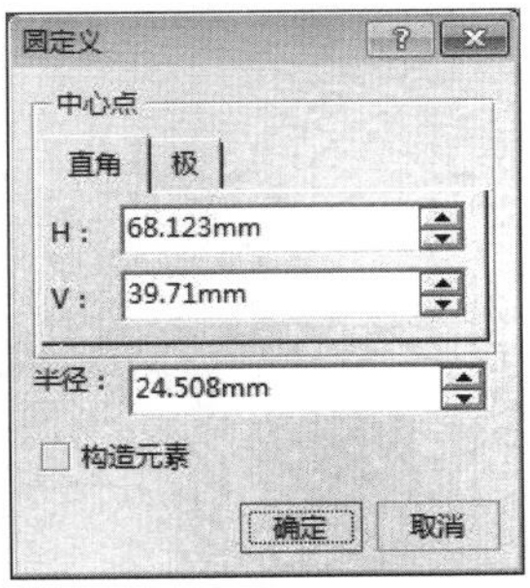

图 2-10 【圆定义】对话框

如果确定了圆的参数，在【草图工具】工具栏中输入参数值，按下 Enter 键，即可完成圆的绘制。

名师点拨

5. 绘制圆弧

绘制圆弧的操作方法如下：

单击【圆】工具栏中【三点弧】按钮，【草图工具】工具栏展开起点直角坐标输入文本框，绘制顺序如图 2-11 所示。

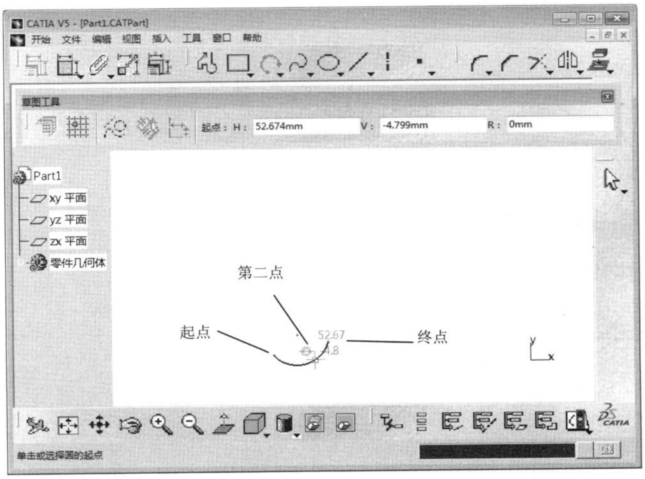

图 2-11 绘制三点圆弧

6. 绘制矩形

CATIA V5 提供了 9 种预定义轮廓，方便用户生成一些常见的图形。单击【矩形】按钮右侧黑色三角，展开【预定义的轮廓】对话框。单击【预定义的轮廓】工具栏中的【矩形】按钮，【草图工具】工具栏展开第一点坐标值输入文本框。完成的矩形效果如图 2-12 所示。

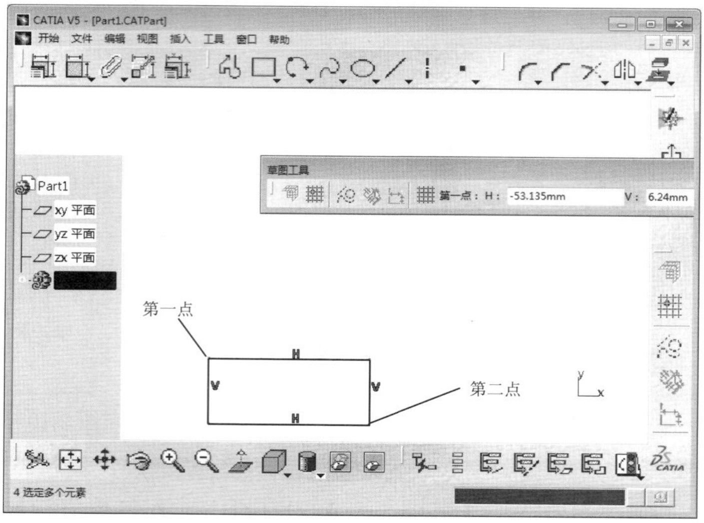

图 2-12 绘制矩形

7. 绘制多边形

单击【预定义的轮廓】工具栏中的【正六边形】按钮，【草图工具】工具栏展开六边形中心直角坐标输入文本框。完成的六边形效果如图 2-13 所示。

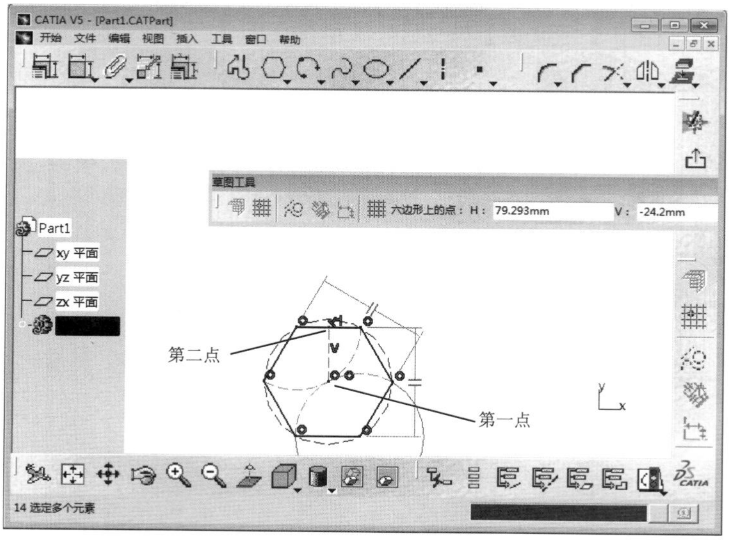

图 2-13 绘制六边形

六边形边的中心坐标是由直角坐标（H，V）确定，或者极坐标参数尺寸和角度确定。

名师点拨

8. 绘制曲线

（1）绘制样条线

单击【样条线】工具栏中的【样条线】按钮，【草图工具】工具栏展开控制点直角坐标输入文本框。样条线的绘制效果，如图 2-14 所示。

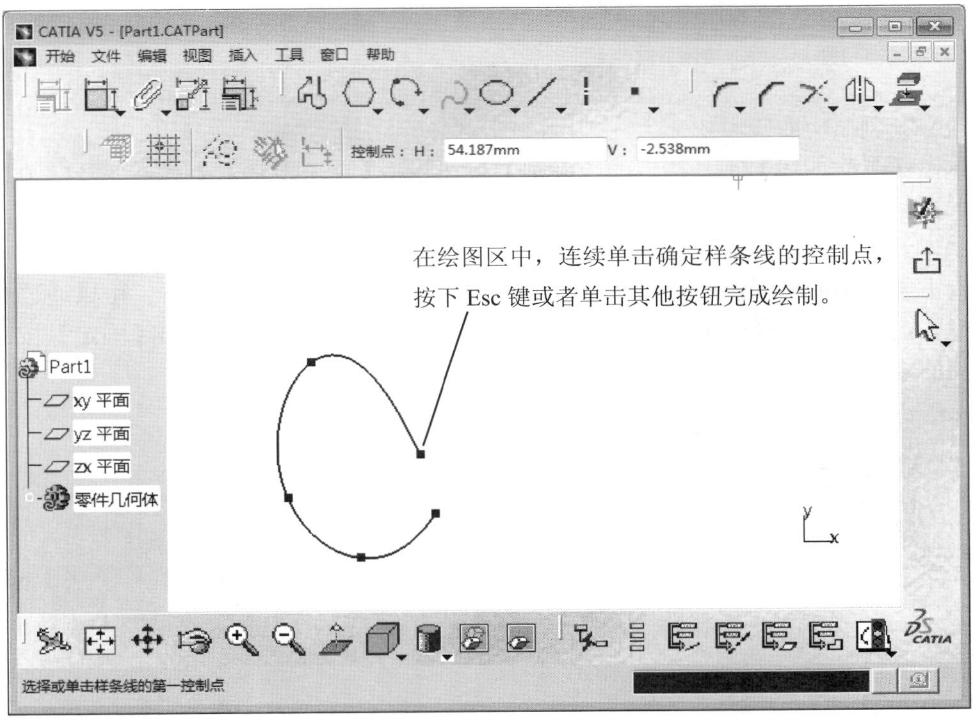

图 2-14　绘制样条线

双击所绘制的样条线，系统弹出【样条线定义】对话框，如图 2-15 所示。

绘制样条线过程中，用鼠标右键单击绘图区空白处，从弹出的快捷菜单中选择【封闭样条线】命令，完成封闭样条线的绘制。

名师点拨

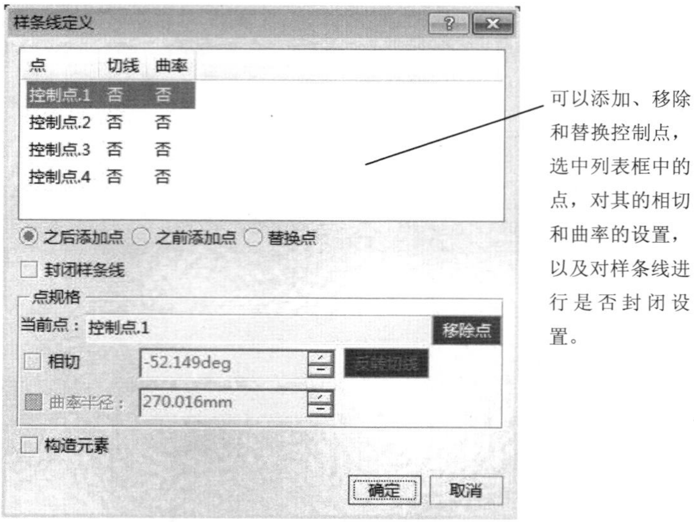

图 2-15 【样条线定义】对话框

（2）绘制二次曲线

单击【二次曲线】工具栏中的【椭圆】按钮，【草图工具】工具栏展开椭圆参数输入文本框，即中心直角坐标（H，V）、长轴半径、短轴半径、长轴与 H 之间的夹角。椭圆的绘制，效果如图 2-16 所示。

双击所绘制的椭圆，系统弹出如图 2-17 所示的【椭圆定义】对话框，可以通过对话框设置中心点、长轴半径、短轴半径以及长轴半径与 H 之间的夹角。单击【确定】按钮，完成椭圆的修改。

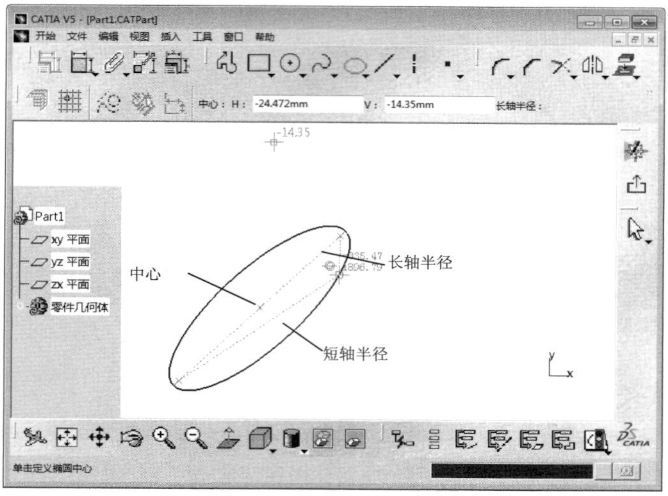

图 2-16 绘制椭圆

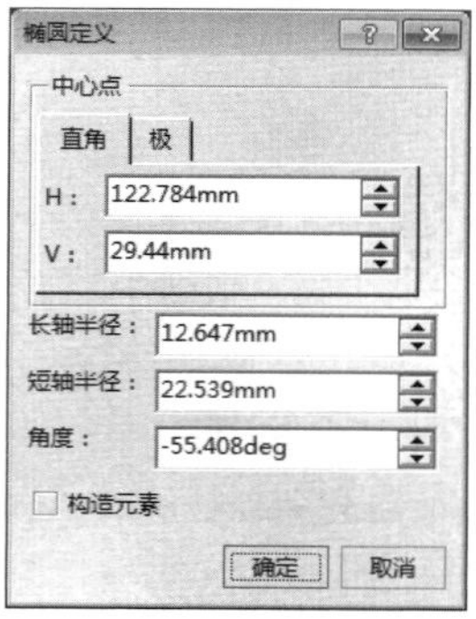

图 2-17 【椭圆定义】对话框

在绘图区中，单击确定长轴半径的点就是长轴与椭圆的交点，单击确定短轴半径的点位于椭圆上任意点。

名师点拨

2.1.3 课堂练习——创建草图

课堂练习开始文件：ywj /02/01.CATPart

课堂练习完成文件：ywj /02/01.CATPart

多媒体教学路径：光盘→多媒体教学→第 2 章→2.1 练习

Step1 选择草绘面，如图 2-18 所示。

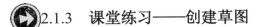

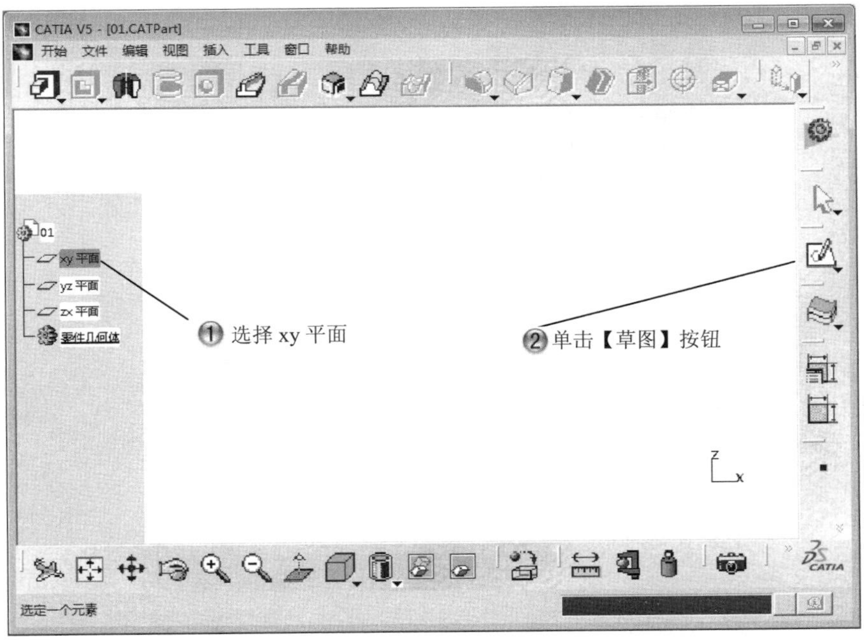

图 2-18 选择草绘面

Step2 绘制直线，如图 2-19 所示。

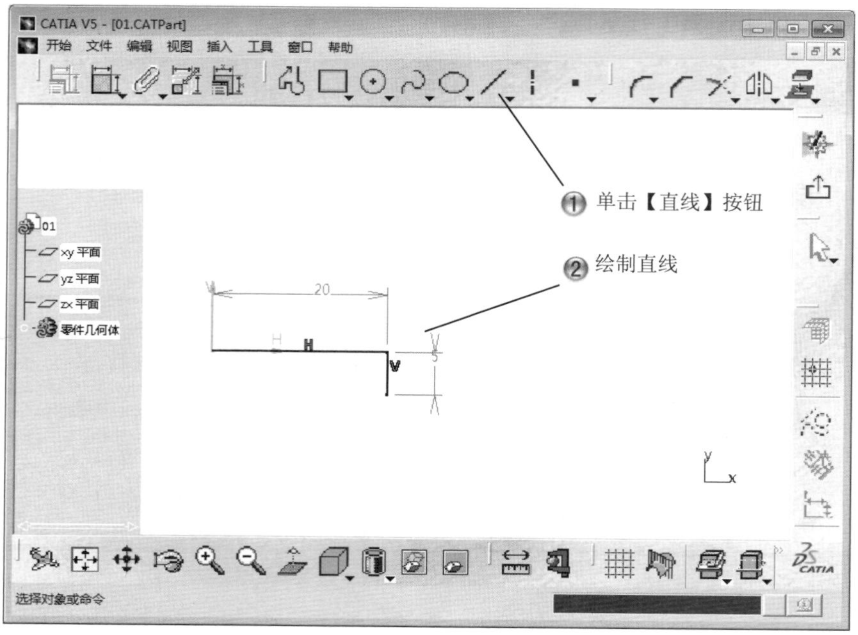

图 2-19 绘制直线

Step3 向右绘制直线，如图 2-20 所示。

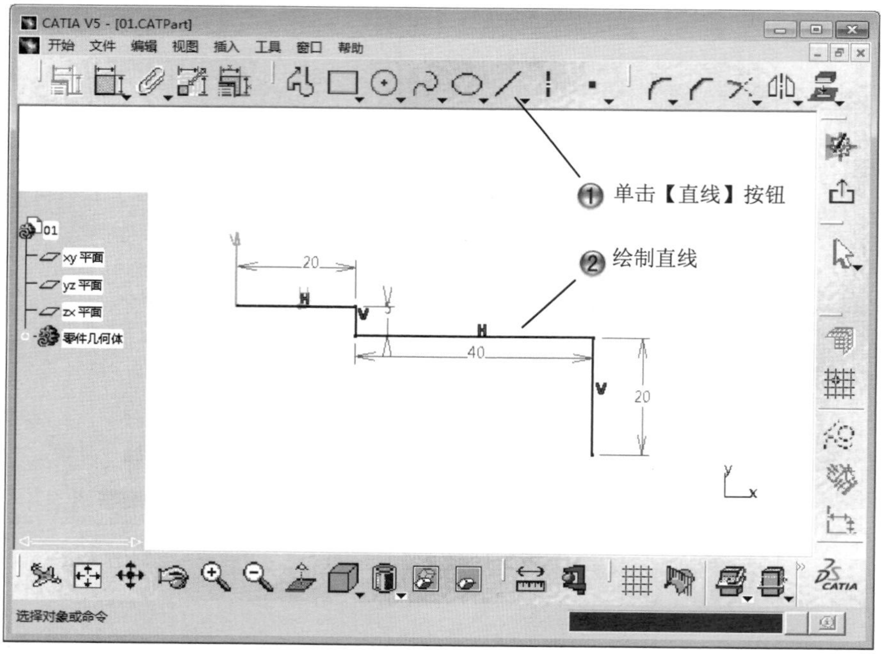

图 2-20 向右绘制直线

Step4 向下绘制直线，如图 2-21 所示。

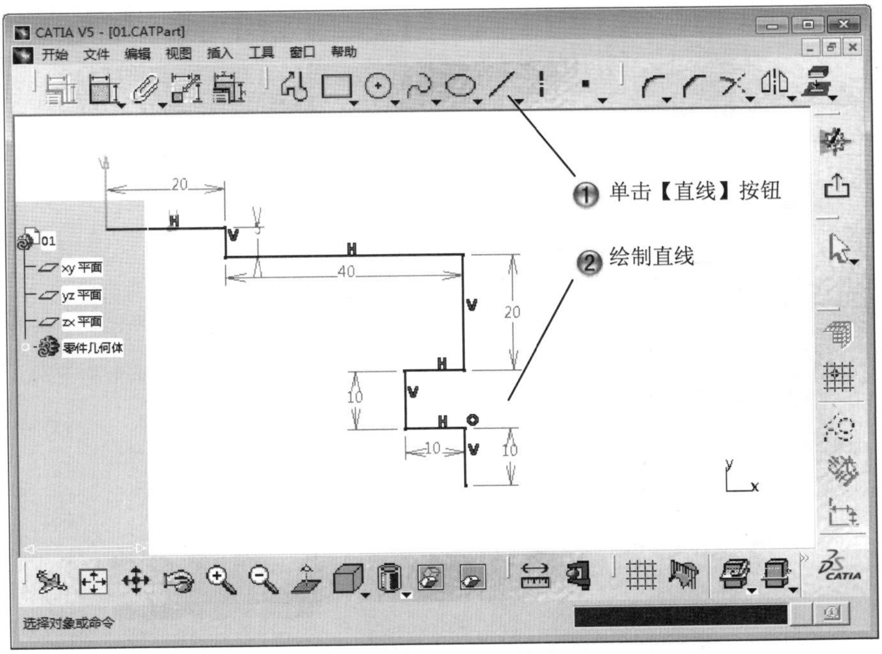

图 2-21 向下绘制直线

Step5 绘制封闭直线，如图 2-22 所示。

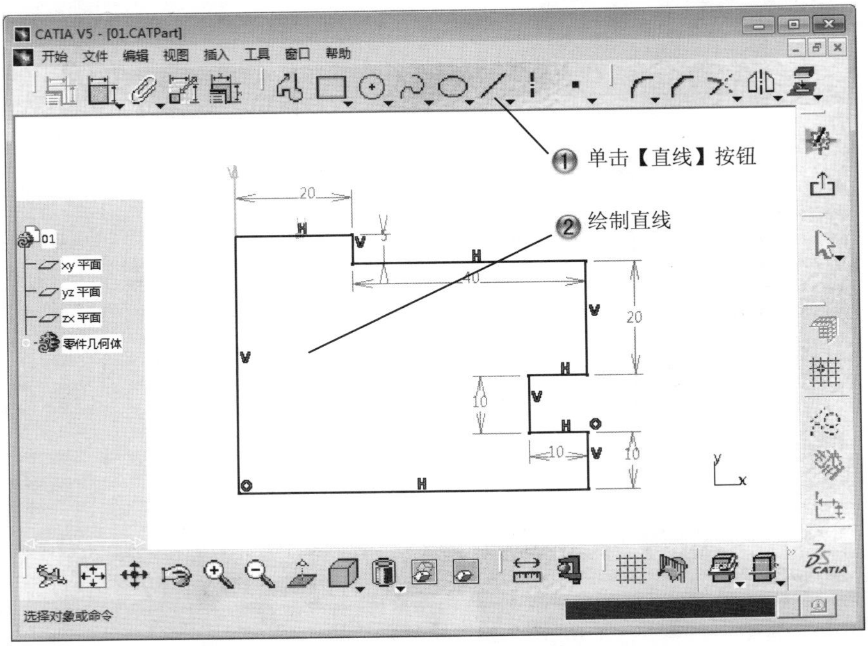

图 2-22 绘制封闭直线

Step6 绘制点，如图 2-23 所示。

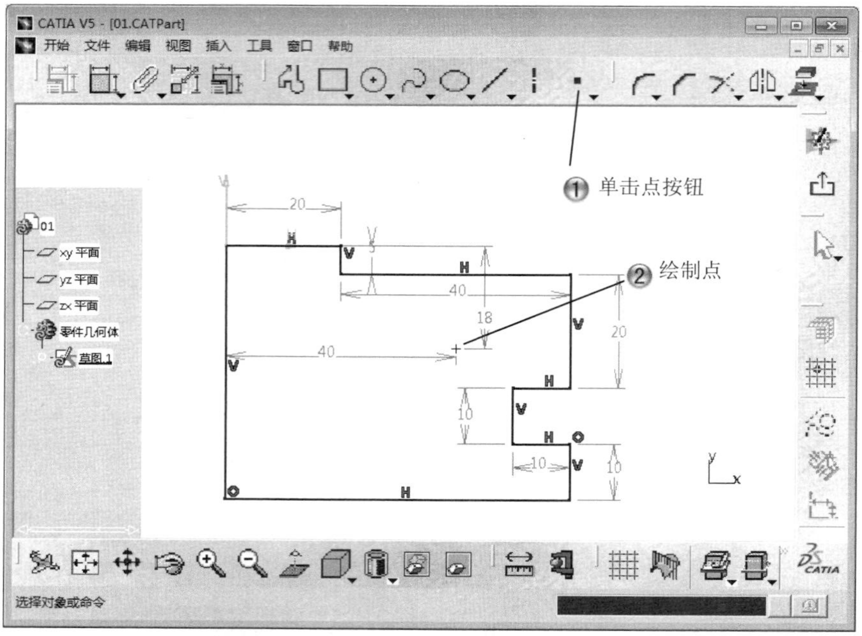

图 2-23 绘制点

Step7 绘制第二点，如图 2-24 所示。

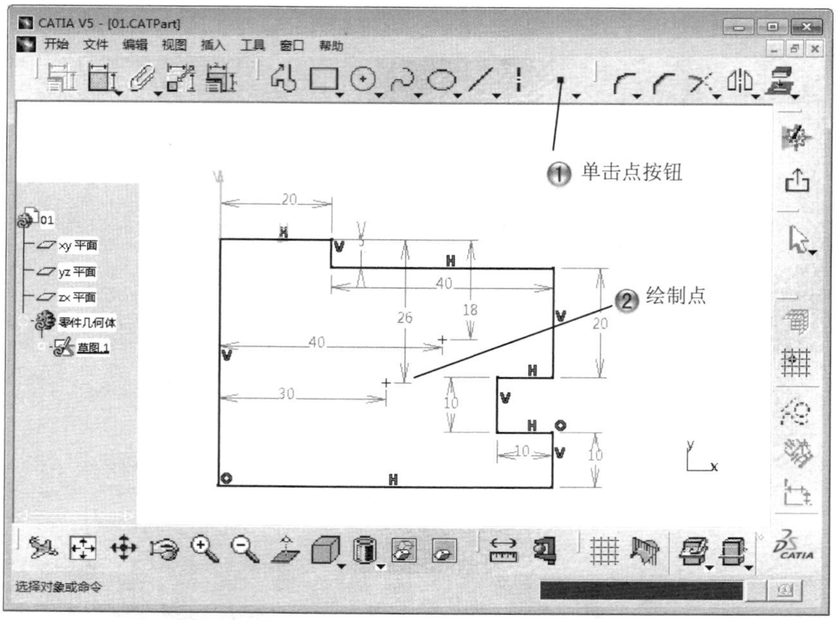

图 2-24 绘制第二点

Step8 绘制圆形，如图 2-25 所示。

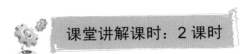

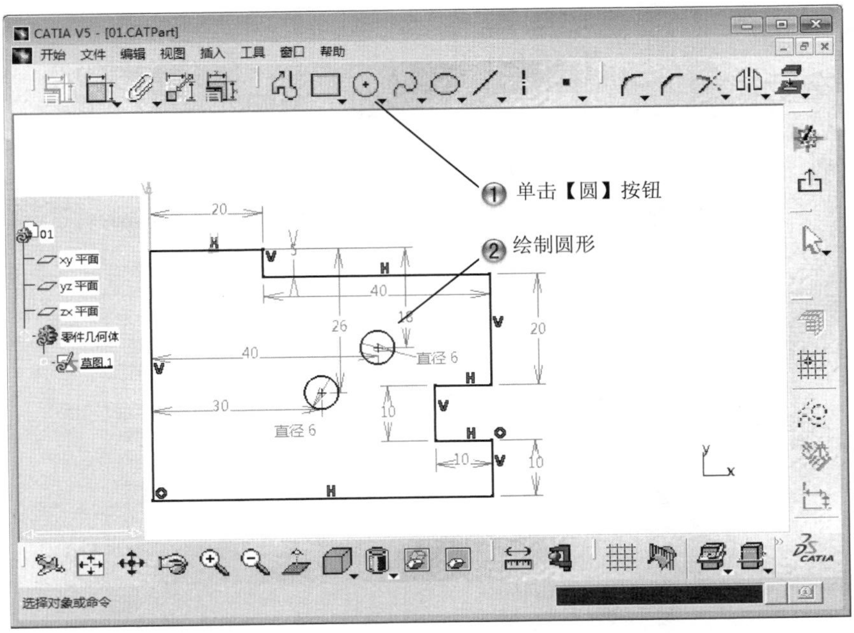

图 2-25　绘制圆形

2.2　草图约束

基本概念

草图约束是指一个几何元素与其他几何元素之间，产生一种相互限制的关系。

课堂讲解课时：2 课时

2.2.1　设计理论

利用草图约束可以使绘制的几何元素间有一定的关系，生成所需要的几何图形。草图的约束分为几何约束和尺寸约束两大类。几何约束是对一个几何元素或在多个几何元素之间的强制限制的关系。例如，某个几何约束可能要求两条直线平行。可以在一个元素上或者在两个或多个元素之间设置约束。尺寸约束是确定几何对象值的约束。例如，它可以控制直线的长度或两点之间的距离。草图约束可以手动创建，也可以智能拾取。

2.2.2 课堂讲解

1. 创建一般约束

（1）首先介绍一般约束的创建方法：

单击【约束创建】工具栏中的【约束】按钮，在绘图区中，选择直线段和圆，生成两元素之间的尺寸约束，如图 2-26 所示。

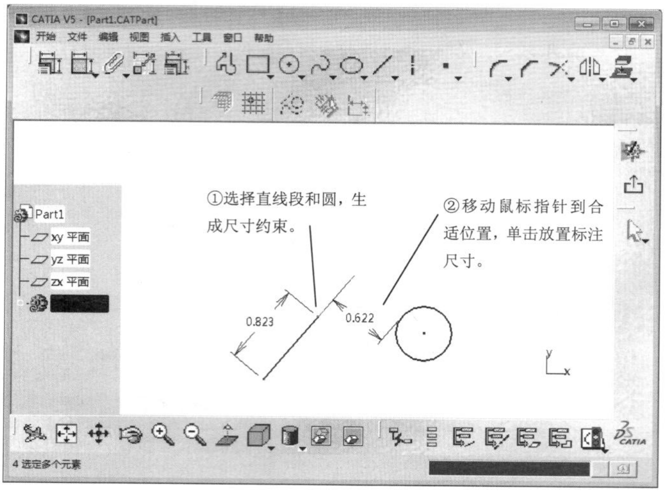
CATIA V5 - [Part1.CATPart]
开始 文件 编辑 视图 插入 工具 窗口 帮助
Part1
xy 平面
yz 平面
zx 平面
①选择直线段和圆，生成尺寸约束。
②移动鼠标指针到合适位置，单击放置标注尺寸。
0.823
0.622
4 选定多个元素

图 2-26　生成尺寸约束

双击所标注的尺寸，系统弹出【约束定义】对话框，如图 2-27 所示。

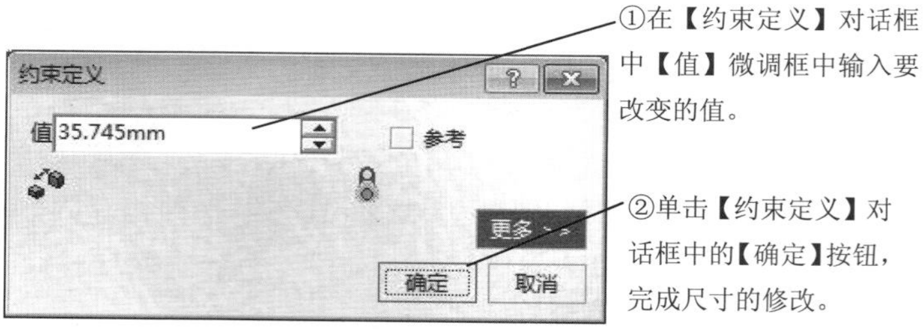
约束定义
值 35.745mm
参考
更多>>
确定
取消
①在【约束定义】对话框中【值】微调框中输入要改变的值。
②单击【约束定义】对话框中的【确定】按钮，完成尺寸的修改。

图 2-27　【约束定义】对话框

约束工具是对一个元素、两个元素或三个元素之间生成尺寸约束或几何约束的工具按钮。优先采用尺寸约束，使用右键快捷菜单获取其他约束类型。如果选中一个元素可以创建尺寸约束；如果选中两个元素可以创建距离或角度约束；如果要在三个元素上创建对称或等距点约束，则必须先选择两个元素，然后选择右键快捷菜单中的【允许对称线】命令。

名师点拨

（2）下面介绍接触约束的创建方法：

单击【约束创建】工具栏中的【接触约束】按钮，在绘图区中，依次选择直线段和曲线，完成接触约束的创建，效果如图 2-28 所示。

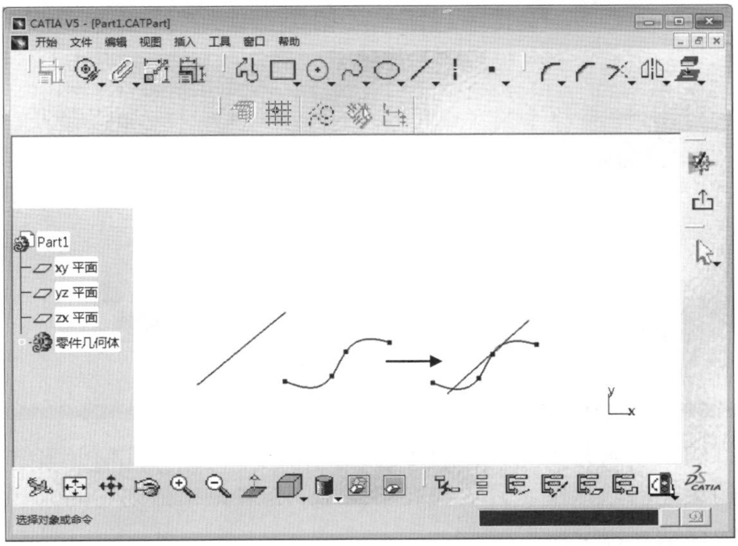

图 2-28　创建接触约束

接触约束是在任意两元素之间生成几何约束的工具，优先建立同心度、相合和相切约束。根据选择的元素不同，生成的约束也不相同，如果选择一个点和一条直线、两条直线、两个点、一个点和任何其他元素，则生成相合约束；如果选择两个圆、两条曲线/椭圆，则生成同心度；如果选择一条直线和一个圆、两条曲线、直线和曲线，则生成相切约束。

名师点拨

2. 创建自动约束

单击【约束】工具栏中【固联】按钮右侧黑色三角，展开【受约束】工具栏。

（1）首先介绍固联约束的创建方法：

单击【受约束】工具栏中的【固联】按钮，系统弹出【固联定义】对话框，如图 2-29 所示。

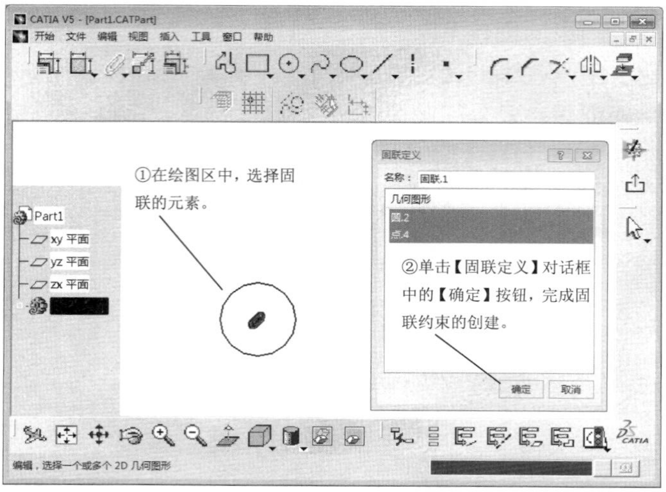

图 2-29 【固联定义】对话框

固联允许约束一组几何元素，即使已经为它们中的某些几何元素定义了约束或尺寸。约束之后，该组元素被视为刚性组，并且只须拖动它的元素之一就可以很容易地移动它。

名师点拨

（2）下面介绍自动约束的创建方法：

单击【受约束】工具栏中的【自动约束】按钮，系统弹出【自动约束】对话框，如图 2-30 所示。

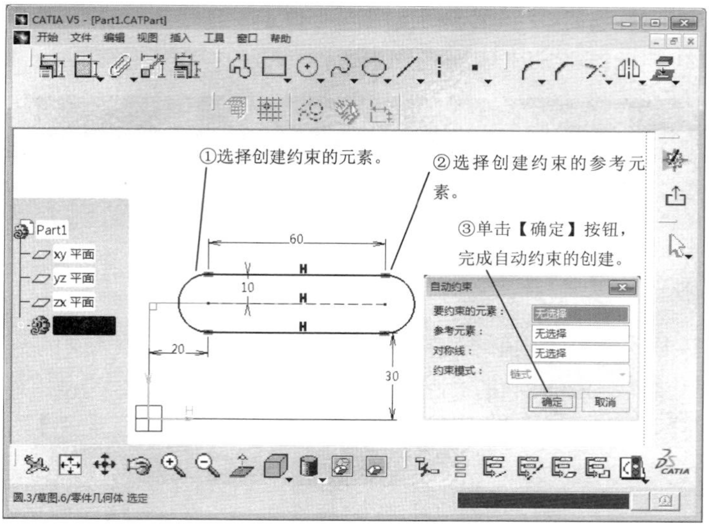

图 2-30 创建自动约束

如果要创建对称约束，单击【自动约束】对话框中的【对称线】文本框，从绘图区中选择对称线。

名师点拨

3. 创建动画约束

单击【约束】工具栏中的【对约束应用动画】按钮，系统弹出【对约束应用动画】对话框，在【对约束应用动画】对话框中【参数】选择组中设置参数，如图 2-31 所示。

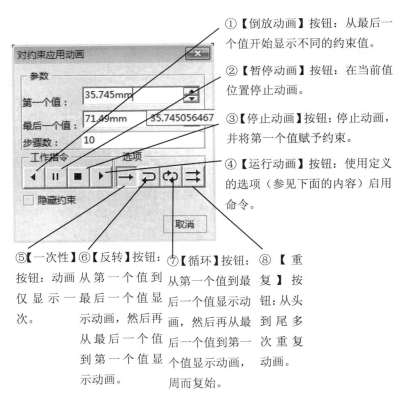

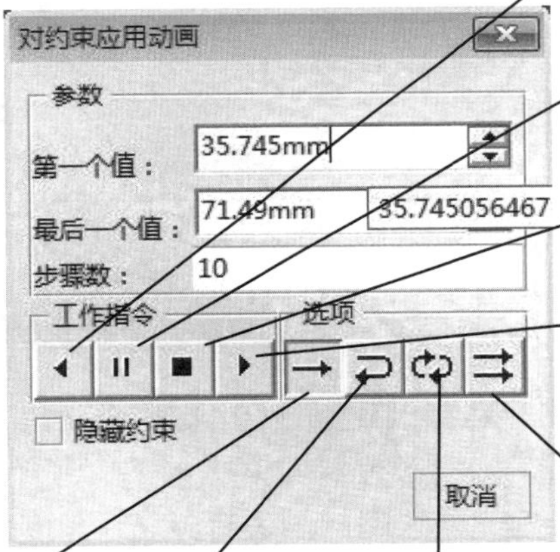
对约束应用动画
参数
第一个值：35.745mm
最后一个值：71.49mm 35.745056467
步骤数：10
工作指令
选项
隐藏约束
取消
①【倒放动画】按钮：从最后一个值开始显示不同的约束值。
②【暂停动画】按钮：在当前值位置停止动画。
③【停止动画】按钮：停止动画，并将第一个值赋予约束。
④【运行动画】按钮：使用定义的选项（参见下面的内容）启用命令。
⑤【一次性】按钮：动画仅显示一次。
⑥【反转】按钮：从第一个值到最后一个值显示动画，然后再从最后一个值到第一个值显示动画。
⑦【循环】按钮：从第一个值到最后一个值显示动画，然后再从最后一个值到第一个值显示动画，周而复始。
⑧【重复】按钮：从头到尾多次重复动画。

图 2-31 【对约束应用动画】对话框

4. 通过对话框创建约束

按住 Ctrl 键，依次选择三条直线。单击【约束】工具栏中的【对话框中定义的约束】按钮，系统弹出【约束定义】对话框，如图 2-32 所示。

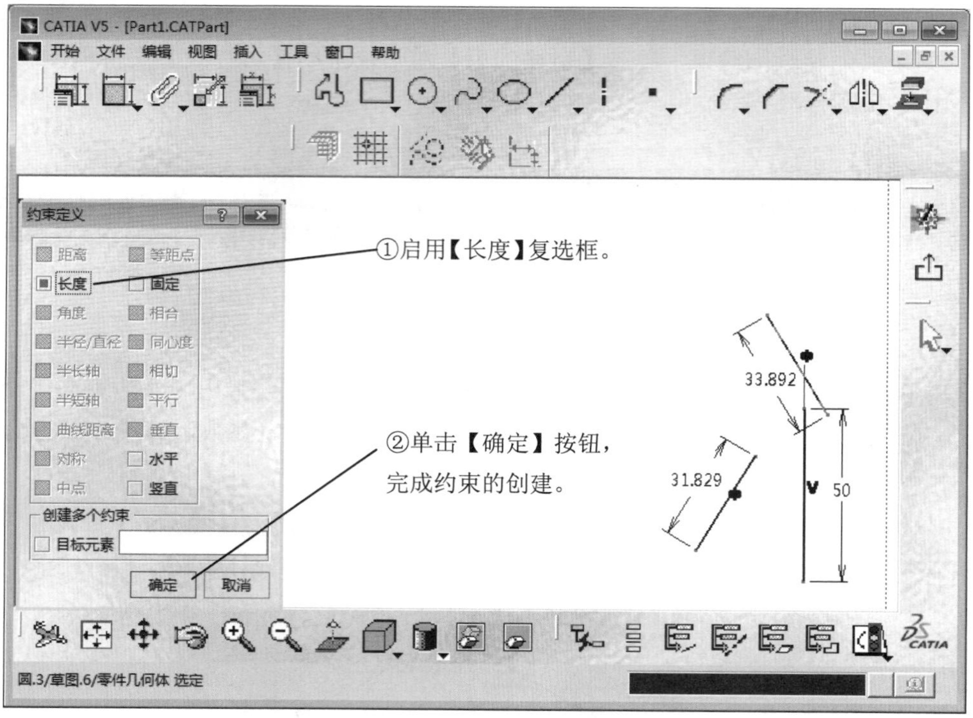

图 2-32 【约束定义】对话框和创建的约束

通过对话框创建约束，系统根据用户选择的轮廓线自动进行分析，决定可以创建的约束类型：应用于单个元素的约束有长度、固定、水平、垂直、半径/直径、半长轴和半短轴；应用于两个选定元素之间的约束有距离、角度、相合、平行或垂直、同心、相切和中点；应用于三个元素之间的约束有对称、等分点，进行创建对称约束时，选择的最后元素为对称轴。

使用对话框创建约束，可进行多重选择；如果约束已经存在，则默认情况下会在对话框中选中这些约束；在默认情况下，当选中半径/直径选项时，将在闭合圆上创建直径约束；如果需要半径约束，只须双击该直径约束，并选择半径选项即可将此约束转换为半径约束。

5. 编辑多重约束

单击【约束】工具栏中的【编辑多重约束】按钮，系统弹出【编辑多重约束】对话框，如图 2-33 所示。

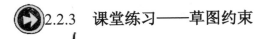

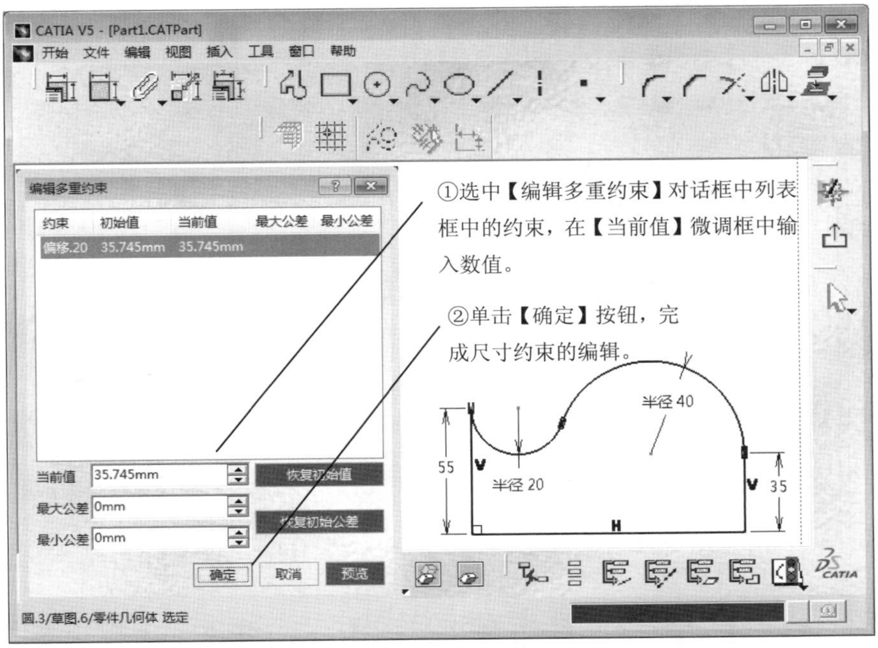

图 2-33　编辑多重约束对话框

【编辑多重约束】命令只能对绘图区中的尺寸约束进行全部或部分编辑，执行【编辑多重约束】命令前，绘图区中必须存在尺寸约束。如果需要恢复初始值，只须选中约束尺寸，单击【恢复初始值】按钮，即可完成初始值的恢复。

名师点拨

2.2.3　课堂练习——草图约束

课堂练习开始文件： ywj /02/01.CATPart

课堂练习完成文件： ywj /02/02.CATPart

多媒体教学路径： 光盘→多媒体教学→第 2 章→2.2 练习

Step1 选择【编辑】命令，如图 2-34 所示。

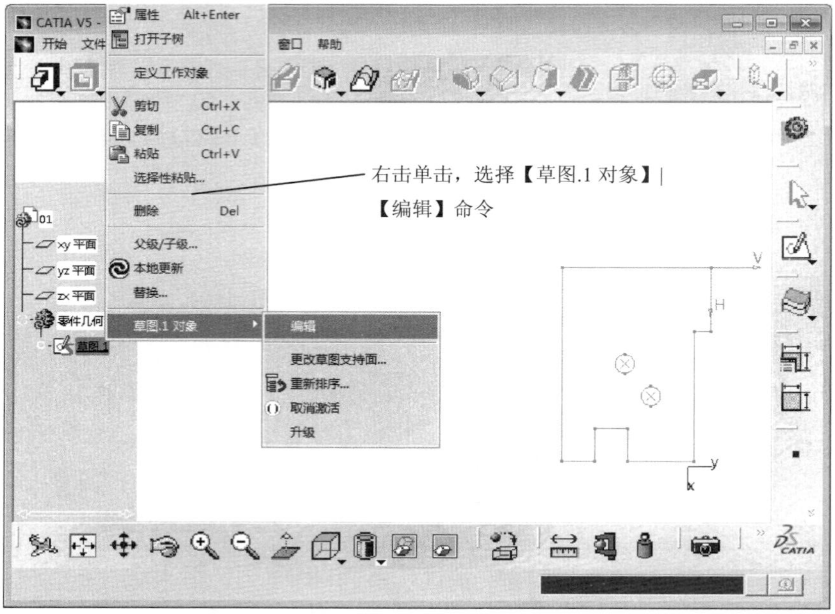

图 2-34 选择【编辑】命令

Step2 约束直线，如图 2-35 所示。

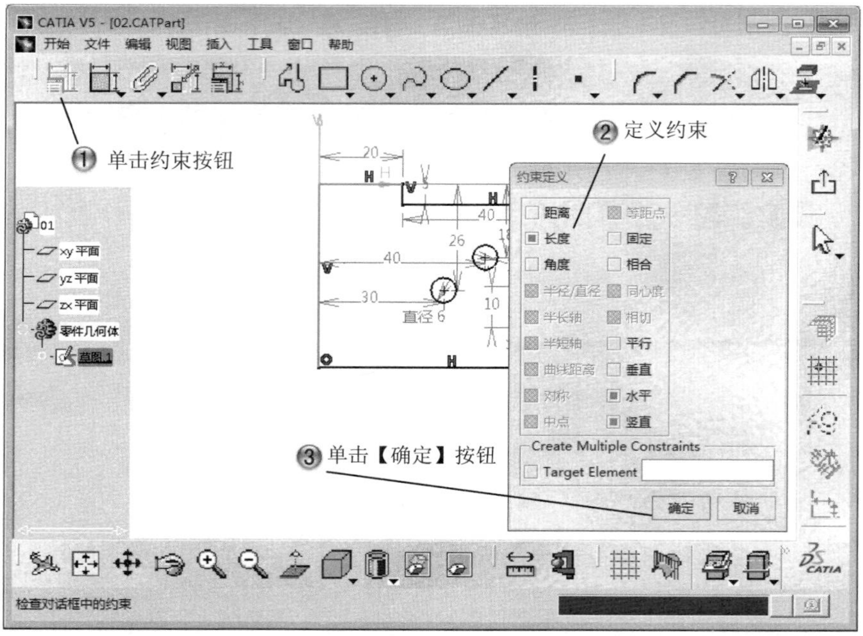

图 2-35 约束直线

Step3 固联直线，如图 2-36 所示。

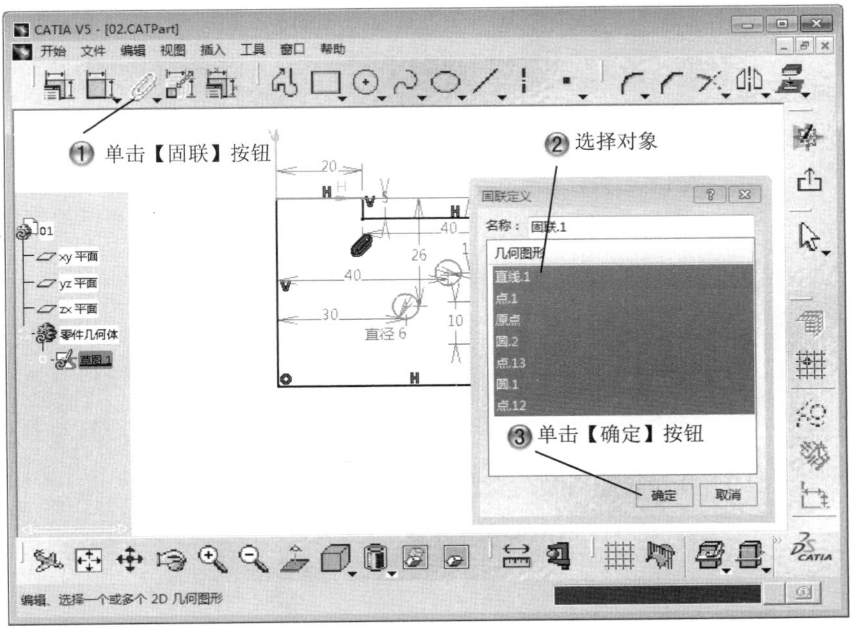

图 2-36　固联直线

Step4 标注直线水平长度，如图 2-37 所示。

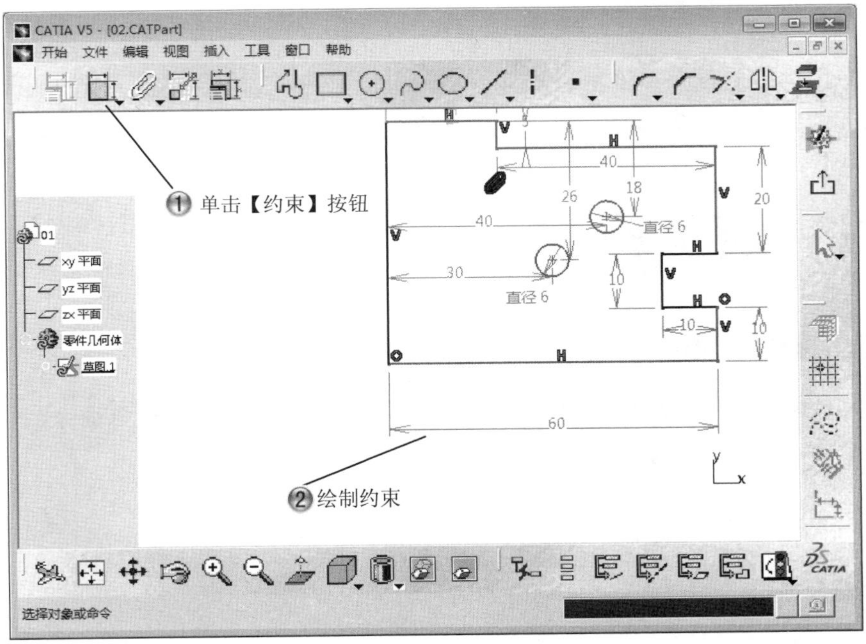

图 2-37　标注直线水平长度

Step5 标注直线垂直长度，如图 2-38 所示。

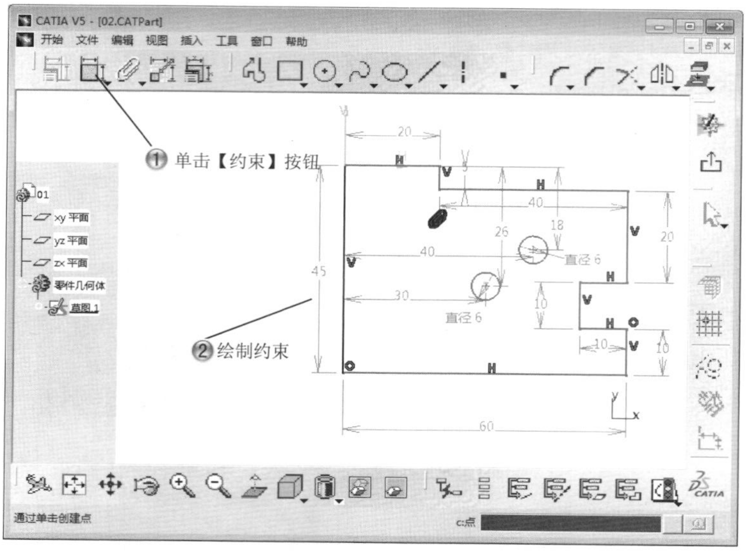

图 2-38 标注直线垂直长度

2.3 修饰草图

基本概念

修饰草图命令有倒角、修剪、平移、旋转、镜像等，倒角包括倒直角和倒圆角，是对垂直角度的圆弧或者直线过渡，修剪是草图线条的互相截断，平移是移动曲线位置，镜像指的是曲线相对中心线进行复制。

课堂讲解课时：2 课时

2.3.1 设计理论

在草图绘制过程中，经常要进行倒角、修剪、平移、旋转、镜像等命令，以便对草图进行编辑修饰。利用【操作】工具栏能轻松完成草图的修饰操作。

2.3.2 课堂讲解

1. 绘制圆角

（1）倒圆角

单击【操作】工具栏中的【圆角】按钮，选择两条直线段，在【草图工具】工具栏

中【半径】文本框中输入半径值，按下 Enter 键，完成倒圆角的创建，效果如图 2-39 所示。

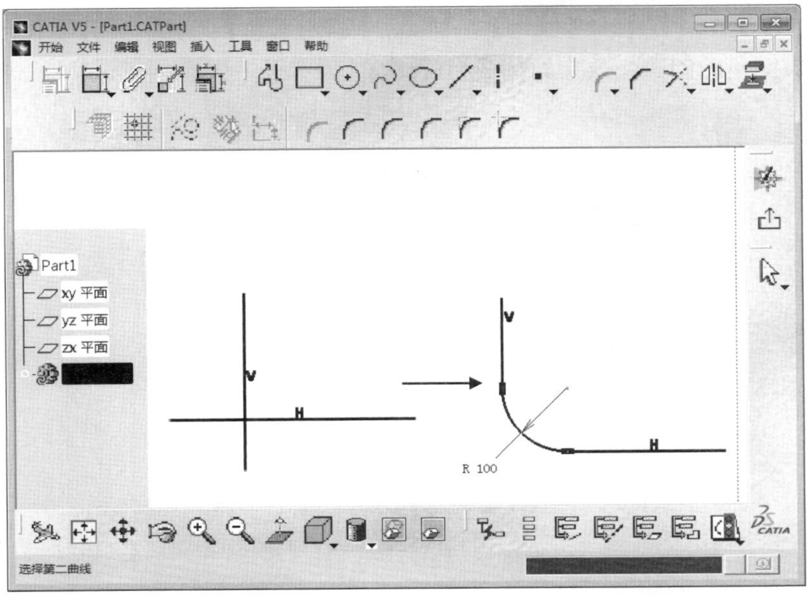

图 2-39　修剪所有元素的倒圆角

（2）倒圆角的 4 种方法

在绘图区中，选择两条直线段，在【草图工具】工具栏设置 4 种倒圆角方法，完成倒圆角的创建，效果如图 2-40 所示。

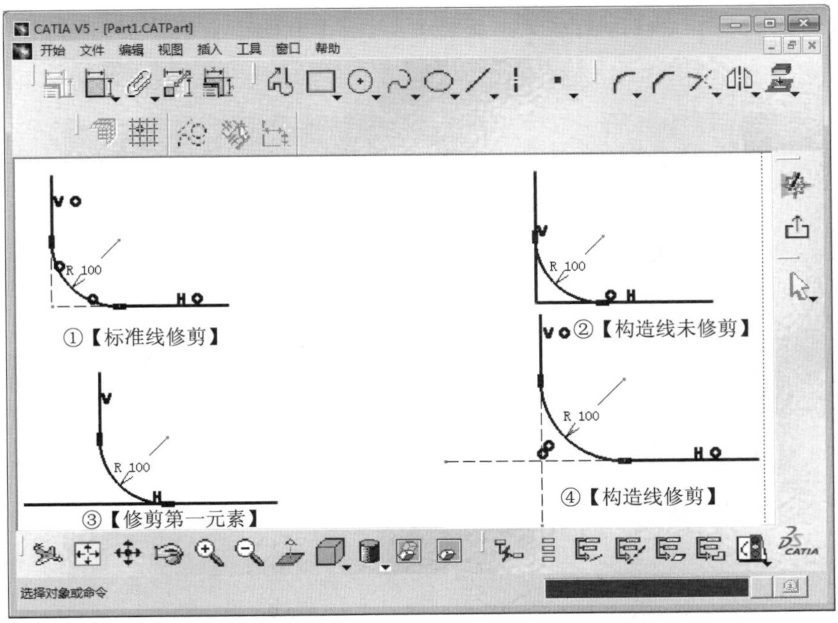

图 2-40　修剪倒圆角

2. 绘制倒角

单击【操作】工具栏中的【倒角】按钮，【草图工具】工具栏展开设置倒角方式的开关按钮。完成倒角的创建，效果如图 2-41 所示。

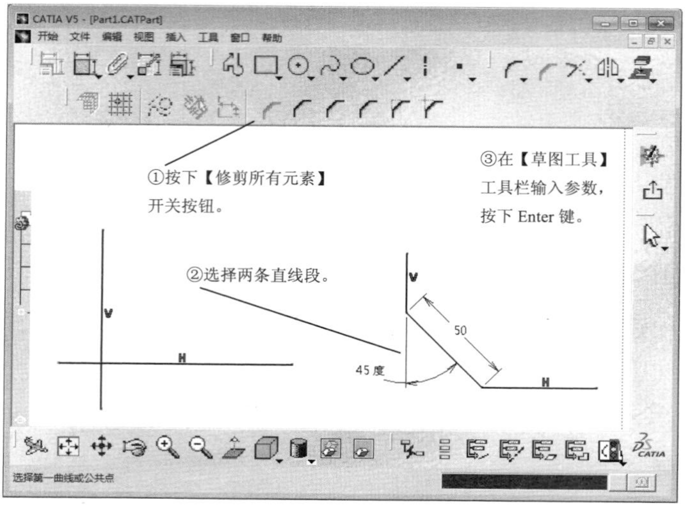
①按下【修剪所有元素】
开关按钮。
②选择两条直线段。
③在【草图工具】
工具栏输入参数，
按下 Enter 键。
50
45 度

图 2-41　修剪所有元素倒角

3. 创建图形修剪

单击【操作】工具栏中的【修剪】按钮右侧黑色三角，展开【重新限定】工具栏。

（1）修剪图形

单击【重新限定】对话框中的【修剪】按钮，【草图工具】工具栏展开，定义修建方式的选项。然后在绘图区中，选择直线段，完成样条线的修剪，效果如图 2-42 所示。

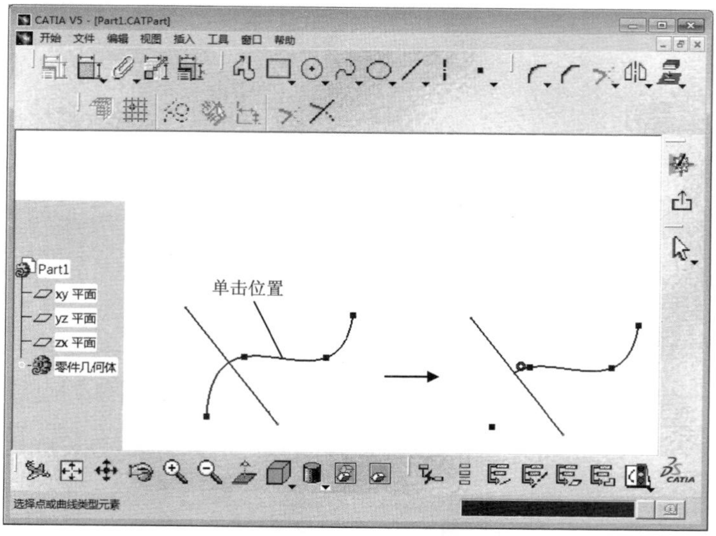
单击位置

图 2-42　修剪图形

对图形进行修剪第一元素时，选择的第一元素被修剪，第一元素中鼠标选择的部位保留。

名师点拨

（2）断开图形

单击【重新限定】工具栏中的【断开】按钮。在绘图区中，选择需要断开的图元，单击确定断开点，完成图形的断开，效果如图 2-43 所示。

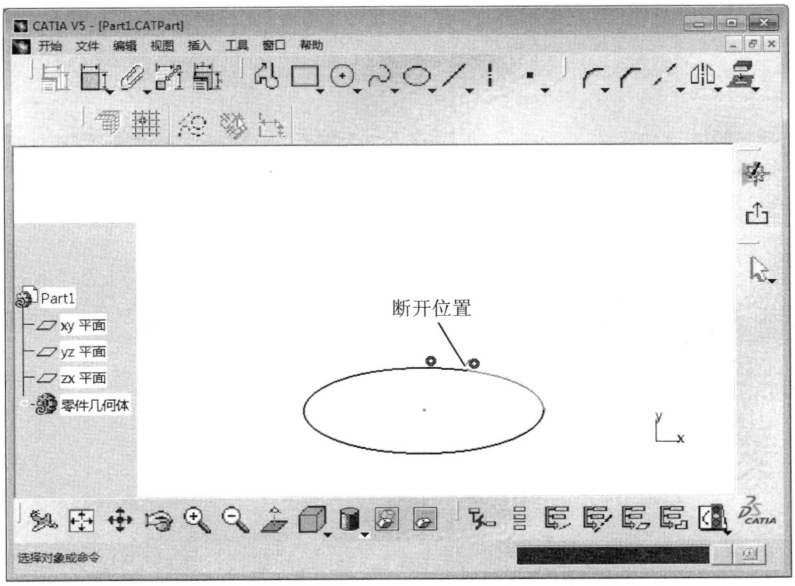

图 2-43　创建断开

如果在封闭曲线上创建断开，将以鼠标点击位置与该点最近的 H 轴与曲线的交点为断开点，将封闭曲线分为两段。

名师点拨

4. 创建图形转换

单击【操作】工具栏中的【镜像】按钮右侧黑色三角，展开【变换】工具栏。

（1）镜像图形

单击【变换】工具栏中的【镜像】按钮，完成图形镜像的创建，效果如图 2-44 所示。

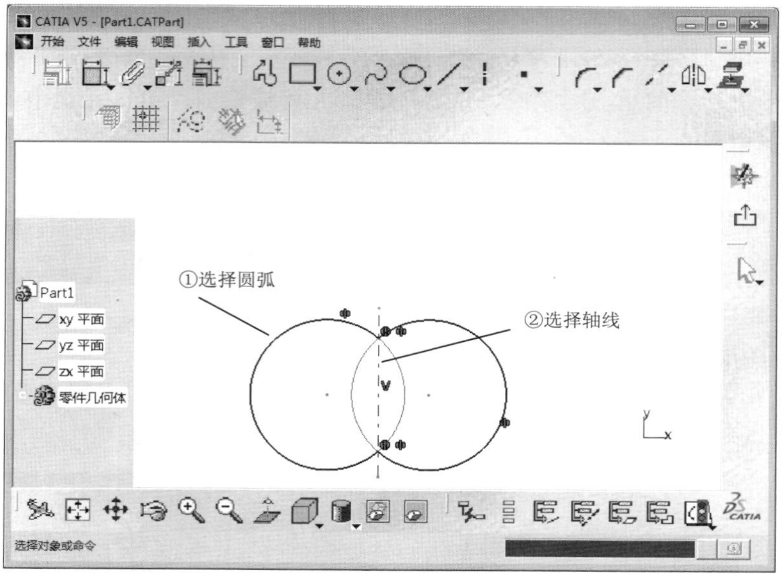

图 2-44 生成镜像图形

镜像轴线可以是构造线、轴线、直线、坐标轴等。

名师点拨

（2）平移图形

单击【变换】工具栏中的【平移】按钮，系统弹出【平移定义】对话框，如图 2-45 所示。

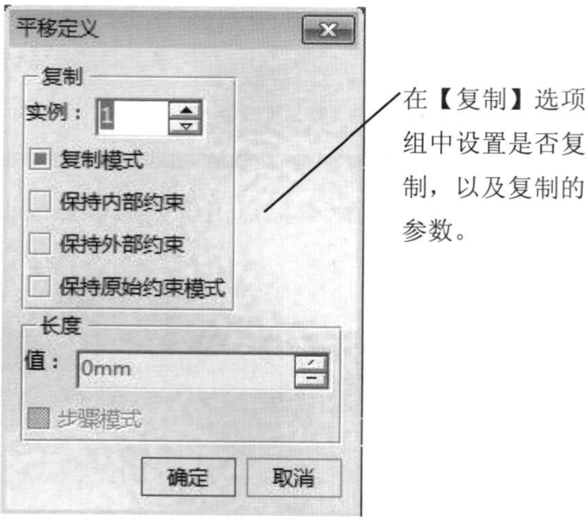

图 2-45 【平移定义】对话框

平移图形的创建效果，如图 2-46 所示。

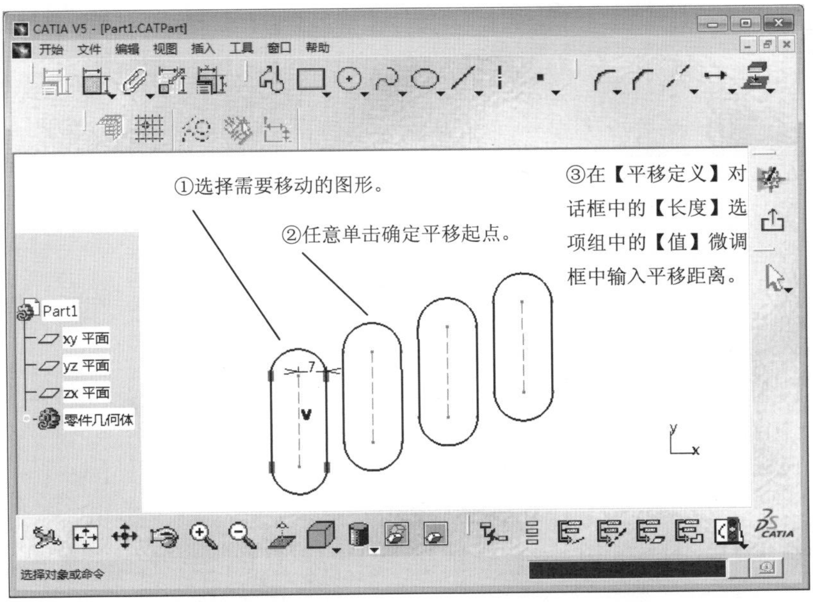

图 2-46 创建平移图形

如果选择的图形为多图元，需要使用矩形框选的方法。如果创建平移图形或者平移复制图形，没有精确的平移距离，单击确定终点，即可确定方向和距离。

名师点拨

（3）旋转图形

单击【变换】工具栏中的【旋转】按钮，系统弹出【旋转定义】对话框，如图 2-47 所示。

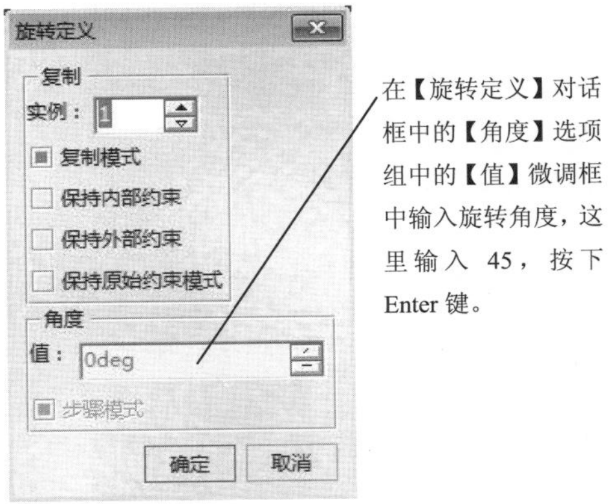

图 2-47 【旋转定义】对话框

完成图形旋转的效果，如图 2-48 所示。

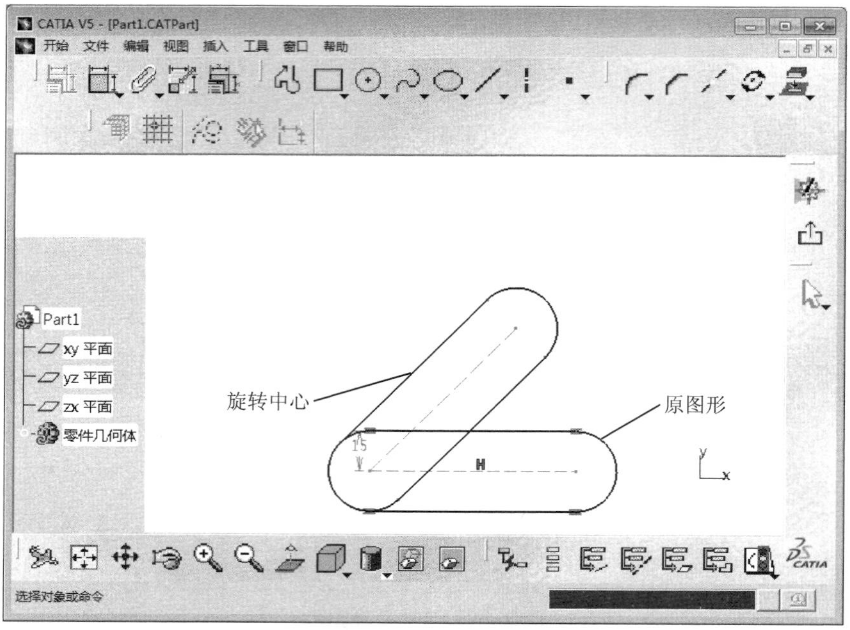

图 2-48　创建旋转图形

如果没有固定的旋转角度，在绘图区中单击两点即可完成图形的旋转。

名师点拨

（4）缩放图形

单击【变换】工具栏中的【缩放】按钮，系统弹出如图 2-49 所示的【缩放定义】对话框。在【缩放定义】对话框中设置复制选项。

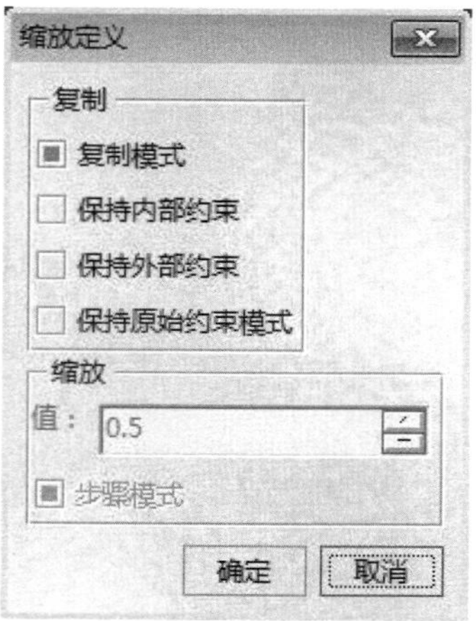

图 2-49　【缩放定义】对话框

完成的图形缩放效果，如图 2-50 所示。

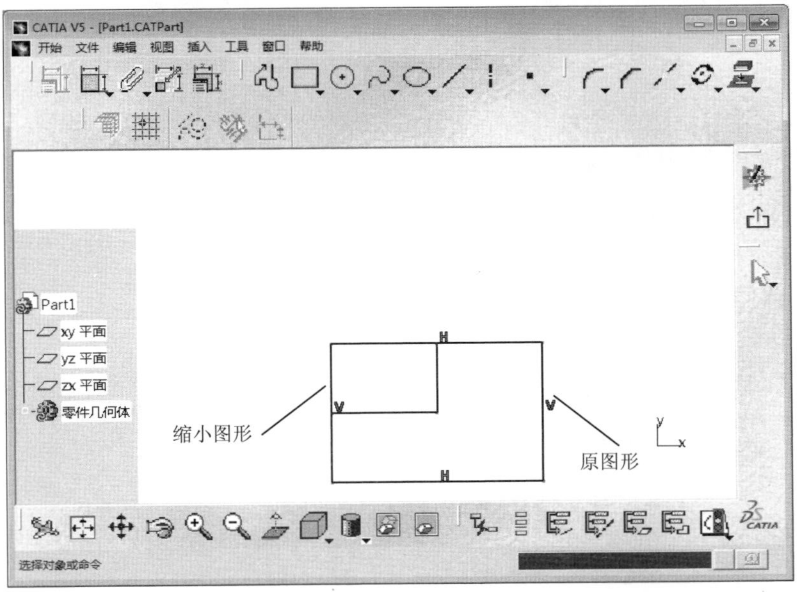

图 2-50 创建的缩放图形

（5）偏移图形

单击【变换】工具栏中的【偏移】按钮，展开【草图工具】工具栏，完成图形偏移的创建，效果如图 2-51 所示。

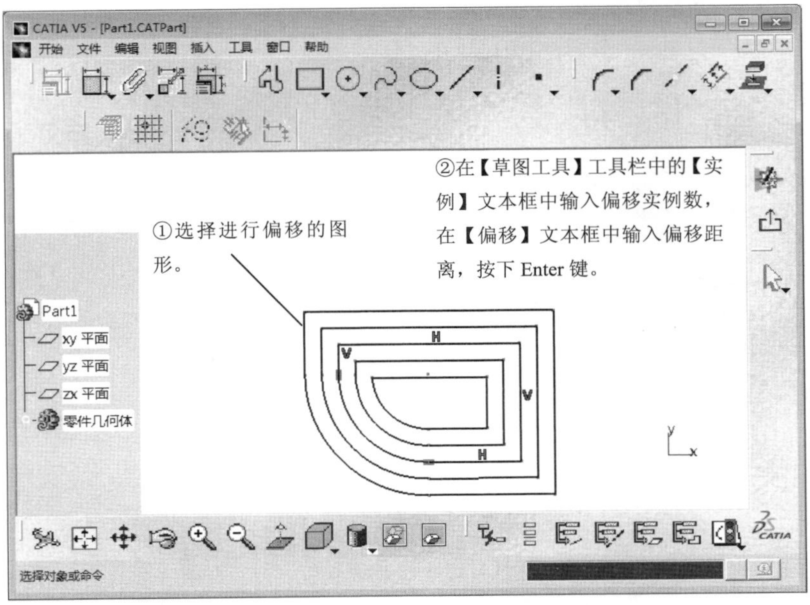

图 2-51 创建偏移图形

偏移参数设置分为两种，第一种是实例数和偏移距离；第二种是实例数和新位置点直角坐标。

名师点拨

2.3.3 课堂练习——修饰草图

课堂练习开始文件：ywj /02/01.CATPart

课堂练习完成文件：ywj /02/01.CATPart

多媒体教学路径：光盘→多媒体教学→第 2 章→2.3 练习

Step1 选择【编辑】命令，如图 2-52 所示。

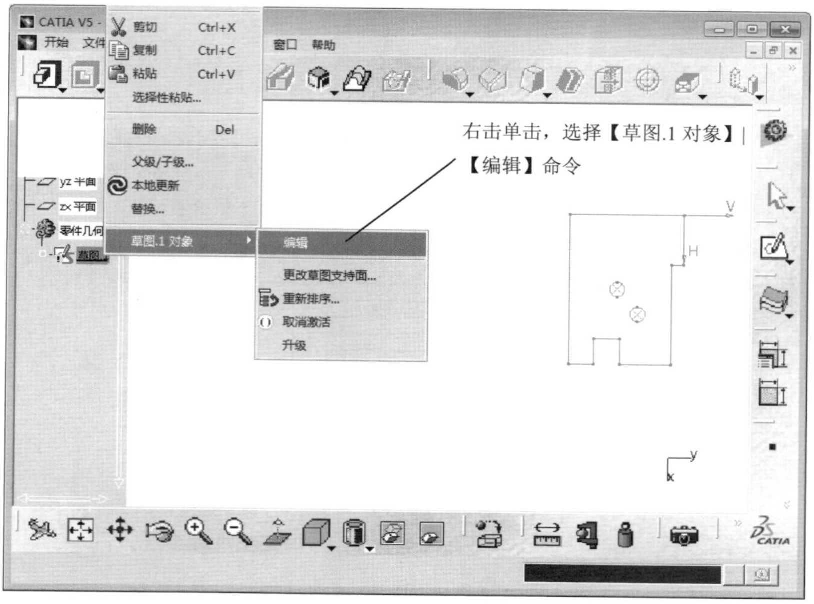

图 2-52 选择【编辑】命令

Step2 删除约束，如图 2-53 所示。

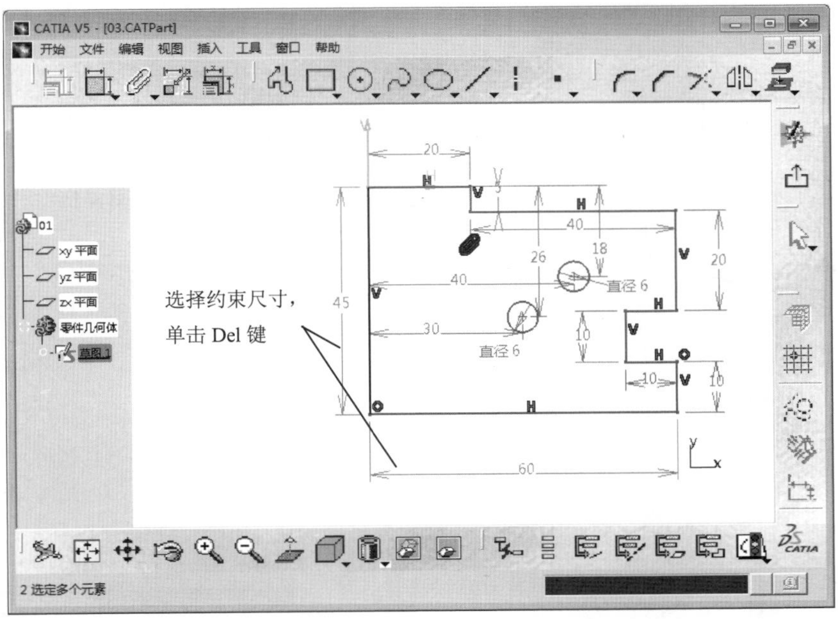

图 2-53 删除约束

Step3 绘制矩形，如图 2-54 所示。

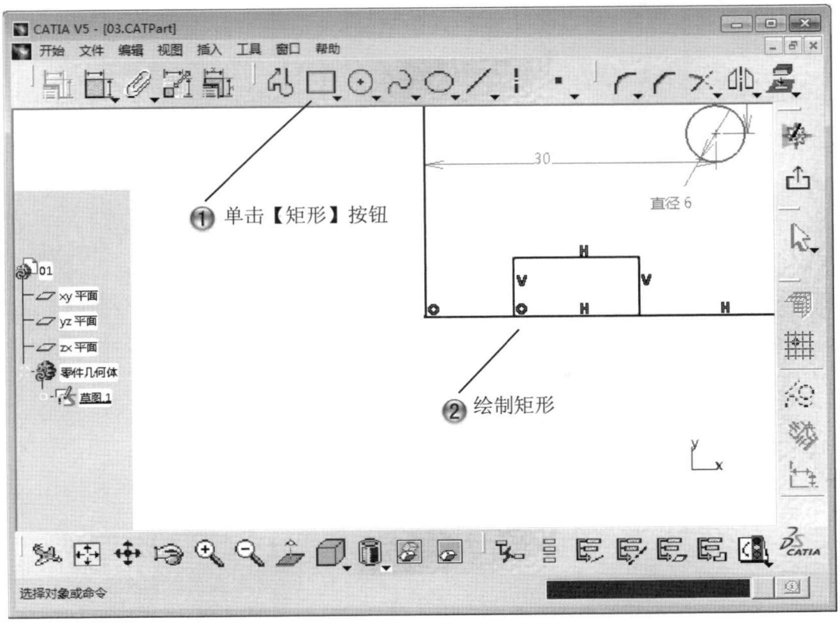

图 2-54 绘制矩形

Step4 修剪草图，如图 2-55 所示。

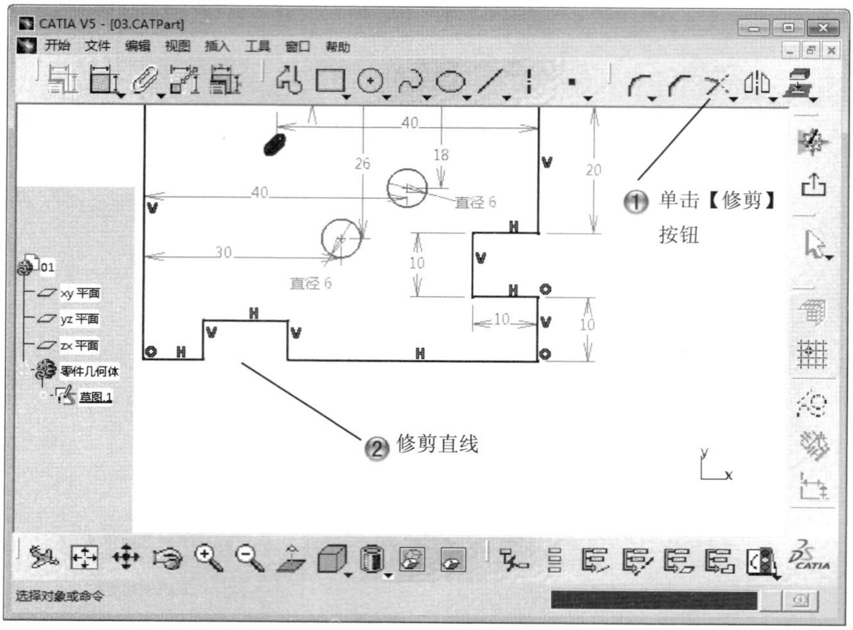

图 2-55　修剪草图

Step5 创建圆角，如图 2-56 所示。

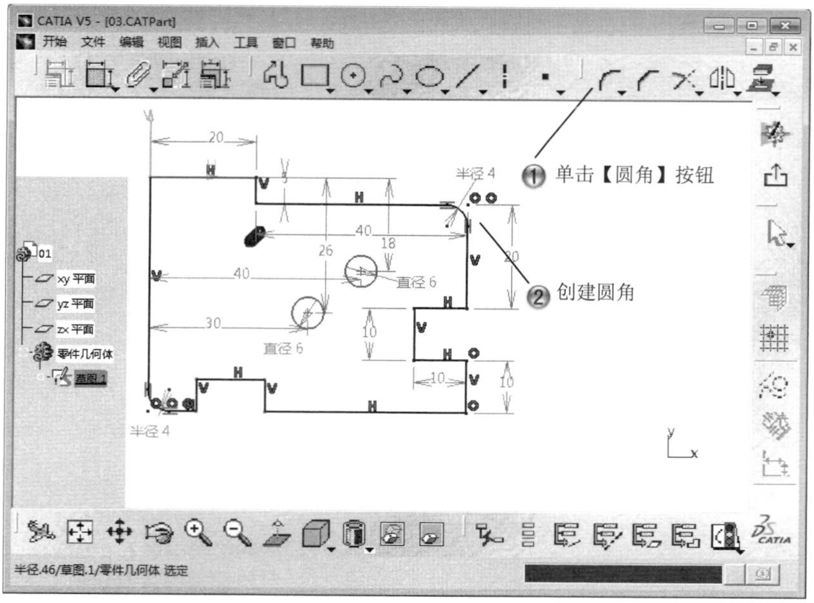

图 2-56　创建圆角

Step6 创建另外两个圆角，如图 2-57 所示。

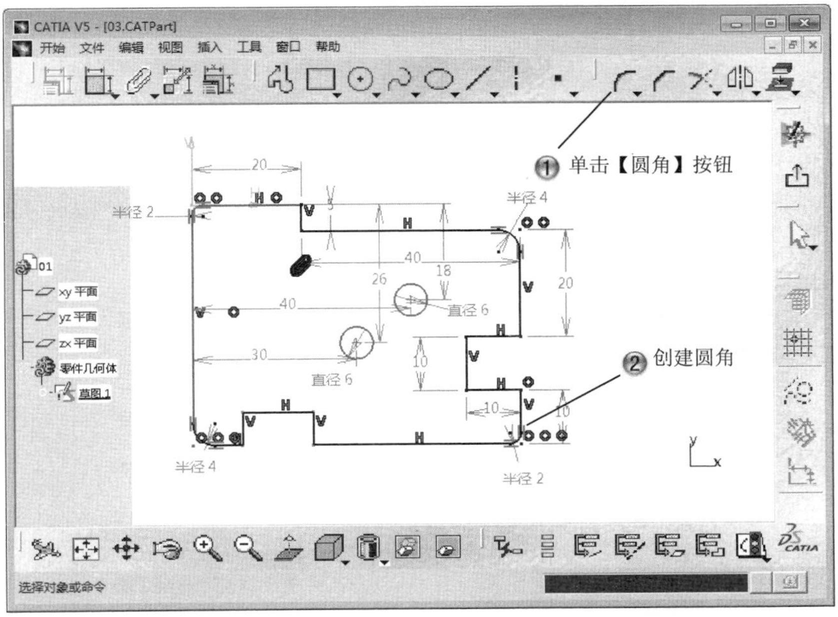

图 2-57　创建另外两个圆角

Step7 创建倒角，如图 2-58 所示。

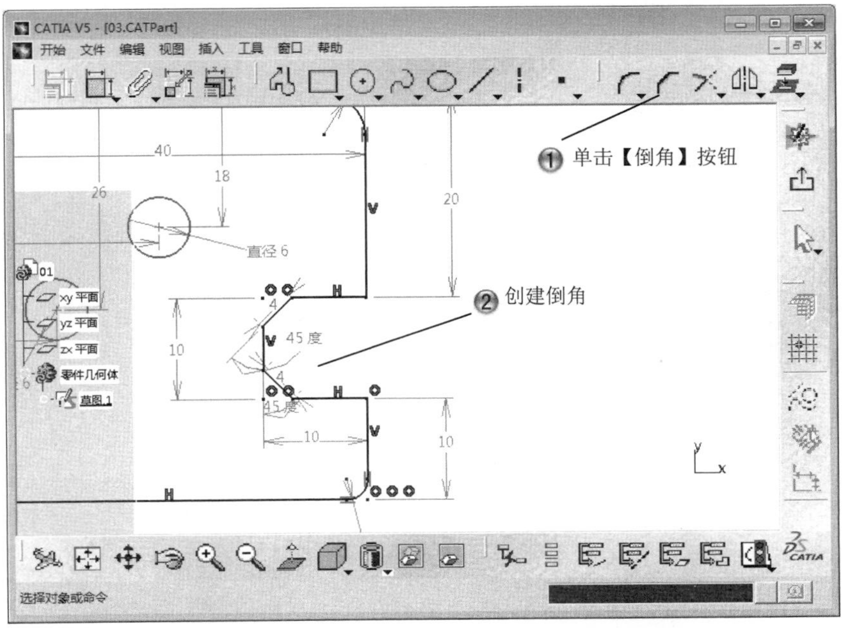

图 2-58　创建倒角

Step8 创建另外两个倒角，如图 2-59 所示。

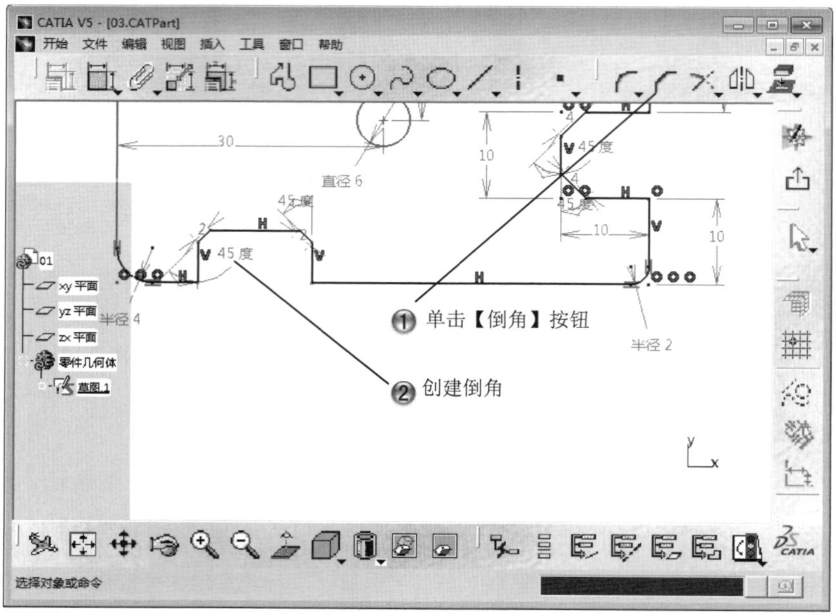

图 2-59 创建另外两个倒角

Step9 完成草图绘制，如图 2-60 所示。

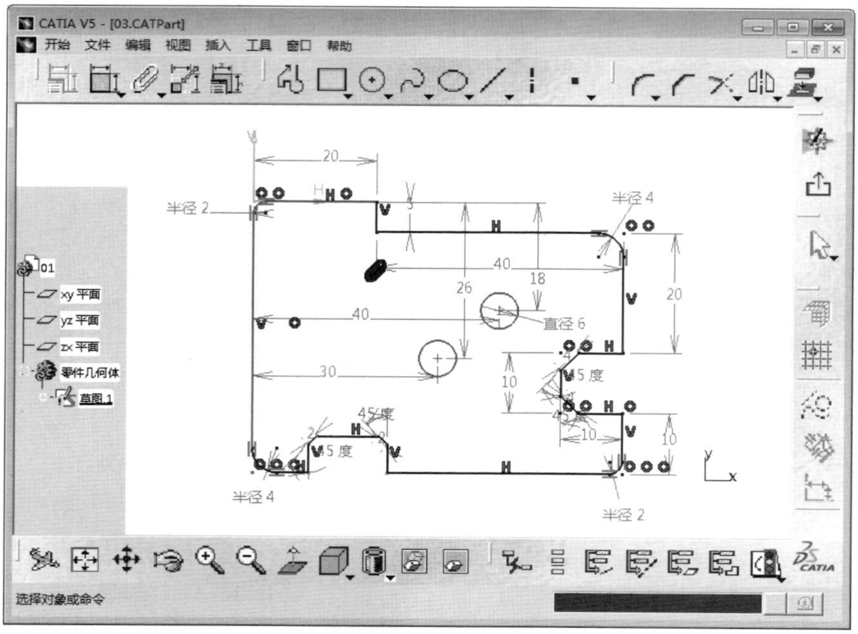

图 2-60 完成草图绘制

2.4 专家总结

草绘平面图是三维建模的基础。根据设计要求创建三维模型，不论是规则实体还是不规则实体，首先使用草图编辑器绘制相应的截面，然后利用三维工具对截面进行操作而生成三维模型。本章重点介绍了草图绘制的各种方法和技巧，以及草图的绘制、编辑、约束、转换等。

2.5 课后习题

2.5.1 填空题

（1）绘制线的命令有________、________、________、________。
（2）草图约束的方法是________。
（3）草绘的主要命令有________、________、________、________。

2.5.2 问答题

（1）修饰草图和草图约束的区别是什么？
（2）绘制草图的一般顺序是什么？

2.5.3 上机操作题

如图 2-61 所示，使用本章学过的知识来创建平面草图。
练习步骤和方法：
（1）绘制直线图形。
（2）绘制圆弧部分。
（3）约束草图。

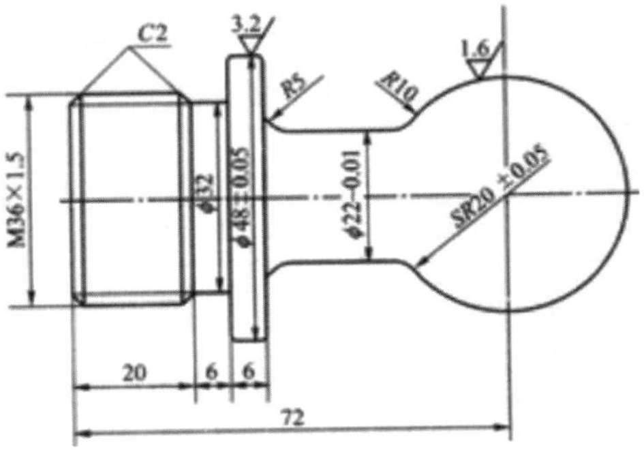

图 2-61　平面草图

第 3 章　零件特征设计

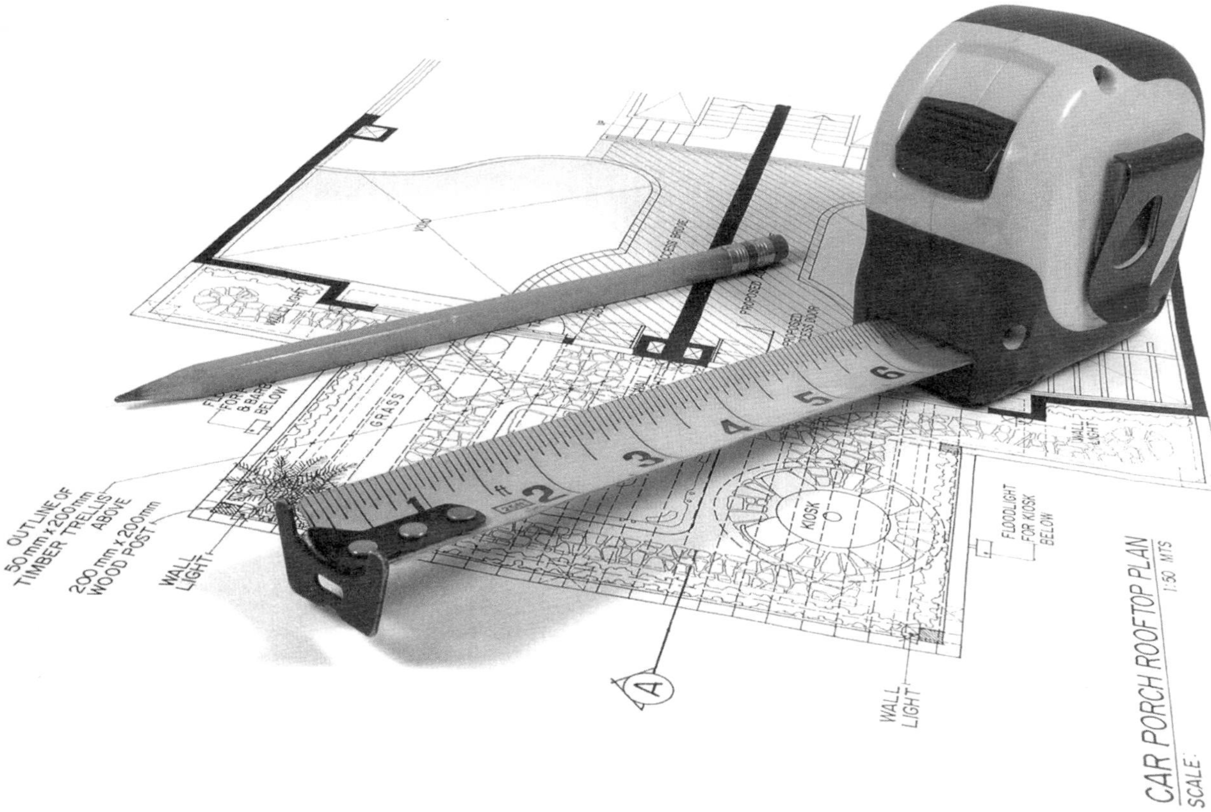

课训目标	内　容	掌握程度	课　时
	拉伸凸台和凹槽	熟练运用	2
	旋转实体和凹槽	熟练运用	2
	孔特征和扫掠肋	熟练运用	2
	实体混合	熟练运用	1
	零件特征修饰	熟练运用	2

课程学习建议

在实体建模过程中，零件特征用于模型的细节添加。零件的设计思路主要是通过在草图绘制平台中绘制的几何轮廓线，经过拉伸、旋转、钻孔、扫描以及放样等工具生成实体模型。这些命令创建的对象就是零件特征。【修饰特征】工具栏包括多种对已生成三维实体进行修饰的工具，可以对特征进行倒圆角、倒角、拔模、抽壳、加厚和添加螺纹等操作。

本章介绍如何运用零件特征命令来创建实体零件，在制作模型实体时将涉及一些曲面、曲线组成的草图，这里重点以轮廓线草图为主要学习对象。要学习的零件特征的创建命令包括，凸台、凹槽、旋转体、旋转槽、孔、肋和实体混合。零件特征修饰包括倒圆角、倒角、拔模和抽壳等，是对已有零件特征的编辑。

本课程主要基于软件的机械设计模块来讲解，其培训课程表如下。

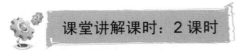

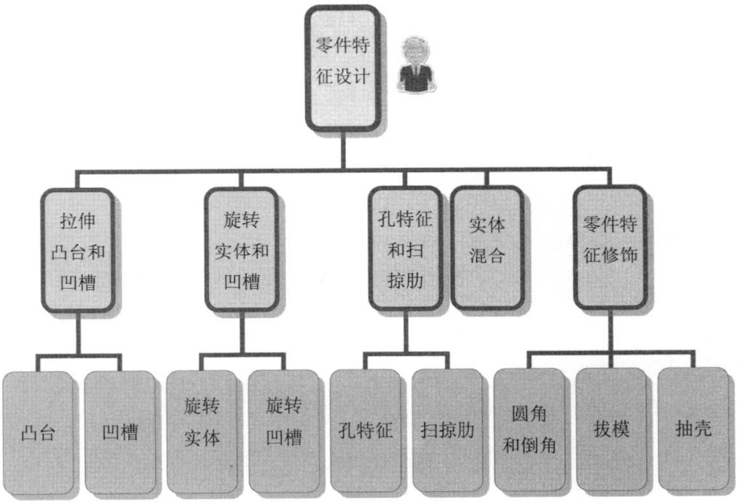

3.1　拉伸凸台和凹槽

基本概念

拉伸凸台是利用草图移动生成实体，拉伸凹槽是利用草图移动切除实体。

课堂讲解课时：2 课时

3.1.1　设计理论

零件的生成方法分为拉伸、旋转、扫掠 3 种基本特征。根据这 3 种生成方法的组合和延伸，可以得到更多的生成3D模型工具。【基于草图特征】工具栏是集基本特征和组合延伸特征一体的工具栏，是生成 3D 实体零件的最基础最常用的工具。通过在草图模块绘制的图形，经过拉伸、旋转、扫描等零件设计工具的操作生成三维实体零件。

3.1.2 课堂讲解

1. 创建拉伸凸台

（1）创建凸台

单击【凸台】工具栏中的【凸台】按钮，系统弹出【定义凸台】对话框，设置参数，如图 3-1 所示。

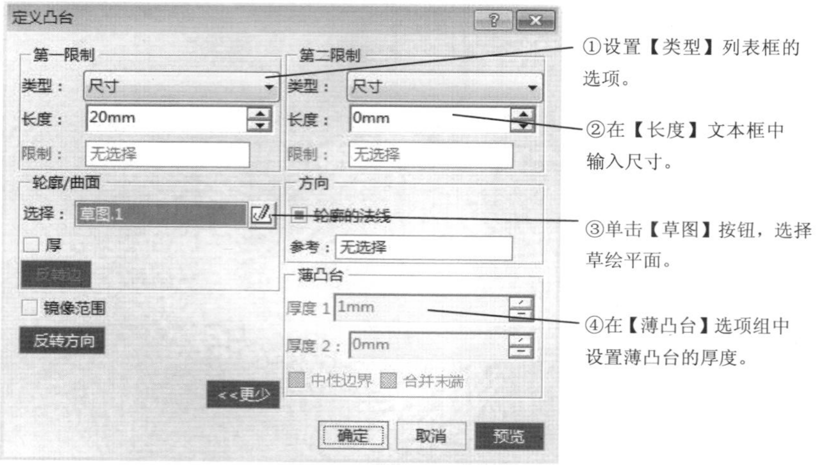

图 3-1 【定义凸台】对话框

拉伸类型为【尺寸】时，必须在【长度】微调框中设置拉伸长度，【限制元素】文本框不可用；拉伸类型为【直到下一个】或者【直到最后】时，应用程序检测用于修剪凸台的模型，可以在【偏移】文本框中设置偏移距离，【限制元素】文本框不可用；拉伸类型为直到平面或者直到曲面，必须为【限制元素】文本框选择平面或曲面。

名师点拨

单击【定义凸台】对话框中的【确定】按钮，弹出【定义轮廓】对话框，完成凸台的创建，效果如图 3-2 所示。

凸台
薄凸台

图 3-2　创建的凸台

只有选择【第一限制】选项组中【类型】列表框中【尺寸】选项，【镜像范围】复选框才可用，而【第二限制】选项组中【长度】微调框不可用；【反转方向】按钮是将改变拉伸方法的，对于启用【镜像范围】复选框，该按钮没有意义。

名师点拨

（2）创建拔模圆角凸台

选择草图轮廓，单击【凸台】工具栏中的【拔模圆角凸台】按钮，系统弹出【定义拔模圆角凸台】对话框，设置参数，如图 3-3 所示。

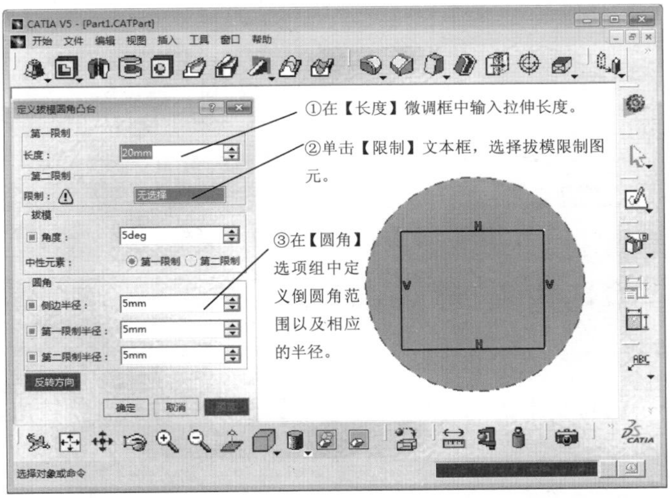
①在【长度】微调框中输入拉伸长度。
②单击【限制】文本框，选择拔模限制图元。
③在【圆角】选项组中定义倒圆角范围以及相应的半径。

图 3-3　【定义拔模圆角凸台】对话框

单击【定义拔模圆角凸台】对话框中的【确定】按钮，完成拔模圆角凸台的创建，如图 3-4 所示。

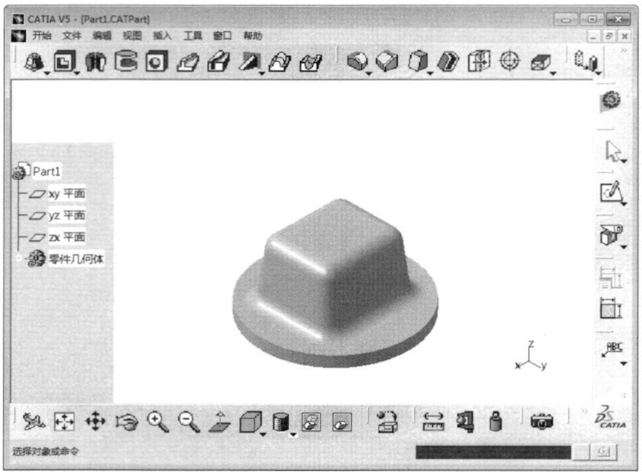

图 3-4 创建的拔模圆角凸台

（3）创建多凸台

单击【凸台】工具栏中的【多凸台】按钮，从绘图区中选择草图轮廓，系统弹出如图 3-5 所示的【定义多凸台】对话框。选择草图轮廓，创建多凸台，如图 3-5 所示。

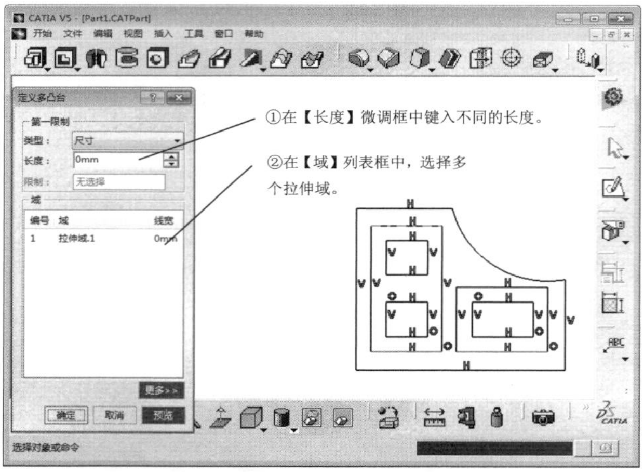

图 3-5 【定义多凸台】对话框

单击【定义多凸台】对话框中的【确定】按钮，完成多凸台的创建，如图 3-6 所示。

2. 创建拉伸凹槽

单击【基于草图的特征】工具栏中的【凹槽】按钮右下黑色三角，展开【凹槽】工具栏。

（1）创建凹槽

单击【凹槽】工具栏中的【凹槽】按钮，系统弹出【定义凹槽】对话框，设置参数，如图 3-7 所示。

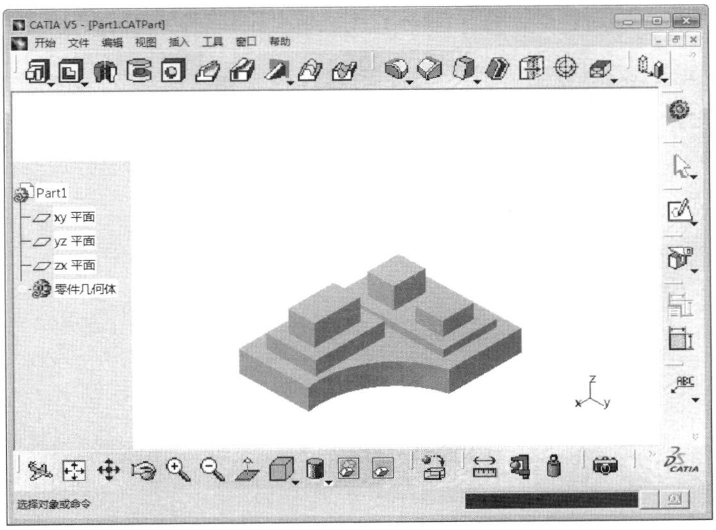

图 3-6　创建的多凸台

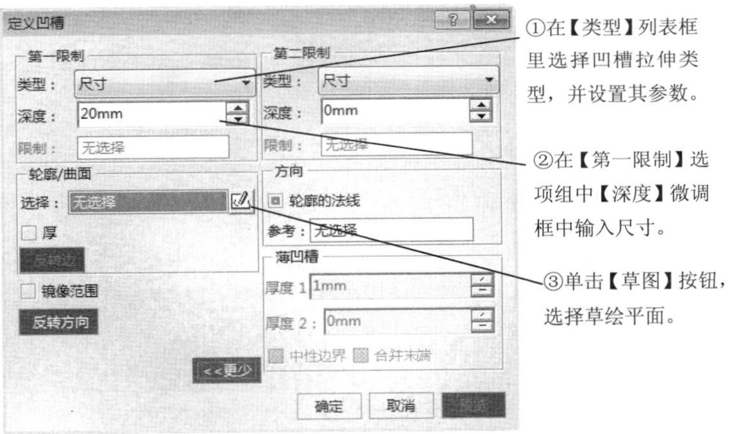

图 3-7　【定义凹槽】对话框

使用【凹槽】工具按钮创建凹槽时，绘图区中必须存在模型。拉伸类型为【尺寸】时，必须在【长度】微调框中设置拉伸长度，【限制元素】文本框不可用；拉伸类型为【直到下一个】或者【直到最后时】，应用程序检测用于修剪凸台的模型，可以在【偏移】文本框中设置偏移距离，【限制元素】文本框不可用；拉伸类型为【直到平面】或者【直到曲面】时，必须为【限制元素】文本框选择平面或曲面。

名师点拨

单击【定义凹槽】对话框中的【确定】按钮，完成凹槽的创建，如图 3-8 所示。

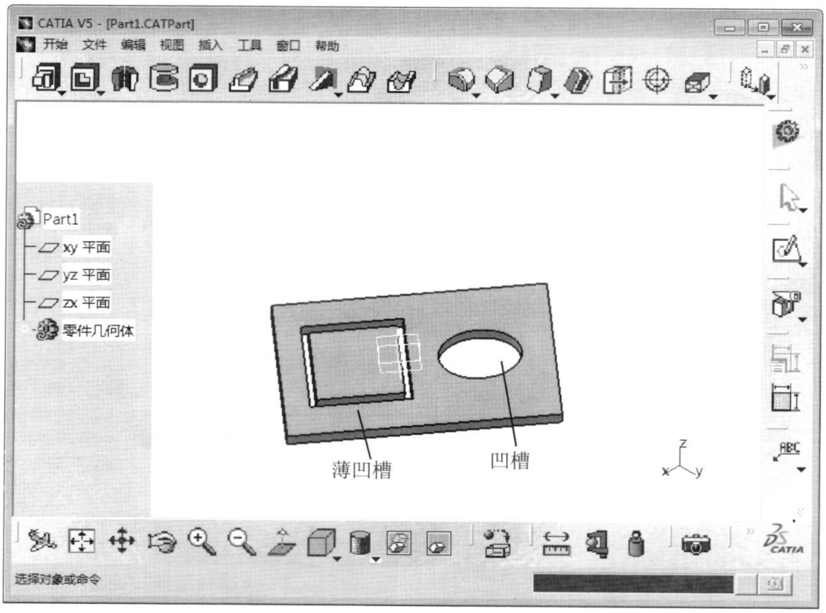

图 3-8　创建的凹槽

（2）创建拔模圆角凹槽

单击【凹槽】工具栏中的【拔模圆角凹槽】按钮，选择草图轮廓，系统弹出【定义拔模圆角凹槽】对话框，设置参数，如图 3-9 所示。

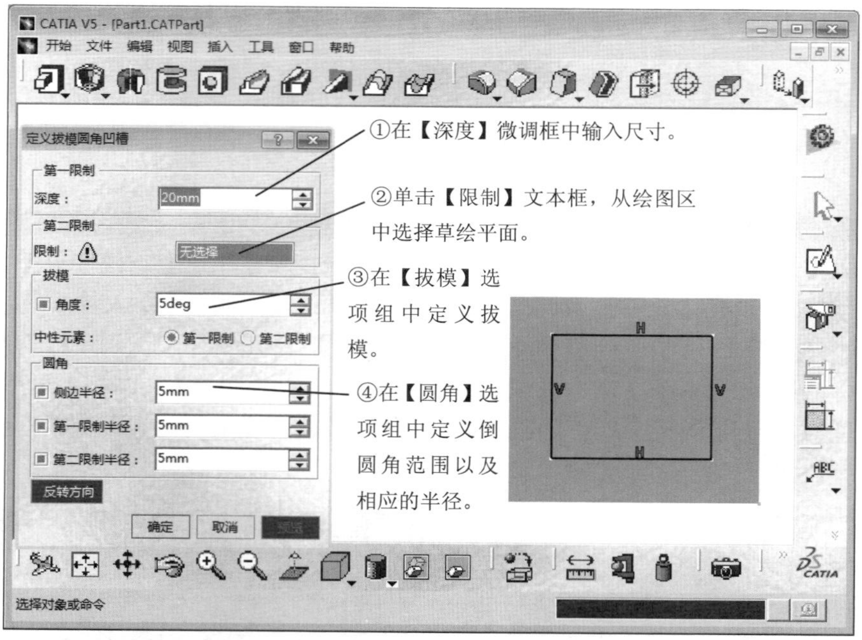

图 3-9　草图轮廓和【定义拔模圆角凹槽】对话框

单击【定义拔模圆角凹槽】对话框中的【确定】按钮，完成拔模圆角凸台的创建，如图 3-10 所示。

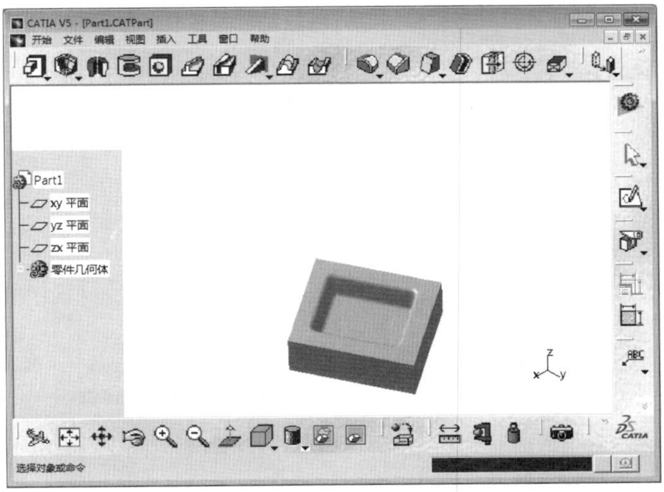

图 3-10　创建的拔模圆角凹槽

（3）创建多凹槽

单击【凹槽】工具栏中的【多凹槽】按钮，选择草图轮廓，系统弹出【定义多凹槽】对话框，设置参数，如图 3-11 所示。

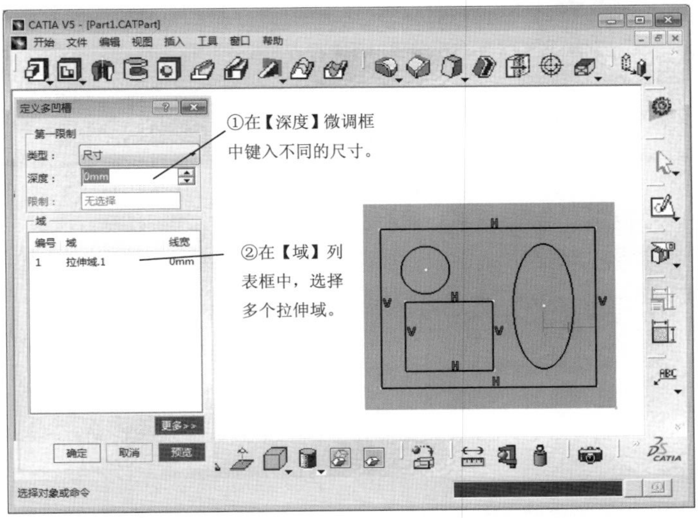

图 3-11　草图轮廓和【定义多凹槽】对话框

单击【定义多凹槽】对话框中的【确定】按钮，完成多凹槽的创建，效果如图 3-12 所示。

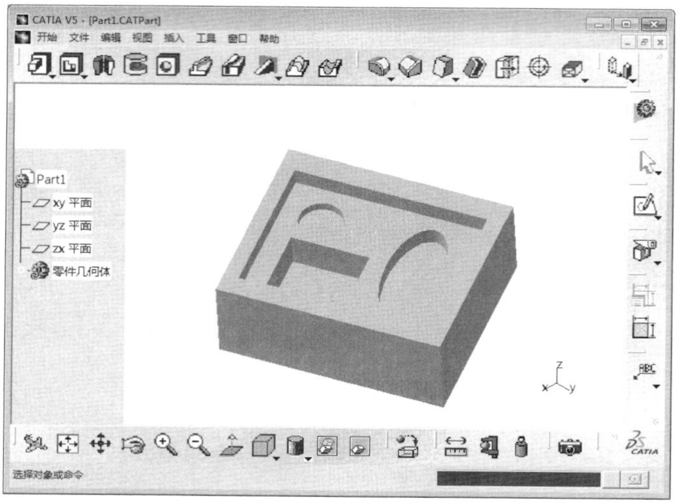

图 3-12　创建的多凹槽

3.1.3　课堂练习——创建凸台和凹槽

课堂练习开始文件： ywj /03/01.CATPart

课堂练习完成文件： ywj /03/01.CATPart

多媒体教学路径： 光盘→多媒体教学→第 3 章→3.1 练习

Step1 选择草绘面，如图 3-13 所示。

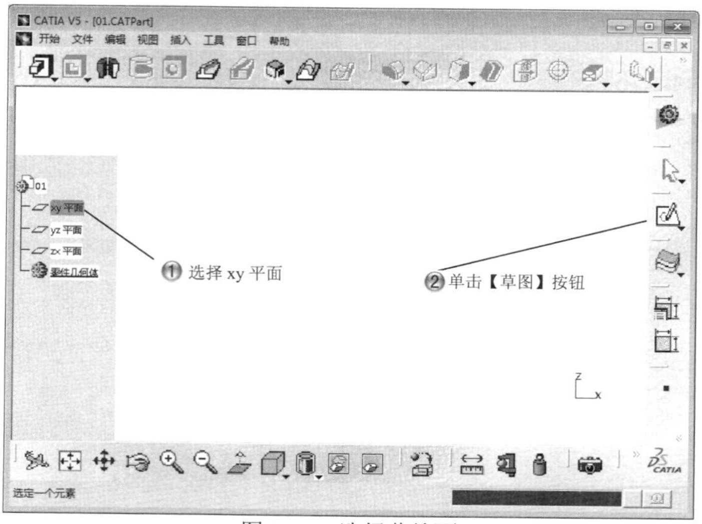

图 3-13　选择草绘面

Step2 绘制圆形，如图 3-14 所示。

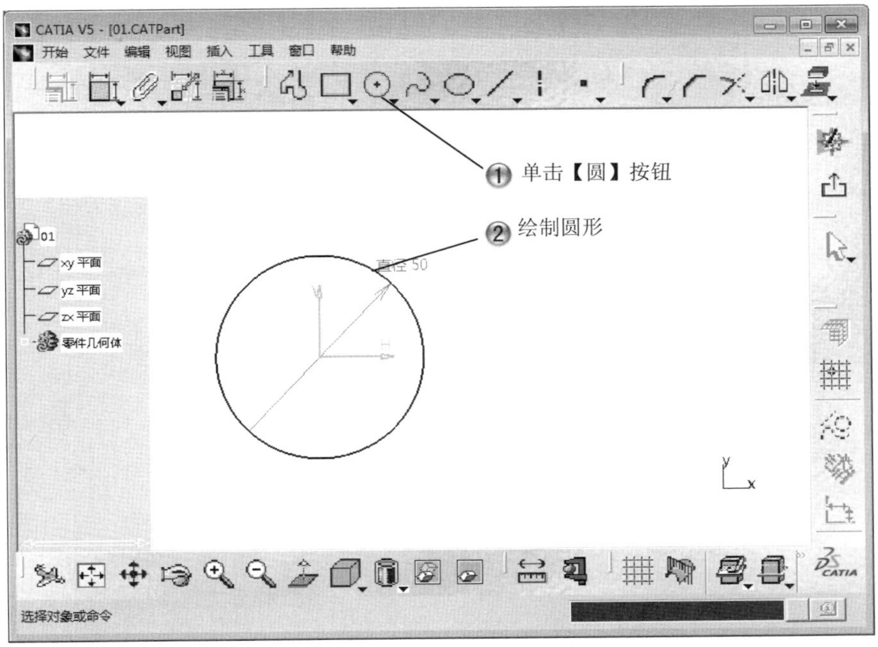

图 3-14　绘制圆形

Step3 创建凸台，如图 3-15 所示。

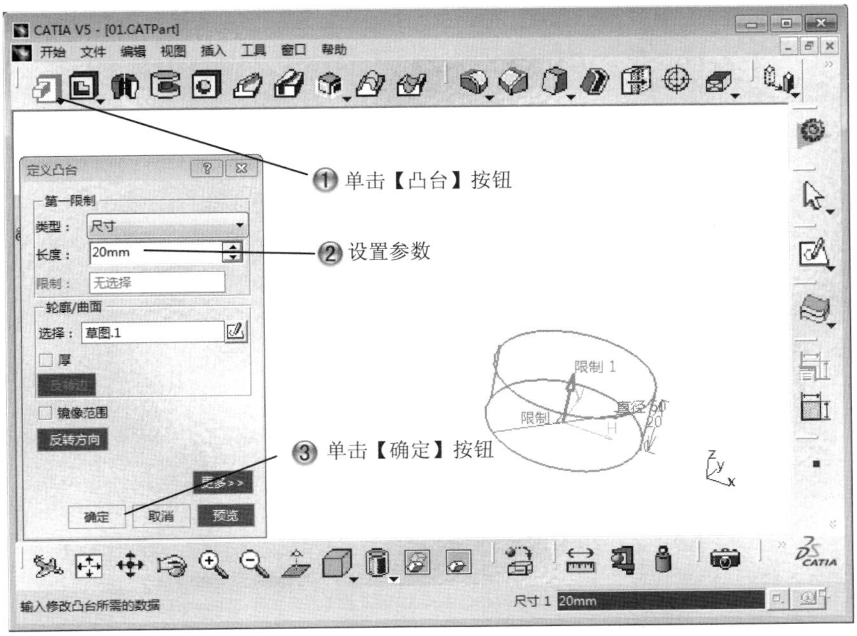

图 3-15　创建凸台

Step4 选择草绘面，如图 3-16 所示。

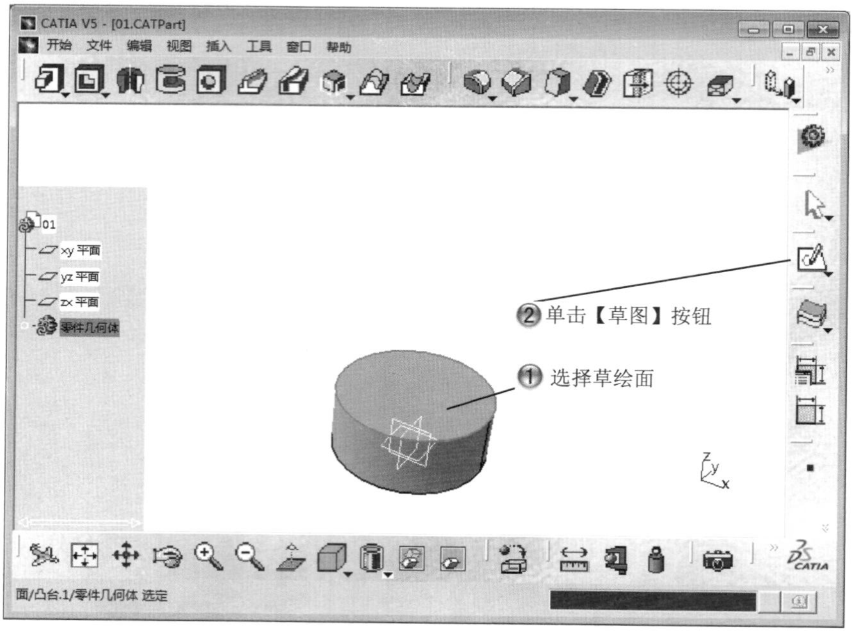

图 3-16　选择草绘面

Step5 绘制矩形，如图 3-17 所示。

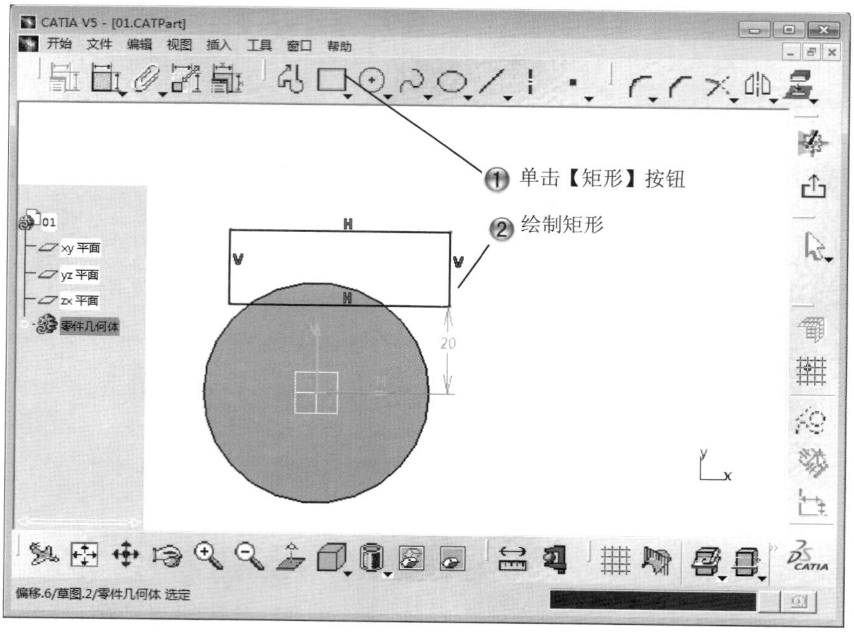

图 3-17　绘制矩形

Step6 创建凹槽，如图 3-18 所示。

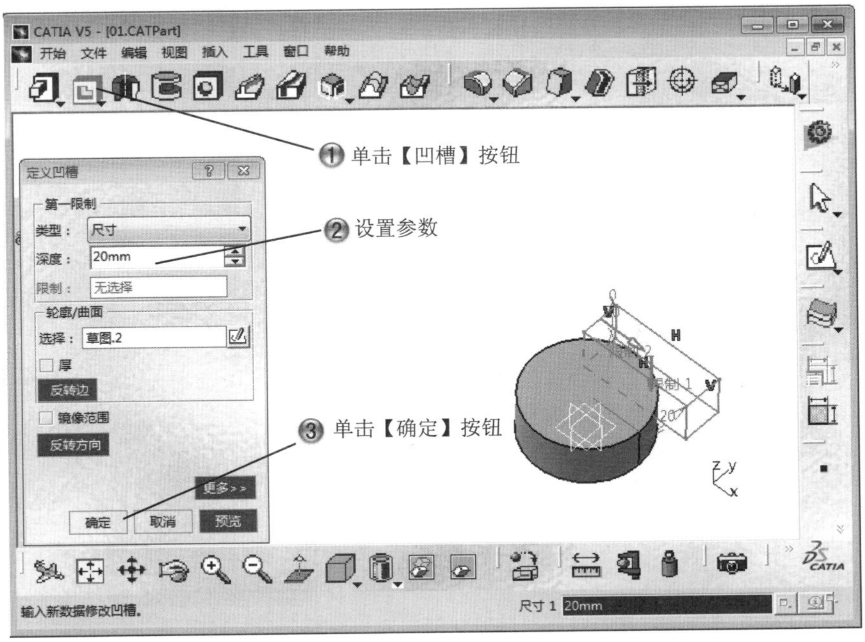

图 3-18 创建凹槽

Step7 选择草绘面，如图 3-19 所示。

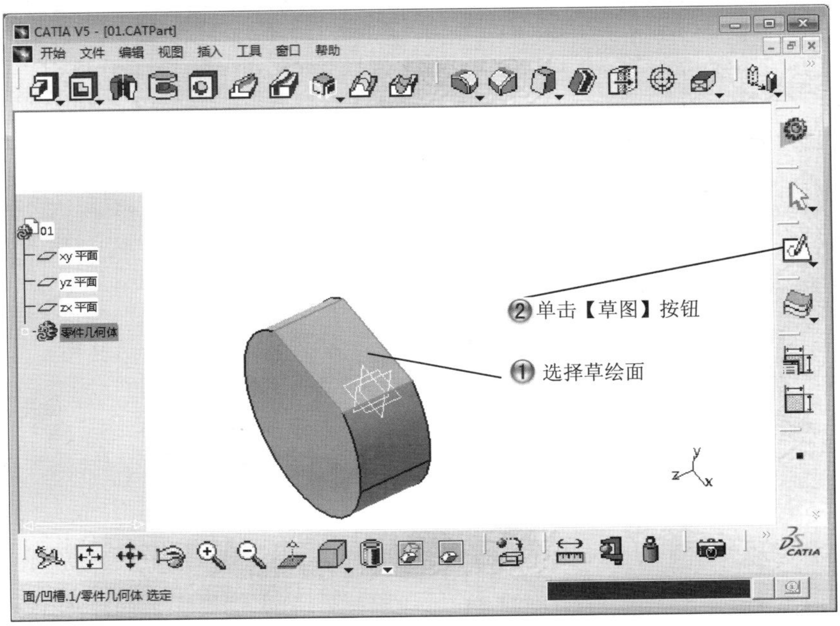

图 3-19 选择草绘面

Step8 绘制矩形，如图 3-20 所示。

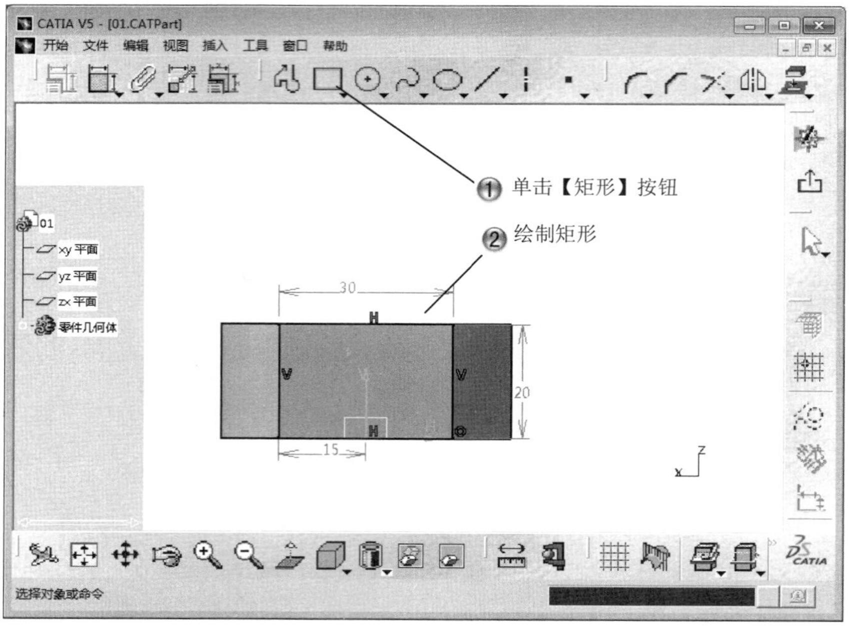

图 3-20 绘制矩形

Step9 创建凸台，如图 3-21 所示。

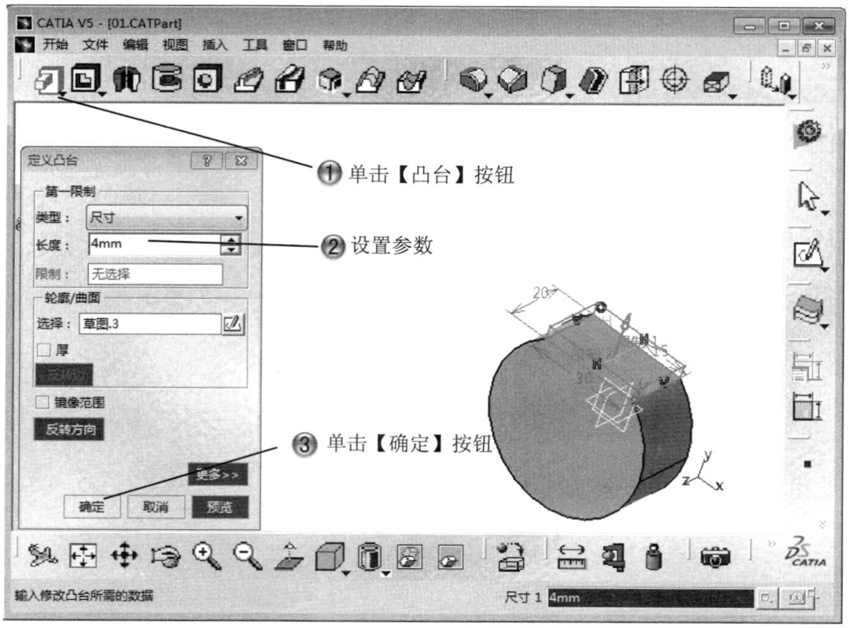

图 3-21 创建凸台

Step10 完成拉伸凸台和凹槽，如图 3-22 所示。

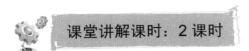

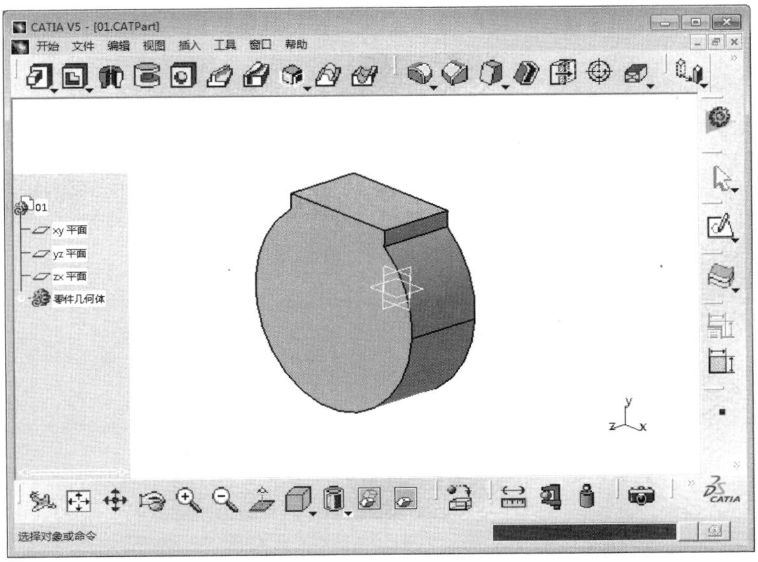

图 3-22 完成拉伸凸台和凹槽

3.2 旋转实体和凹槽

基本概念

旋转实体是利用草图旋转生成实体，旋转凹槽是利用草图旋转切除实体。

课堂讲解课时：2 课时

3.2.1 设计理论

旋转实体和旋转凹槽操作，都是在【定义旋转体】和【定义旋转槽】对话框中进行参数的设置和对象的选择。

3.2.2 课堂讲解

1. 创建旋转实体

创建旋转实体的操作方法如下：

单击【基于草图的特征】工具栏中的【旋转体】按钮，系统弹出【定义旋转体】对

话框，设置参数，如图 3-23 所示。

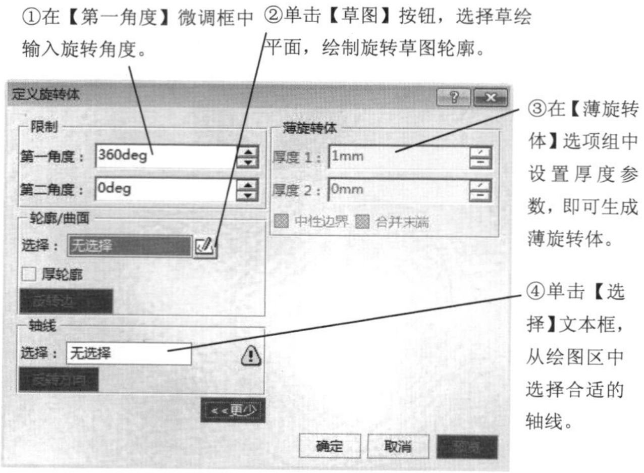

图 3-23 【定义旋转体】对话框

【反转边】按钮是选择在轮廓与轴线之间创建旋转体，还是在轮廓与现有模型之间创建旋转体。【反转方向】按钮可以切换旋转方向，即【限制】选项组中的【第一角度】和【第二角度】互相交换。

名师点拨

单击【定义旋转体】对话框中的【确定】按钮，完成旋转体的创建，如图 3-24 所示。

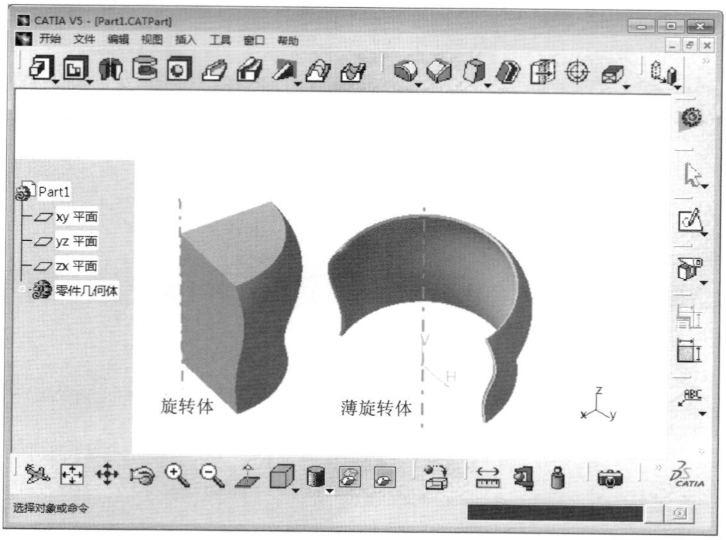

图 3-24 创建的旋转体

2. 创建旋转凹槽

单击【基于草图的特征】工具栏中的【旋转槽】按钮，系统弹出【定义旋转槽】对话框，设置参数，如图 3-25 所示。

单击【定义旋转槽】对话框中的【确定】按钮，完成旋转槽的创建，效果如图 3-26 所示。

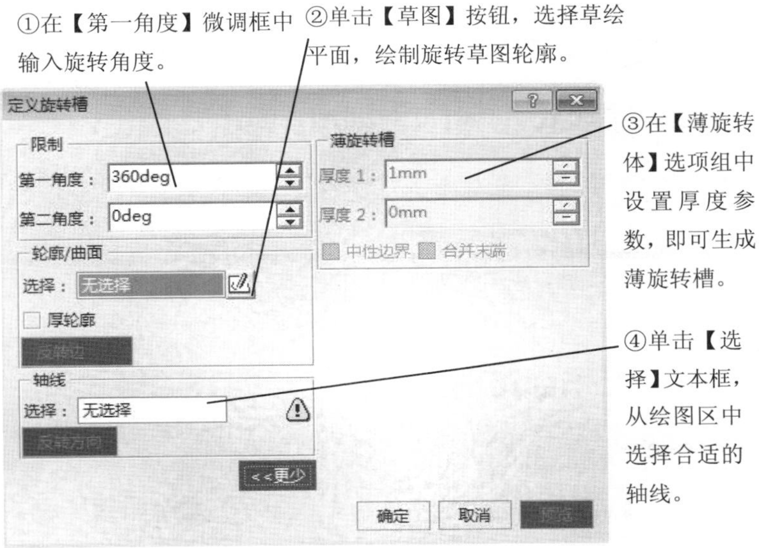

图 3-25 【定义旋转槽】对话框

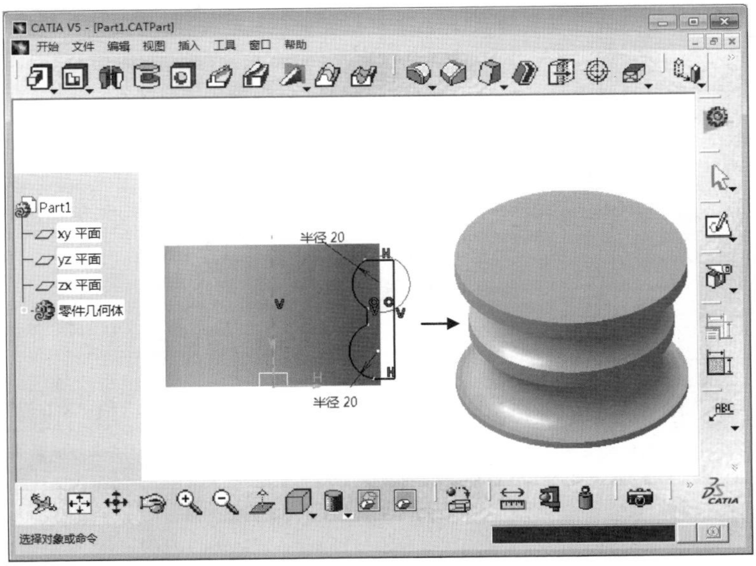

图 3-26 创建的旋转槽

3.2.3 课堂练习——创建旋转凹槽

课堂练习开始文件： ywj /03/01.CATPart

课堂练习完成文件： ywj /03/02.CATPart

多媒体教学路径： 光盘→多媒体教学→第 3 章→3.2 练习

Step 1 选择草绘面，如图 3-27 所示。

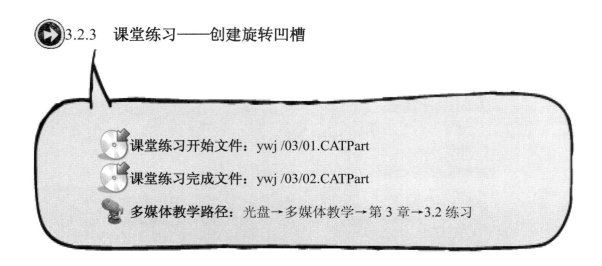

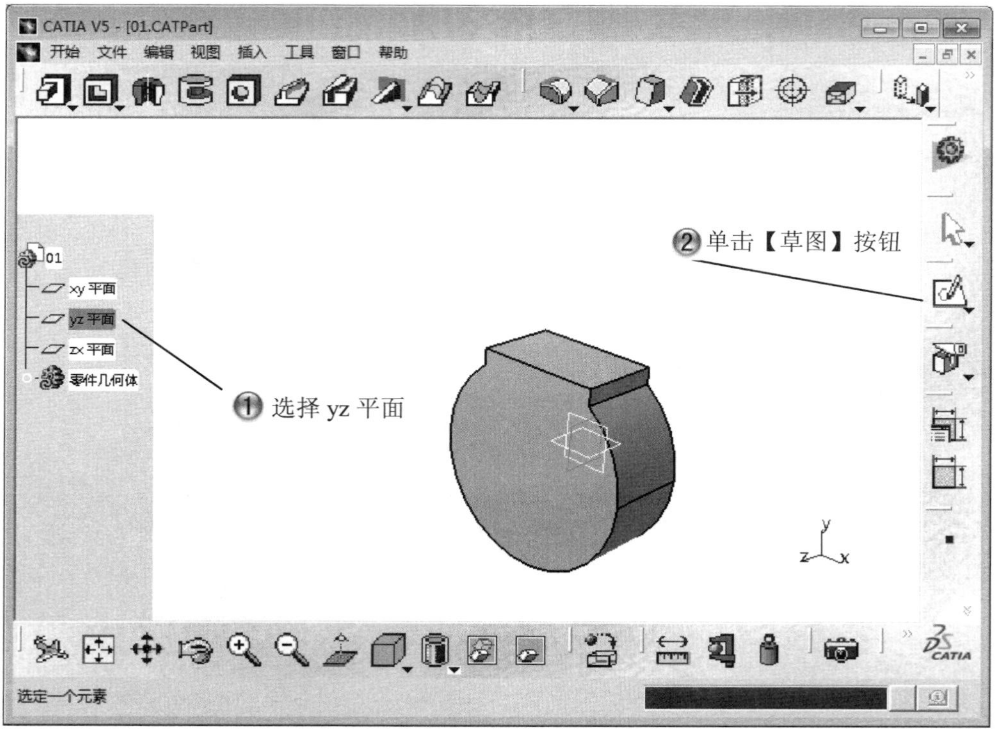

图 3-27 选择草绘面

Step2 绘制中心线，如图 3-28 所示。

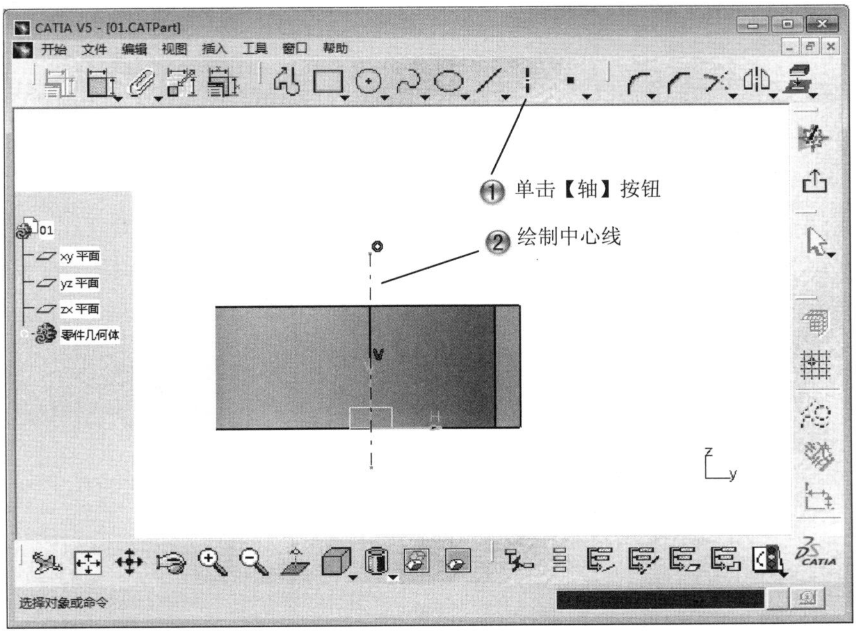

图 3-28 绘制中心线

Step3 绘制矩形，如图 3-29 所示。

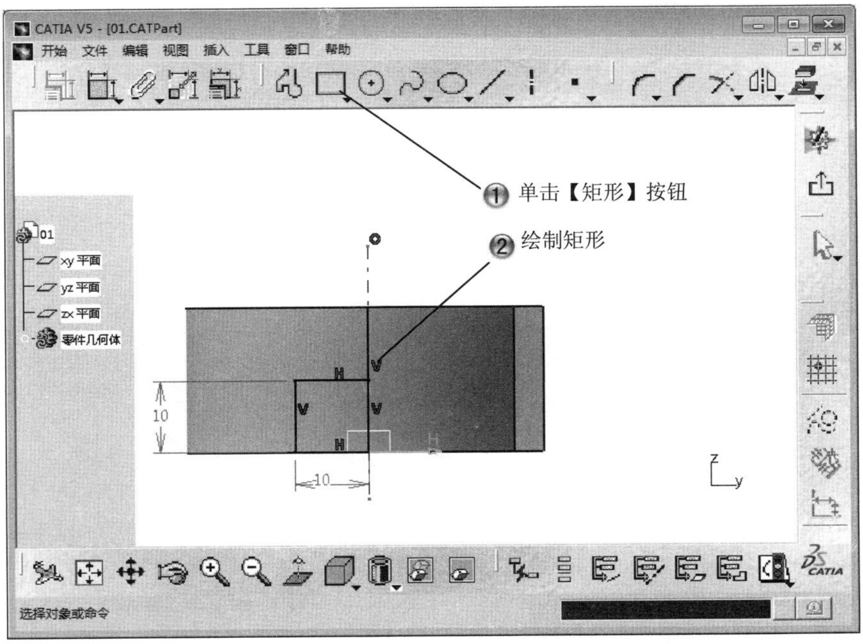

图 3-29 绘制矩形

Step4 创建旋转槽，如图 3-30 所示。

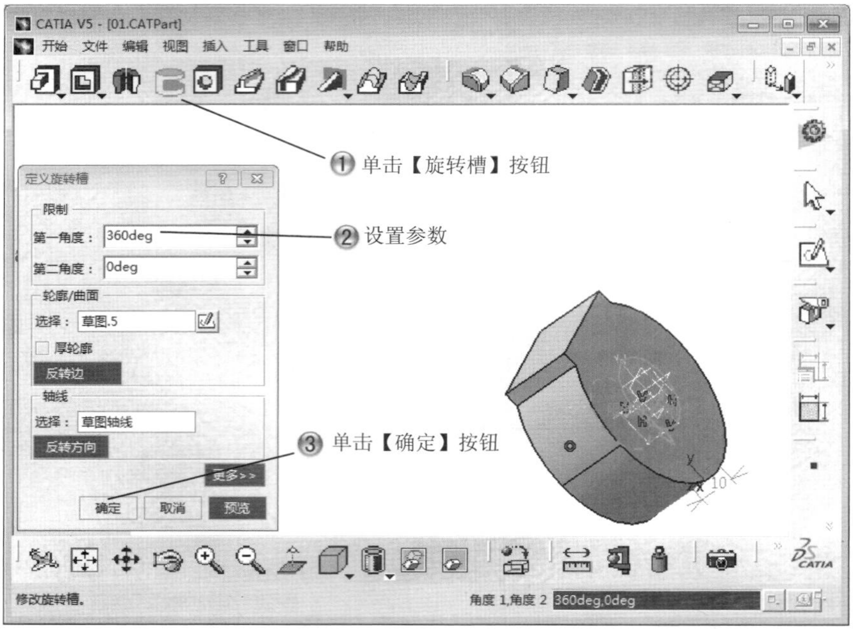

图 3-30 创建旋转槽

Step5 选择草绘面，如图 3-31 所示。

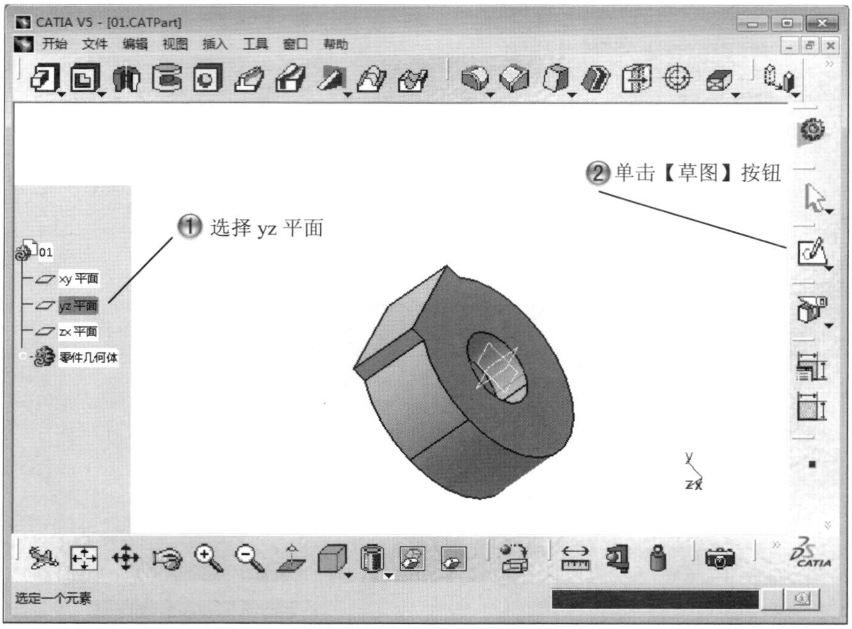

图 3-31 选择草绘面

Step6 绘制中心线，如图 3-32 所示。

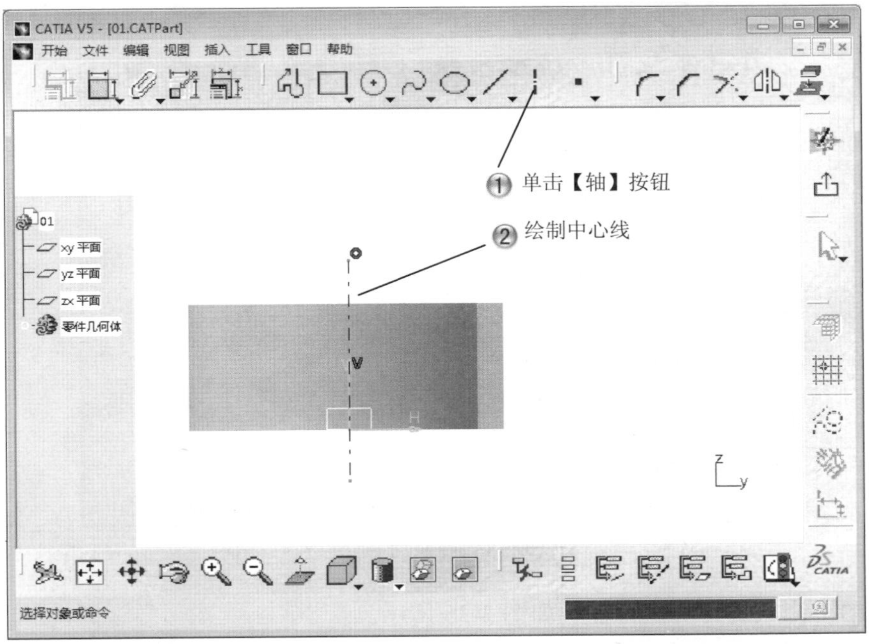

图 3-32　绘制中心线

Step7 绘制梯形，如图 3-33 所示。

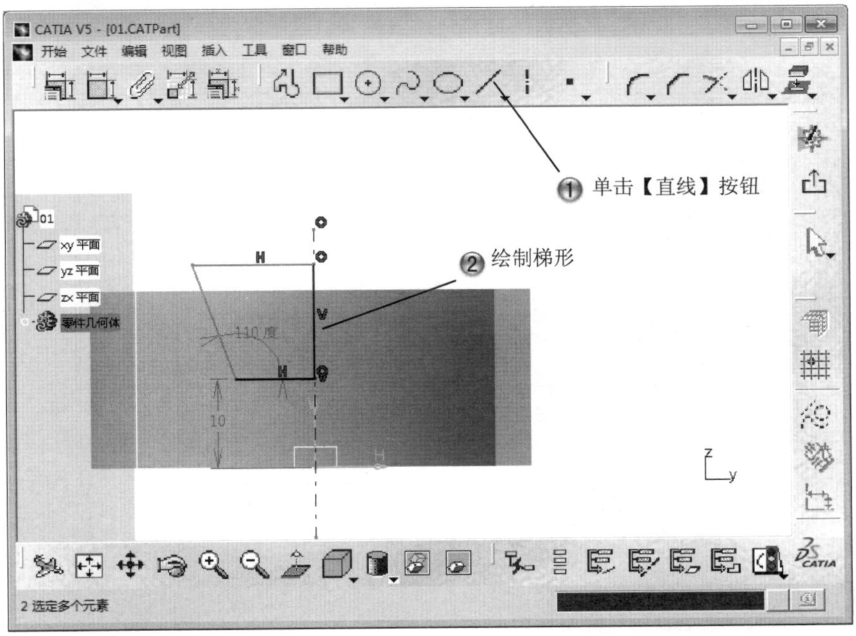

图 3-33　绘制梯形

Step8 创建旋转槽，如图 3-34 所示。

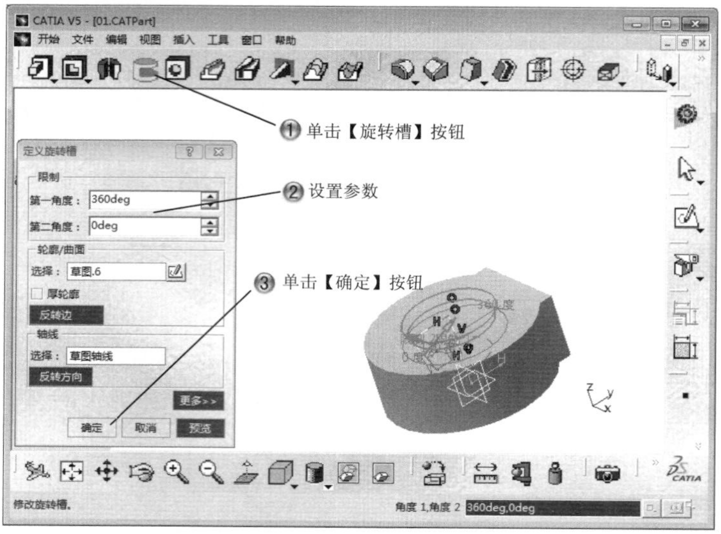

图 3-34　创建旋转槽

Step9 完成旋转实体特征，如图 3-35 所示。

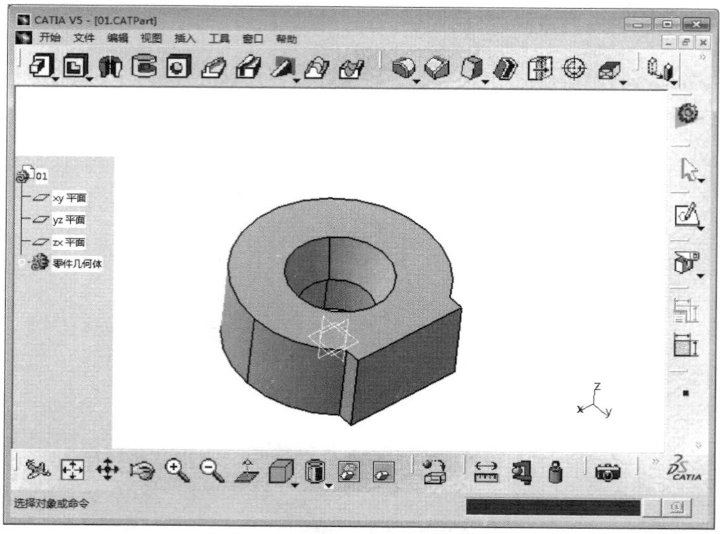

图 3-35　完成旋转实体特征

3.3　孔特征和扫掠肋

基本概念

孔特征可以生成各种类型的孔特征；扫掠肋利用截面和路径，形成扫描的肋特征。

课堂讲解课时：2 课时

3.3.1 设计理论

孔特征的创建方法是单击【基于草图的特征】工具栏中的【孔】按钮，从绘图区中选择放置孔的平面，在【定义孔】对话框设置参数，生成孔特征。扫掠肋的创建方法是单击【基于草图的特征】工具栏中的【肋】按钮，在【定义肋】对话框选择对象，并设置参数，生成扫掠肋。

3.3.2 课堂讲解

1. 创建孔特征

单击【基于草图的特征】工具栏中的【孔】按钮，从绘图区中选择放置孔的平面，系统弹出【定义孔】对话框，如图 3-36 所示。单击【定义孔】对话框【类型】标签，切换到【类型】选项卡，如图 3-37 所示。

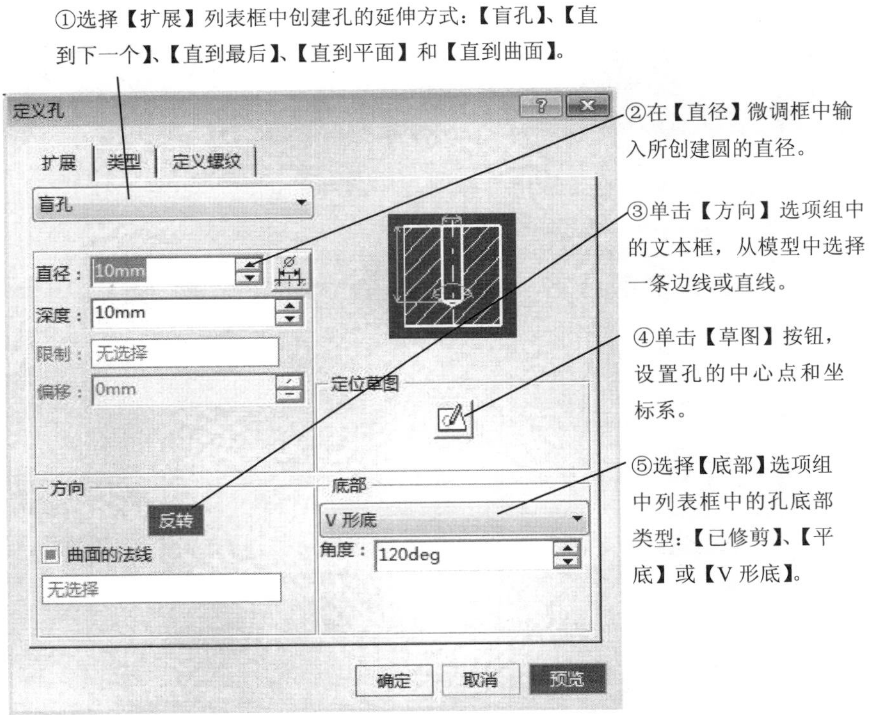
①选择【扩展】列表框中创建孔的延伸方式：【盲孔】、【直到下一个】、【直到最后】、【直到平面】和【直到曲面】。
定义孔
扩展
类型
定义螺纹
盲孔
直径：
10mm
深度：
10mm
限制：
无选择
偏移：
0mm
定位草图
方向
反转
曲面的法线
无选择
底部
V 形底
角度：
120deg
确定
取消
预览
②在【直径】微调框中输入所创建圆的直径。
③单击【方向】选项组中的文本框，从模型中选择一条边线或直线。
④单击【草图】按钮，设置孔的中心点和坐标系。
⑤选择【底部】选项组中列表框中的孔底部类型：【已修剪】、【平底】或【V 形底】。

图 3-36　【定义孔】对话框

图 3-37　【类型】选项卡中的孔类型

孔中心的定位尺寸可以以坐标系为参照，也可以使用模型的边线元素为参照。不同孔类型，参数的设置也不同，简单孔不需要参数；锥形孔只需确定角度；沉头孔需要确定直径和深度；埋头孔需要确定深度、角度和直径 3 个参数中的任意两个参数；倒钻孔需要确定深度、角度和直径 3 个参数。

名师点拨

单击【定义孔】对话框中的【确定】按钮，完成孔的创建，如图 3-38 所示。

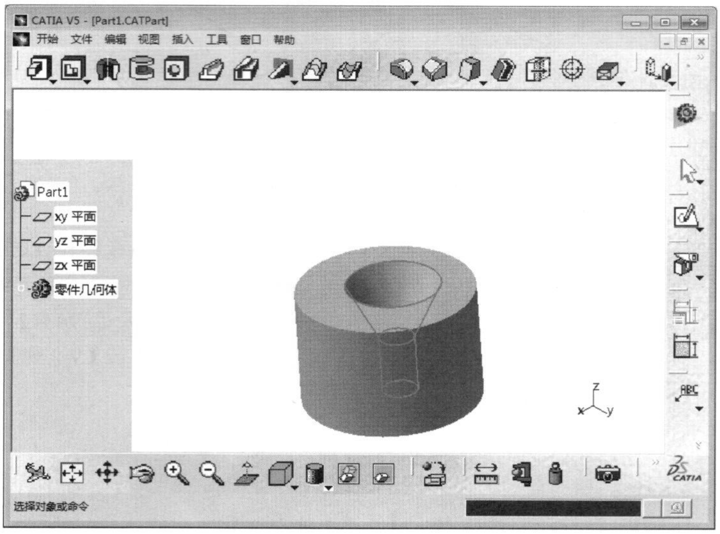

图 3-38　创建的埋头孔

2. 创建螺纹孔特征

如果要创建螺纹孔，则需要进行如下的操作。

单击【定义孔】对话框【螺纹定义】标签，切换到【定义螺纹】选项卡，设置参数，如图 3-39 所示。

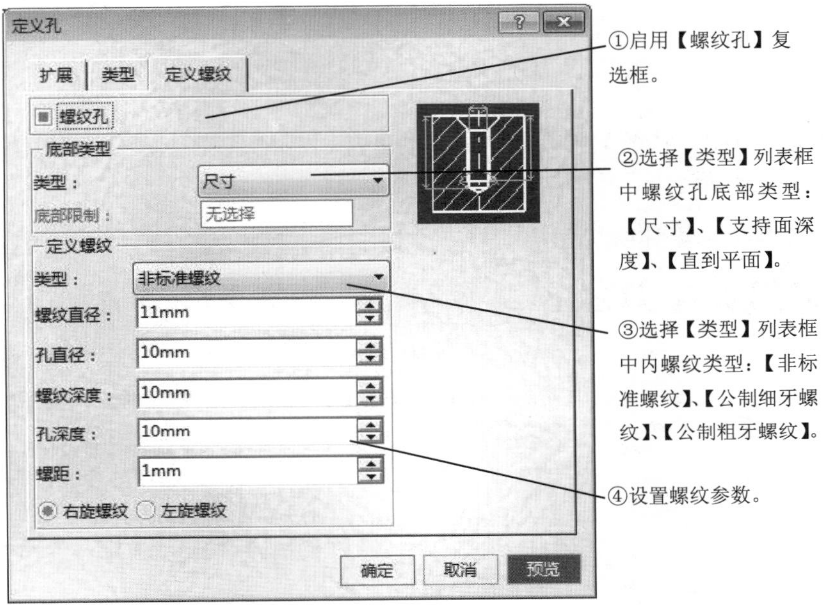

图 3-39 【定义螺纹】选项卡

单击【定义孔】对话框中的【确定】按钮，完成螺纹孔的创建，如图 3-40 所示。

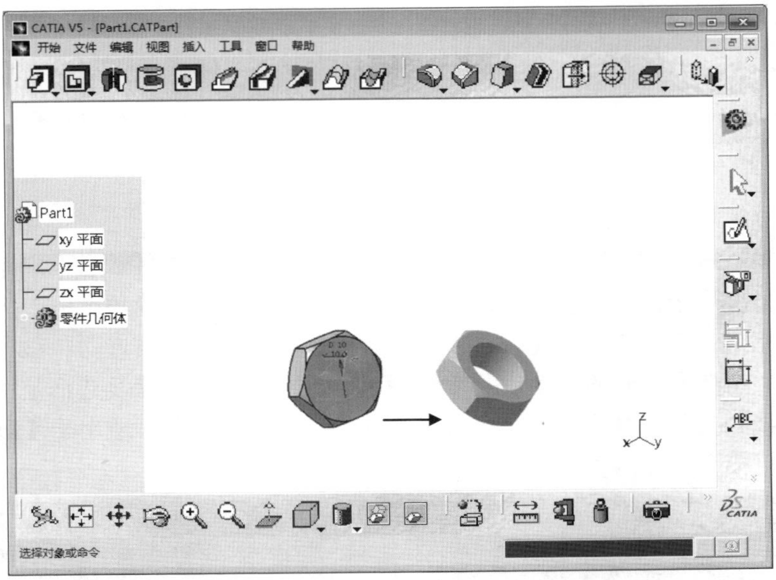

图 3-40 创建内螺纹

螺纹孔该方法生成的螺纹在零件设计平台下不可见，只在工程图设计平台下可见。

名师点拨

3. 创建扫掠肋

（1）创建扫掠肋

单击【基于草图的特征】工具栏中的【肋】按钮，系统弹出【定义肋】对话框，设置参数，如图 3-41 所示。

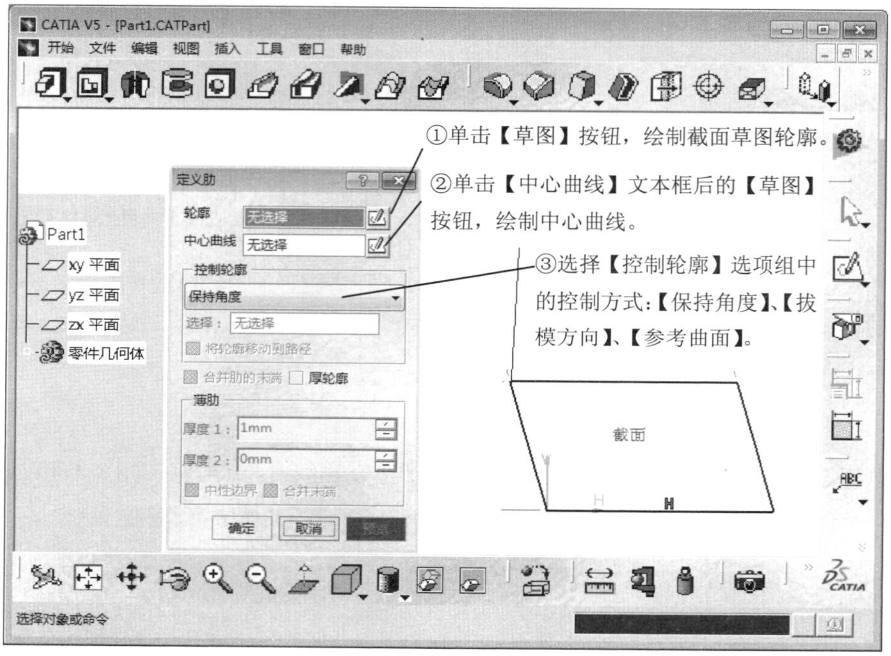

①单击【草图】按钮，绘制截面草图轮廓。
②单击【中心曲线】文本框后的【草图】按钮，绘制中心曲线。
③选择【控制轮廓】选项组中的控制方式：【保持角度】、【拔模方向】、【参考曲面】。
截面

图 3-41 【定义肋】对话框和截面草图

保持角度用于保持轮廓的草图平面和中心曲线切线之间的角度值；拔模方向是按照指定的方向扫描轮廓，可以选择平面或边线定义拔模方向；参考曲面是轴线与参考曲面之间的角度值是常量；【将轮廓移动到路径】复选框是将轮廓与中心曲线相关联，并且允许沿多条中心曲线扫掠单个草图，适用于【参考曲面】和【拔模方向】两种轮廓控制方式。

名师点拨

单击【定义肋】对话框中的【确定】按钮，完成肋的创建，如图 3-42 所示。

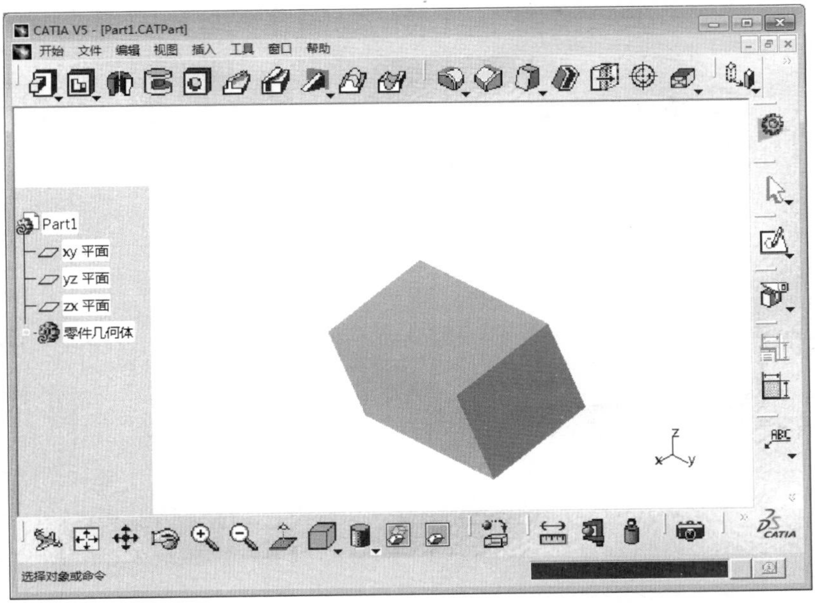

图 3-42　创建的肋

（2）创建加强肋

单击【高级拉伸特征】工具栏中的【加强肋】按钮，系统弹出【定义加强肋】对话框，设置参数，如图 3-43 所示。

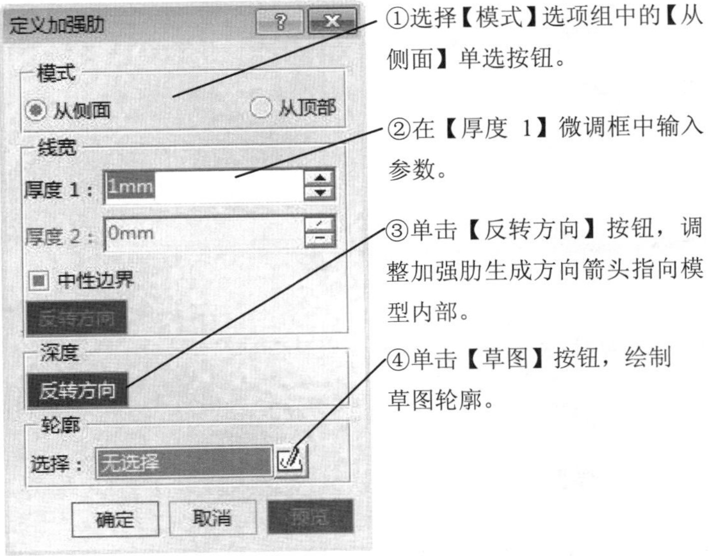

图 3-43　【定义加强肋】对话框

单击【定义加强肋】对话框中的【确定】按钮，完成加强肋的创建，如图 3-44 所示。

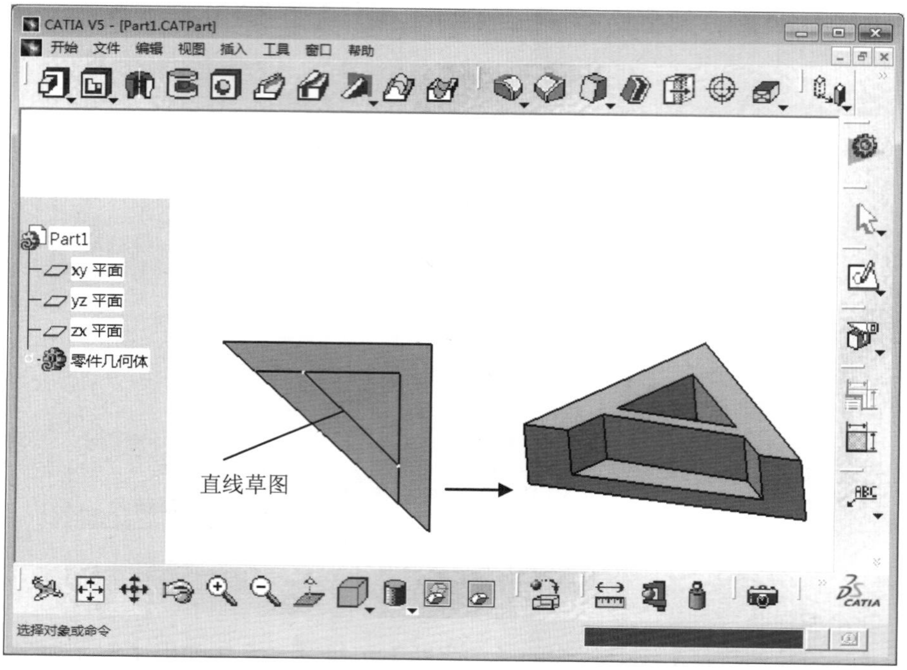

图 3-44 创建的加强肋

3.3.3 课堂练习——创建孔特征

课堂练习开始文件：ywj /03/02.CATPart

课堂练习完成文件：ywj /03/03.CATPart

多媒体教学路径：光盘→多媒体教学→第 3 章→3.3 练习

Step1 选择孔命令，如图 3-45 所示。

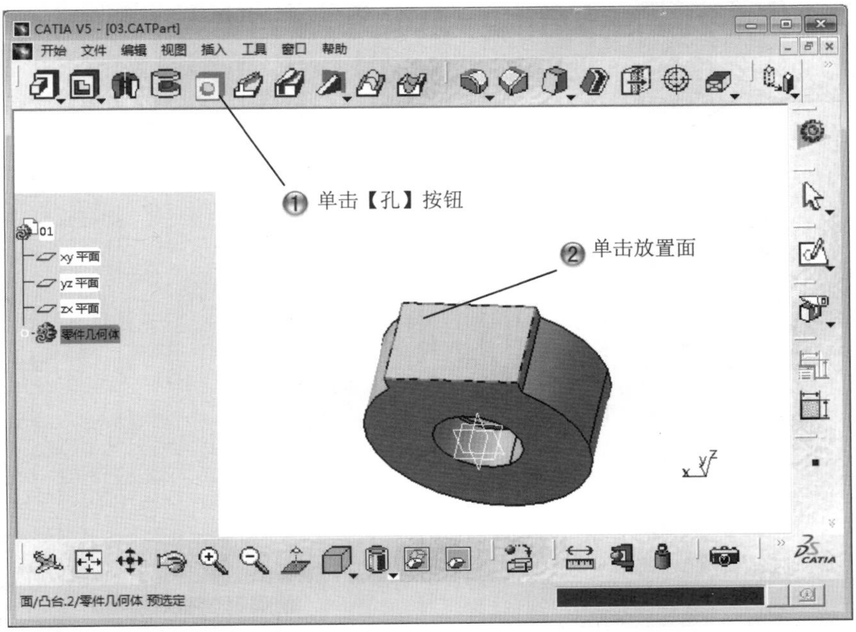

图 3-45　选择孔命令

Step2 定位草图，如图 3-46 所示。

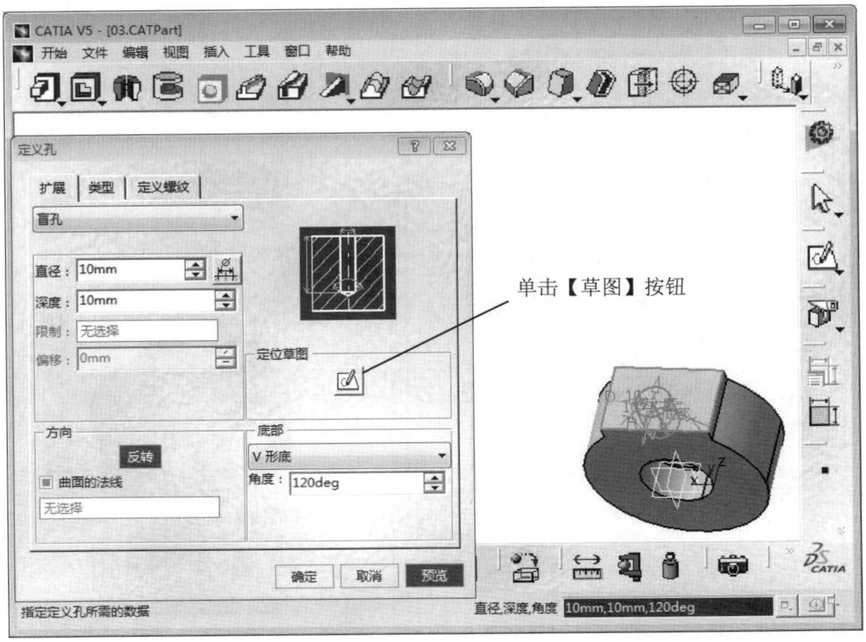

图 3-46　定位草图

Step3 约束点，如图 3-47 所示。

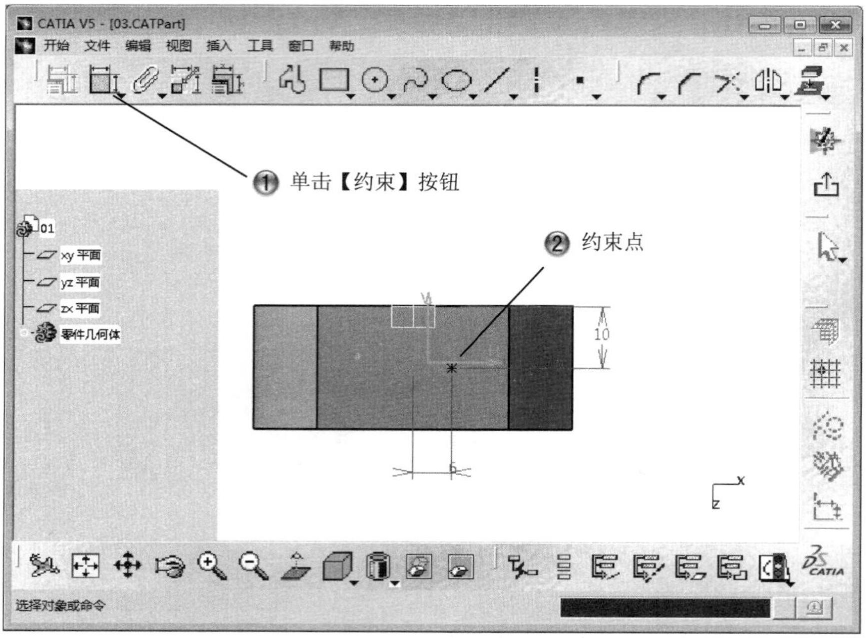

图 3-47 约束点

Step4 设置孔参数，如图 3-48 所示。

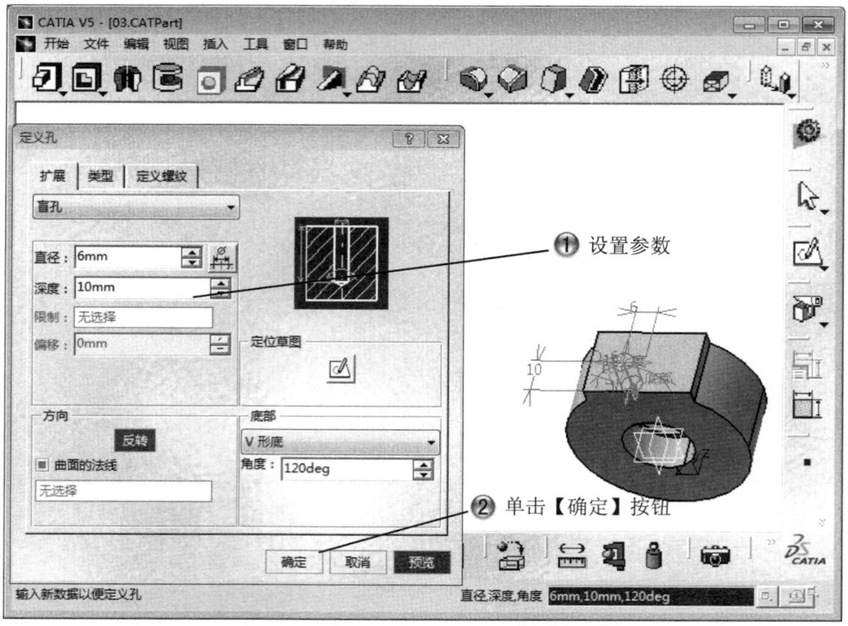

图 3-48 设置孔参数

Step5 选择孔命令，如图 3-49 所示。

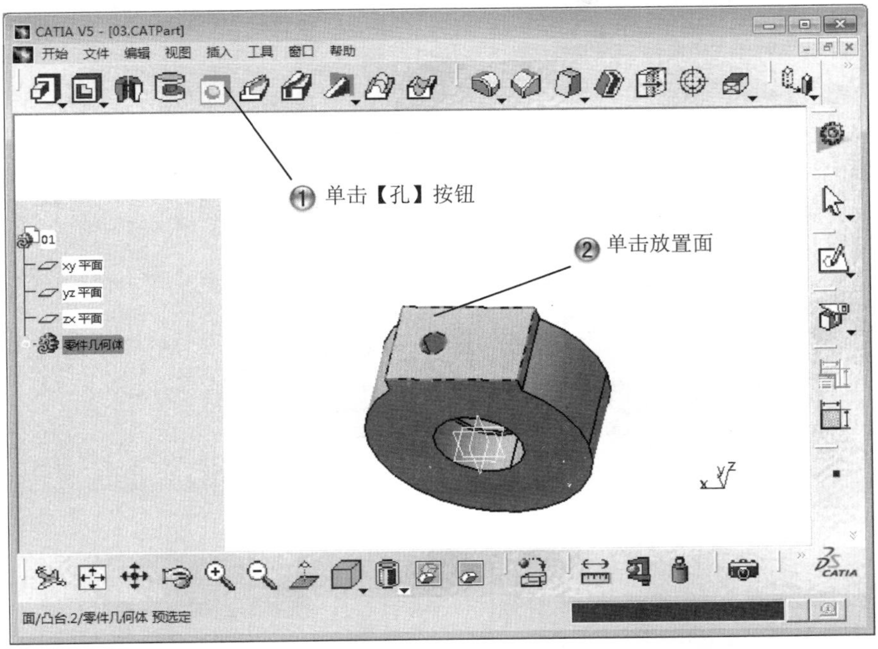

图 3-49 选择孔命令

Step6 定位草图，如图 3-50 所示。

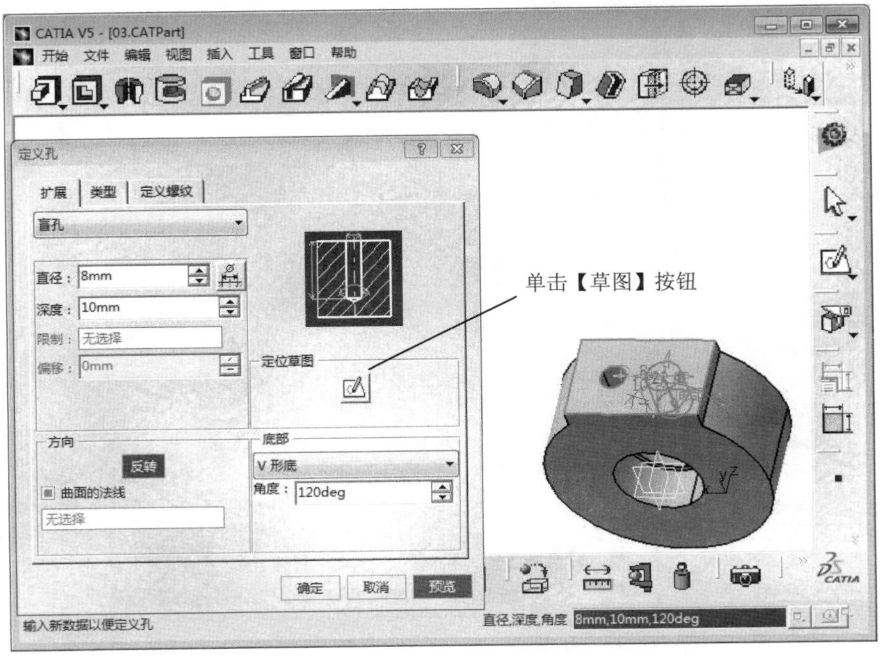

图 3-50 定位草图

Step7 定位点，如图 3-51 所示。

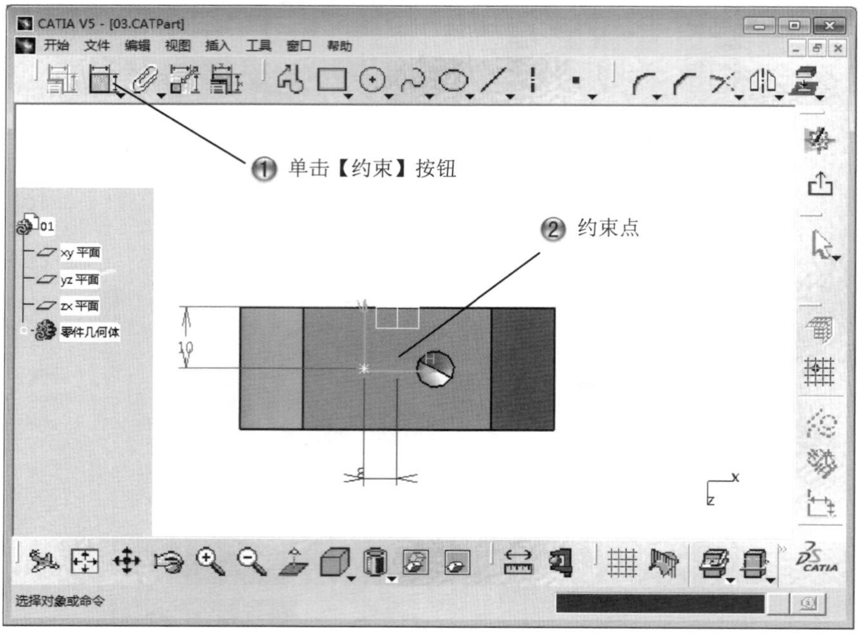

图 3-51　定位点

Step8 设置孔参数，如图 3-52 所示。

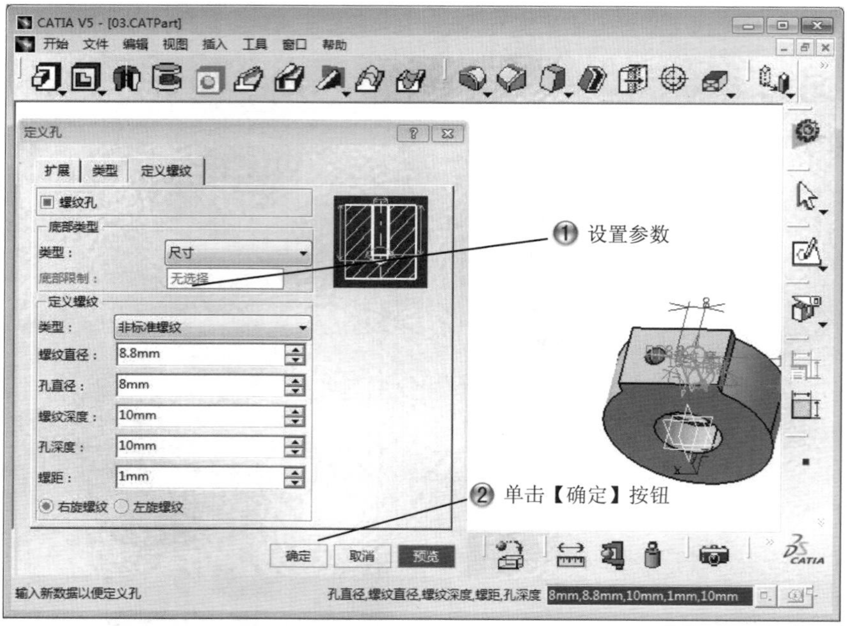

图 3-52　设置孔参数

Step9 完成孔特征，如图 3-53 所示。

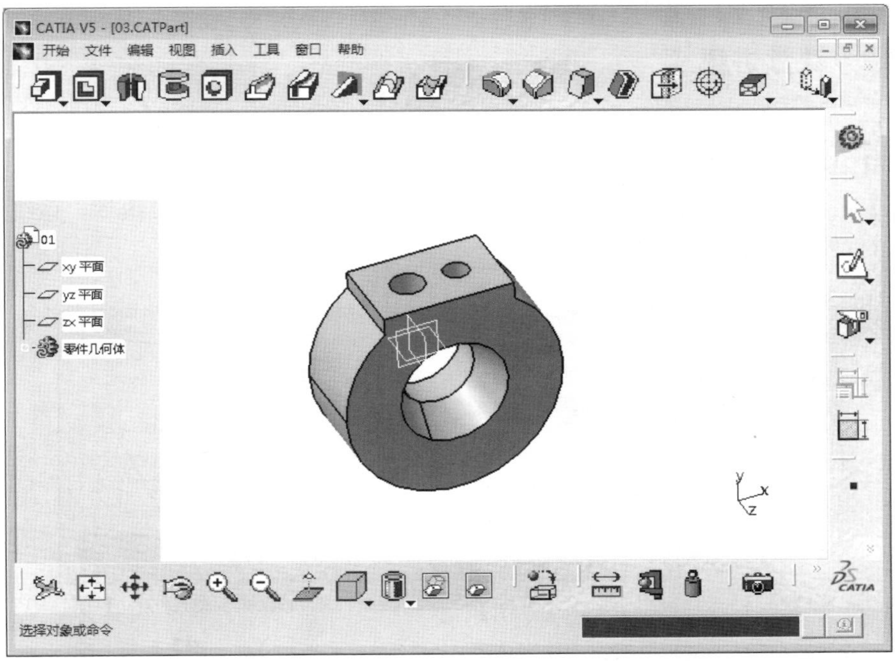

图 3-53　完成孔特征

3.4　实体混合

基本概念

实体混合命令可以利用不同面的 2 个截面，形成融合特征。

课堂讲解课时：1 课时

3.4.1　设计理论

实体混合特征的创建方法是：单击【基于草图的特征】工具栏中的【实体混合】按钮，

从绘图区中选择 2 个截面，设置参数，生成实体混合特征。

3.4.2 课堂讲解

单击【基于草图的特征】工具栏中的【实体混合】按钮右下黑色三角，展开【高级拉伸特征】工具栏。单击【高级拉伸特征】工具栏中的【实体混合】按钮，系统弹出【定义混合】对话框，如图 3-54 所示。

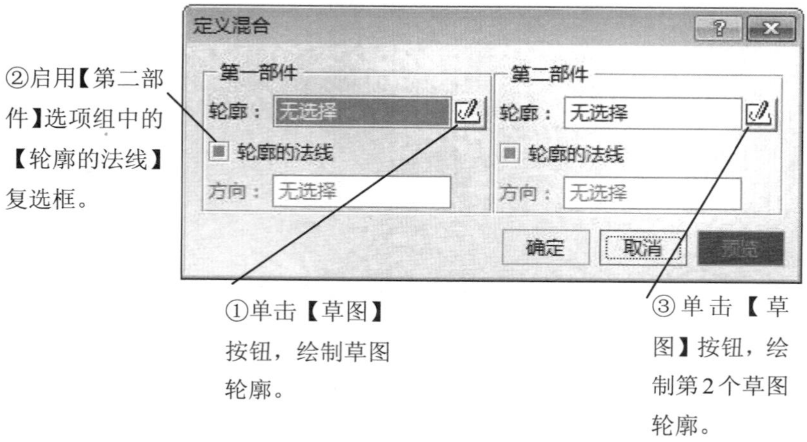

图 3-54 【定义混合】对话框

实体混合就是将两个或更多截面草图轮廓，按照给定方向进行拉伸相交生成的实体。取消启用【第一部件】选项组中的【轮廓的法线】复选框，单击【方向】文本框，从绘图区中选择定义拉伸方向的直线，或者右键单击该文本框，选择快捷菜单中的命令，选择或者创建拉伸方向的直线。

名师点拨

绘制如图 3-55 所示的两个草图轮廓，单击【工作台】工具栏中的【退出工作台】按钮，返回【定义混合】对话框。

单击【定义混合】对话框中的【确定】按钮，完成实体混合的创建，如图 3-56 所示。

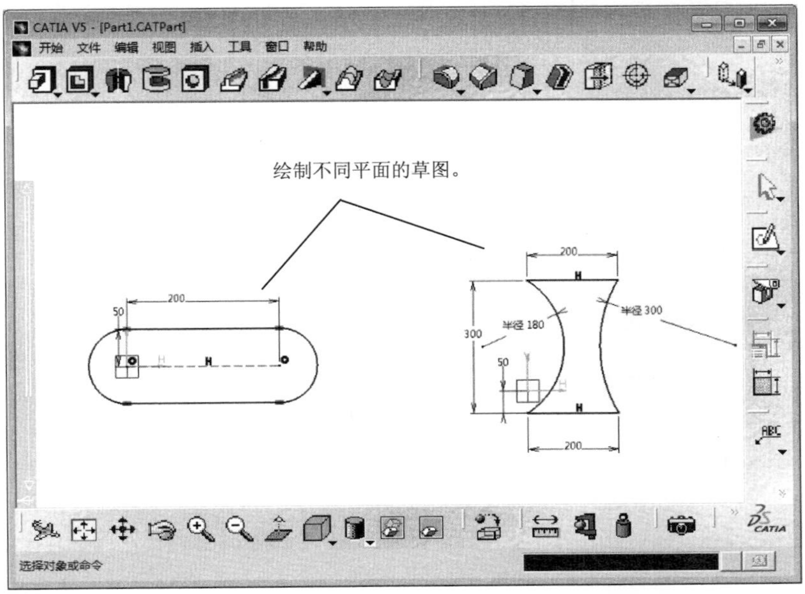

图 3-55　草图轮廓

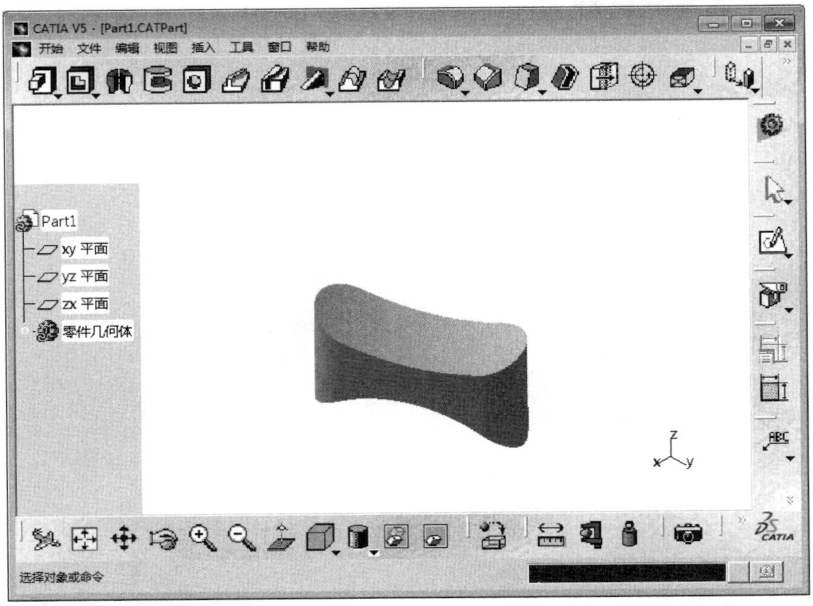

图 3-56　创建的实体混合

3.4.3 课堂练习——创建实体混合

课堂练习开始文件： ywj /03/03.CATPart

课堂练习完成文件： ywj /03/04.CATPart

多媒体教学路径： 光盘→多媒体教学→第 3 章→3.4 练习

Step 1 选择草绘面，如图 3-57 所示。

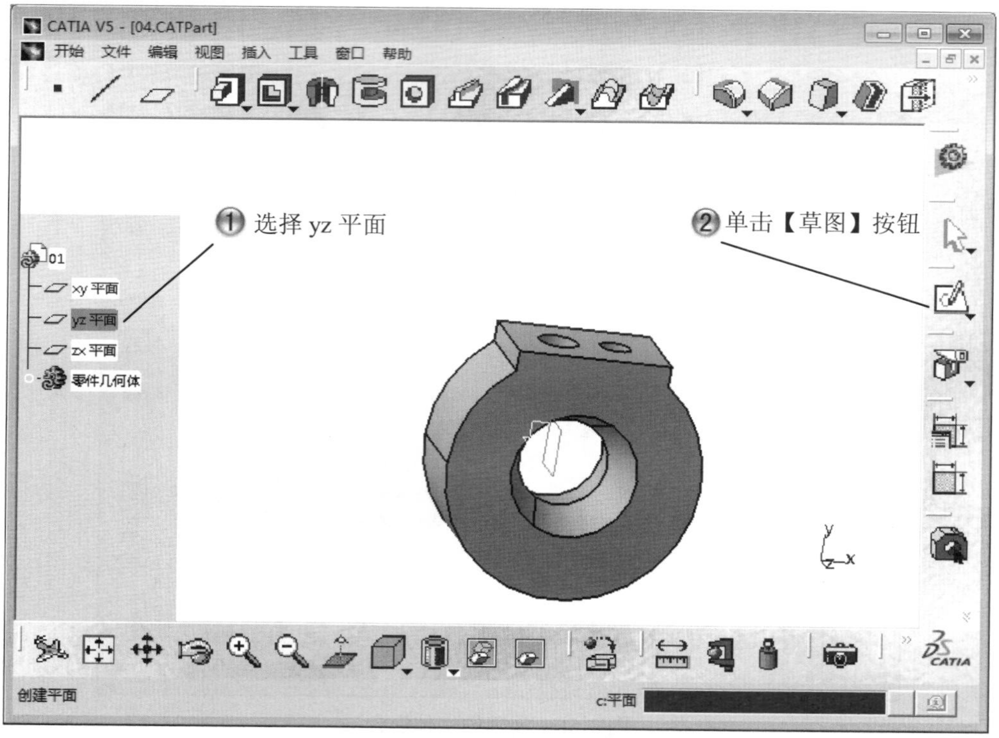

图 3-57 选择草绘面

Step2 创建平面，如图 3-58 所示。

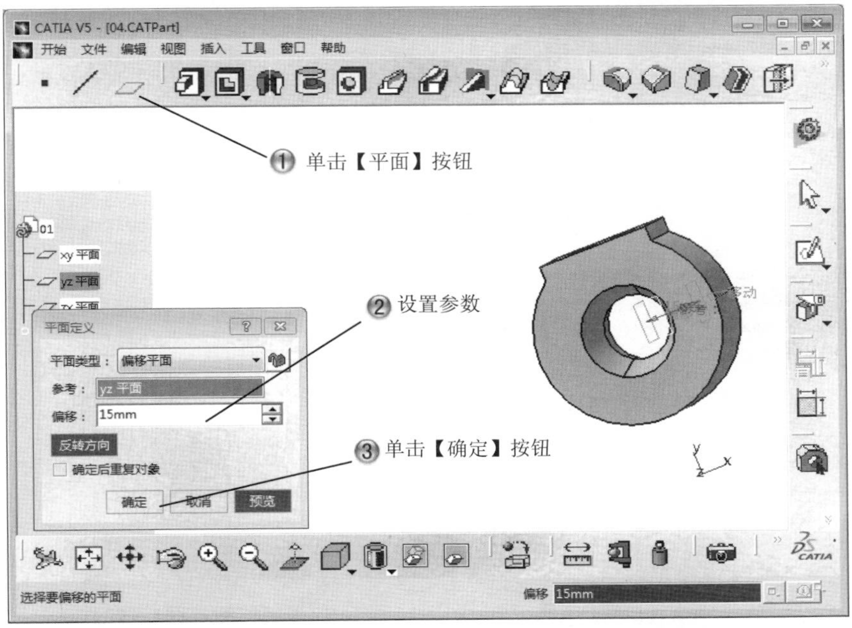

图 3-58 创建平面

Step3 选择草绘面，如图 3-59 所示。

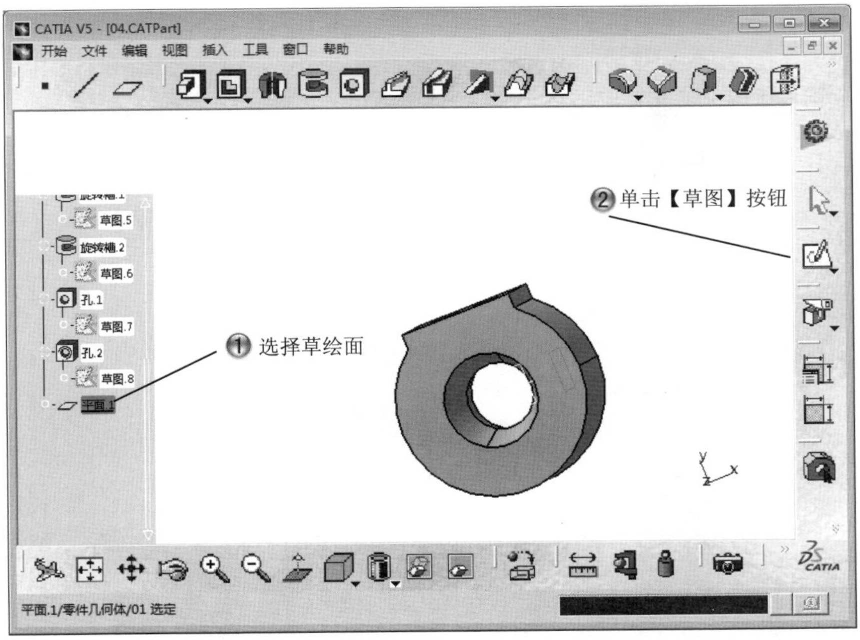

图 3-59 选择草绘面

Step4 绘制矩形，如图 3-60 所示。

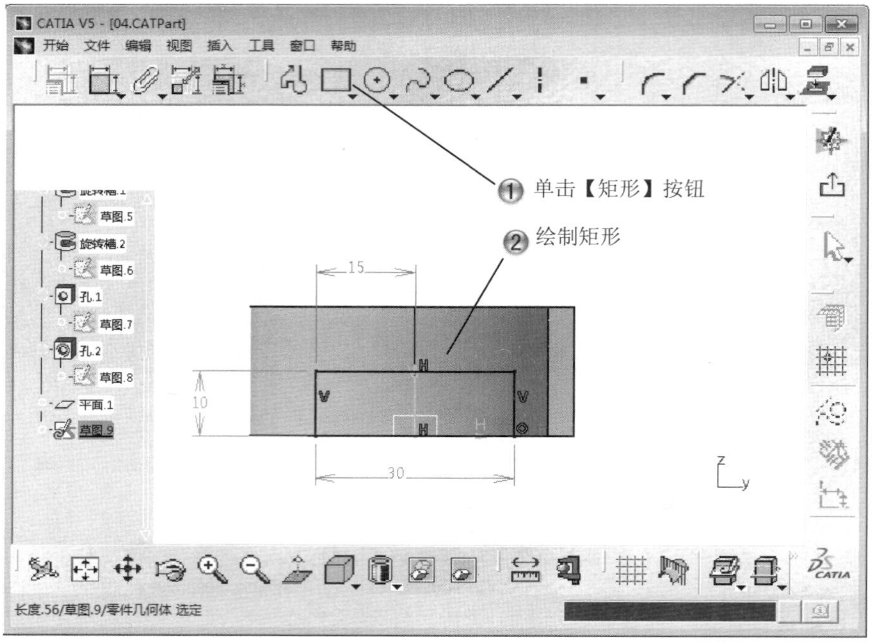

图 3-60 绘制矩形

Step5 选择草绘面，如图 3-61 所示。

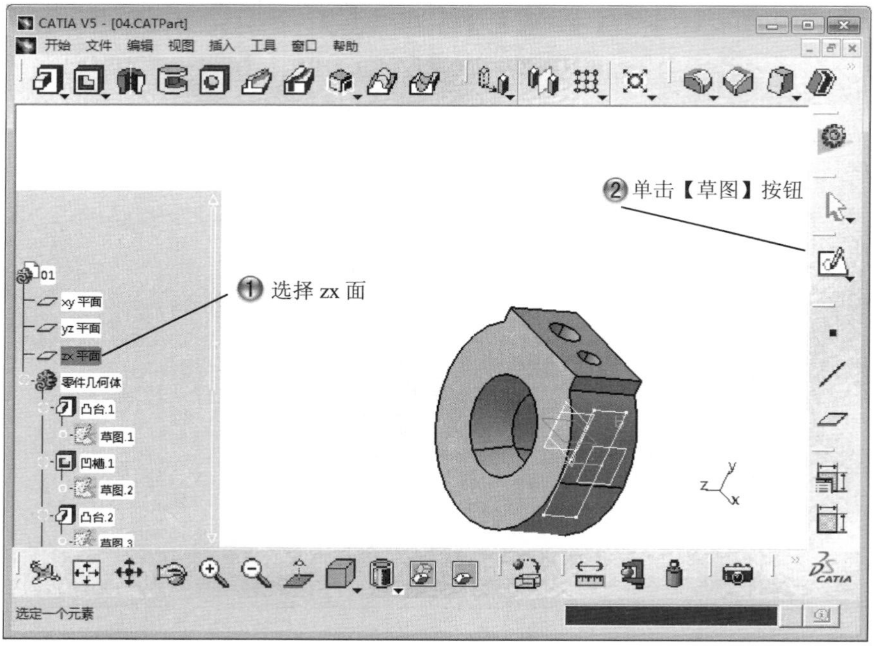

图 3-61 选择草绘面

Step6 绘制矩形，如图 3-62 所示。

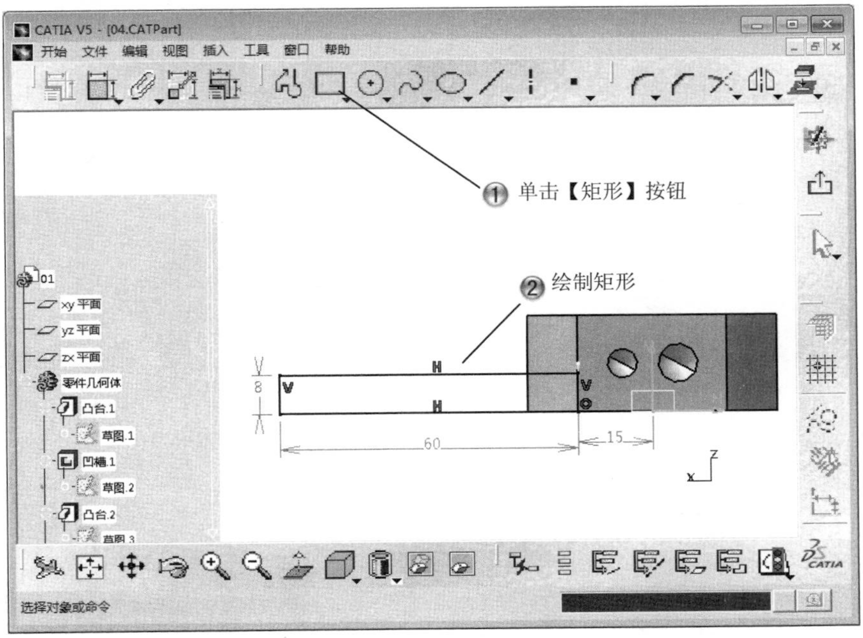

图 3-62 绘制矩形

Step7 绘制圆角，如图 3-63 所示。

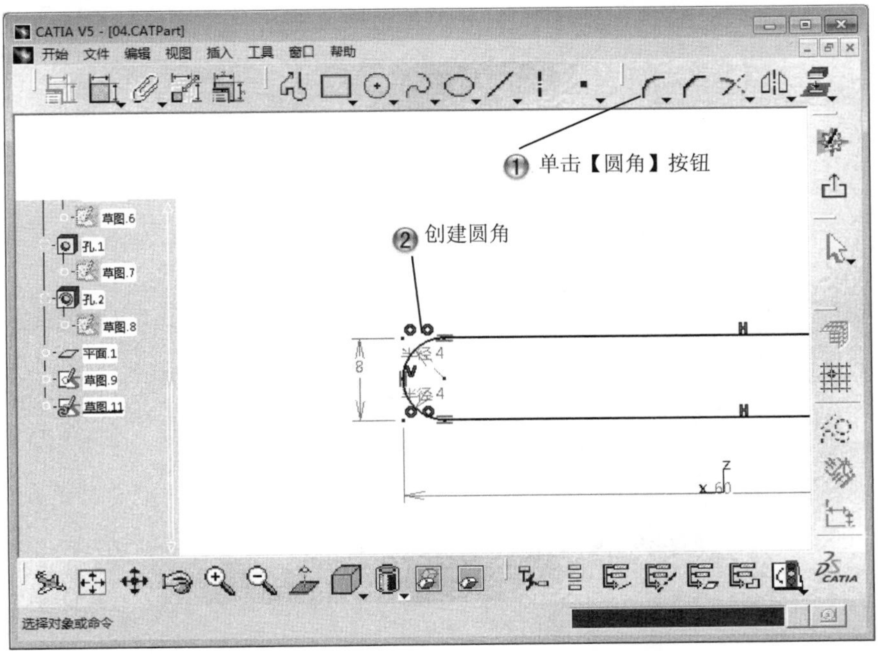

图 3-63 绘制圆角

Step8 创建混合特征，如图 3-64 所示。

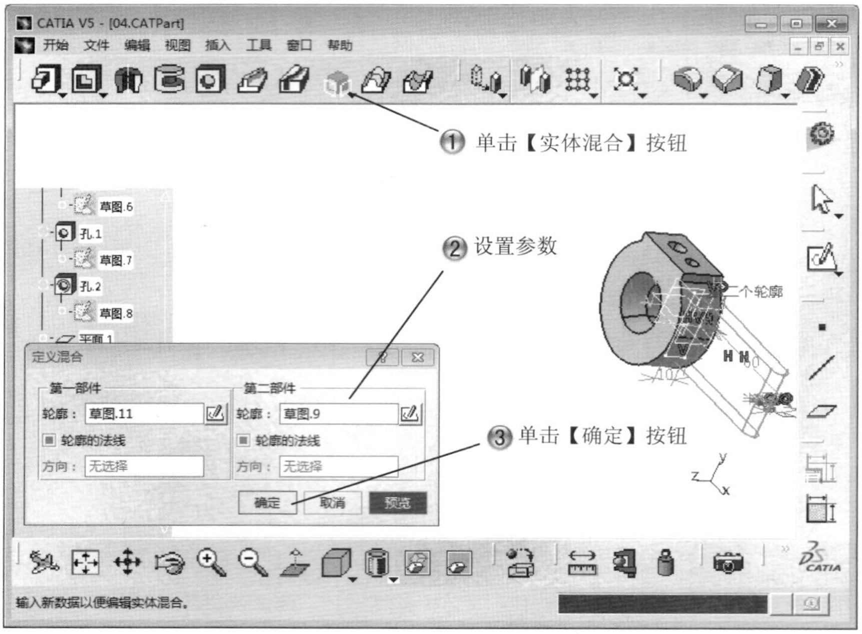

图 3-64　创建混合特征

Step9 完成实体混合，如图 3-65 所示。

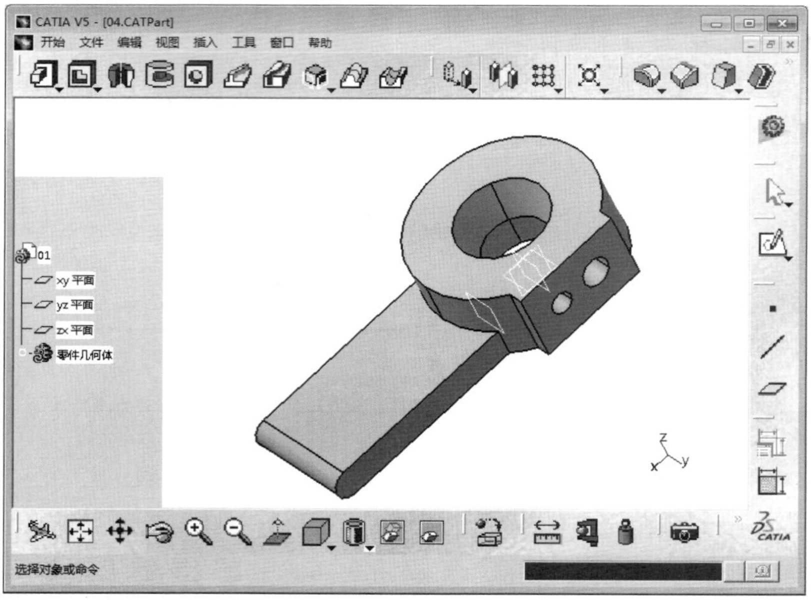

图 3-65　完成实体混合

3.5 零件特征修饰

基本概念

路径修饰特征包括倒圆角、倒角、抽壳、拔模这些内容。倒角和倒圆角是对零件的锋利边缘进行弧形或直线切除，抽壳是对模型内部进行挖空，拔模是对面进行一定角度的偏置。

课堂讲解课时：2 课时

3.5.1 设计理论

单击【修饰特征】工具栏中的【倒圆角】按钮、【倒角】按钮、【拔模斜度】按钮和【盒体】按钮，在其弹出的对话框中设置参数和选择对象，生成需要的修饰特征。

3.5.2 课堂讲解

1. 倒圆角

单击【修饰特征】工具栏中的【倒圆角】按钮右下的黑色三角，展开【圆角】工具栏，该工具栏包括倒圆角、可变半径圆角、弦圆角、面与面圆角和三切线内圆角 5 种倒圆角工具。

单击【圆角】工具栏中的【倒圆角】按钮，系统弹出【倒圆角定义】对话框，设置参数，如图 3-66 所示。

圆角化边线时，根据指定的半径值，圆角化操作可能会影响不希望圆角化的其他零部件边线。为避免预见到这样的结果，在倒圆角操作之前，利用该文本框指定要保留的边线。限制元素用于限制倒圆角的范围，可以使用一个或多个限制元素，也可以使用上下文菜单创建限制元素。

名师点拨

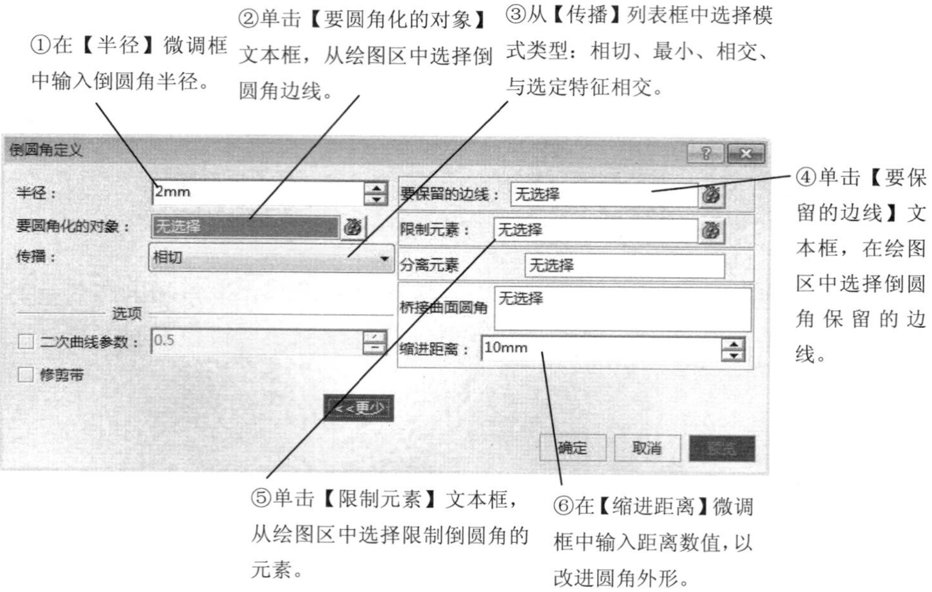
①在【半径】微调框中输入倒圆角半径。
②单击【要圆角化的对象】文本框，从绘图区中选择倒圆角边线。
③从【传播】列表框中选择模式类型：相切、最小、相交、与选定特征相交。
④单击【要保留的边线】文本框，在绘图区中选择倒圆角保留的边线。
⑤单击【限制元素】文本框，从绘图区中选择限制倒圆角的元素。
⑥在【缩进距离】微调框中输入距离数值，以改进圆角外形。
倒圆角定义
半径：
2mm
要圆角化的对象：
无选择
传播：
相切
选项
二次曲线参数：
0.5
修剪带
要保留的边线：
无选择
限制元素：
无选择
分离元素
无选择
桥接曲面圆角
无选择
缩进距离：
10mm
<<更少
确定
取消
预览

图 3-66　【倒圆角定义】对话框

单击【倒圆角定义】对话框的【确定】按钮，完成倒圆角创建，效果如图 3-67 所示。

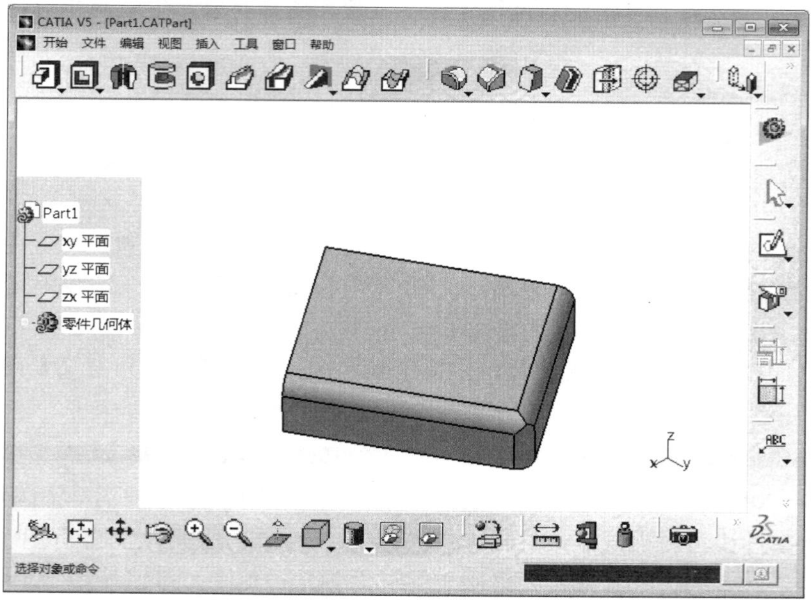
CATIA V5 - [Part1.CATPart]
开始　文件　编辑　视图　插入　工具　窗口　帮助
Part1
xy 平面
yz 平面
zx 平面
零件几何体
选择对象或命令

图 3-67　创建的倒圆角

2. 倒角

单击【修饰特征】工具栏中的【倒角】按钮，系统弹出【定义倒角】对话框，设置参数，如图 3-68 所示。

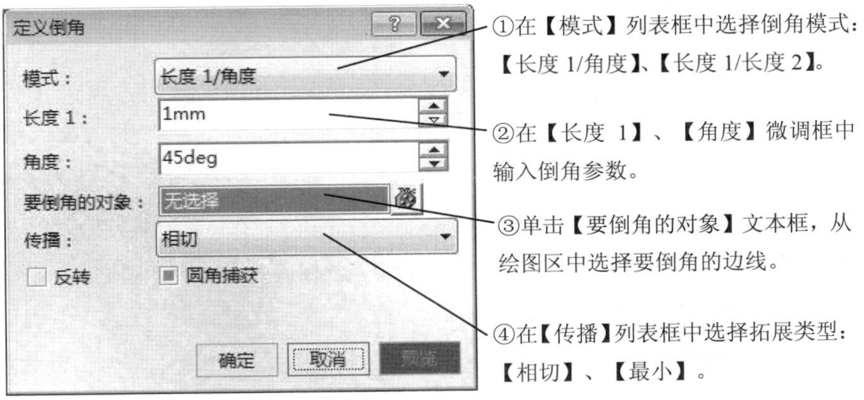

图 3-68　【定义倒角】对话框

【相切】：倒角选定边线及其相切边线，它将继续在选定边线之外进行倒角，直到遇到相切不连续的边线为止；【最小】：考虑与选定边线相切的边线，在无法执行其他操作时，应用程序将继续在选定边线之外进行倒角。

名师点拨

单击【定义倒角】对话框中的【确定】按钮，完成倒角的创建，效果如图 3-69 所示。

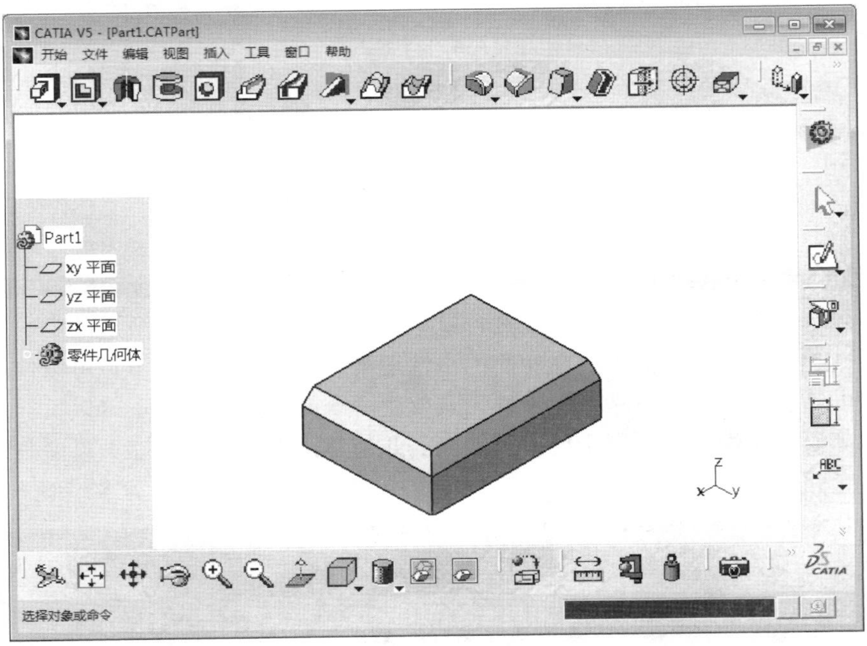

图 3-69　创建的倒角

3. 拔模

单击【修饰特征】工具栏中的【拔模斜度】按钮右下黑色三角，展开【拔模】工具栏。该工具栏包括拔模斜度、拔模反射线和可变角度拔模三个工具。单击【拔模】工具栏中的【拔模斜度】按钮，系统弹出【定义拔模】对话框，设置参数，如图 3-70 所示。

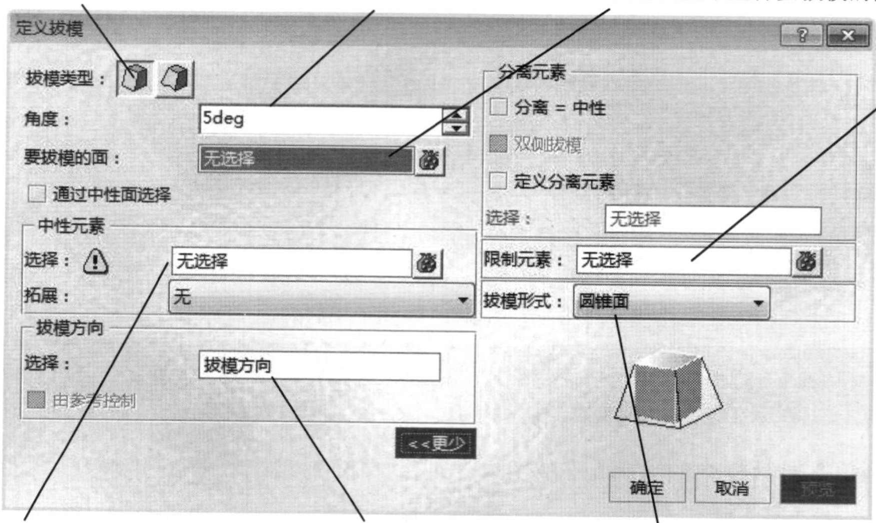
①单击【拔模类型】选项组中的【常量】按钮。
②在【角度】微调框中输入拔模角度。
③单击【要拔模的面】文本框，从绘图区中选择要拔模的面。
⑥单击【限制元素】文本框，选择一个或多个与它完全相交的面或平面来限制它。
定义拔模
拔模类型：
角度：
5deg
要拔模的面：
无选择
通过中性面选择
中性元素
选择：
无选择
拓展：
无
拔模方向
选择：
拔模方向
由参考控制
分离元素
分离 = 中性
双侧拔模
定义分离元素
选择：
无选择
限制元素：
无选择
拔模形式：
圆锥面
<<更少
确定
取消
预览
④单击【中性元素】选项组中的【选择】文本框，从绘图区中选择创建拔模的中性面。
⑤单击【拔模方向】选项组中的【选择】文本框，选择拔模方向。
⑦在【拔模形式】列表框中选择拔模形式：圆锥面、正方形。

图 3-70 【定义拔模】对话框

可以选择多个面来定义中性元素，默认情况下，拔模方向由所选的第一个面给定。建议使用与要拔模的面相交的中性元素。但在某些情况下，可以使用与这些面不相交的中性元素，在中性元素仅由一个面组成的情况下可以执行此操作。如果该中性元素不属于要拔模的面的几何体，则其需要足够大以便与这些面完全相交。

名师点拨

单击【定义拔模】对话框中的【确定】按钮，完成拔模斜度的创建，效果如图 3-71 所示。

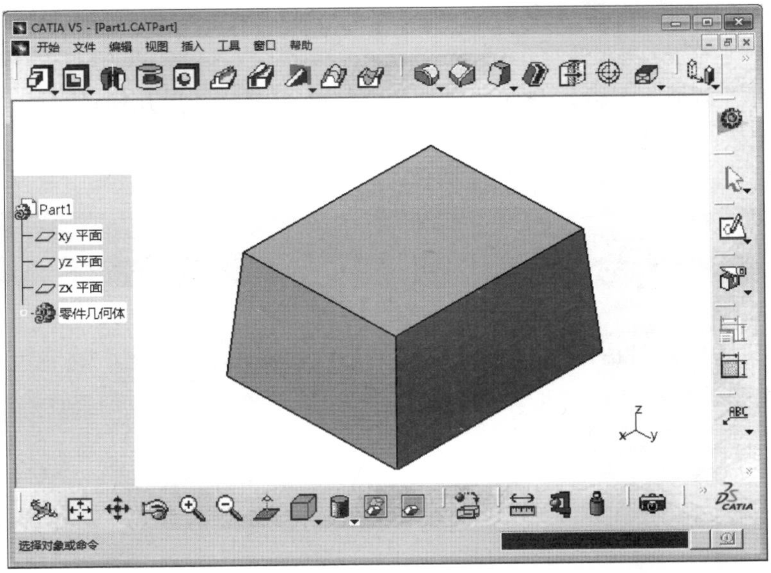

图 3-71　创建的拔模斜度

当使用分离元素和限制元素时，两个选定的元素必须相交以产生拔模特征。

名师点拨

4. 抽壳

单击【修饰特征】工具栏中的【盒体】按钮，系统弹出【定义盒体】对话框，设置参数，如图 3-72 所示。

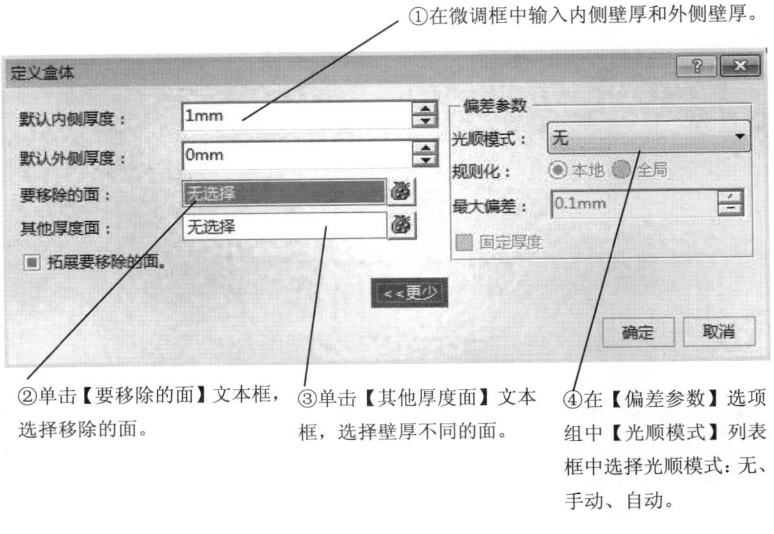

图 3-72　【定义盒体】对话框

抽壳的值必须小于输入几何体厚度的一半。否则，结果几何体可能会因为自相交而无效；在某些特殊情况下，可能需要连续执行两次盒体化操作，为了避免出现问题，第二个盒体的值应小于第一个盒体的值的一半。

名师点拨

单击【定义盒体】对话框中的【确定】按钮，完成抽壳的创建，效果如图 3-73 所示。

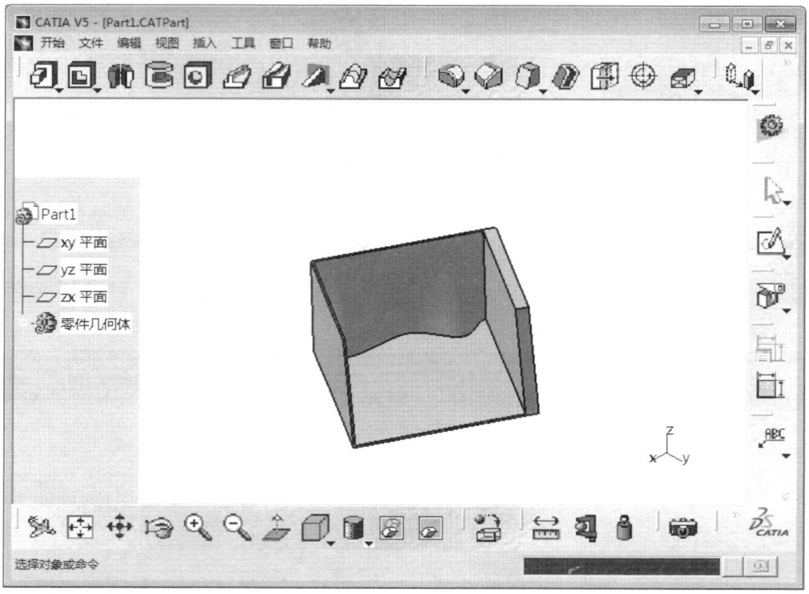

图 3-73 创建的抽壳

3.5.3 课堂练习——创建零件修饰特征

课堂练习开始文件：ywj /03/04.CATPart

课堂练习完成文件：ywj /03/05.CATPart

多媒体教学路径：光盘→多媒体教学→第 3 章→3.5 练习

Step1 创建倒圆角，如图 3-74 所示。

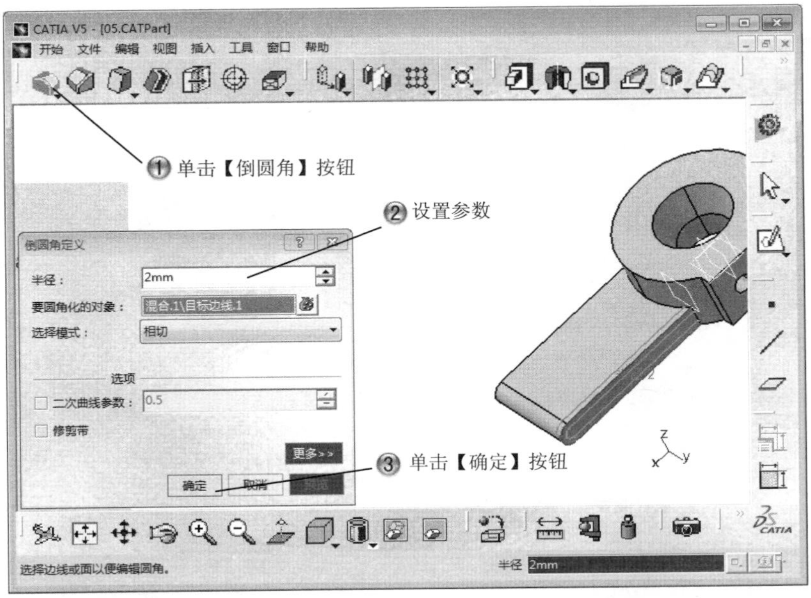

图 3-74 创建倒圆角

Step2 创建对称倒圆角，如图 3-75 所示。

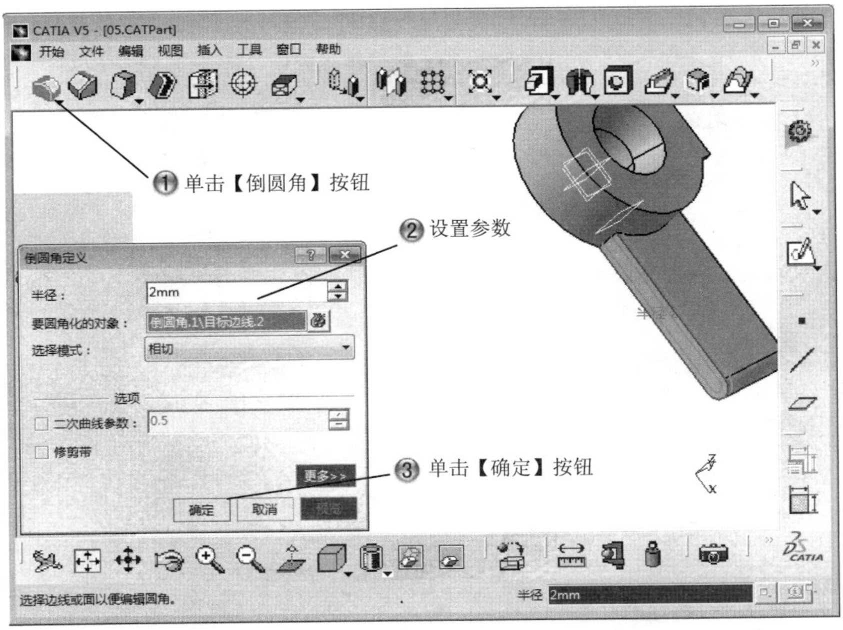

图 3-75 创建对称倒圆角

Step3 创建倒角，如图 3-76 所示。

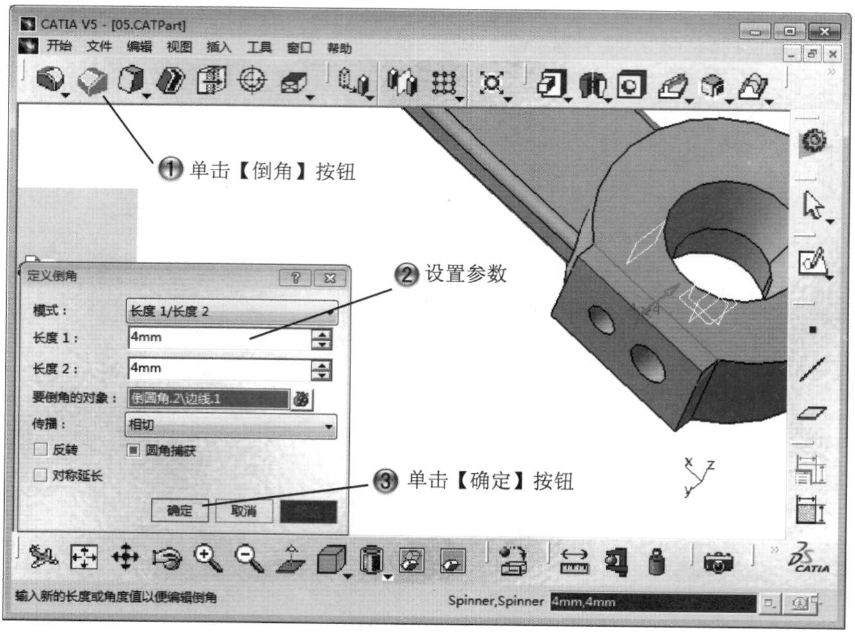

图 3-76　创建倒角

Step4 镜像特征，如图 3-77 所示。

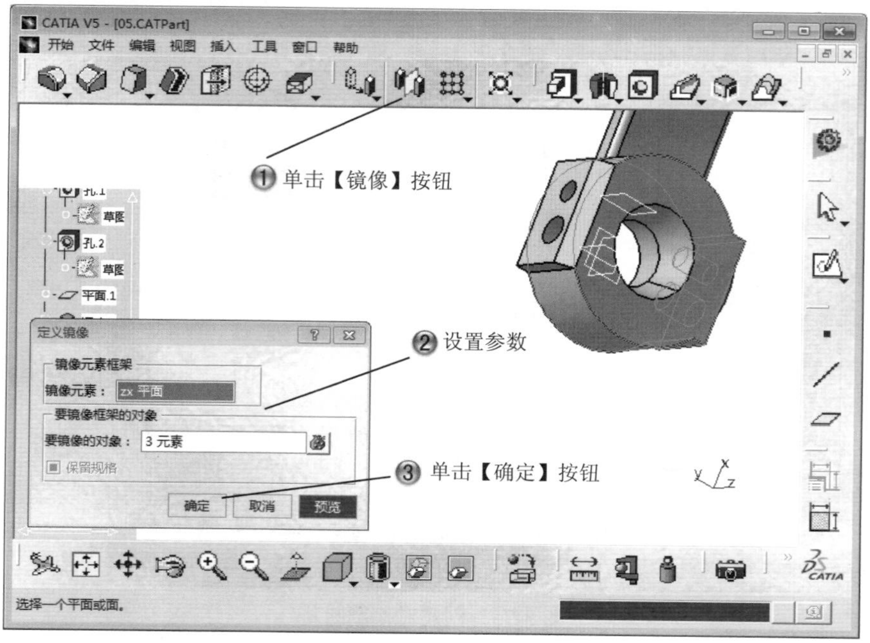

图 3-77　镜像特征

Step5 完成零件特征修饰，如图 3-78 所示。

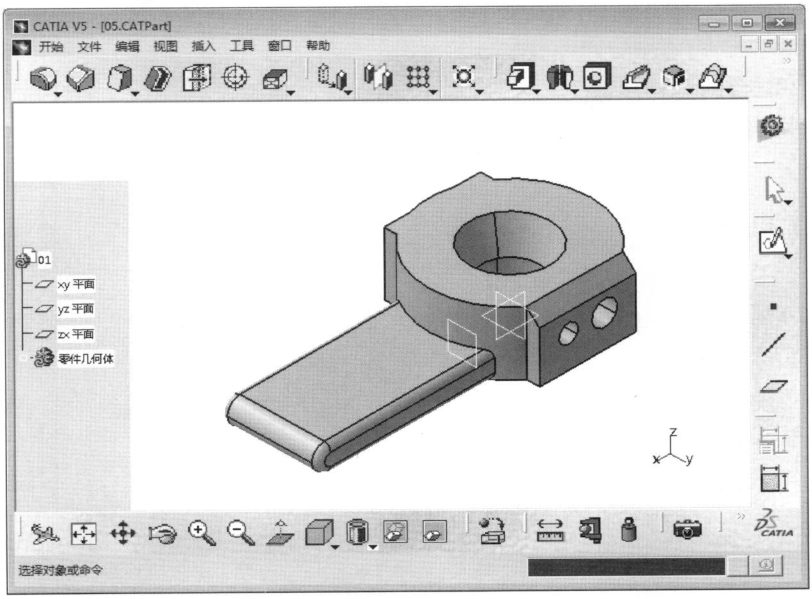

图 3-78 完成零件特征修饰

3.6 专家总结

本章介绍了绘制三维模型的各种命令，包括拉伸、旋转、孔、开槽、肋和实体混合的创建。学习本章后，应当熟练掌握拉伸、旋转、混合和孔等基础实体特征的创建，这些命令往往是生成三维实体的第一步操作，因此要结合实例熟练掌握。

3.7 课后习题

3.7.1 填空题

（1）拉伸凸台和凹槽的区别是________。

（2）旋转实体草图的必备条件________。

（3）孔的类型有________、________、________、________。

3.7.2 问答题

（1）实体混合的创建步骤？
（2）零件修饰特征有哪些？

3.7.3 上机操作题

如图 3-79 所示，使用本教学日学过知识来创建壳体特征。
一般创建步骤和方法：
（1）草绘主体草图。
（2）拉伸制作主体特征。
（3）制作壳体。
（4）使用凸台、凹槽和孔命令制作细节特征。

图 3-79　壳体

第 4 章　部件装配设计

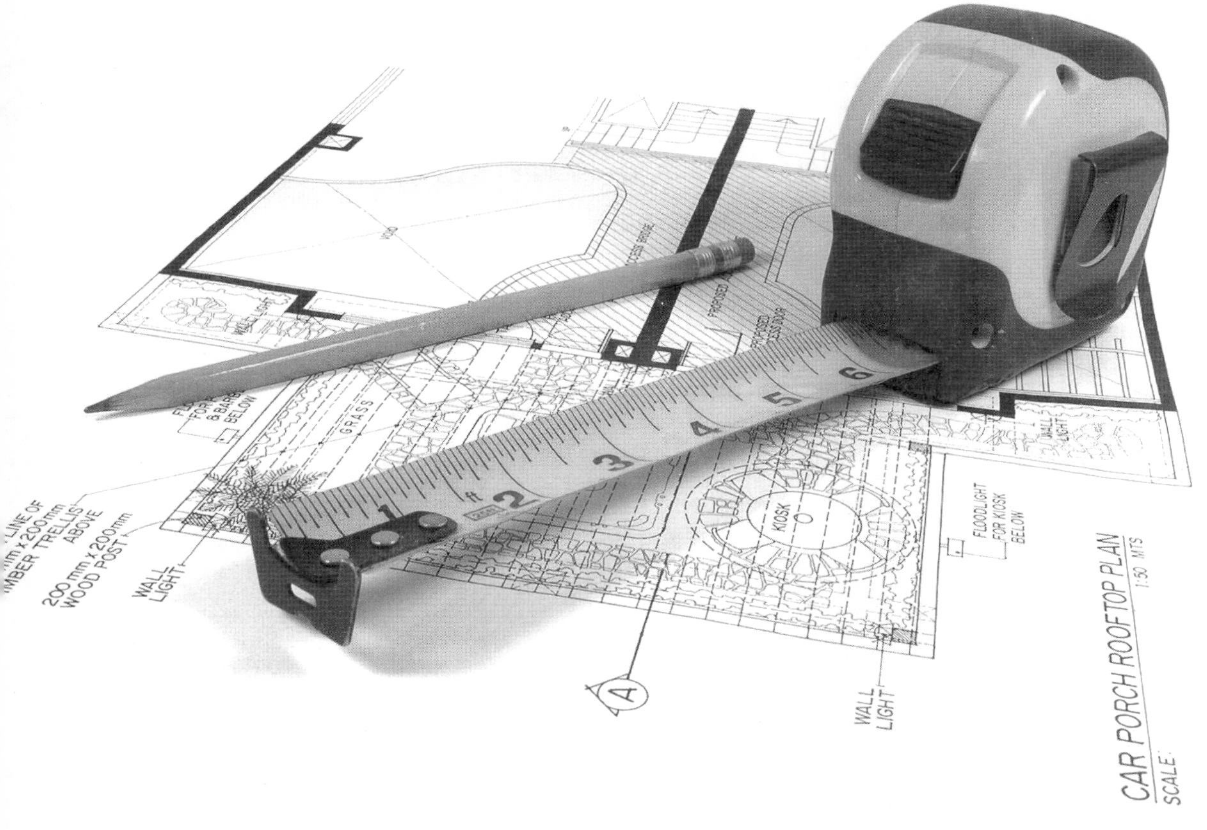

课训目标	内 容	掌握程度	课 时
	装配零部件管理	熟练运用	2
	装配约束	熟练运用	2
	装配分析	了解	1

课程学习建议

CATIA V5 装配设计模块可以很方便地定义机械装配之间的约束关系，实现零件的自动定位，并检查装配之间的一致性，它可以帮助设计者自上而下或自下而上地定义、管理多层次的大型装配结构，使零件的设计在单独环境和装配环境中实现。零件装配后对可对零件进行修改、分析和重新定向等操作。在装配模式下还可以新建和编辑零件的特征。

本章主要介绍装配零部件的管理，之后介绍装配约束，装配完成后，需要进行装配分析。

本课程主要基于软件的装配模块来讲解，其培训课程表如下。

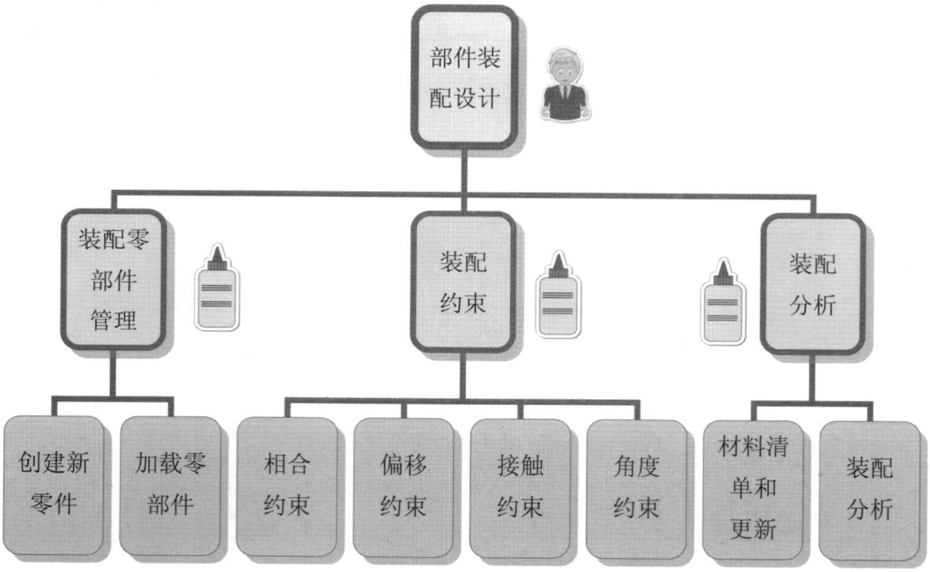

4.1 装配零部件管理

基本概念

通过 CATIA V5 提供的装配模块，可以在零件与零件、零件与组件之间进行装配，从而组成装配体。

课堂讲解课时：2 课时

4.1.1 设计理论

CATIA 进行装配设计是在装配模块里完成的，其中【产品结构工具】工具栏里面列出了装配的各种工具。

4.1.2 课堂讲解

1. 创建装配设计

选择【开始】|【机械设计】|【装配设计】菜单命令，进入装配设计模块。查看特征树中的部件，一个名称为“Produc1”的部件已结创建，如图 4-1 所示。

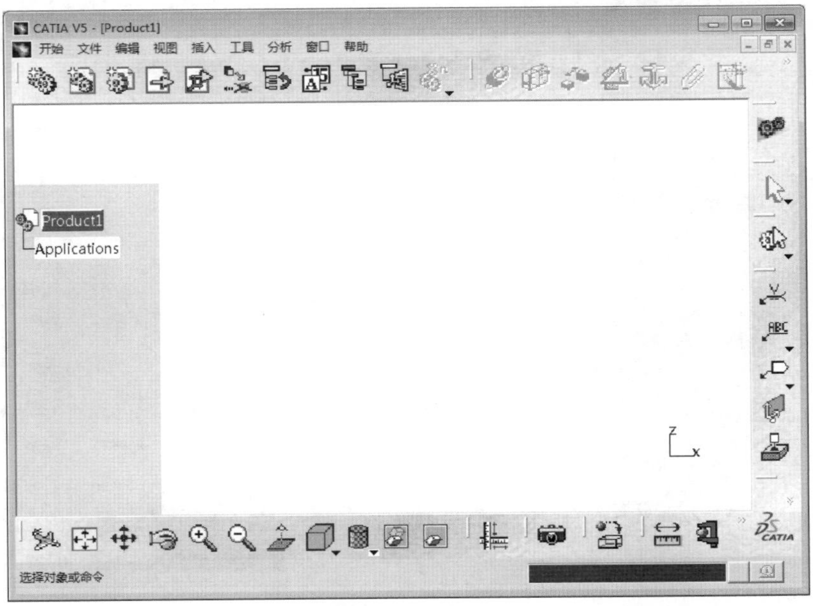

图 4-1　装配设计界面

单击【产品结构工具】工具栏中的【产品】按钮，选择特征树中刚才创建的“Product1”部件，一个名称为“Produc2”的产品部件就创建完成，如图 4-2 所示。

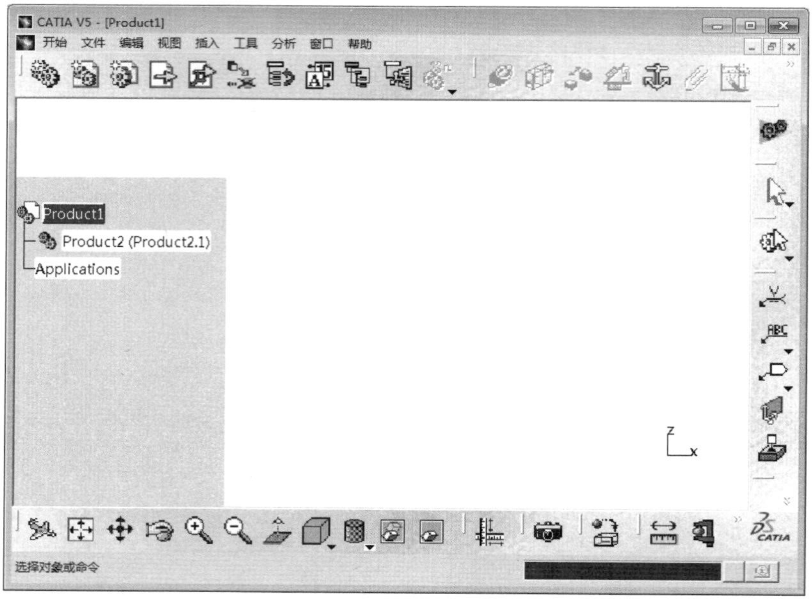

图 4-2　创建的产品部件

单击【产品结构工具】工具栏中的【零件】按钮，从特征树中选择“Produc3”部件，一个名称为“Part1”的零件就创建完成，如图 4-3 所示。

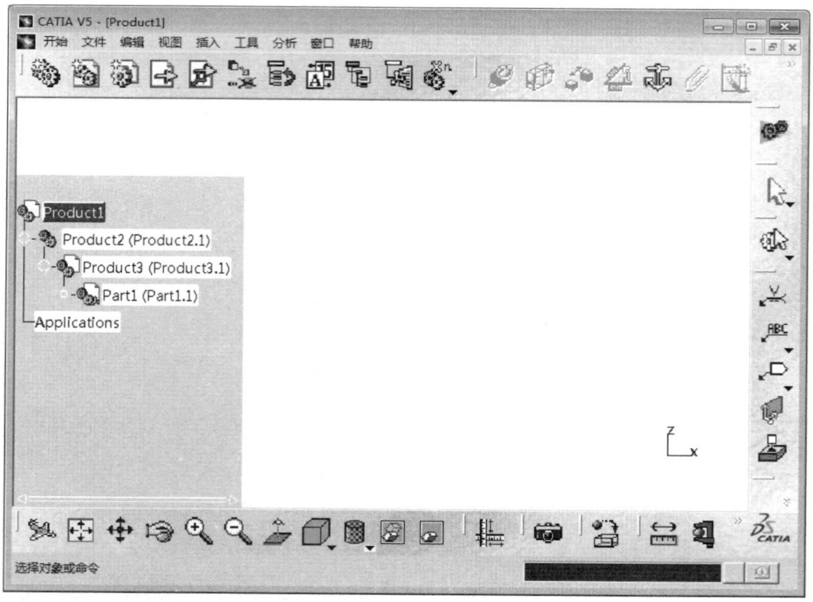

图 4-3　创建的零件

2. 加载零部件

单击【产品结构工具】工具栏中的【现有部件】按钮，在特征树中选择部件或产品部件，系统弹出如图 4-4 所示的【选择文件】对话框。

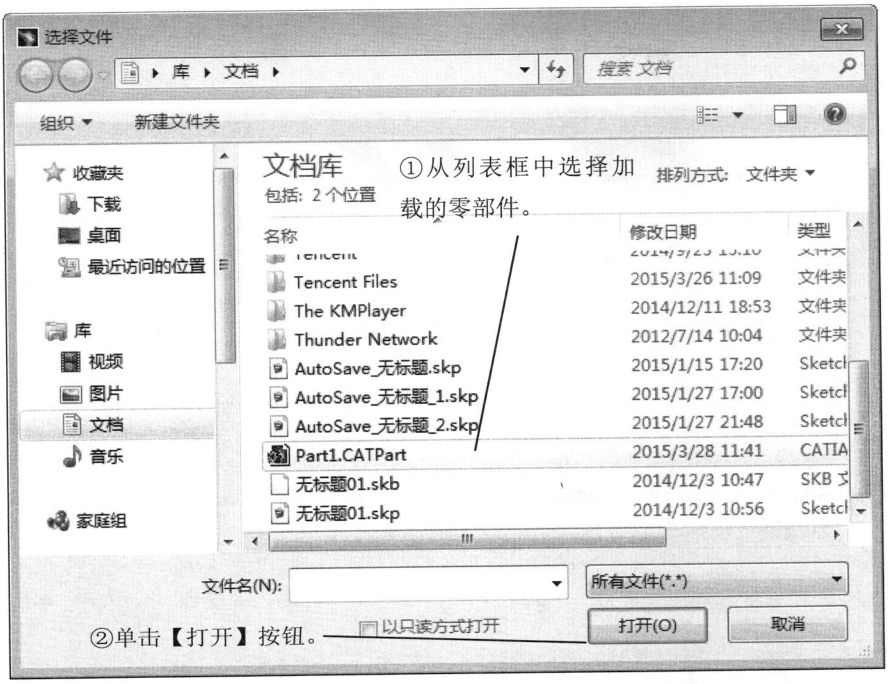

图 4-4 【选择文件】对话框

完成【选择文件】对话框选择后，零部件就添加到特征树和界面中，如图 4-5 所示。

图 4-5 添加的零件

4.1.3 课堂练习——创建零部件和装配

课堂练习开始文件： ywj /04/01.CATPart、02.CATPart、03.CATPart

课堂练习完成文件： ywj /04/04.CATProduct

多媒体教学路径： 光盘→多媒体教学→第 4 章→4.1 练习

Step1 首先绘制底座零件。选择 XY 平面为草绘面，绘制圆形，如图 4-6 所示。

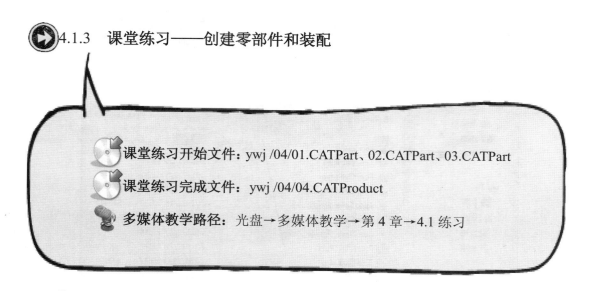

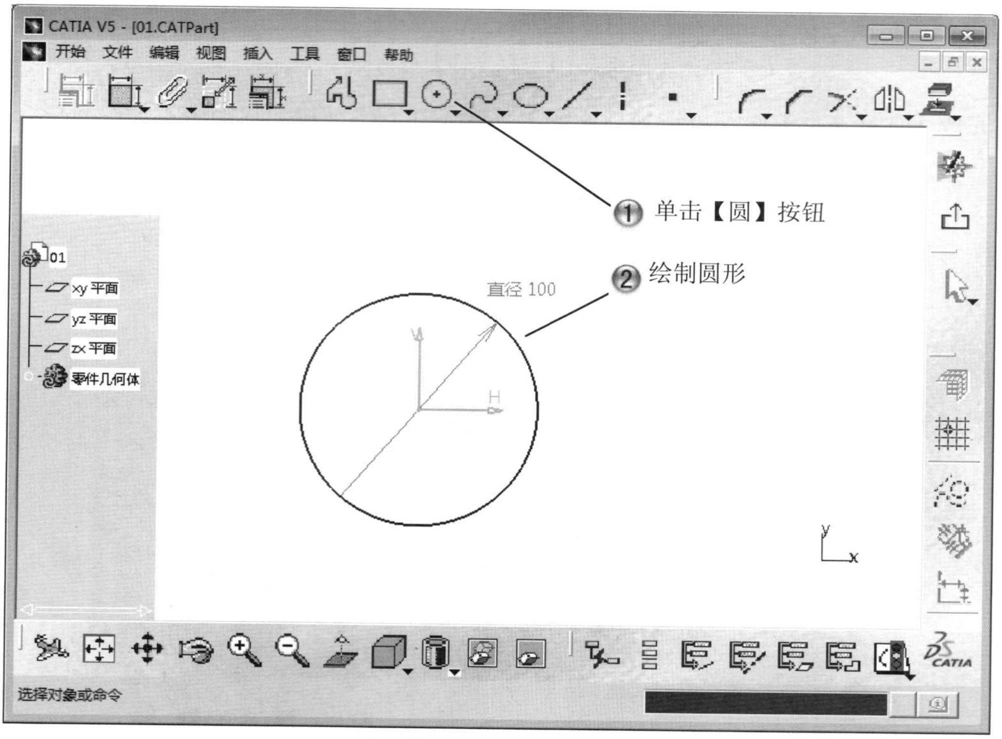

图 4-6　绘制圆形

Step2 创建凸台，如图 4-7 所示。

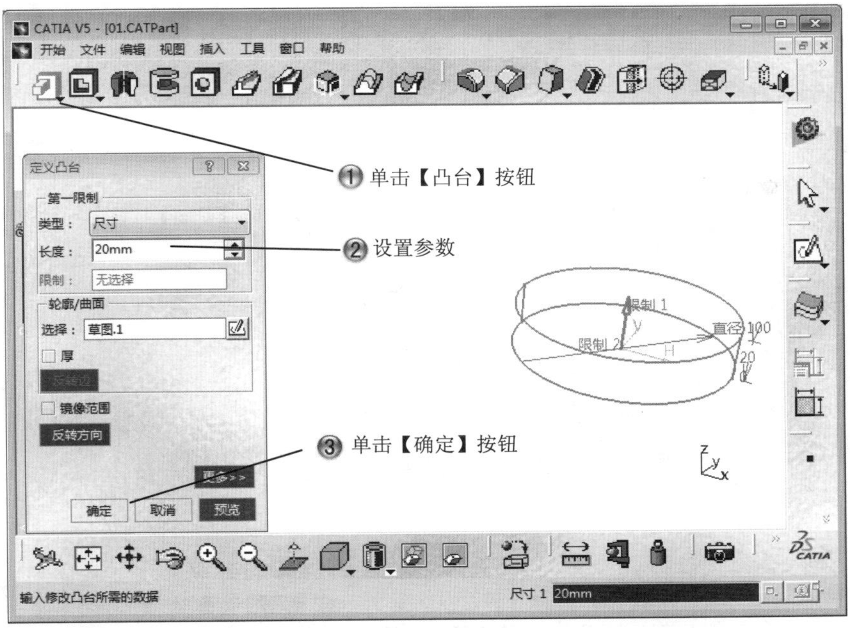

图 4-7 创建凸台

Step3 创建圆角，如图 4-8 所示。

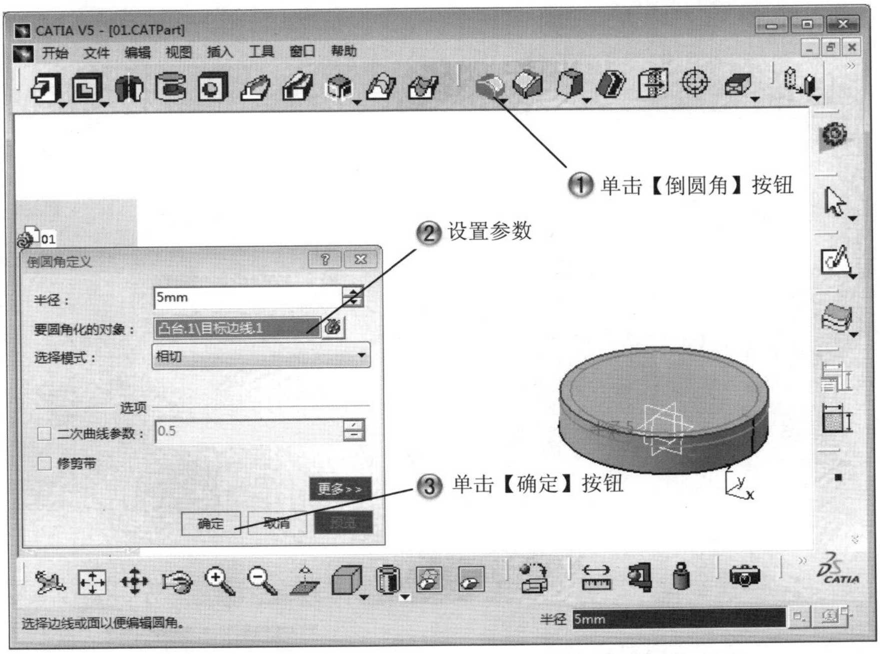

图 4-8 创建圆角

Step4 选择草绘面，如图 4-9 所示。

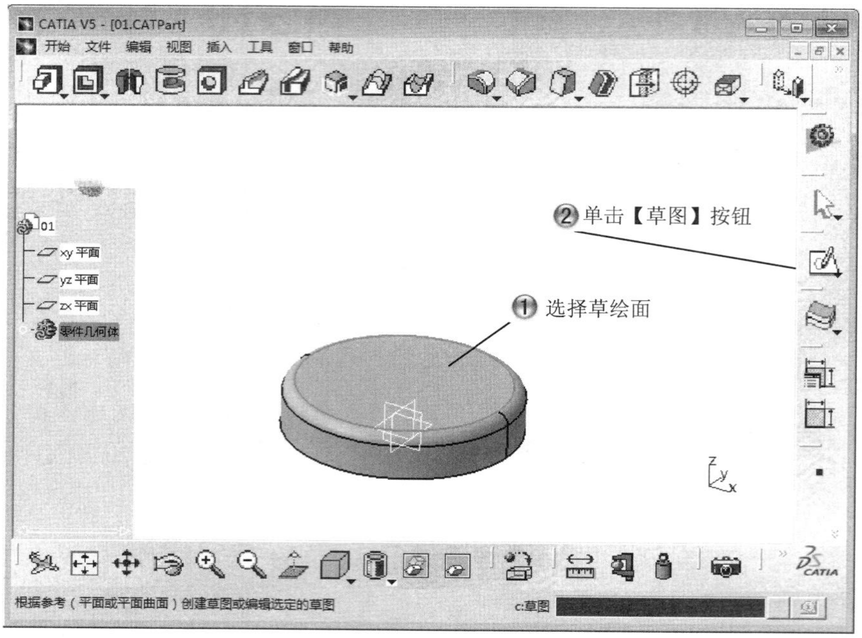

图 4-9 选择草绘面

Step5 绘制圆形，如图 4-10 所示。

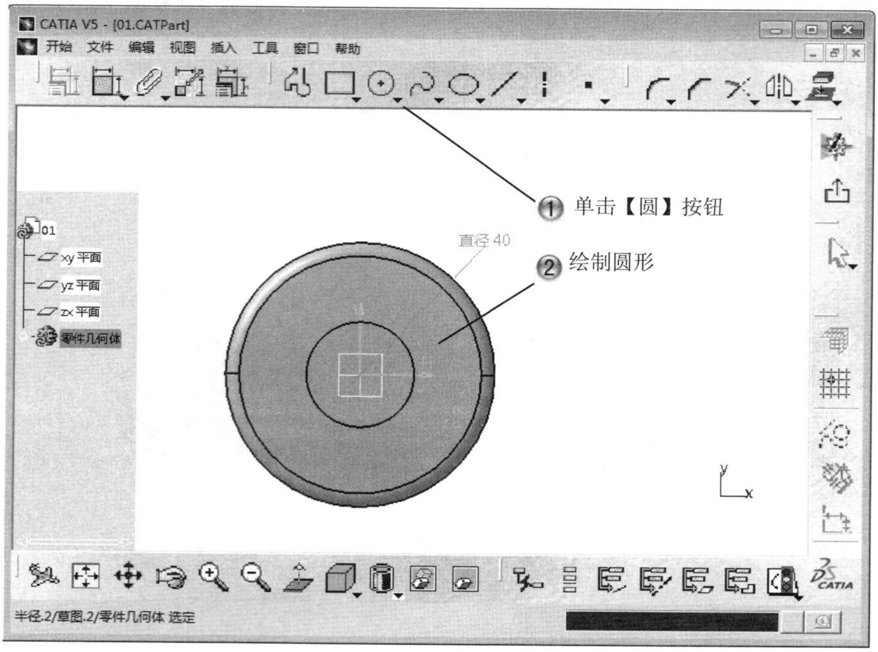

图 4-10 绘制圆形

Step6 创建凸台，如图 4-11 所示。

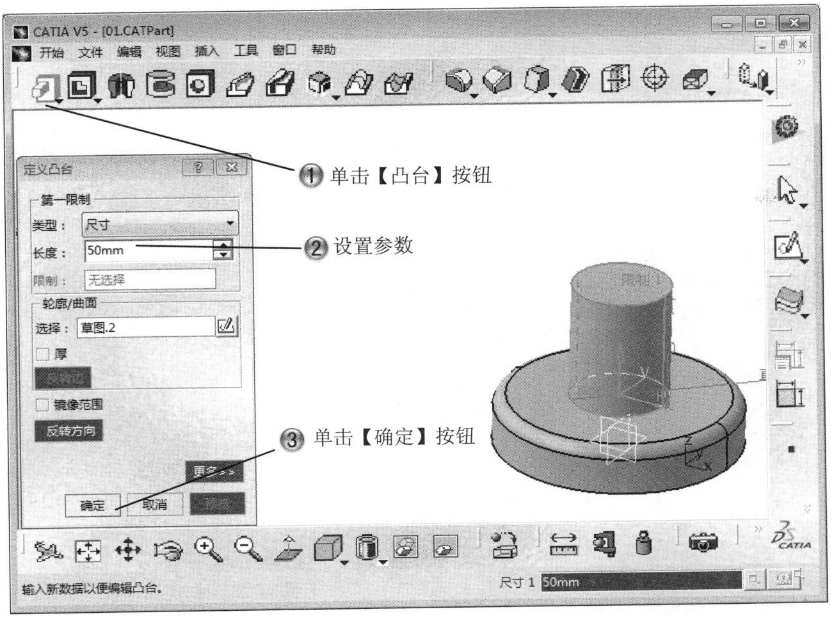

图 4-11 创建凸台

Step7 选择草绘面，如图 4-12 所示。

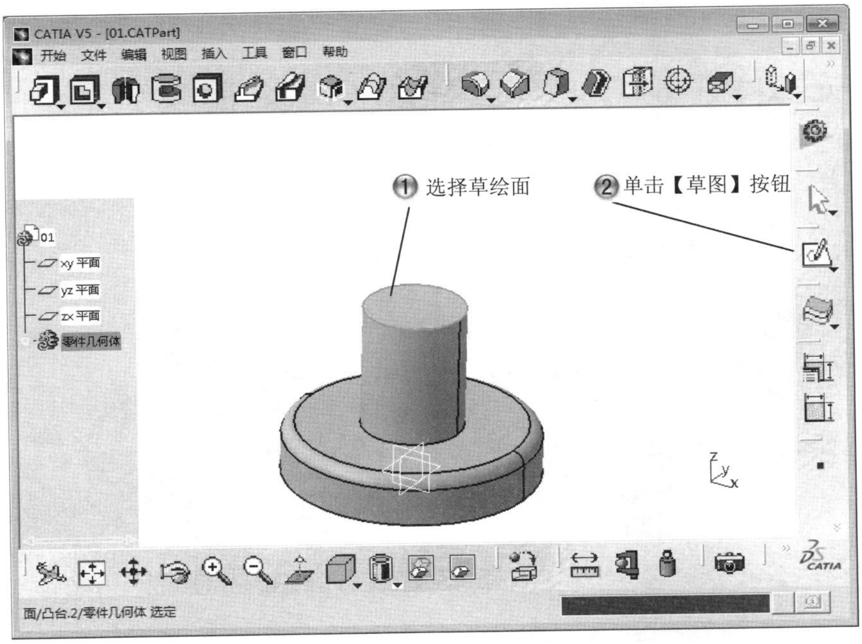

图 4-12 选择草绘面

Step8 绘制圆形，如图 4-13 所示。

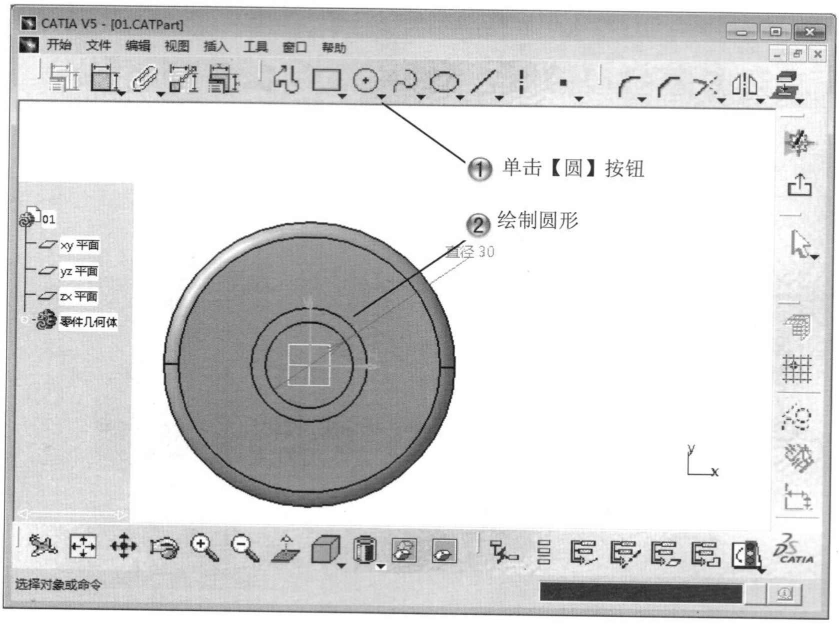

图 4-13　绘制圆形

Step9 创建凹槽，如图 4-14 所示。

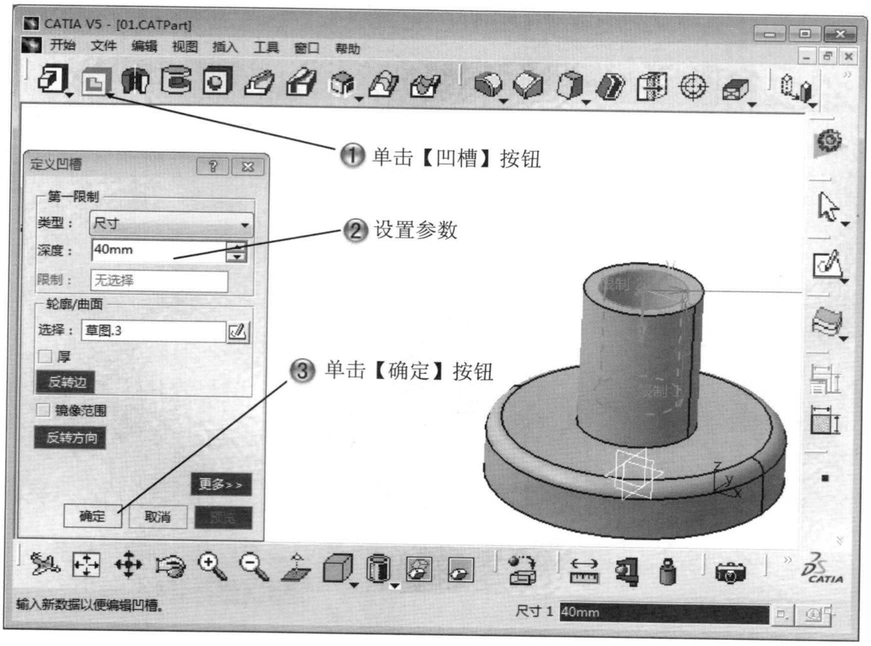

图 4-14　创建凹槽

Step10 选择草绘面，如图 4-15 所示。

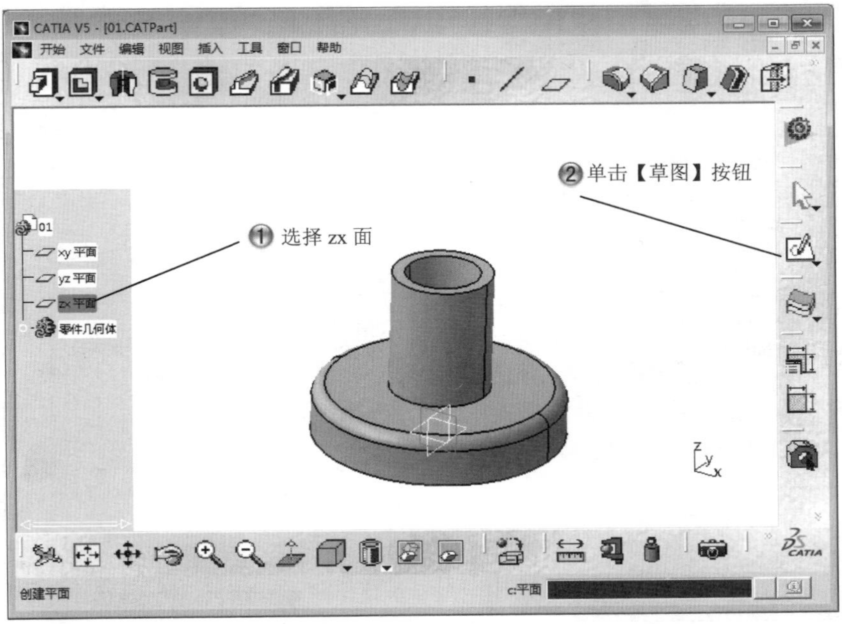

图 4-15　选择草绘面

Step11 创建平面，如图 4-16 所示。

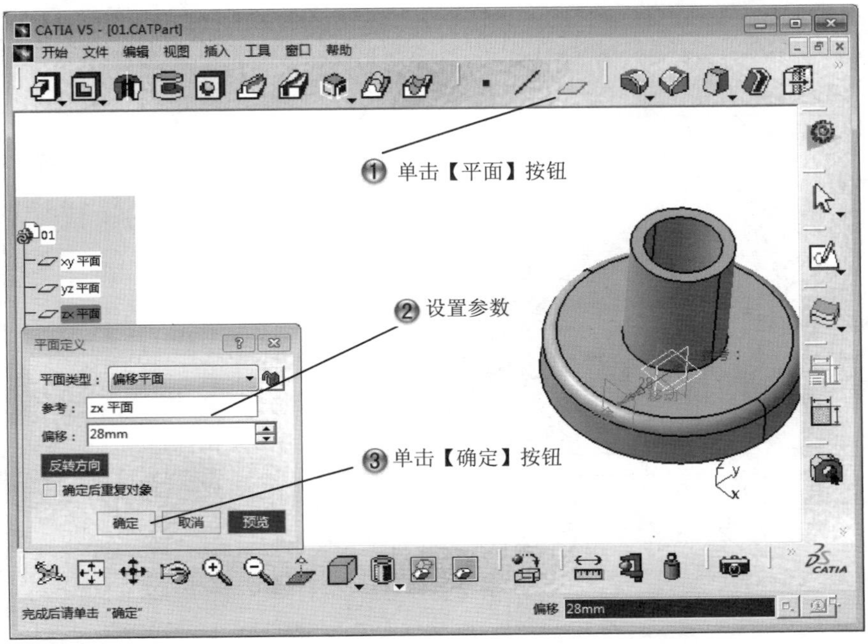

图 4-16　创建平面

Step12 选择草绘面，如图 4-17 所示。

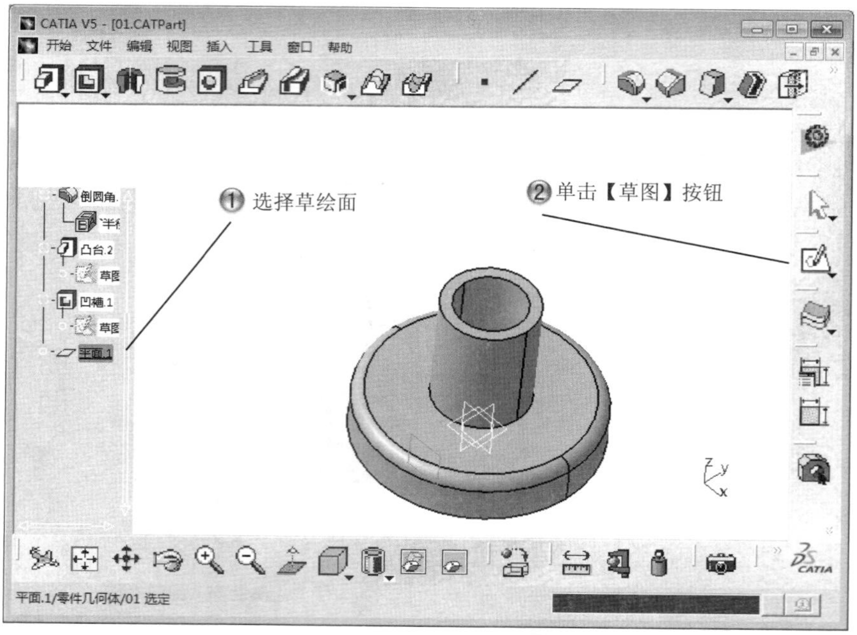

图 4-17 选择草绘面

Step13 绘制圆形，如图 4-18 所示。

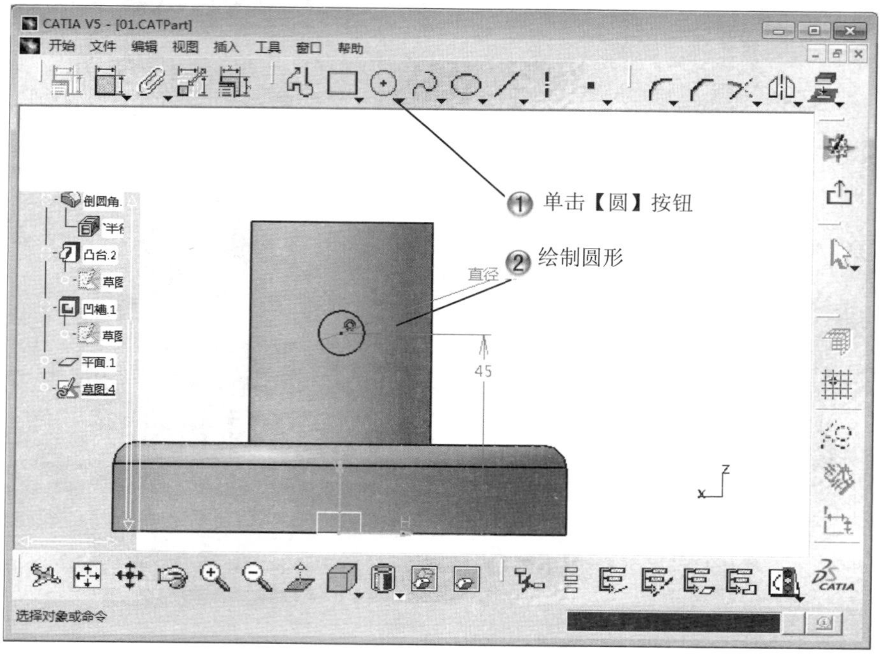

图 4-18 绘制圆形

Step14 创建凸台，如图 4-19 所示。

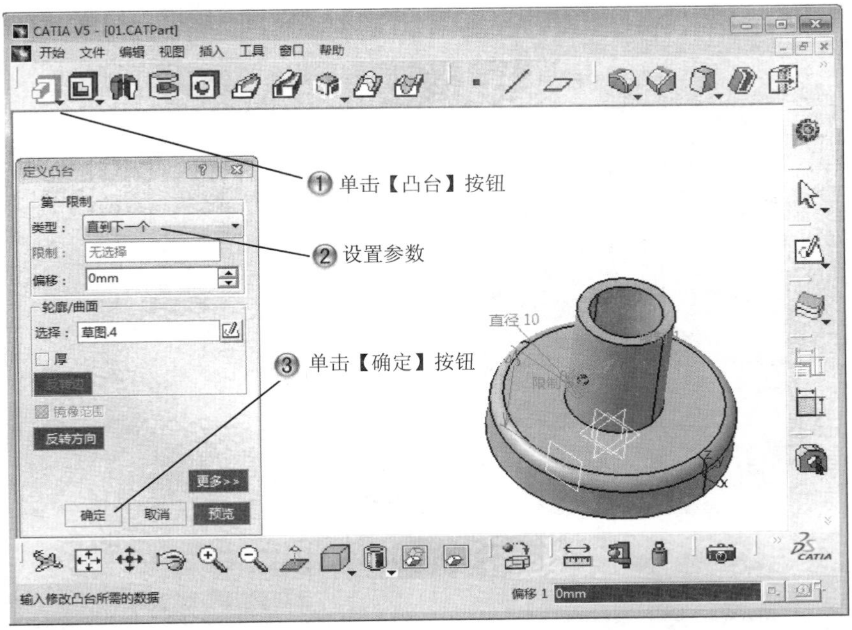

图 4-19 创建凸台

Step15 选择草绘面，如图 4-20 所示。

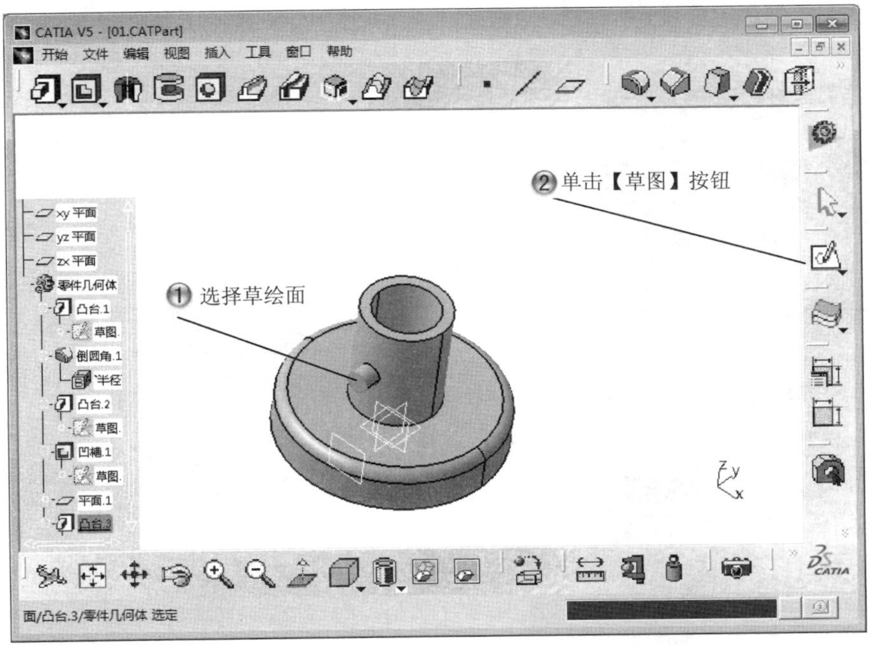

图 4-20 选择草绘面

Step16 绘制圆形，如图 4-21 所示。

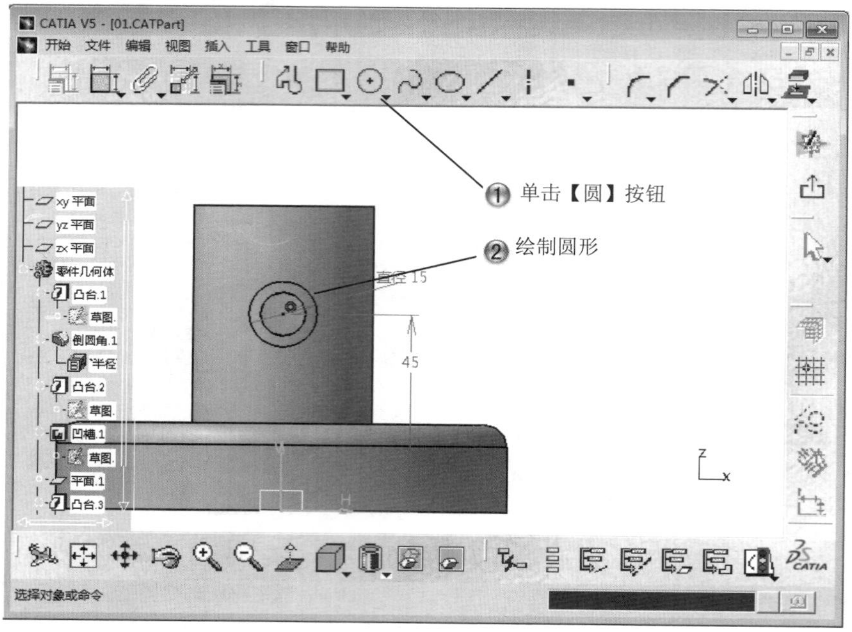

图 4-21　绘制圆形

Step17 创建凸台，如图 4-22 所示。

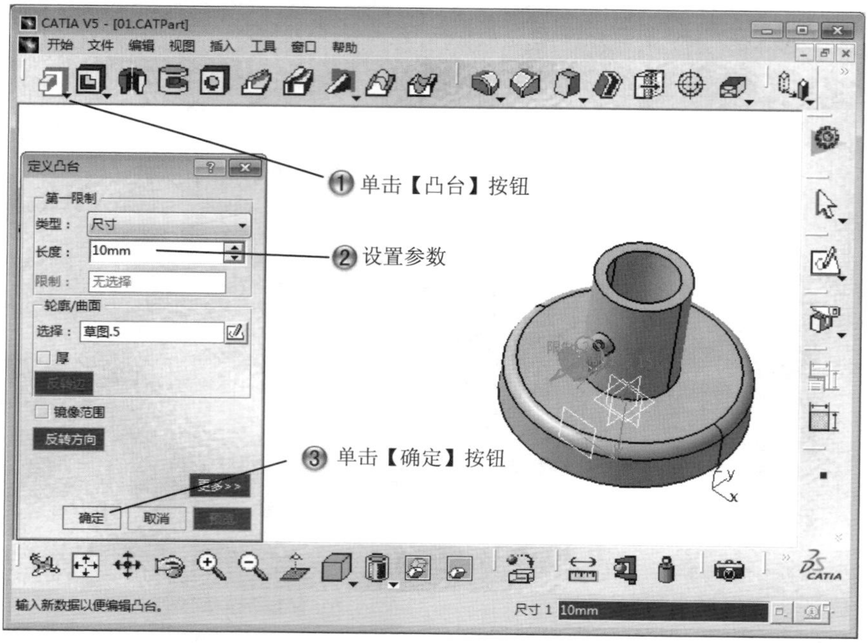

图 4-22　创建凸台

Step18 创建倒圆角，如图 4-23 所示。

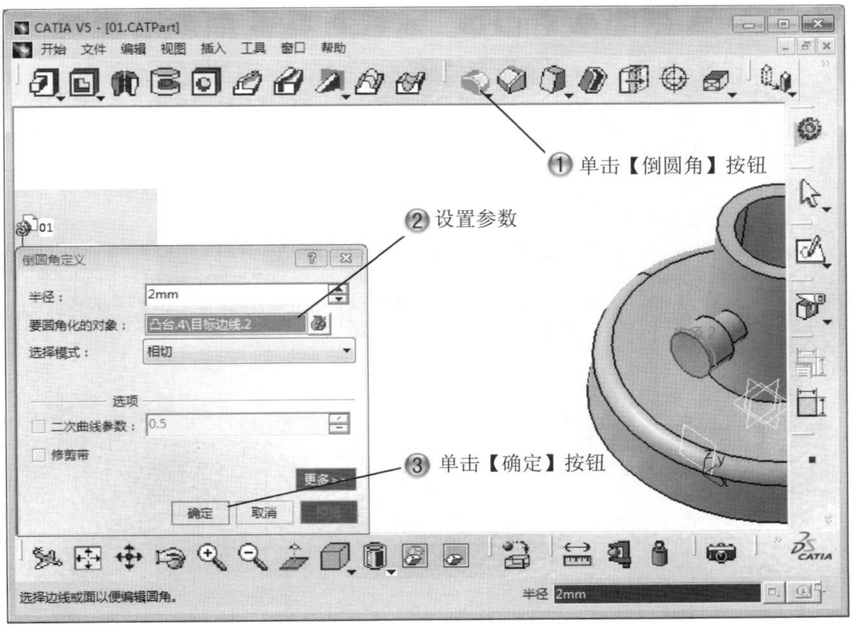

图 4-23 创建倒圆角

Step19 选择草绘面，如图 4-24 所示。

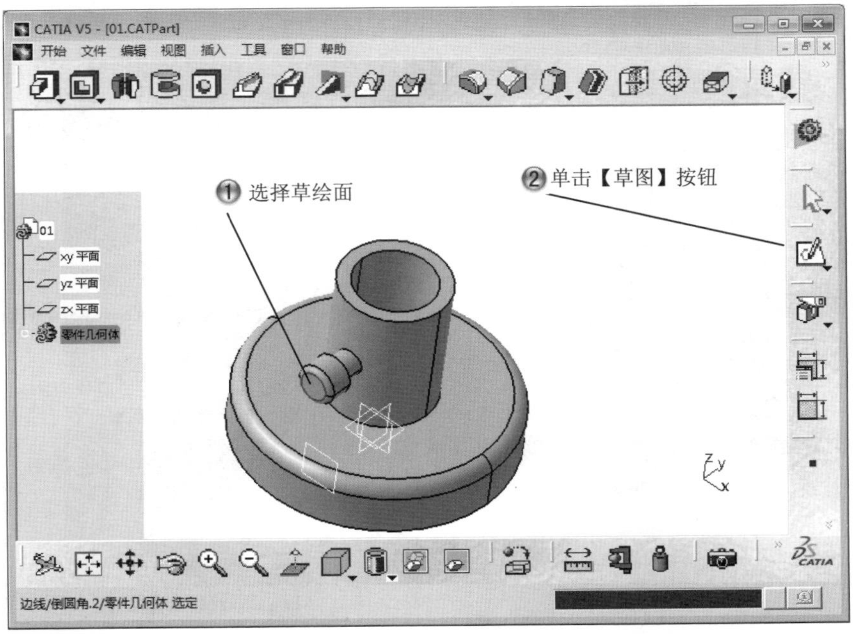

图 4-24 选择草绘面

Step20 绘制三角形，如图 4-25 所示。

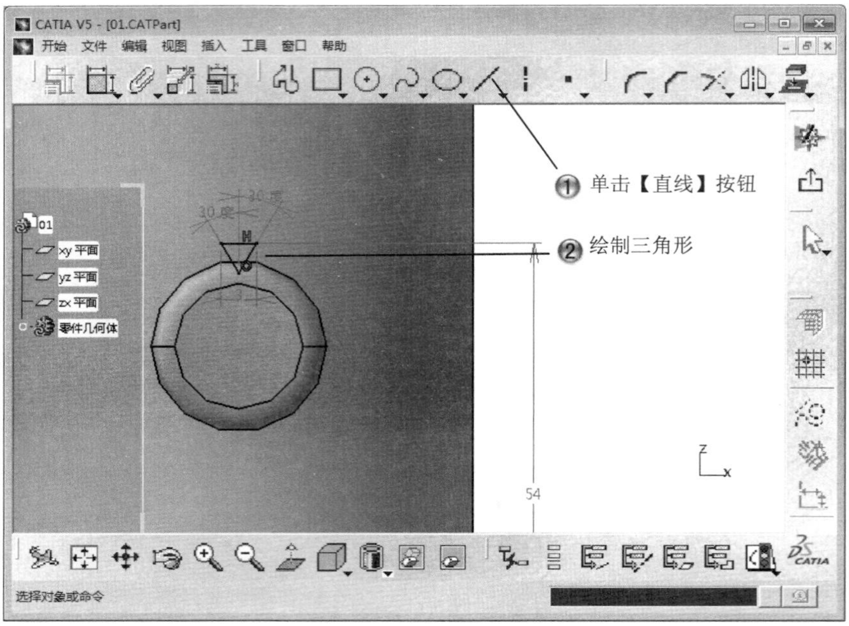

图 4-25 绘制三角形

Step21 创建凹槽，如图 4-26 所示。

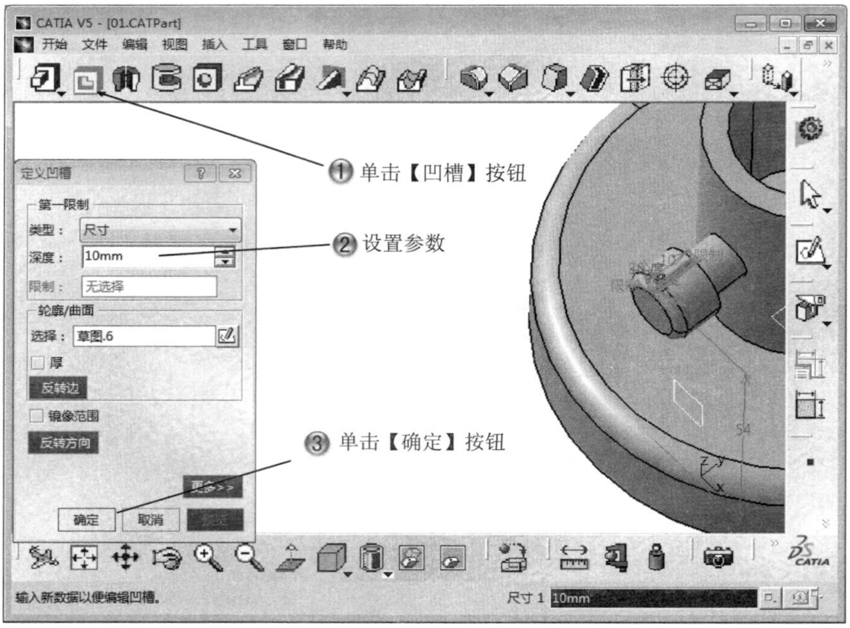

图 4-26 创建凹槽

Step22 创建圆形阵列，如图 4-27 所示。

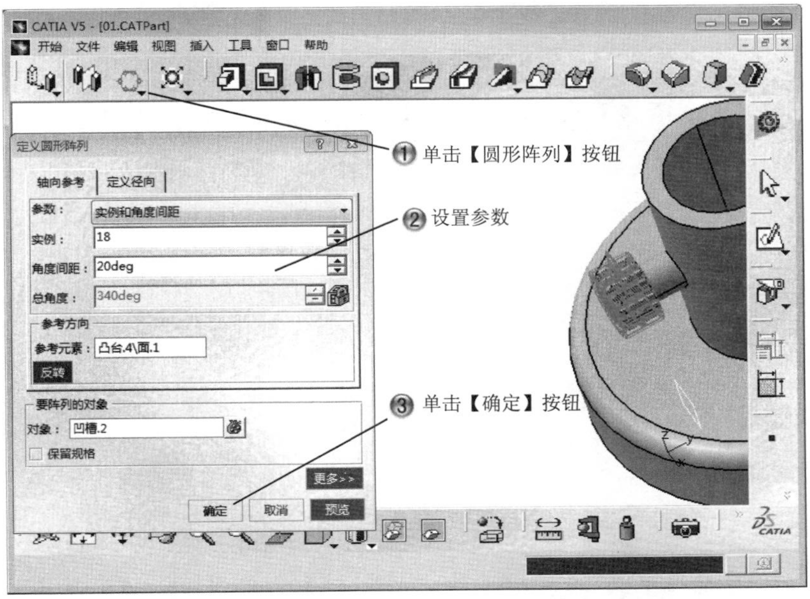

图 4-27　创建圆形阵列

Step23 这样，就完成底座零件的创建，如图 4-28 所示。

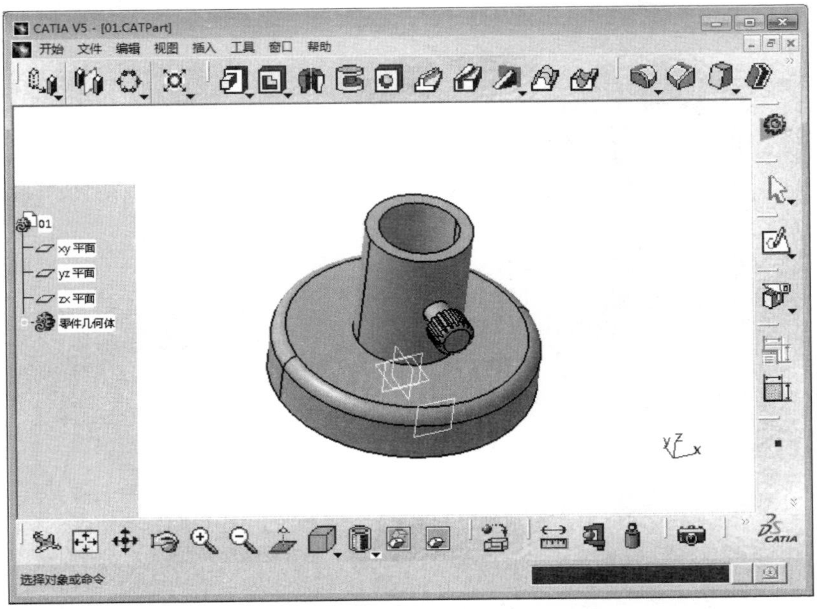

图 4-28　完成底座

Step24 接下来绘制卡环零件。选择 xy 平面为草绘面，绘制圆形后创建凸台，如图 4-29 所示。

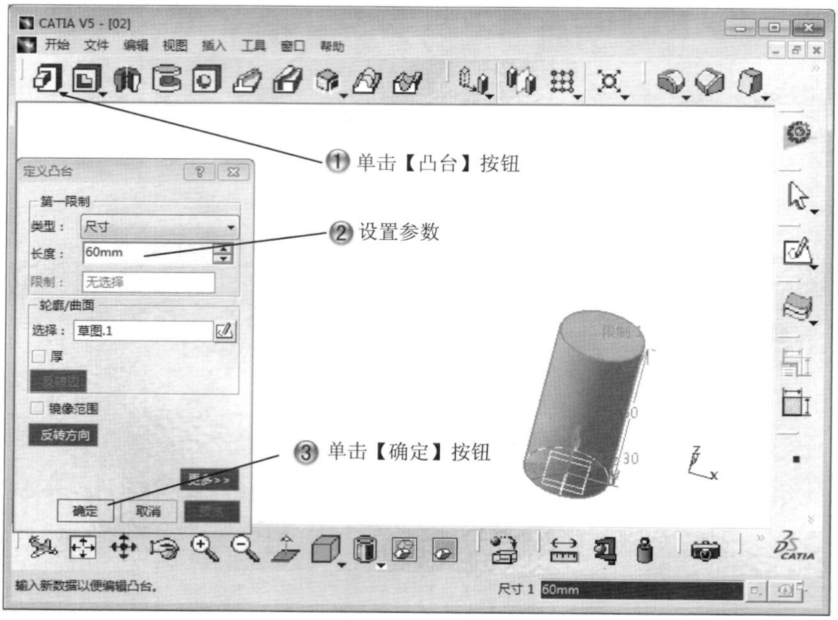

图 4-29 创建凸台

Step25 然后选择 ZX 平面为草绘面，绘制同心圆后创建凸台，如图 4-30 所示。

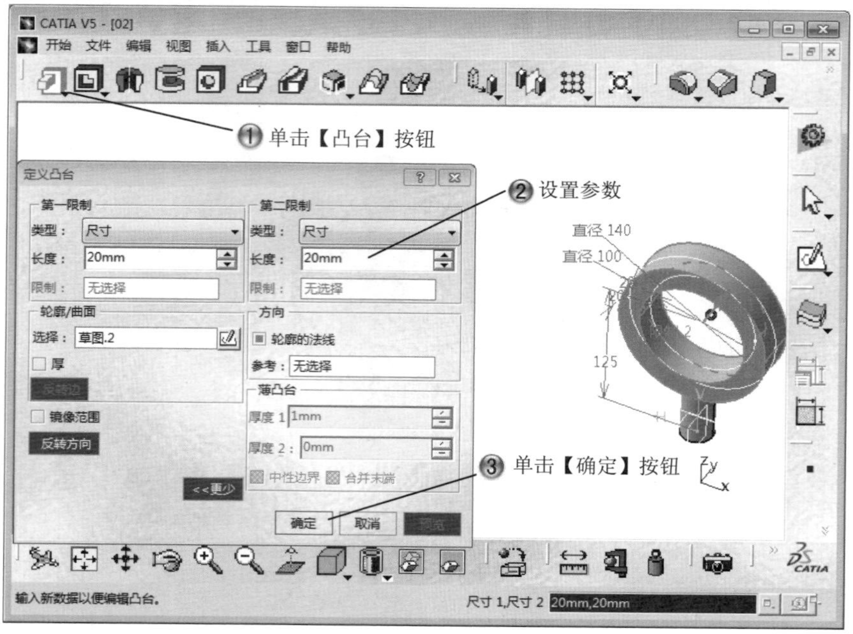

图 4-30 创建凸台

Step26 然后创建凹槽，如图 4-31 所示。

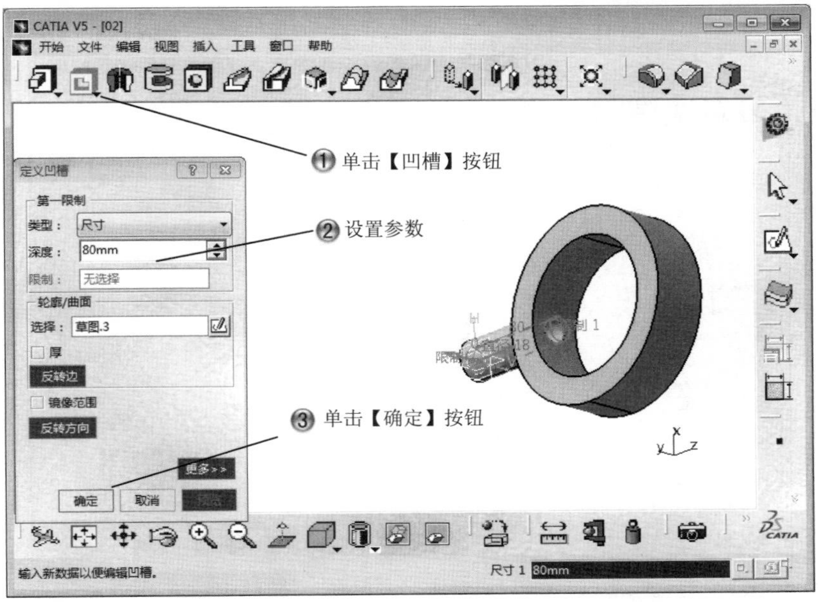
① 单击【凹槽】按钮
② 设置参数
③ 单击【确定】按钮

图 4-31 创建凹槽

Step27 这样就完成卡环零件，如图 4-32 所示。

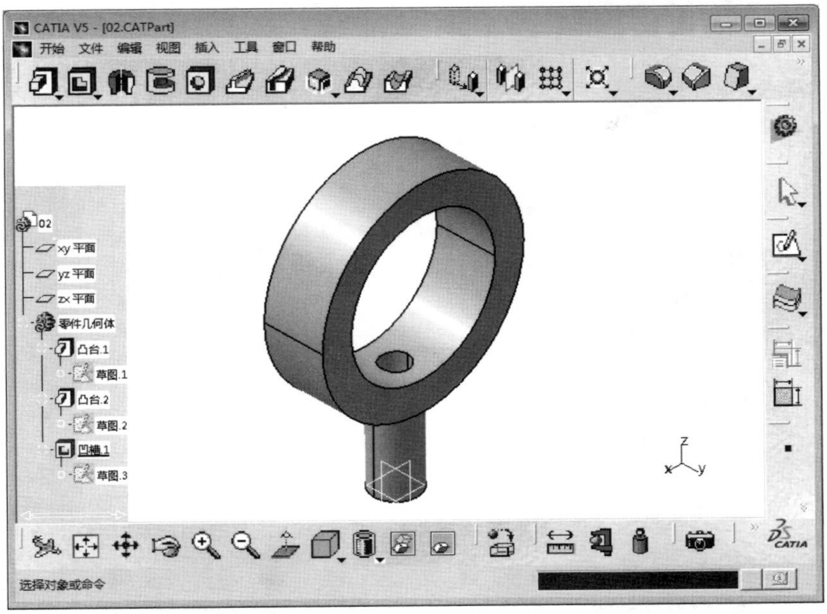

图 4-32 完成卡环

Step28 接下来按照前面的方法选择 XY 平面为草绘面，创建凸台，完成固定针，如图 4-33 所示。

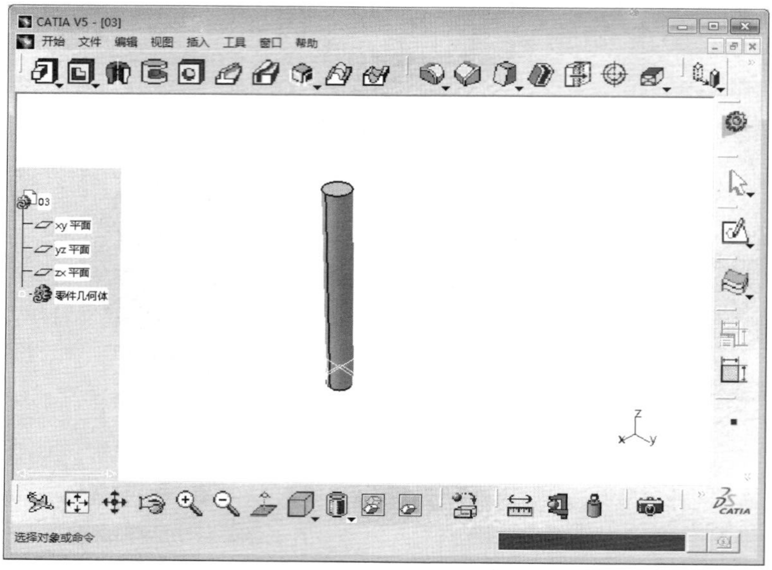

图 4-33　完成固定针

Step29 下面来创建装配零件。选择【开始】|【机械设计】|【装配设计】菜单命令，进入装配界面后选择插入零部件命令，如图 4-34 所示。

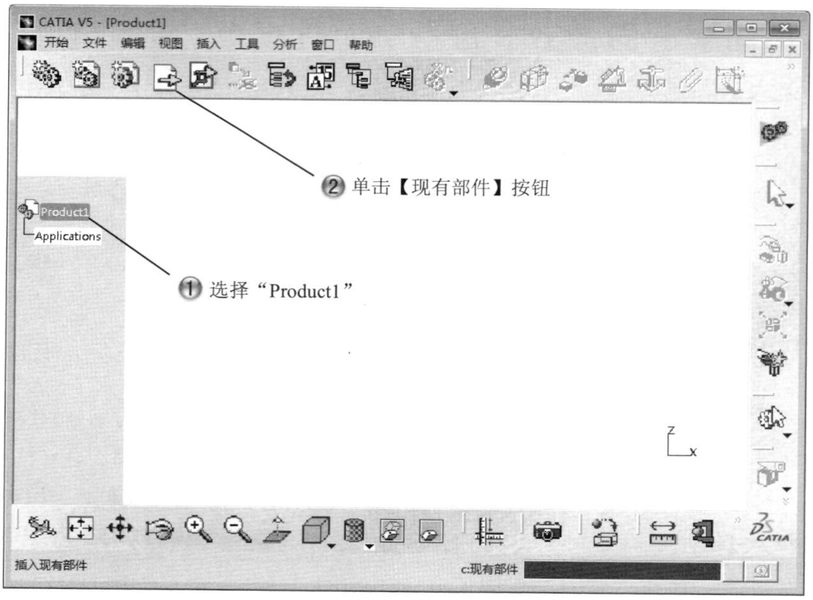

图 4-34　选择插入零部件命令

Step30 选择零部件，如图 4-35 所示。

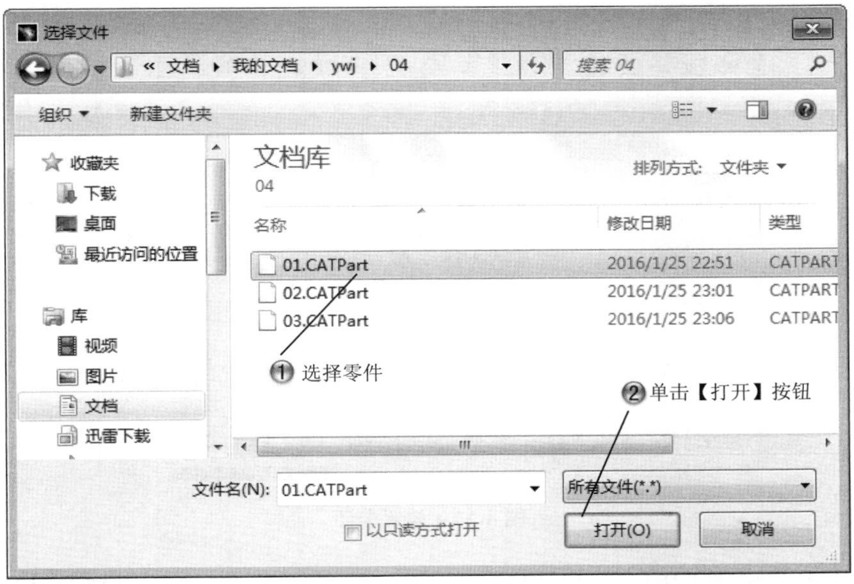

图 4-35　选择零部件

Step31 放置底座，如图 4-36 所示。

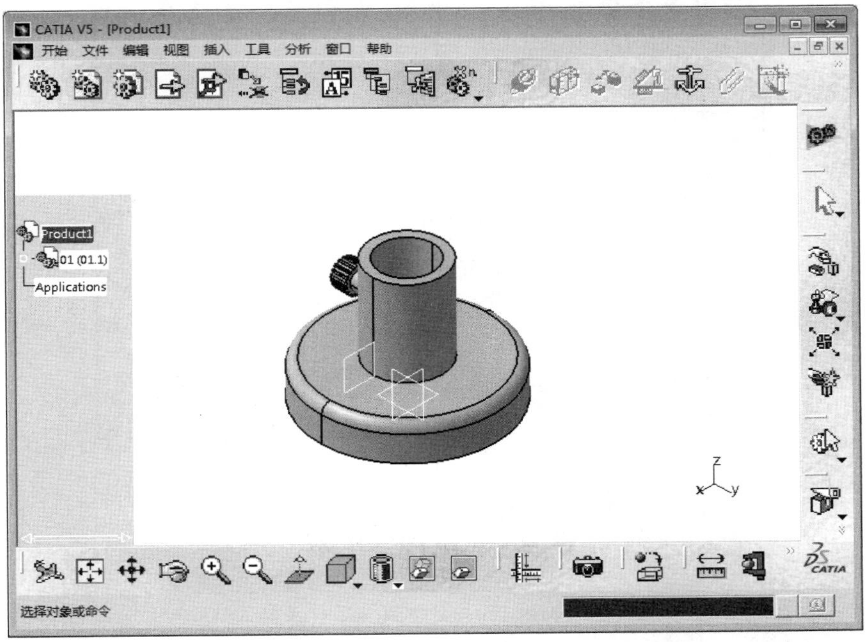

图 4-36　放置底座

Step32 按照前面的方法插入零部件，放置卡环，如图 4-37 所示。

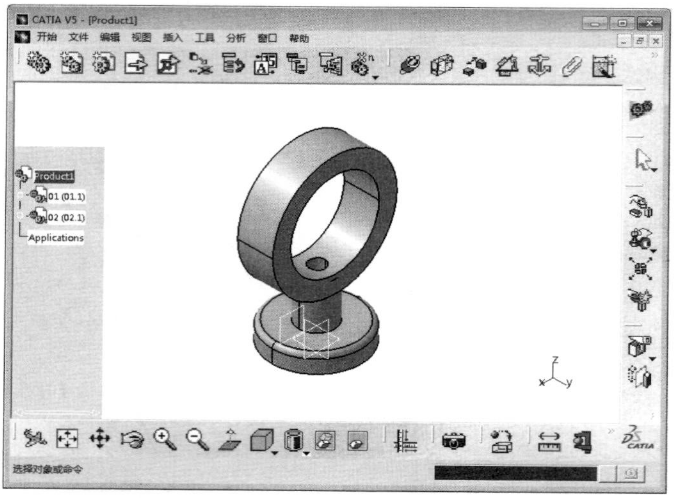

图 4-37 放置卡环

Step33 按照前面的方法再次插入零部件，放置固定针，如图 4-38 所示，这样就完成了这个案例的制作。

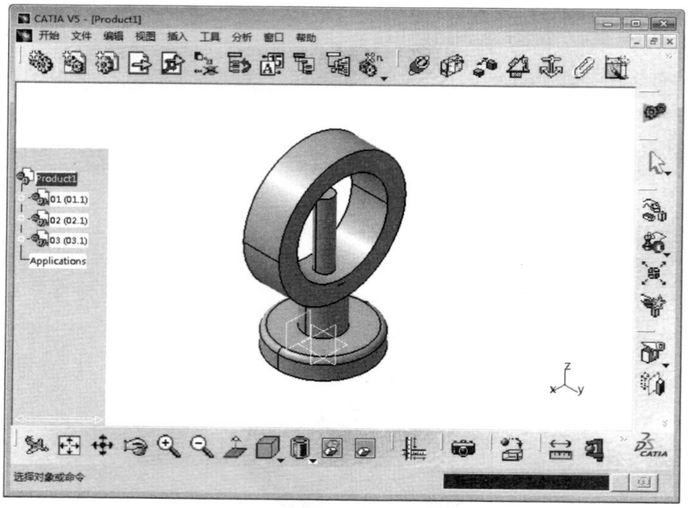

图 4-38 放置固定针

4.2 装配约束

基本概念

进行零部件装配过程中，除了要考虑位置关系，还要考虑相互约束关系。约束就是装配设计中非常关键的一个环节。

课堂讲解课时：2 课时

4.2.1　设计理论

Catia V5 装配设计平台中提供了【约束】工具栏，工具栏包括【相合约束】工具、【接触约束】工具、【偏移约束】工具、【角度约束】工具、【修复部件】工具、【固联】工具、【快速约束】工具、【柔性/刚性子装配件】工具、【更改约束】工具和【重复使用阵列】工具等约束工具，使用这些工具对装配件进行约束设置。

4.2.2　课堂讲解

1. 相合约束

单击【约束】工具栏中的【相合约束】按钮，从绘图区中选择两个轴线，如图 4-39 所示。

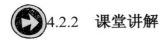

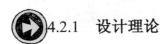

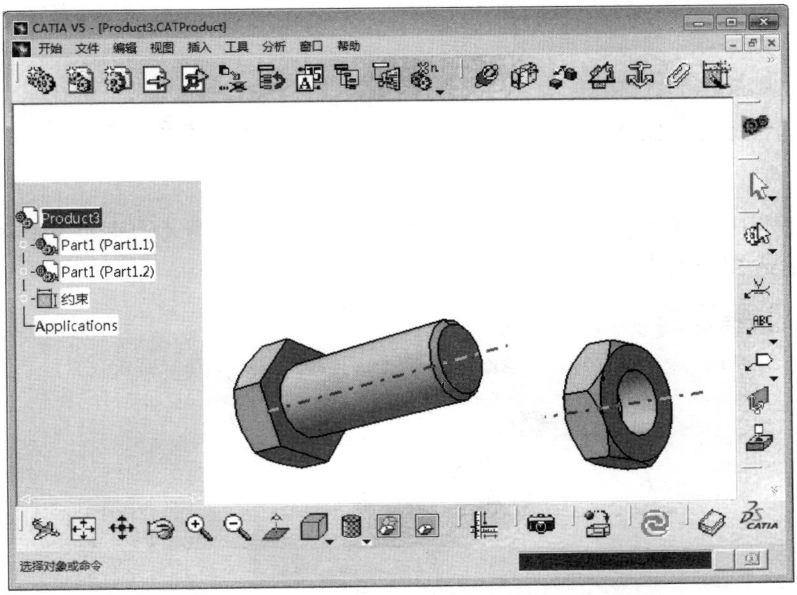

图 4-39　螺钉轴线和螺母轴线

相合适用于点、线、平面、曲面和轴系等几何元素，根据选择的几何元素，可以获得同心、同轴或共面约束。

名师点拨

单击【更新】工具栏中的【全部更新】按钮，完成相合约束的创建，效果如图 4-40 所示。

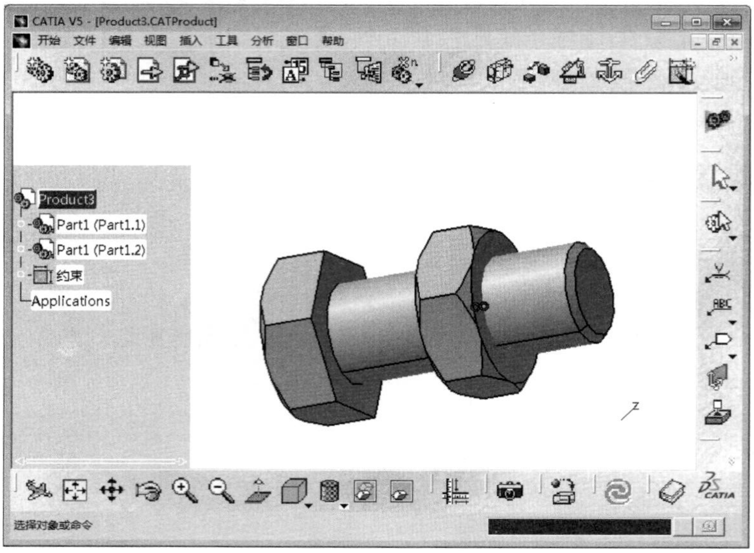

图 4-40　相合约束

双击特征树中的【相合约束】，系统弹出如图 4-41 所示的【约束定义】对话框，通过对话框可以更改相合约束。

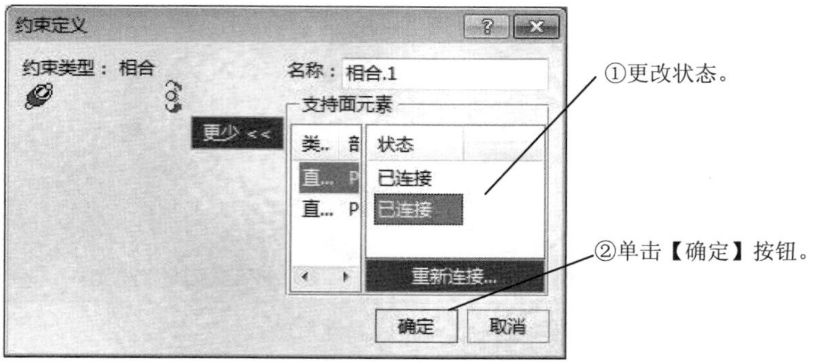

图 4-41　【约束定义】对话框

2. 接触约束

单击【约束】工具栏中的【接触约束】按钮，从绘图区中选择两个平面。单击【更新】工具栏中的【全部更新】按钮，完成相合接触约束的创建，效果如图 4-42 所示。双击特征树中的【接触约束】，系统弹出【约束定义】对话框，通过对话框可以更改接触约束。

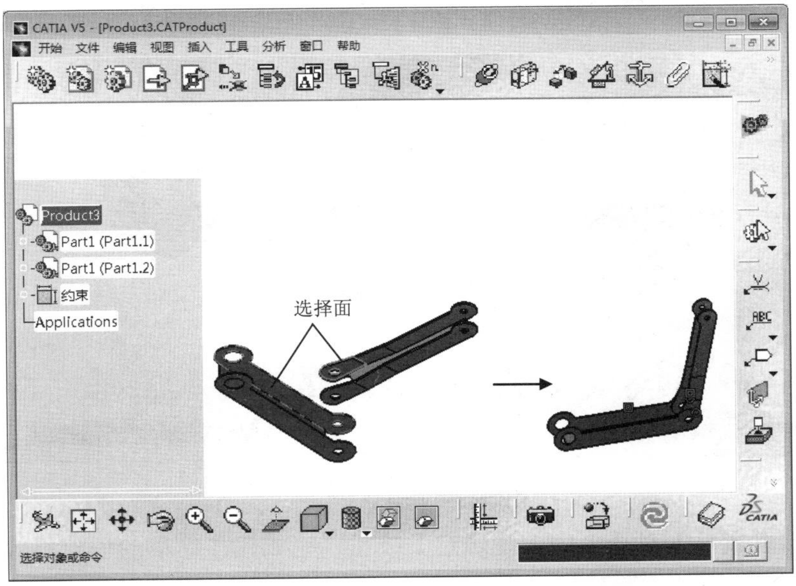

图 4-42 创建接触约束

接触约束是平面或曲面之间创建接触的约束工具，主要是平面、圆柱面、球面、圆锥面、圆。

名师点拨

3. 偏移约束

单击【约束】工具栏中的【偏移约束】按钮，在绘图区中选择平面，系统弹出【约束属性】对话框，设置参数，如图 4-43 所示。

偏移约束是用于点、线、面两个元素之间偏移一定距离的约束工具。【方向】下拉列表中的【相同】表示两模型位于参考面的同一侧，【相反】表示两模型位于参考面的两侧。

名师点拨

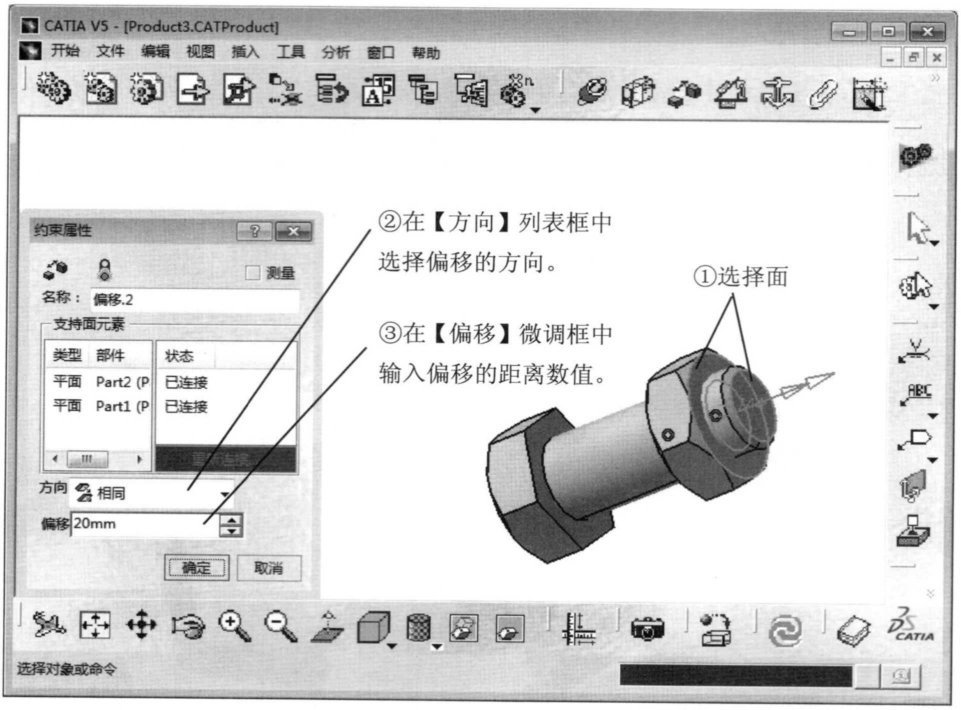

图 4-43　【约束属性】对话框

单击【约束属性】对话框中的【确定】按钮，完成偏移约束的创建，效果如图 4-44 所示。

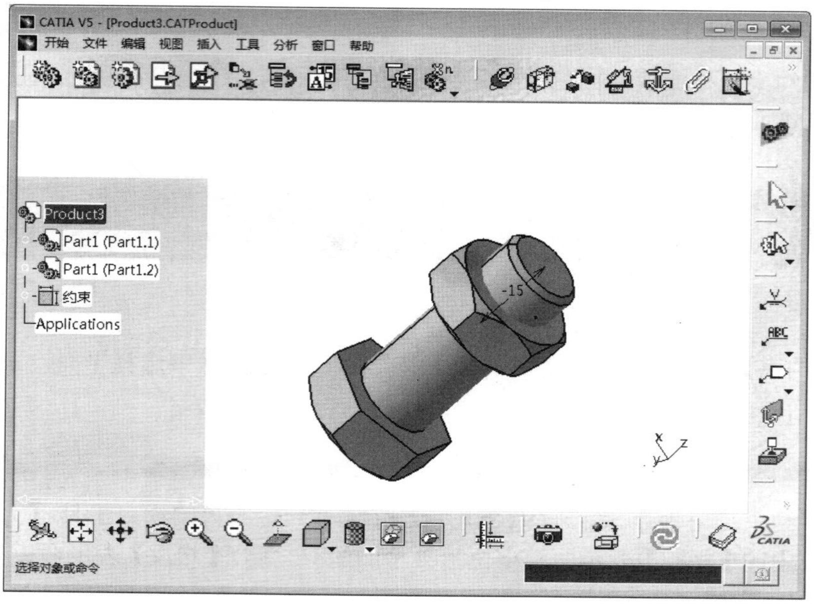

图 4-44　创建的偏移约束

4. 角度约束

单击【约束】工具栏中的【角度约束】按钮，从绘图区中选择两个约束平面，系统弹出【约束属性】对话框，设置参数，如图 4-45 所示。

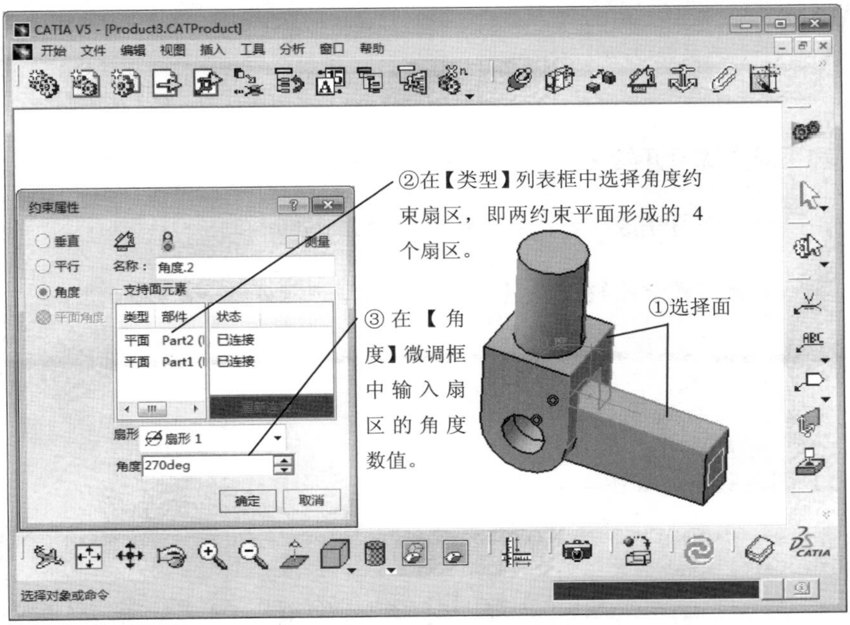

图 4-45 【约束属性】对话框

单击【约束属性】对话框中的【确定】按钮，完成角度约束的创建，效果如图 4-46 所示。

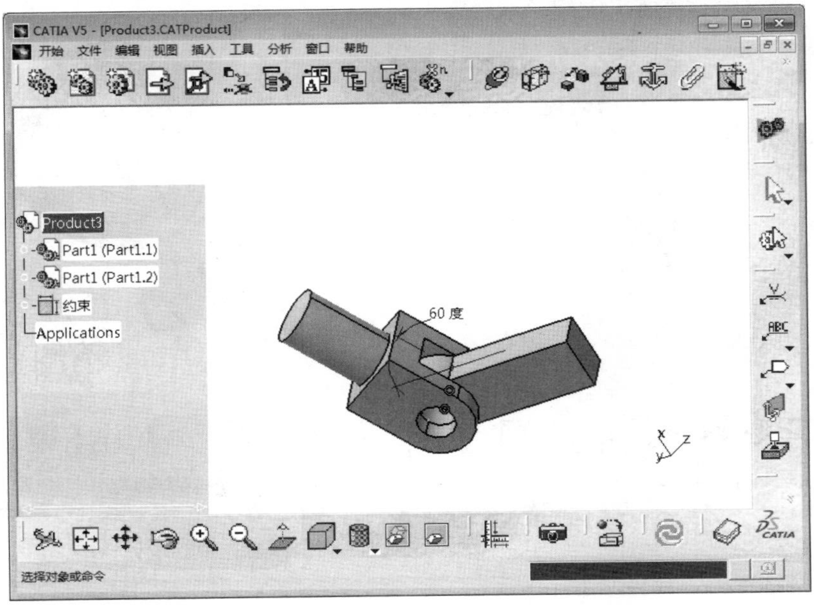

图 4-46 创建的角度约束

4.2.3 课堂练习——装配约束

课堂练习开始文件： ywj /04/04.CATProduct

课堂练习完成文件： ywj /04/05.CATProduct

多媒体教学路径： 光盘→多媒体教学→第 4 章→4.2 练习

Step 1 固定底座，如图 4-47 所示。

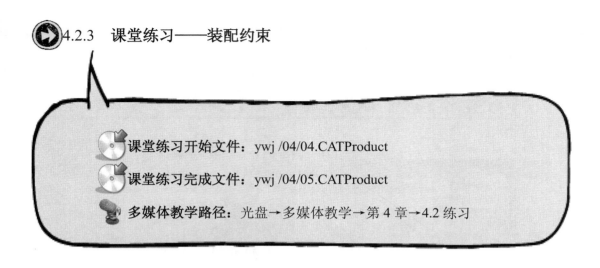

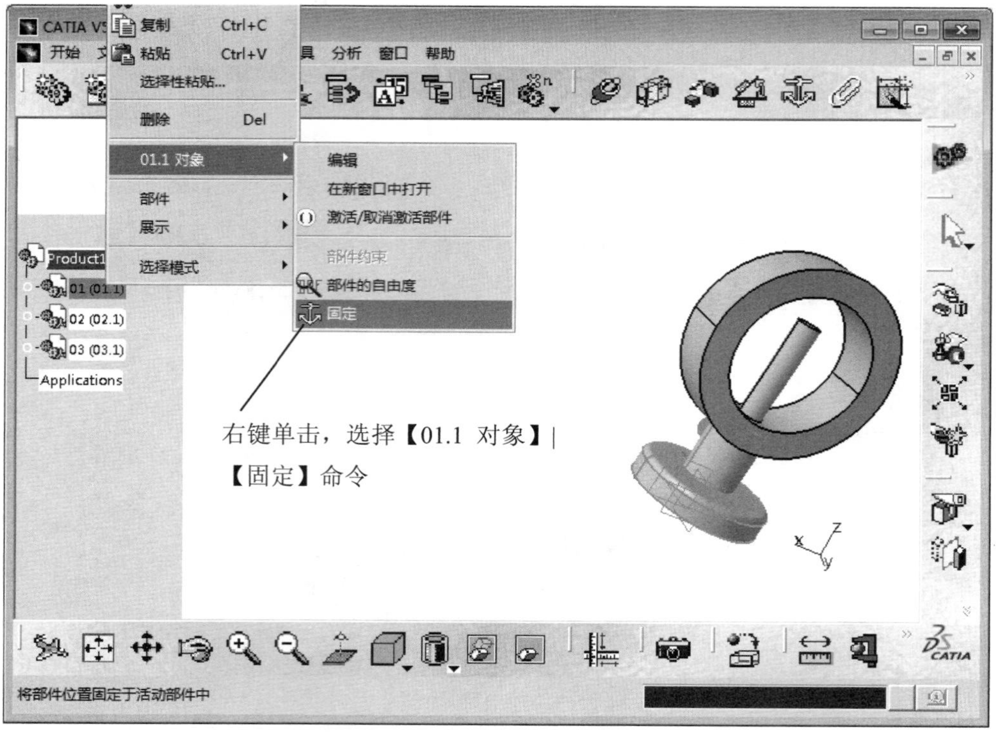

图 4-47 固定底座

Step2 选择相合约束面，如图 4-48 所示。

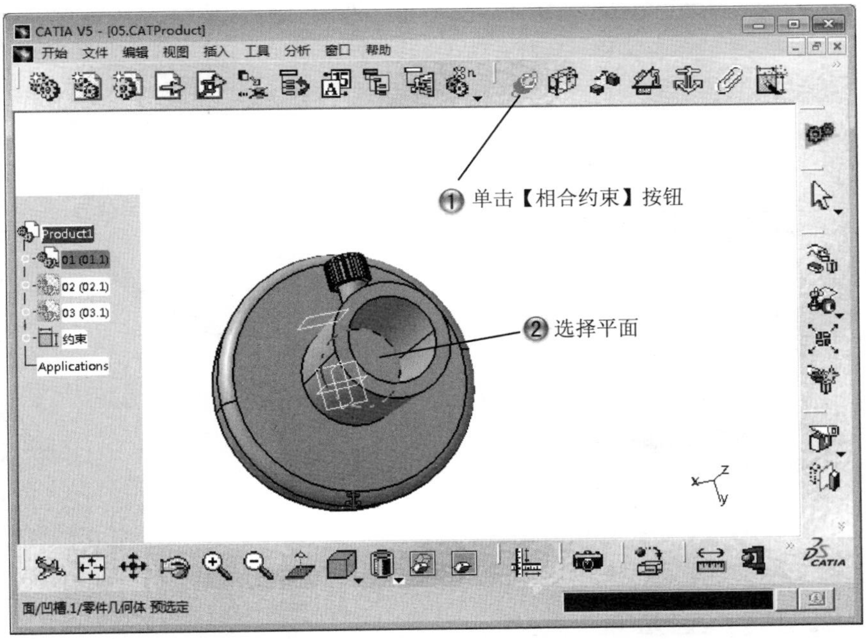

图 4-48 选择相合约束面

Step3 选择相合约束的卡环面，如图 4-49 所示。

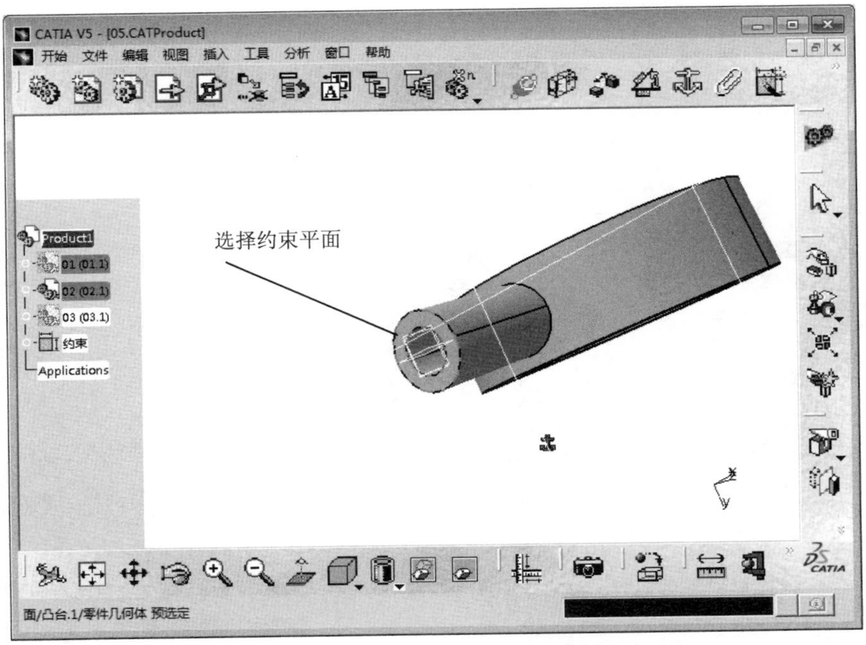

图 4-49 选择相合约束的卡环面

Step4 设置约束属性，如图 4-50 所示。

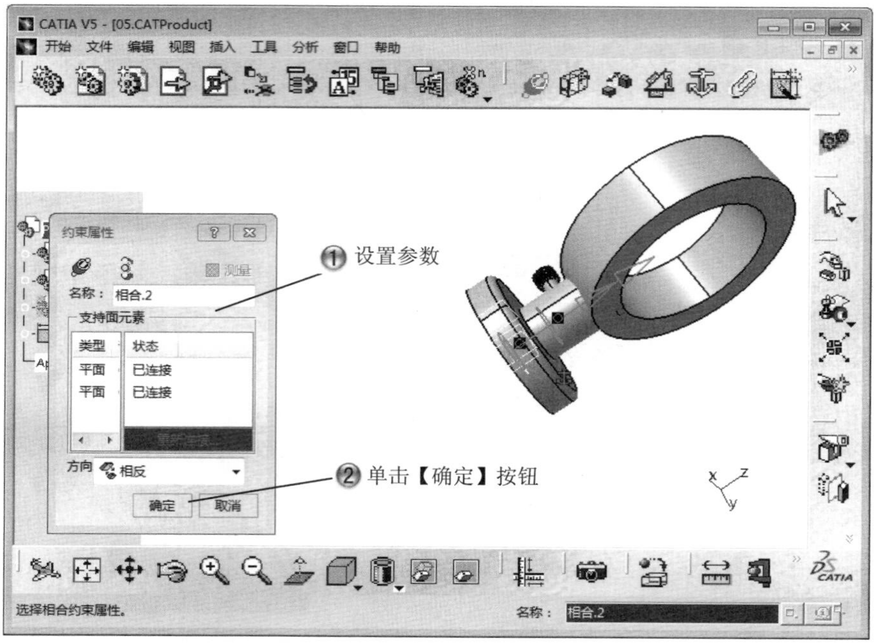

图 4-50　设置约束属性

Step5 选择接触约束面，如图 4-51 所示。

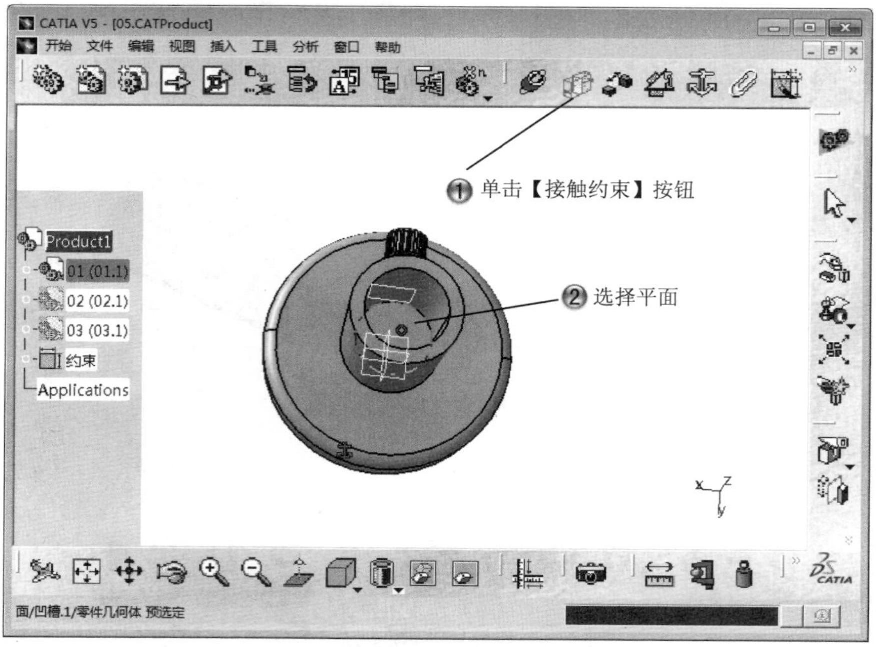

图 4-51　选择接触约束面

Step6 选择固定针接触约束面，如图 4-52 所示。

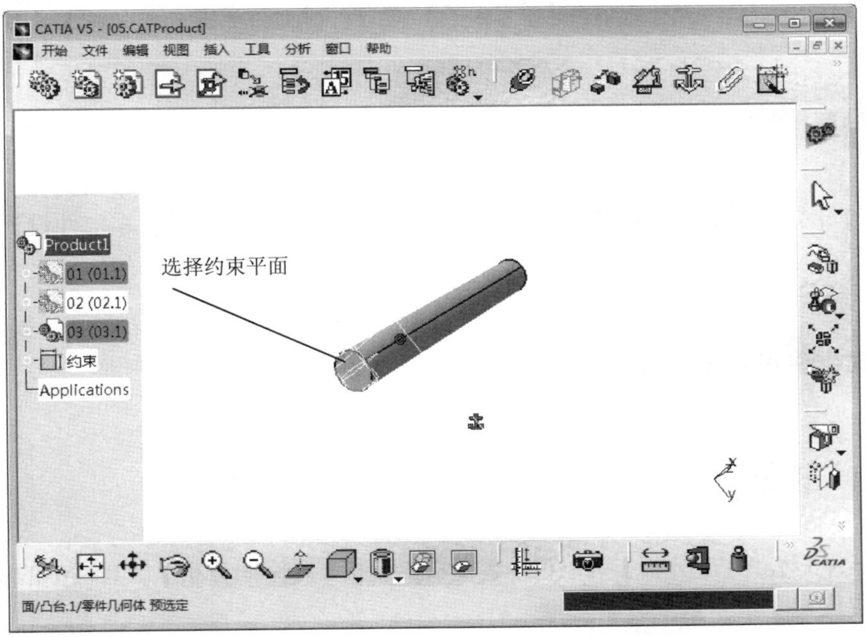

图 4-52　选择固定针接触约束面

Step7 完成装配约束，如图 4-53 所示。

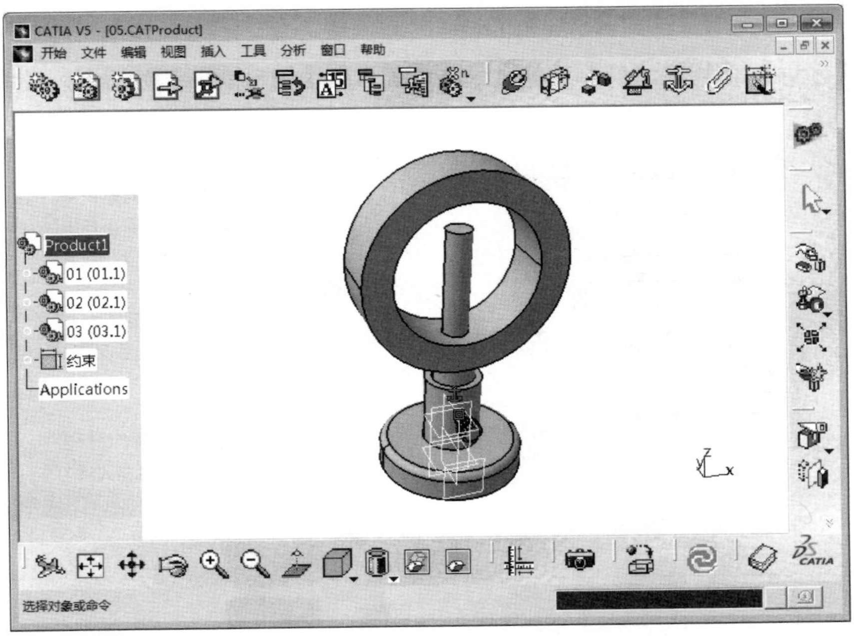

图 4-53　完成装配约束

4.3 装配分析

基本概念

装配设计完成后需要进行相应的分析，通过分析检验装配效果和零部件设计是否存在缺陷。

课堂讲解课时：1 课时

4.3.1 设计理论

CATIA V5 提供了【分析】菜单栏，菜单栏中包括了【空间分析】工具栏中的所有内容，该菜单栏也提供了很多装配分析功能。

4.3.2 课堂讲解

1. 材料清单

选择【分析】|【物料清单】菜单命令，系统弹出【物料清单】对话框，设置如图 4-54 所示。

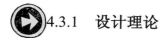

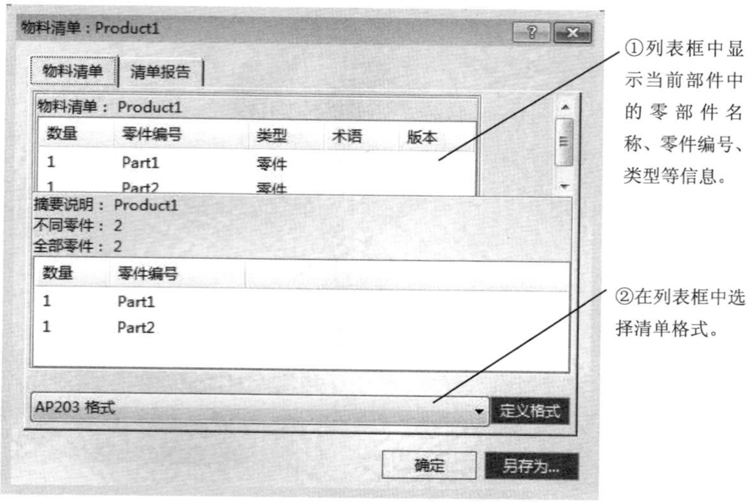

图 4-54 【物料清单】对话框

单击【物料清单】对话框中的【定义格式】按钮，系统弹出【物料清单：定义格式】对话框，设置如图 4-55 所示。

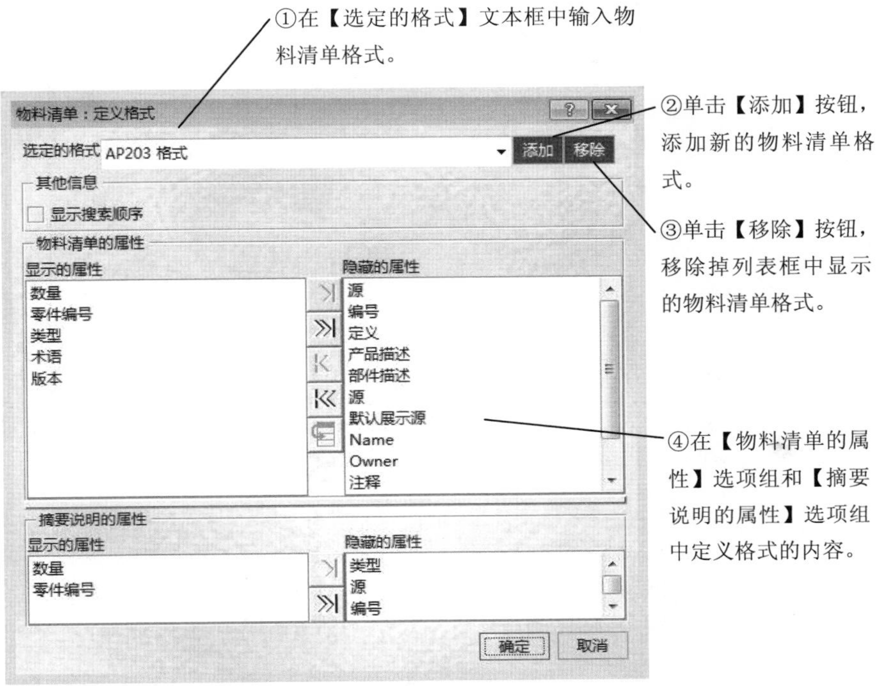

图 4-55　【物料清单：定义格式】对话框

单击【物料清单】对话框中的【确定】按钮，完成物料清单格式的添加和移除，返回【物料清单】对话框。单击【清单报告】标签，切换到【清单报告】选项卡，如图 4-56 所示。单击【确定】按钮，完成物料清单的输入。

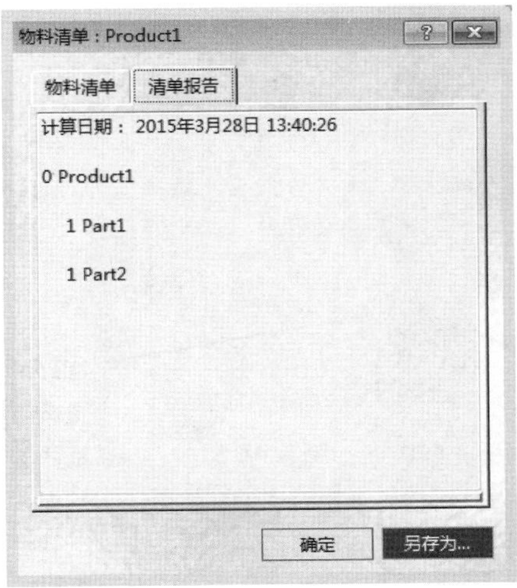

图 4-56　【清单报告】选项卡

单击【物料清单】对话框中的【另存为】按钮，系统弹出【将清单报告另存为】对话框，设置如图 4-57 所示。

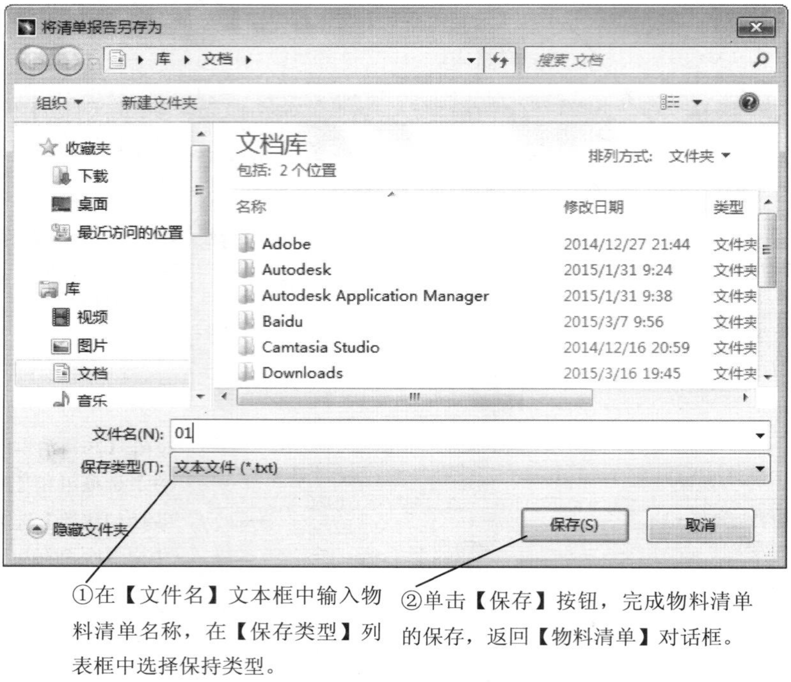

图 4-57 【将清单报告另存为】对话框

2. *更新*

选择【分析】|【更新】菜单命令，如果有更新元素，系统弹出【更新分析】对话框，如图 4-58 所示。

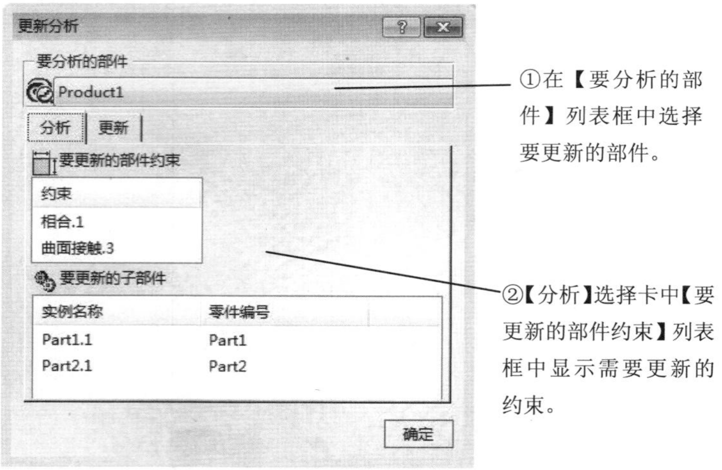

图 4-58 【更新分析】对话框

单击【更新】标签，切换到【更新】选项卡，如图 4-59 所示。

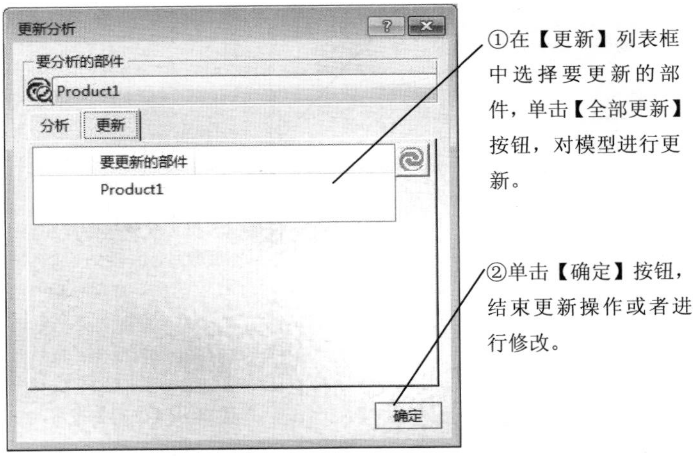

图 4-59 【更新】选项卡

3. 约束和自由度分析

（1）约束分析

选择【分析】|【约束】菜单命令，系统弹出【约束分析】对话框，设置如图 4-60 所示。

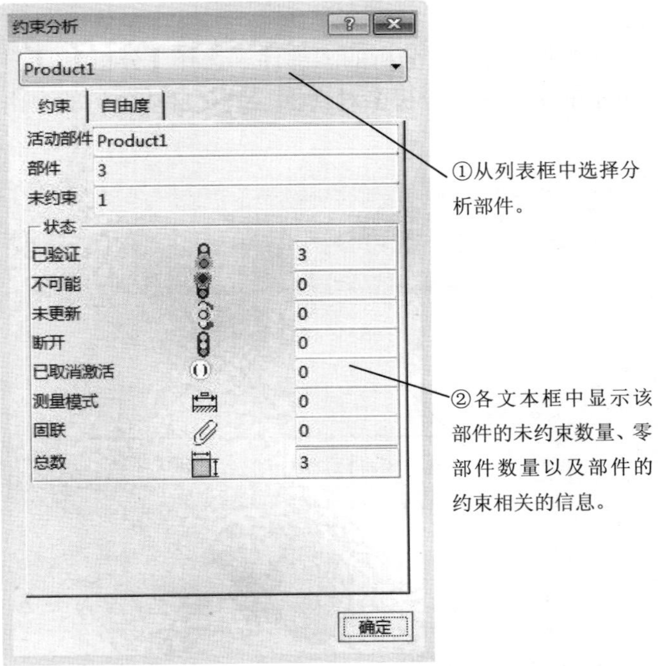

图 4-60 【约束分析】对话框

单击【约束分析】对话框中的【自由度】标签，切换到【自由度】选项卡，如图 4-61 所示。

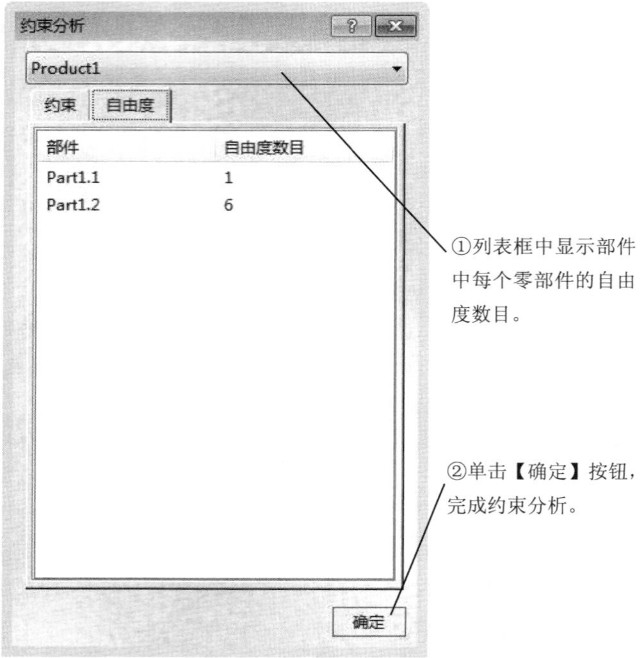

图 4-61 【自由度】选项卡

（2）自由度分析

在特征树中双击需要进行自由度分析的零部件。选择【分析】|【自由度】菜单命令，系统弹出如图 4-62 所示的【自由度分析】对话框。系统自动分析的自由度会显示在【自由度分析】对话框中。

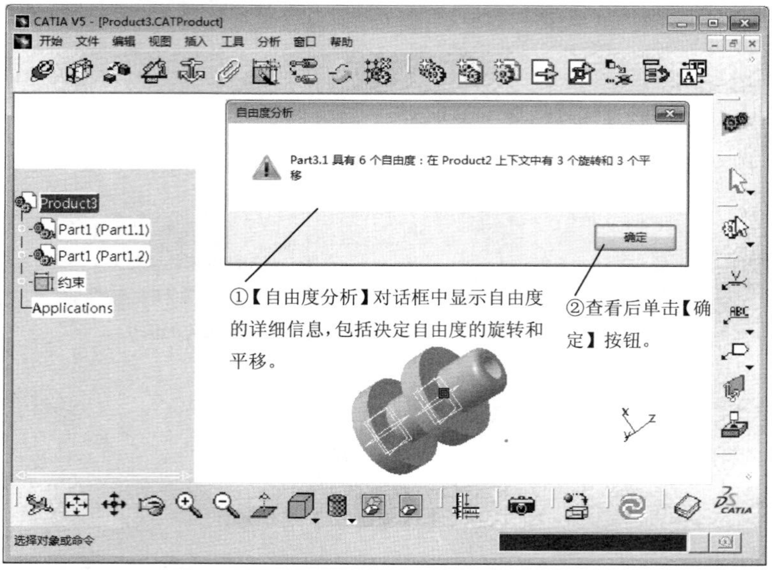

图 4-62 【自由度分析】对话框

如果分析的零部件没有自由度，系统弹出【自由度分析】对话框，如图 4-63 所示。

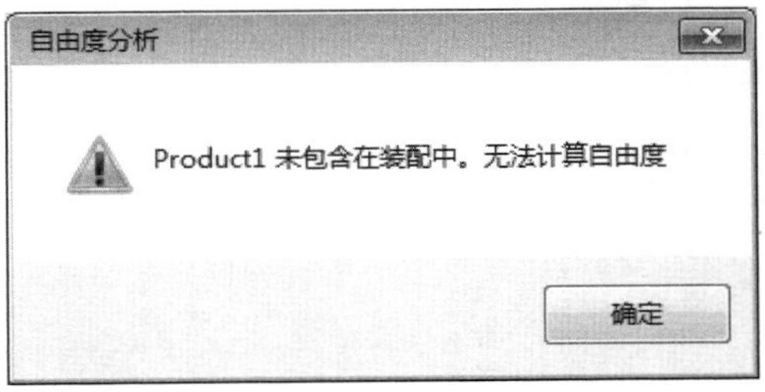

图 4-63　无自由度分析结果

4.3.3　课堂练习——装配分析

课堂练习开始文件：ywj /04/04.CATProduct

课堂练习完成文件：ywj /04/04.CATProduct

多媒体教学路径：光盘→多媒体教学→第 4 章→4.3 练习

Step1 选择【物料清单】命令，如图 4-64 所示。

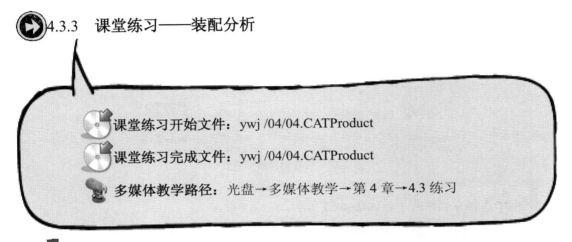

图 4-64　选择【物料清单】命令

Step2 设置物料清单格式，如图 4-65 所示。

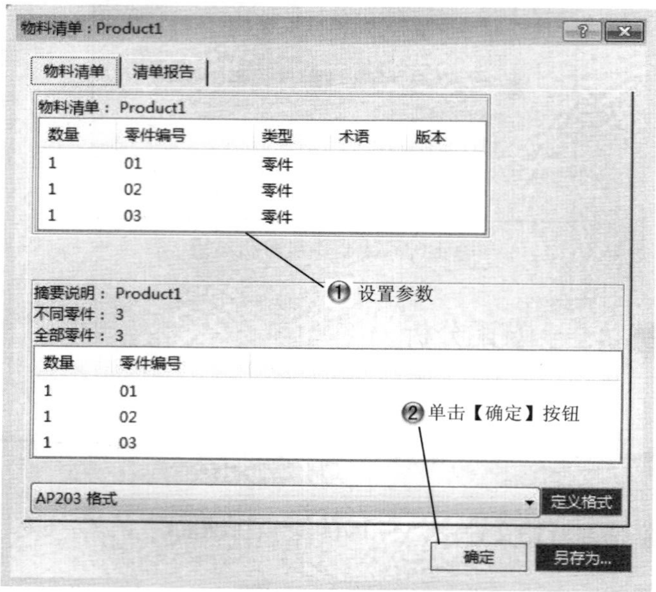

图 4-65 设置物料清单格式

Step3 保存物料清单，如图 4-66 所示。

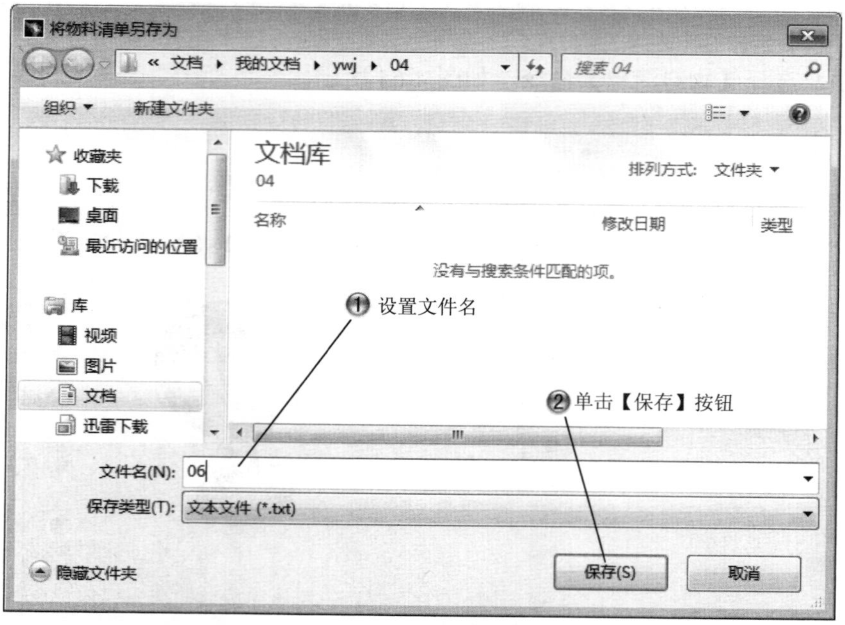

图 4-66 保存物料清单

Step4 选择【更新】命令，如图 4-67 所示。

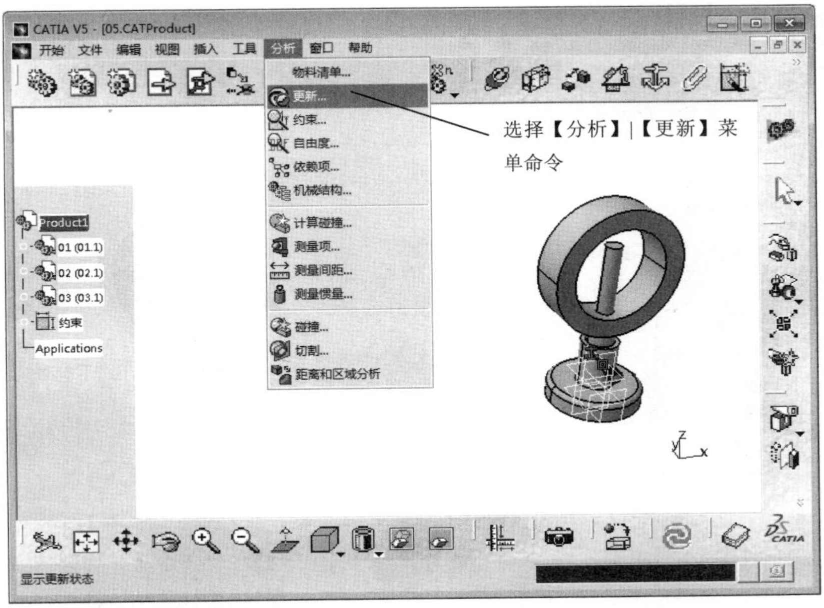

图 4-67 选择【更新】命令

Step5 选择【约束】命令，如图 4-68 所示。

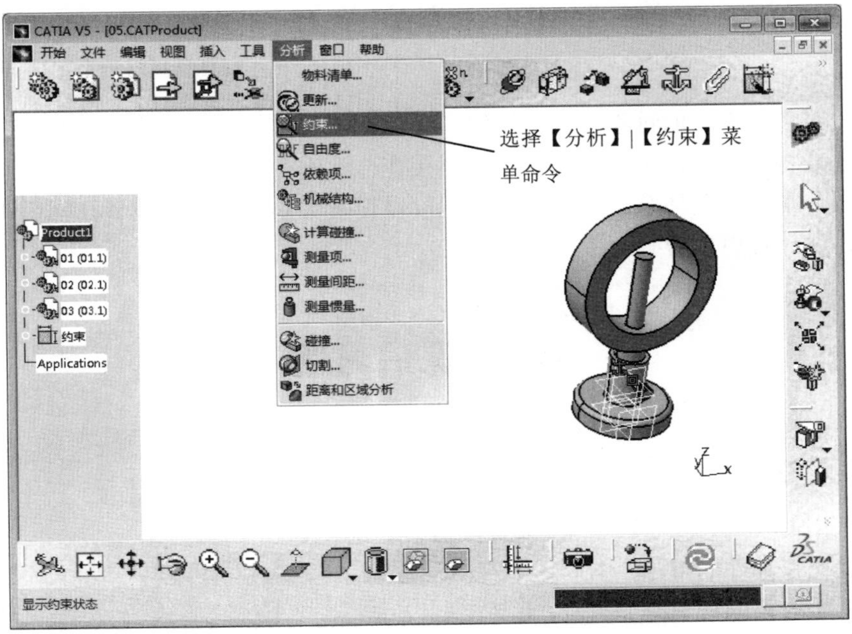

图 4-68 选择【约束】命令

Step6 完成约束分析，如图 4-69 所示。

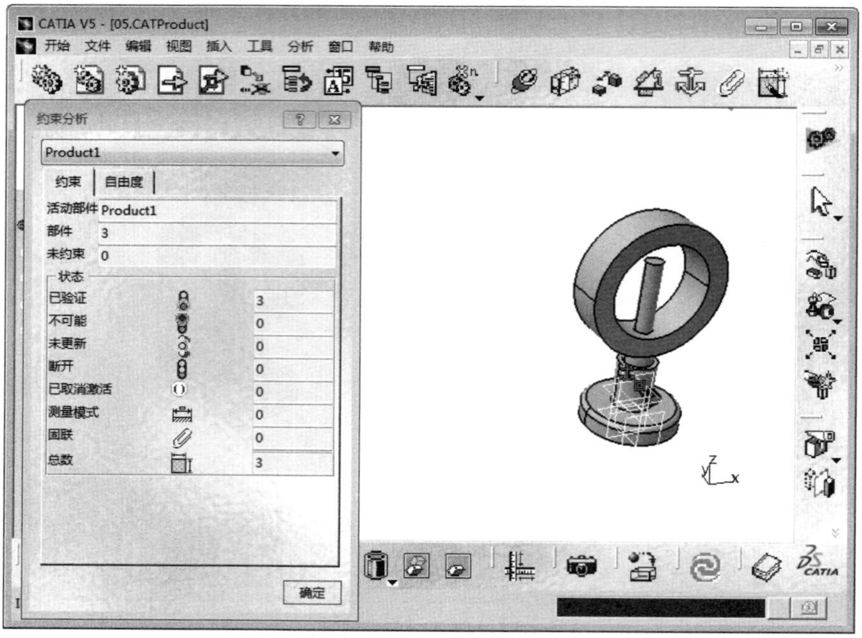

图 4-69 完成约束分析

4.4 专家总结

本章按照装配设计的过程，逐步讲解了加载和创建零部件、约束和分析等装配命令。部件装配就是将零部件按照一定关系进行连接在一起的零部件集合体。因此，装配设计就成为产品设计中很重要环节。使用组件装配可以使各个零部件单独设计，然后再装配成一个整体，让设计者更加得心应手。

4.5 课后习题

4.5.1 填空题

（1）装配零部件的方法________、________。

（2）装配约束的种类有________、________、________、________。

4.5.2 问答题

（1）装配分析的方法有哪几种？
（2）创建装配体的顺序是什么？

4.5.3 上机操作题

如图 4-70 所示，使用本章学过的知识来创建一个气缸装配模型。

练习步骤和方法：

（1）创建子零件。
（2）装配模型。
（3）设置装配约束。

图 4-70　气缸模型

第5章　钣金件设计

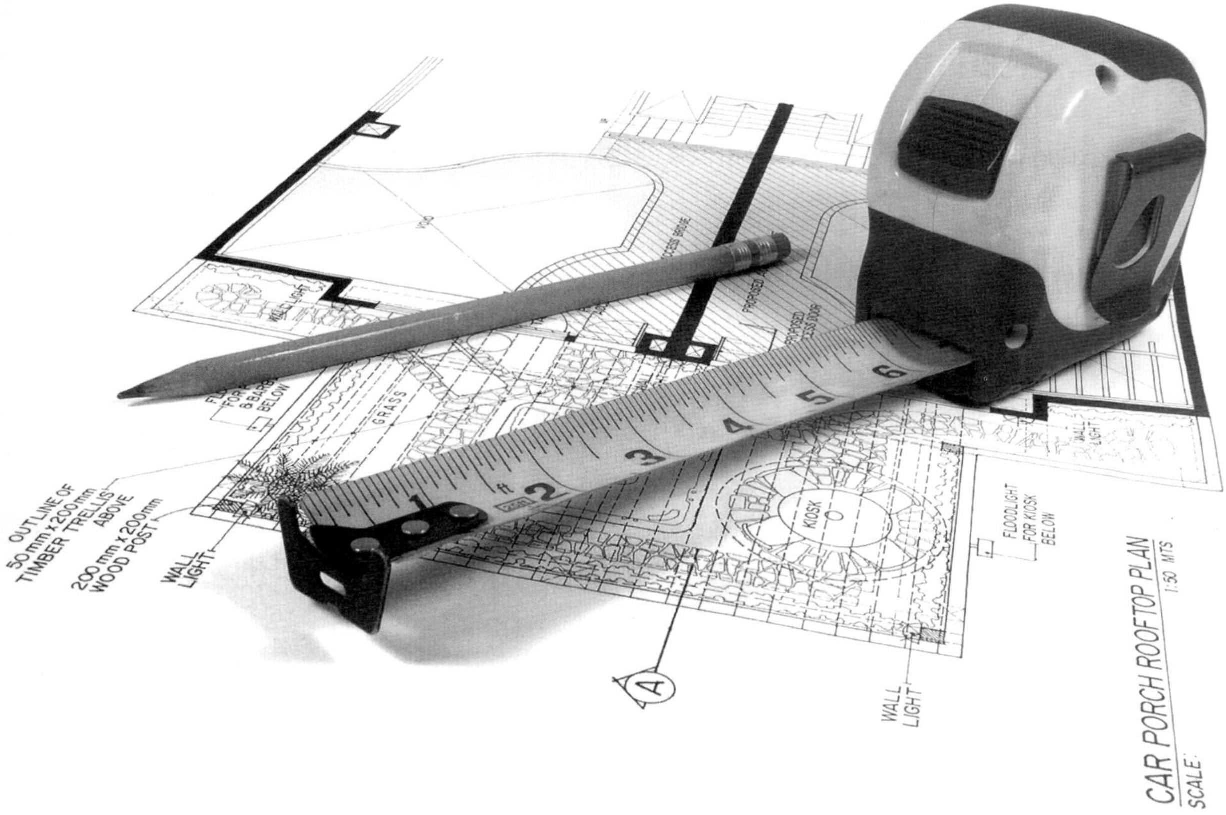

课训目标	内　容	掌握程度	课　时
	创建钣金件	熟练运用	2
	折弯设计	熟练运用	2
	钣金件的修饰	熟练运用	2
	创建冲压特征	熟练运用	2

课程学习建议

创成式钣金设计是基于特征的造型方法，它提供了高效和直观的设计环境，它允许在零件的折弯表示和展开表示之间实现并行工程。创成式钣金设计模块可以与其他应用模块（如零件设计、装配设计和工程图生成模块等）结合使用。创成式钣金设计时，可以从草图或已有的实体模型开始。

本章主要介绍创建钣金件的各项命令的使用，以及钣金的折弯设计、钣金件的修饰和创建冲压特征的方法。

本课程主要基于软件的创成式钣金模块来讲解，其培训课程表如下。

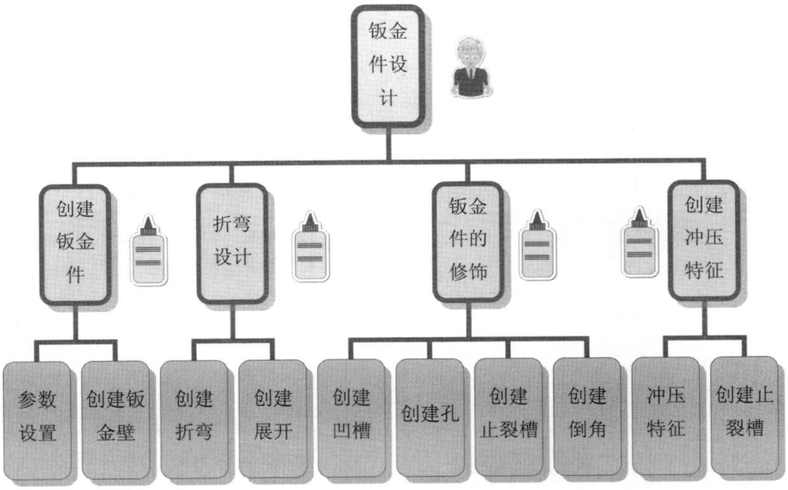

5.1　创建钣金件

基本概念

侧壁是通过草图轮廓加厚生成的钣金件。边线侧壁是在已存在的边线上创建侧壁。拉伸钣金壁是从开发性轮廓线，包含线条、直线、圆弧等轮廓线拉伸生成相切连续的钣金壁。异形壁在钣金设计中是很特殊，也很常见的一种钣金件。

课堂讲解课时：2 课时

5.1.1　设计理论

创成式钣金设计模块提供了侧壁、边线侧壁、拉伸侧壁、扫掠侧壁等钣金件生成功能的按钮命令。钣金件可以使用草图直接创建，还可以使用边线进行创建，下面介绍各种钣金件的创建方法。在进行钣金件设计之前，必须进行钣金件参数设置，否则钣金件设计工具不可用。钣金件参数设置包括钣金件厚度、折弯半径、折弯端口类型以及折弯系数 K 因子。Catia V5 提供了专用于生成异形壁的功能按钮，分别是斗状壁、自由成型曲面和桶形壁。

5.1.2 课堂讲解

1. 钣金件参数设置

选择【开始】|【机械设计】|【创成式钣金设计】菜单命令，进入钣金件设计模块。单击【侧壁】工具栏中的【钣金参数】按钮，系统弹出【钣金件参数】对话框，参数设置，如图 5-1 所示。

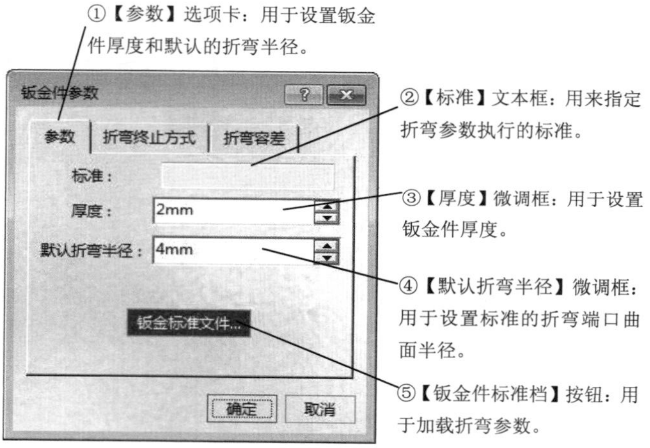
①【参数】选项卡：用于设置钣金件厚度和默认的折弯半径。
钣金件参数
参数
折弯终止方式
折弯容差
标准：
厚度：
2mm
默认折弯半径：
4mm
钣金标准文件...
确定
取消
②【标准】文本框：用来指定折弯参数执行的标准。
③【厚度】微调框：用于设置钣金件厚度。
④【默认折弯半径】微调框：用于设置标准的折弯端口曲面半径。
⑤【钣金件标准档】按钮：用于加载折弯参数。

图 5-1 【钣金件参数】对话框

【折弯终止方式】选项卡用于设置折弯端口处止裂槽的类型，如图 5-2 所示。

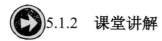

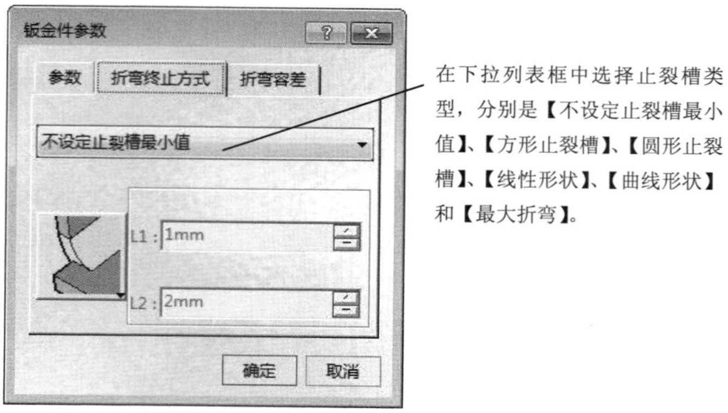
钣金件参数
参数
折弯终止方式
折弯容差
不设定止裂槽最小值
L1 : 1mm
L2 : 2mm
确定
取消
在下拉列表框中选择止裂槽类型，分别是【不设定止裂槽最小值】、【方形止裂槽】、【圆形止裂槽】、【线性形状】、【曲线形状】和【最大折弯】。

图 5-2 【折弯终止方式】选项卡

【折弯容差】选项卡用于设置折弯系数 K 因子，如图 5-3 所示。

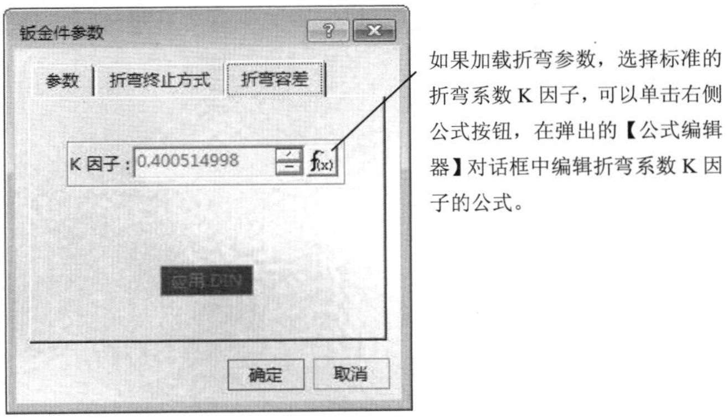

如果加载折弯参数，选择标准的折弯系数 K 因子，可以单击右侧公式按钮，在弹出的【公式编辑器】对话框中编辑折弯系数 K 因子的公式。

图 5-3　【折弯容差】选项卡

K 因子是由钣金件材料的中性折弯线（相对于厚度而言）的位置，所定义的零件常数。中性折弯线位置，基于在设计中所用的钣金件材料类型的数字参照。数字参照范围从 0 到 1。如果引用 K 因子，数字参照可以是负数，数字越小代表材料越软。在设计中 K 因子是计算展开长度（在制作特定半径和角度的折弯时需要的平整钣金件长度）所必需的元素。K 因子是折弯内半径（中性材料层）与钣金件厚度的距离比。

名师点拨

2. 创建侧壁

单击【侧壁】工具栏中的【侧壁】按钮，系统弹出如图 5-4 所示的【侧壁定义】对话框，利用该对话框设置侧壁的草图轮廓、加厚方向等参数。

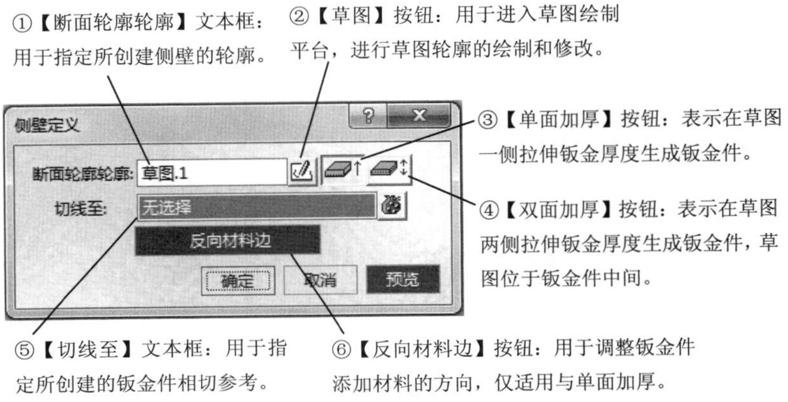

①【断面轮廓轮廓】文本框：用于指定所创建侧壁的轮廓。
②【草图】按钮：用于进入草图绘制平台，进行草图轮廓的绘制和修改。
侧壁定义
断面轮廓轮廓: 草图.1
切线至: 无选择
反向材料边
确定
取消
预览
③【单面加厚】按钮：表示在草图一侧拉伸钣金厚度生成钣金件。
④【双面加厚】按钮：表示在草图两侧拉伸钣金厚度生成钣金件，草图位于钣金件中间。
⑤【切线至】文本框：用于指定所创建的钣金件相切参考。
⑥【反向材料边】按钮：用于调整钣金件添加材料的方向，仅适用与单面加厚。

图 5-4　【侧壁定义】对话框

选择轮廓草图后，创建的侧壁如图 5-5 所示。

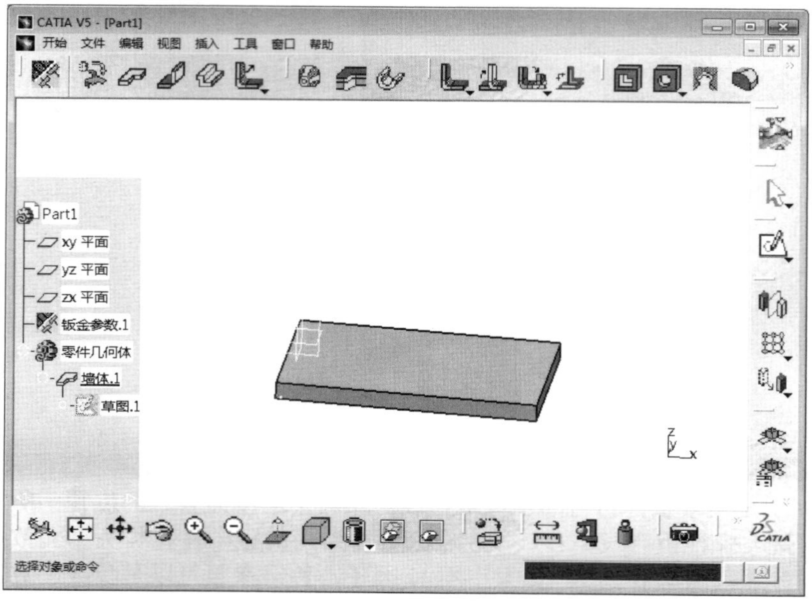

图 5-5　创建的侧壁

3. 创建边线侧壁

单击【侧壁】工具栏中的【边线侧壁】按钮，系统弹出如图 5-6 所示的【边线侧壁定义】对话框，在该对话框中可以设置边线侧壁的形式、高度和倾斜、终止等参数。创建的边线侧壁特征，如图 5-7 所示。

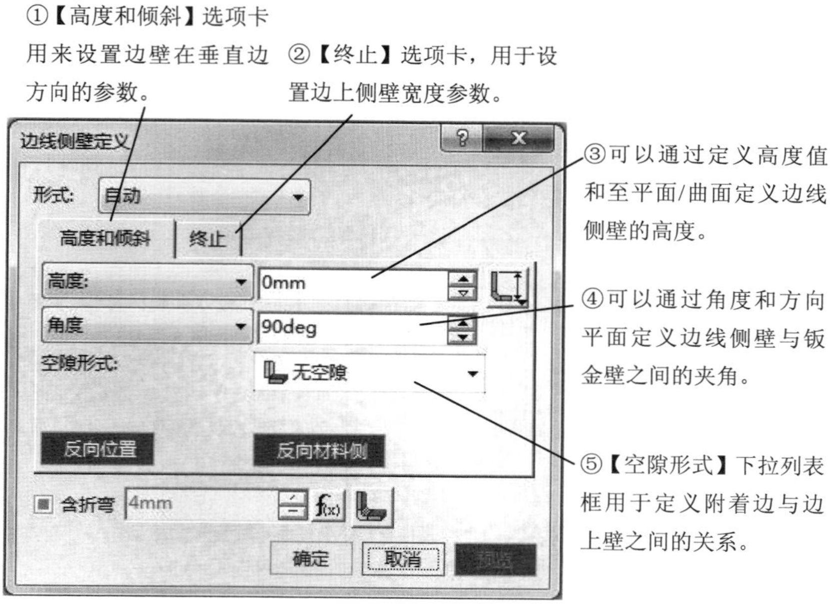

图 5-6　【边线侧壁定义】对话框

创建边线侧壁有两种形式：一种是通过钣金壁的边线自动生成侧壁，另二种是通过草图轮廓在钣金壁边线生成侧壁。

名师点拨

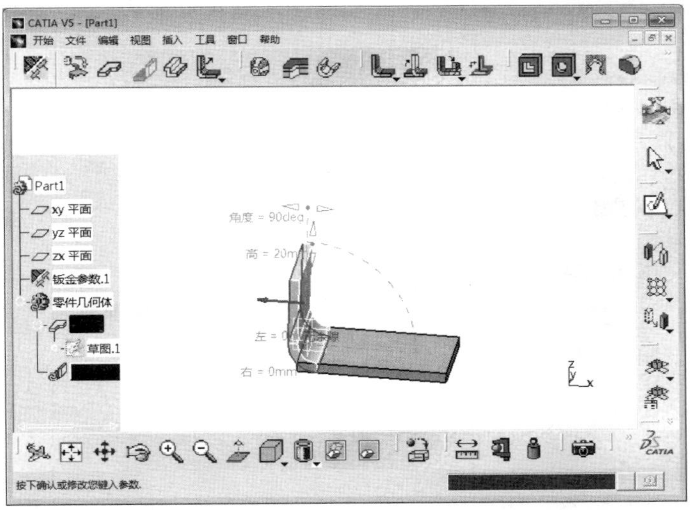

图 5-7 边线侧壁

4. 创建拉伸钣金壁

单击【侧壁】工具栏中的【拉伸】按钮，系统弹出【拉伸成型定义】对话框，参数设置，如图 5-8 所示。创建的拉伸成型侧壁特征，如图 5-9 所示。

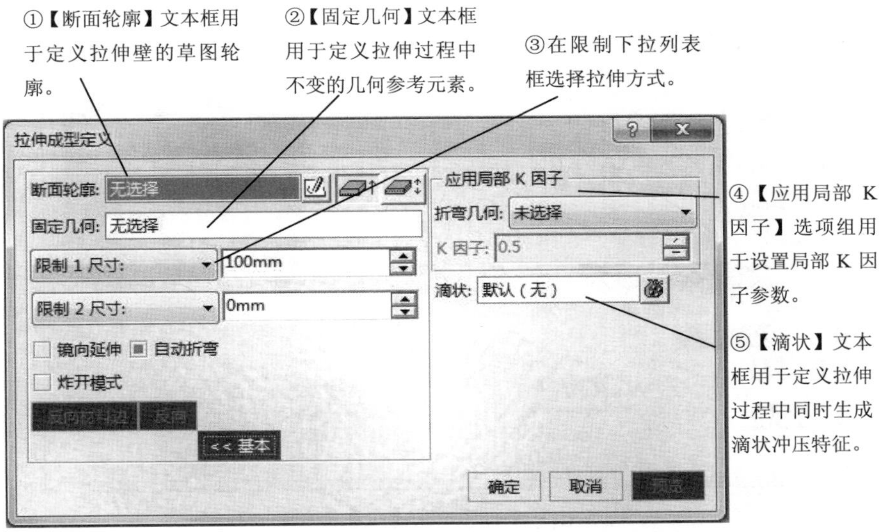

图 5-8 【拉伸成型定义】对话框

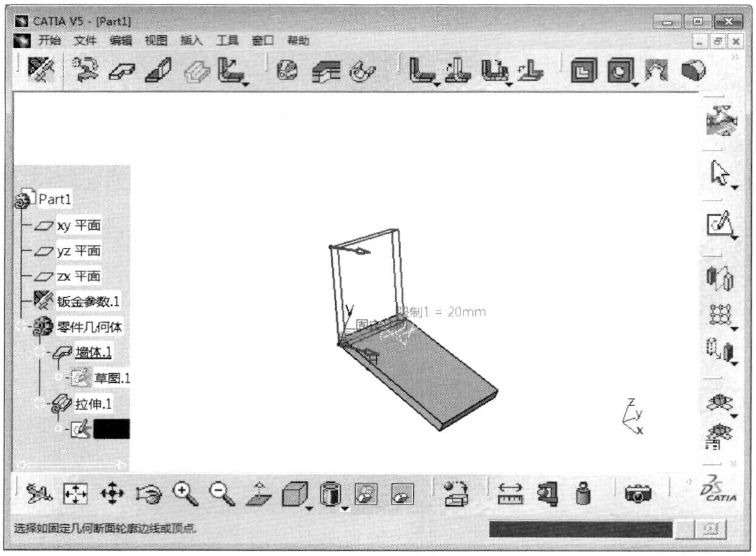

图 5-9　拉伸侧壁

5. 创建扫掠壁

（1）创建直边弯边

直边弯边是在已有钣金一边创建弯曲壁。单击【扫掠侧壁】工具栏中的【直边弯边】按钮，系统弹出【直边弯边定义】对话框，设置如图 5-10 所示。创建的直边弯边，如图 5-11 所示。

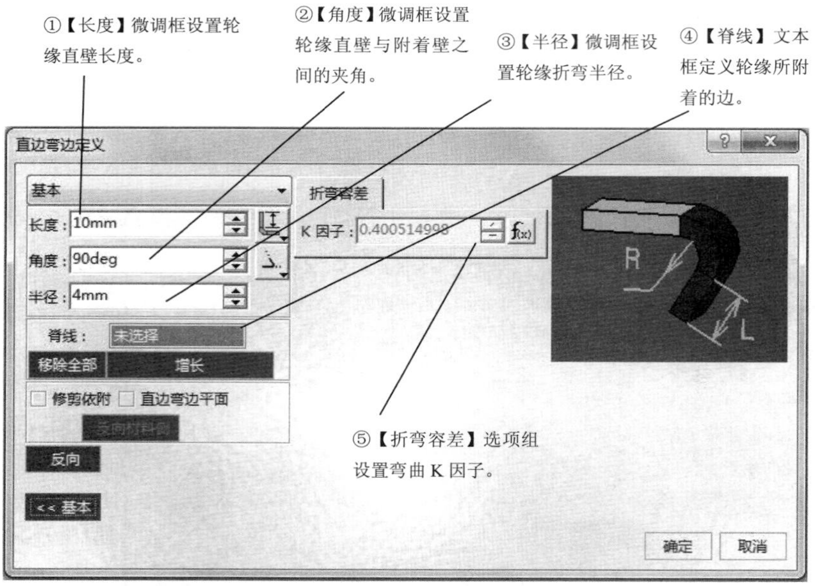

图 5-10　【直边弯边定义】对话框

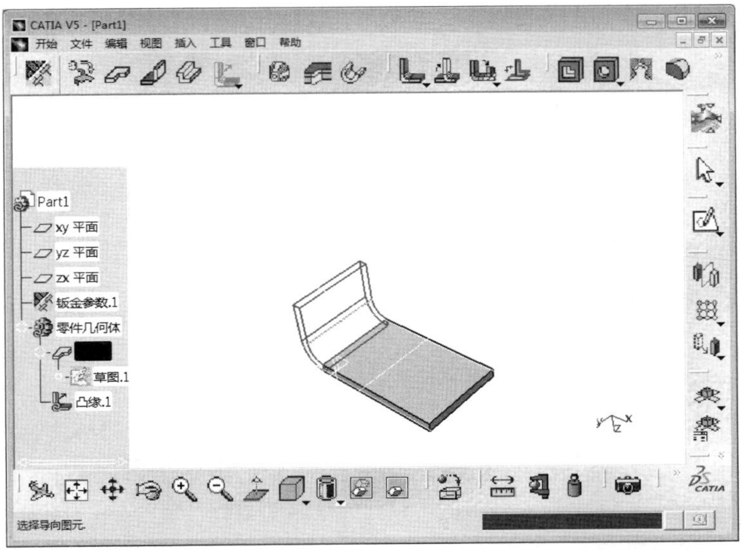

图 5-11　创建直边弯边

（2）创建平行弯边

平行弯边是利用已有钣金壁一边线创建弯曲壁。单击【扫掠侧壁】工具栏中的【平行弯边】按钮，系统弹出如图 5-12 所示的【平行弯边定义】对话框。该对话框的内容与【直边弯边定义】对话框相对应的选项内容相同。

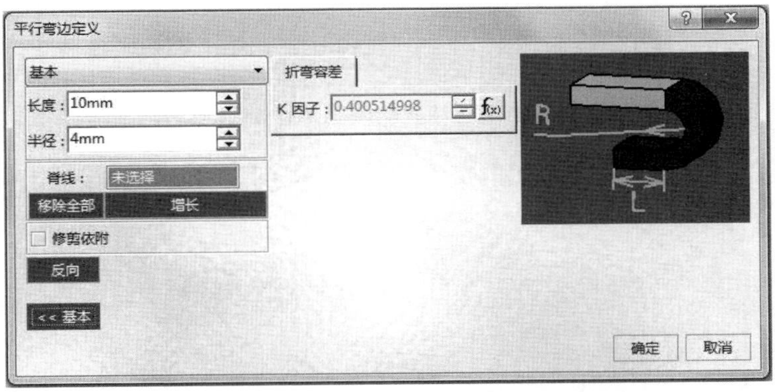

图 5-12　【平行弯边定义】对话框

其操作步骤与【直边弯边】功能按钮操作步骤相同，创建的平行弯边的效果如图 5-13 所示。

（3）创建滴状翻边

滴状翻边是在已有钣金壁的一边创建形状像泪滴的弯曲壁。单击【扫掠侧壁】工具栏中的【滴状翻边】按钮，系统弹出如图 5-14 所示的【滴状翻边定义】对话框。该对话框的内容与【直边弯边定义】对话框相对应的选项内容相同。

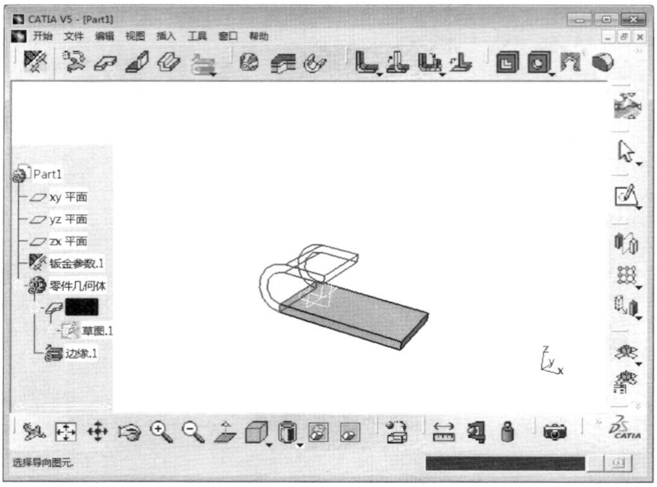

图 5-13　创建的平行弯边

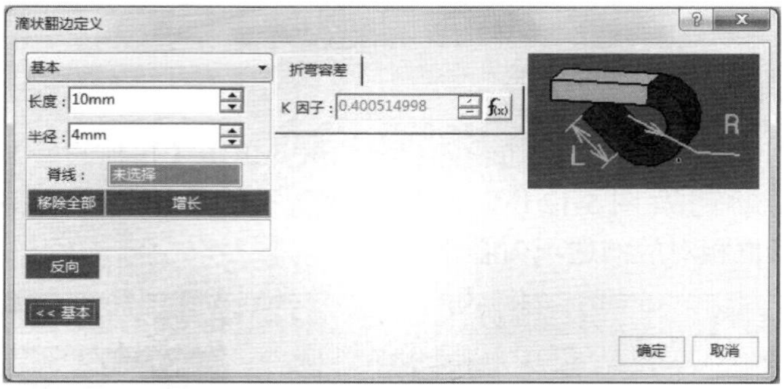

图 5-14　【滴状翻边定义】对话框

其操作步骤与【直边弯边】按钮的操作步骤相同，创建的滴状翻边效果如图 5-15 所示。

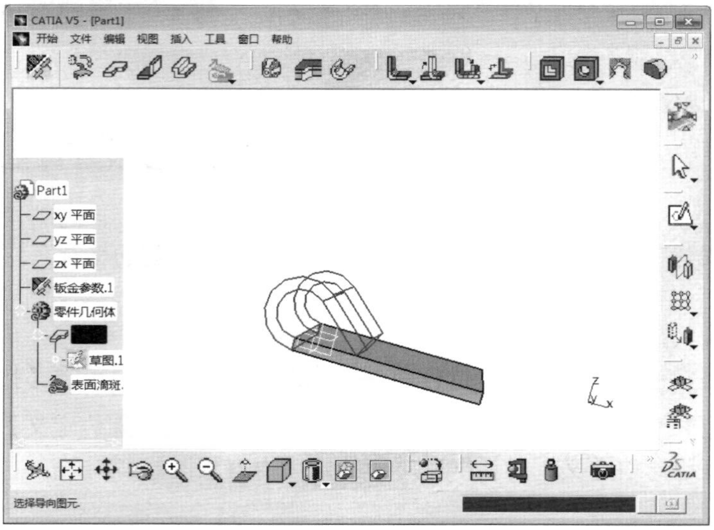

图 5-15　滴状翻边

6. 创建异形壁

（1）创建斗状壁

斗状壁是由两个简单的规则的草图轮廓或者曲面生成斗状壁。单击【桶形壁】工具栏中的【斗状壁】按钮，系统弹出【斗状壁】对话框。通过在该对话框上部下拉列表框中选择创建斗形壁的方式圆锥斗状、曲面斗状，如图 5-16 所示。

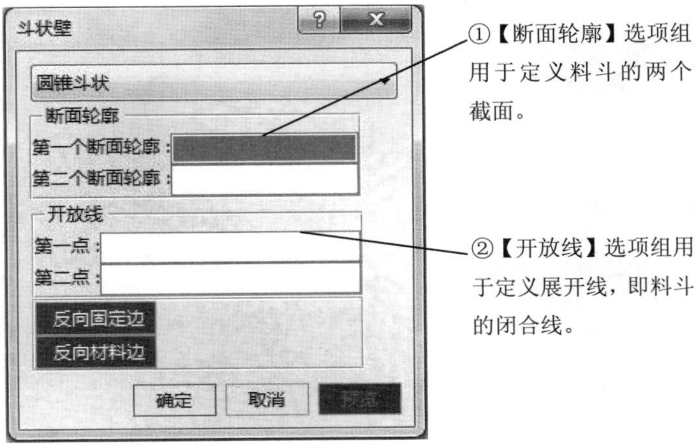

图 5-16 【斗状壁】对话框

斗状壁的轮廓设置，如图 5-17 所示。

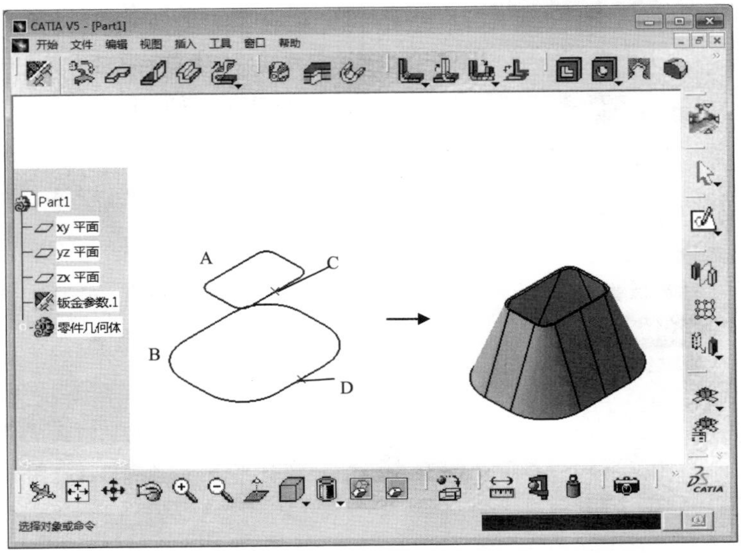

图 5-17 斗状壁的轮廓设置

在【斗状壁】对话框中选择【曲面斗状】选项时，创建的壁曲面如图 5-18 所示。。

（2）创建桶形壁

桶形壁是通过圆弧或圆拉伸生成圆形壁，是一类特殊的拉伸钣金件。单击【桶形壁】工具栏中的【桶形壁】按钮，系统弹出【桶形壁定义】对话框，设置参数，如图 5-19

所示。创建的桶形壁，如图 5-20 所示。

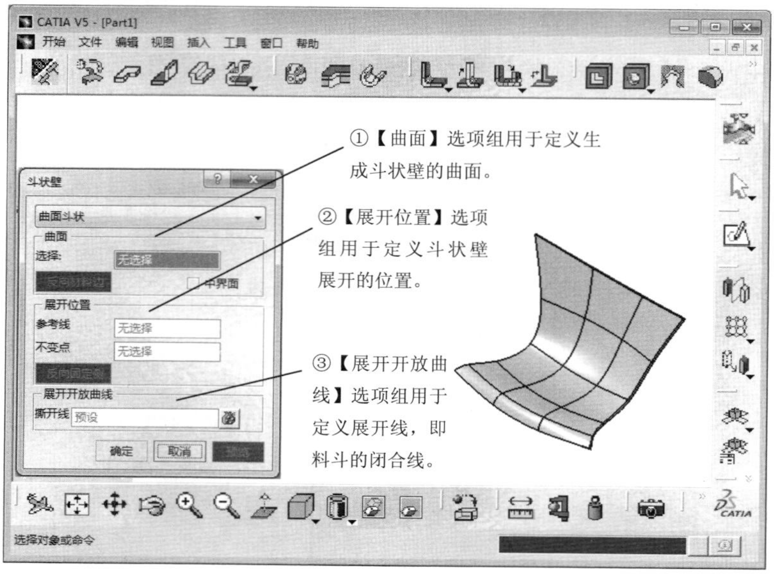
CATIA V5 - [Part1]
开始 文件 编辑 视图 插入 工具 窗口 帮助
斗状壁
曲面斗状
曲面
选择:
无选择
中界面
展开位置
参考线
无选择
不变点
无选择
展开开放曲线
撕开线
预设
确定
取消
①【曲面】选项组用于定义生成斗状壁的曲面。
②【展开位置】选项组用于定义斗状壁展开的位置。
③【展开开放曲线】选项组用于定义展开线，即料斗的闭合线。
选择对象或命令

图 5-18　斗状壁

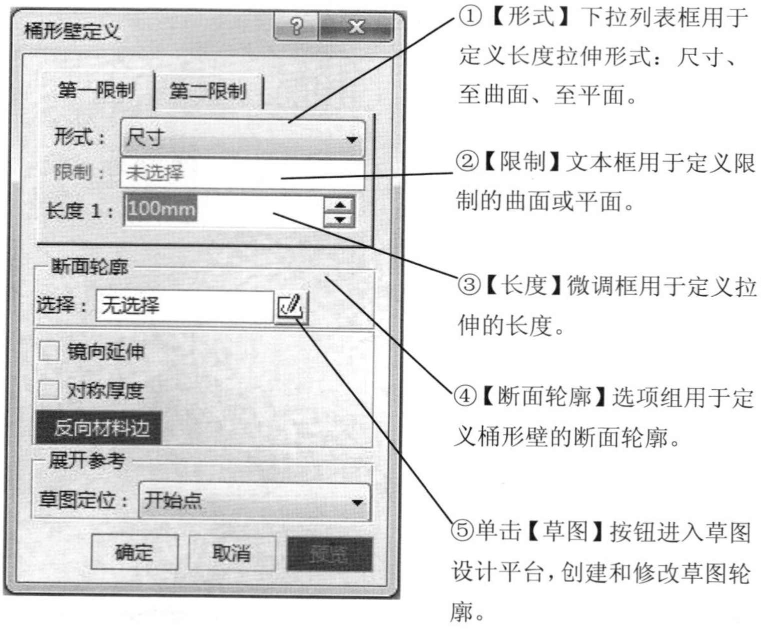
桶形壁定义
第一限制
第二限制
形式：
尺寸
限制：
未选择
长度 1：
100mm
断面轮廓
选择：
无选择
镜向延伸
对称厚度
反向材料边
展开参考
草图定位：
开始点
确定
取消
预览
①【形式】下拉列表框用于定义长度拉伸形式：尺寸、至曲面、至平面。
②【限制】文本框用于定义限制的曲面或平面。
③【长度】微调框用于定义拉伸的长度。
④【断面轮廓】选项组用于定义桶形壁的断面轮廓。
⑤单击【草图】按钮进入草图设计平台，创建和修改草图轮廓。

图 5-19　【桶形壁定义】对话框

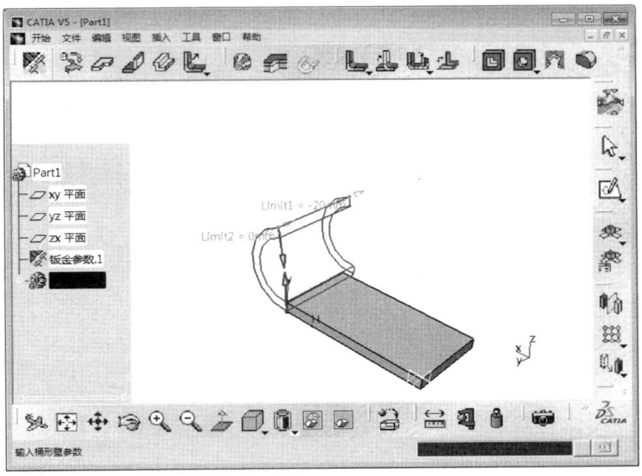

图 5-20 桶形壁

5.1.3 课堂练习——创建钣金件

课堂练习开始文件：ywj /05/01.CATPart

课堂练习完成文件：ywj /05/01.CATPart

多媒体教学路径：光盘→多媒体教学→第 5 章→5.1 练习

Step 1 新建钣金零件，如图 5-21 所示。

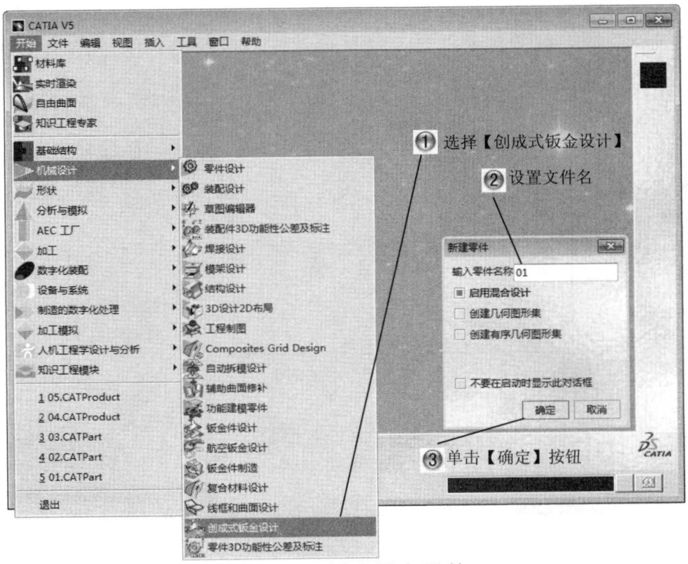

图 5-21 新建钣金零件

Step2 选择草绘面，如图 5-22 所示。

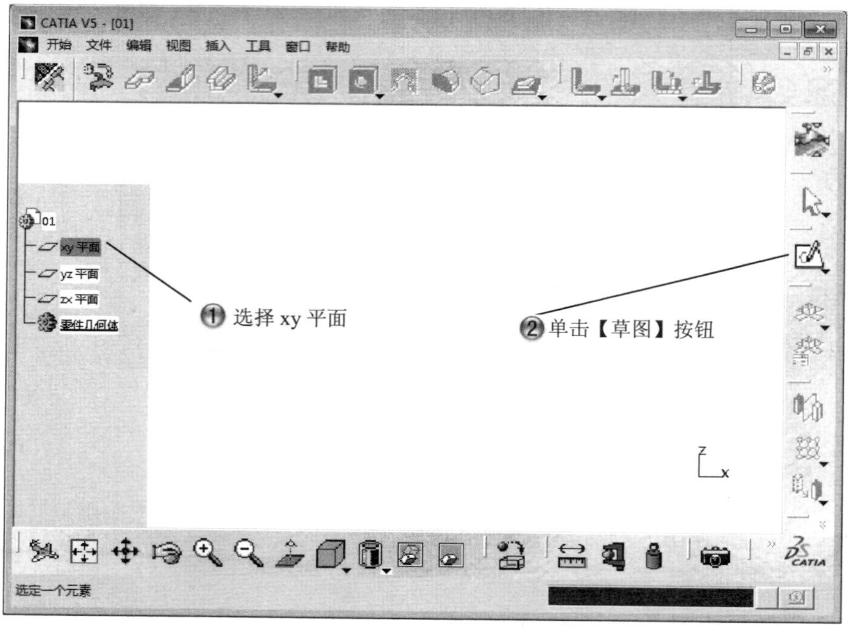

图 5-22　选择草绘面

Step3 绘制矩形，如图 5-23 所示。

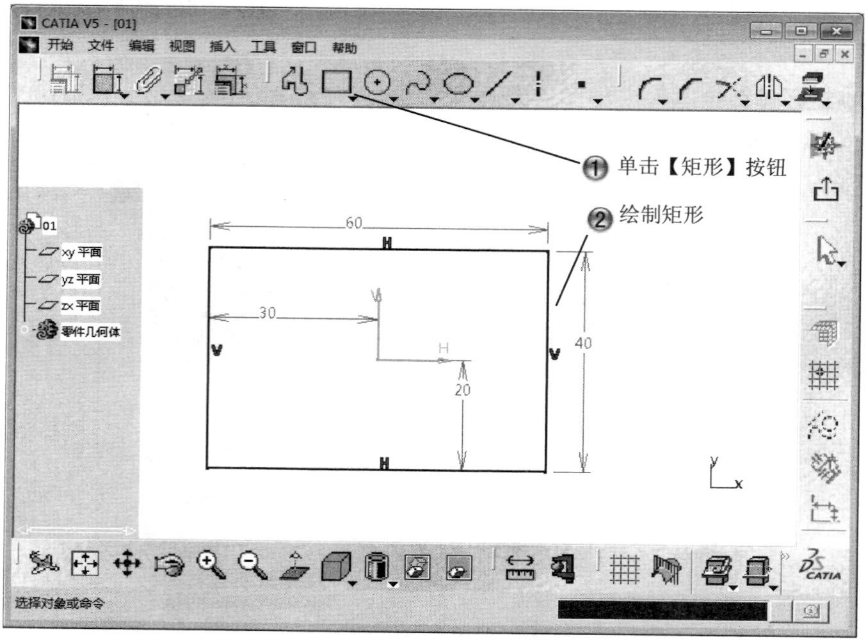

图 5-23　绘制矩形

Step4 设置钣金参数，如图 5-24 所示。

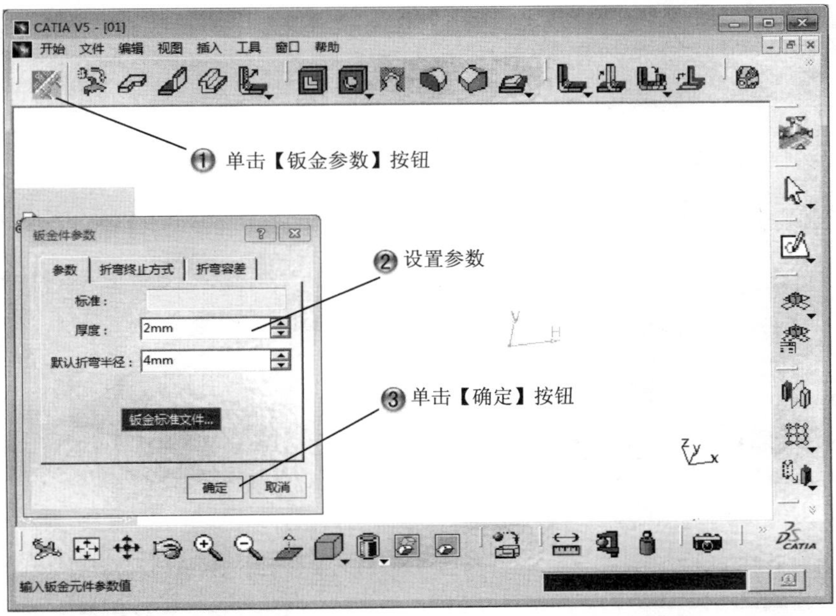

图 5-24　设置钣金参数

Step5 创建侧壁，如图 5-25 所示。

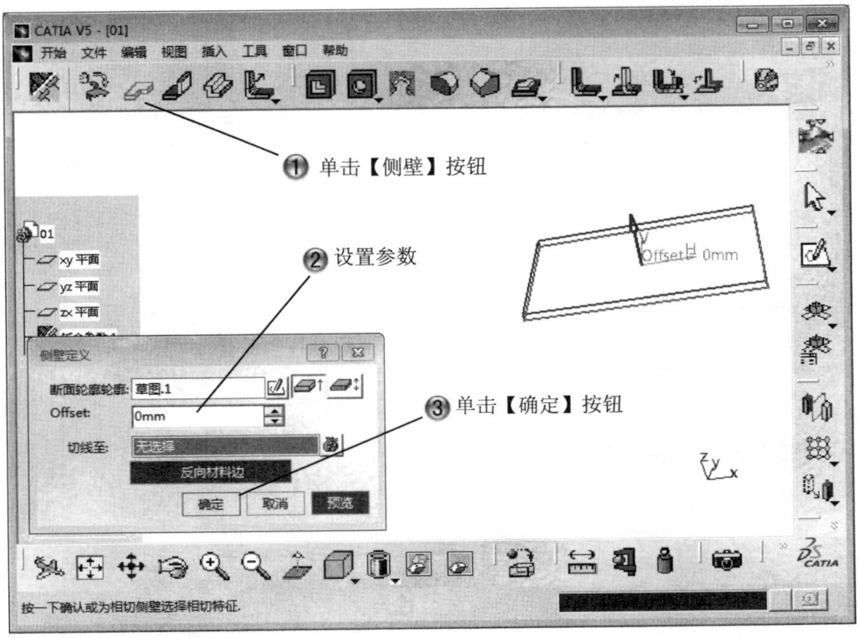

图 5-25　创建侧壁

Step6 创建边线侧壁，如图 5-26 所示。

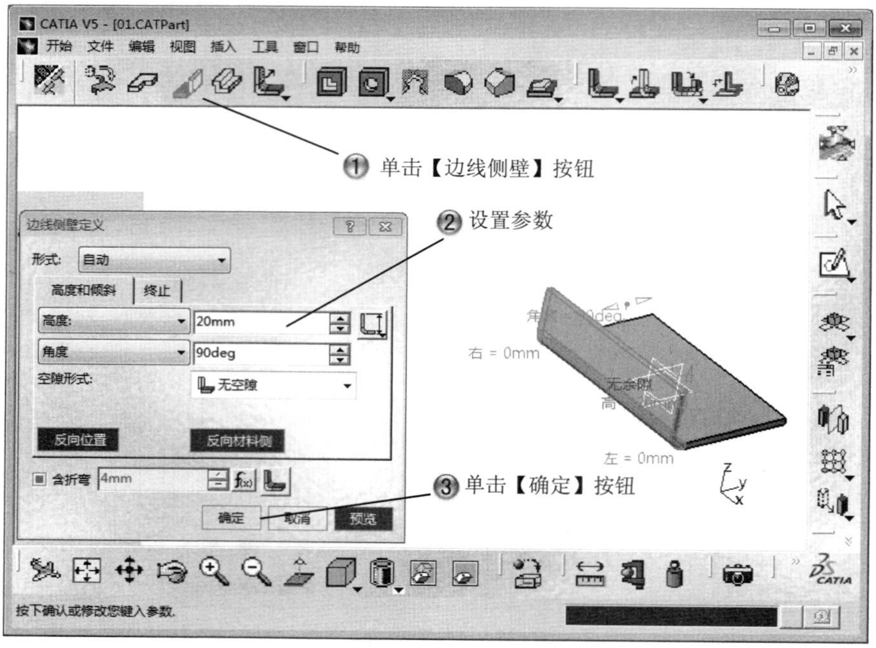

图 5-26　创建边线侧壁

Step7 创建对称的边线侧壁，如图 5-27 所示。

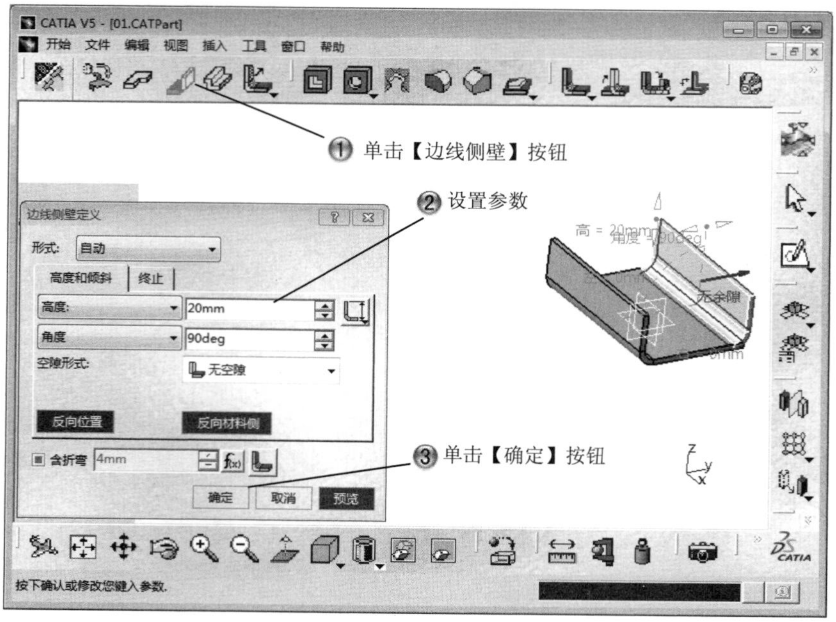

图 5-27　创建对称的边线侧壁

Step8 创建拉伸壁，如图 5-28 所示。

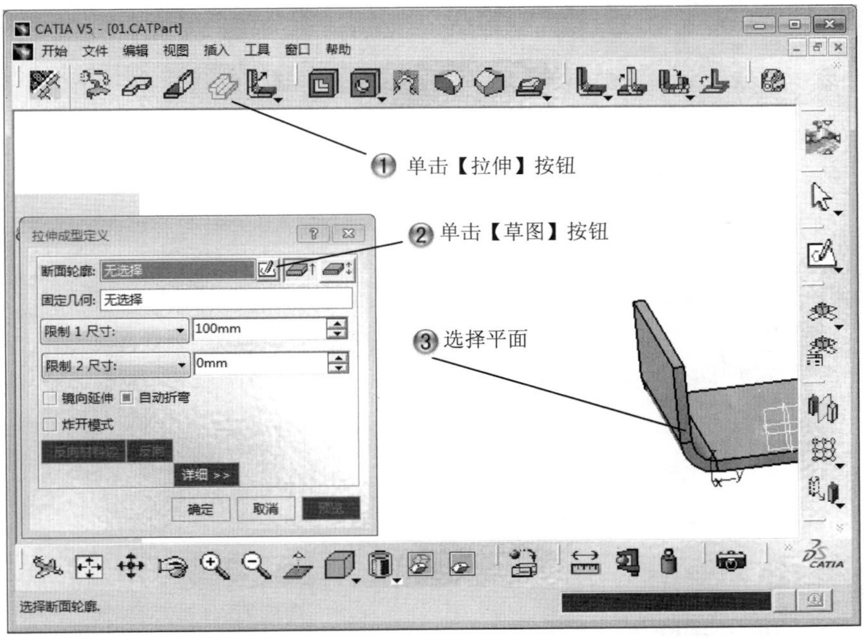

图 5-28 创建拉伸壁

Step9 绘制直线，如图 5-29 所示。

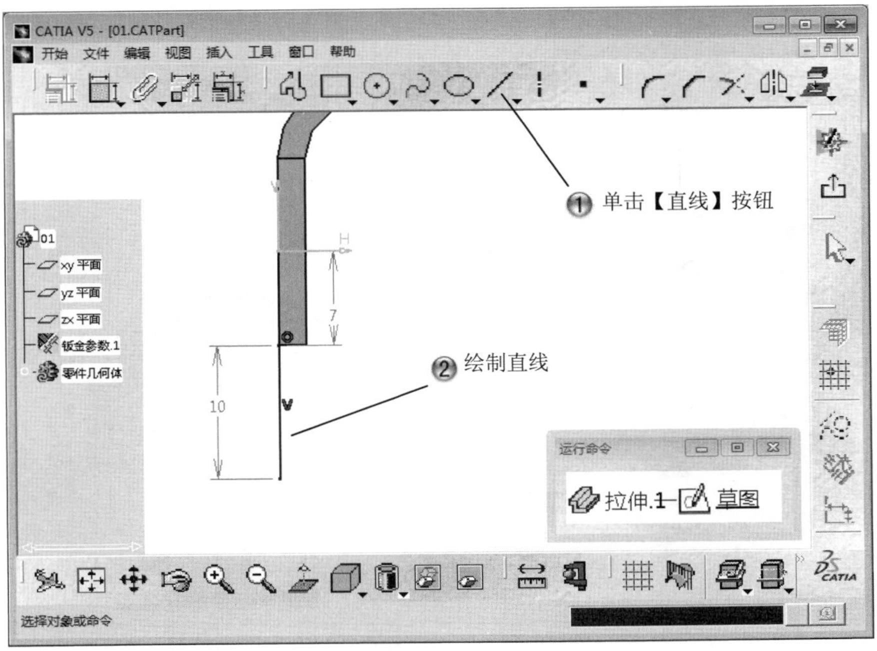

图 5-29 绘制直线

Step 10 设置拉伸参数，如图 5-30 所示。

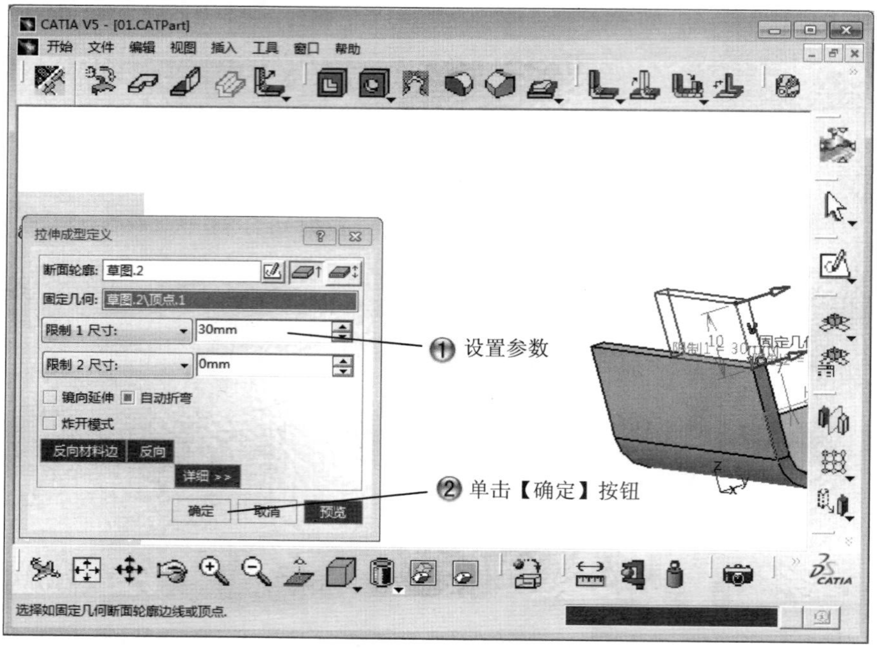

图 5-30　设置拉伸参数

Step 11 创建拉伸壁，如图 5-31 所示。

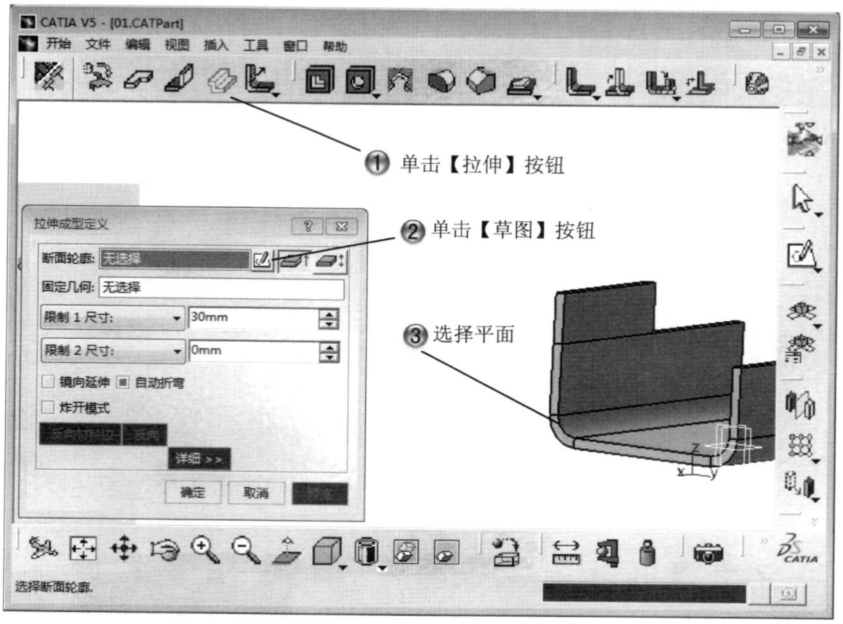

图 5-31　创建拉伸壁

Step12 绘制直线，如图 5-32 所示。

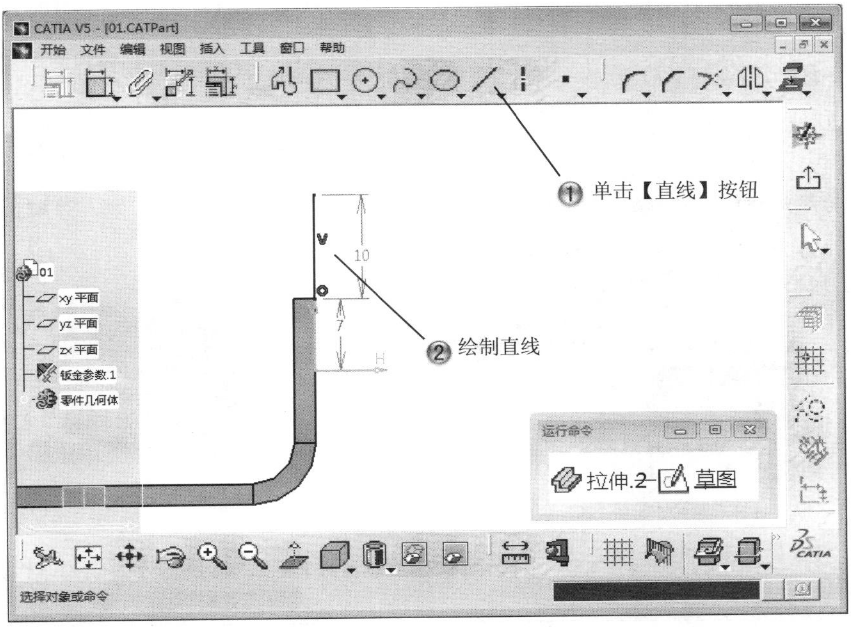

图 5-32　绘制直线

Step13 设置拉伸参数，如图 5-33 所示。

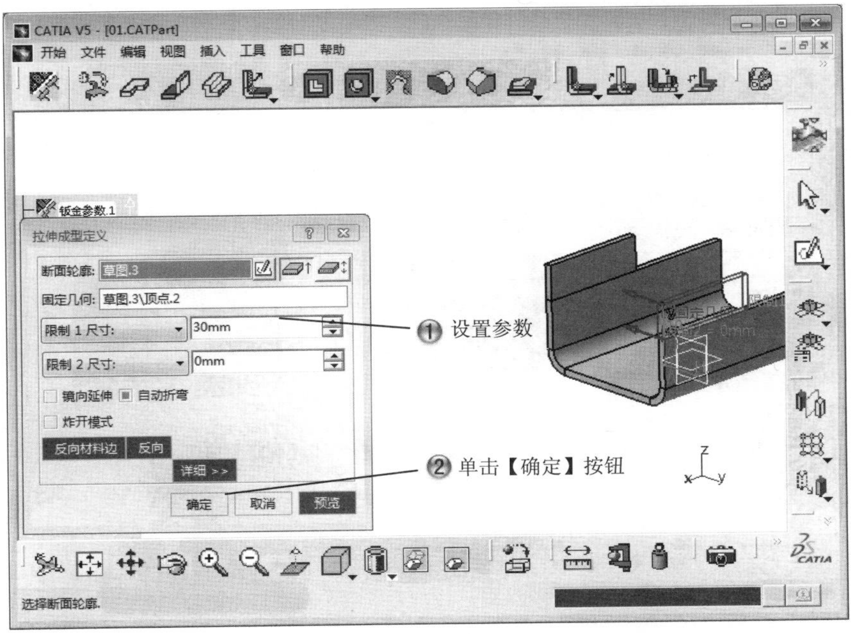

图 5-33　设置拉伸参数

Step14 创建翻边，如图 5-34 所示。

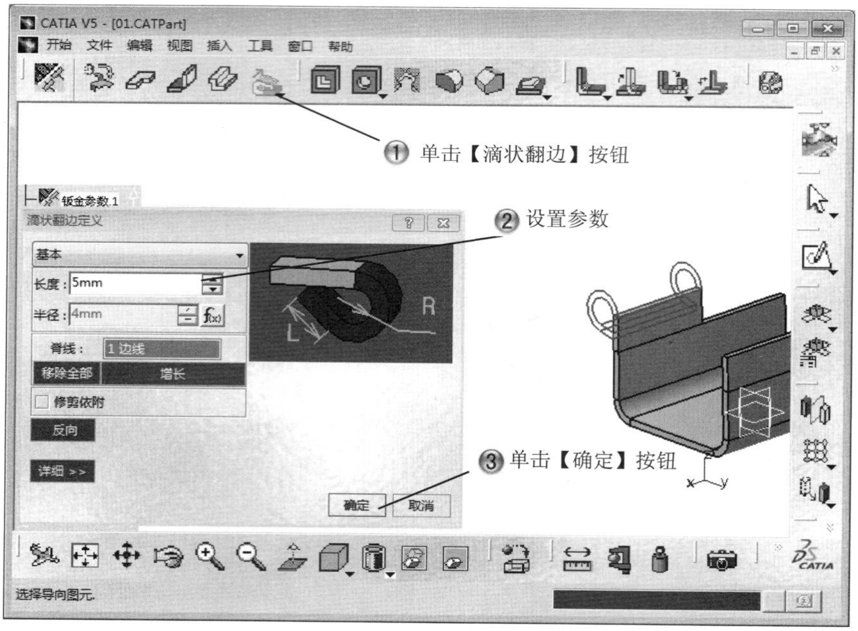

图 5-34 创建翻边

Step15 创建对称翻边，如图 5-35 所示。

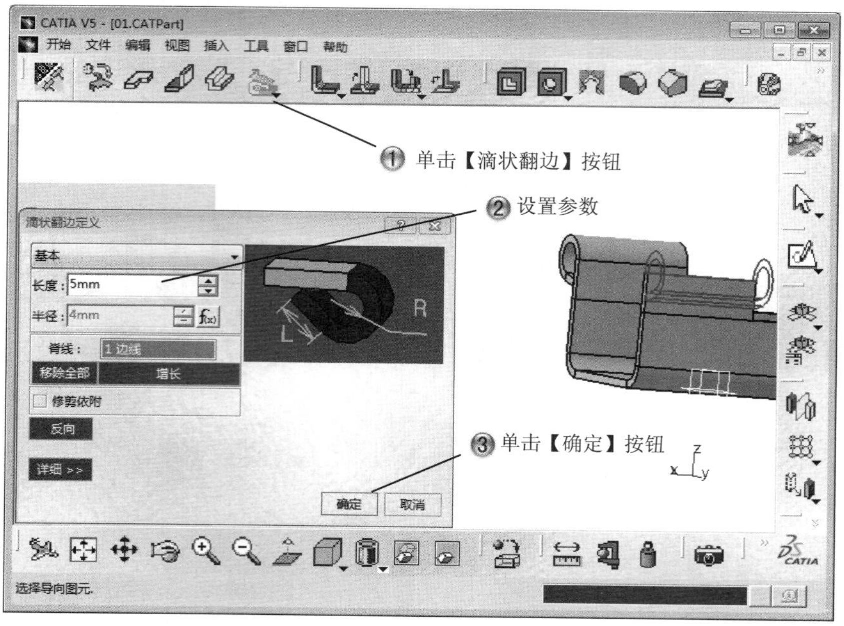

图 5-35 创建对称翻边

Step16 完成钣金件，如图 5-36 所示。

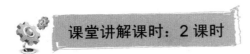

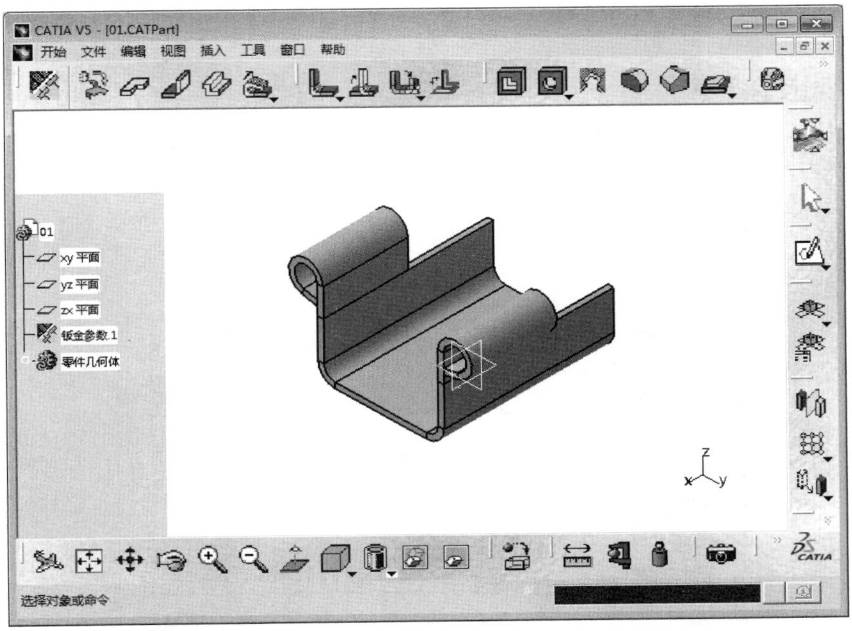

图 5-36 完成钣金件

5.2 折弯设计

基本概念

折弯是在两面没有折弯圆角的钣金壁之间添加等半径折弯圆角。圆锥折弯是在两面没有折弯圆角的钣金壁之间创建不等半径折弯圆角。由平坦折弯是依据草图绘制平台中绘制的折弯线处进行折弯。展开是将具有折弯特征的钣金件展开成平坦钣金壁。收合是将展开的折弯折叠起来的工具。点或曲线对应是将草图绘制平台中的点、曲线（或已存在的点、线）映射到钣金壁上。

课堂讲解课时：2 课时

5.2.1 设计理论

折弯是钣金设计中最常见的一种特征。前面已经介绍了钣金件的创建，创建的钣金件不一定能够满足实际需求。有时候需要在平坦壁上进行钣金特征设计，需要将平坦壁折弯成弯曲壁，需要将弯曲壁添加折弯圆角，这就要用到本节介绍的折弯设计功能。

5.2.2 课堂讲解

1. 添加圆柱折弯圆角

单击【折弯】工具栏中的【折弯】按钮，系统弹出【柱面折弯定义】对话框，参数设置，如图 5-37 所示。

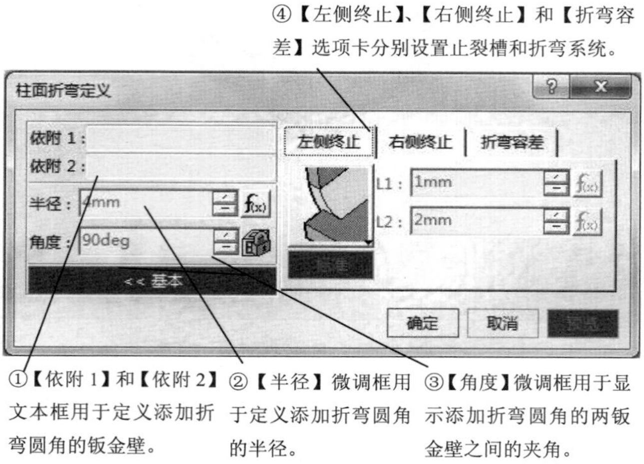
④【左侧终止】、【右侧终止】和【折弯容差】选项卡分别设置止裂槽和折弯系统。
柱面折弯定义
依附 1：
依附 2：
半径：4mm
角度：90deg
<< 基本
左侧终止
右侧终止
折弯容差
L1：1mm
L2：2mm
确定
取消
①【依附 1】和【依附 2】文本框用于定义添加折弯圆角的钣金壁。
②【半径】微调框用于定义添加折弯圆角的半径。
③【角度】微调框用于显示添加折弯圆角的两钣金壁之间的夹角。

图 5-37 【柱面折弯定义】对话框

2. 创建折弯

单击【折弯】工具栏中的【由平坦折弯】按钮，系统弹出【平板折弯定义】对话框，参数设置，如图 5-38 所示。

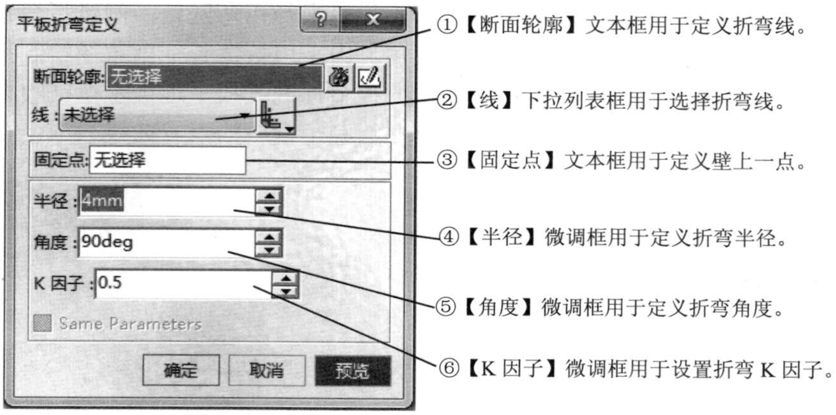
平板折弯定义
断面轮廓: 无选择
线：未选择
固定点: 无选择
半径：4mm
角度：90deg
K 因子：0.5
Same Parameters
确定
取消
预览
①【断面轮廓】文本框用于定义折弯线。
②【线】下拉列表框用于选择折弯线。
③【固定点】文本框用于定义壁上一点。
④【半径】微调框用于定义折弯半径。
⑤【角度】微调框用于定义折弯角度。
⑥【K 因子】微调框用于设置折弯 K 因子。

图 5-38 【平板折弯定义】对话框

单击【平板折弯定义】对话框的【确定】按钮，完成平板折弯，如图 5-39 所示。

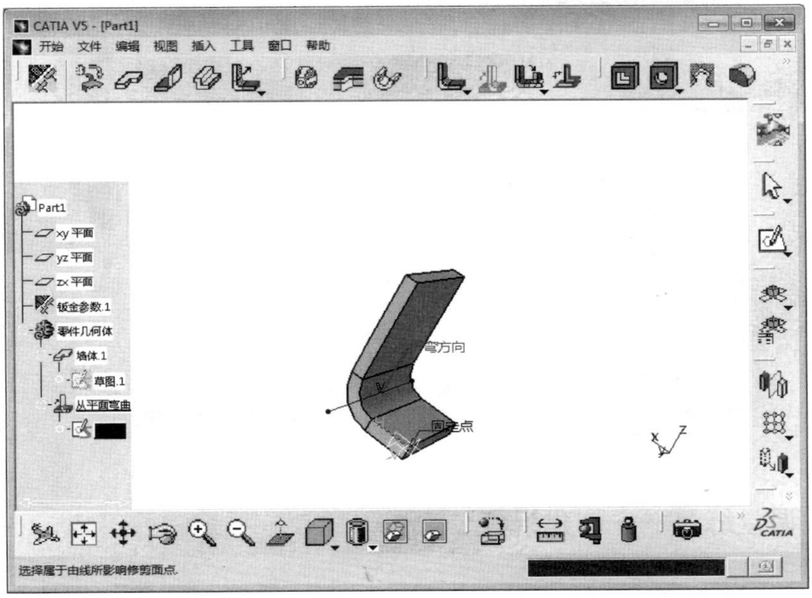

图 5-39 平板折弯

3. 展开

单击【收合/展开】工具栏中的【展开】按钮，系统弹出【展开定义】对话框，参数设置，如图 5-40 所示。

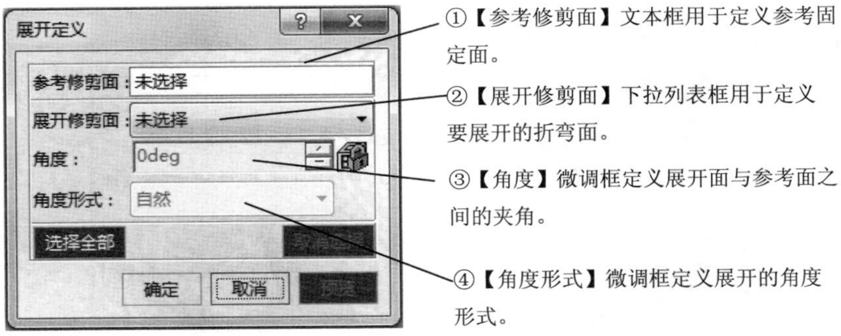

图 5-40 【展开定义】对话框

单击【展开定义】对话框的【确定】按钮，完成平板展开，如图 5-41 所示。

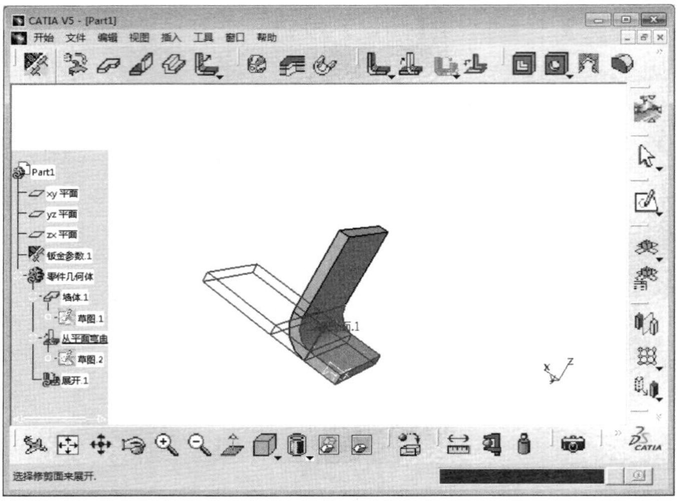

图 5-41　平板展开

5.2.3　课堂练习——创建折弯

课堂练习开始文件：ywj /05/01.CATPart

课堂练习完成文件：ywj /05/02.CATPart

多媒体教学路径：光盘→多媒体教学→第 5 章→5.2 练习

Step1 创建平面，如图 5-42 所示。

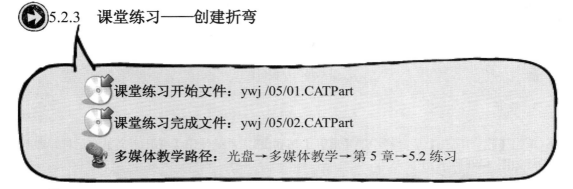

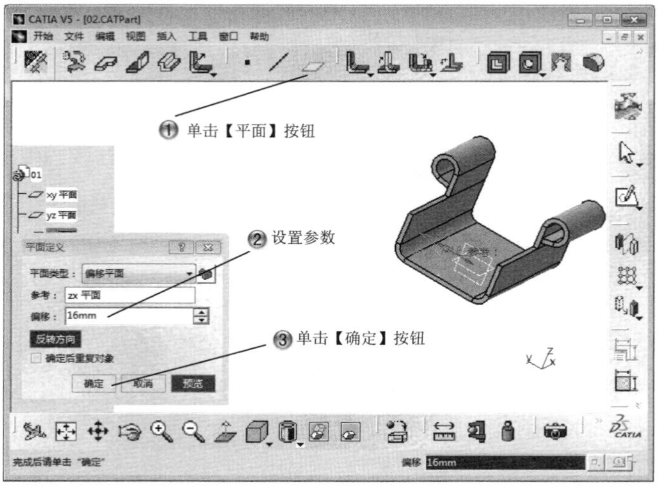

图 5-42　创建平面

Step2 创建拉伸壁，如图 5-43 所示。

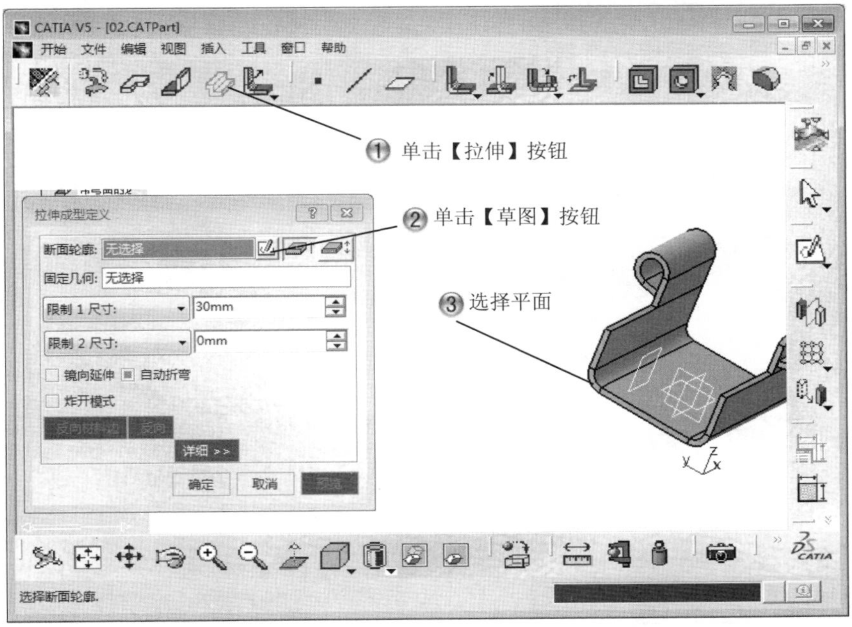

图 5-43 创建拉伸壁

Step3 绘制直线，如图 5-44 所示。

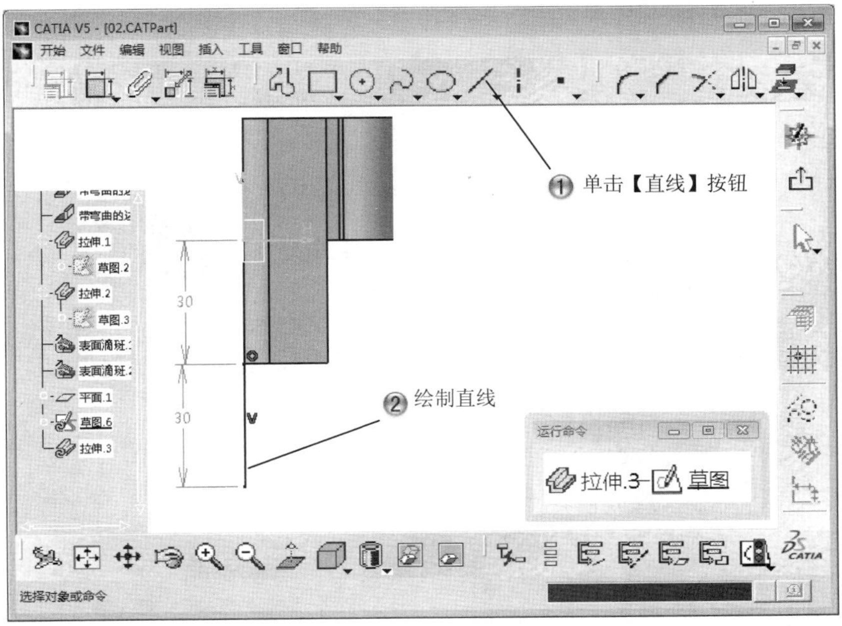

图 5-44 绘制直线

Step4 设置拉伸参数，如图 5-45 所示。

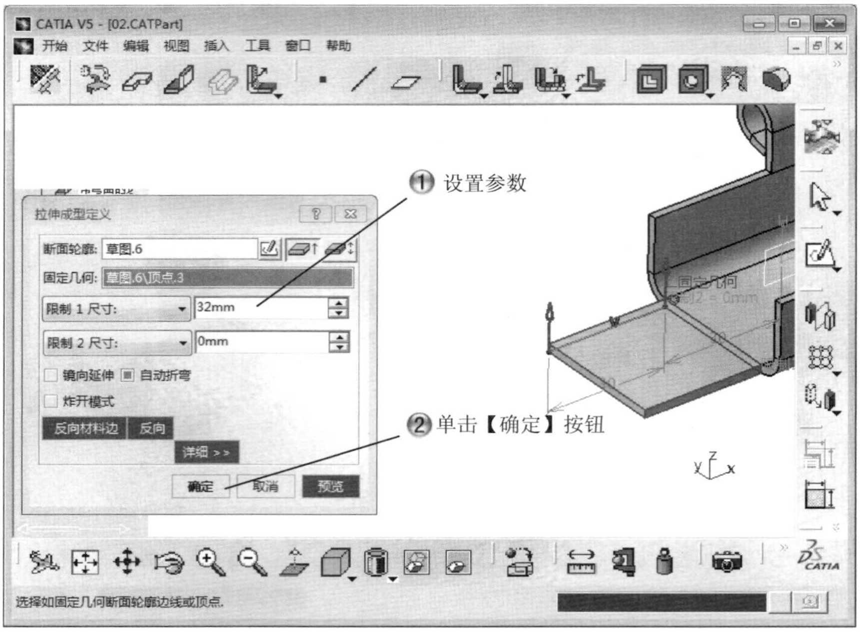

图 5-45　设置拉伸参数

Step5 创建平板折弯，如图 5-46 所示。

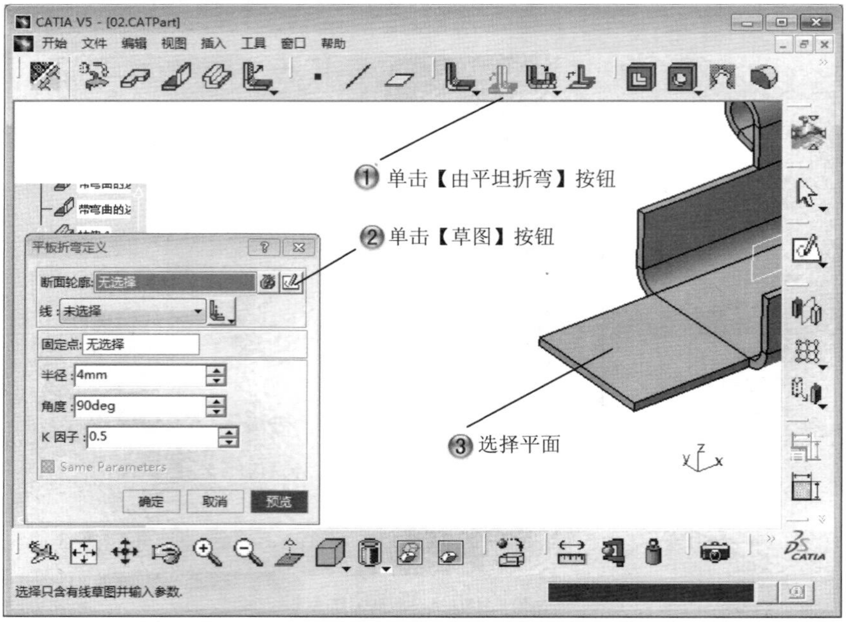

图 5-46　创建平板折弯

Step6 绘制直线，如图 5-47 所示。

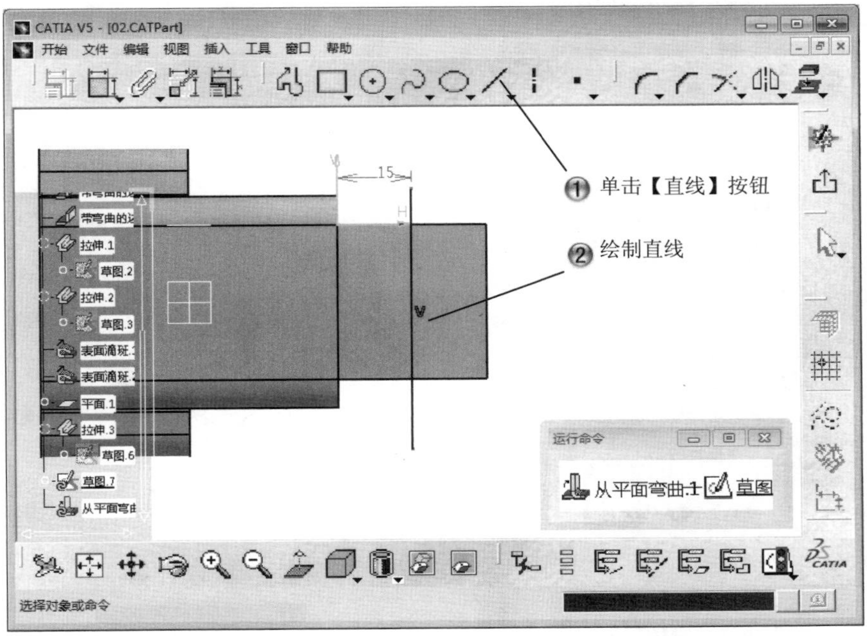

图 5-47　绘制直线

Step7 设置折弯参数，如图 5-48 所示。

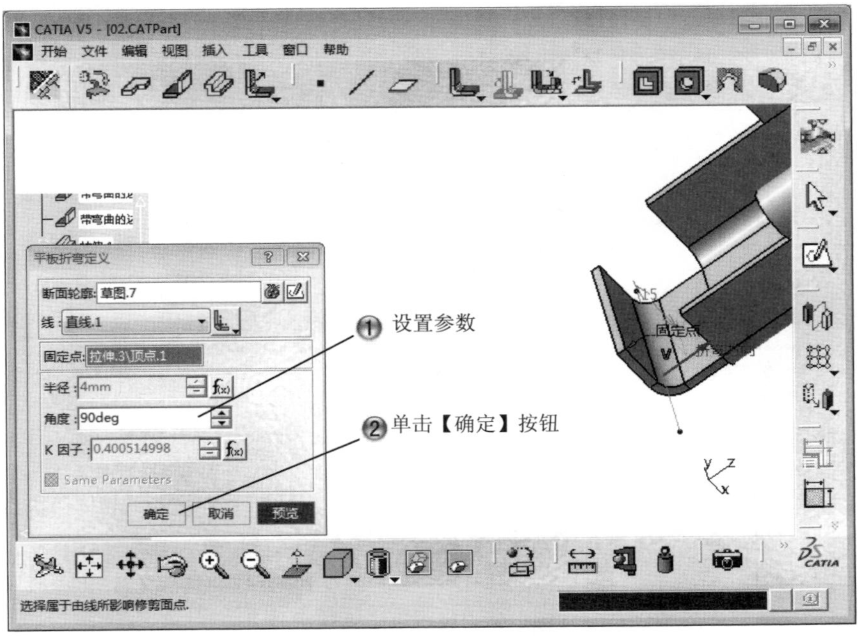

图 5-48　设置折弯参数

Step8 创建展开，如图 5-49 所示。

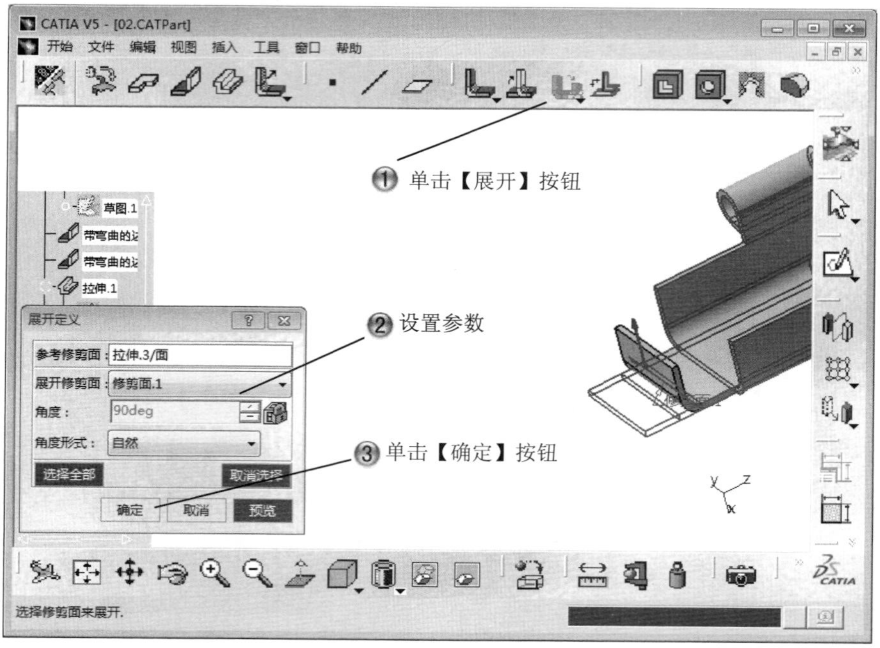

图 5-49 创建展开

Step9 完成折弯设计，如图 5-50 所示。

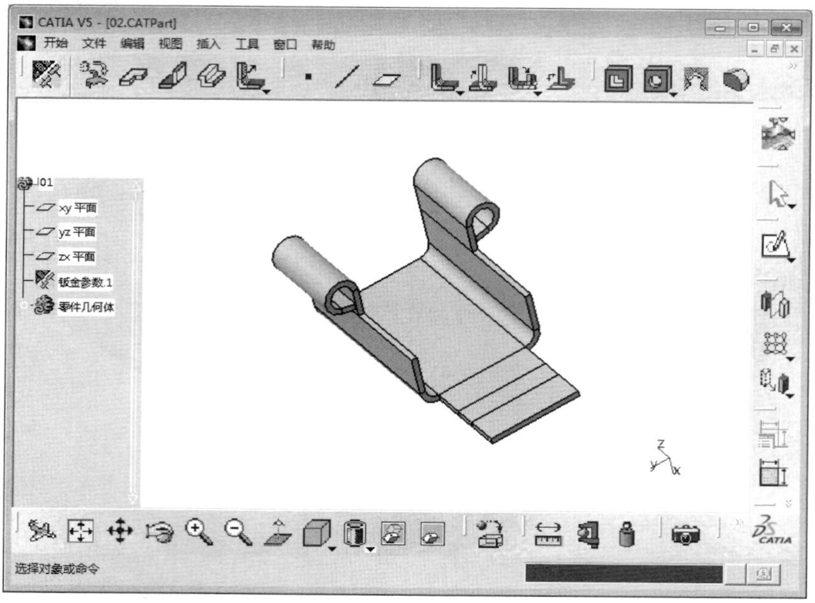

图 5-50 完成折弯设计

5.3 钣金件的修饰

基本概念

剪裁是在钣金件上创建减重槽或标准凹槽。转角逸出是在一组支持面上创建止裂槽。倒角分为倒圆角和倒角两种。圆角是对钣金件棱角进行圆角化。倒角是对钣金件的凸棱边进行倒角。

课堂讲解课时：2 课时

5.3.1 设计理论

在实际应用中，钣金件需要开槽、打孔、倒角等特征修饰的操作。本节将介绍钣金件的特征修饰，包括创建这些特征的方法和参数设置。

5.3.2 课堂讲解

1. 创建凹槽

单击【裁剪/冲压】工具栏中的【剪裁】按钮，系统弹出【剪裁定义】对话框，参数设置，如图 5-51 所示。

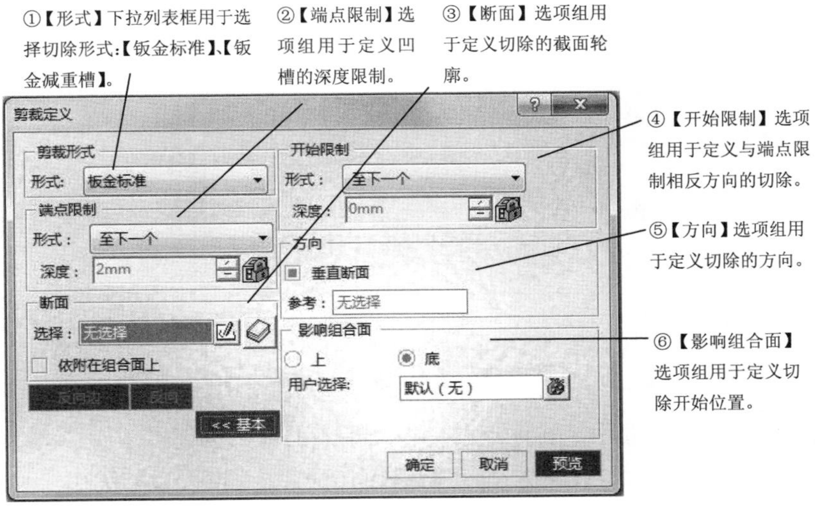
①【形式】下拉列表框用于选择切除形式:【钣金标准】、【钣金减重槽】。
②【端点限制】选项组用于定义凹槽的深度限制。
③【断面】选项组用于定义切除的截面轮廓。
④【开始限制】选项组用于定义与端点限制相反方向的切除。
⑤【方向】选项组用于定义切除的方向。
⑥【影响组合面】选项组用于定义切除开始位置。
剪裁定义
剪裁形式
形式: 板金标准
端点限制
形式：至下一个
深度：2mm
断面
选择：无选择
依附在组合面上
<< 基本
开始限制
形式：至下一个
深度：0mm
方向
垂直断面
参考：无选择
影响组合面
上
底
用户选择:
默认（无）
确定
取消
预览

图 5-51 【剪裁定义】对话框

创建的凹槽特征，如图 5-52 所示。

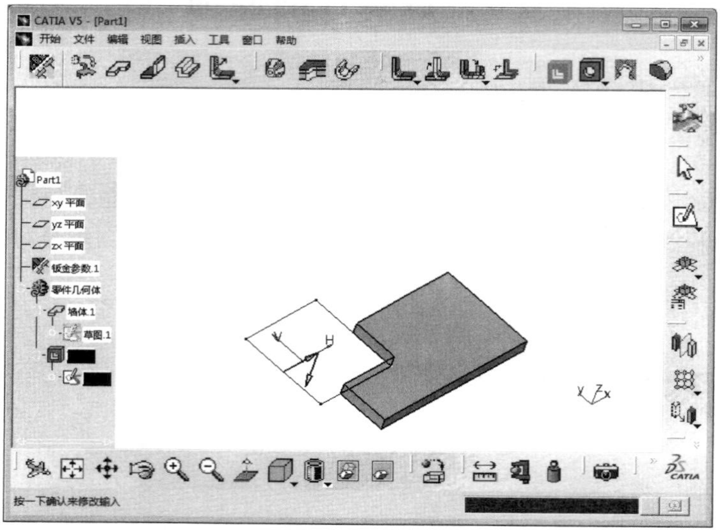

图 5-52 凹槽特征

2. 创建孔

单击【裁剪/冲压】工具栏中的【孔】按钮右下黑色三角，展开【孔】工具栏。该工具栏包含【孔】和【圆形剪裁】2 个功能按钮。

单击【孔】按钮，生成标准孔和螺纹孔，选择孔放置面，系统弹出如图 5-53 所示的【定义孔】对话框，该对话框的设置与零件设计模块中的【定义孔】对话框完全相同。

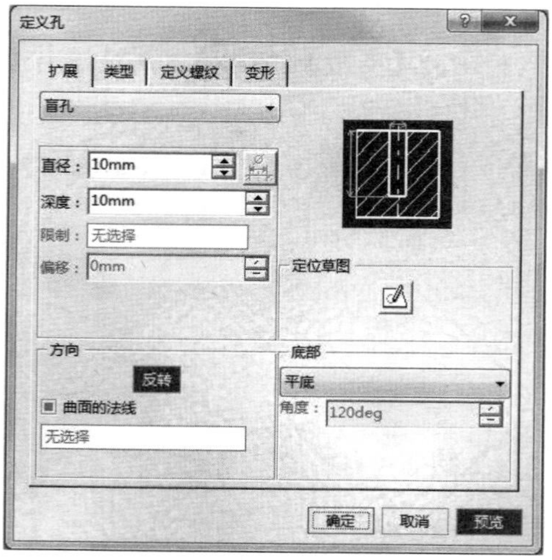

图 5-53 【定义孔】对话框

单击【圆形剪裁】按钮，通过点和半径在指点的面上创建圆或圆弧孔，系统弹出如图 5-54 所示的【圆形裁剪定义】对话框。创建的孔特征，如图 5-55 所示。

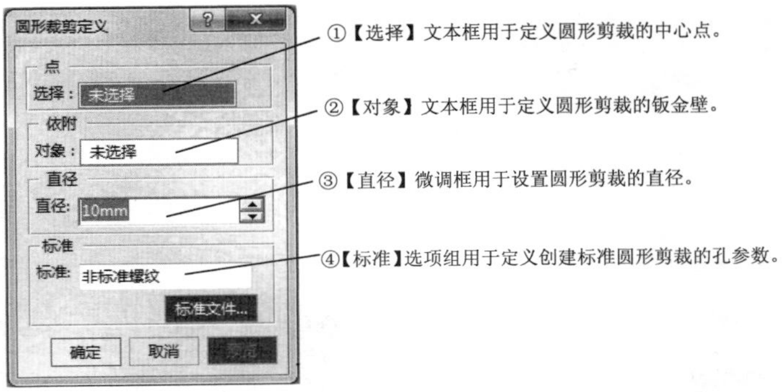

图 5-54 【圆形裁剪定义】对话框

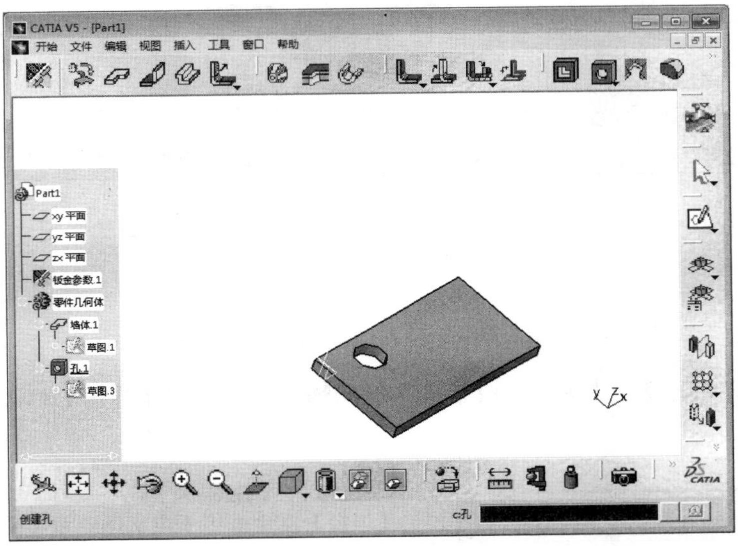

图 5-55 孔特征

3. 创建止裂槽

单击【裁剪/冲压】工具栏中的【转角逸出】按钮，系统弹出【拐角止裂槽定义】对话框，参数设置，如图 5-56 所示。创建的止裂槽，如图 5-57 所示。

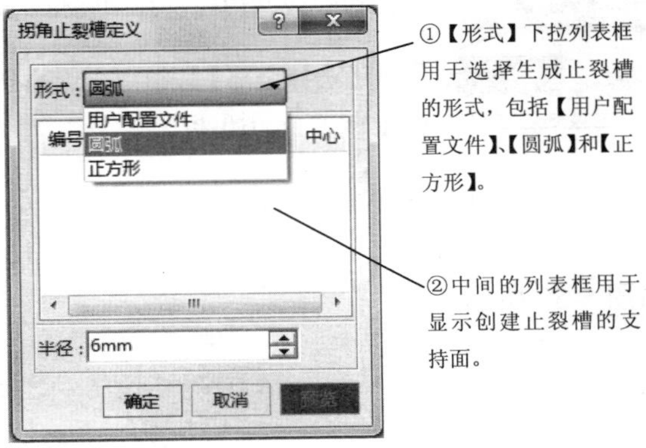

图 5-56 【拐角止裂槽定义】对话框

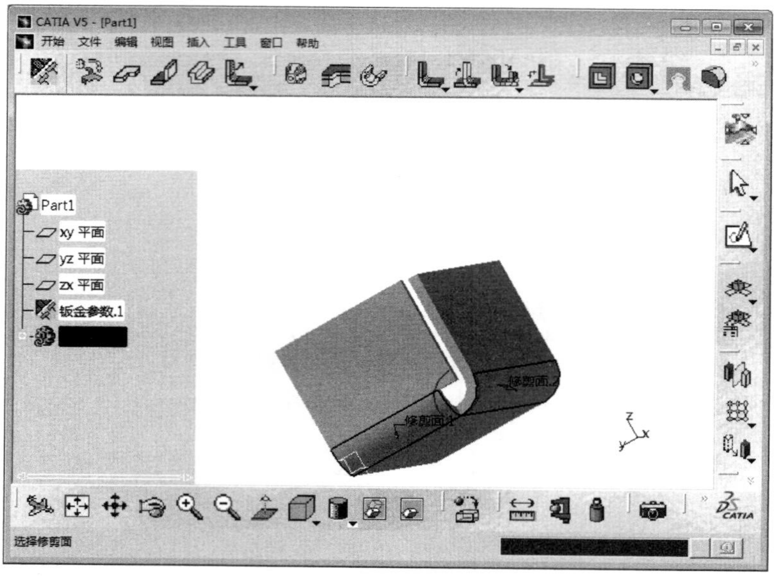

图 5-57　止裂槽

4. 创建倒角

（1）倒圆角

单击【裁剪/冲压】工具栏中的【圆角】按钮，系统弹出【圆角】对话框，参数设置，如图 5-58 所示。

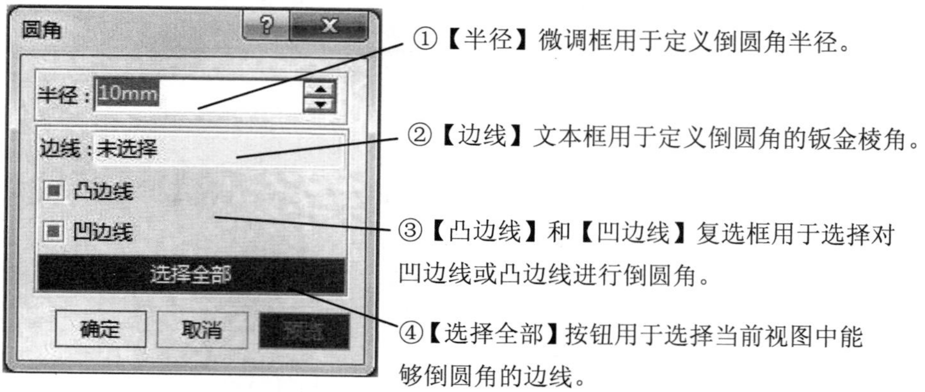

圆角
半径：10mm
边线：未选择
凸边线
凹边线
选择全部
确定
取消
预览
①【半径】微调框用于定义倒圆角半径。
②【边线】文本框用于定义倒圆角的钣金棱角。
③【凸边线】和【凹边线】复选框用于选择对凹边线或凸边线进行倒圆角。
④【选择全部】按钮用于选择当前视图中能够倒圆角的边线。

图 5-58　【圆角】对话框

创建的倒圆角，如图 5-59 所示。

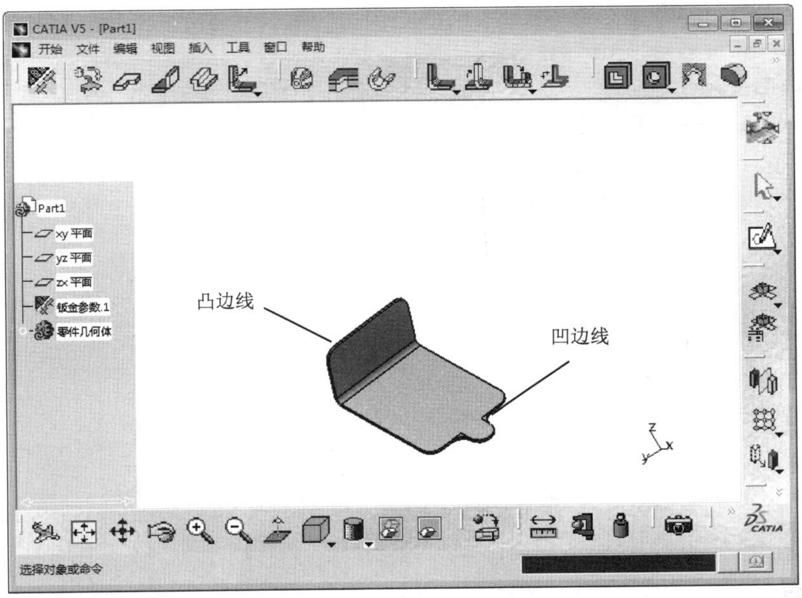
CATIA V5 - [Part1]
开始 文件 编辑 视图 插入 工具 窗口 帮助
Part1
xy 平面
yz 平面
zx 平面
钣金参数.1
零件几何体
凸边线
凹边线
选择对象或命令

图 5-59 倒圆角

在创建倒圆角时，只能对垂直于钣金面的边进行倒圆角。

名师点拨

（2）倒角

单击【裁剪/冲压】工具栏中的【倒角】按钮，系统弹出的【倒角】对话框，参数设置，如图 5-60 所示。创建的倒角特征，如图 5-61 所示。

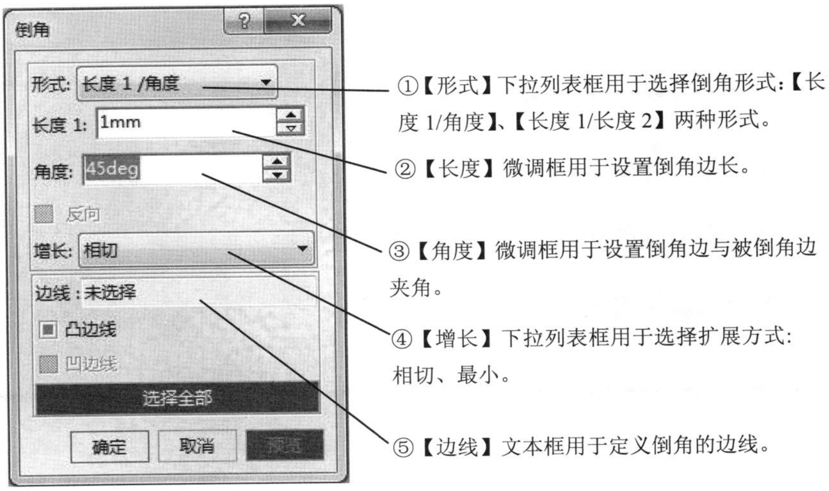
倒角
形式: 长度 1 /角度
长度 1: 1mm
角度: 45deg
反向
增长: 相切
边线：未选择
凸边线
凹边线
选择全部
确定
取消
预览
①【形式】下拉列表框用于选择倒角形式:【长度 1/角度】、【长度 1/长度 2】两种形式。
②【长度】微调框用于设置倒角边长。
③【角度】微调框用于设置倒角边与被倒角边夹角。
④【增长】下拉列表框用于选择扩展方式: 相切、最小。
⑤【边线】文本框用于定义倒角的边线。

图 5-60 【倒角】对话框

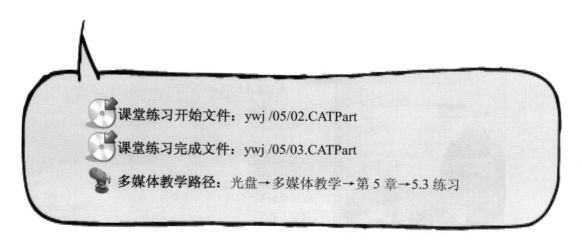

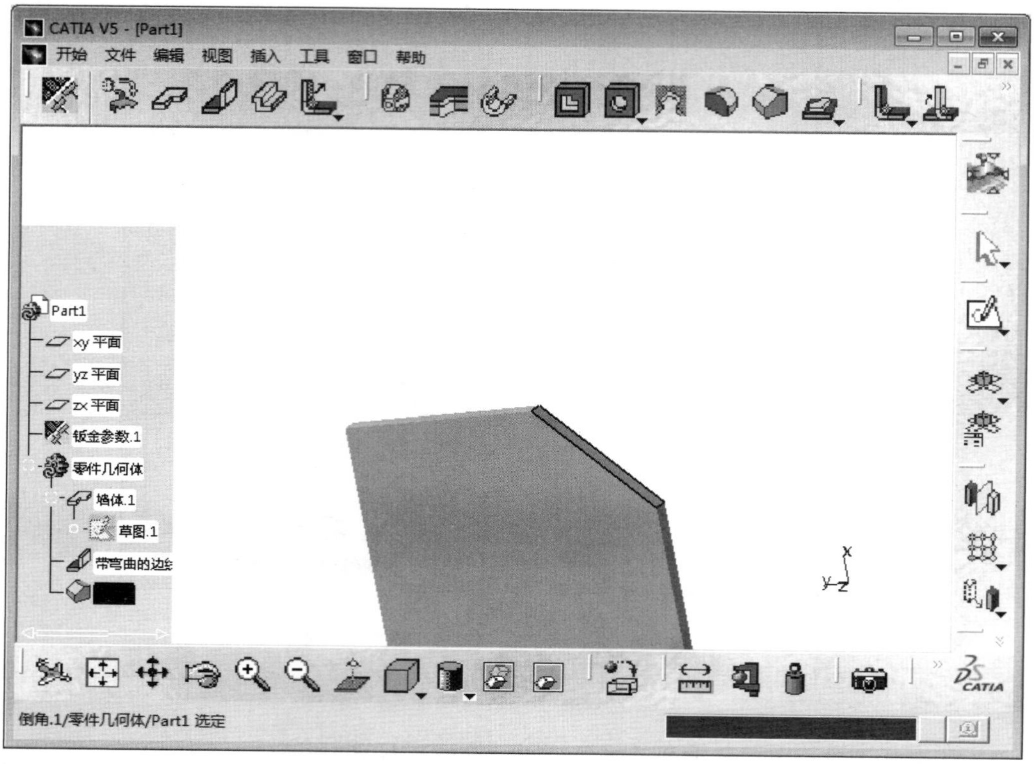

图 5-61　倒角特征

5.3.3　课堂练习——钣金件修饰

课堂练习开始文件：ywj /05/02.CATPart

课堂练习完成文件：ywj /05/03.CATPart

多媒体教学路径：光盘→多媒体教学→第 5 章→5.3 练习

Step1 创建剪裁，如图 5-62 所示。

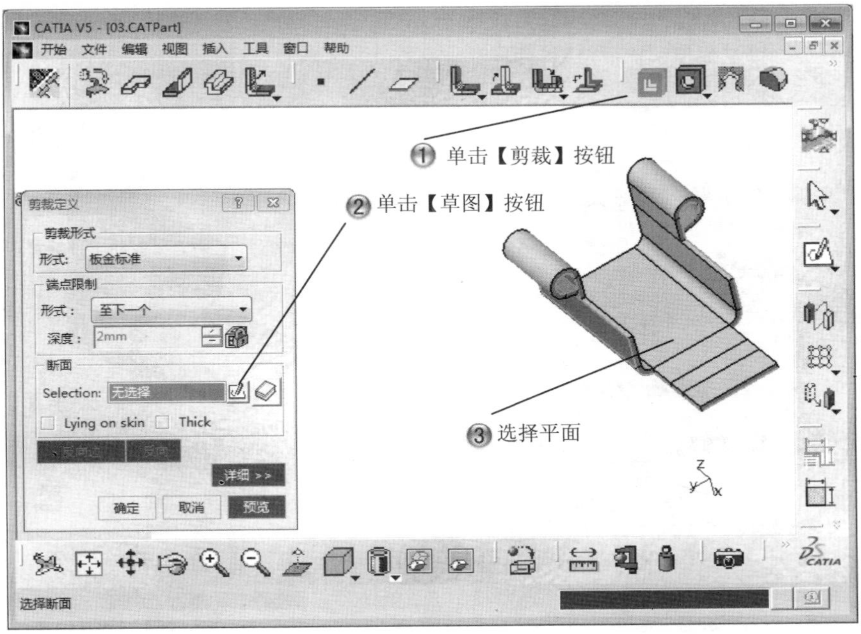

图 5-62 创建剪裁

Step2 绘制圆形，如图 5-63 所示。

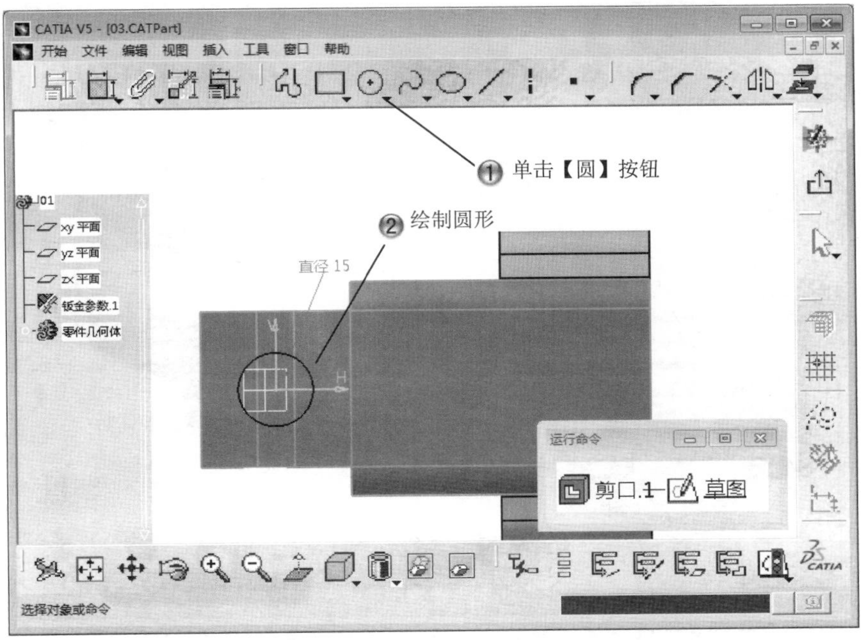

图 5-63 绘制圆形

Step3 设置剪裁参数，如图 5-64 所示。

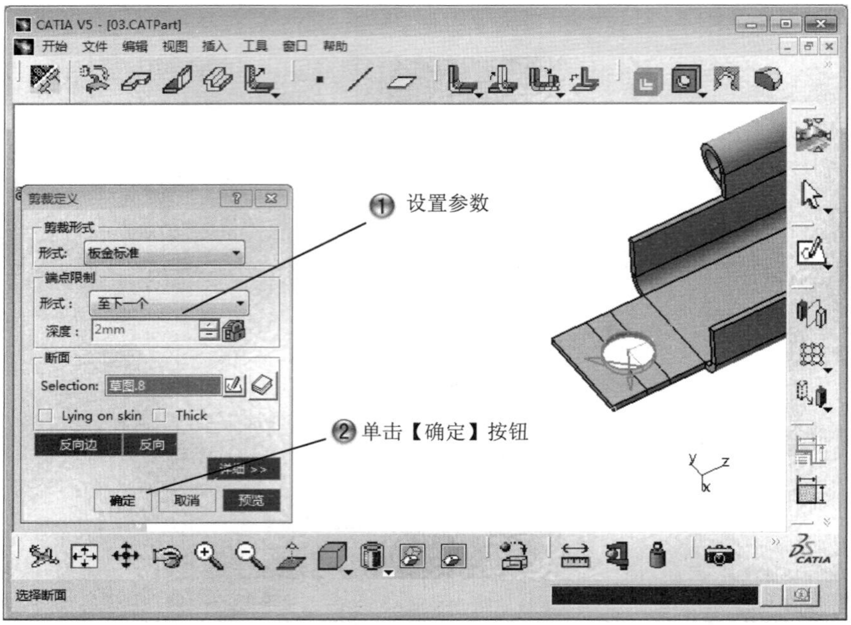

图 5-64 设置剪裁参数

Step4 创建收合特征，如图 5-65 所示。

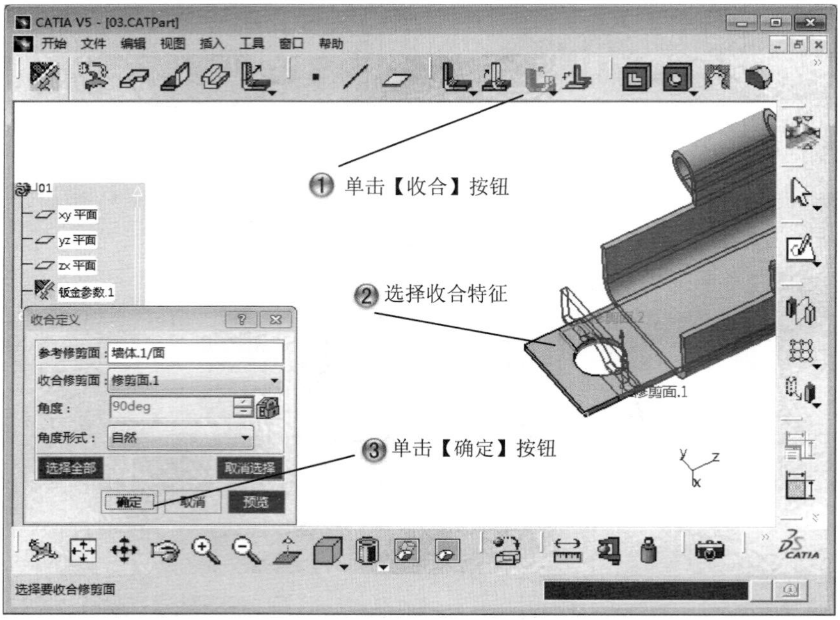

图 5-65 创建收合特征

Step5 创建圆角，如图 5-66 所示。

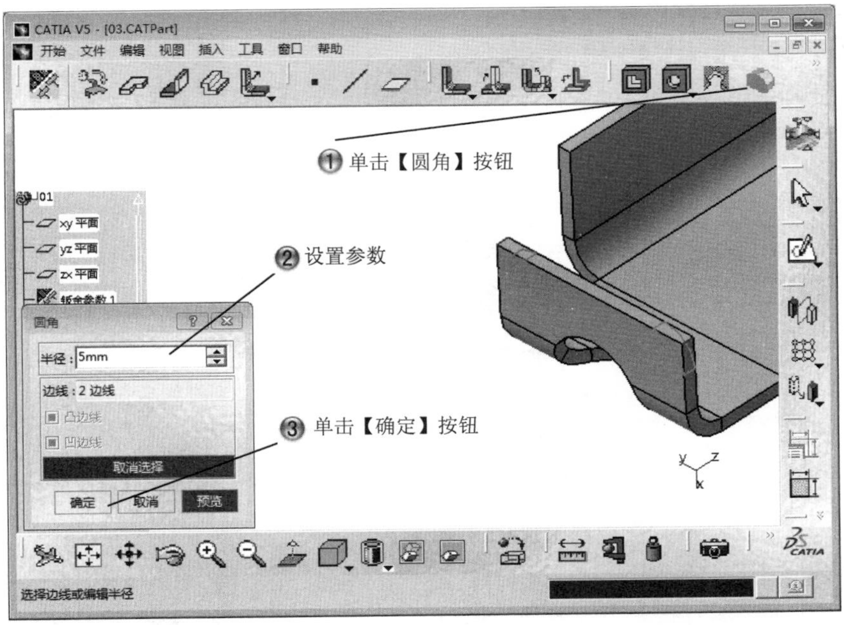

图 5-66 创建圆角

Step6 创建倒角，如图 5-67 所示。

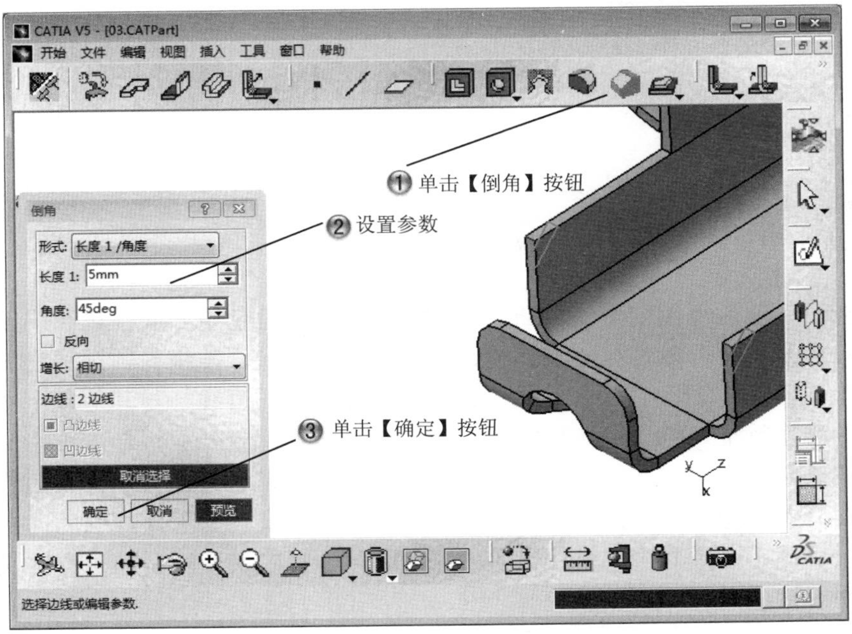

图 5-67 创建倒角

Step 7 完成钣金件修饰，如图 5-68 所示。

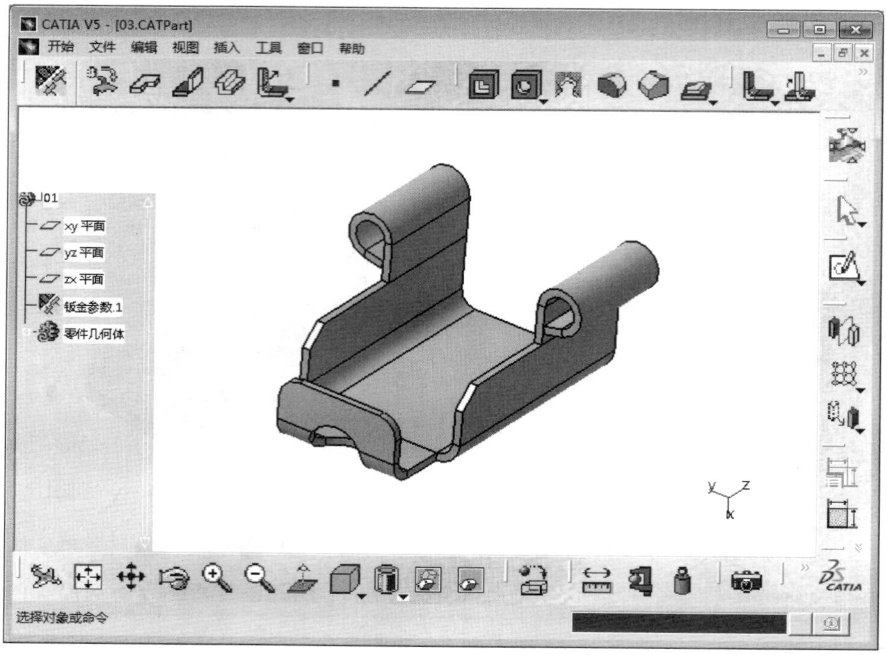

图 5-68　完成钣金件修饰

5.4　创建冲压特征

基本概念

曲面冲压是通过草图创建曲面凸起特征。滴状冲压是使用开放性轮廓线创建冲压突起。曲线冲压是使用开放性或封闭性轮廓线创建冲压突起。凸缘剪裁是通过对草图轮廓进行剪裁生成凸缘轮廓。通气窗是通过封闭草图及开放的直线（与其他段不存在相切连续）生成的冲压特征。桥形冲压特征是在钣金壁上选定位置生成桥形冲压特征。凸缘孔是在钣金壁选定位置生成凸缘形状的孔。圆形冲压特征是通过在钣金件表面单击确定位置，通过设置参数生成圆形冲压特征。加强肋是在折弯圆角处生成加强肋冲压特征。隐藏销是通过草图定义圆心生成暗扣形状的冲压特征。自定义冲压是通过自定义冲头和压模来创建冲压特征。

课堂讲解课时：2 课时

5.4.1 设计理论

冲压特征命令包括曲面冲压、滴状冲压、曲线冲压、凸缘剪裁、通气窗、桥形冲压、凸缘孔、圆形冲压、加强肋、隐藏销。这些命令按钮位于【冲压】工具栏上，选择后，在弹出的对话框中设置参数和选择对象，从而生成特征。

5.4.2 课堂讲解

1. 创建曲面冲压

单击【冲压】工具栏中的【曲面冲压】按钮，系统弹出【曲面冲压定义】对话框，参数设置，如图 5-69 所示。创建的曲面冲压特征，如图 5-70 所示。

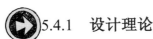

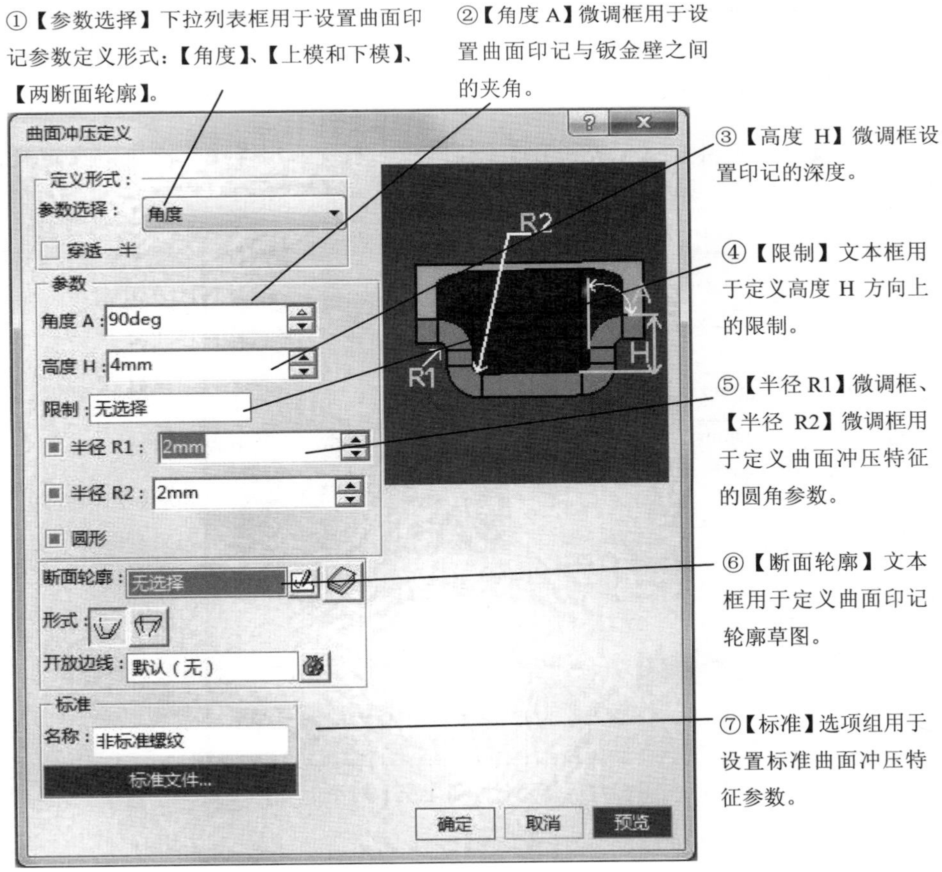
①【参数选择】下拉列表框用于设置曲面印记参数定义形式：【角度】、【上模和下模】、【两断面轮廓】。
②【角度 A】微调框用于设置曲面印记与钣金壁之间的夹角。
③【高度 H】微调框设置印记的深度。
④【限制】文本框用于定义高度 H 方向上的限制。
⑤【半径 R1】微调框、【半径 R2】微调框用于定义曲面冲压特征的圆角参数。
⑥【断面轮廓】文本框用于定义曲面印记轮廓草图。
⑦【标准】选项组用于设置标准曲面冲压特征参数。
曲面冲压定义
定义形式：
参数选择：
角度
穿透一半
参数
角度 A：90deg
高度 H：4mm
限制：无选择
半径 R1：2mm
半径 R2：2mm
圆形
断面轮廓：无选择
形式：
开放边线：默认（无）
标准
名称：非标准螺纹
标准文件...
确定
取消
预览
R2
R1
A
H

图 5-69 【曲面冲压定义】对话框

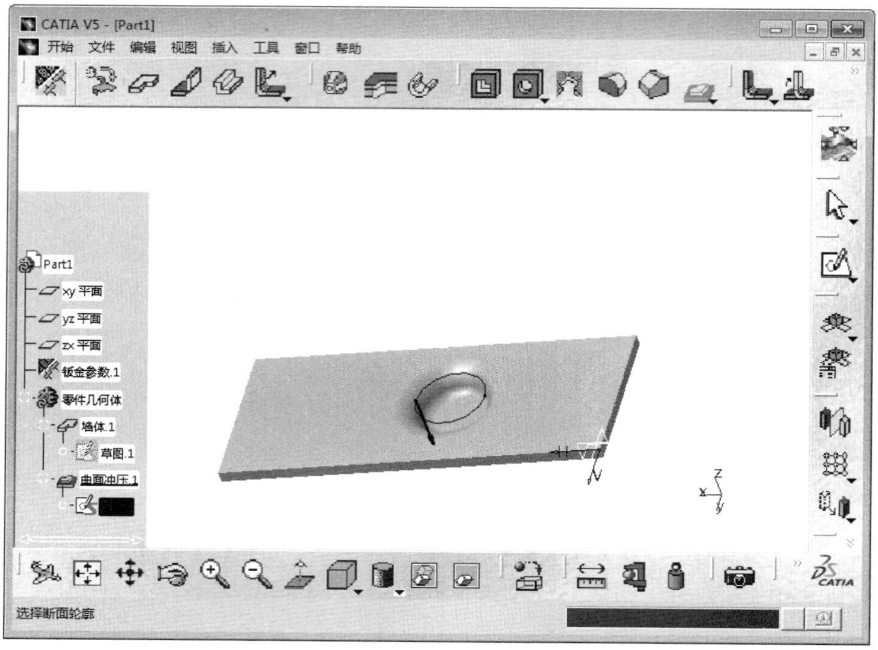

图 5-70　曲面冲压特征

2. 创建滴状冲压特征

单击【冲压】工具栏中的【滴状冲压】按钮，系统弹出【滴状冲压定义定义】对话框，参数设置，如图 5-71 所示。

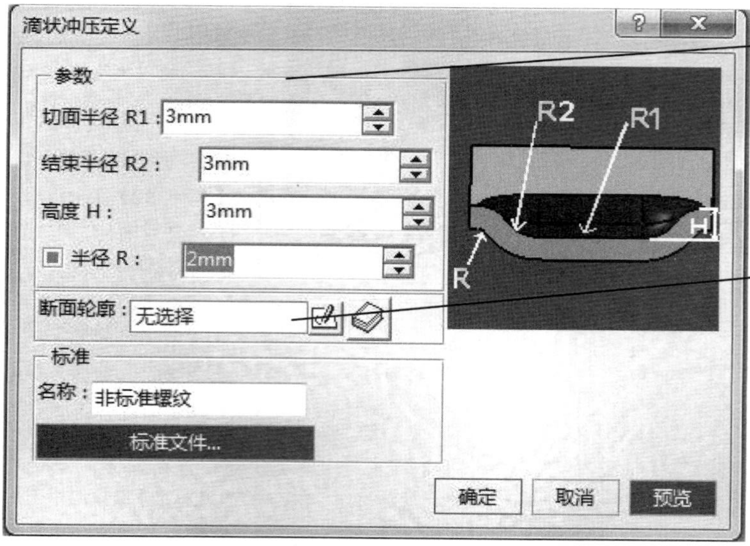

①【参数】选项组用于定义滴状冲压特征的参数。

②【断面轮廓】文本框用于定义滴状冲压特征的断面轮廓，轮廓为开放性。

图 5-71　【滴状冲压定义】对话框

生成滴状冲压特征的效果如图 5-72 所示。

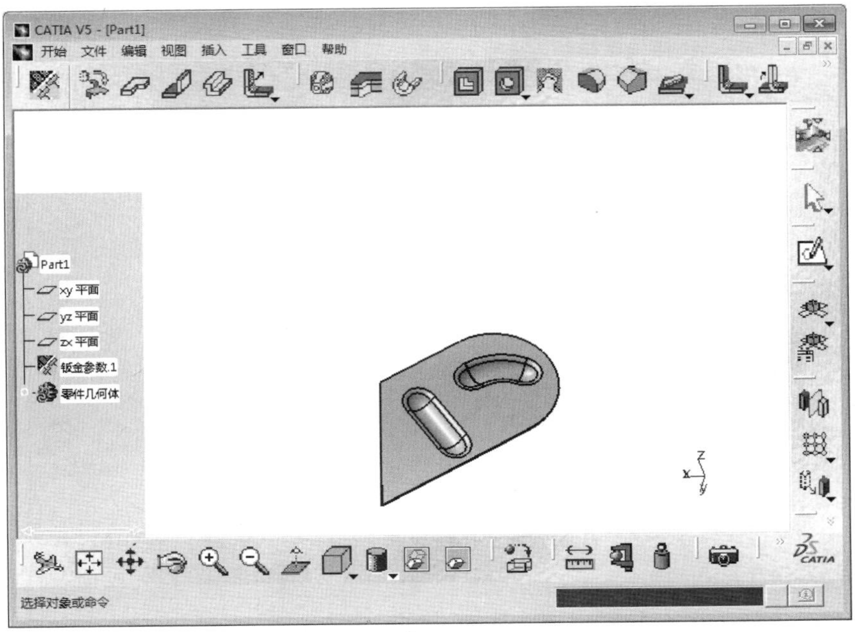
图 5-72　滴状冲压特征

3. 创建凸缘剪裁

单击【冲压】工具栏中的【凸缘剪裁】按钮，系统弹出【凸缘剪裁定义】对话框，如图 5-73 所示。

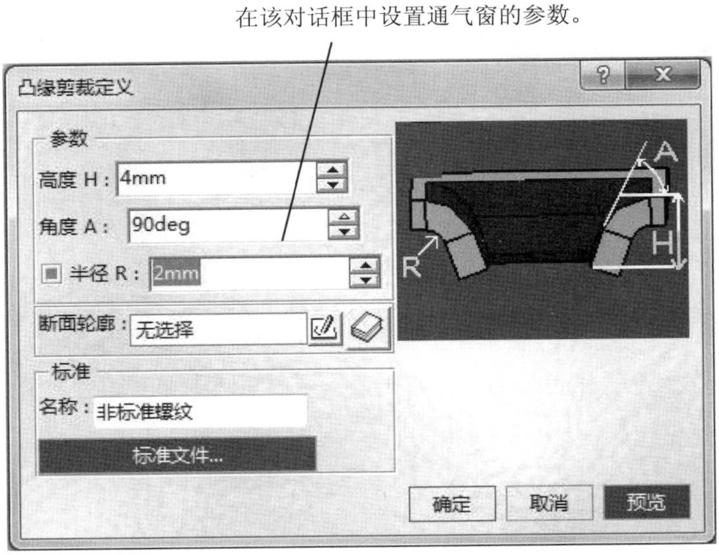

图 5-73　【凸缘剪裁定义】对话框

通过设置参数，生成凸缘剪裁特征，效果如图 5-74 所示。

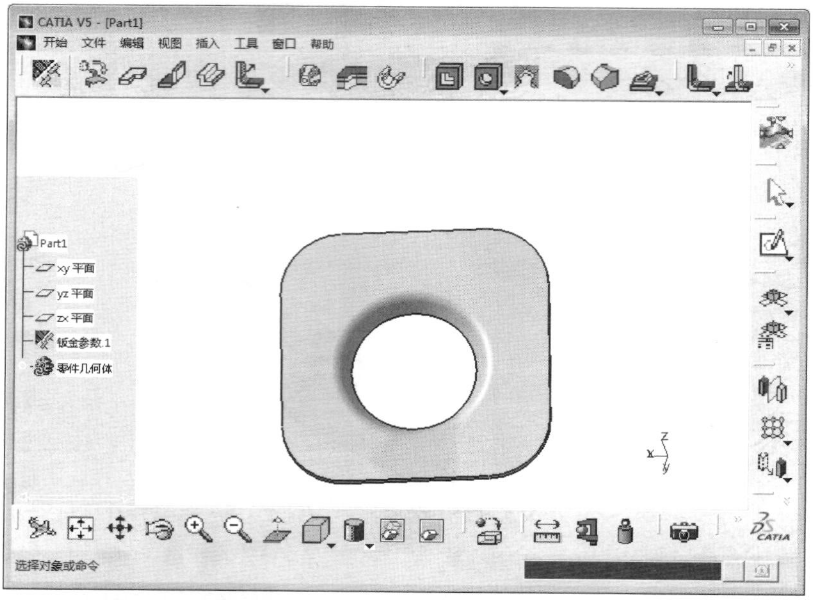

图 5-74 创建的凸缘剪裁

4. 创建通气窗冲压特征

单击【冲压】工具栏中的【通气窗】按钮，系统弹出【通气窗定义】对话框，如图 5-75 所示。

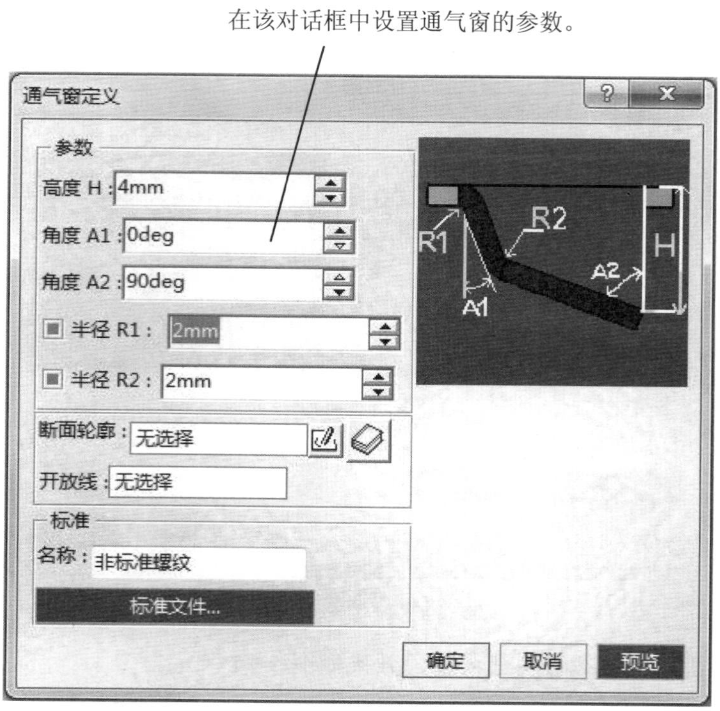

图 5-75 【通气窗定义】对话框

通过设置参数，生成通气窗，效果如图 5-76 所示。

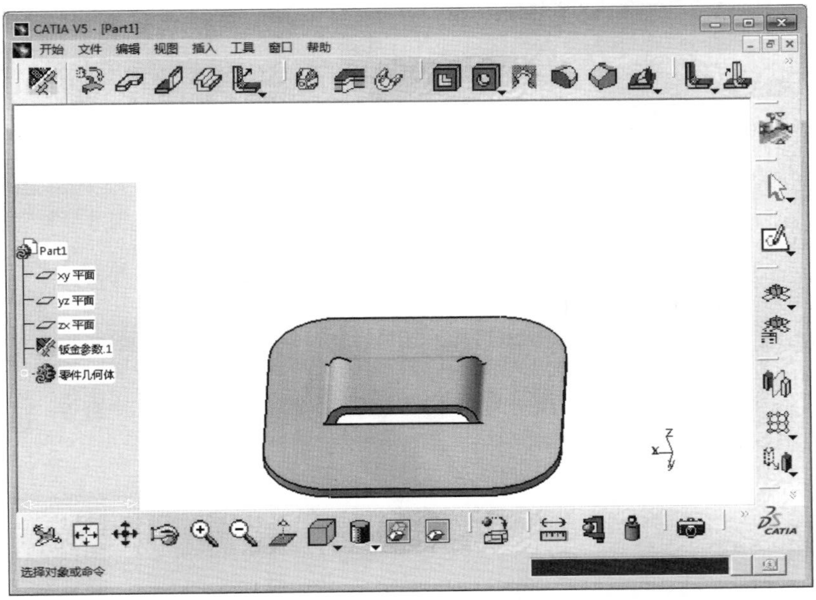

图 5-76　创建的通气窗

5. 创建加强肋

单击【冲压】工具栏中的【加强肋】按钮，选择折弯圆角外侧，系统弹出如图 5-77 所示的【加强肋定义】对话框。

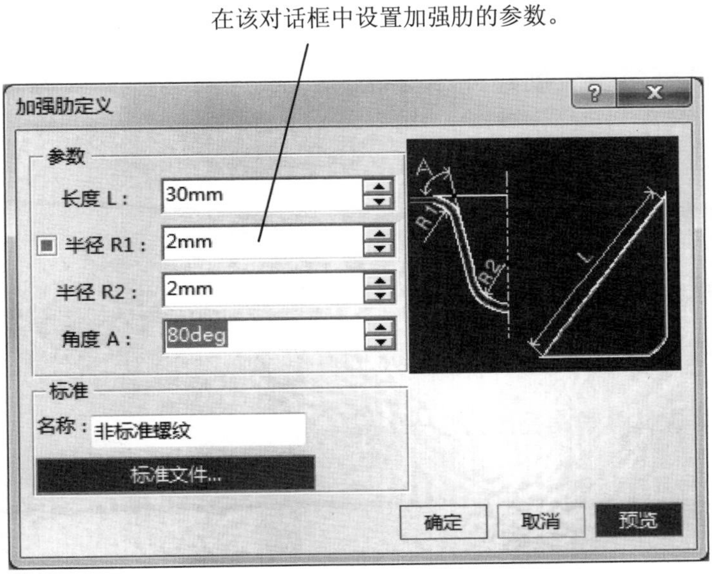

图 5-77　【加强肋定义】对话框

生成的加强肋效果，如图 5-78 所示。

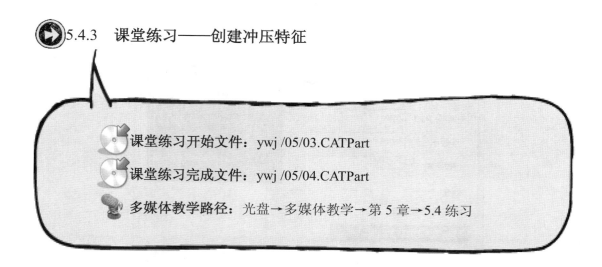

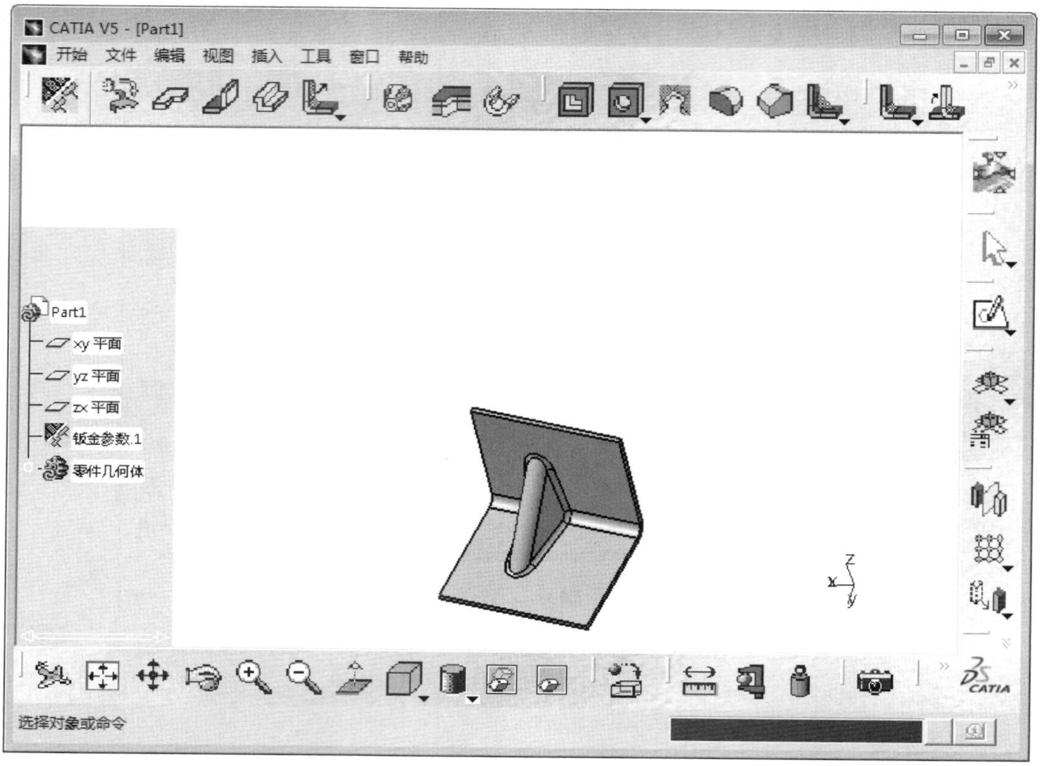

图 5-78　创建的加强肋

5.4.3　课堂练习——创建冲压特征

课堂练习开始文件：ywj /05/03.CATPart

课堂练习完成文件：ywj /05/04.CATPart

多媒体教学路径：光盘→多媒体教学→第 5 章→5.4 练习

Step1 创建曲面冲压，如图 5-79 所示。

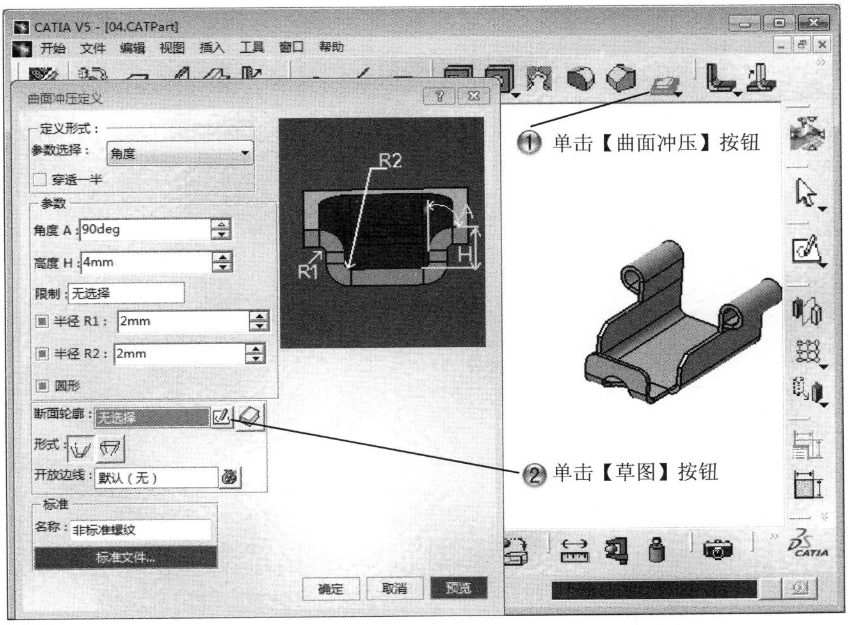

图 5-79　创建曲面冲压

Step2 选择草绘面，如图 5-80 所示。

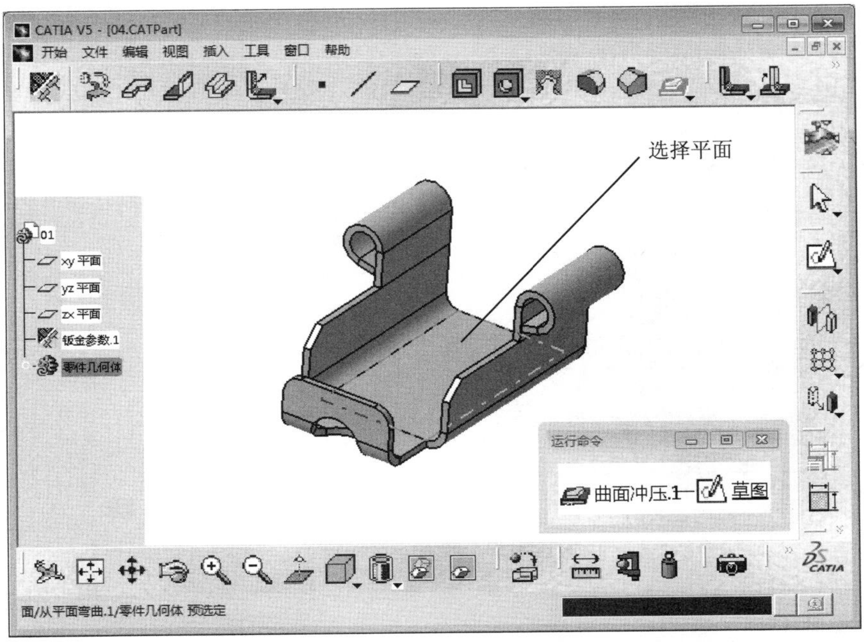

图 5-80　选择草绘面

Step3 绘制矩形，如图 5-81 所示。

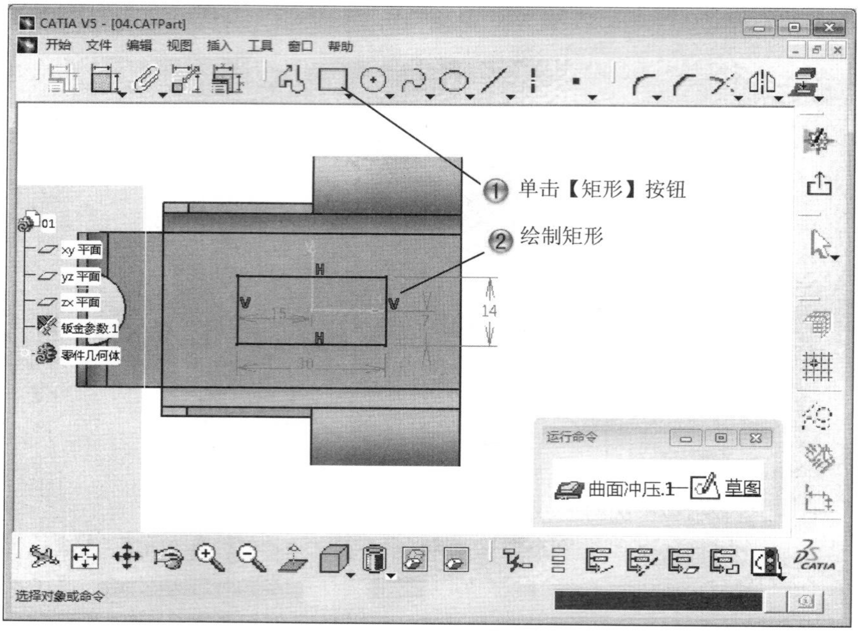

图 5-81 绘制矩形

Step4 创建圆角，如图 5-82 所示。

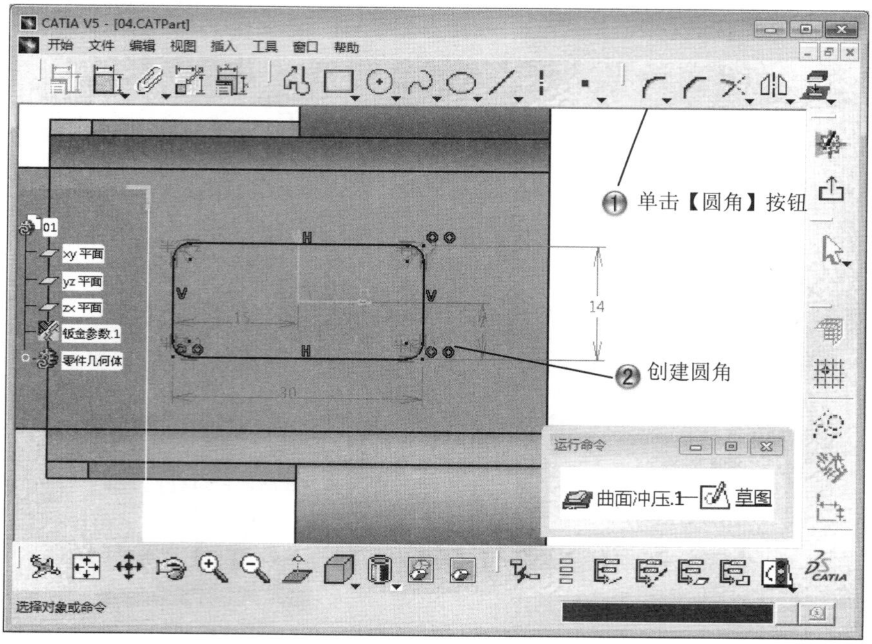

图 5-82 创建圆角

Step5 设置冲压参数，如图 5-83 所示。

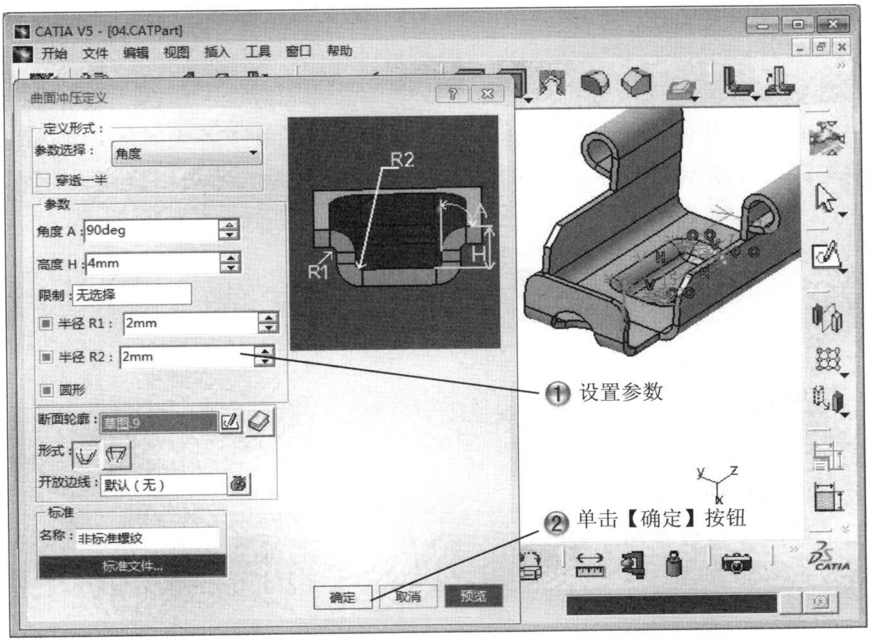

图 5-83　设置冲压参数

Step6 完成钣金冲压，如图 5-84 所示。

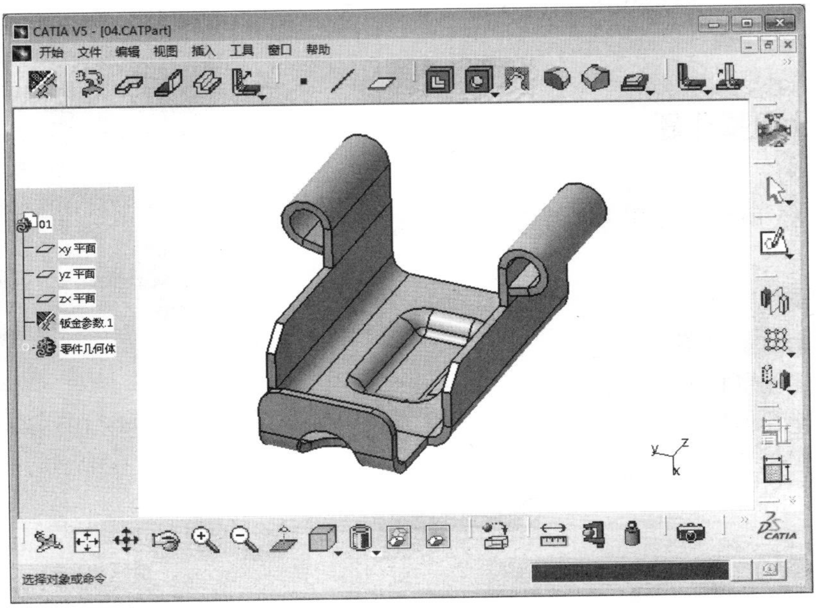

图 5-84　完成钣金冲压

5.5 专家总结

本章按照钣金件创建、钣金折弯设计、钣金件修饰和钣金冲压四大设计步骤介绍了钣金件设计的全过程，并讲解了各种工具的使用方法。在了解了各工具的功能和使用方法以后，不断地实践，可以增加对各工具的熟悉程度和个人经验，才可以提高设计效率和水平。

5.6 课后习题

5.6.1 填空题

（1）钣金件的修饰命令有________、________、________、________。
（2）钣金件的参数设置命令是________。
（3）钣金折弯命令有________、________。

5.6.2 问答题

（1）进入钣金件的操作是什么？
（2）冲压特征的创建步骤？

5.6.3 上机操作题

如图 5-85 所示，使用本章学过的知识来创建钣金模型。

练习步骤和方法：
（1）绘制钣金草图。
（2）创建侧壁特征。
（3）创建其他细节。

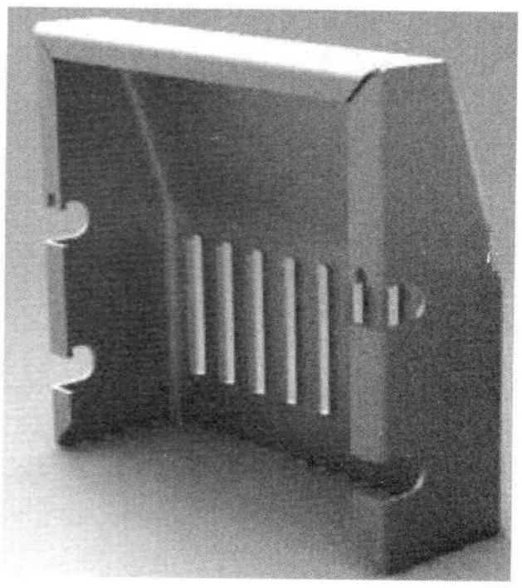

图 5-85 钣金模型

第 6 章　工程图设计

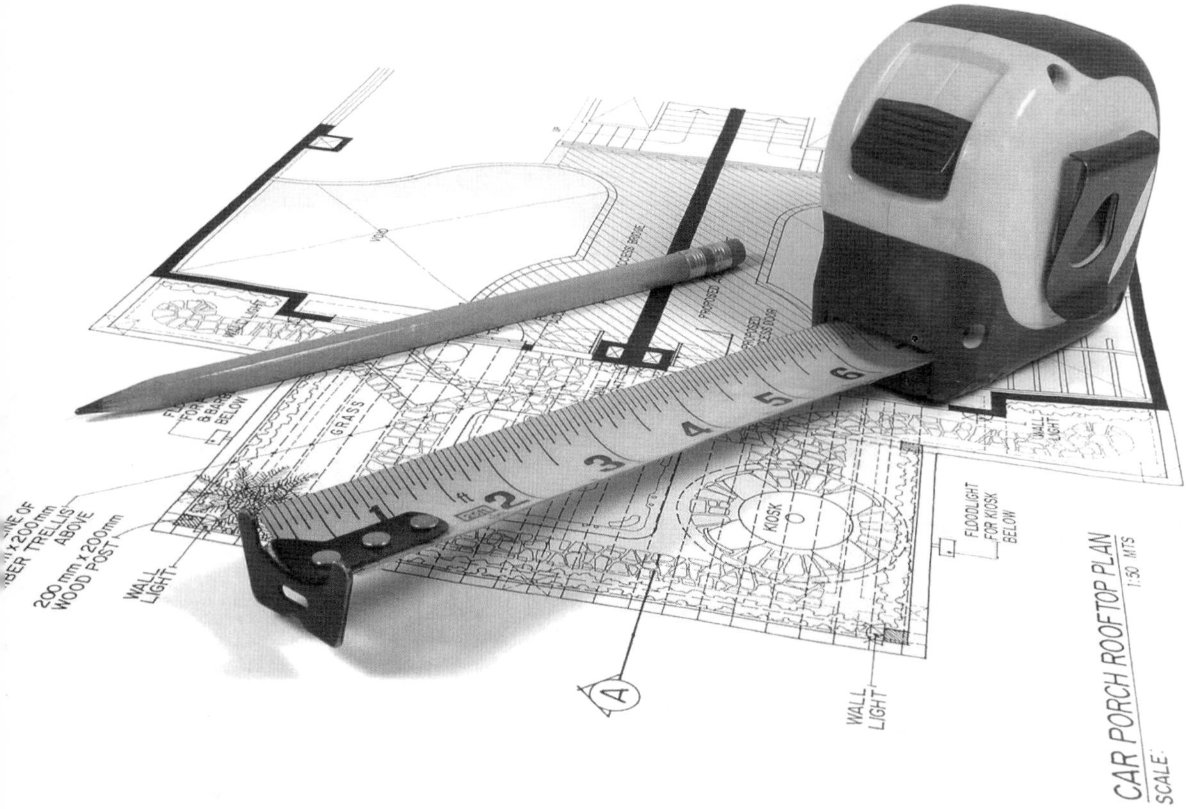

课训目标	内　容	掌握程度	课　时
	视图设计	熟练运用	2
	尺寸标注	熟练运用	2
	生成装饰特征和打印	了解	2

课程学习建议

工程图设计是 CATIA 机械设计的重要组成部分，虽然无纸设计是今后的发展方向，但在短期内还是无法普及这种生成方式的，所以工程图还是设计者与生成部门交流的工具。生产部门可以从工程图中了解到设计者对零件的所有要求，所以对于一名机械设计人员来说，掌握工程图的设计是非常必要的。

本章主要介绍工程图中各种视图的生成方法，以及工程图的尺寸标注和装饰特征，完成图纸后进行打印输出。

本课程主要基于软件的工程制图模块来讲解，其培训课程表如下。

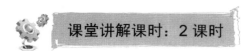

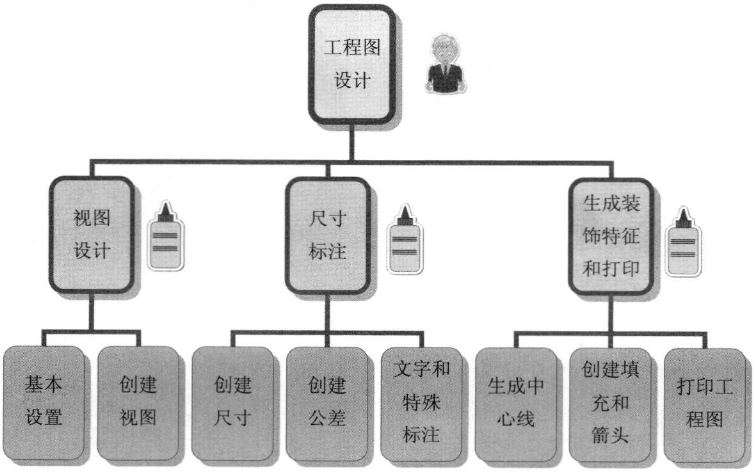

6.1 视图设计

基本概念

工程图是设计者与制造者之间的沟通桥梁。工程图设计也就成为工程设计师必须掌握的基础知识，生成工程图的技巧和技能是工程设计的基本能力。

课堂讲解课时：2 课时

6.1.1 设计理论

打开 CATIA 软件，选择【开始】|【机械设计】|【工程制图】菜单命令，弹出【新建

工程图】对话框，如图 6-1 所示，进入工程制图模块。

选择【文件】|【页面设置】菜单命令，系统弹出如图 6-2 所示的【页面设置】对话框。

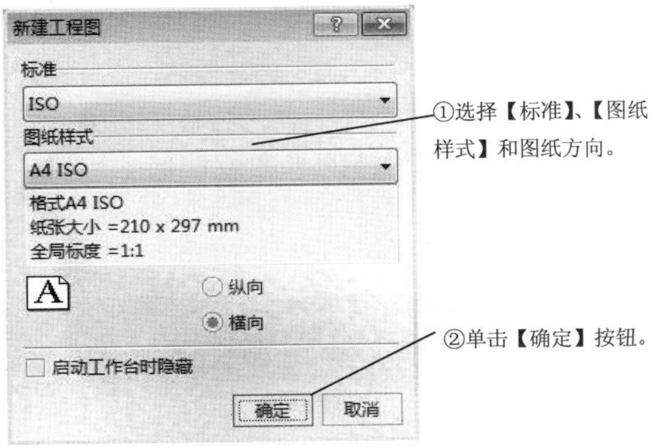

图 6-1 【新建工程图】对话框

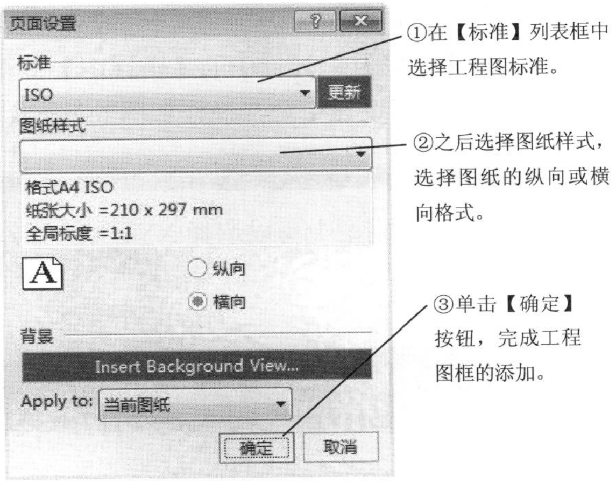

图 6-2 【页面设置】对话框

单击【页面设置】对话框中的【Insert Background View（插入背景视图）】按钮，系统弹出【将元素插入图纸】对话框，设置如图 6-3 所示。

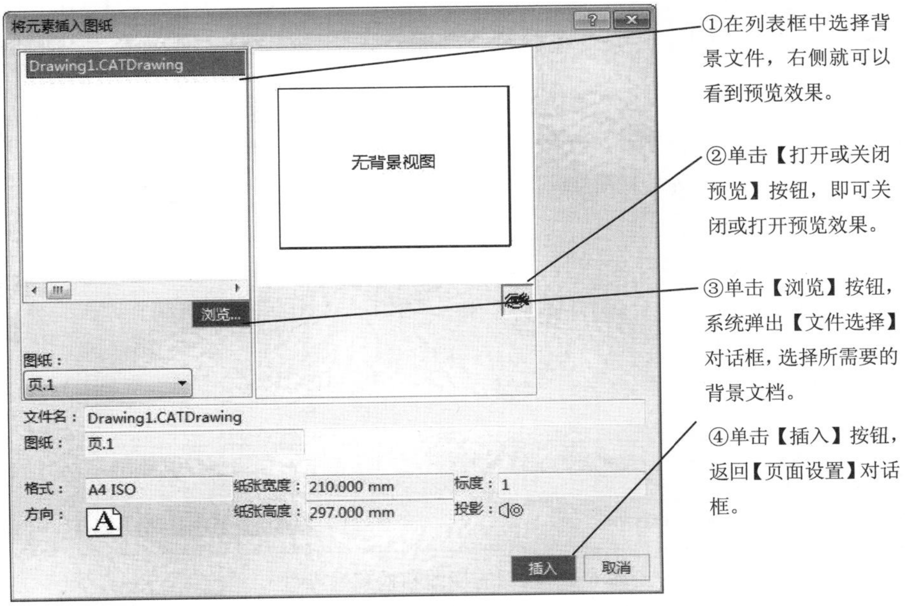

图 6-3 【将元素插入图纸】对话框

6.1.2 课堂讲解

1. 创建投影视图

（1）生成正视图

单击【投影】工具栏中的【正视图】按钮，选择【窗口】菜单中的 3D 模型文档，切换到 3D 模型设计平台，操作如图 6-4 所示。

在三维模型中可以选择 XY、XZ、YZ 平面，也可以选择实体的平面或曲面中的平面区域。

名师点拨

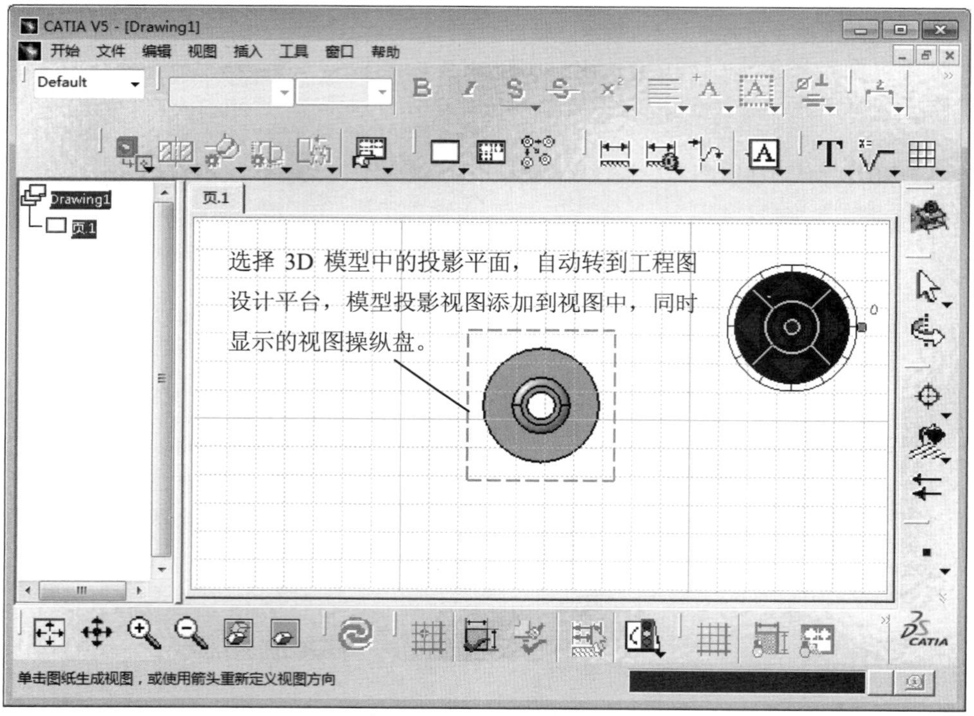
CATIA V5 - [Drawing1]
开始 文件 编辑 视图 插入 工具 窗口 帮助
Default
Drawing1
页.1
页.1
选择 3D 模型中的投影平面，自动转到工程图设计平台，模型投影视图添加到视图中，同时显示的视图操纵盘。
单击图纸生成视图，或使用箭头重新定义视图方向

图 6-4　添加的视图和视图操纵盘

单击视图操纵盘中的按钮，调整为所需的视图角度。在图纸中的适当位置单击，即生成螺栓的正视图，效果如图 6-5 所示。

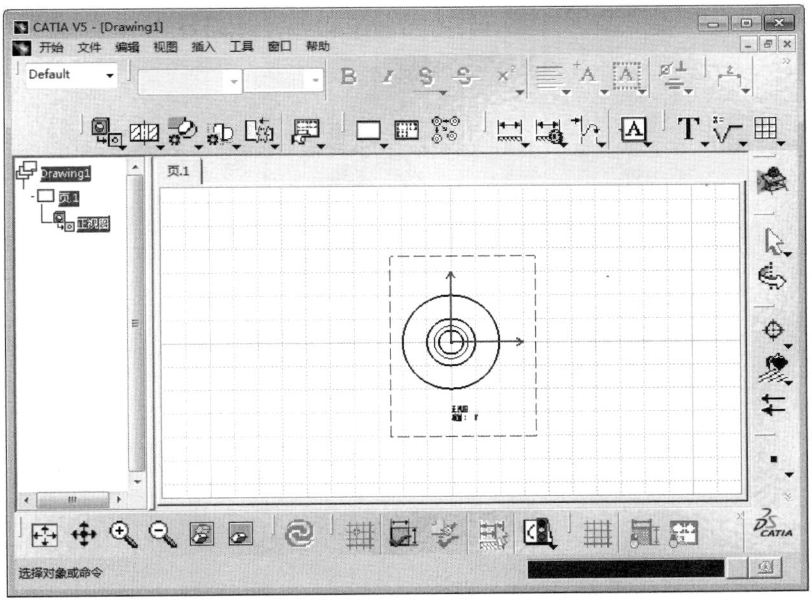

图 6-5　创建的正视图

（2）生成展开视图

单击【投影】工具栏中的【展开视图】按钮，选择【窗口】菜单中的钣金件 3D 模型文档，切换到钣金件设计平台，操作如图 6-6 所示。

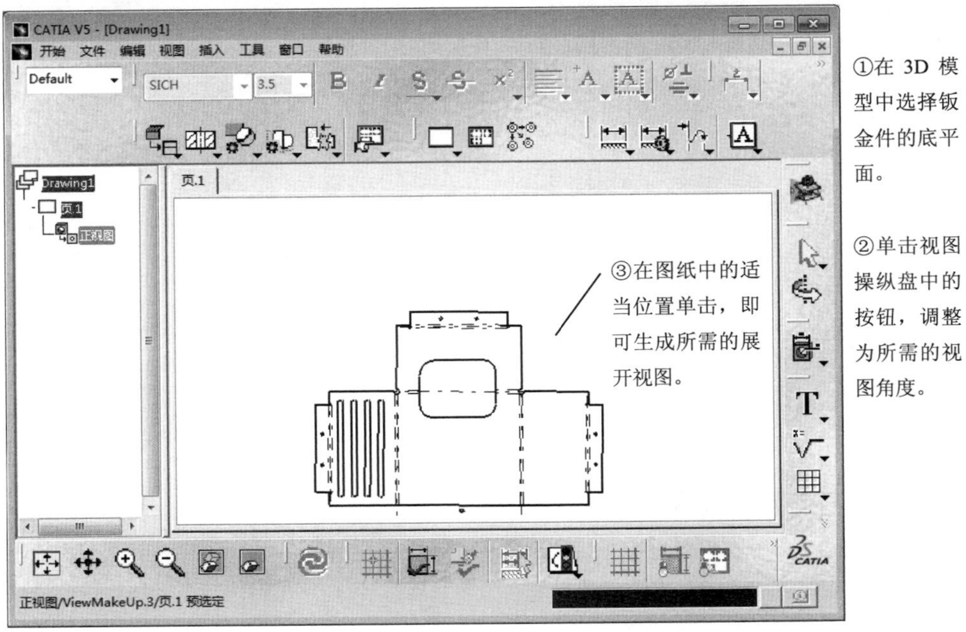
①在 3D 模型中选择钣金件的底平面。
②单击视图操纵盘中的按钮，调整为所需的视图角度。
③在图纸中的适当位置单击，即可生成所需的展开视图。

图 6-6　创建的展开视图

（3）生成 3D 视图

单击【投影】工具栏中的【3D 视图】工具，选择【窗口】菜单中的 3D 模型文档，切换到 3D 模型设计平台。在三维模型中选择如图 6-7 所示的 3D 标注参考平面，系统自动转到工程图设计平台。

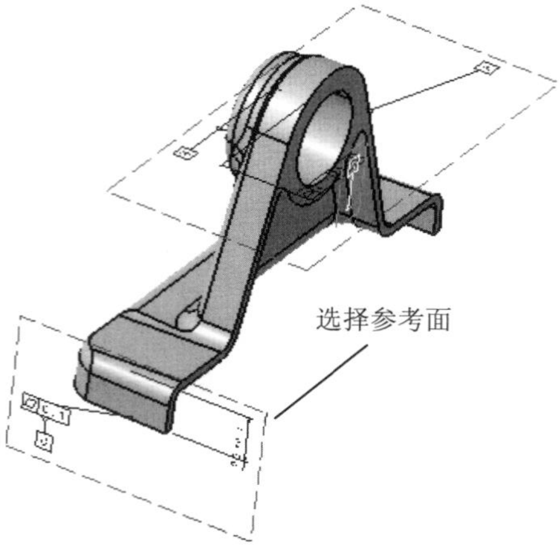

图 6-7　3D 标注参考平面

【3D 视图】按钮，是将在零件上标注的尺寸和公差等三维元素投影标注到工程图中的视图生成工具，也可以生成投影视图、剖视图和截面分割图。

名师点拨

在图纸中的适当位置单击，即生成如图 6-8 所示的视图。

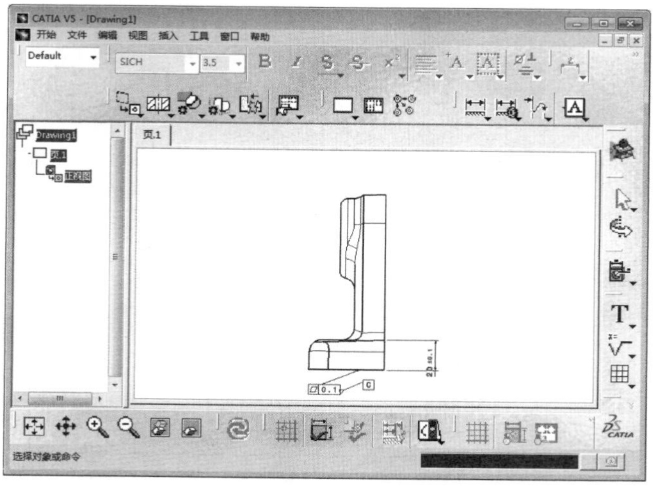

图 6-8　生成的视图

（4）生成投影视图

单击【投影】工具栏中的【投影视图】按钮，移动鼠标指针指针到视图右侧，随鼠标出现左视图，如图 6-9 所示。

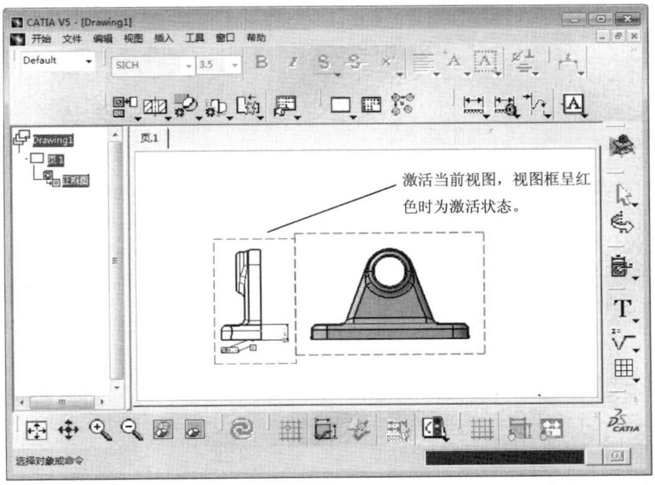

图 6-9　选择投影视图对象和创建的投影视图

在视图放置的位置单击，即可生成左视图，效果如图 6-10 所示。

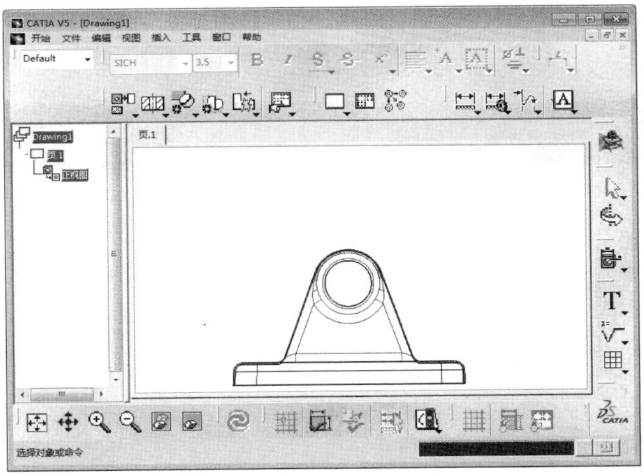

图 6-10　生成的左视图

在工程图设计过程中，若需要对某个视图进行操作，必须双击该视图，使其处于激活状态。

名师点拨

3. 创建截面视图

单击【截面】工具栏中的【偏置剖视图】按钮，单击一点作为剖切面的起点，移动鼠标指针到合适位置双击确定剖切面的终点，如图 6-11 所示。

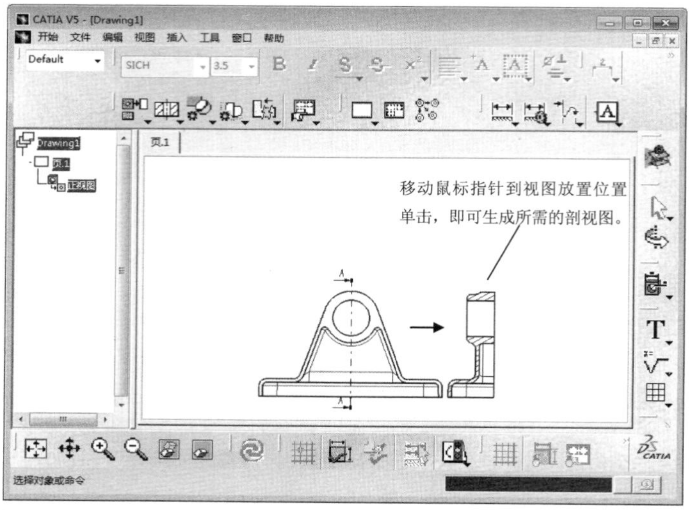

图 6-11　创建剖视图

剖切面的起点和终点可以在工作区中选取，也可以切换到 3D 视图中选择剖切面。

名师点拨

4. 创建局部视图

单击【详细信息】工具栏中的【详细视图】按钮，系统弹出【工具控制板】对话框。在文本框中输入局部放大视图的半径，按下 Enter 键，绘制一个圆，如图 6-12 所示。

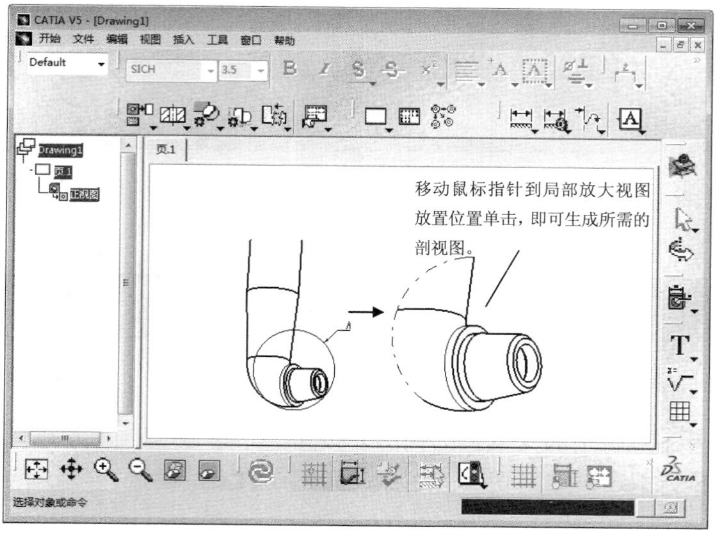

图 6-12　创建的局部放大视图

5. 创建断开和 3D 剪裁视图

（1）创建断开视图

单击【断开视图】工具栏中的【断开视图】按钮，选取一点作为第一条断开线的位置点，如图 6-13 所示。

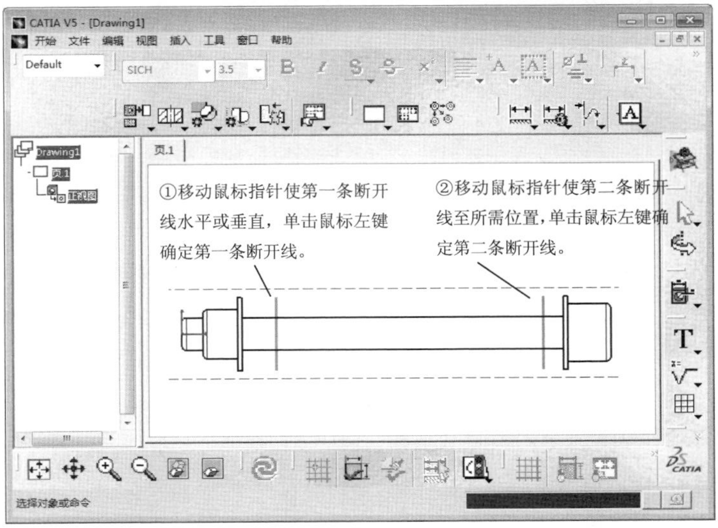
CATIA V5 - [Drawing1]
①移动鼠标指针使第一条断开线水平或垂直，单击鼠标左键确定第一条断开线。
②移动鼠标指针使第二条断开线至所需位置，单击鼠标左键确定第二条断开线。
选择对象或命令
图 6-13　断开线

单击鼠标左键生成断开视图，效果如图 6-14 所示。

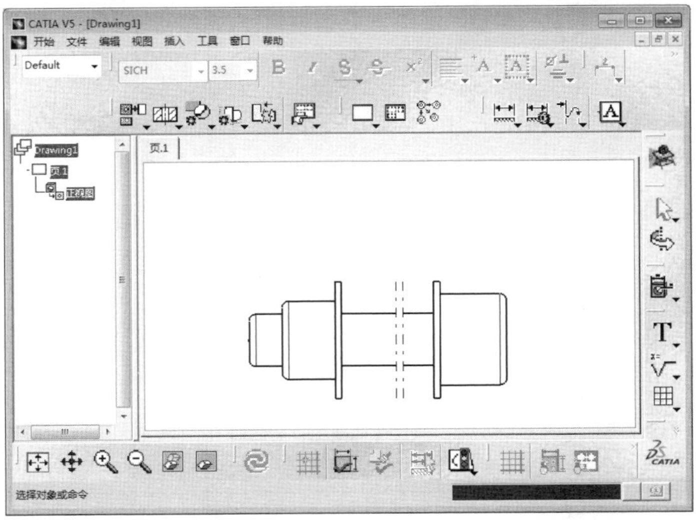
CATIA V5 - [Drawing1]
选择对象或命令
图 6-14　创建的断开视图

（2）创建 3D 剪裁

单击【断开视图】工具栏中的【添加 3D 剪裁】工具按钮，系统弹出【裁剪对象】对话框，如图 6-15 所示。

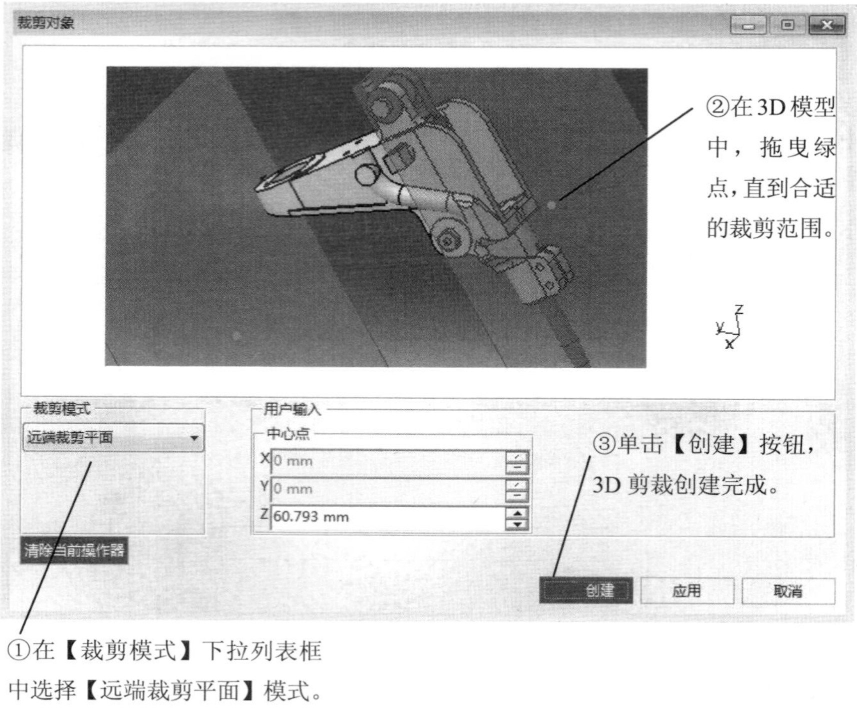
裁剪对象
②在3D模型中，拖曳绿点，直到合适的裁剪范围。
裁剪模式
远端裁剪平面
清除当前操作器
用户输入
中心点
X 0 mm
Y 0 mm
Z 60.793 mm
③单击【创建】按钮，3D剪裁创建完成。
创建
应用
取消
①在【裁剪模式】下拉列表框中选择【远端裁剪平面】模式。

图 6-15　【裁剪对象】对话框

创建的 3D 剪裁视图效果，如图 6-16 所示。

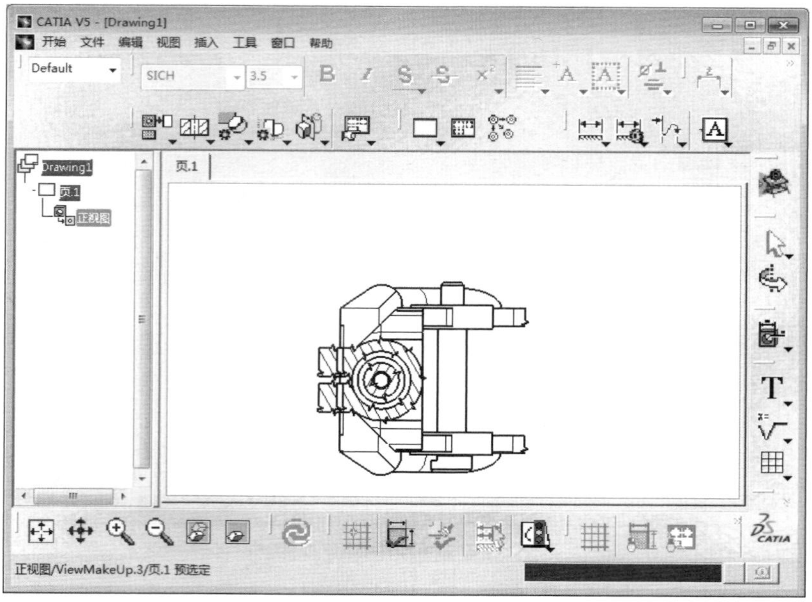
CATIA V5 - [Drawing1]
开始 文件 编辑 视图 插入 工具 窗口 帮助
Default
SICH
3.5
Drawing1
页.1
正视图
正视图/ViewMakeUp.3/页.1 预选定

图 6-16　创建的 3D 剪裁

6.1.3 课堂练习——创建工程图

课堂练习开始文件：ywj /06/01.CATPart

课堂练习完成文件：ywj /06/02.CATDrawing

多媒体教学路径：光盘→多媒体教学→第 6 章→6.1 练习

Step 1 创建工程图，如图 6-17 所示。

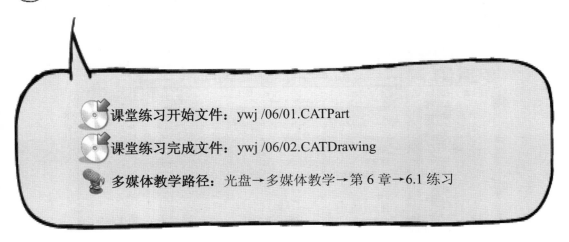

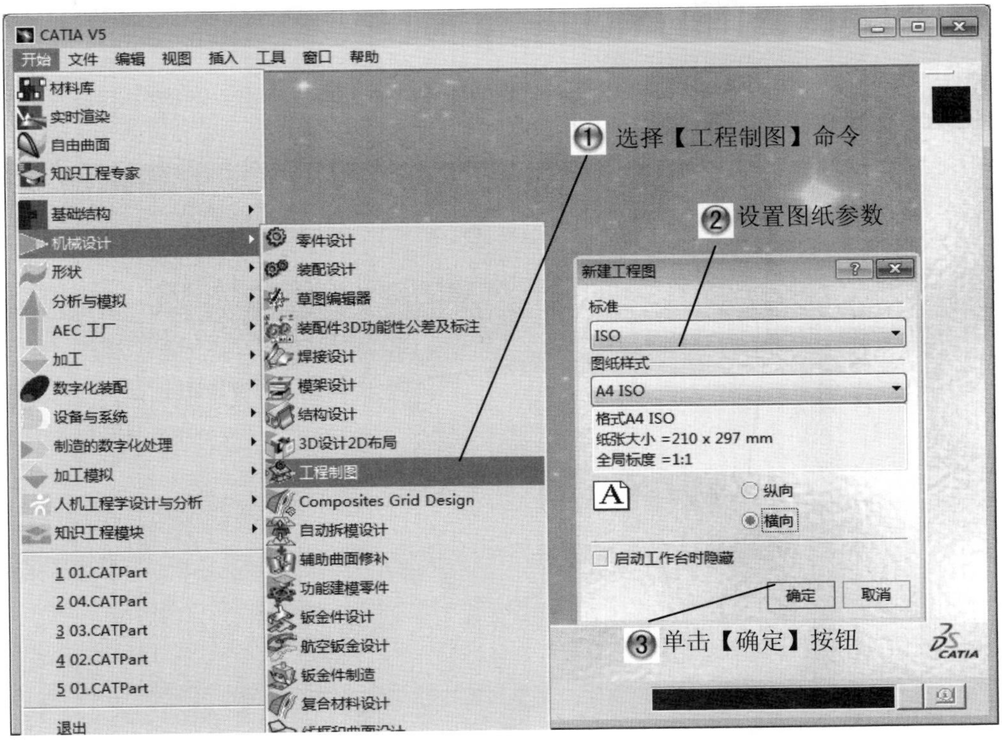

图 6-17　创建工程图

Step2 打开零件，如图 6-18 所示。

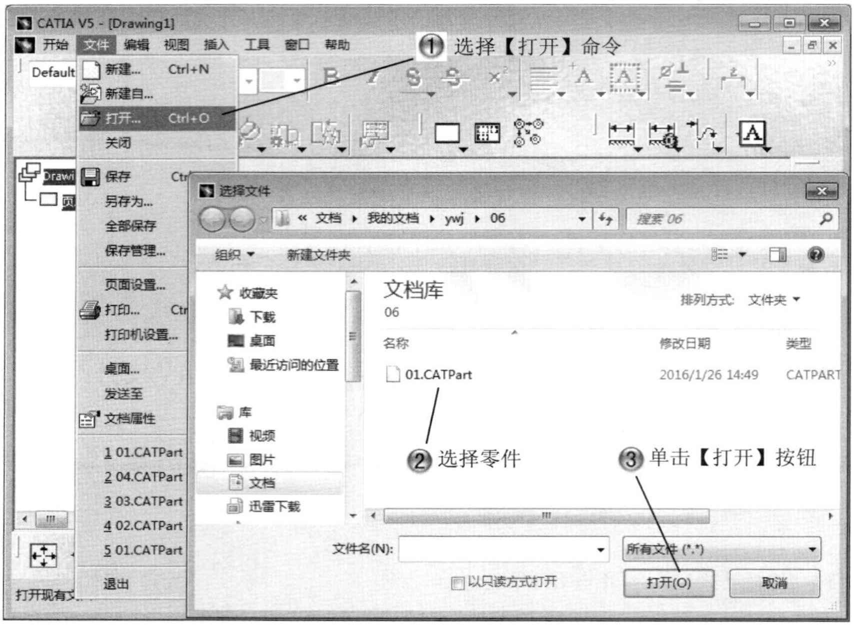
①选择【打开】命令
②选择零件
③单击【打开】按钮

图 6-18　打开零件

Step3 新建正视图，如图 6-19 所示。

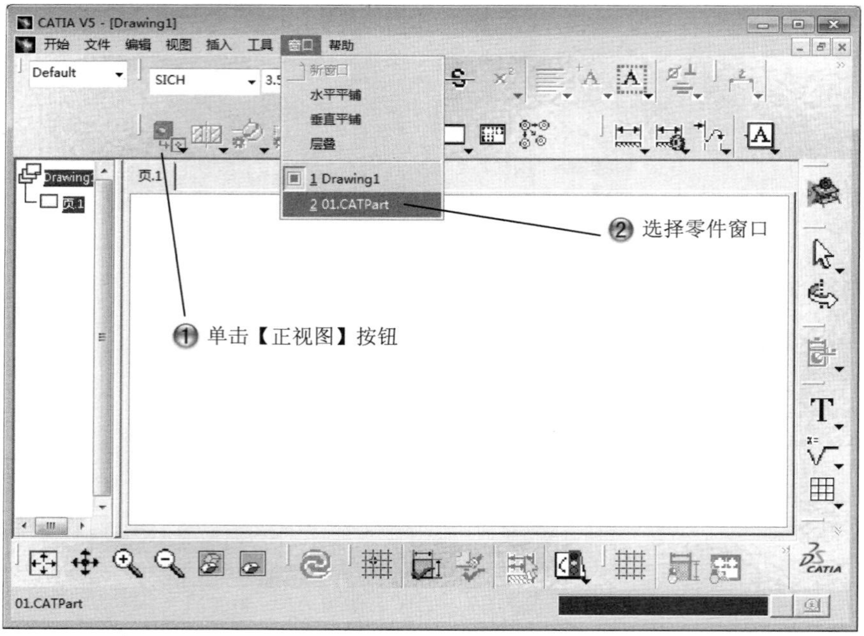
①单击【正视图】按钮
②选择零件窗口

图 6-19　新建正视图

Step4 选择视图平面，如图 6-20 所示。

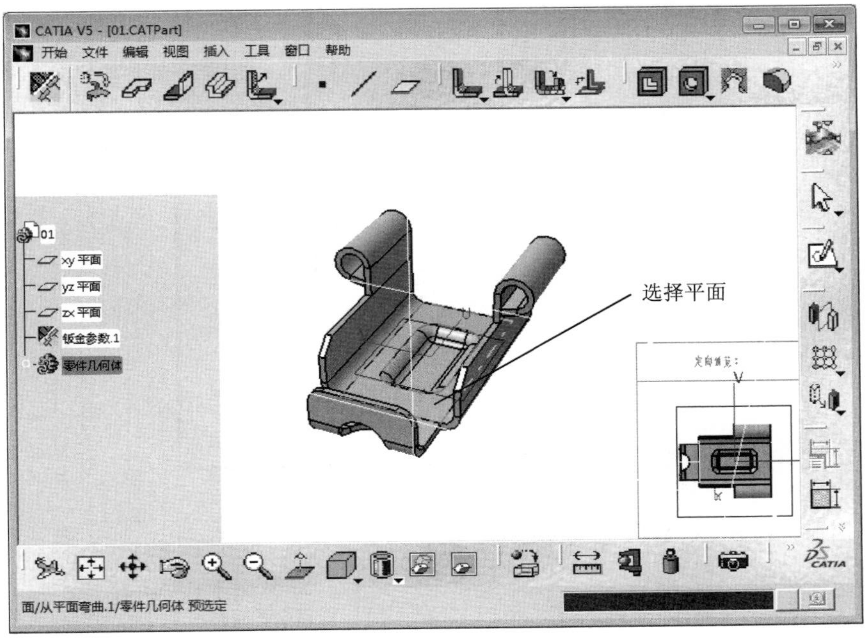

图 6-20 选择视图平面

Step5 放置视图，如图 6-21 所示。

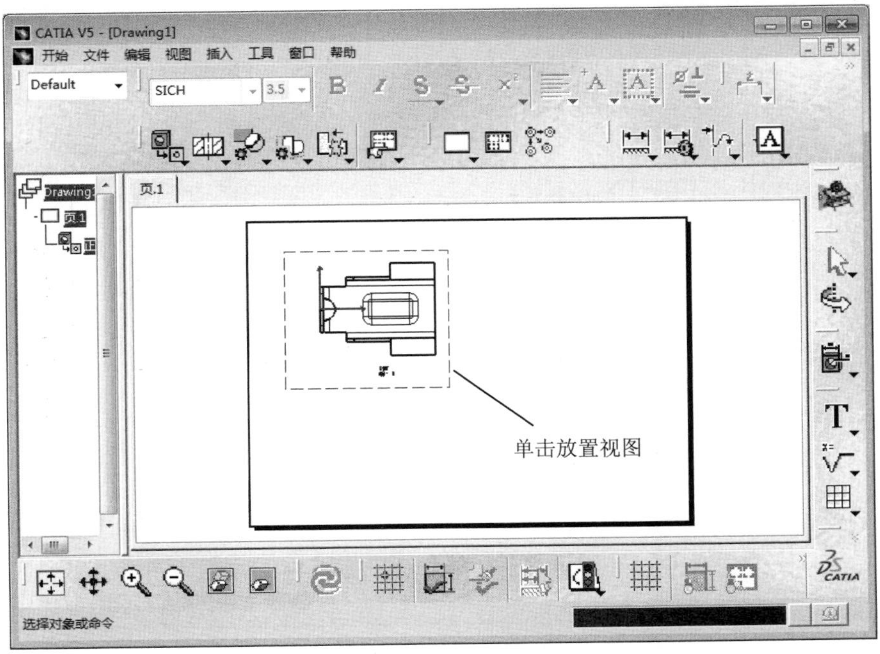

图 6-21 放置视图

Step6 创建投影视图，如图 6-22 所示。

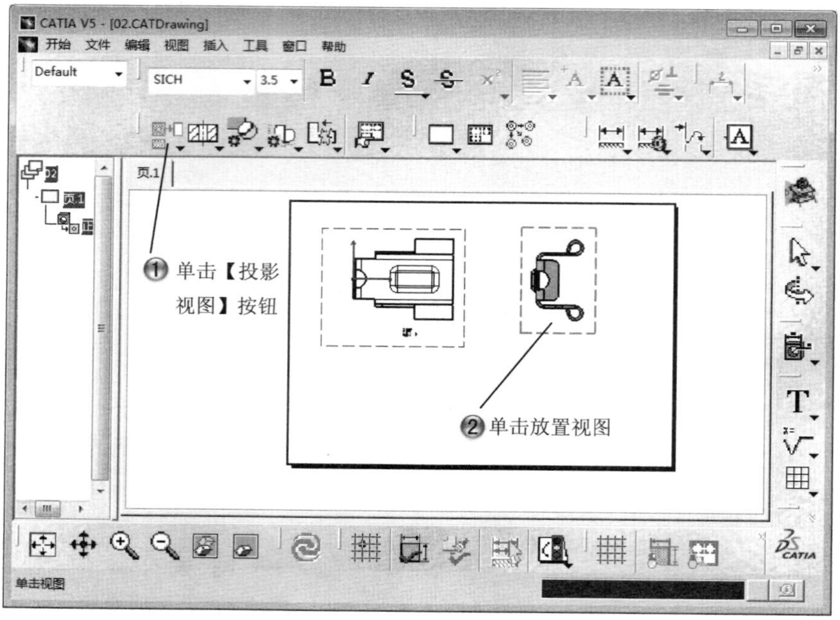

图 6-22 创建投影视图

Step7 创建剖面视图，如图 6-23 所示。

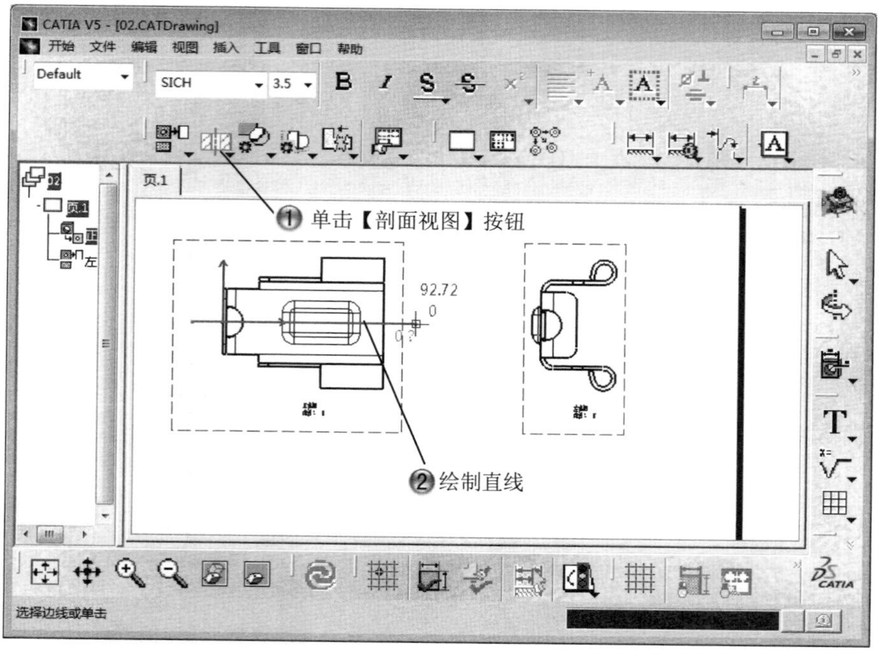

图 6-23 创建剖面视图

Step8 放置剖面图，如图 6-24 所示。

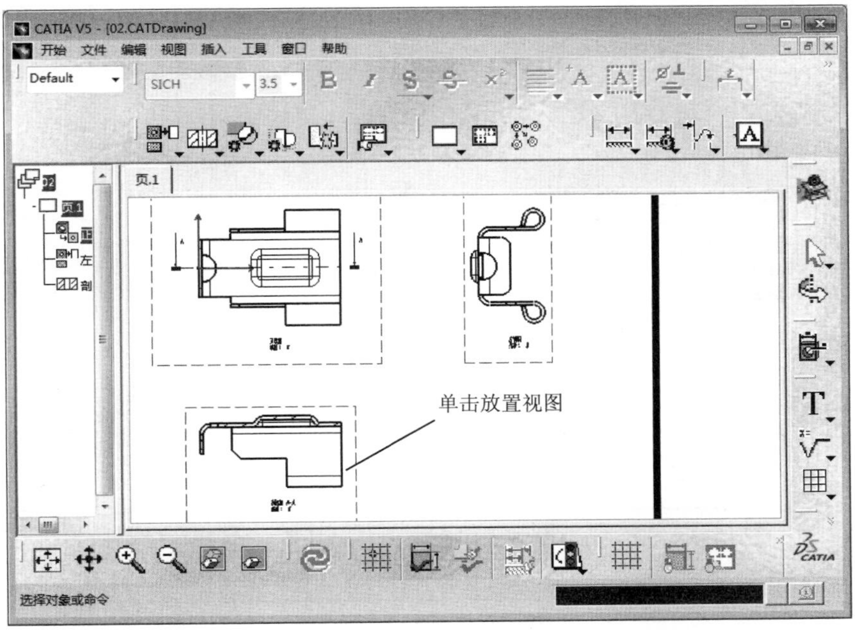

图 6-24 放置剖面图

Step9 创建放大视图，如图 6-25 所示。

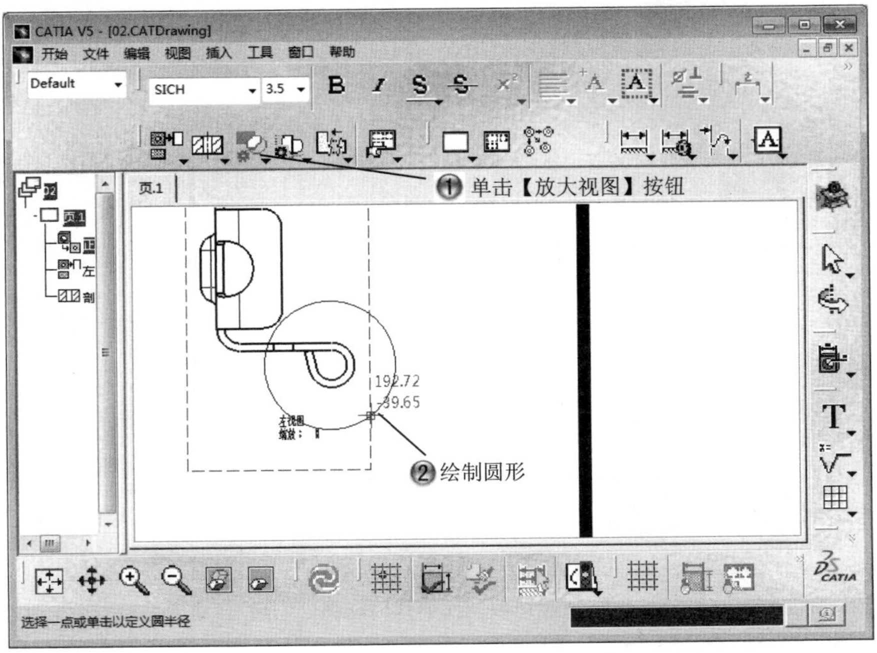

图 6-25 创建放大视图

Step 10 放置放大视图，如图 6-26 所示。

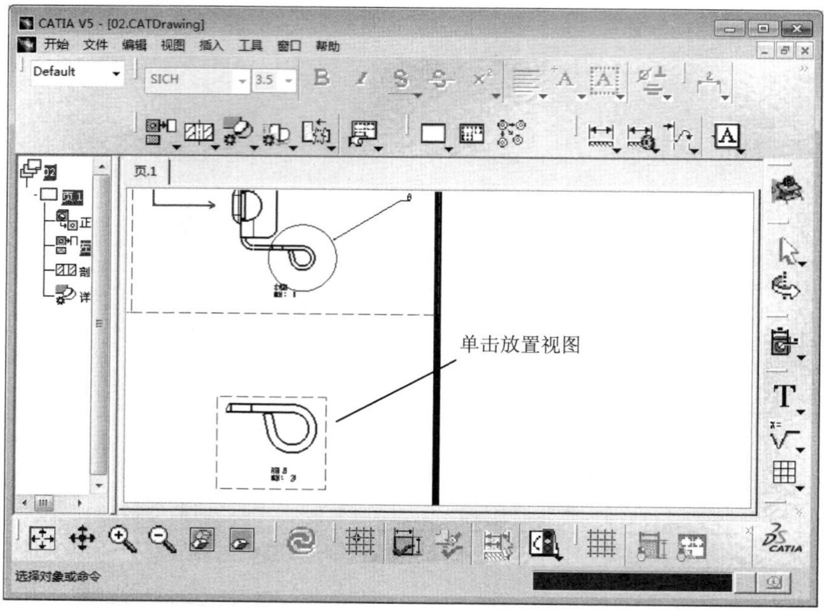

图 6-26　放置放大视图

Step 11 完成视图创建，如图 6-27 所示。

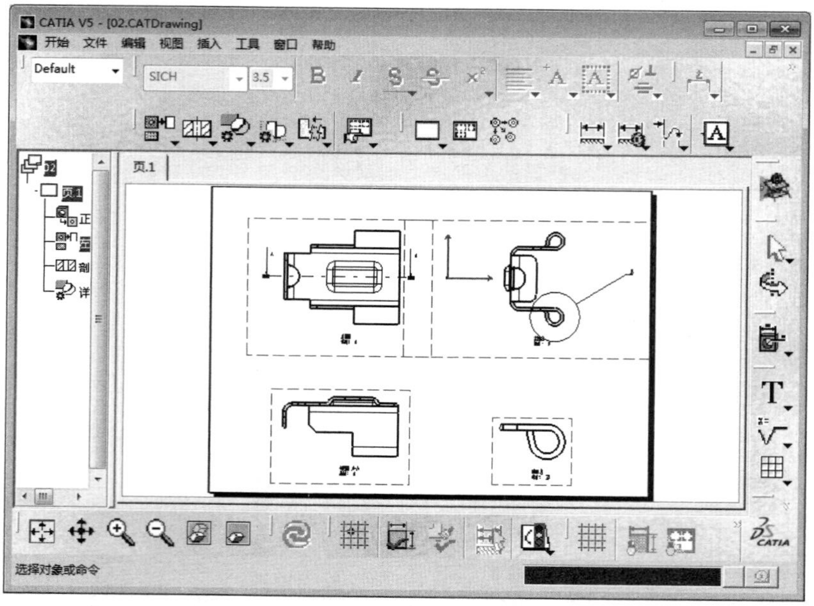

图 6-27　完成视图创建

6.2 尺寸标注

基本概念

尺寸标注是对图纸上的零件标注其加工参数。

课堂讲解课时：2 课时

6.2.1 设计理论

单击【尺寸标注】工具栏中【尺寸】按钮右下黑色三角，展开【尺寸】工具栏，在其中选择需要的尺寸按钮，选择草图对象进行尺寸标注。

6.2.2 课堂讲解

1. 创建尺寸标注

（1）标注一般尺寸

单击【工具控制板】中的【强制尺寸线在视图中水平】按钮，从绘图区中选择直线段，移动鼠标指针到合适位置单击，完成直线段的标注，双击标注的尺寸，系统弹出如图 6-28 所示的【尺寸值】对话框。

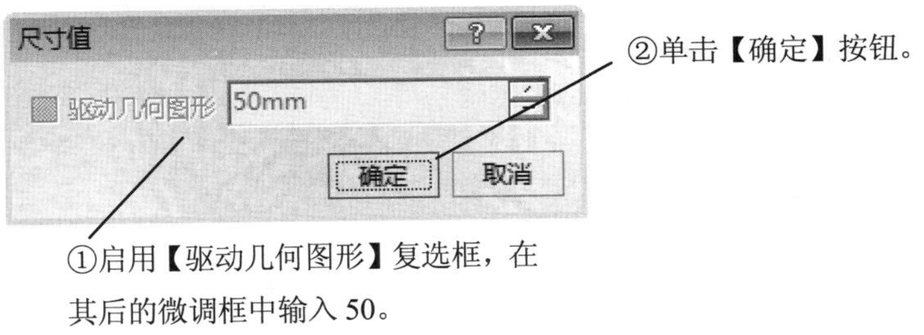
尺寸值
驱动几何图形
50mm
确定
取消
②单击【确定】按钮。
①启用【驱动几何图形】复选框，在其后的微调框中输入 50。

图 6-28 【尺寸值】对话框

完成尺寸的修改，效果如图 6-29 所示。

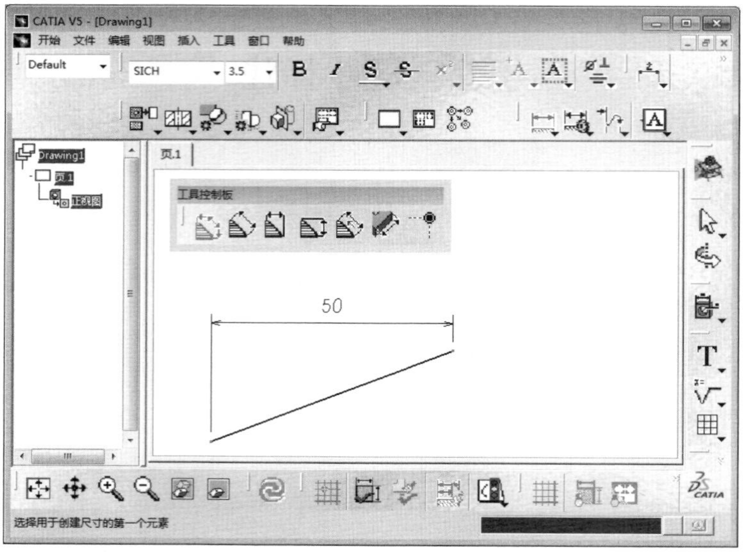

图 6-29　标注的尺寸

如果对标注的尺寸文本进行修改，只需选中标注的尺寸，然后从【文本属性】工具栏中设置文本的字型、大小、加粗、斜体、对齐方式等文本属性。

名师点拨

（2）链式尺寸

单击【尺寸】工具栏中的【链式尺寸】按钮，系统弹出【工具控制板】工具栏，按下【工具控制板】工具栏中的【投影的尺寸】按钮，尺寸效果如图 6-30 所示。

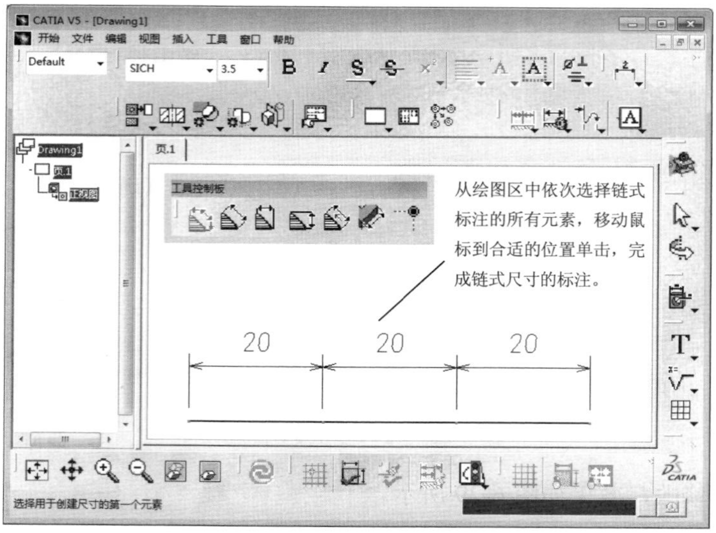

图 6-30　标注的链式尺寸

如果在创建链式尺寸时移动一个尺寸线，所有的尺寸线都跟着移动。同样，单击一个尺寸线时，所有的尺寸线都会突出显示，从而表明选定了整个尺寸系统。如果要对单个尺寸进行操作，在链式尺寸的单个尺寸上或整个尺寸系统上，单击鼠标右键，使用快捷菜单手动中断尺寸界线，这样就可以进行单个尺寸操作了。

名师点拨

（3）标注长度/距离尺寸

单击【尺寸】工具栏中的【长度/距离尺寸】按钮，系统弹出【工具控制板】工具栏，按下【工具控制板】工具栏中的【投影的尺寸】按钮，尺寸效果如图 6-31 所示。

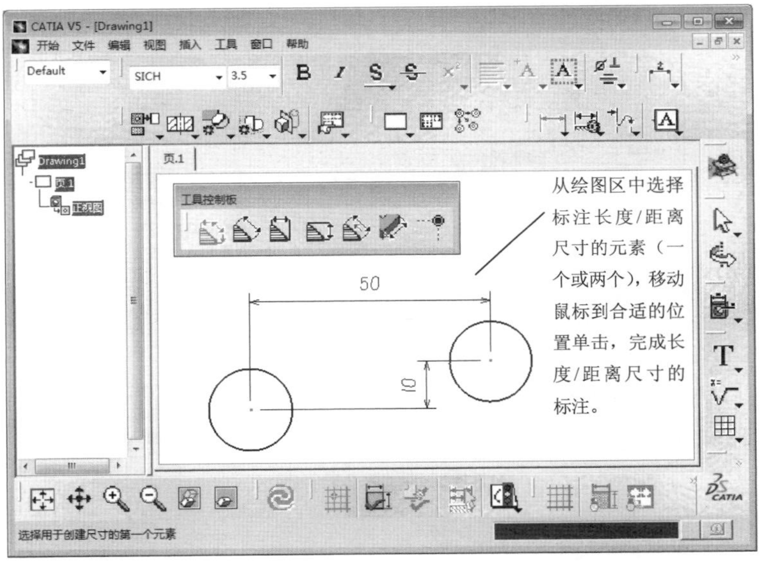

图 6-31 标注的距离

（4）标注角度尺寸

单击【尺寸】工具栏中的【角度尺寸】按钮，系统弹出【工具控制板】工具栏，按下【工具控制板】工具栏中的【投影的尺寸】按钮，尺寸效果如图 6-32 所示。

（5）标注半径尺寸

单击【尺寸】工具栏中的【半径尺寸】按钮，系统弹出【工具控制板】工具栏，按下【工具控制板】工具栏中的【投影的尺寸】按钮，效果如图 6-33 所示。

（6）标注直径尺寸

单击【尺寸】工具栏中的【直径尺寸】按钮，系统弹出【工具控制板】工具栏，按下【工具控制板】工具栏中的【投影的尺寸】按钮，尺寸效果如图 6-34 所示。

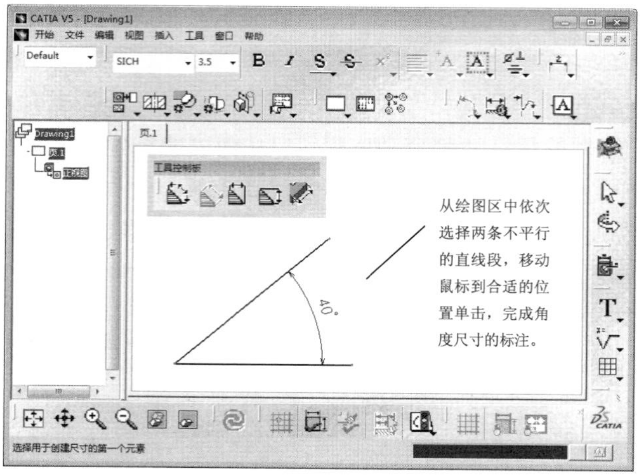
CATIA V5 - [Drawing1]
开始 文件 编辑 视图 插入 工具 窗口 帮助
工具控制板
40°
从绘图区中依次选择两条不平行的直线段，移动鼠标到合适的位置单击，完成角度尺寸的标注。
选择用于创建尺寸的第一个元素

图 6-32　标注的角度尺寸

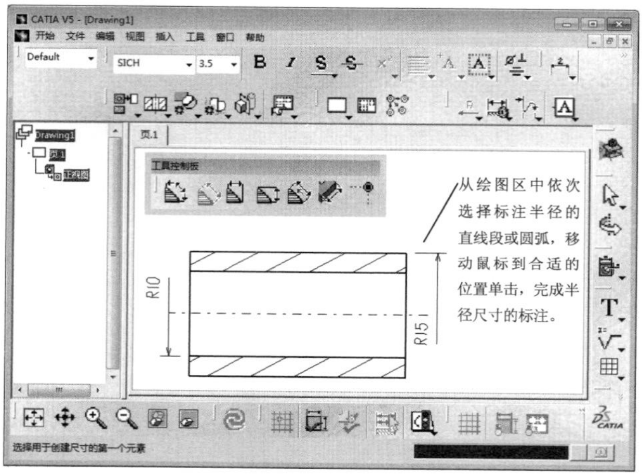
CATIA V5 - [Drawing1]
开始 文件 编辑 视图 插入 工具 窗口 帮助
工具控制板
R10
R15
从绘图区中依次选择标注半径的直线段或圆弧，移动鼠标到合适的位置单击，完成半径尺寸的标注。
选择用于创建尺寸的第一个元素

图 6-33　标注的半径尺寸

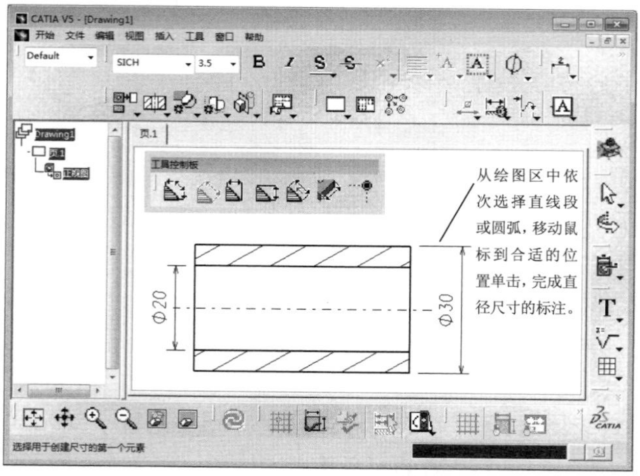
CATIA V5 - [Drawing1]
开始 文件 编辑 视图 插入 工具 窗口 帮助
工具控制板
Φ20
Φ30
从绘图区中依次选择直线段或圆弧，移动鼠标到合适的位置单击，完成直径尺寸的标注。
选择用于创建尺寸的第一个元素

图 6-34　标注的直径尺寸

（7）创建形位公差

单击【尺寸标注】按钮右下黑色三角，展开【公差】工具栏。单击【公差】工具栏中的【基准特征】按钮，从绘图区中选择创建基准特征的参考元素，移动鼠标指针到合适位置单击，系统弹出如图 6-35 所示的【创建基准特征】对话框。

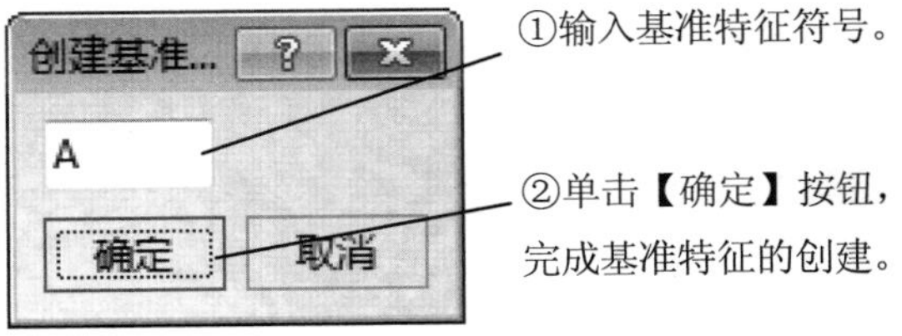

图 6-35　【创建基准特征】对话框

创建的基准尺寸效果，如图 6-36 所示。

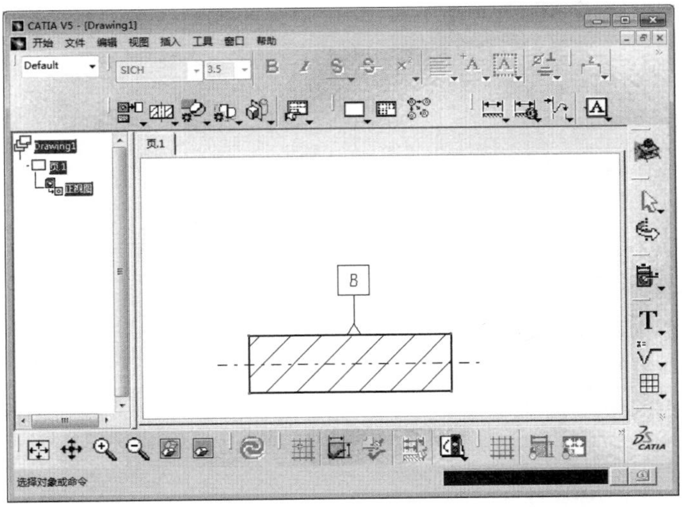

图 6-36　创建的基准特征

（8）创建形位公差

单击【公差】工具栏中的【形位公差】按钮，在绘图区中选择创建形位公差的参考元素。移动鼠标指针到合适位置单击，系统弹出如图 6-37 所示的【形位公差】对话框。

单击【形位公差】对话框中的【确定】按钮，完成形位公差的创建，效果如图 6-38 所示。

2. 文字注解和特殊标注

（1）创建文本注解

单击【文本】工具栏中的【文本】按钮，在绘图区中单击定位文本框的放置位置，系统弹出【文本编辑器】和【文本属性】对话框，设置如图 6-39 所示。

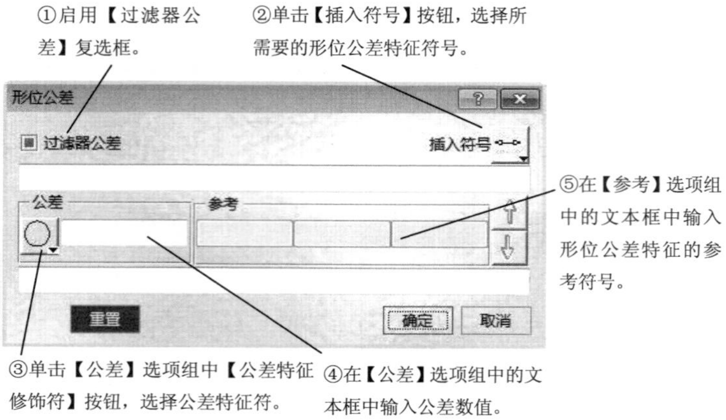

①启用【过滤器公差】复选框。
②单击【插入符号】按钮，选择所需要的形位公差特征符号。
形位公差
过滤器公差
插入符号
公差
参考
⑤在【参考】选项组中的文本框中输入形位公差特征的参考符号。
重置
确定
取消
③单击【公差】选项组中【公差特征修饰符】按钮，选择公差特征符。
④在【公差】选项组中的文本框中输入公差数值。

图 6-37 【形位公差】对话框

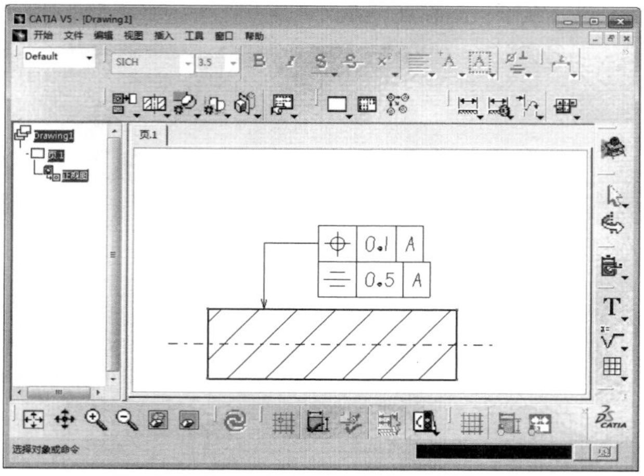

图 6-38 创建的形位公差

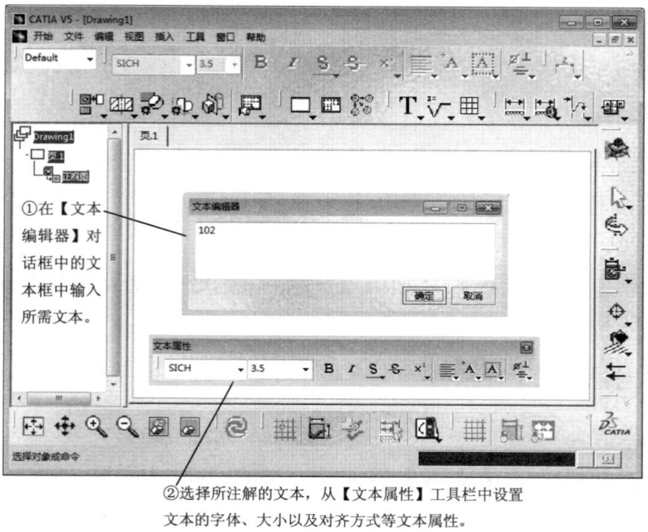

①在【文本编辑器】对话框中的文本框中输入所需文本。
文本编辑器
102
确定
取消
文本属性
②选择所注解的文本，从【文本属性】工具栏中设置文本的字体、大小以及对齐方式等文本属性。

图 6-39 【文本编辑器】和【文本属性】工具栏

（2）创建带引出线文本

单击【文本】工具栏中的【带引出线的文本】按钮，从绘图区中选择元素或者指定引出线定位点，移动鼠标指针到合适位置单击指定文本定位点，效果如图 6-40 所示。

图 6-40　创建的带引出线文本

（3）生成零件编号

单击【文本】工具栏中的【零件序号】按钮，从绘图区中选择元素或单击引出线定位点。在绘图区中单击文本定位点，系统弹出如图 6-41 所示的【创建零件序号】对话框。

单击【创建零件序号】对话框中的【确定】按钮，完成零件序号的创建，效果如图 6-42 所示。

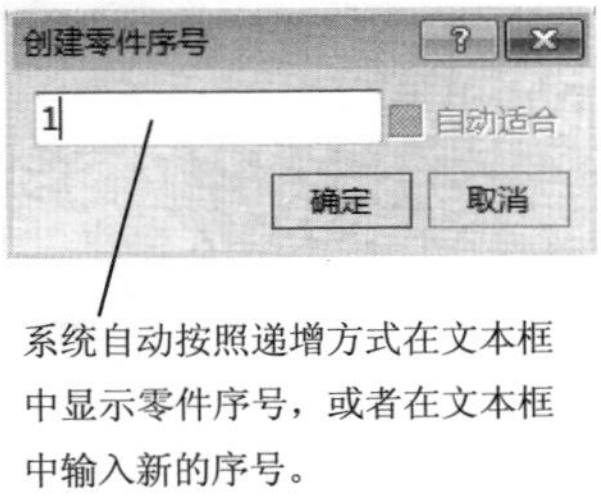

图 6-41　【创建零件序号】对话框

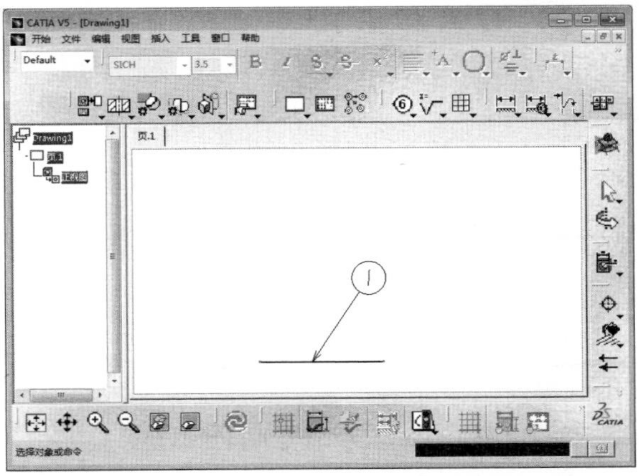

图 6-42　生成的零件序号

（4）标注粗糙度

单击【符号】工具栏中的【粗糙度符号】按钮，从绘图区中单击创建粗糙度定位点，系统弹出的【粗糙度符号】对话框，设置参数，如图 6-43 所示。

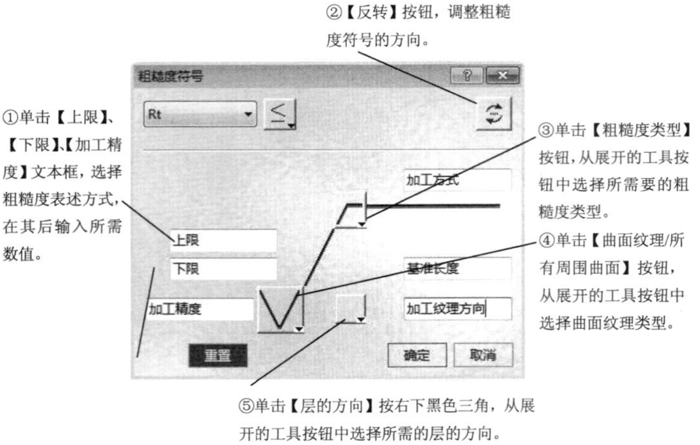
②【反转】按钮，调整粗糙度符号的方向。
粗糙度符号
Rt
①单击【上限】、【下限】、【加工精度】文本框，选择粗糙度表述方式，在其后输入所需数值。
③单击【粗糙度类型】按钮，从展开的工具按钮中选择所需要的粗糙度类型。
加工方式
上限
下限
基准长度
④单击【曲面纹理/所有周围曲面】按钮，从展开的工具按钮中选择曲面纹理类型。
加工精度
加工纹理方向
重置
确定
取消
⑤单击【层的方向】按右下黑色三角，从展开的工具按钮中选择所需的层的方向。

图 6-43　【粗糙度符号】对话框

单击【粗糙度符号】对话框中的【确定】按钮，完成粗糙度符号的创建，效果如图 6-44 所示。

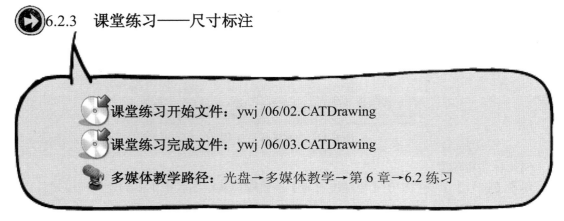

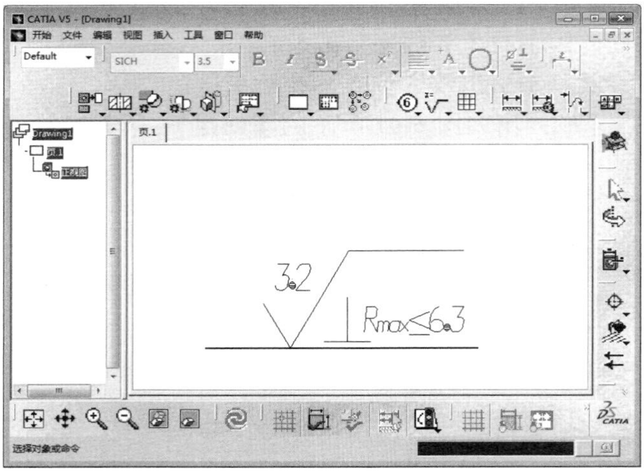
CATIA V5 - [Drawing1]
开始 文件 编辑 视图 插入 工具 窗口 帮助
3.2
Rmax≤6.3
选择对象或命令

图 6-44　创建的粗糙度

6.2.3　课堂练习——尺寸标注

课堂练习开始文件： ywj /06/02.CATDrawing

课堂练习完成文件： ywj /06/03.CATDrawing

多媒体教学路径： 光盘→多媒体教学→第 6 章→6.2 练习

Step1 打开工程图，如图 6-45 所示。

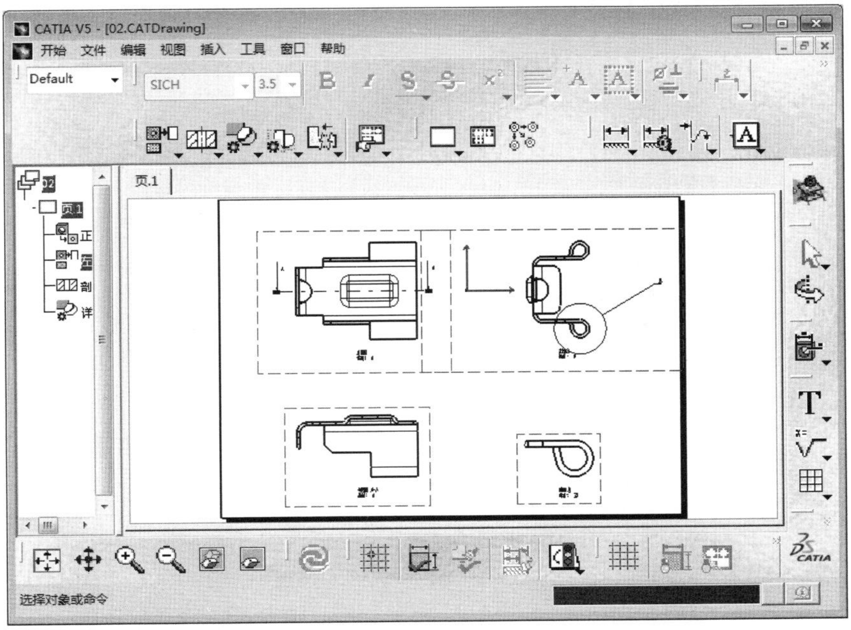

图 6-45　打开工程图

Step2 标注主视图，如图 6-46 所示。

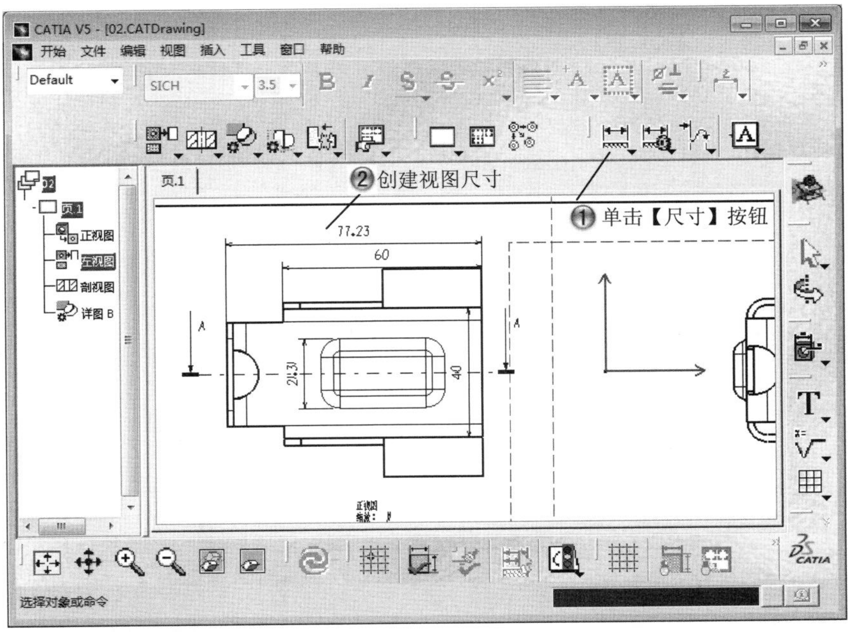

图 6-46　标注主视图

Step3 标注剖视图，如图 6-47 所示。

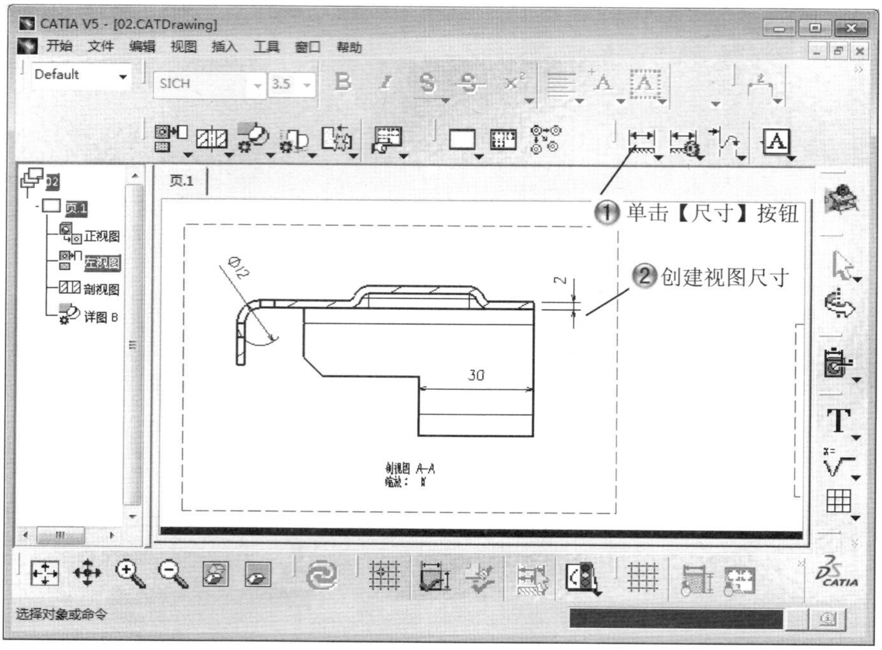

图 6-47　标注剖视图

Step4 标注放大视图，如图 6-48 所示。

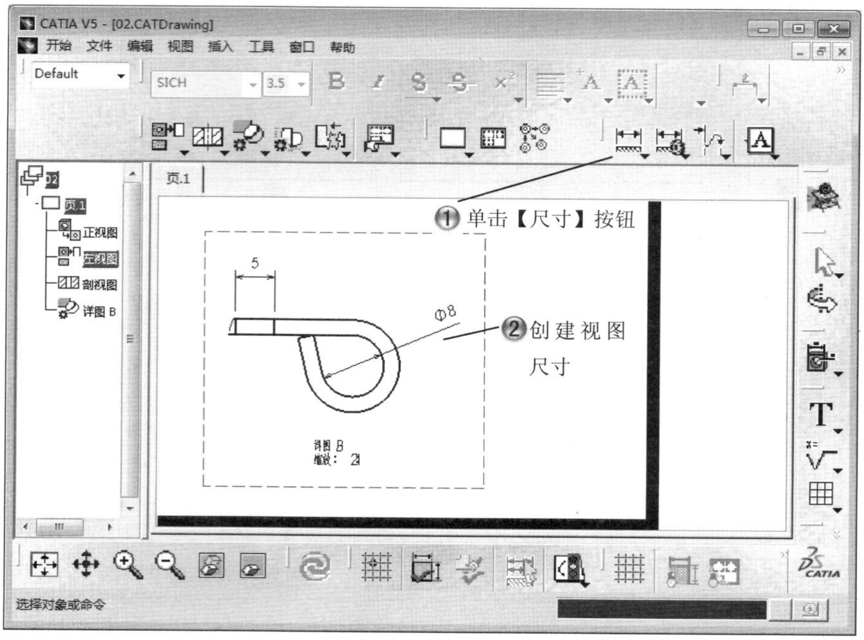

图 6-48　标注放大视图

Step5 完成尺寸标注，如图 6-49 所示。

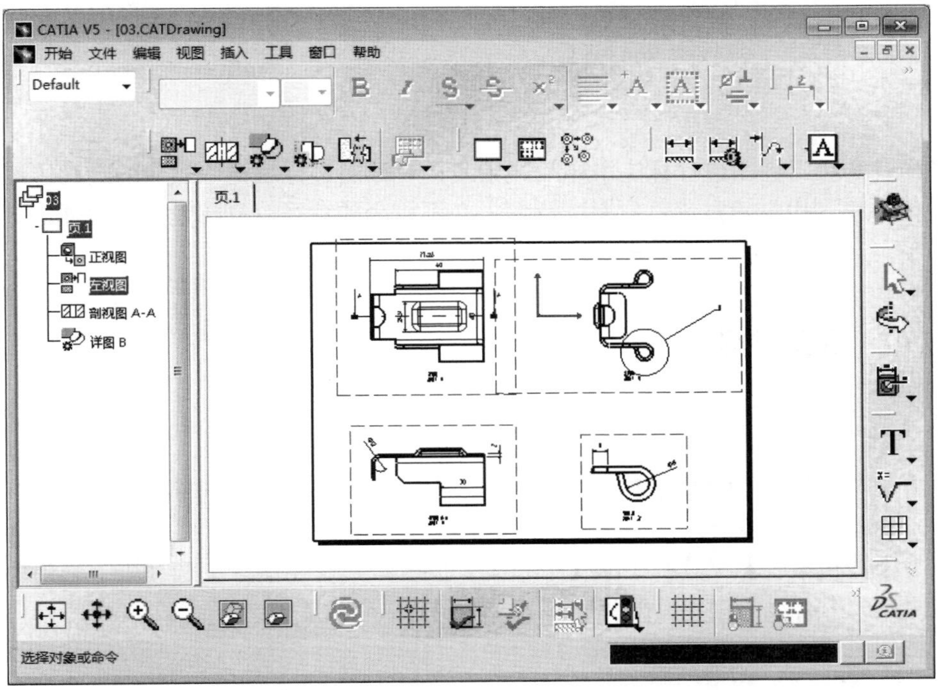

图 6-49 完成尺寸标注

6.3 生成装饰特征和打印

基本概念

装饰特征包括中心线、螺纹、轴线、创建区域填充和箭头这些特征，中心线是在圆形类的图形上生成点画线；螺纹命令可以生成螺纹线；轴线命令可以生成几何中心的点画线；填充和箭头是在图纸上填充图案和生成箭头图形。打印设置是打印工程图前的图纸显示设置。

课堂讲解课时：2 课时

6.3.1 设计理论

修饰就是对工程图进行标注中心线、轴线、对截面进行填充等操作的过程。修饰特征不能从 3D 模型中继承过来，它是工程图中必不可少的特征。打印设置和普通的打印机设置类似。

6.3.2 课堂讲解

1. 生成中心线

单击【修饰】工具栏中的【中心线】按钮右下黑色三角，展开【轴和螺纹】工具栏。

（1）生成中心线

单击【轴和螺纹】工具栏中的【中心线】按钮，从绘图区中选择用于创建中心线的对象，即完成中心线的创建，效果如图 6-50 所示。

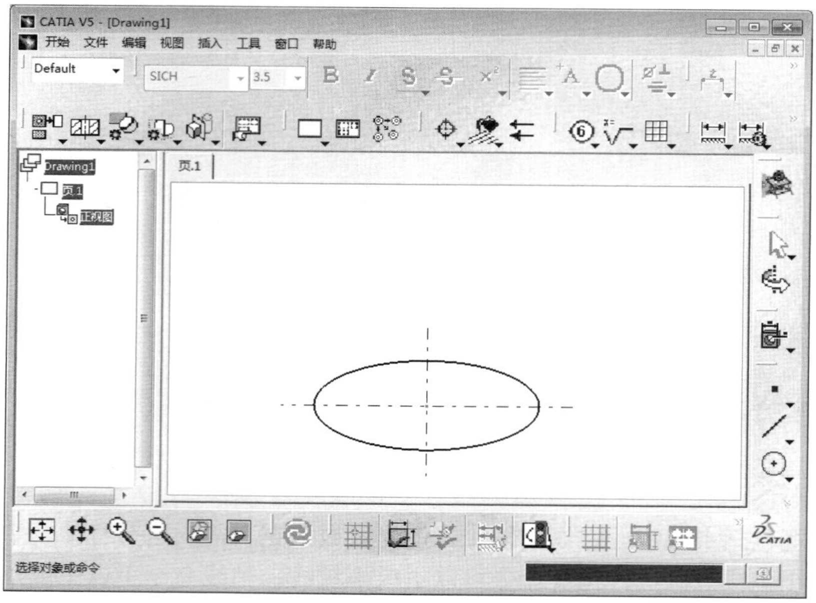

图 6-50　创建的中心线

（2）生成螺纹中心线

单击【轴和螺纹】工具栏中的【螺纹】按钮，从绘图区中选择一个圆，完成螺纹的创建，效果如图 6-51 所示。

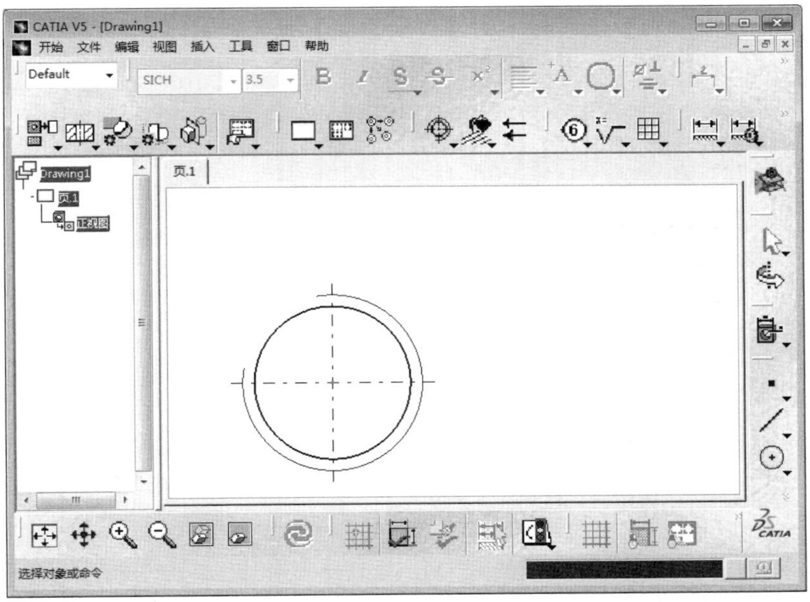

图 6-51　创建的螺纹

（3）生成轴线

单击【轴和螺纹】工具栏中的【轴线】按钮，完成轴线的创建，效果如图 6-52 所示。

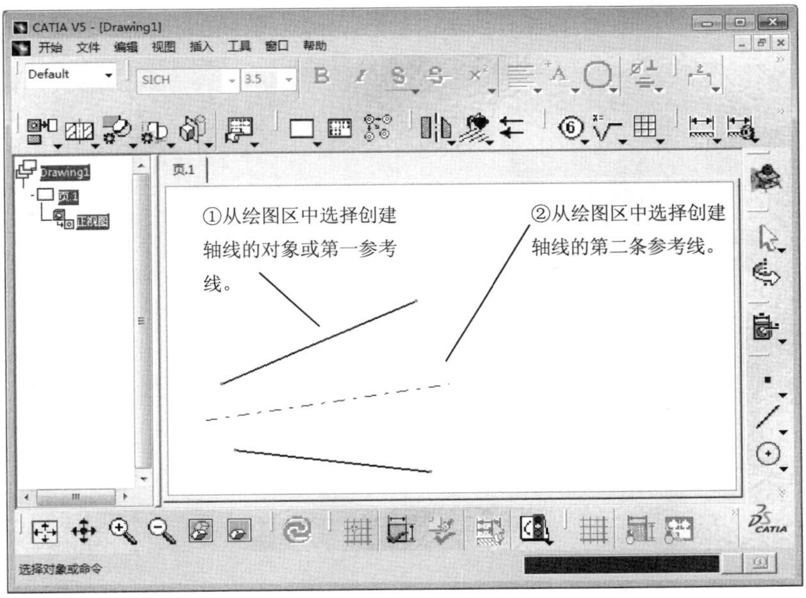

图 6-52　创建的轴线

2. 创建填充和箭头

（1）填充

单击【区域填充】工具栏中的【创建区域填充】按钮，系统弹出【工具控制板】工具栏。单击【工具控制板】工具栏中的【自动检测】开关按钮。从绘图区中选择封闭的填充区域，完成区域填充，效果如图 6-53 所示。

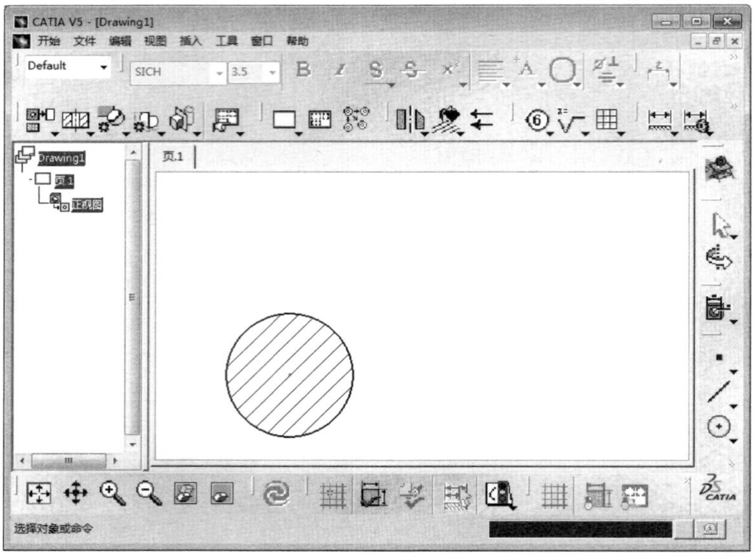

图 6-53　创建的区域填充

（2）标注箭头

单击【修饰】工具栏中的【箭头】按钮，完成箭头的创建，效果如图 6-54 所示。

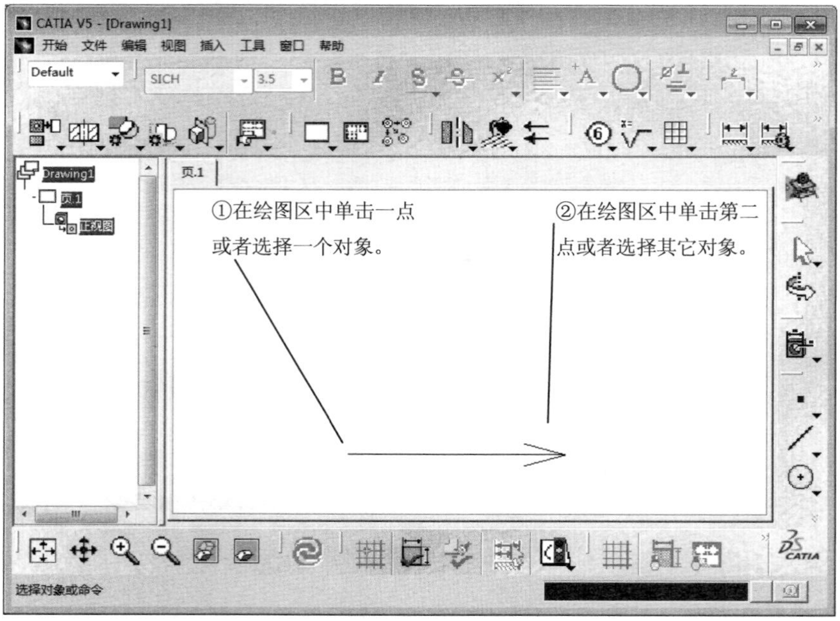
①在绘图区中单击一点或者选择一个对象。
②在绘图区中单击第二点或者选择其它对象。

图 6-54　创建的箭头

3. 打印工程图

选择【文件】|【打印】菜单命令，系统弹出【打印】对话框，如图 6-55 所示。

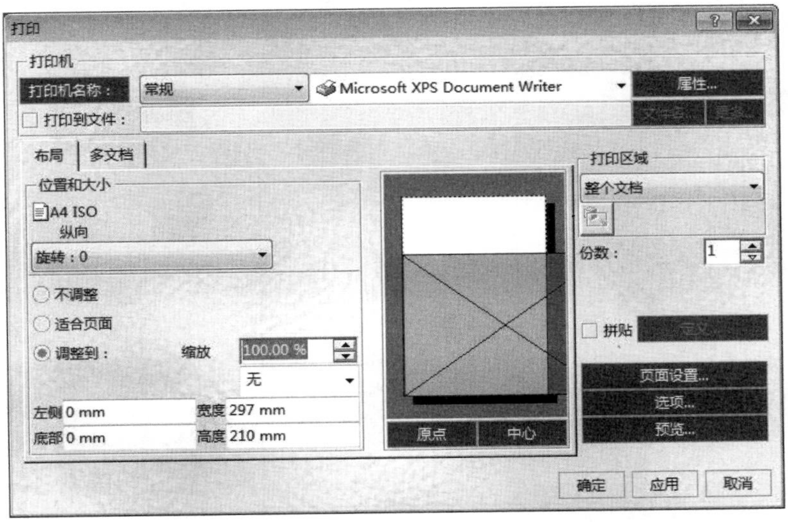

图 6-55 【打印】对话框

单击【打印机】选项组中的【打印机名称】按钮，系统弹出如图 6-56 所示的【打印机选择】对话框。

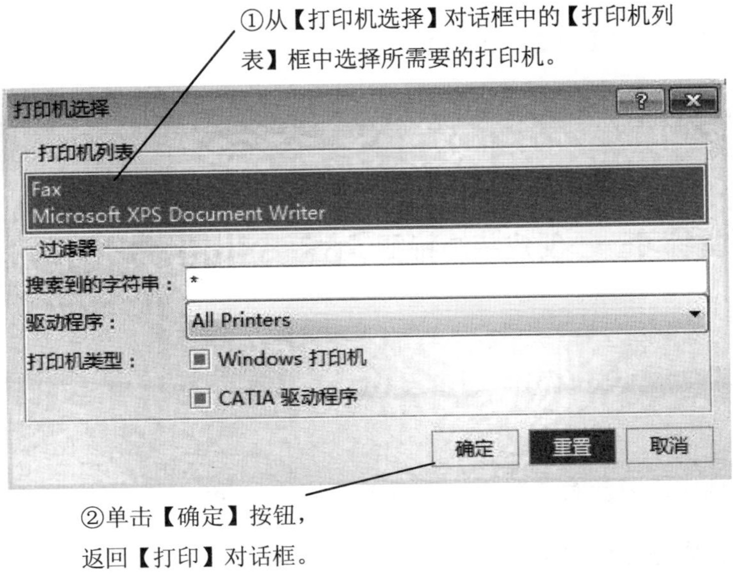

图 6-56 【打印机选择】对话框

【打印】对话框的参数设置，如图 6-57 所示。

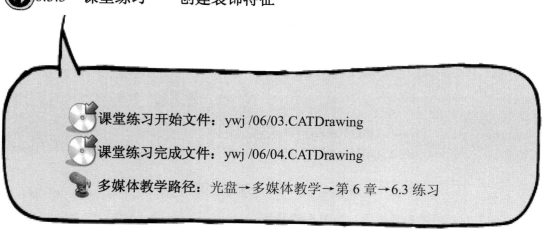

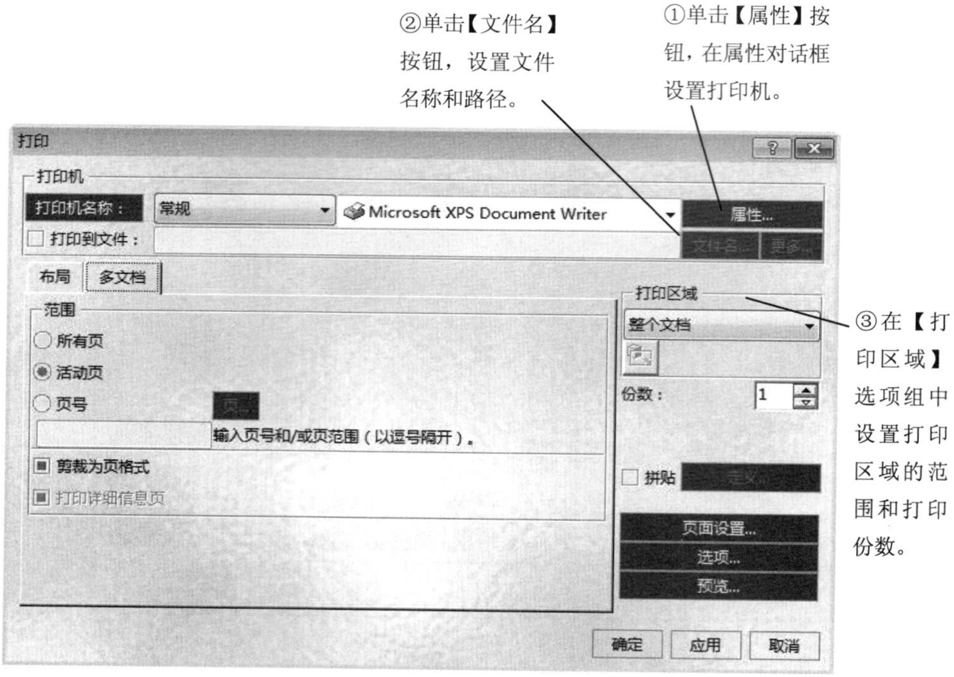

图 6-57 【打印】对话框

当选择【打印区域】列表框中的【整个文档】选项时，【范围】选项组才可用。

名师点拨

6.3.3 课堂练习——创建装饰特征

课堂练习开始文件： ywj /06/03.CATDrawing

课堂练习完成文件： ywj /06/04.CATDrawing

多媒体教学路径： 光盘→多媒体教学→第 6 章→6.3 练习

Step1 打开工程图，如图 6-58 所示。

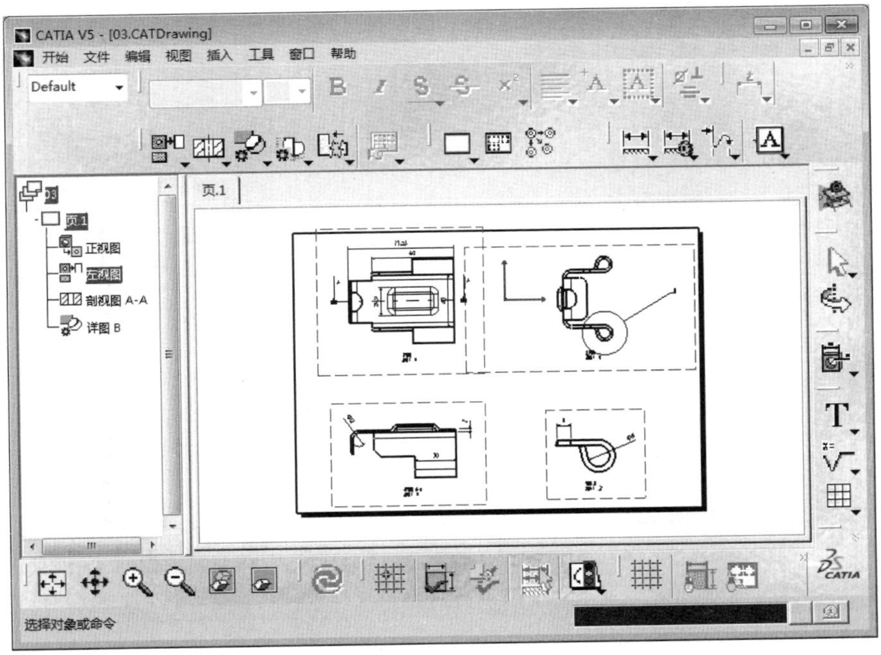

图 6-58 打开工程图

Step2 创建中心线，如图 6-59 所示。

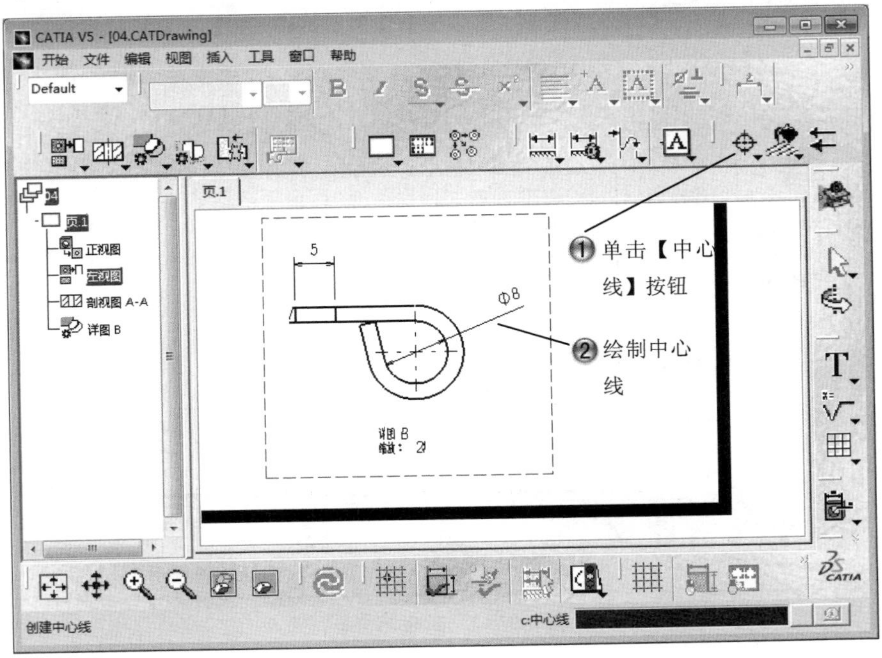

图 6-59 创建中心线

Step3 创建箭头，如图 6-60 所示。

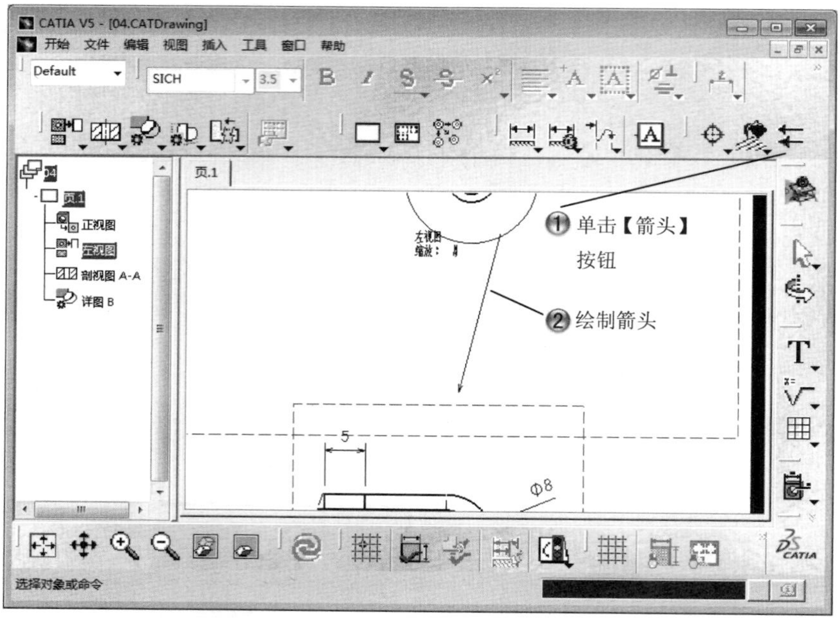

图 6-60　创建箭头

Step4 完成装饰特征，如图 6-61 所示。

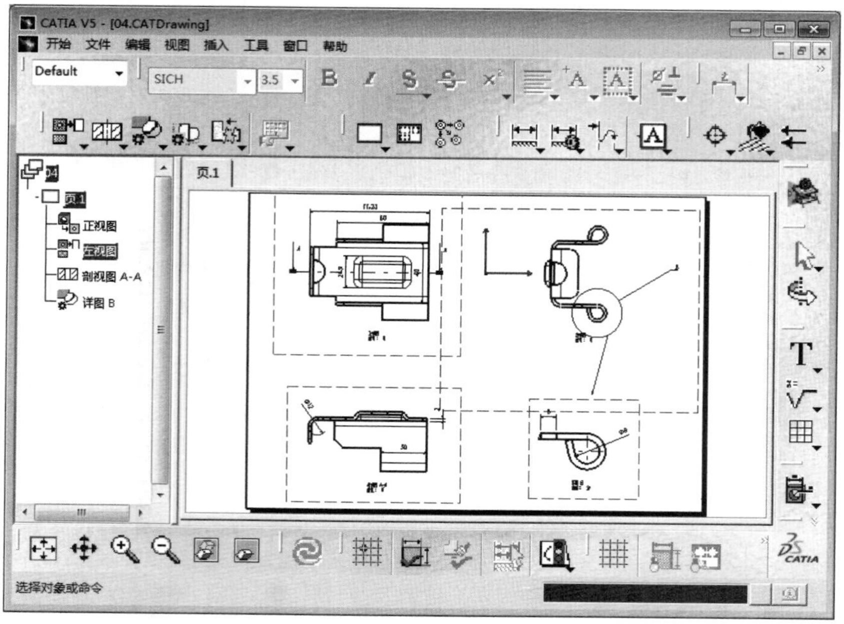

图 6-61　完成装饰特征

6.4　专家总结

本章介绍了工程视图的生成方式、尺寸标注、修饰特征的生成以及工程图的打印。让读者掌握工程图最基本的操作方法和基本技能。工程图不但可以从 3D 模型中生成，也可以使用工具创建工程图。在掌握了这些基本方法以后，读者可以触类旁通，自己探寻工程图设计的更深层次的功能。

6.5　课后习题

6.5.1　填空题

（1）创建视图的一般步骤是________。

（2）装饰特征的命令有________、________、________。

（3）尺寸标注的命令有________、________、________、________。

6.5.2　问答题

（1）尺寸标注的意义是什么？

（2）视图的种类有哪些？

6.5.3　上机操作题

如图 6-62 所示，使用本章学过的知识来创建法兰装配的工程图纸。

图 6-62　法兰装配

练习步骤和方法：

（1）创建法兰零件。

（2）创建法兰装配体。

（3）创建主视图。

（4）创建投影视图。

（5）添加尺寸。

第 7 章　曲面设计基础

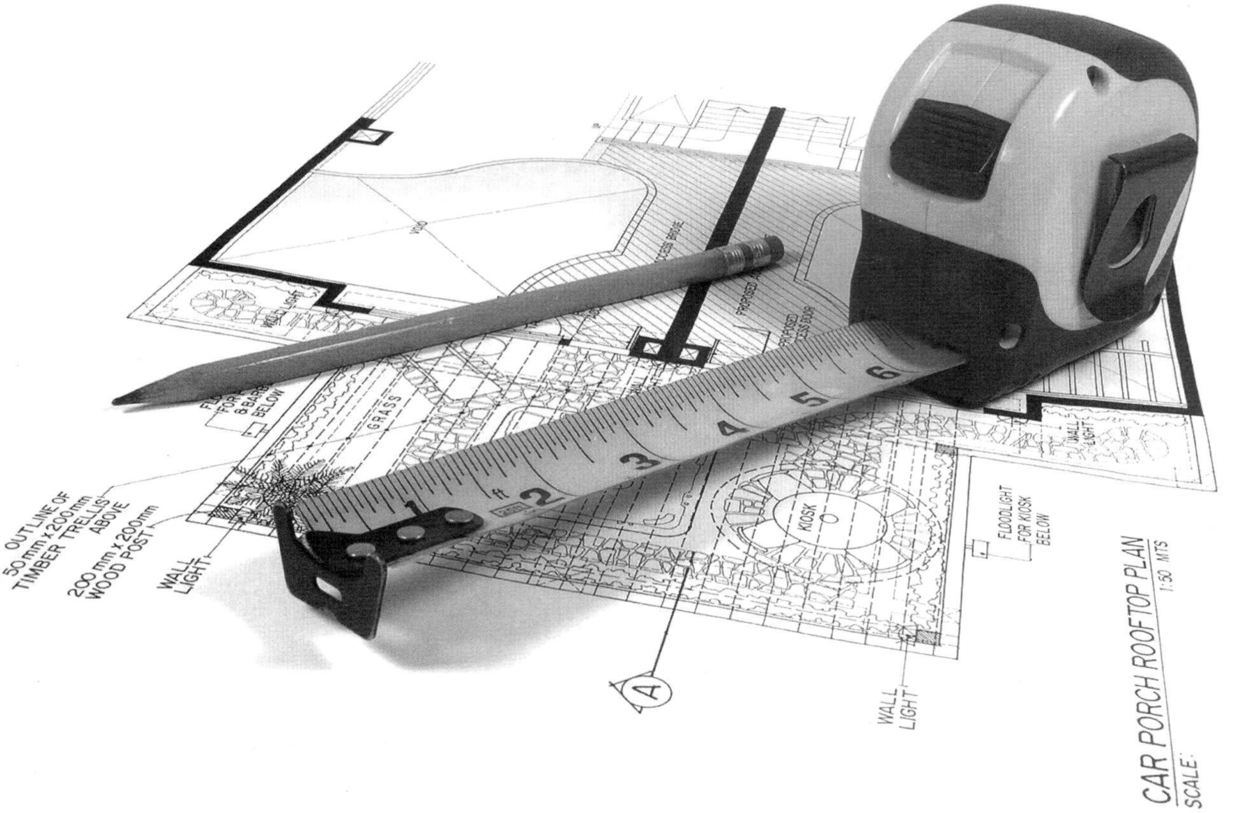

课训目标	内　容	掌握程度	课　时
	创建曲线	熟练运用	2
	创建常规曲面	熟练运用	2
	编辑曲线	熟练运用	2
	编辑常规曲面	熟练运用	2

课程学习建议

创成式外形设计就是 CATIA 的常规曲面设计，是利用 CATIA 进行三维曲面设计的主要模块之一，也是曲面设计的基础模块，它可以使用线框和曲面特征快速创建简单和复杂的外形。

本章讲解了创成式外形设计模块大量的曲面设计和曲面创建工具，这些工具与其他模块配合使用，可以实现实体的混合造型。其中介绍的主要内容包括设计界面和各种工具栏，曲线和曲面的创建，以及编辑曲线和曲面的命令和方法。

本课程主要基于软件的创成式曲面模块来讲解，其培训课程表如下。

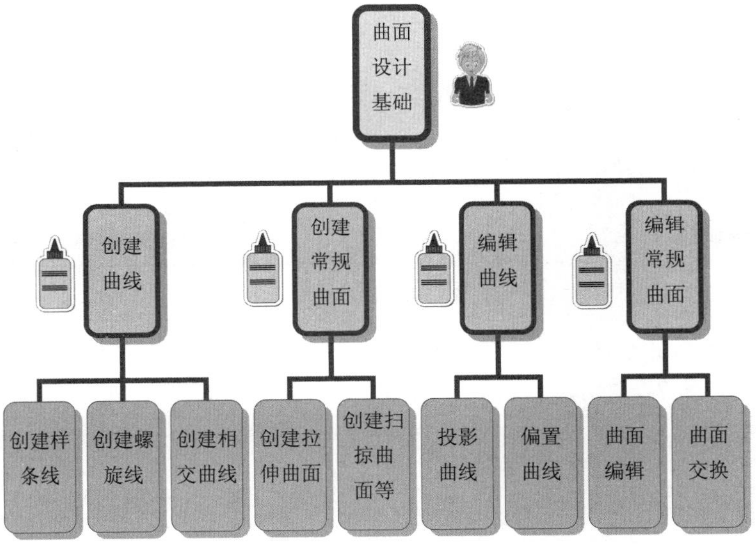

7.1 创建曲线

基本概念

创成式外形设计模块是曲面设计模块中最重要的设计模块之一，也是常见的曲面设计模式。可以创建点、线和曲线，然后利用创建的点和线通过曲面工具生成曲面。该模块提供了线框、曲面、操作、高级曲面等多组工具栏。

课堂讲解课时：2 课时

7.1.1 设计理论

选择【开始】|【形状】|【创成式外形设计】菜单命令，进入创成式外形设计平台，如

图 7-1 所示。

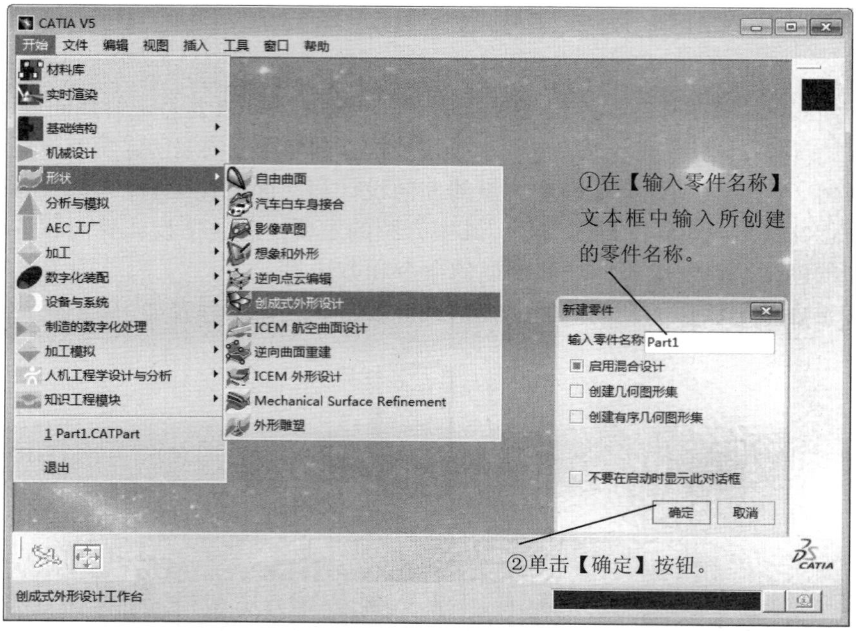

图 7-1 新建零件

进入创成式外形设计界面后，在其中主要使用【线框】、【曲面】、【高级曲面】和【操作】等工具栏，如图 7-2 所示。

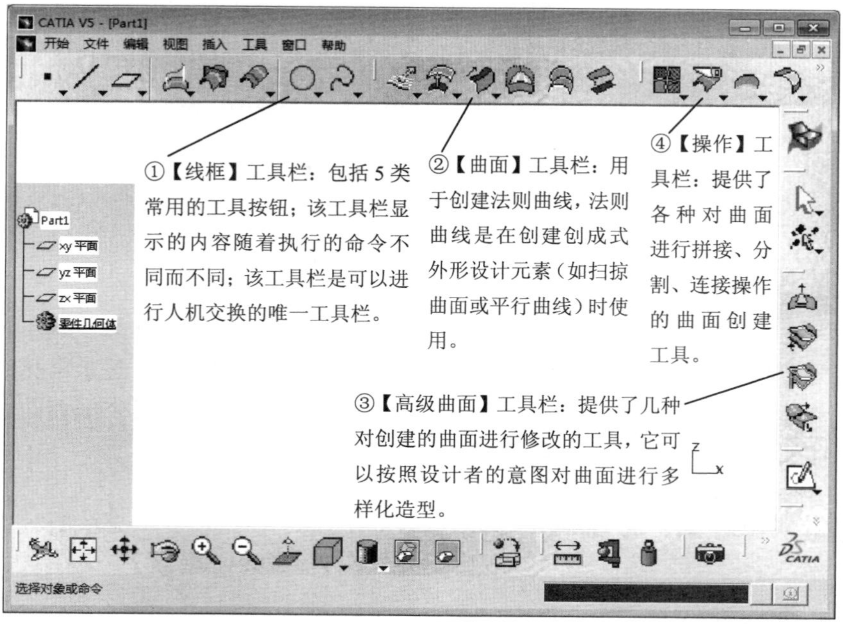

图 7-2 创成式外形设计界面

7.1.2 课堂讲解

1. 创建样条线

单击【曲线】工具栏中的【样条线】按钮，系统弹出【样条线定义】对话框，参数设置，如图 7-3 所示。

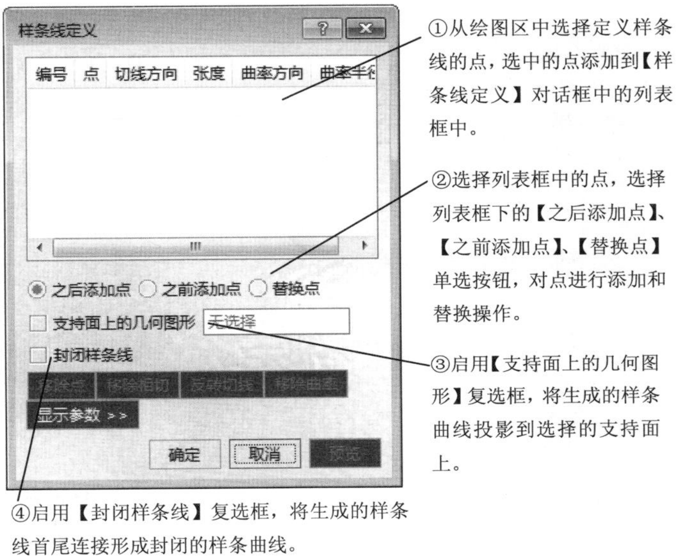
样条线定义
编号 点 切线方向 张度 曲率方向
之后添加点 之前添加点 替换点
支持面上的几何图形 无选择
封闭样条线
显示参数 >>
确定 取消
①从绘图区中选择定义样条线的点，选中的点添加到【样条线定义】对话框中的列表框中。
②选择列表框中的点，选择列表框下的【之后添加点】、【之前添加点】、【替换点】单选按钮，对点进行添加和替换操作。
③启用【支持面上的几何图形】复选框，将生成的样条曲线投影到选择的支持面上。
④启用【封闭样条线】复选框，将生成的样条线首尾连接形成封闭的样条曲线。

图 7-3 【样条线定义】对话框

单击【样条线定义】对话框中的【确定】按钮，完成样条线的创建，效果如图 7-4 所示。

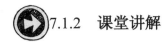

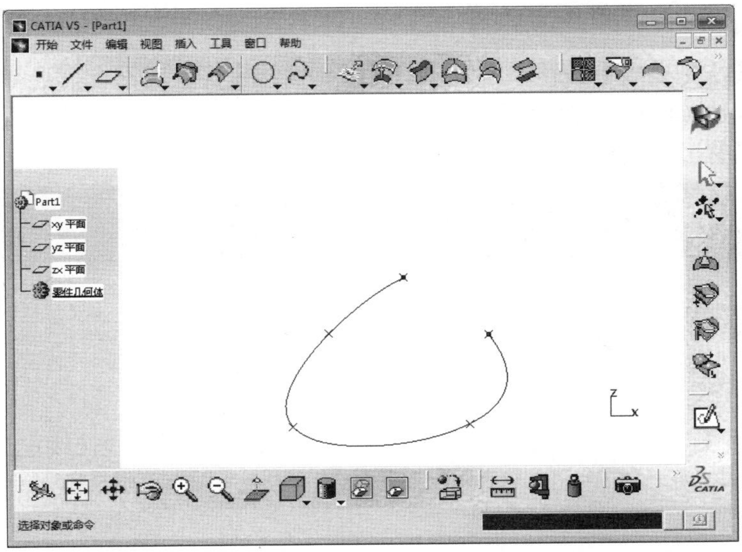
CATIA V5 - [Part1]
开始 文件 编辑 视图 插入 工具 窗口 帮助
Part1
xy 平面
yz 平面
zx 平面
零件几何体
选择对象或命令

图 7-4 创建的样条线

2. 创建螺旋曲线

单击【曲线】工具栏中的【螺旋线】按钮，系统弹出的【螺旋曲线定义】对话框，参数设置，如图 7-5 所示。

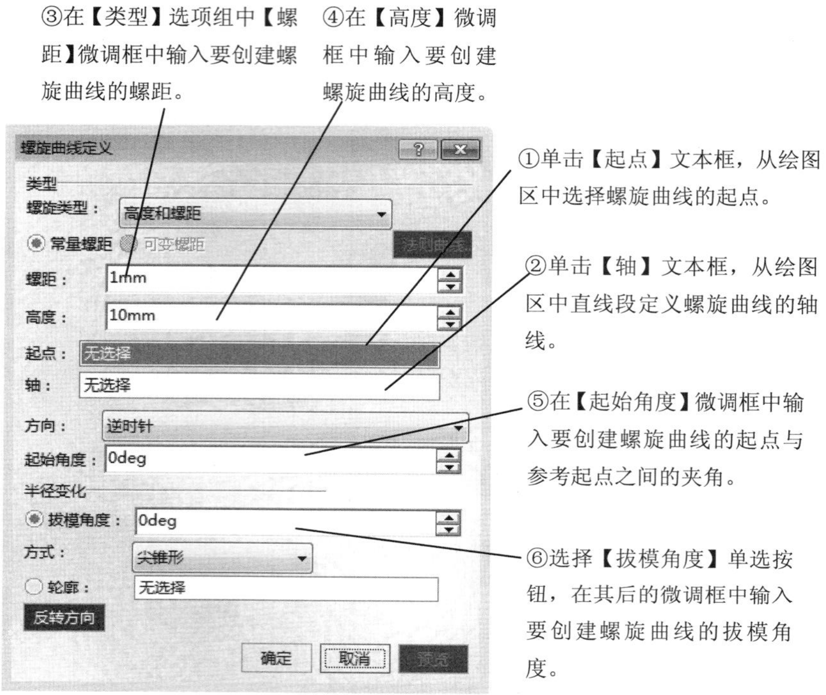
③在【类型】选项组中【螺距】微调框中输入要创建螺旋曲线的螺距。
④在【高度】微调框中输入要创建螺旋曲线的高度。
①单击【起点】文本框，从绘图区中选择螺旋曲线的起点。
②单击【轴】文本框，从绘图区中直线段定义螺旋曲线的轴线。
⑤在【起始角度】微调框中输入要创建螺旋曲线的起点与参考起点之间的夹角。
⑥选择【拔模角度】单选按钮，在其后的微调框中输入要创建螺旋曲线的拔模角度。
螺旋曲线定义
类型
螺旋类型：
高度和螺距
常量螺距
可变螺距
法则曲线
螺距：
1mm
高度：
10mm
起点：
无选择
轴：
无选择
方向：
逆时针
起始角度：
0deg
半径变化
拔模角度：
0deg
方式：
尖锥形
轮廓：
无选择
反转方向
确定
取消
预览

图 7-5 【螺旋曲线定义】对话框

名师点拨

单击【法则曲线】按钮，系统弹出【法则曲线定义】对话框，选择【法则曲线类型】选项组中的【S 型】，需要在【螺旋曲线定义】对话框中的【类型】选项组中【转数】微调框中输入要创建螺旋曲线的转数。

单击【确定】按钮，完成螺旋曲线的创建，效果如图 7-6 所示。

3. 创建螺线

单击【曲线】工具栏中的【螺线】按钮，系统弹出的【螺线曲线定义】对话框，参数设置，如图 7-7 所示。

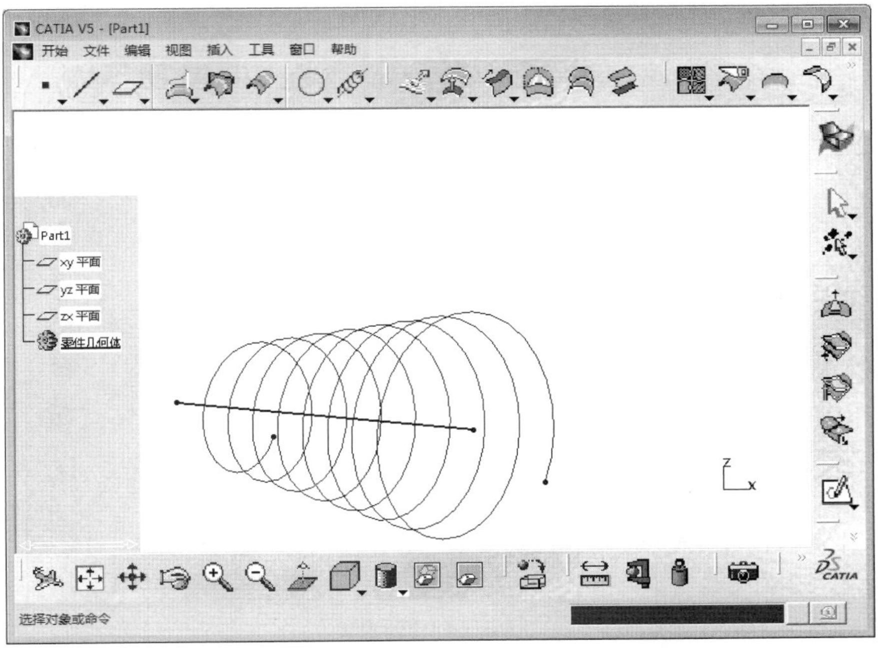
CATIA V5 - [Part1]
开始 文件 编辑 视图 插入 工具 窗口 帮助
Part1
xy 平面
yz 平面
zx 平面
零件几何体
选择对象或命令

图 7-6 创建的螺旋曲线

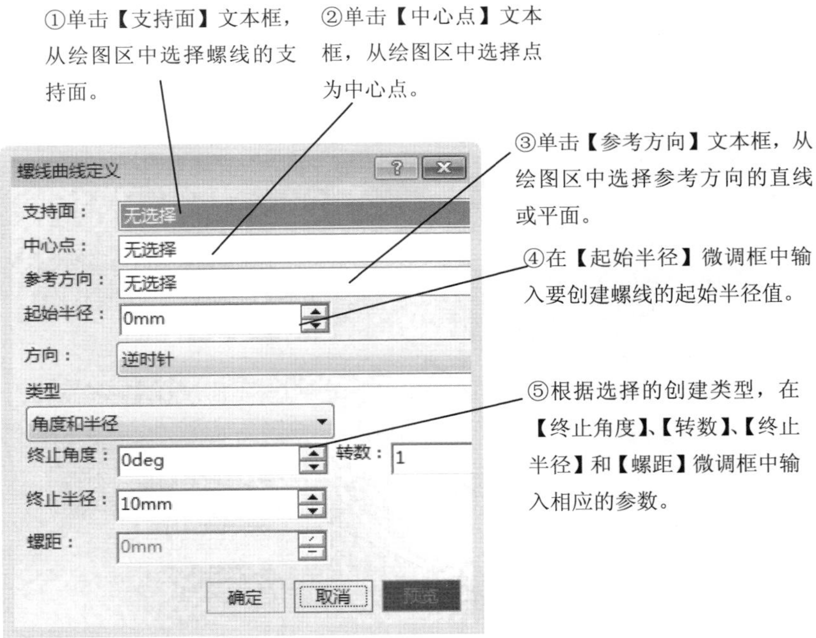
①单击【支持面】文本框，从绘图区中选择螺线的支持面。
②单击【中心点】文本框，从绘图区中选择点为中心点。
③单击【参考方向】文本框，从绘图区中选择参考方向的直线或平面。
④在【起始半径】微调框中输入要创建螺线的起始半径值。
⑤根据选择的创建类型，在【终止角度】、【转数】、【终止半径】和【螺距】微调框中输入相应的参数。
螺线曲线定义
支持面：
无选择
中心点：
无选择
参考方向：
无选择
起始半径：
0mm
方向：
逆时针
类型
角度和半径
终止角度：
0deg
转数：
1
终止半径：
10mm
螺距：
0mm
确定
取消
预览

图 7-7 【螺线曲线定义】对话框

单击【螺线曲线定义】对话框中的【确定】按钮，完成螺线的创建，效果如图 7-8 所示。

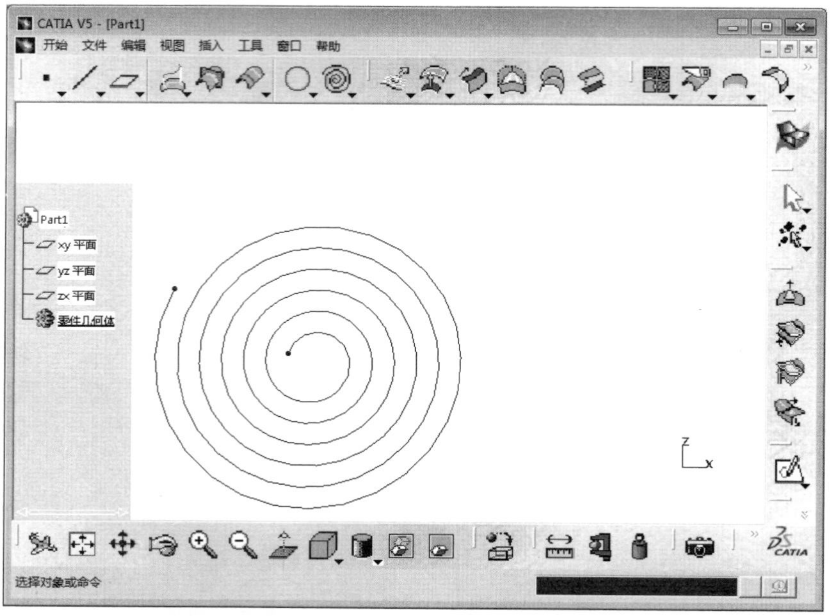

图 7-8　创建的螺线

4. 创建相交曲线

单击【线框】工具栏中的【相交】按钮，系统弹出【相交定义】对话框，参数设置，如图 7-9 所示。

①【第一元素】文本框，从绘图区中选择第一相交元素。

②【第二元素】文本框，从绘图区中选择第二相交元素。

③【具有共同区域的曲线相交】选项组，设置曲线间相交且又重叠区域时的处理方法。

④【曲面部分相交】选项组，设置曲面与实体相交时的处理方法。

⑤【外插延伸选项】选项组，设置延伸元素进行相交。

相交定义
第一元素：无选择
扩展相交的线性支持面
第二元素：无选择
扩展相交的线性支持面
具有共同区域的曲线相交
结果：曲线 点
曲面部分相交
结果：轮廓 曲面
外插延伸选项
在第一元素上外插延伸相交
与非共面线段相交
确定 取消 预览

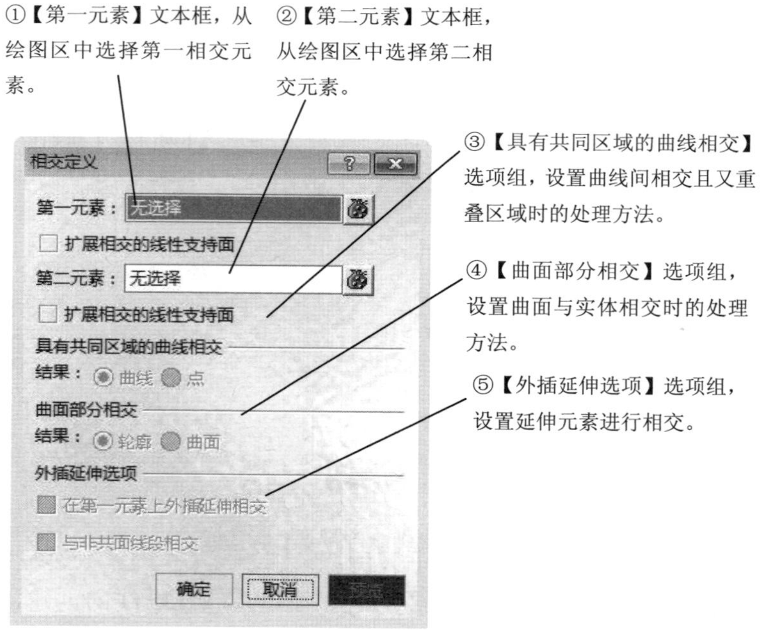

图 7-9　【相交定义】对话框

单击【相交定义】对话框中的【确定】按钮，完成交线曲线的创建，效果如图 7-10 所示。

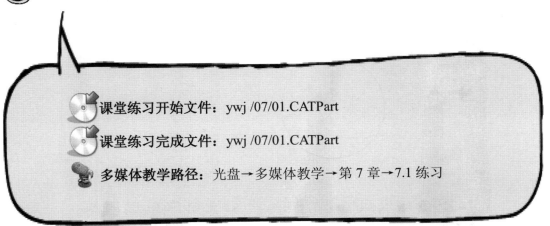

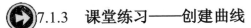

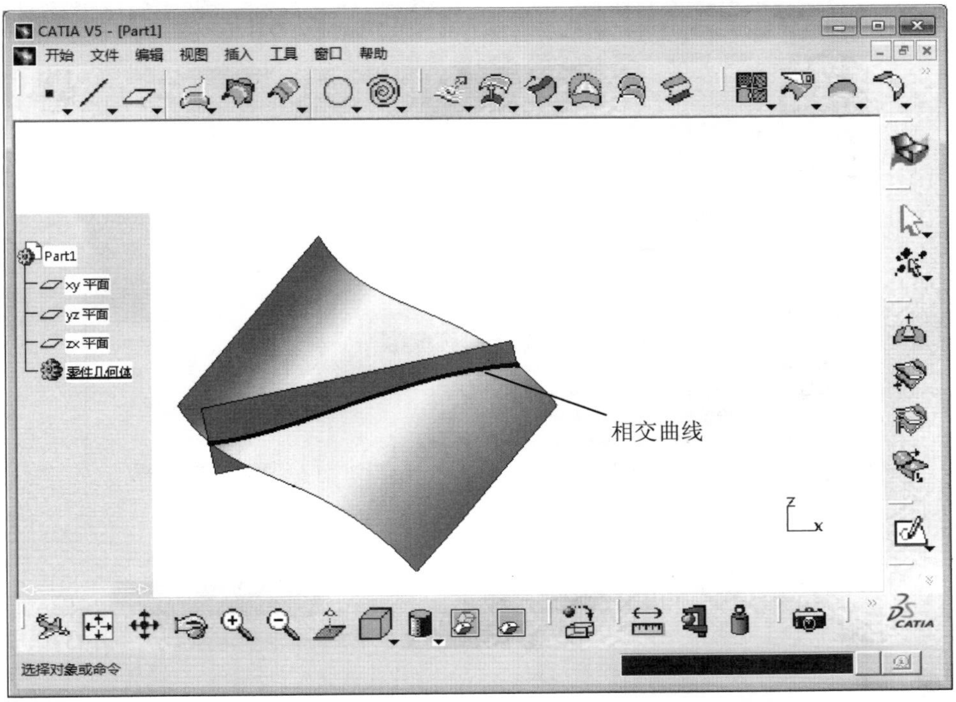

图 7-10　创建的相交曲线

7.1.3　课堂练习——创建曲线

课堂练习开始文件：ywj /07/01.CATPart

课堂练习完成文件：ywj /07/01.CATPart

多媒体教学路径： 光盘→多媒体教学→第 7 章→7.1 练习

Step 1 新建零件，如图 7-11 所示。

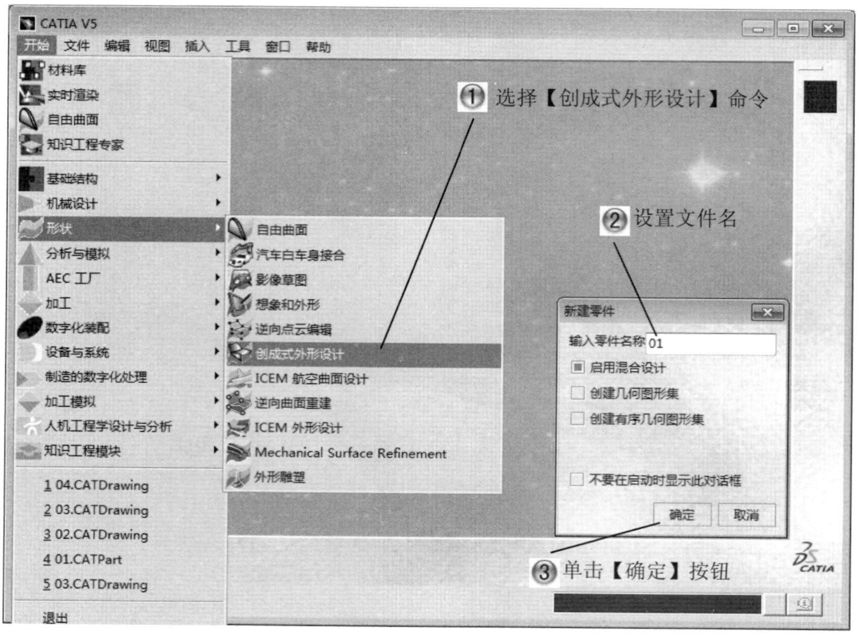

图 7-11 新建零件

Step 2 选择 XY 平面为草绘面，绘制圆形，如图 7-12 所示。

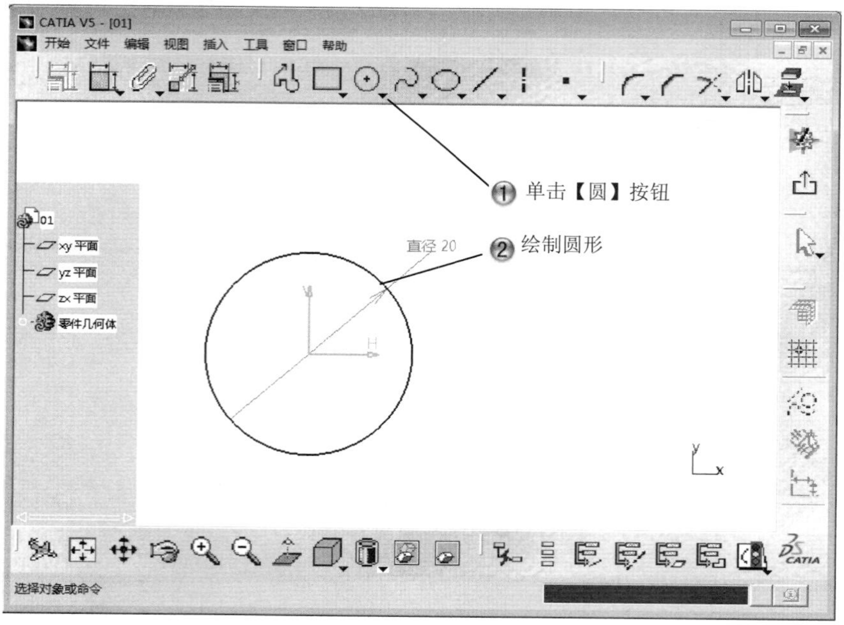

图 7-12 绘制圆形

Step3 创建平面，如图 7-13 所示。

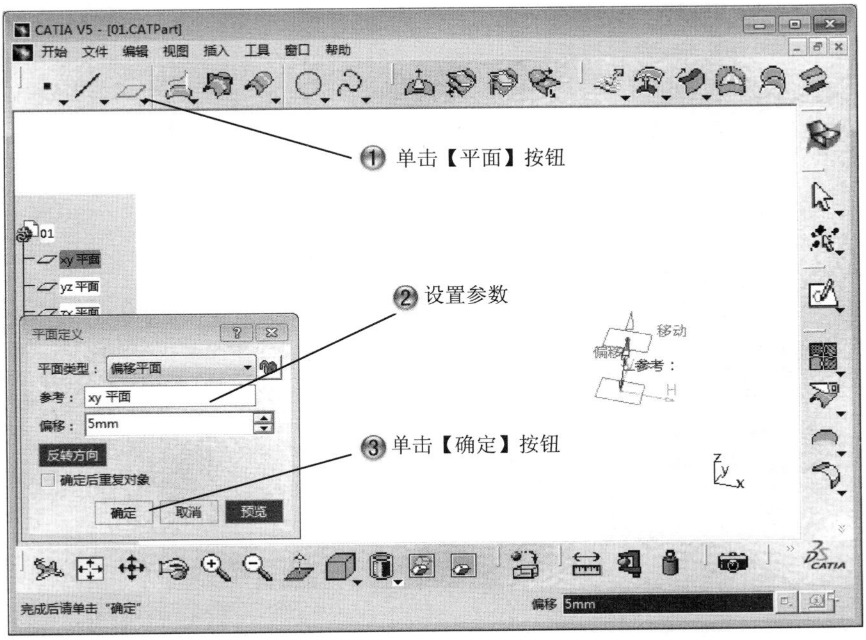

图 7-13 创建平面

Step4 创建投影曲线，如图 7-14 所示。

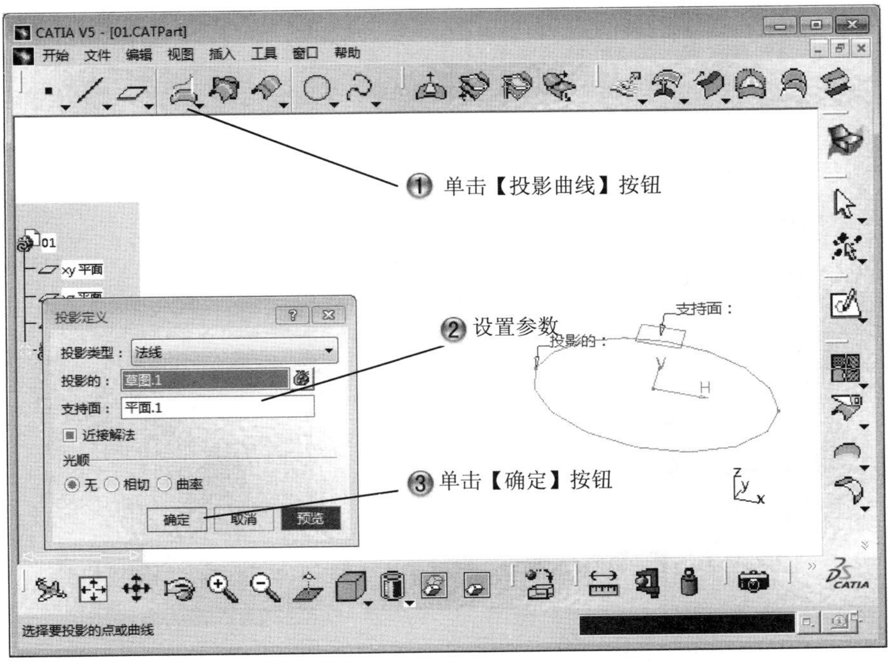

图 7-14 创建投影曲线

Step5 创建点 1，如图 7-15 所示。

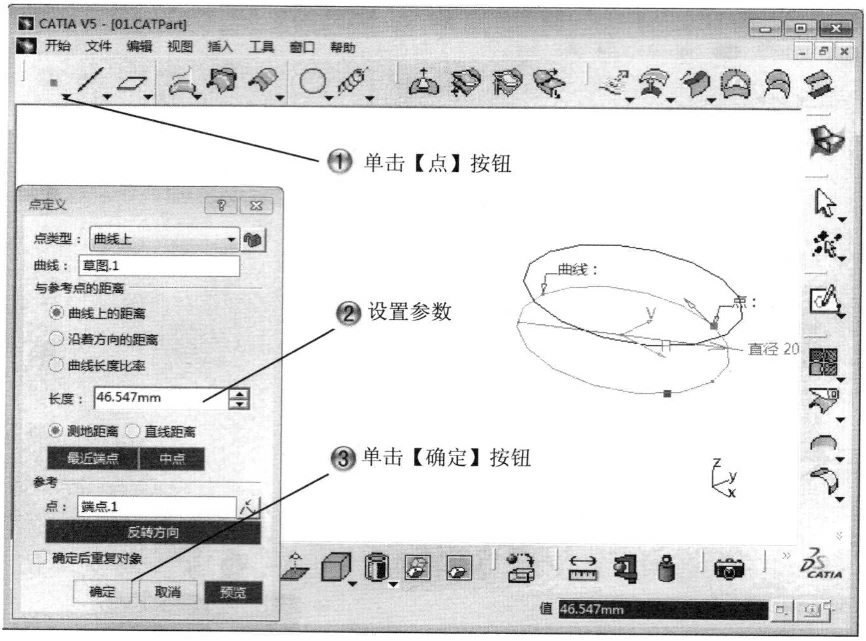

图 7-15 创建点 1

Step6 创建点 2，如图 7-16 所示。

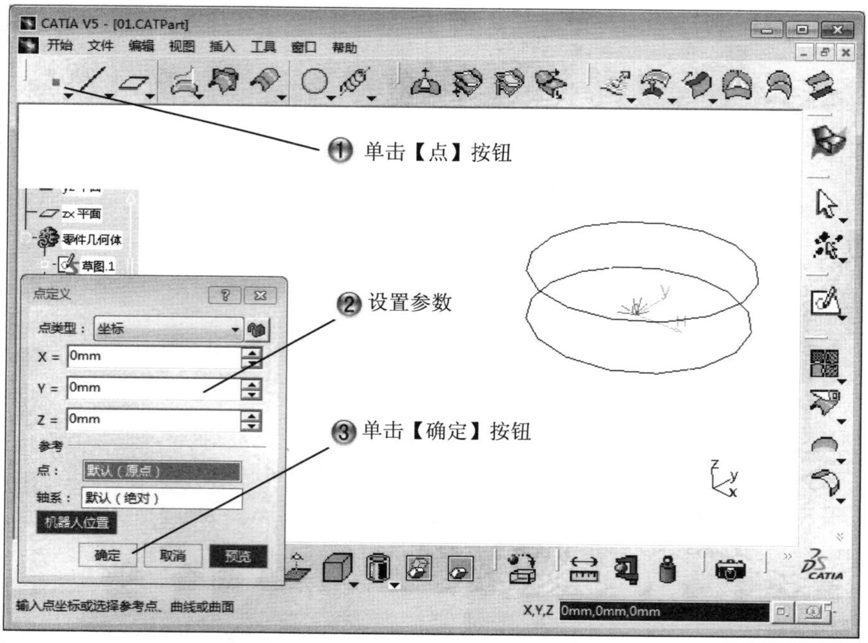

图 7-16 创建点 2

Step7 创建点 3，如图 7-17 所示。

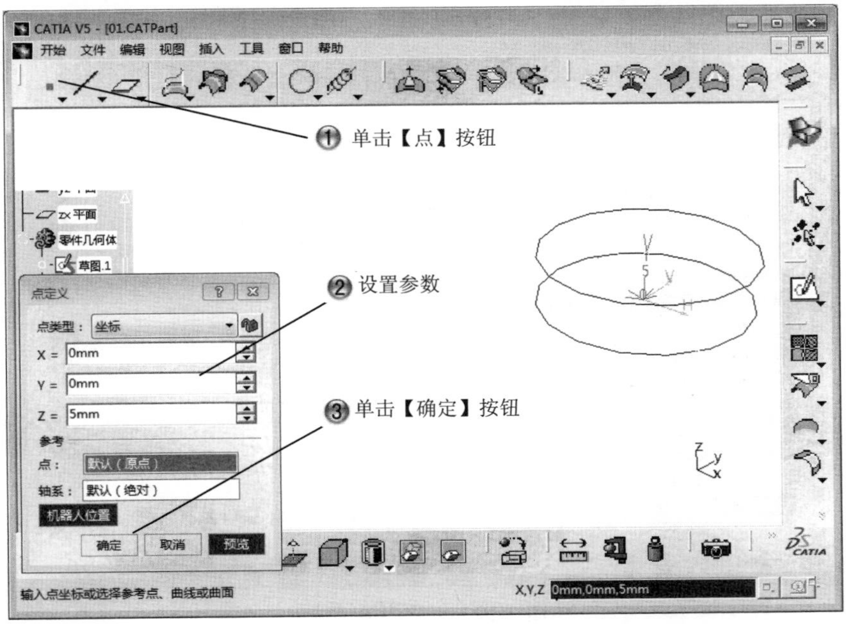

图 7-17 创建点 3

Step8 创建直线，如图 7-18 所示。

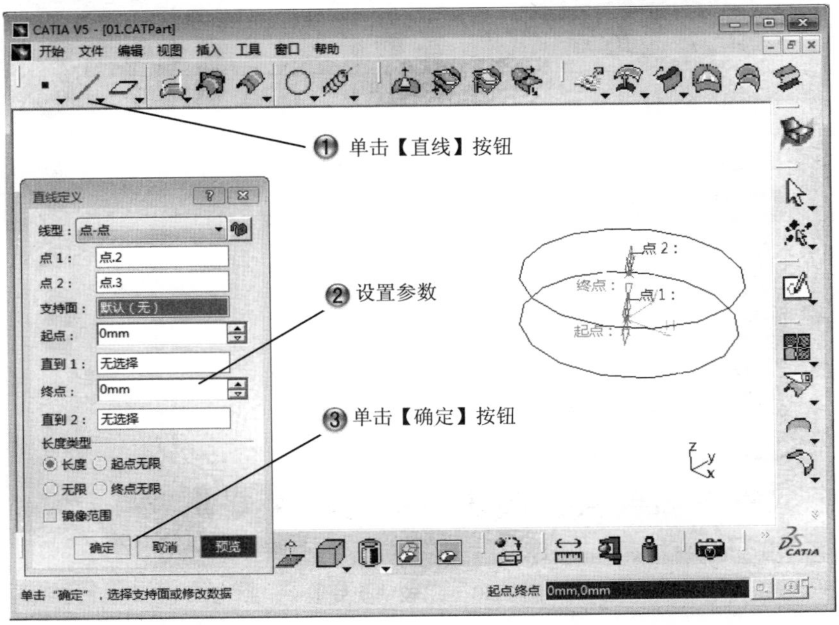

图 7-18 创建直线

Step9 创建螺旋曲线，如图 7-19 所示。

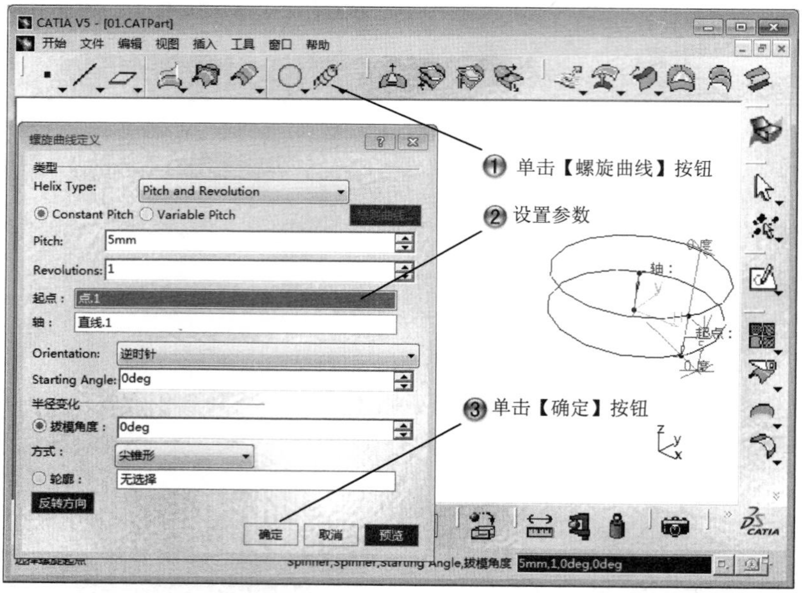

图 7-19　创建螺旋曲线

Step10 完成空间曲线，如图 7-20 所示。

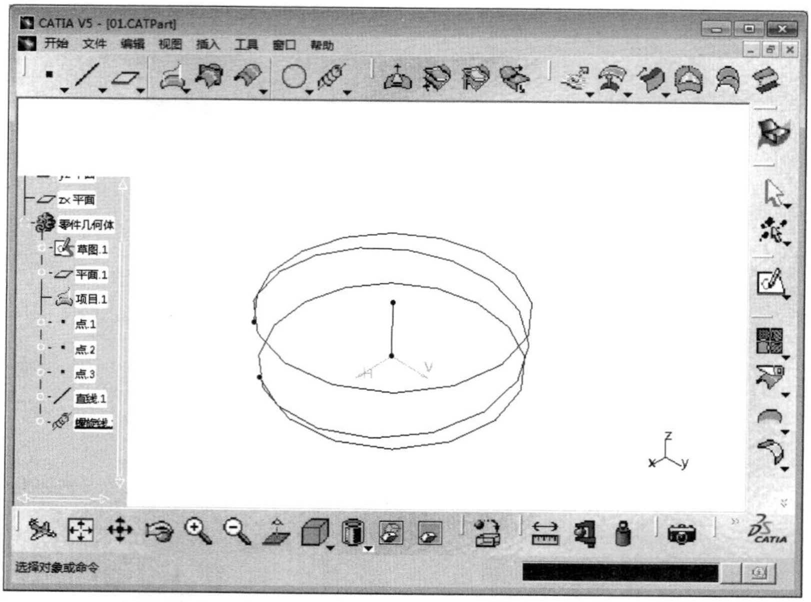

图 7-20　完成空间曲线

7.2 创建常规曲面

基本概念

创建常规曲面包括拉伸、偏置、扫掠、填充、多截面曲面和桥接曲面等内容，是在空间曲线或者平面曲线基础上进行操作，从而形成曲面特征。

课堂讲解课时：2 课时

7.2.1 设计理论

常规曲面设计是本节的核心部分，CATIA V5 提供了许多曲面设计工具，本节主要介绍通过对轮廓线进行拉伸、偏置、扫掠和填充等操作生成曲面的方法，之后介绍多截面曲面、桥接曲面等复杂曲面。单击【曲面】工具栏中的【拉伸】按钮右下角的黑色三角，展开【拉伸-旋转】工具栏，该工具栏提供了拉伸、旋转、球面、圆柱面等创建曲面工具。

7.2.2 课堂讲解

1. 创建拉伸曲面

单击【拉伸-旋转】工具栏中的【拉伸】按钮，系统弹出【拉伸曲面定义】对话框，参数设置，如图 7-21 所示。

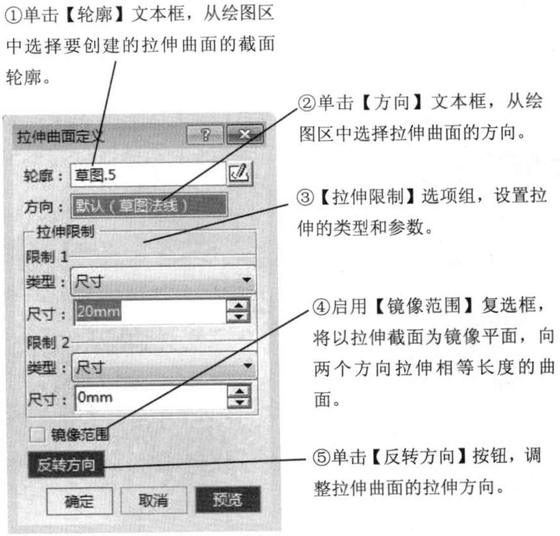
①单击【轮廓】文本框，从绘图区中选择要创建的拉伸曲面的截面轮廓。
②单击【方向】文本框，从绘图区中选择拉伸曲面的方向。
③【拉伸限制】选项组，设置拉伸的类型和参数。
④启用【镜像范围】复选框，将以拉伸截面为镜像平面，向两个方向拉伸相等长度的曲面。
⑤单击【反转方向】按钮，调整拉伸曲面的拉伸方向。
拉伸曲面定义
轮廓：草图.5
方向：默认（草图法线）
拉伸限制
限制 1
类型：尺寸
尺寸：20mm
限制 2
类型：尺寸
尺寸：0mm
镜像范围
反转方向
确定
取消
预览

图 7-21 【拉伸曲面定义】对话框

如果截面轮廓为草图轮廓，系统自动识别草图法线方向为拉伸方向。

名师点拨

单击【确定】按钮，完成拉伸曲面的创建，效果如图 7-22 所示。

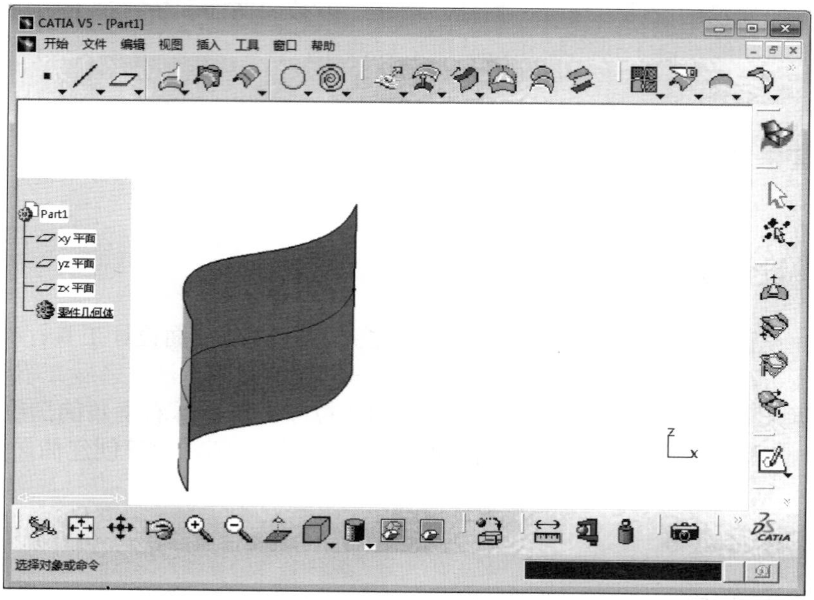

图 7-22　创建的拉伸曲面

2. 创建旋转曲面

单击【拉伸-旋转】工具栏中的【旋转】按钮，系统弹出【旋转曲面定义】对话框，参数设置，如图 7-23 所示。

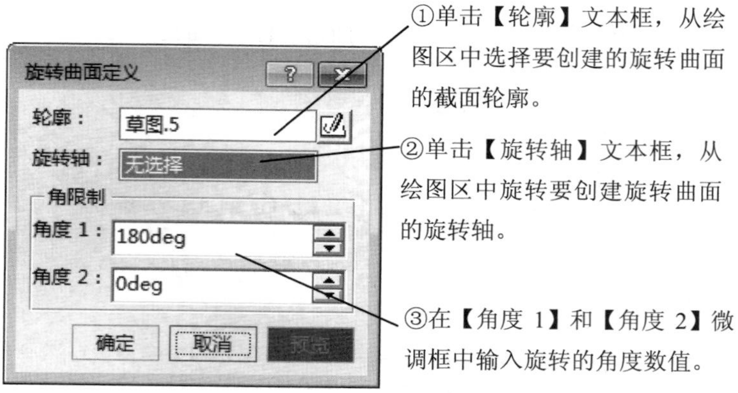

图 7-23　【旋转曲面定义】对话框

单击【旋转曲面定义】对话框中的【确定】按钮，完成旋转曲面的创建，效果如图 7-24 所示。

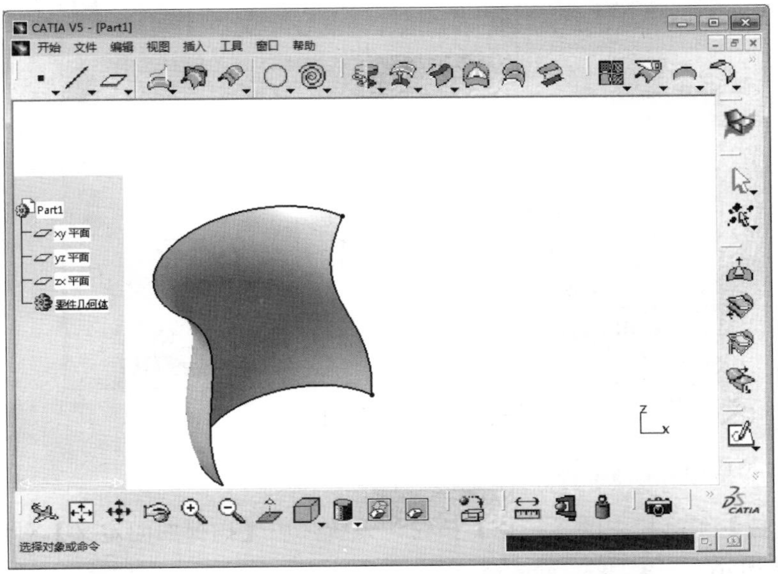

图 7-24　创建的旋转曲面

3. 创建偏置曲面

单击【偏移】工具栏中的【偏移】按钮，系统弹出【偏移曲面定义】对话框，参数设置，如图 7-25 所示。

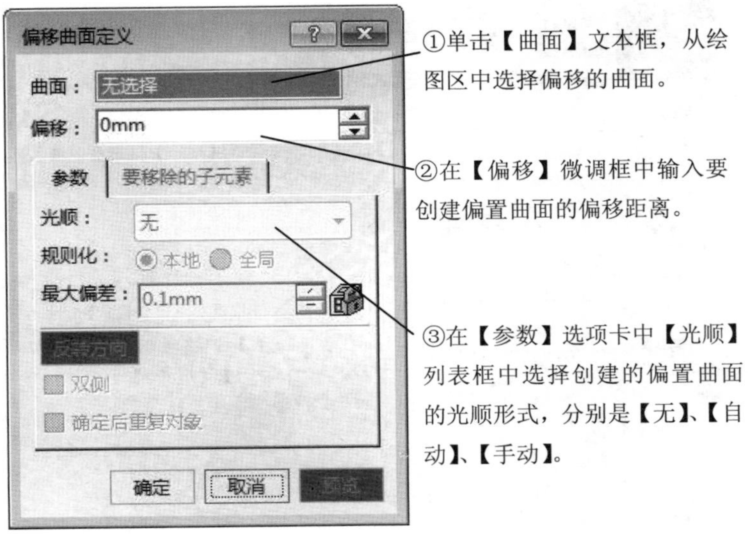

图 7-25　【偏移曲面定义】对话框

单击【偏移曲面定义】对话框中的【确定】按钮，完成偏移曲面的创建，效果如图 7-26 所示。

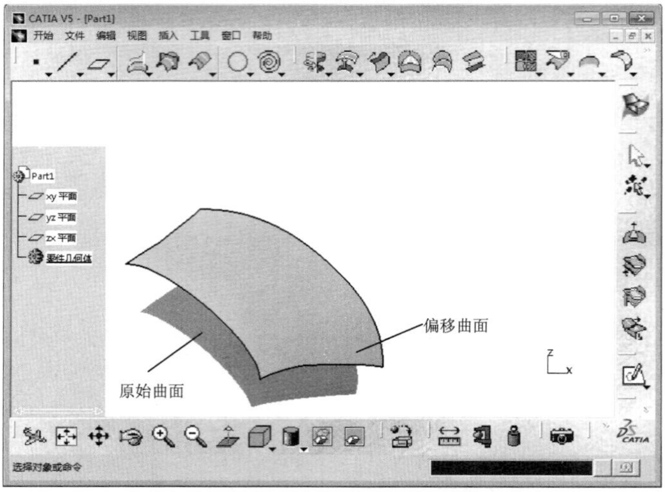

图 7-26　创建的偏移曲面

4. 创建扫掠曲面

单击【扫掠】工具栏中的【扫掠】按钮，系统弹出【扫掠曲面定义】对话框，参数设置，如图 7-27 所示。

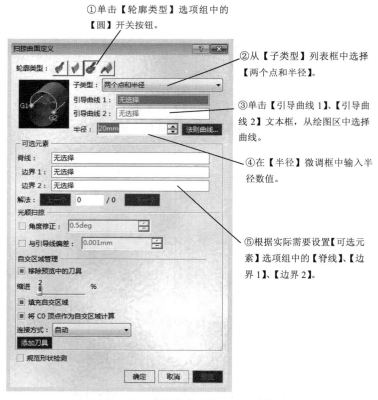

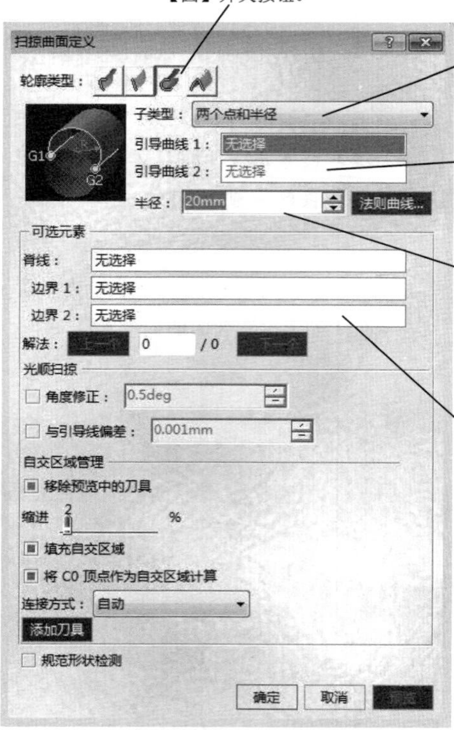

①单击【轮廓类型】选项组中的【圆】开关按钮。
②从【子类型】列表框中选择【两个点和半径】。
③单击【引导曲线 1】、【引导曲线 2】文本框，从绘图区中选择曲线。
④在【半径】微调框中输入半径数值。
⑤根据实际需要设置【可选元素】选项组中的【脊线】、【边界 1】、【边界 2】。

图 7-27　【扫掠曲面定义】对话框

【半径】数值需大于两条引导曲线之间距离的一半。

名师点拨

单击【扫掠曲面定义】对话框中的【确定】按钮，完成扫掠曲线的创建，效果如图 7-28 所示。

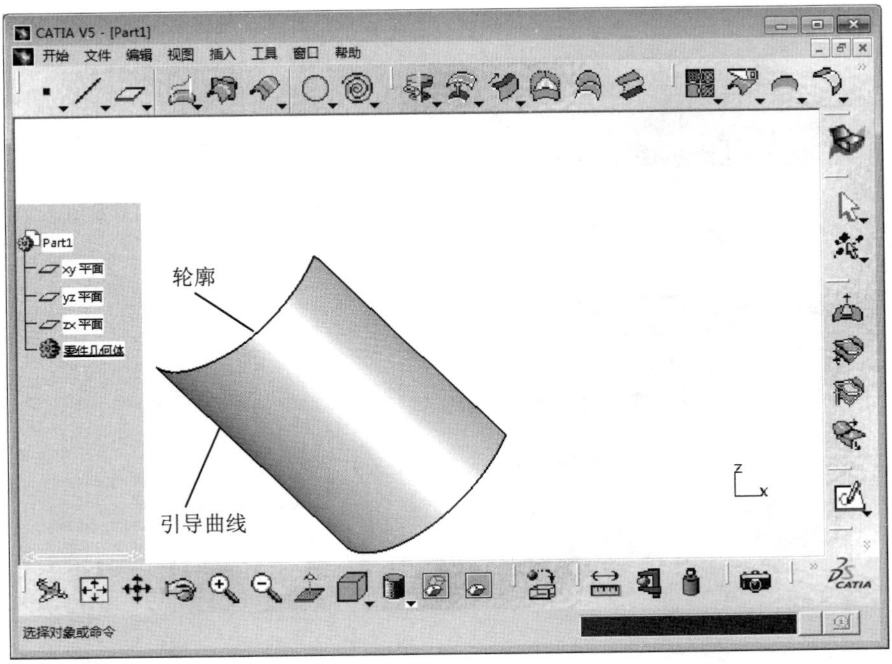

图 7-28　创建的扫掠曲线

5. 创建填充曲面

单击【曲面】工具栏中的【填充】按钮，系统弹出【填充曲面定义】对话框，参数设置，如图 7-29 所示。

单击【填充曲面定义】对话框中的【确定】按钮，完成填充曲面的创建，效果如图 7-30 所示。

6. 创建多截面曲面

单击【曲面】工具栏中的【多截面曲面】按钮，系统弹出【多截面曲面定义】对话框，参数设置，如图 7-31 所示。

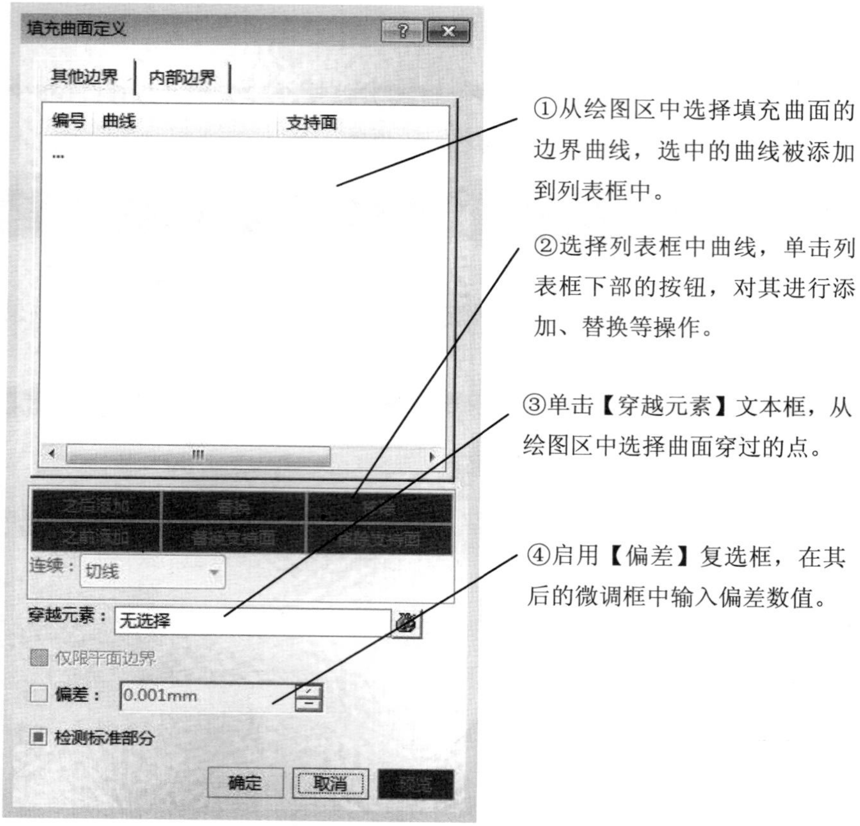
填充曲面定义
其他边界
内部边界
编号
曲线
支持面
连续：
切线
穿越元素：
无选择
仅限平面边界
偏差：
0.001mm
检测标准部分
确定
取消
①从绘图区中选择填充曲面的边界曲线，选中的曲线被添加到列表框中。
②选择列表框中曲线，单击列表框下部的按钮，对其进行添加、替换等操作。
③单击【穿越元素】文本框，从绘图区中选择曲面穿过的点。
④启用【偏差】复选框，在其后的微调框中输入偏差数值。

图 7-29　【填充曲面定义】对话框

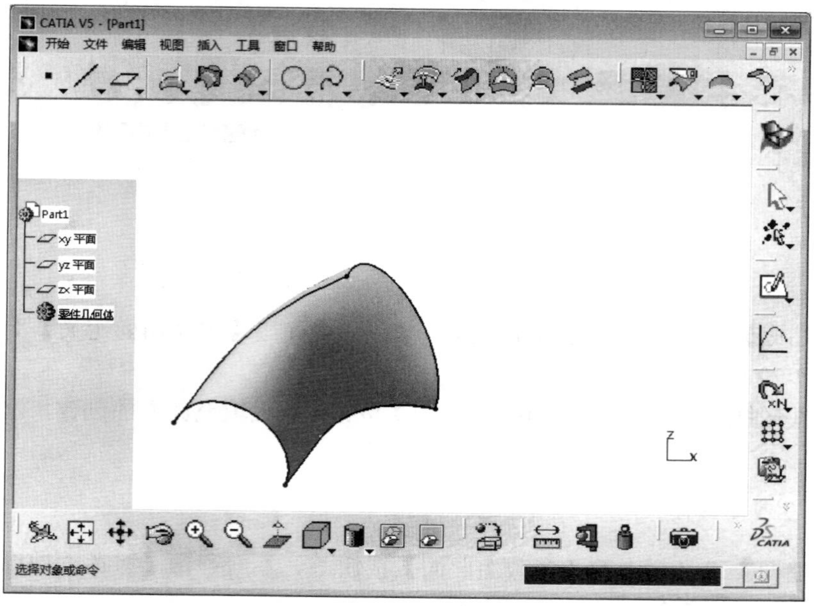
CATIA V5 - [Part1]
开始
文件
编辑
视图
插入
工具
窗口
帮助
Part1
xy 平面
yz 平面
zx 平面
零件几何体
选择对象或命令

图 7-30　创建的填充曲面

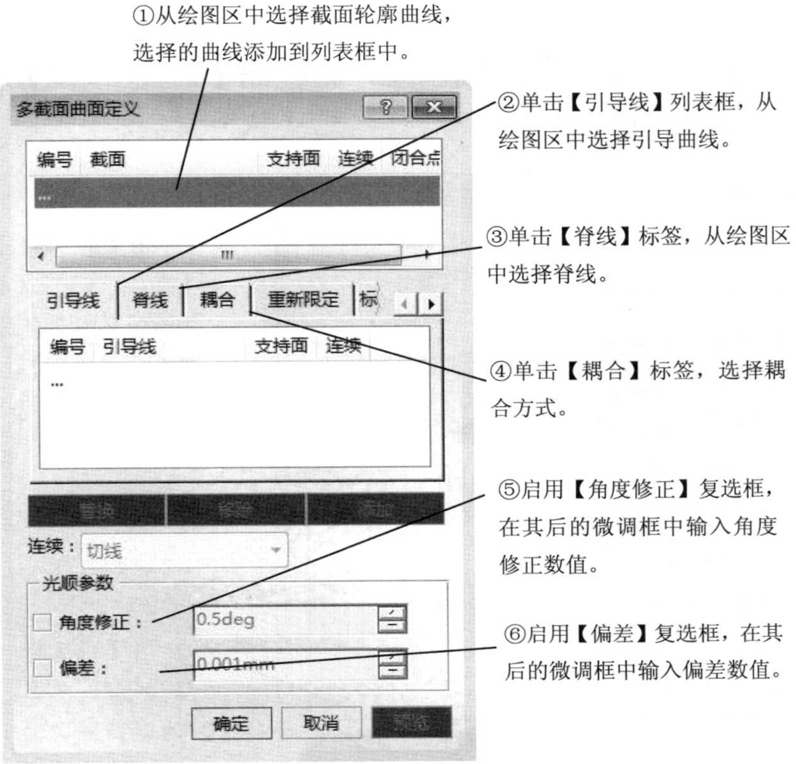
①从绘图区中选择截面轮廓曲线，选择的曲线添加到列表框中。
多截面曲面定义
编号 截面 支持面 连续 闭合点
引导线 脊线 耦合 重新限定 标
编号 引导线 支持面 连续
连续： 切线
光顺参数
角度修正： 0.5deg
偏差： 0.001mm
确定 取消
②单击【引导线】列表框，从绘图区中选择引导曲线。
③单击【脊线】标签，从绘图区中选择脊线。
④单击【耦合】标签，选择耦合方式。
⑤启用【角度修正】复选框，在其后的微调框中输入角度修正数值。
⑥启用【偏差】复选框，在其后的微调框中输入偏差数值。

图 7-31 【多截面曲面定义】对话框

单击【多截面曲面定义】对话框中的【确定】按钮，完成多截面曲面的创建，效果如图 7-32 所示。

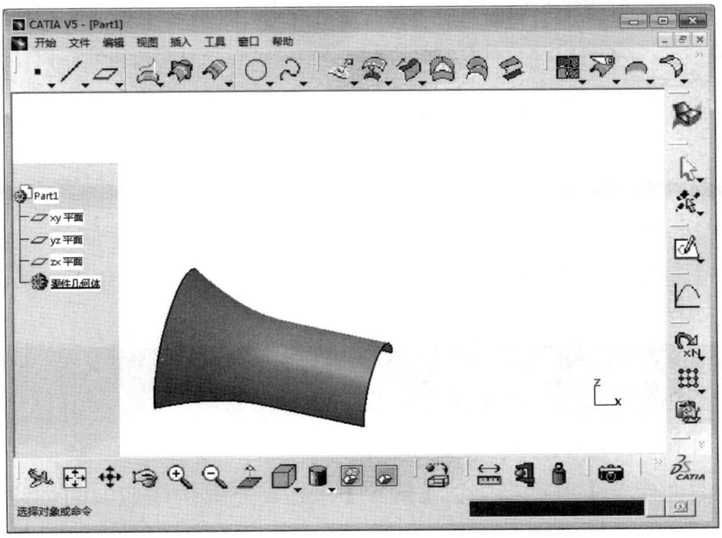
CATIA V5 - [Part1]
开始 文件 编辑 视图 插入 工具 窗口 帮助
Part1
xy 平面
yz 平面
zx 平面
零件几何体
选择对象或命令

图 7-32 创建的多截面曲面

7. 创建桥接曲面

单击【曲面】工具栏中的【桥接】按钮，系统弹出【桥接曲面定义】对话框，参数设置，如图 7-33 所示。

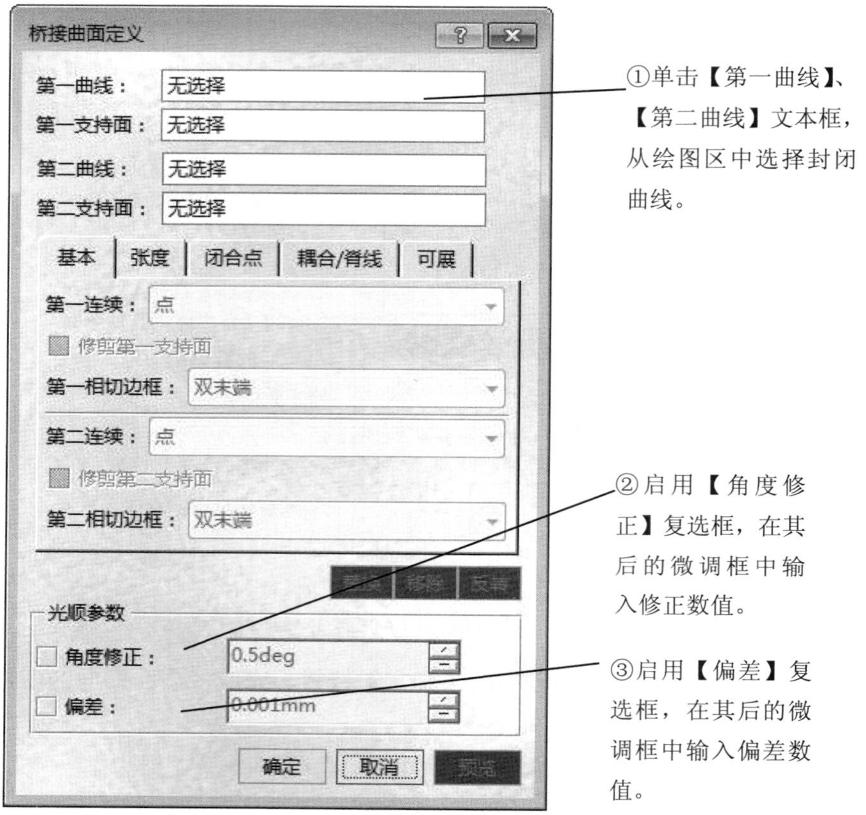

图 7-33　【桥接曲面定义】对话框

桥接曲面的创建方法为曲线之间的桥接曲面、封闭轮廓之间的桥接曲面、耦合桥接曲面，根据创建的桥接曲面，需要在基本、张度、闭合点、耦合/脊线、可展等选项卡中设置相应的参数。

名师点拨

单击【桥接曲面定义】对话框中的【确定】按钮，完成桥接曲面的创建，效果如图 7-34 所示。

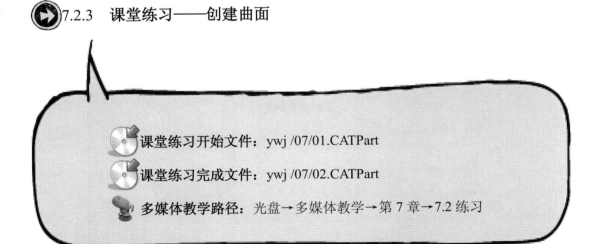

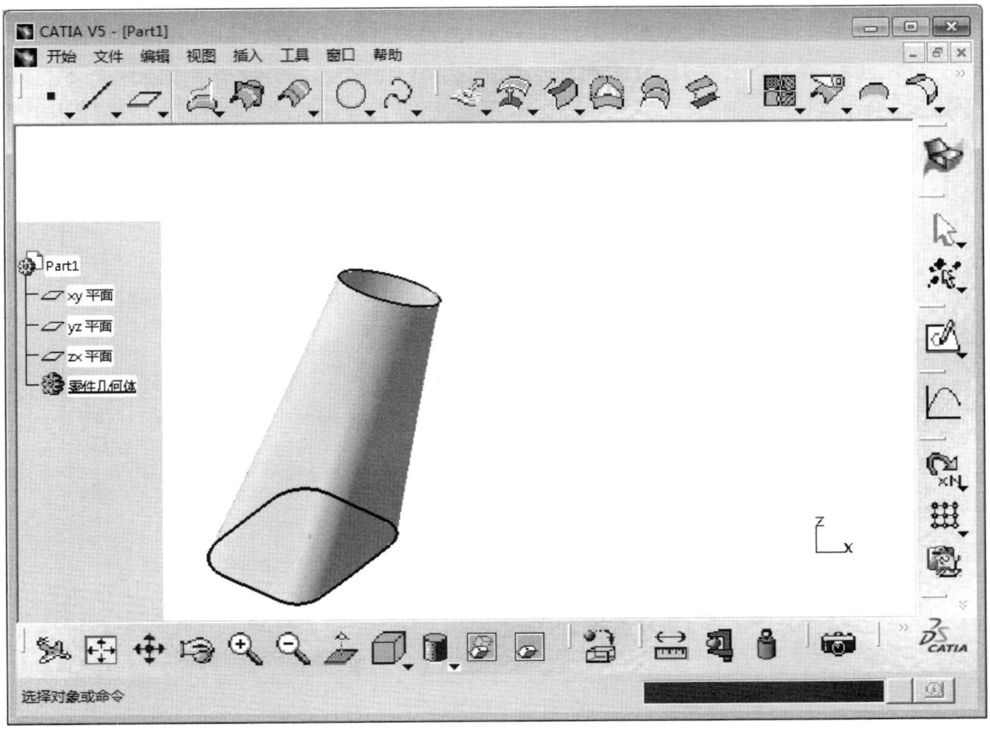

图 7-34　创建的桥接曲面

7.2.3　课堂练习——创建曲面

课堂练习开始文件： ywj /07/01.CATPart

课堂练习完成文件： ywj /07/02.CATPart

多媒体教学路径： 光盘→多媒体教学→第 7 章→7.2 练习

Step1 打开零件，如图 7-35 所示。

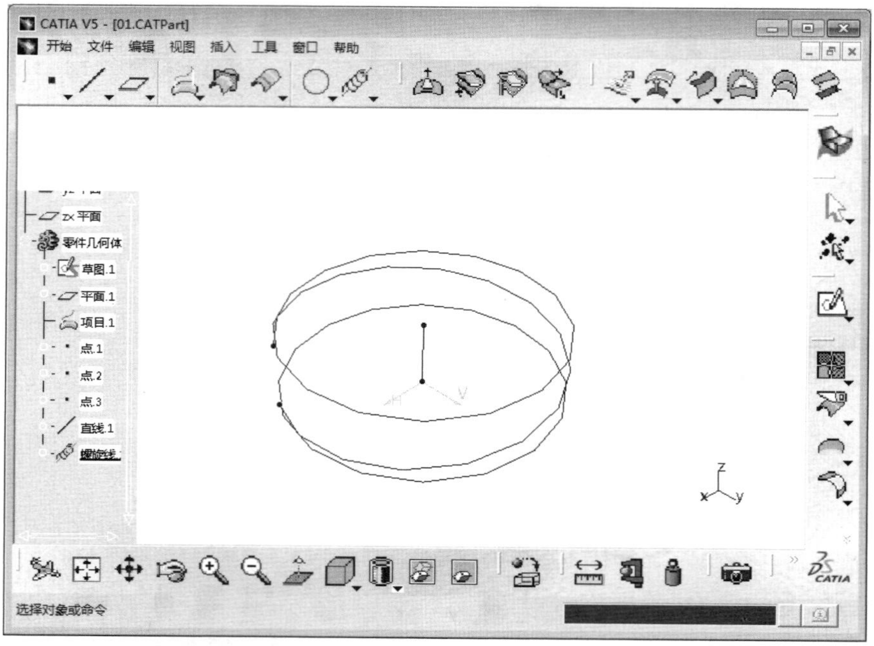

图 7-35 打开零件

Step2 创建拉伸曲面，如图 7-36 所示。

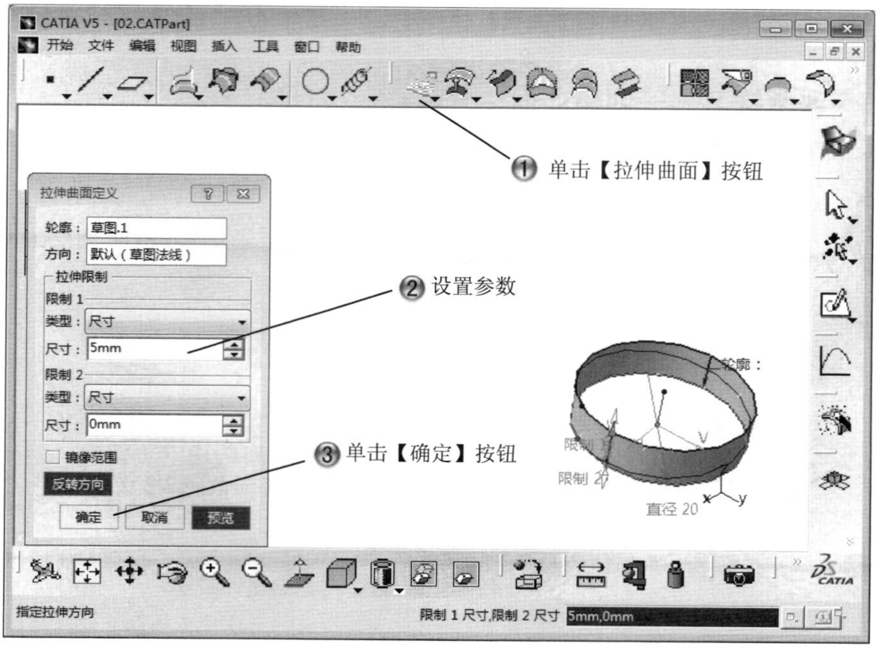

图 7-36 创建拉伸曲面

Step3 创建偏移曲面，如图 7-37 所示。

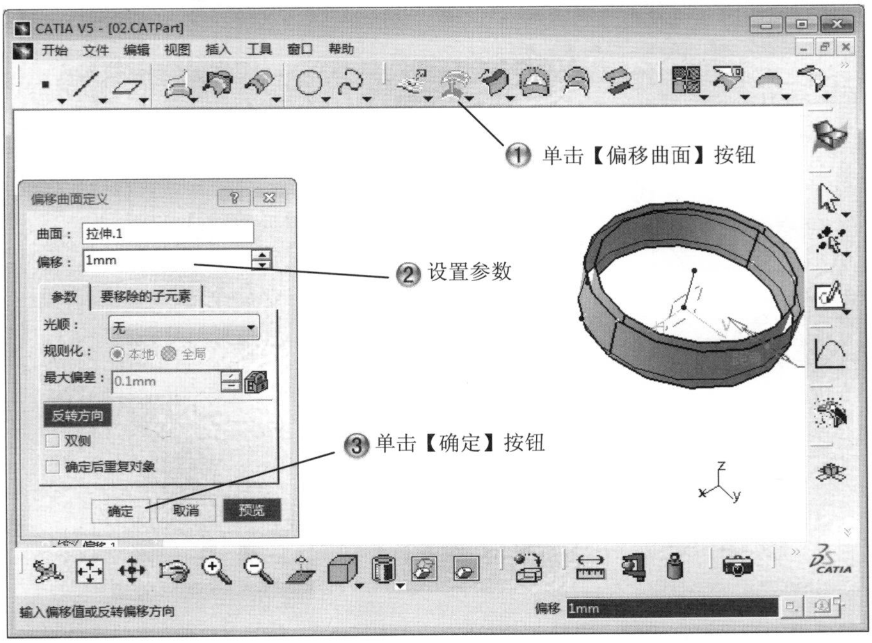

图 7-37 创建偏移曲面

Step4 创建填充曲面，如图 7-38 所示。

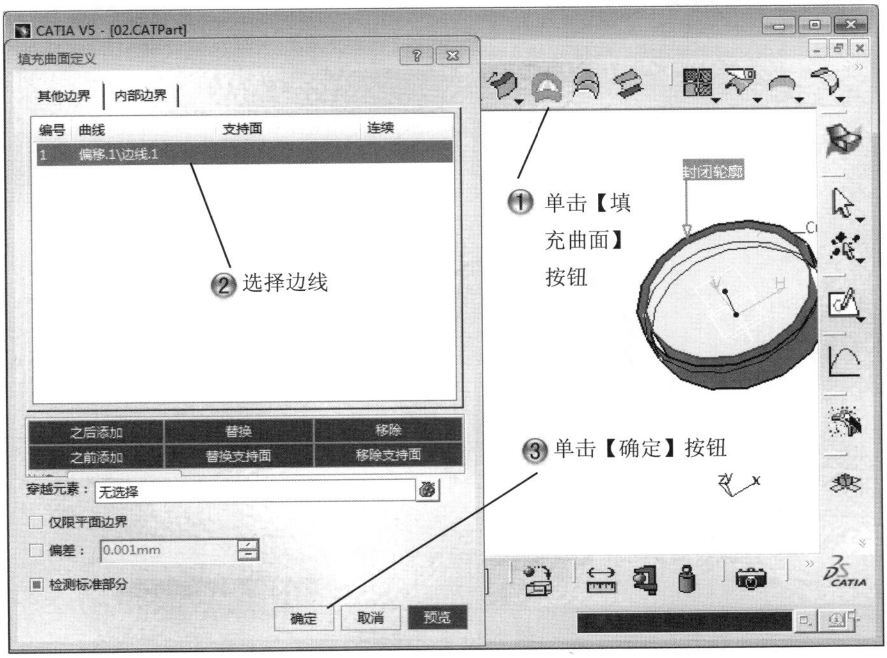

图 7-38 创建填充曲面

Step5 选择草绘面，如图 7-39 所示。

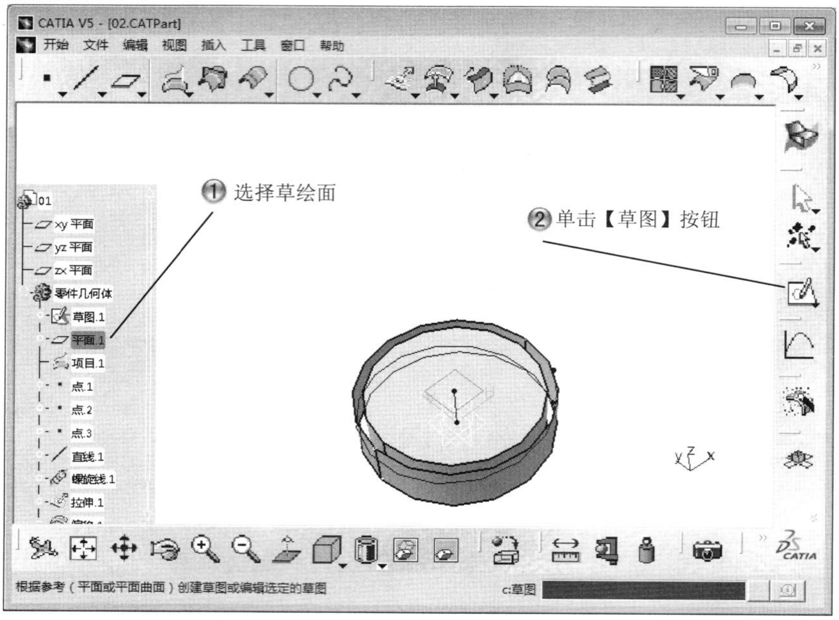

图 7-39　选择草绘面

Step6 绘制圆形，如图 7-40 示。

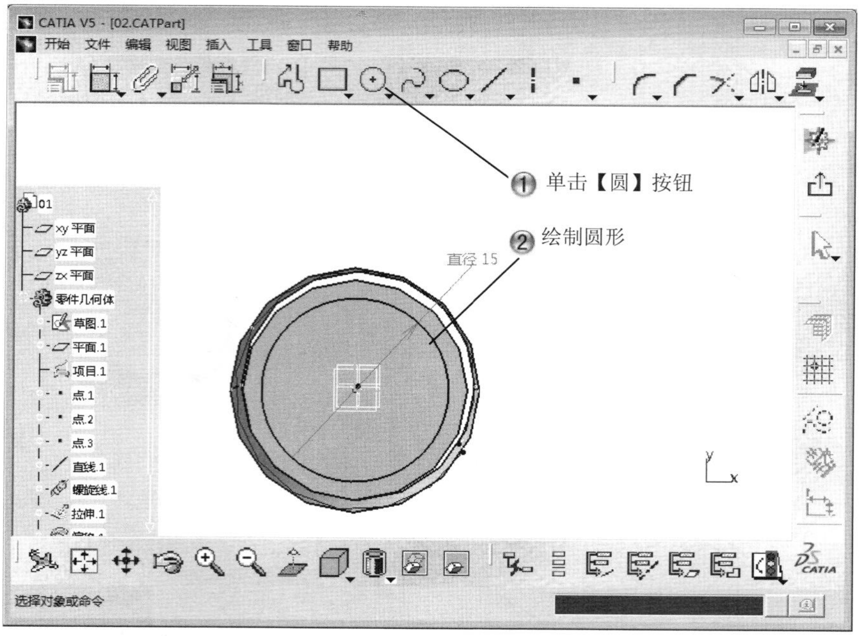

图 7-40 绘制圆形

Step7 创建拉伸曲面，如图 7-41 所示。

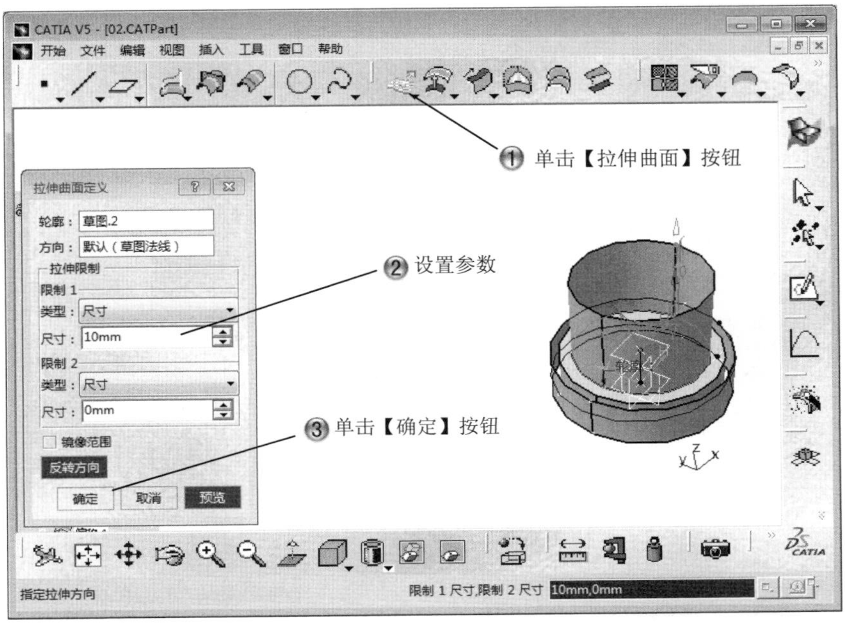
① 单击【拉伸曲面】按钮
② 设置参数
③ 单击【确定】按钮

图 7-41　创建拉伸曲面

Step8 创建平面，如图 7-42 所示。

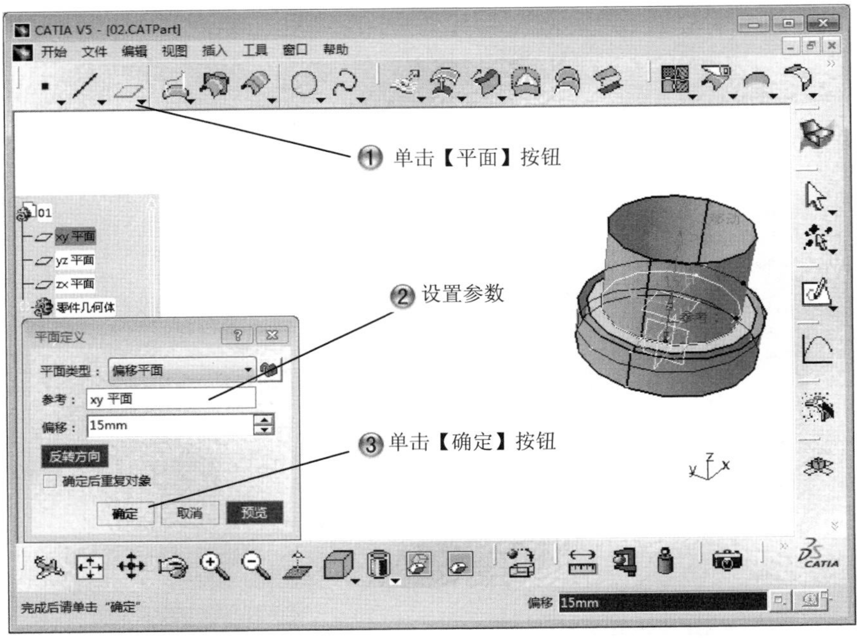
① 单击【平面】按钮
② 设置参数
③ 单击【确定】按钮

图 7-42　创建平面

Step9 选择草绘面，如图 7-43 所示。

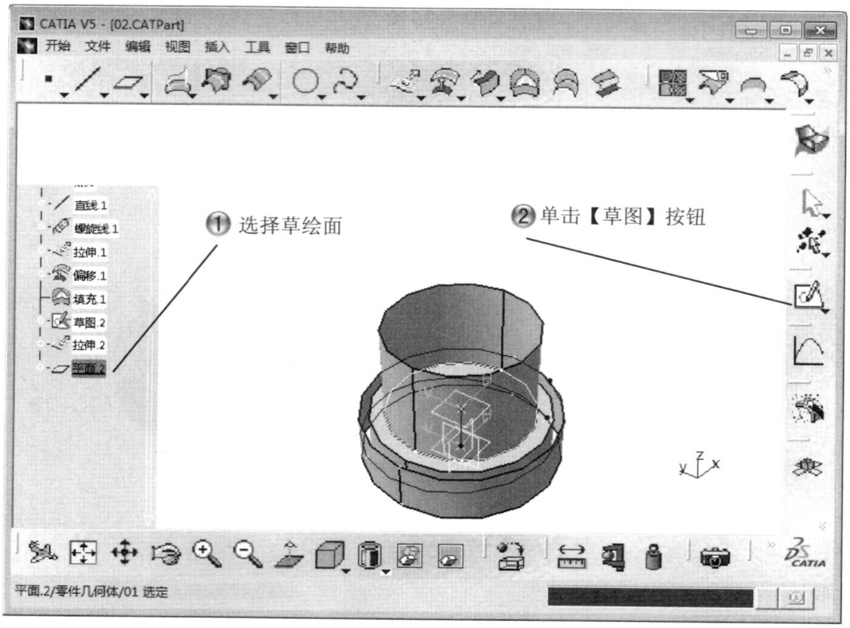

图 7-43　选择草绘面

Step10 绘制六边形，如图 7-44 所示。

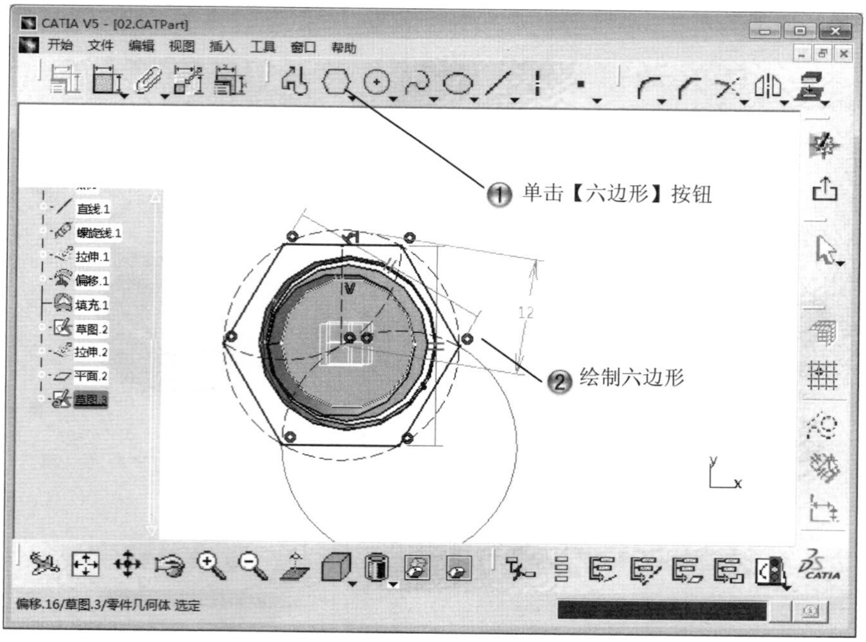

图 7-44　绘制六边形

Step11 创建拉伸曲面，如图 7-45 所示。

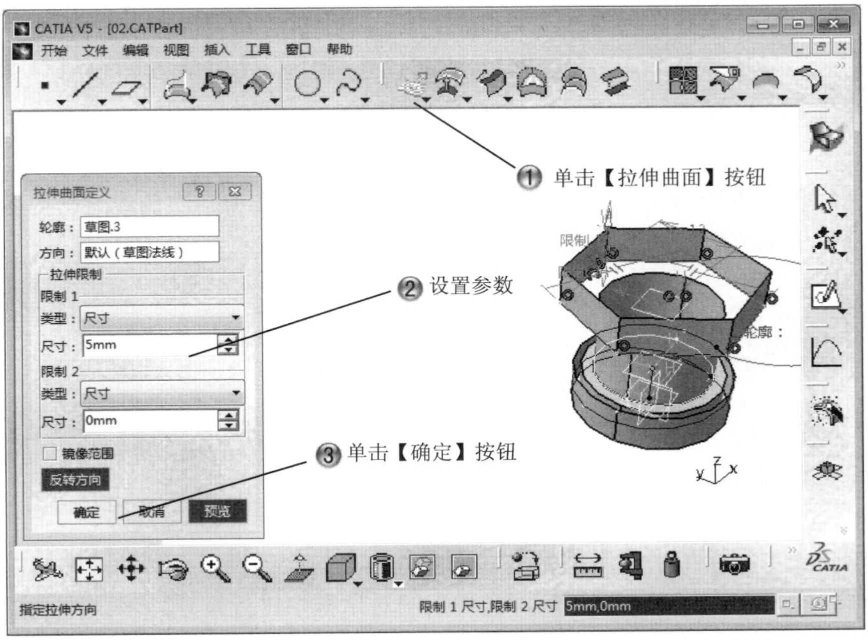

图 7-45 创建拉伸曲面

Step12 完成曲面创建，如图 7-46 所示。

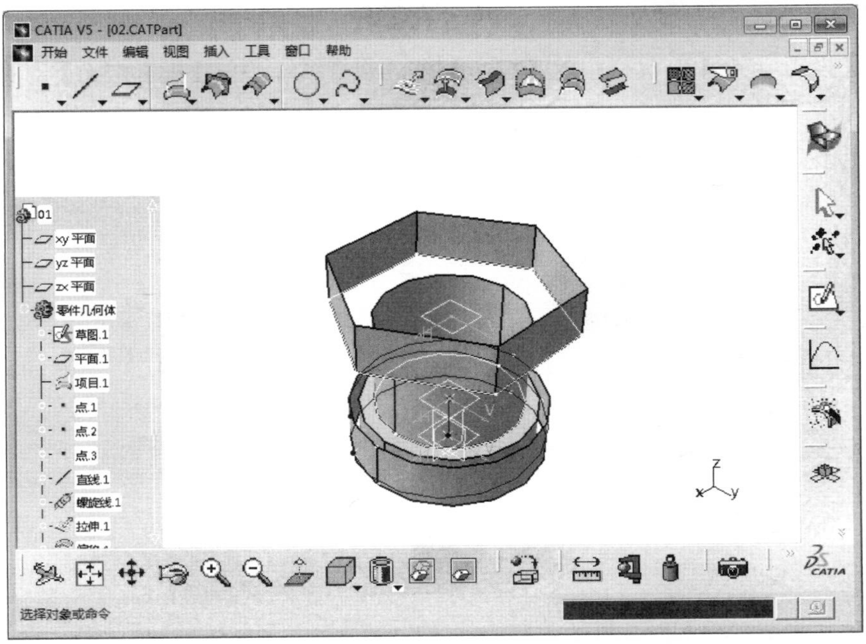

图 7-46 完成曲面创建

7.3 编辑曲线

基本概念

编辑曲线包括投影曲线、平行曲线、圆、圆角连接曲线和二次曲线这些内容，是在原有曲线的基础上生成新的曲线特征。

课堂讲解课时：2 课时

7.3.1 设计理论

曲线编辑命令按钮位于【线框】工具栏中，该工具栏提供了多种曲线编辑工具。编辑曲线的操作一般是在选择命令按钮后，在弹出的对话框中进行设置。

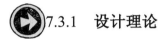

7.3.2 课堂讲解

1. 投影曲线

单击【投影-混合】工具栏中的【投影】按钮，系统弹出【投影定义】对话框，参数设置，如图 7-47 所示。

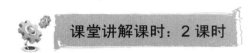

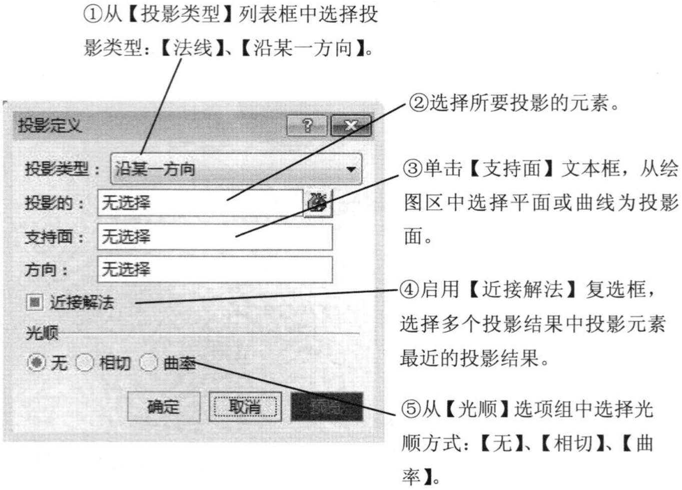

①从【投影类型】列表框中选择投影类型：【法线】、【沿某一方向】。
②选择所要投影的元素。
③单击【支持面】文本框，从绘图区中选择平面或曲线为投影面。
④启用【近接解法】复选框，选择多个投影结果中投影元素最近的投影结果。
⑤从【光顺】选项组中选择光顺方式：【无】、【相切】、【曲率】。
投影定义
投影类型：
沿某一方向
投影的：
无选择
支持面：
无选择
方向：
无选择
近接解法
光顺
无
相切
曲率
确定
取消

图 7-47 【投影定义】对话框

单击【投影定义】对话框中的【确定】按钮，完成投影的创建，效果如图 7-48 所示。

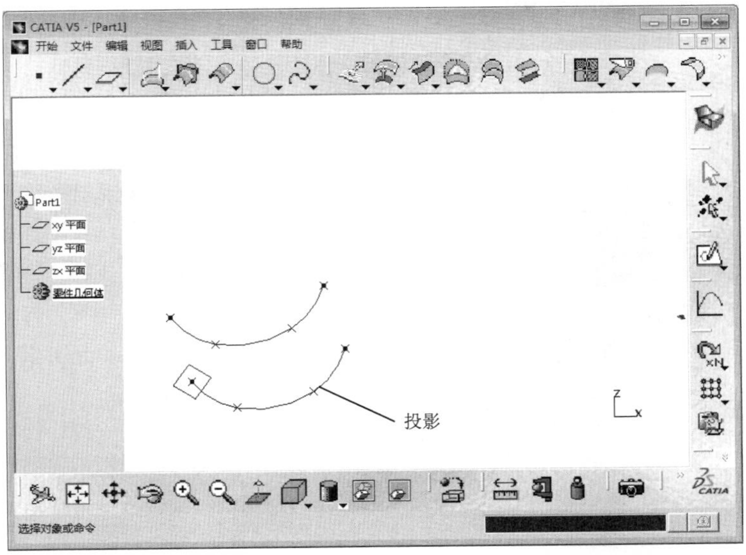
CATIA V5 - [Part1]
开始 文件 编辑 视图 插入 工具 窗口 帮助
Part1
xy 平面
yz 平面
zx 平面
零件几何体
投影
选择对象或命令

图 7-48　创建的投影

2. 创建平行曲线

单击【偏置曲线】工具栏中的【平行曲线】按钮，系统弹出【平行曲线定义】对话框，参数设置，如图 7-49 所示。

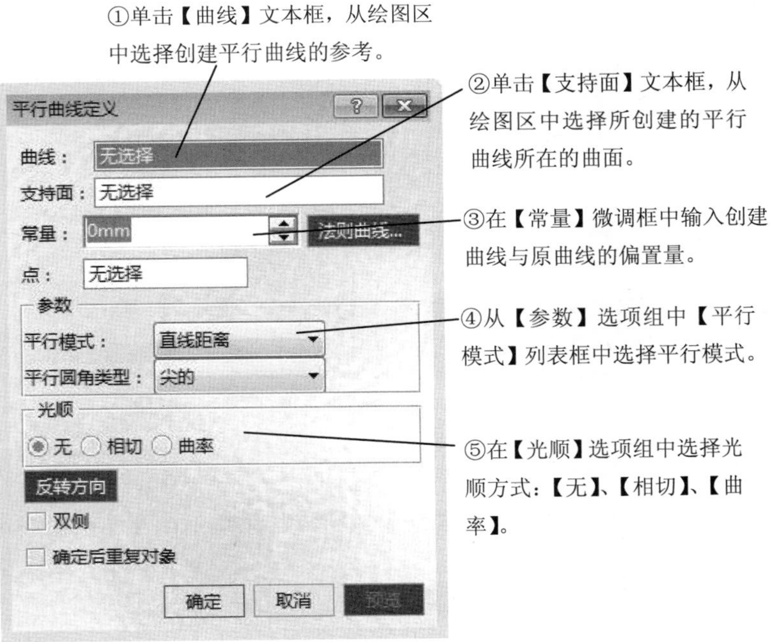
①单击【曲线】文本框，从绘图区中选择创建平行曲线的参考。
②单击【支持面】文本框，从绘图区中选择所创建的平行曲线所在的曲面。
③在【常量】微调框中输入创建曲线与原曲线的偏置量。
④从【参数】选项组中【平行模式】列表框中选择平行模式。
⑤在【光顺】选项组中选择光顺方式：【无】、【相切】、【曲率】。
平行曲线定义
曲线： 无选择
支持面： 无选择
常量： 0mm
法则曲线...
点： 无选择
参数
平行模式： 直线距离
平行圆角类型： 尖的
光顺
无 相切 曲率
反转方向
双侧
确定后重复对象
确定 取消 预览

图 7-49　【平行曲线定义】对话框

【直线距离】就是指两曲线之间的距离都尽可能为最短距离；【测地距离】就是在考虑到支持面曲率的情况下，两曲线之间的距离将尽可能为最短距离。如果选择【直线距离】模式时，又可以在【平行圆角类型】下拉列表框中选择【尖的】或【圆的】两种圆角类型，【尖的】表示平行曲线考虑初始曲线中的角度；【圆的】表示按照在圆角操作的方法将平行曲线修圆。

名师点拨

单击【平行曲线定义】对话框中的【确定】按钮，完成平行曲线的创建，效果如图 7-50 所示。

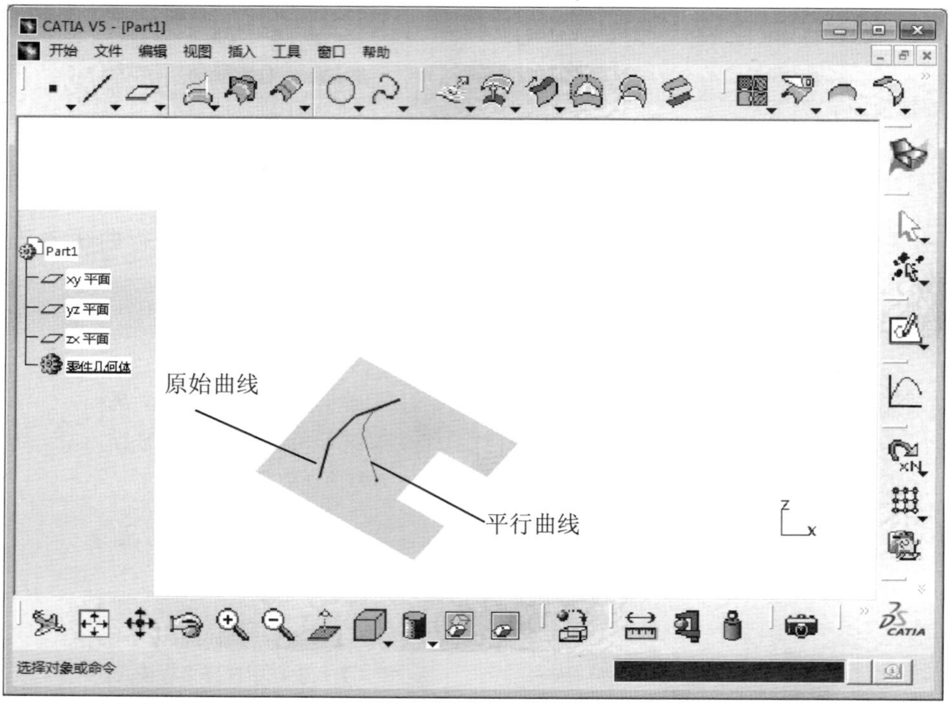

图 7-50　创建的平行曲线

3. 创建连接曲线

单击【圆-圆锥】工具栏中的【连接曲线】按钮，系统弹出【连接曲线定义】对话框，参数设置，如图 7-51 所示。

单击【连接曲线定义】对话框中的【确定】按钮，完成连接曲线的创建，效果如图 7-52 所示。

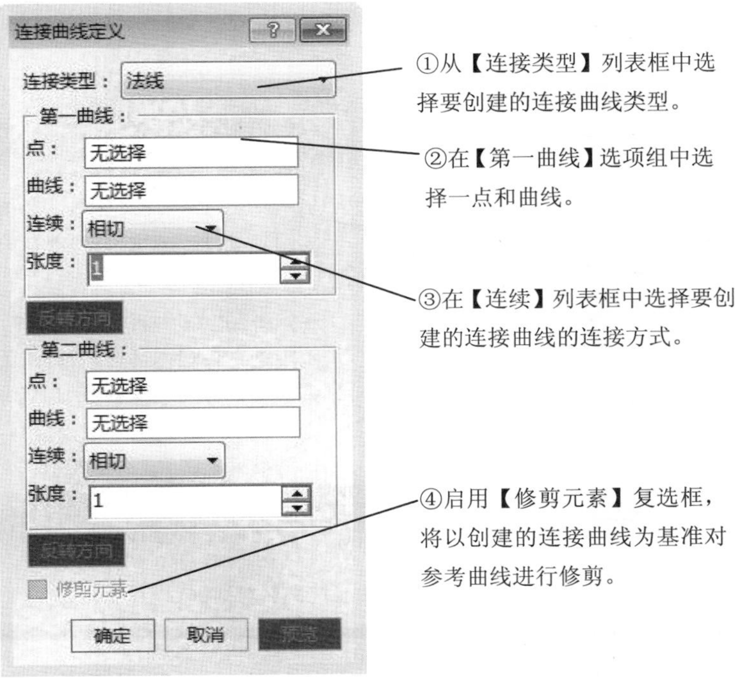

图 7-51 【连接曲线定义】对话框

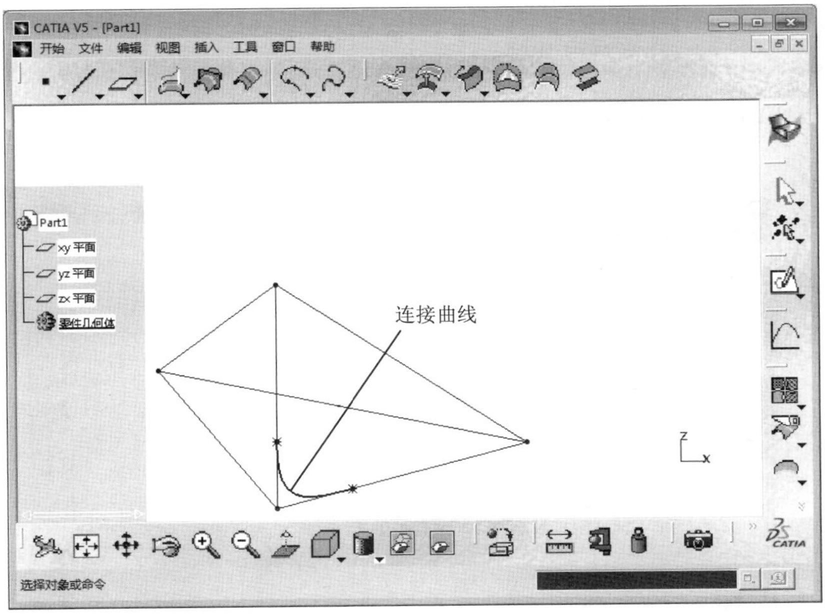

图 7-52 创建的连接曲线

4. 创建二次曲线

单击【圆-圆锥】工具栏中的【二次曲线】按钮，系统弹出【二次曲线定义】对话框，参数设置，如图 7-53 所示。

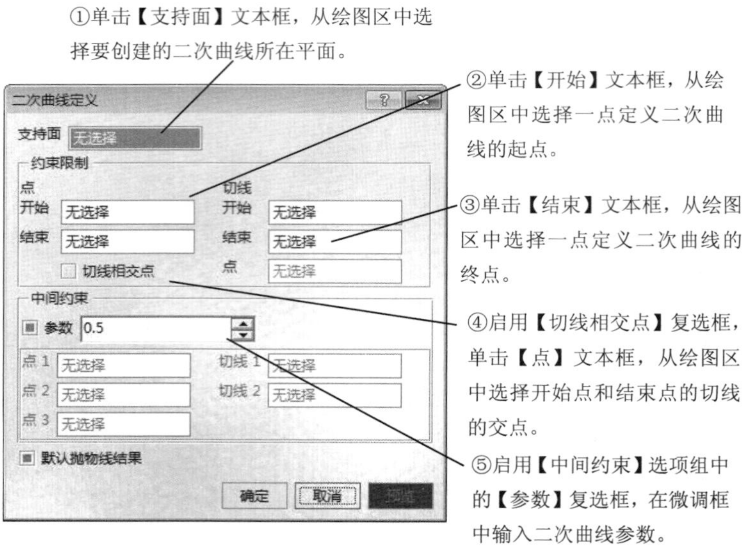
①单击【支持面】文本框，从绘图区中选择要创建的二次曲线所在平面。
②单击【开始】文本框，从绘图区中选择一点定义二次曲线的起点。
③单击【结束】文本框，从绘图区中选择一点定义二次曲线的终点。
④启用【切线相交点】复选框，单击【点】文本框，从绘图区中选择开始点和结束点的切线的交点。
⑤启用【中间约束】选项组中的【参数】复选框，在微调框中输入二次曲线参数。
二次曲线定义
支持面
无选择
约束限制
点
开始
结束
切线
切线相交点
中间约束
参数
0.5
点 1
点 2
点 3
切线 1
切线 2
默认抛物线结果
确定
取消
预览

图 7-53　【二次曲线定义】对话框

> 如果取消启用【切线相交点】复选框，也需要定义开始和结束点的切线，即单击【开始】和【结束】文本框，从绘图区中选择直线。
>
> **名师点拨**

单击【二次曲线定义】对话框中的【确定】按钮，完成二次曲线的创建，效果如图 7-54 所示。

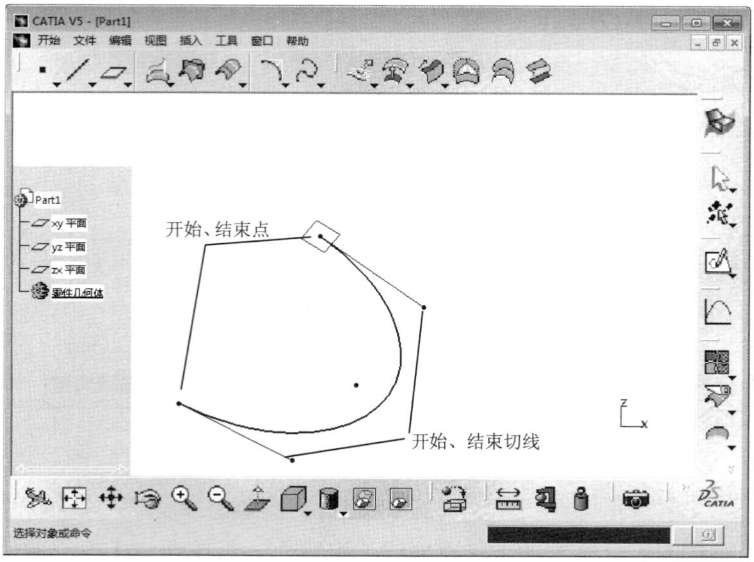
CATIA V5 - [Part1]
开始 文件 编辑 视图 插入 工具 窗口 帮助
Part1
xy 平面
yz 平面
zx 平面
零件几何体
开始、结束点
开始、结束切线
选择对象或命令

图 7-54　创建的二次曲线

7.3.3 课堂练习——编辑曲线

课堂练习开始文件：ywj /07/02.CATPart

课堂练习完成文件：ywj /07/03.CATPart

多媒体教学路径：光盘→多媒体教学→第 7 章→7.3 练习

Step1 打开曲面零件，如图 7-55 所示。

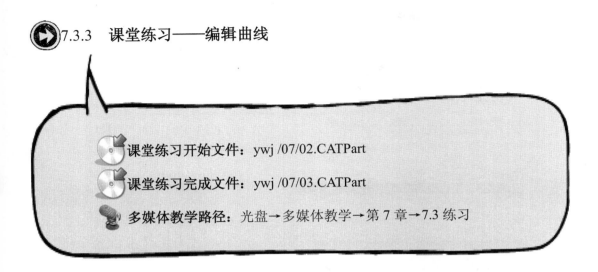

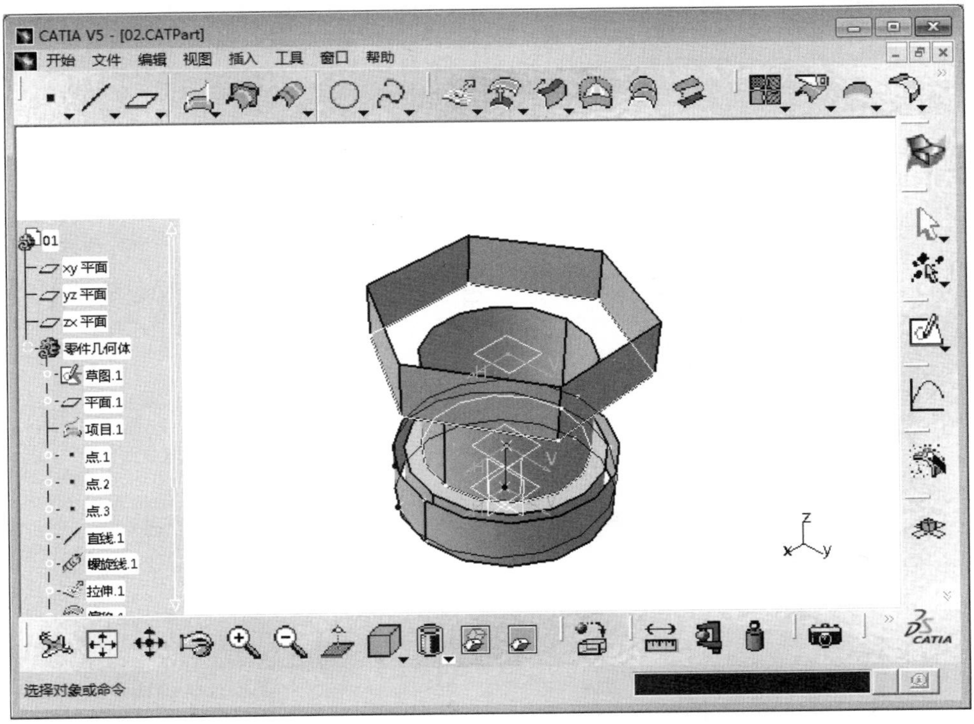

图 7-55 打开曲面零件

Step2 创建填充曲面，如图 7-56 所示。

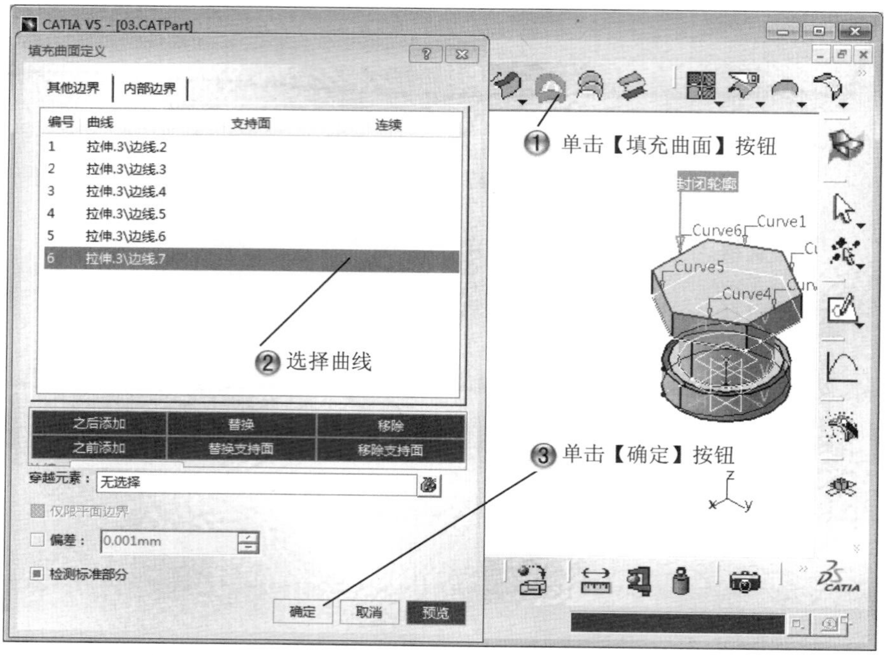

图 7-56　创建填充曲面

Step3 创建投影曲线，如图 7-57 所示。

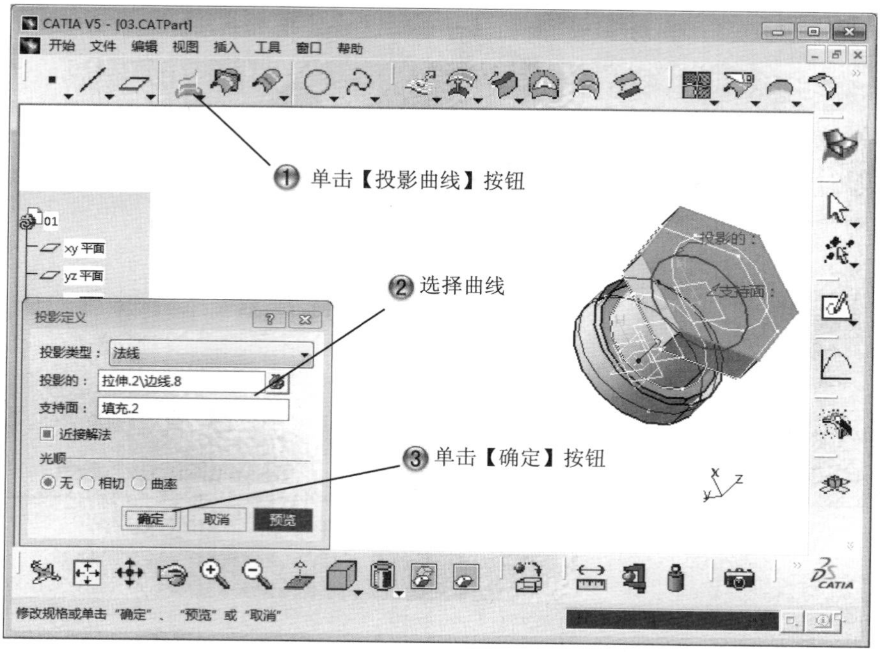

图 7-57　创建投影曲线

Step4 桥接曲面，如图 7-58 所示。

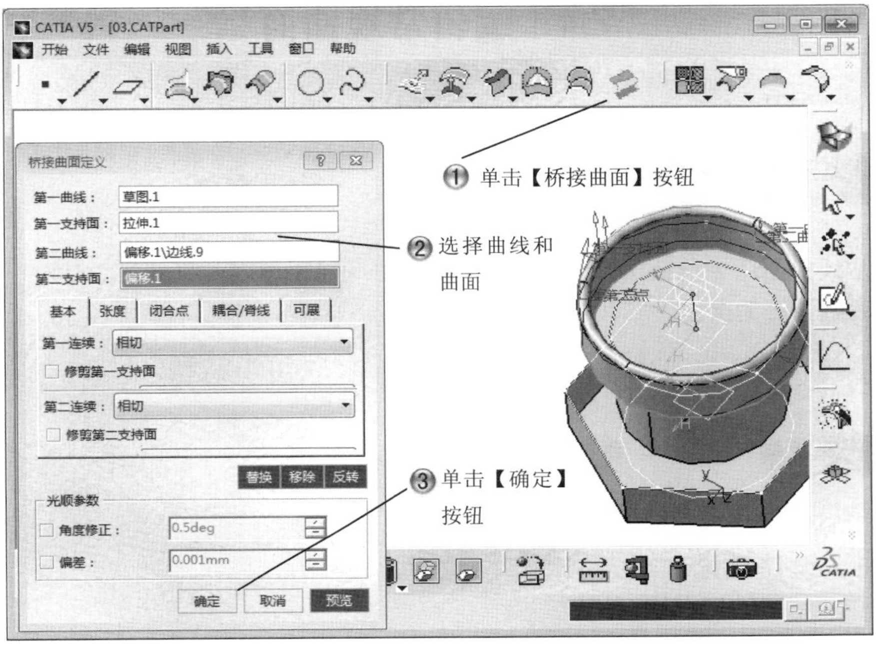

图 7-58 桥接曲面

Step5 完成曲面零件，如图 7-59 所示。

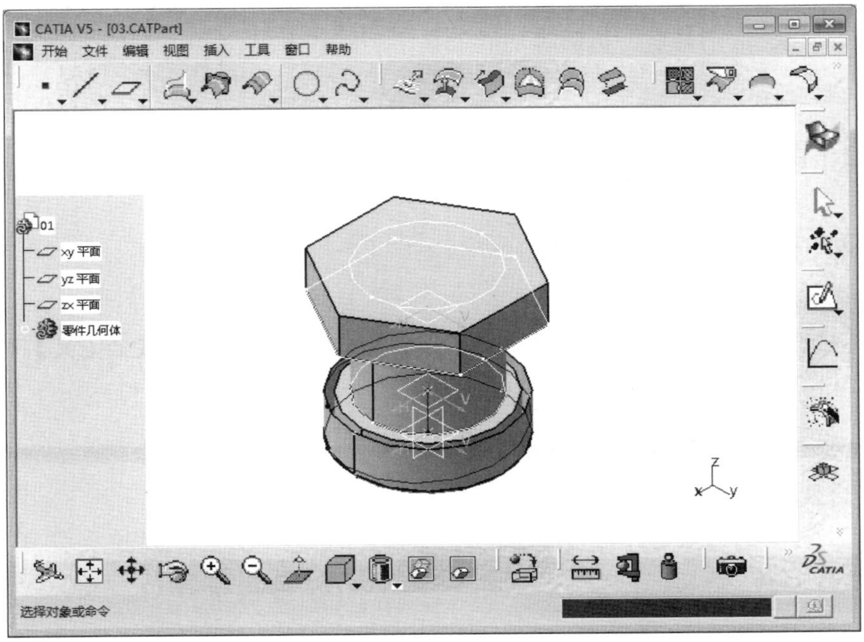

图 7-59 完成曲面零件

7.4 编辑常规曲面

基本概念

编辑常规曲面命令包括接合、分割、边界、圆角、平移以及延伸等，是对已创建曲面的修剪或者融合等的操作。

课堂讲解课时：2 课时

7.4.1 设计理论

一个做好的曲面不是孤立的，往往会与其他几何元素发生关系，而且曲面本身也需要不断地修改以满足下一步造型的需要，这就需要对曲面进行编辑。本节将介绍几种常见的曲面编辑方法：接合、分割、边界、圆角、平移以及延伸等。单击【操作】工具栏中的【接合】按钮右下黑色三角，展开【接合-修复】工具栏，该工具栏提供了接合、修复、曲线光顺、曲面简化、取消修剪、拆解等功能工具。

7.4.2 课堂讲解

1. 曲面编辑

（1）创建接合曲面

单击【接合-修复】工具栏中的【接合】按钮，系统弹出的【接合定义】对话框，参数设置，如图 7-60 所示。

> 接合就是对曲面和曲线等几何图元进行连接。
>
> 名师点拨

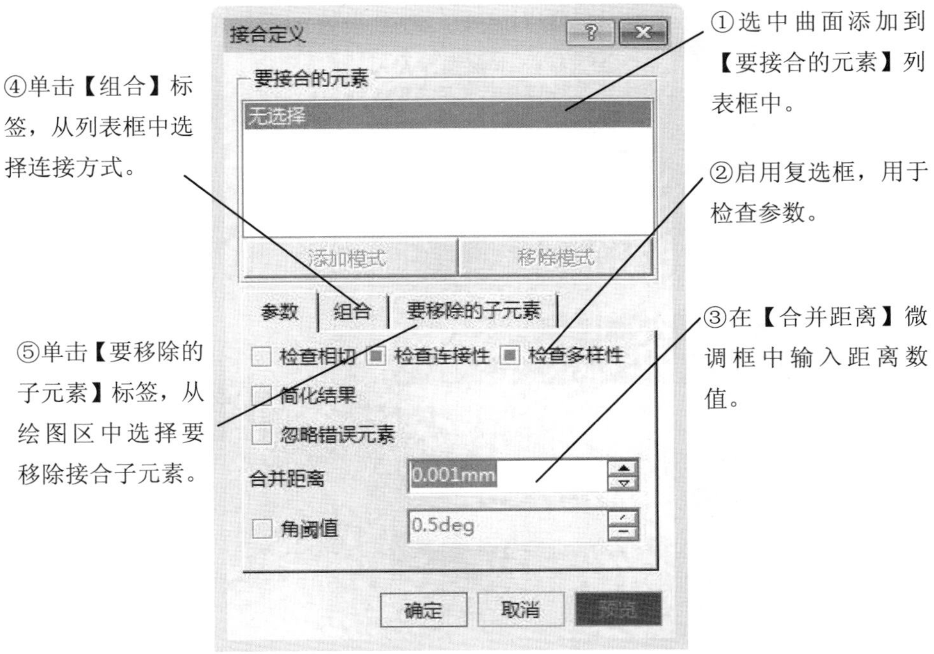

图 7-60 【接合定义】对话框

单击【接合定义】对话框中的【确定】按钮，完成接合曲面的创建，效果如图 7-61 所示。

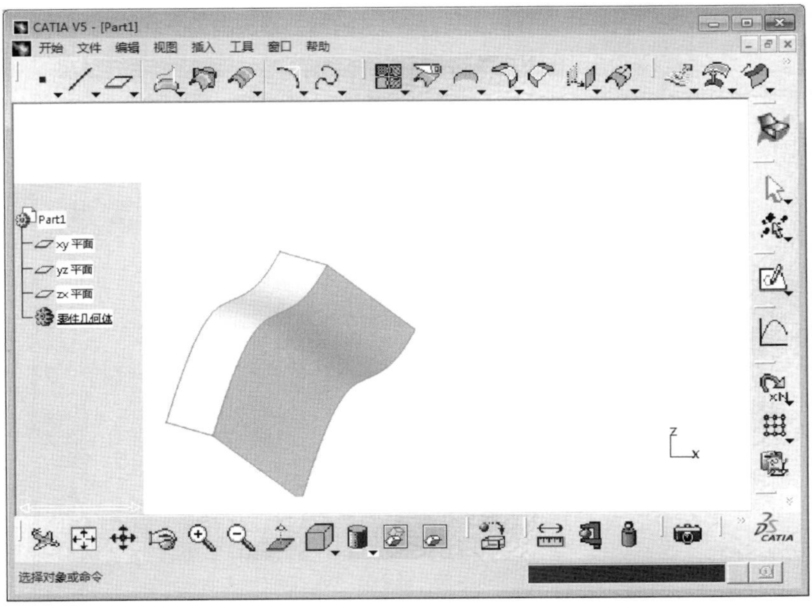

图 7-61 创建的接合曲面

（2）分割曲面

单击【操作】工具栏中的【分割】按钮右下黑色三角，展开的【修剪-分割】工具栏。该工具栏包括分割、修剪、缝合曲面、移除面 4 个工具。单击【修剪-分割】工具栏中的【分割】按钮，系统弹出的【定义分割】对话框，参数设置如图 7-62 所示。

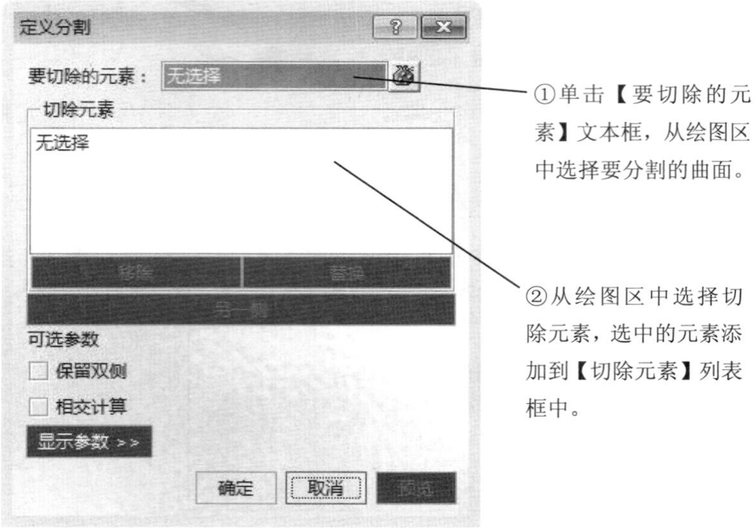

图 7-62 【定义分割】对话框

名师点拨

启动【保留双侧】复选框，将保留分割元素两侧的元素；启用【相交计算】复选框，将切除元素延长相交进行分割曲面。

单击【定义分割】对话框中的【确定】按钮，完成曲面的分割，效果如图 7-63 所示。

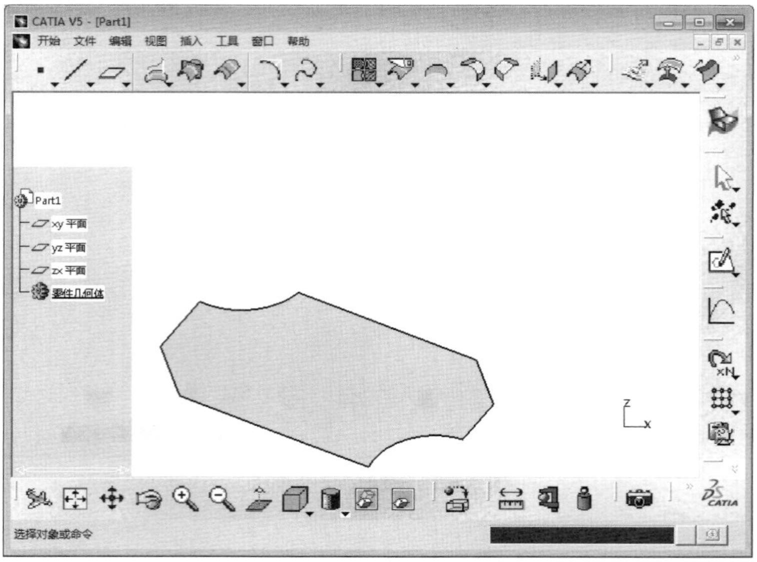

图 7-63 创建的分割曲面

2. 曲面变换

(1)提取曲面或曲线边界

单击【操作】工具栏中的【边界】按钮右下黑色三角，展开【提取】工具栏。该工具栏提供了边界、提取、多重提取 3 个工具。单击【提取】工具栏中的【边界】按钮，系统弹出的【边界定义】对话框，如图 7-64 所示。

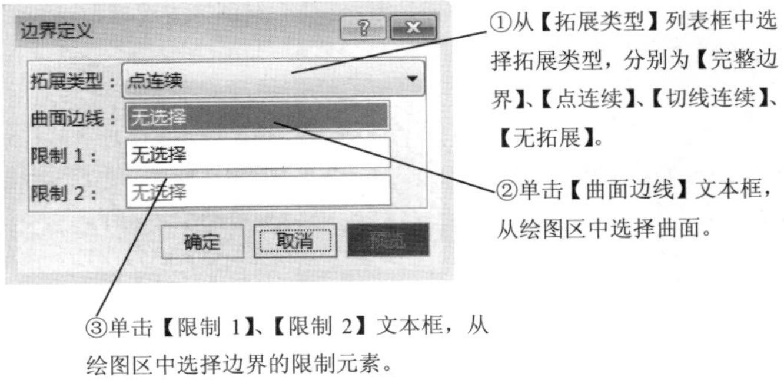
边界定义
拓展类型：点连续
曲面边线：无选择
限制 1：无选择
限制 2：无选择
确定
取消
①从【拓展类型】列表框中选择拓展类型，分别为【完整边界】、【点连续】、【切线连续】、【无拓展】。
②单击【曲面边线】文本框，从绘图区中选择曲面。
③单击【限制 1】、【限制 2】文本框，从绘图区中选择边界的限制元素。

图 7-64 【边界定义】对话框

> 如果直接选择曲面，则【拓展类型】不可用，而自动生成完整的边界；如果生成边界曲线是连续的，则仍然可以选择限制点来限制边界，然后可以使用红色箭头反转限定边界的拓展；如果选择的曲线有开放的轮廓，【拓展类型】将变为可用，选择【无拓展】类型并再次选择曲线。
>
> 名师点拨

单击【边界定义】对话框中的【确定】按钮，完成边界曲线的提取，效果如图 7-65 所示。

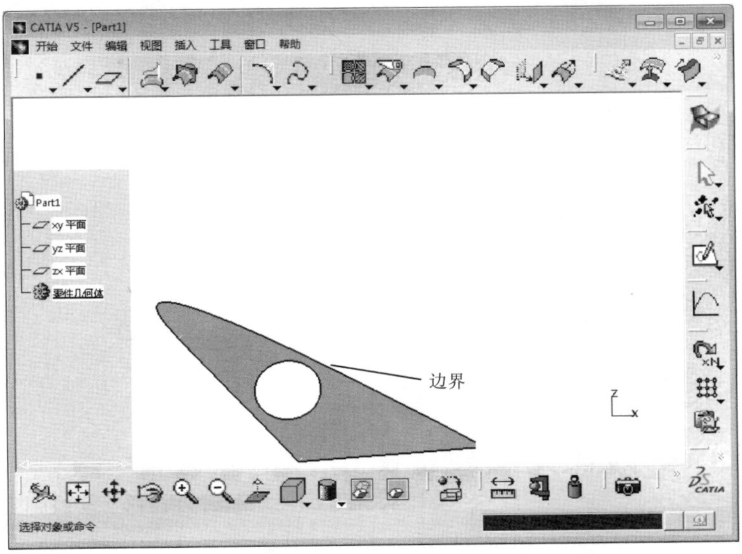
CATIA V5 - [Part1]
开始 文件 编辑 视图 插入 工具 窗口 帮助
Part1
xy 平面
yz 平面
zx 平面
零件几何体
边界
选择对象或命令

图 7-65 创建的边界

（2）创建简单圆角曲面

单击【操作】工具栏中的【简单圆角】按钮右下黑色三角，展开【圆角】工具栏。单击【圆角】工具栏中的【简单圆角】按钮，系统弹出【圆角定义】对话框，设置参数，如图 7-66 所示。

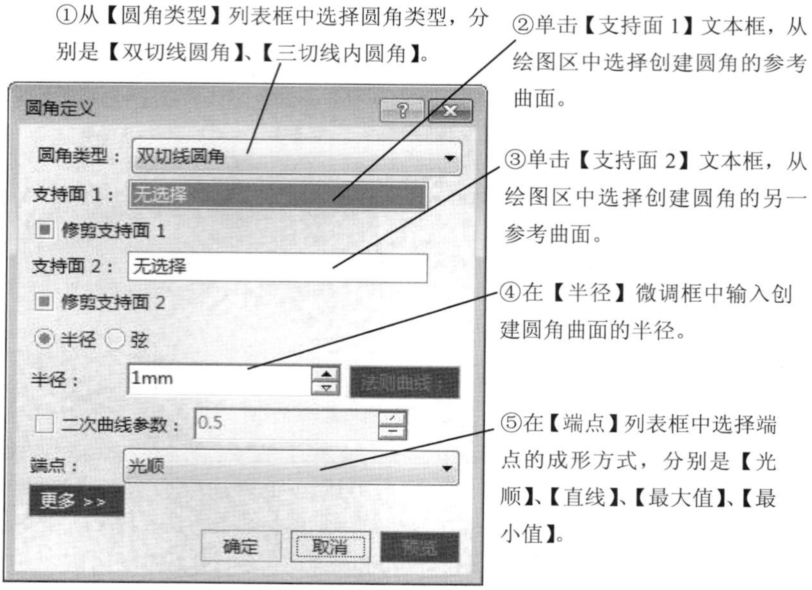
①从【圆角类型】列表框中选择圆角类型，分别是【双切线圆角】、【三切线内圆角】。
②单击【支持面 1】文本框，从绘图区中选择创建圆角的参考曲面。
③单击【支持面 2】文本框，从绘图区中选择创建圆角的另一参考曲面。
④在【半径】微调框中输入创建圆角曲面的半径。
⑤在【端点】列表框中选择端点的成形方式，分别是【光顺】、【直线】、【最大值】、【最小值】。
圆角定义
圆角类型：
双切线圆角
支持面 1：
无选择
修剪支持面 1
支持面 2：
无选择
修剪支持面 2
半径
弦
半径：
1mm
法则曲线...
二次曲线参数：
0.5
端点：
光顺
更多 >>
确定
取消
预览

图 7-66　【圆角定义】对话框

单击【圆角定义】对话框中的【确定】按钮，完成圆角曲面的创建，效果如图 7-67 所示。

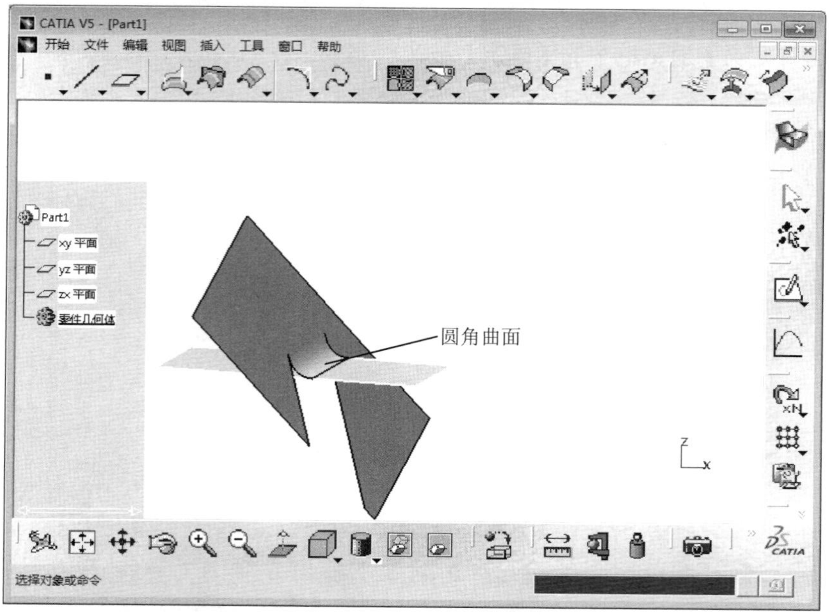
CATIA V5 - [Part1]
开始
文件
编辑
视图
插入
工具
窗口
帮助
Part1
xy 平面
yz 平面
zx 平面
零件几何体
圆角曲面
选择对象或命令

图 7-67　创建的圆角曲面

（3）创建倒圆角曲面

单击【圆角】工具栏中的【倒圆角】按钮，系统弹出【倒圆角定义】对话框，参数设置，如图 7-68 所示。

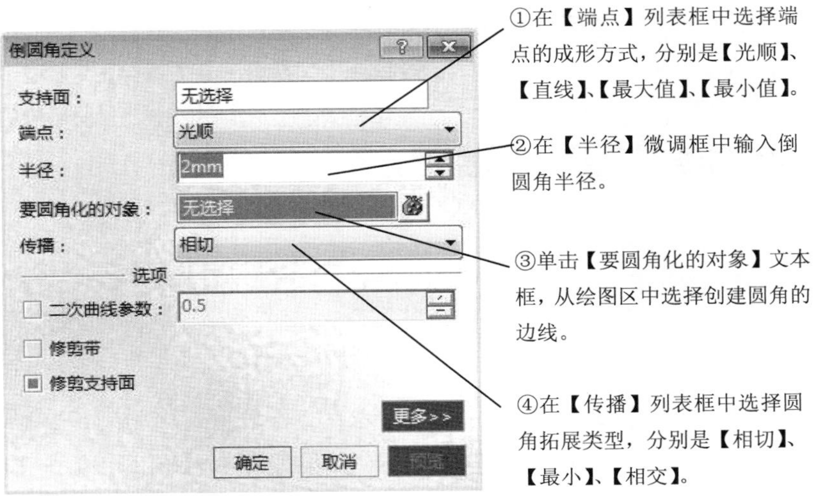
倒圆角定义
支持面：
无选择
端点：
光顺
半径：
2mm
要圆角化的对象：
无选择
传播：
相切
选项
二次曲线参数：
0.5
修剪带
修剪支持面
更多>>
确定
取消
预览
①在【端点】列表框中选择端点的成形方式，分别是【光顺】、【直线】、【最大值】、【最小值】。
②在【半径】微调框中输入倒圆角半径。
③单击【要圆角化的对象】文本框，从绘图区中选择创建圆角的边线。
④在【传播】列表框中选择圆角拓展类型，分别是【相切】、【最小】、【相交】。

图 7-68　【倒圆角定义】对话框

单击【倒圆角定义】对话框中的【确定】按钮，完成倒圆角的创建，效果如图 7-69 所示。

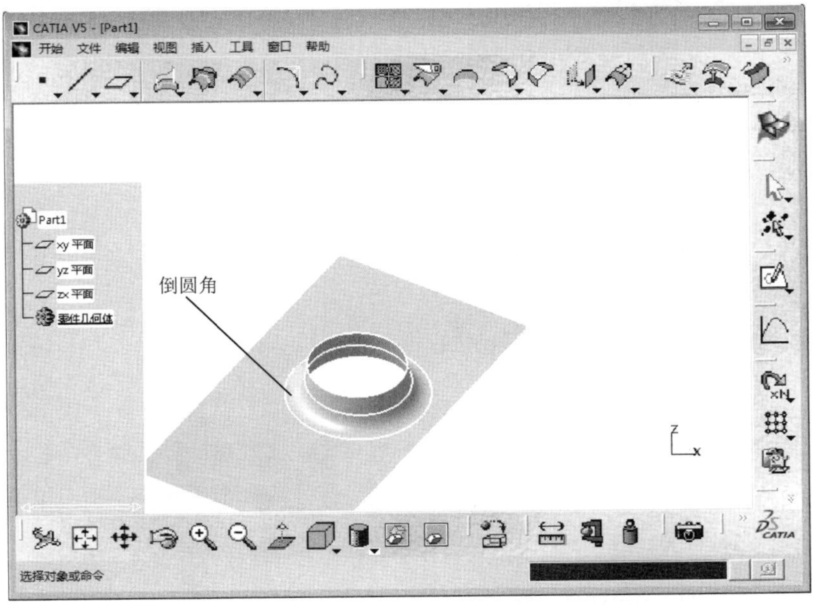
CATIA V5 - [Part1]
开始 文件 编辑 视图 插入 工具 窗口 帮助
Part1
xy 平面
yz 平面
zx 平面
零件几何体
倒圆角
选择对象或命令

图 7-69　创建的倒圆角

（4）创建平移曲面

单击【操作】工具栏中的【平移】按钮右下黑色三角，展开【变换】工具栏。单击【变换】工具栏中的【平移】按钮，系统弹出【平移定义】对话框，参数设置，如图 7-70 所示。

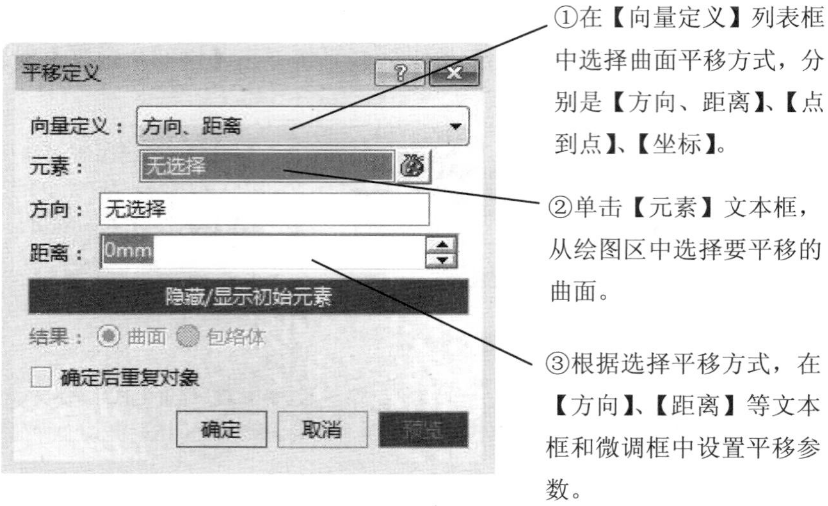

图 7-70 【平移定义】对话框

单击【平移定义】对话框中的【预览】按钮，效果如图 7-71 所示，单击【确定】按钮，完成曲面的平移。

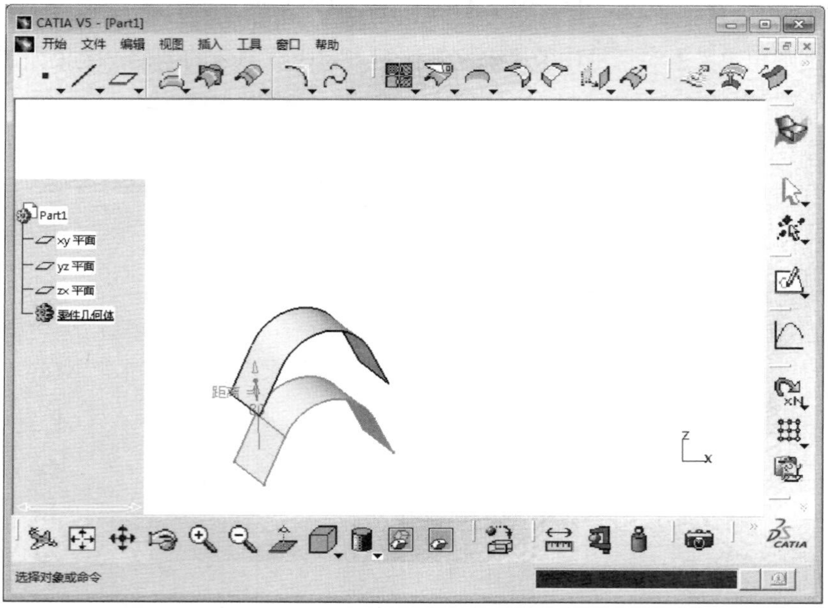

图 7-71 预览平移曲面

（5）创建外插延伸

单击【操作】工具栏中的【外插延伸】按钮右下黑色三角，展开【外插延伸】工具栏。单击【延伸】工具栏中的【外插延伸】按钮，系统弹出的【外插延伸定义】对话框，参数设置，如图 7-72 所示。

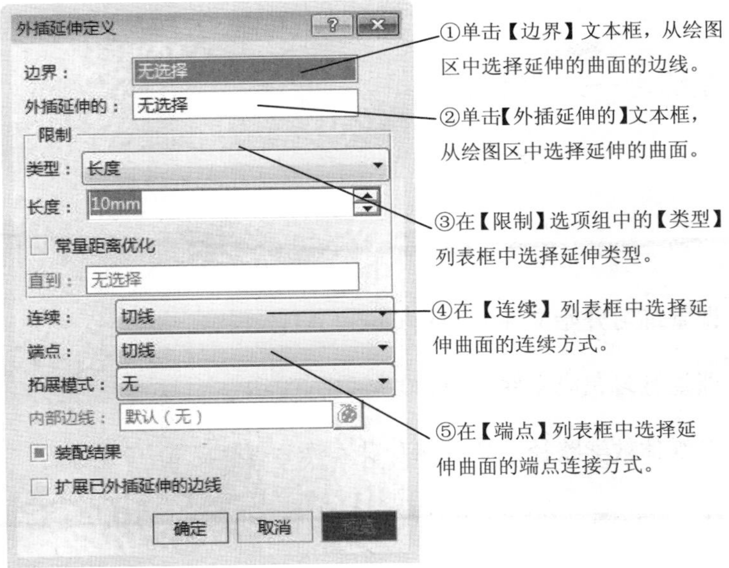

图 7-72 【外插延伸定义】对话框

如果选择【切线】连续方式，在【拓展模式】列表框中选择延伸曲面的拓展模式：【相切连续】、【点连续】、【无】；单击【内部边线】文本框，选择边线，定义外插延伸的优先方向。

名师点拨

单击【外插延伸定义】对话框中的【确定】按钮，完成曲面外插延伸的创建，效果如图 7-73 所示。

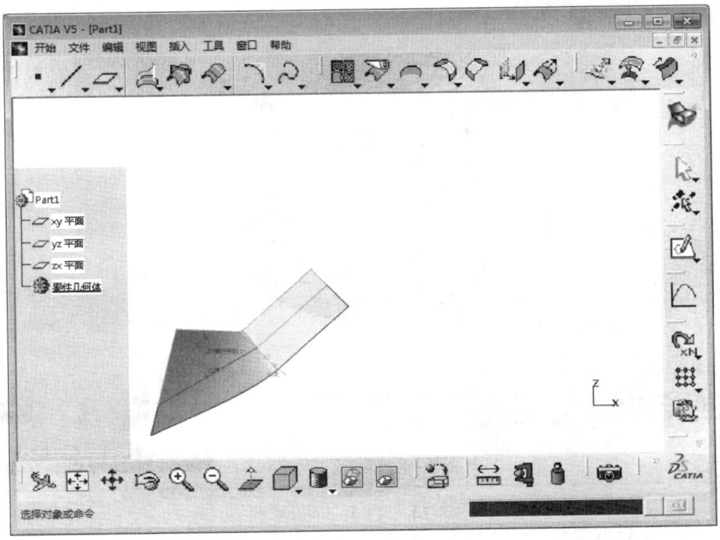

图 7-73 创建的外插延伸曲面

7.4.3 课堂练习——编辑曲面

课堂练习开始文件： ywj /07/03.CATPart

课堂练习完成文件： ywj /07/04.CATPart

多媒体教学路径： 光盘→多媒体教学→第 7 章→7.4 练习

Step 1 打开曲面零件，如图 7-74 所示。

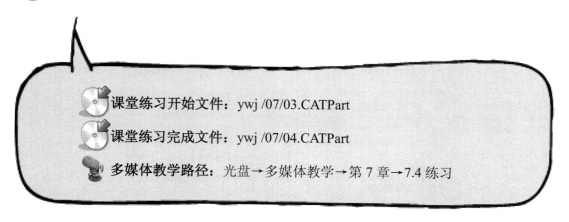

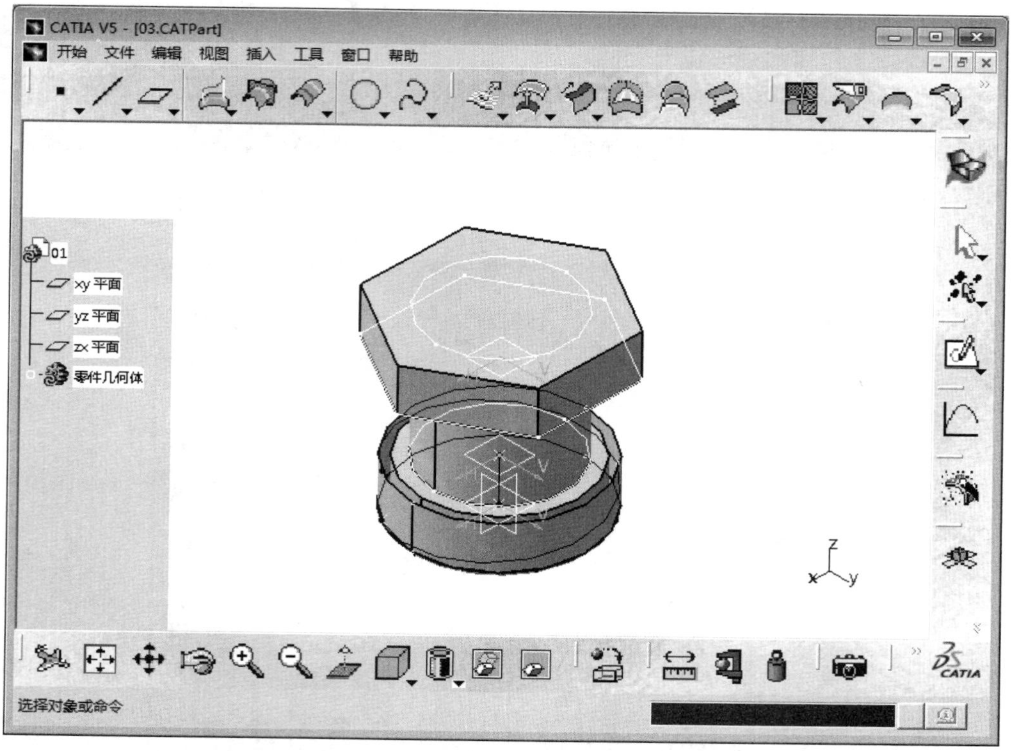

图 7-74 打开曲面零件

Step2 接合曲面，如图 7-75 所示。

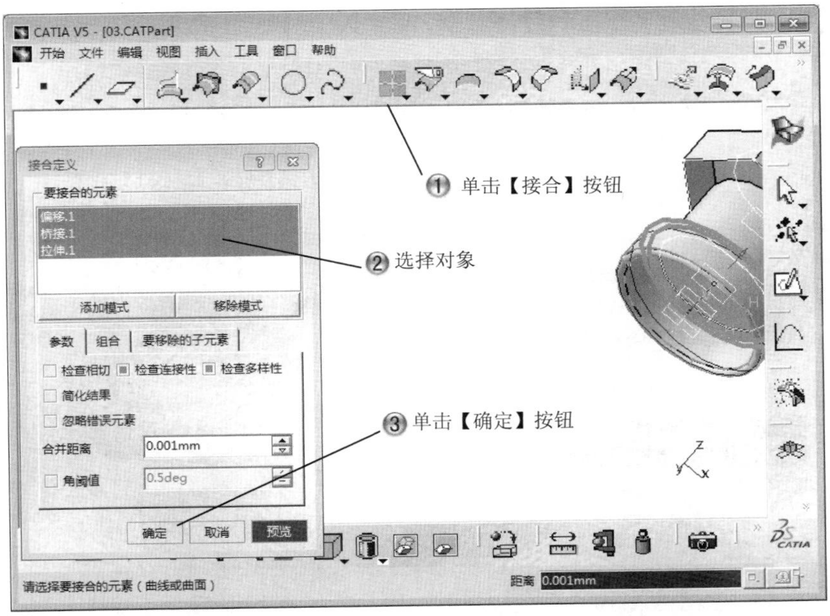

图 7-75　接合曲面

Step3 填充曲面，如图 7-76 所示。

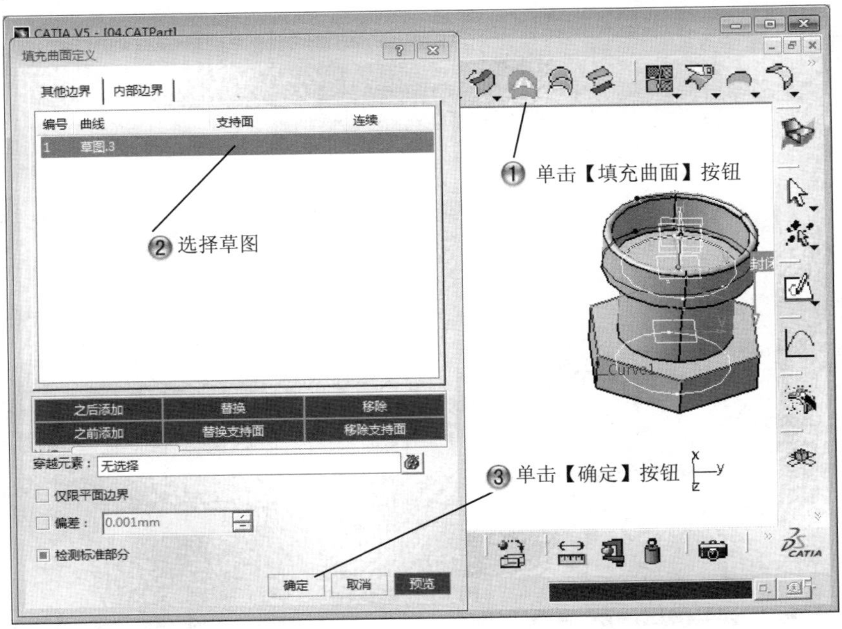

图 7-76　填充曲面

Step4 分割曲面，如图 7-77 所示。

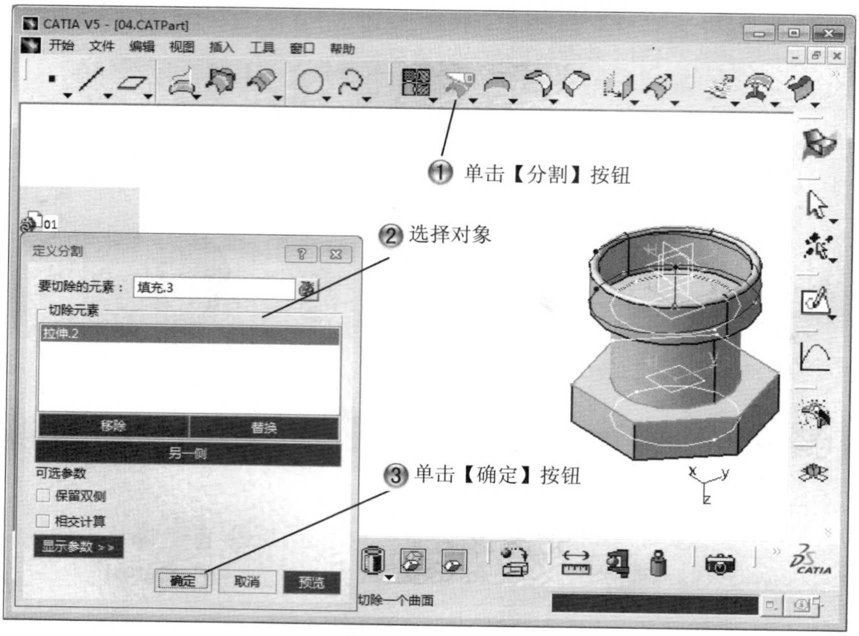

图 7-77　分割曲面

Step5 创建边界曲线，如图 7-78 所示。

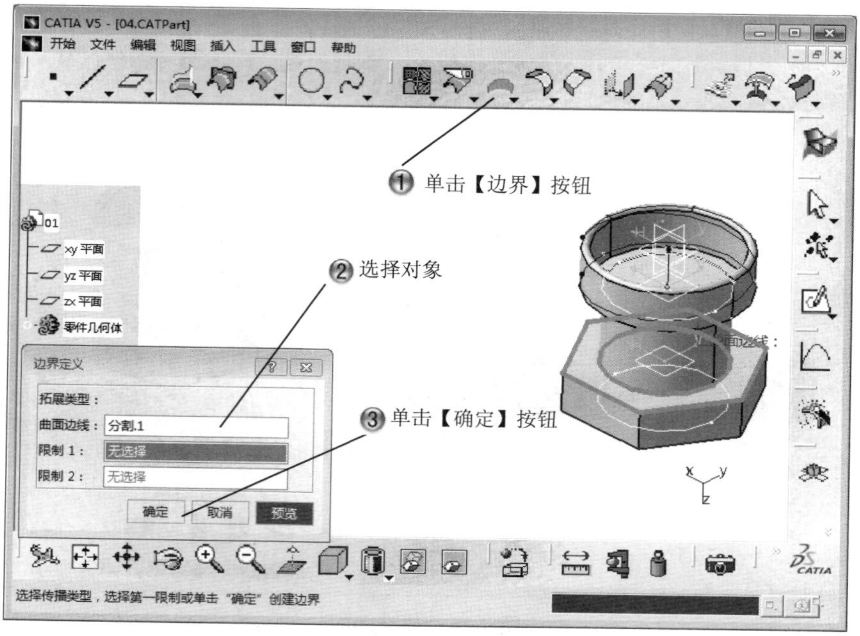

图 7-78　创建边界曲线

Step6 设置多重结果，如图 7-79 所示。

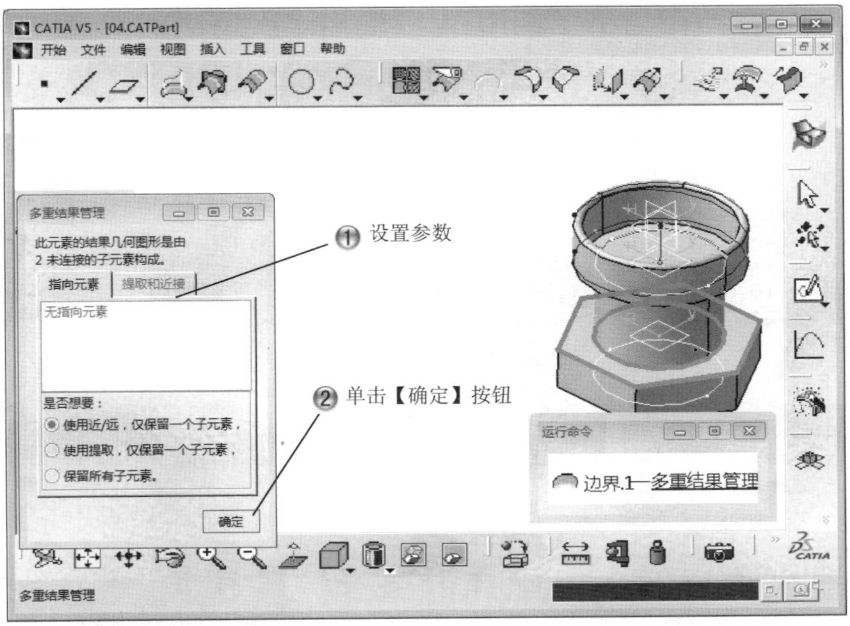

图 7-79 设置多重结果

Step7 平移曲线，如图 7-80 所示。

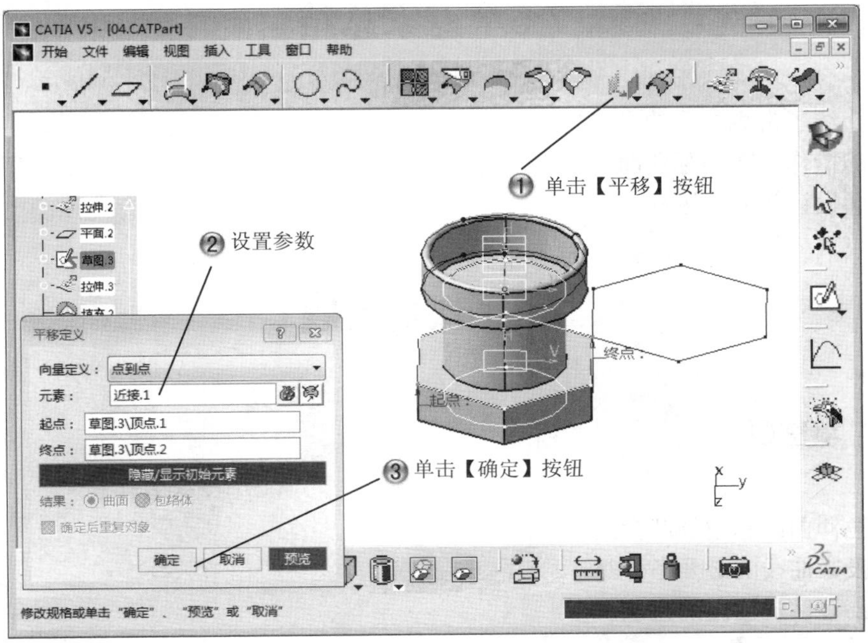

图 7-80 平移曲线

Step8 完成曲面编辑，如图 7-81 所示。

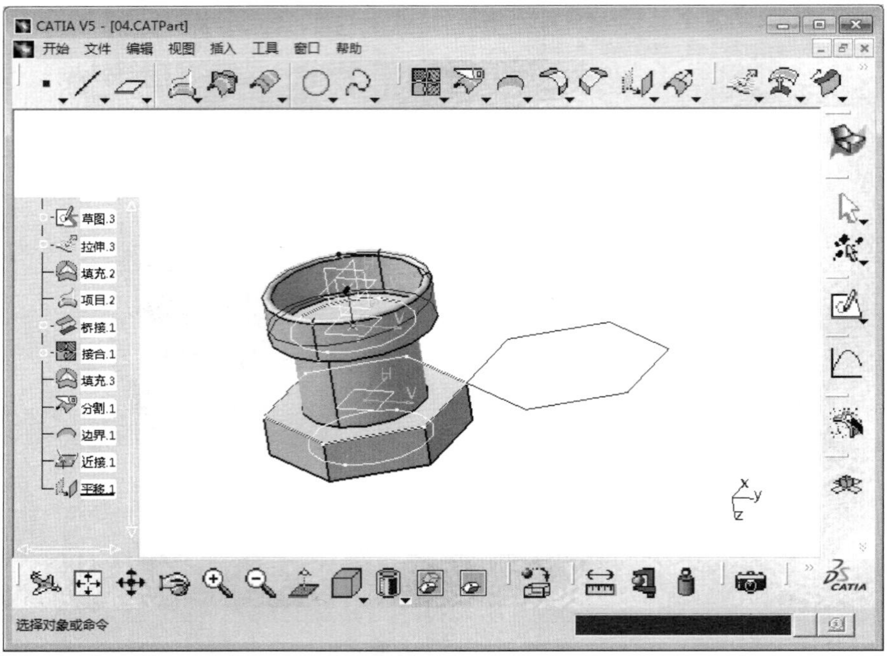

图 7-81 完成曲面编辑

7.5 专家总结

本章介绍了常规曲面的设计思路和方法，包括线框的创建、曲面的创建、曲面的编辑以及曲面的操作。在实际曲面设计中，常规曲面占大多数，熟练掌握并灵活运用这些方法是提高曲面设计效率的捷径。

7.6 课后习题

7.6.1 填空题

（1）拉伸曲面和拉伸凸台的区别是________。

（2）投影曲线的必要条件是________。

（3）创建常规曲面的方法有________、________、________、________。

7.6.2 问答题

（1）曲面曲线和草绘曲线的区别？
（2）编辑曲面曲线的方法是什么？

7.6.3 上机操作题

如图 7-82 所示，使用本章学过的知识来创建一个曲面模型。
练习步骤和方法：
（1）绘制空间曲线。
（2）使用曲面命令内曲面。
（3）创建阵列曲面。

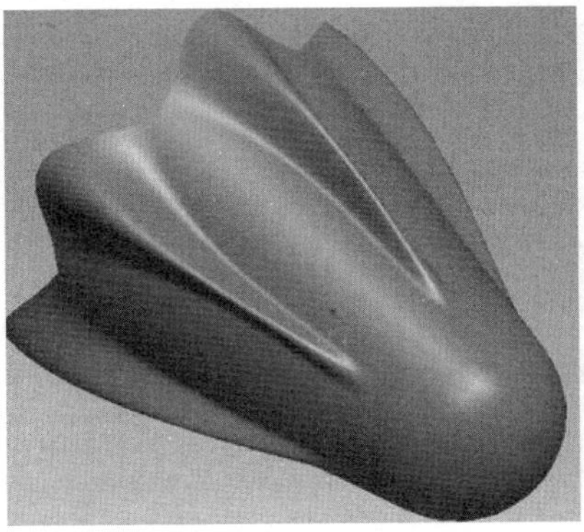

图 7-82　曲面模型

第 8 章　由曲面设计

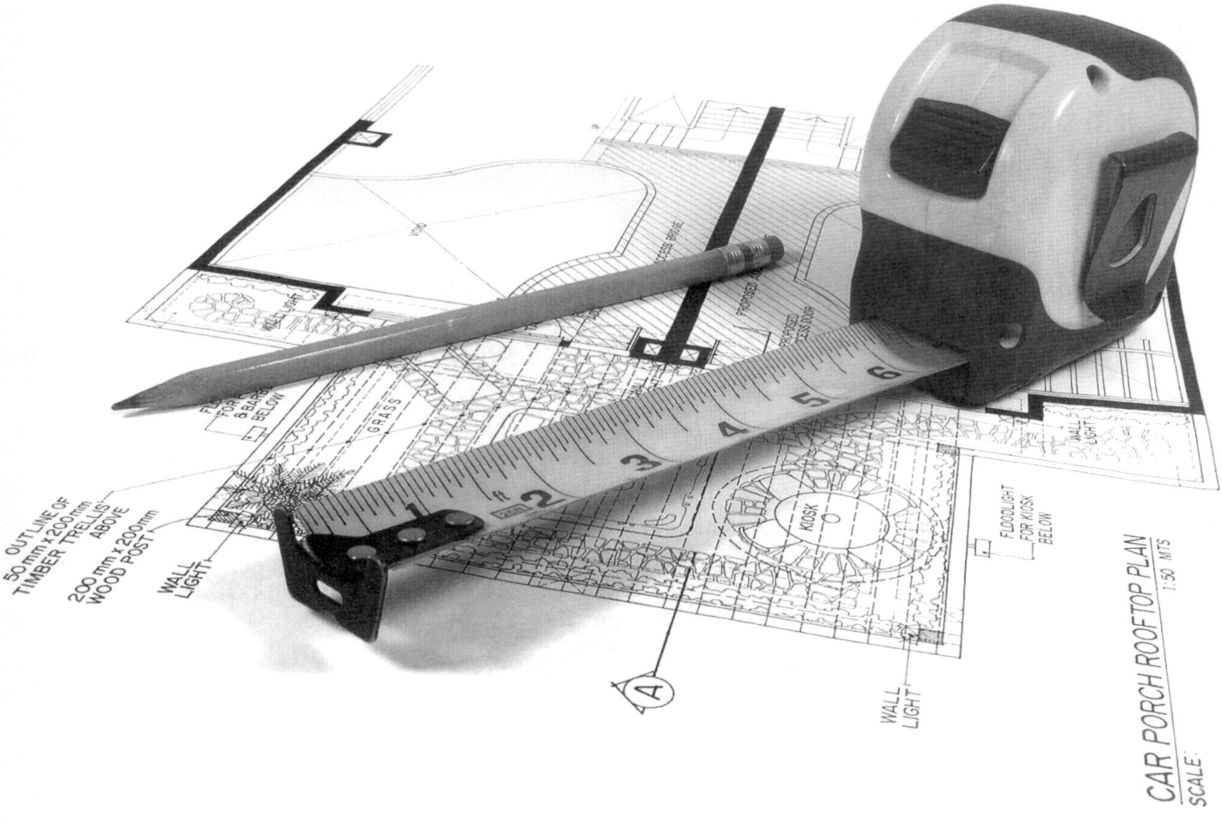

课训目标	内　容	掌握程度	课　时
	创建自由曲面	熟练运用	2
	编辑自由曲面	熟练运用	2
	曲线曲面分析	了解	2
	曲面优化和渲染	了解	2

课程学习建议

自由曲面设计是 CATIA 软件中一个灵活、功能强大的曲面设计模块。该模块不仅提供了曲面的生成与编辑工具，而且还为曲面之间的匹配、拟合以及外形整体变形等高级曲面编辑提供了丰富的工具。自由曲面设计是一种基于修改曲面特征网格，从而控制所生成曲面形状的造型方法。因此，采用这种方法所构建的曲面具有很高的曲面光顺度和质量，非常适合于诸如汽车外形 A 级表面的造型设计等。

本章主要介绍自由曲面的常用创建方法，以及编辑自由曲面的工具，之后介绍了曲线曲面分析和曲面优化渲染。

本课程主要基于软件的自由曲面模块来讲解，其培训课程表如下。

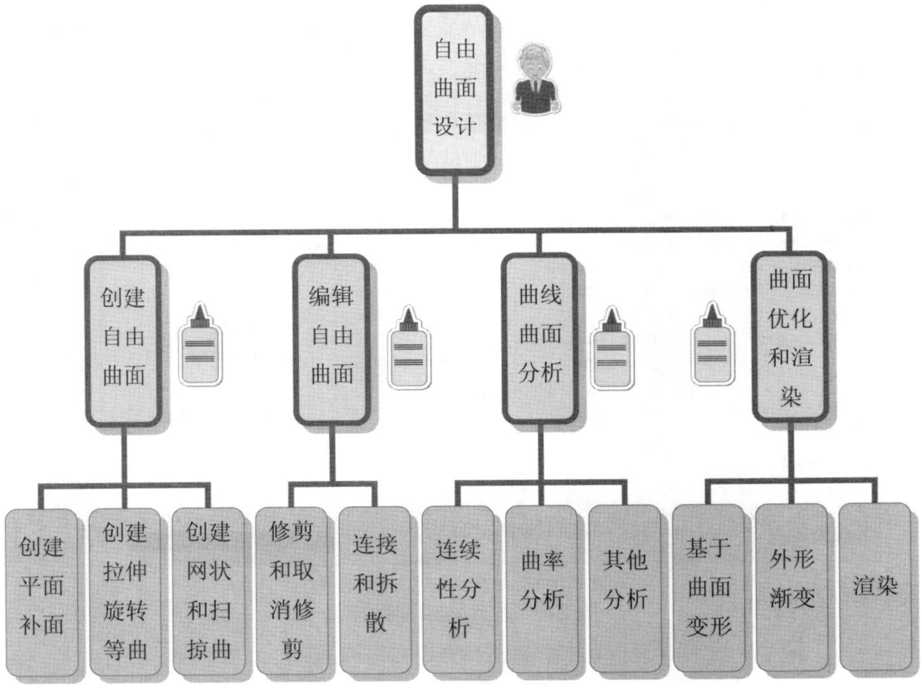

8.1 创建自由曲面

基本概念

自由曲面设计模块提供了丰富的用于生成和修改曲面的工具，为曲面的拟合和外形整体变形等高级修改功能提供了很好的建模手段。

课堂讲解课时：2 课时

8.1.1 设计理论

选择【开始】|【形状】|【自由曲面】菜单命令，系统弹出【新建零件】对话框，进入自由曲面模块，如图 8-1 所示。

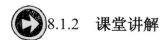

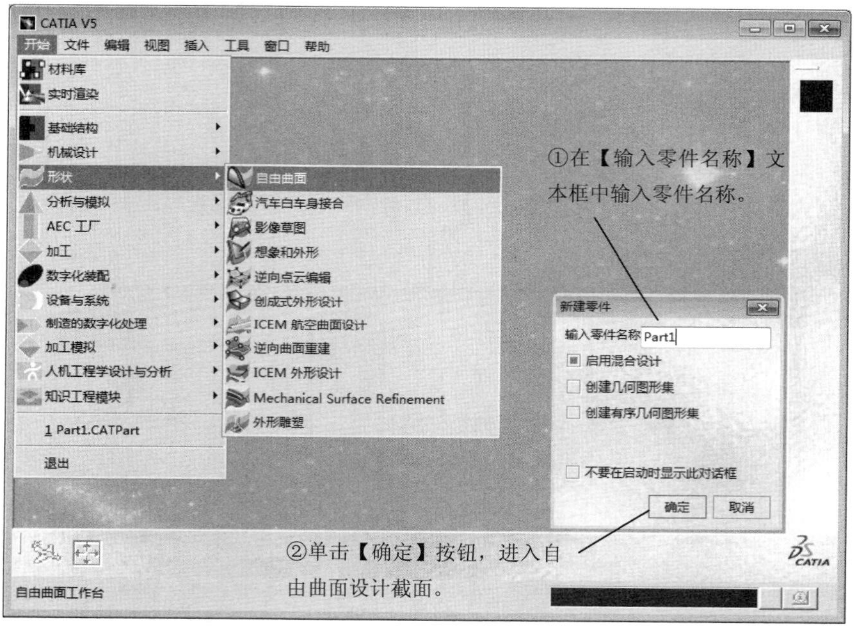

图 8-1 进入自由曲面模块

进入自由曲面设计界面后，主要使用【创建曲线】工具栏、【创建曲面】工具栏、【修改形状】工具栏、【操作】工具栏、【形状分析】工具栏。本节主要介绍【创建曲面】工具栏和【操作】工具栏，如图 8-2 所示。

8.1.2 课堂讲解

1. 创建平面补面

单击【创建曲面】工具栏中的【平面补面】按钮右下黑色三角，展开的【补面】工具栏。单击【补面】工具栏中的【平面补面】按钮，创建的补面，如图 8-3 所示。

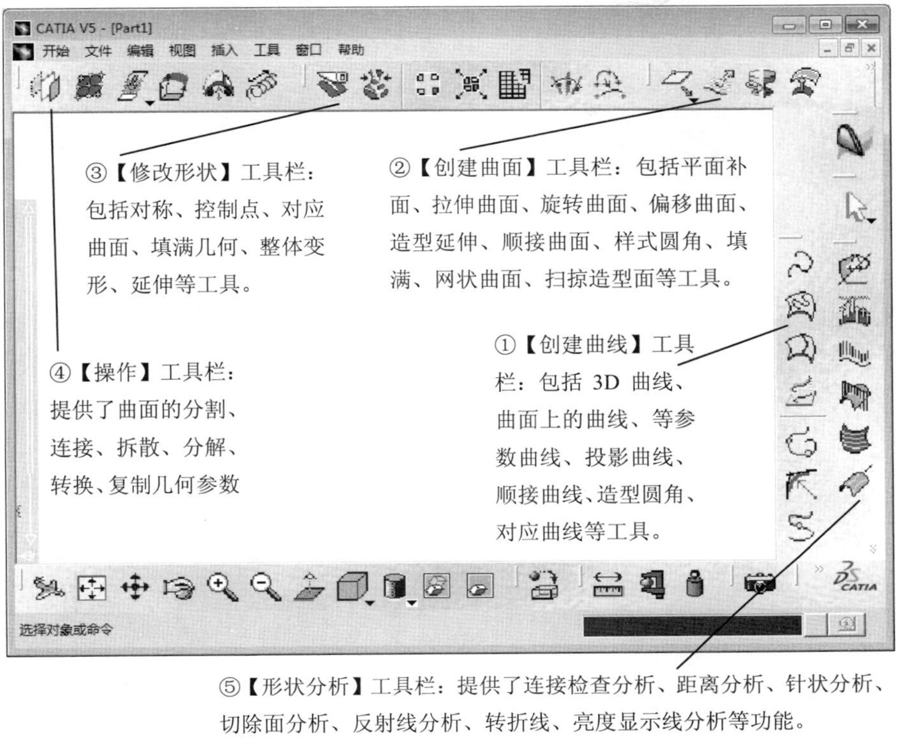
CATIA V5 - [Part1]
开始 文件 编辑 视图 插入 工具 窗口 帮助
③【修改形状】工具栏：包括对称、控制点、对应曲面、填满几何、整体变形、延伸等工具。
②【创建曲面】工具栏：包括平面补面、拉伸曲面、旋转曲面、偏移曲面、造型延伸、顺接曲面、样式圆角、填满、网状曲面、扫掠造型面等工具。
①【创建曲线】工具栏：包括 3D 曲线、曲面上的曲线、等参数曲线、投影曲线、顺接曲线、造型圆角、对应曲线等工具。
④【操作】工具栏：提供了曲面的分割、连接、拆散、分解、转换、复制几何参数
选择对象或命令
⑤【形状分析】工具栏：提供了连接检查分析、距离分析、针状分析、切除面分析、反射线分析、转折线、亮度显示线分析等功能。

图 8-2　自由曲面设计界面

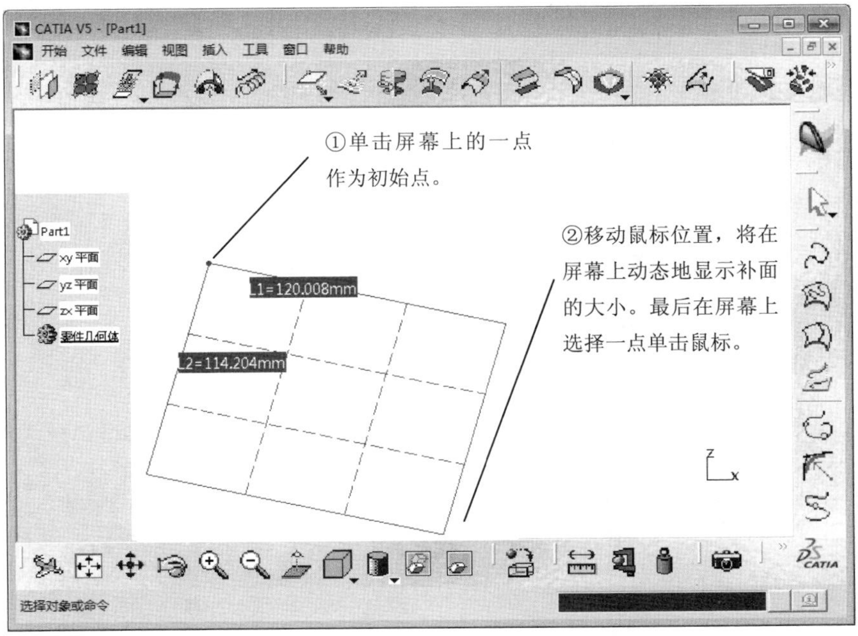
CATIA V5 - [Part1]
开始 文件 编辑 视图 插入 工具 窗口 帮助
①单击屏幕上的一点作为初始点。
Part1
xy 平面
yz 平面
zx 平面
零件几何体
L1=120.008mm
L2=114.204mm
②移动鼠标位置，将在屏幕上动态地显示补面的大小。最后在屏幕上选择一点单击鼠标。
选择对象或命令

图 8-3　创建的补面

缺省情况下，创建的平面在 XY 平面。但也可以用右键单击罗盘选择其他选项；单击的第一点将作为平面片的一个顶点，如果按住 Ctrl 键，则该点会作为平面片的中心点。

名师点拨

2. 创建拉伸曲面

单击【创建曲面】工具栏中的【拉伸曲面】按钮，系统弹出【拉伸曲面】对话框，参数设置，如图 8-4 所示。

单击【拉伸曲面】对话框中的【确定】按钮，生成拉伸曲面，如图 8-5 所示。

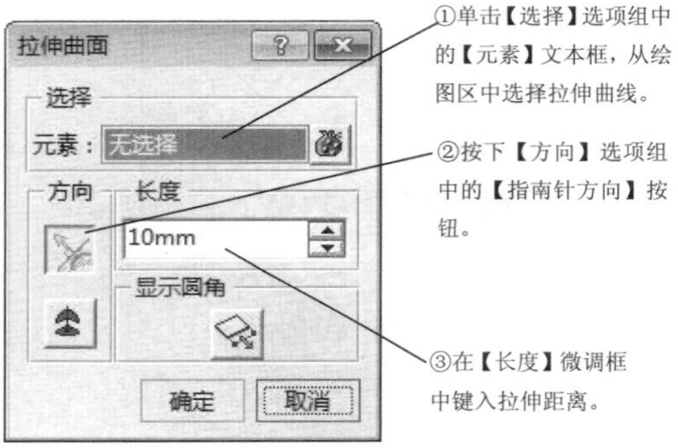
拉伸曲面
选择
元素：无选择
方向
长度
10mm
显示圆角
确定
取消
①单击【选择】选项组中的【元素】文本框，从绘图区中选择拉伸曲线。
②按下【方向】选项组中的【指南针方向】按钮。
③在【长度】微调框中键入拉伸距离。

图 8-4　【拉伸曲面】对话框

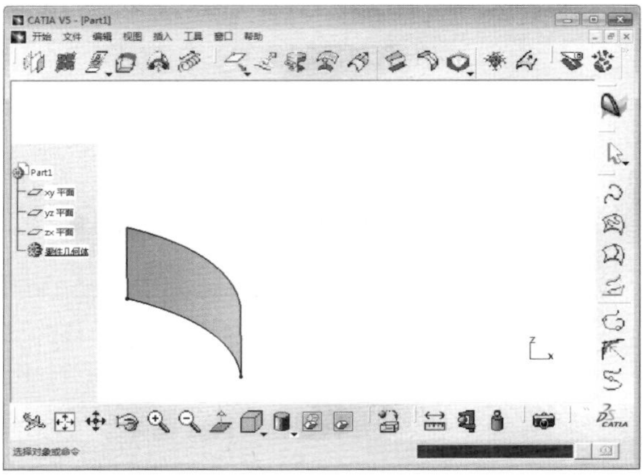

图 8-5　创建的拉伸曲面

3. 创建旋转曲面

单击【创建曲面】工具栏中的【旋转】按钮，系统弹出【旋转曲面定义】对话框，参数设置，如图 8-6 所示。

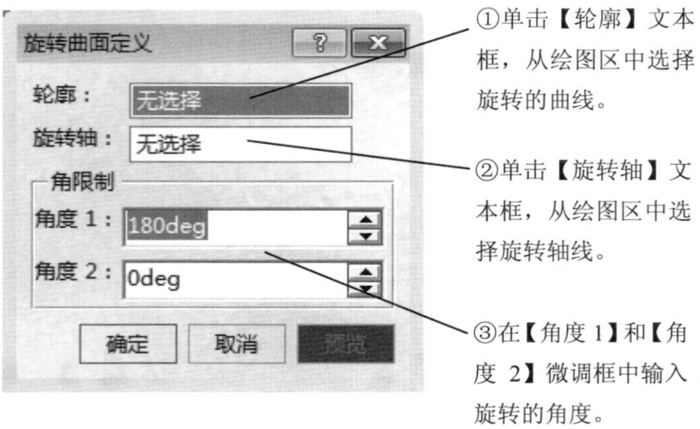
旋转曲面定义
轮廓：无选择
旋转轴：无选择
角限制
角度 1：180deg
角度 2：0deg
确定
取消
预览
①单击【轮廓】文本框，从绘图区中选择旋转的曲线。
②单击【旋转轴】文本框，从绘图区中选择旋转轴线。
③在【角度 1】和【角度 2】微调框中输入旋转的角度。

图 8-6　【旋转曲面定义】对话框

单击【旋转曲面定义】对话框中的【确定】按钮，完成旋转曲面的创建，效果如图 8-7 所示。

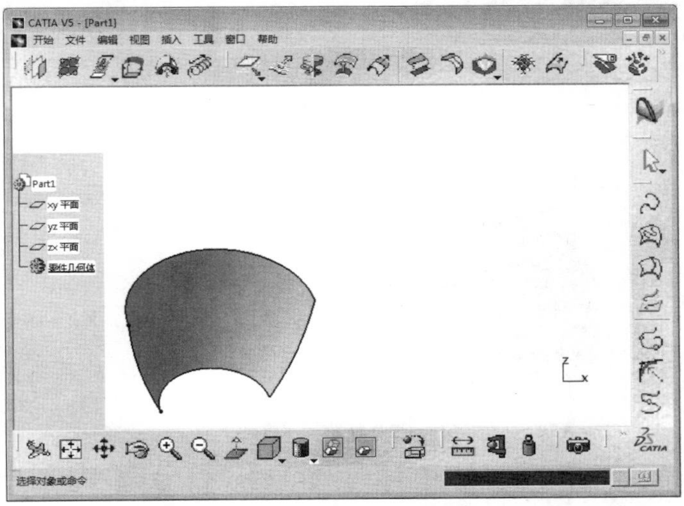

图 8-7　创建的旋转曲面

4. 创建偏移曲面

单击【创建曲面】工具栏中的【偏移】按钮，系统弹出【偏移曲面】对话框，从绘图区中选择要偏移的曲面，参数设置，如图 8-8 所示。

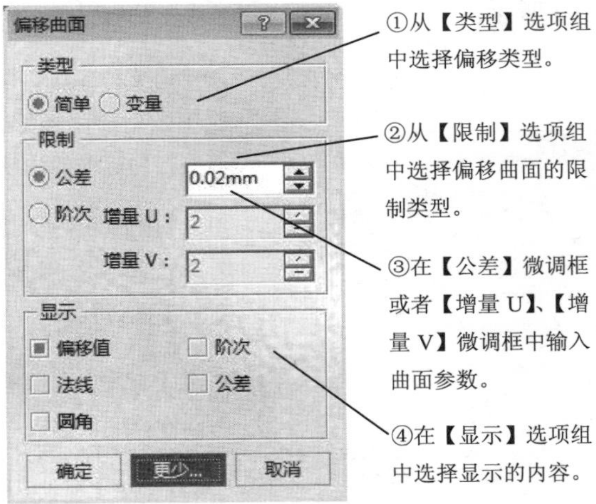

图 8-8　【偏移曲面】对话框

【偏移】命令对自由曲面模块中生成的曲面进行偏置，而不是偏置复制，与创成式曲面设计模块中的偏置命令不同。

名师点拨

单击【偏移曲面】对话框中的【确定】按钮，完成偏移曲面的创建，效果如图 8-9 所示。

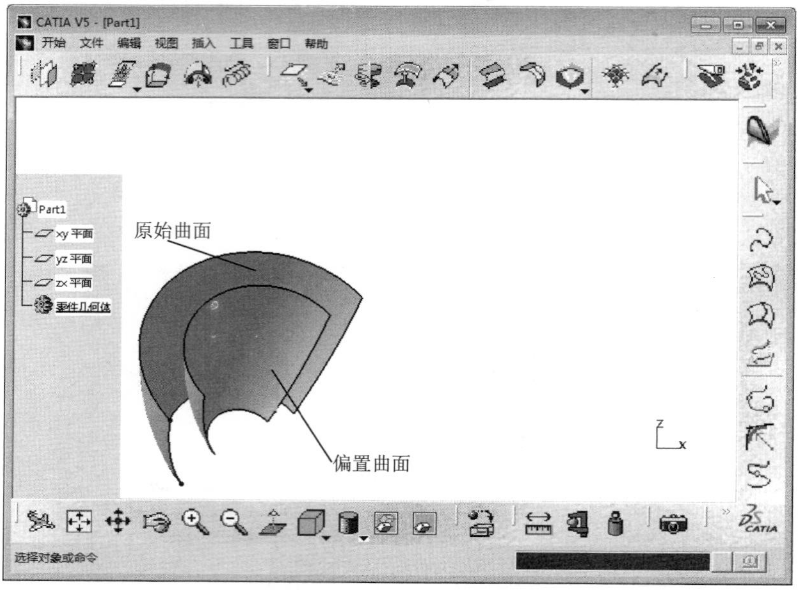

图 8-9　创建的偏移曲面

5. 创建造型延伸

单击【创建曲面】工具栏中的【样式外插延伸】按钮，系统弹出【外插延伸】对话框，参数设置，如图 8-10 所示。

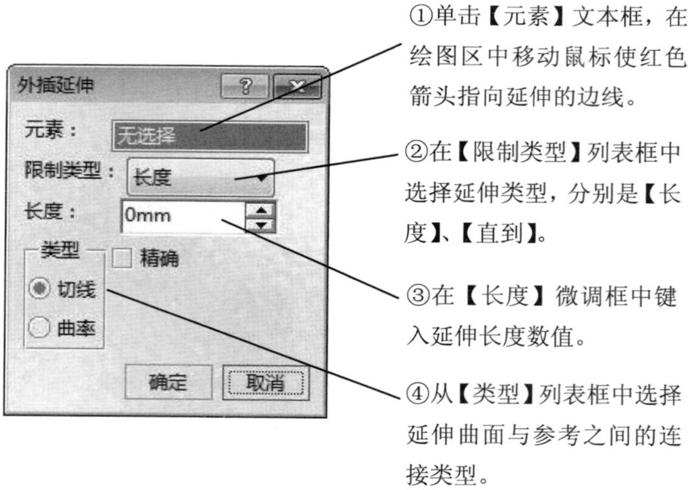

外插延伸
元素：
无选择
限制类型：
长度
长度：
0mm
类型
精确
切线
曲率
确定
取消
①单击【元素】文本框，在绘图区中移动鼠标使红色箭头指向延伸的边线。
②在【限制类型】列表框中选择延伸类型，分别是【长度】、【直到】。
③在【长度】微调框中键入延伸长度数值。
④从【类型】列表框中选择延伸曲面与参考之间的连接类型。

图 8-10　【外插延伸】对话框

单击【外插延伸】对话框中的【确定】按钮，完成创建外延曲面，如图 8-11 所示。

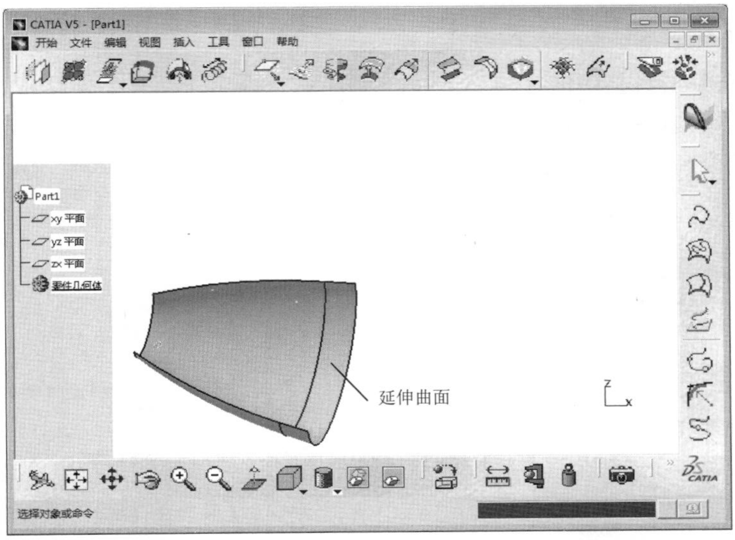
延伸曲面

图 8-11　创建的外延曲面

6. 创建顺接曲面

单击【创建曲面】工具栏中的【自由样式桥接曲面】按钮，系统弹出【桥接曲面】对话框，从绘图区中选择创建顺接曲面的两条边线，设置参数，如图 8-12 所示。

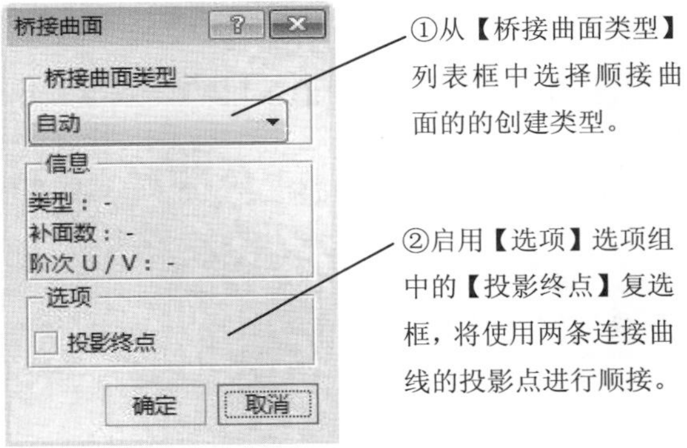
桥接曲面
桥接曲面类型
自动
信息
类型：-
补面数：-
阶次 U / V：-
选项
投影终点
确定
取消
①从【桥接曲面类型】列表框中选择顺接曲面的的创建类型。
②启用【选项】选项组中的【投影终点】复选框，将使用两条连接曲线的投影点进行顺接。

图 8-12　【桥接曲面】对话框

【分析】类型是指如果所选择曲面的边界是等参线，则精确生成桥接面；【近似】类型是指无论曲面的边界是什么类型，在这种方式下都生成近似桥接面；【自动】类型是指系统首先尝试用解析方式生成桥接面，如果不成功，则采用近似方式生成桥接面，这里选择自动方式。

名师点拨

单击【桥接曲面】对话框中的【确定】按钮，完成顺接曲面的创建，效果如图 8-13 所示。

7. 创建填充

单击【填充】工具栏中的【填充】按钮，系统弹出【填充】对话框，从绘图区中选择创建填充曲面的边界，设置参数，如图 8-14 所示。

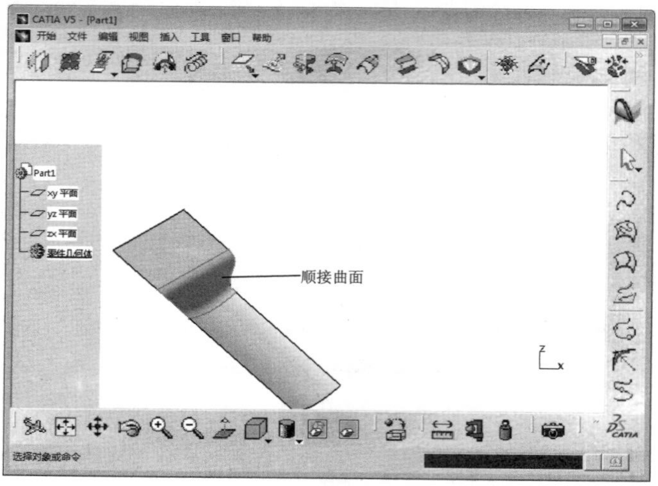
顺接曲面

图 8-13 创建的顺接曲面

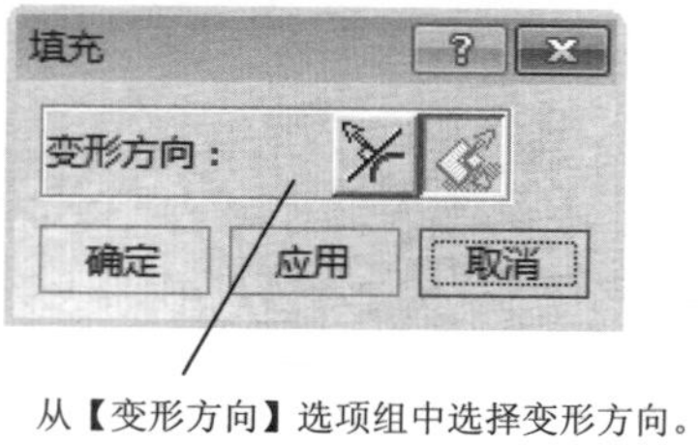
填充
变形方向：
确定
应用
取消
从【变形方向】选项组中选择变形方向。

图 8-14 【填充】对话框

单击【填充】对话框中的【确定】按钮，完成填充曲面的创建，效果如图 8-15 所示。

8. 创建网状曲面

单击【创建曲面】工具栏中的【网状曲面】按钮，系统弹出【网状曲面】对话框，设置参数，如图 8-16 所示。

单击【网状曲面】对话框中的【确定】按钮，完成网状曲面的创建，效果如图 8-17 所示。

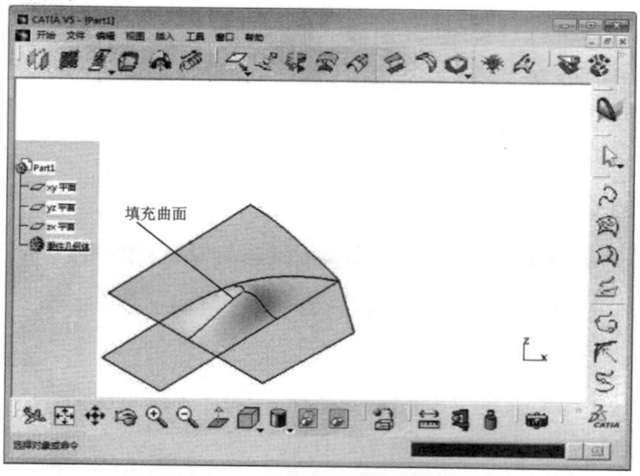
填充曲面

图 8-15 创建的填充曲面

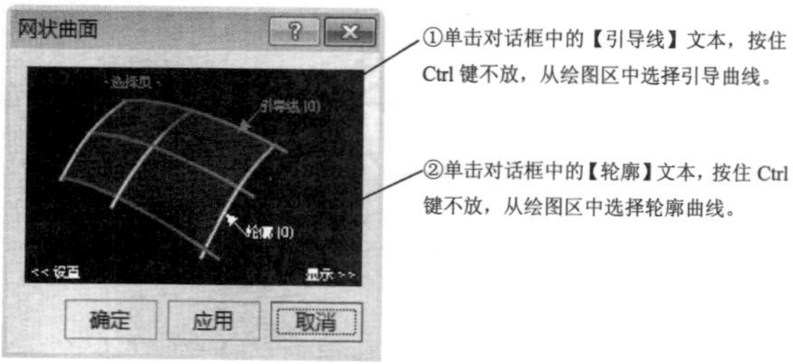
网状曲面
确定
应用
取消
①单击对话框中的【引导线】文本，按住 Ctrl 键不放，从绘图区中选择引导曲线。
②单击对话框中的【轮廓】文本，按住 Ctrl 键不放，从绘图区中选择轮廓曲线。

图 8-16 【网状曲面】对话框

9. 创建扫掠造型面

单击【创建曲面】工具栏中的【样式扫掠】按钮，系统弹出【样式扫掠】对话框，设置参数，如图 8-18 所示。

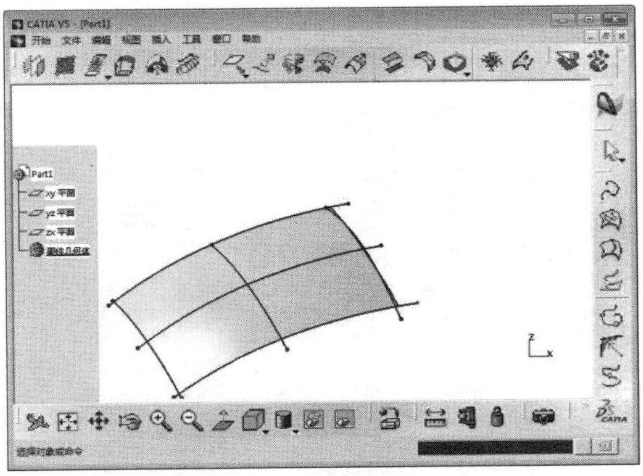

图 8-17　创建的网状曲面

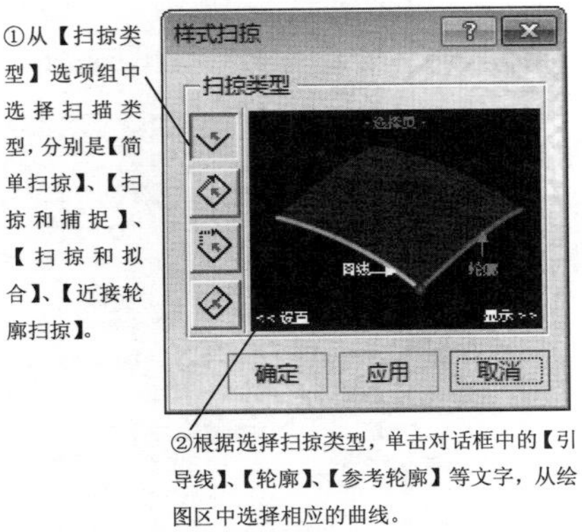

①从【扫掠类型】选项组中选择扫描类型，分别是【简单扫掠】、【扫掠和捕捉】、【扫掠和拟合】、【近接轮廓扫掠】。
样式扫掠
扫掠类型
确定
应用
取消
②根据选择扫掠类型，单击对话框中的【引导线】、【轮廓】、【参考轮廓】等文字，从绘图区中选择相应的曲线。

图 8-18　【样式扫掠】对话框

单击【样式扫掠】对话框中的【确定】按钮，完成扫掠曲面的创建，效果如图 8-19 所示。

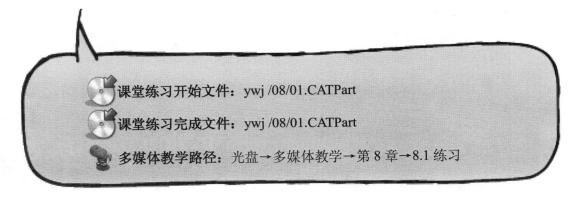

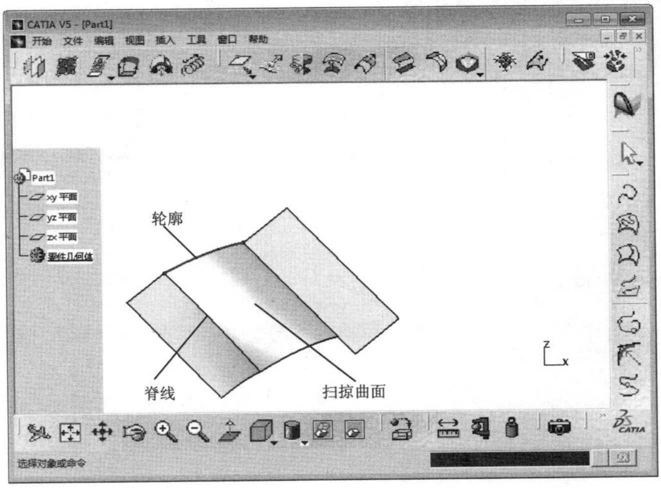

图 8-19　创建的扫掠曲面

8.1.3　课堂练习——创建自由曲面

课堂练习开始文件： ywj /08/01.CATPart

课堂练习完成文件： ywj /08/01.CATPart

多媒体教学路径： 光盘→多媒体教学→第 8 章→8.1 练习

Step 1 新建零件，如图 8-20 所示。

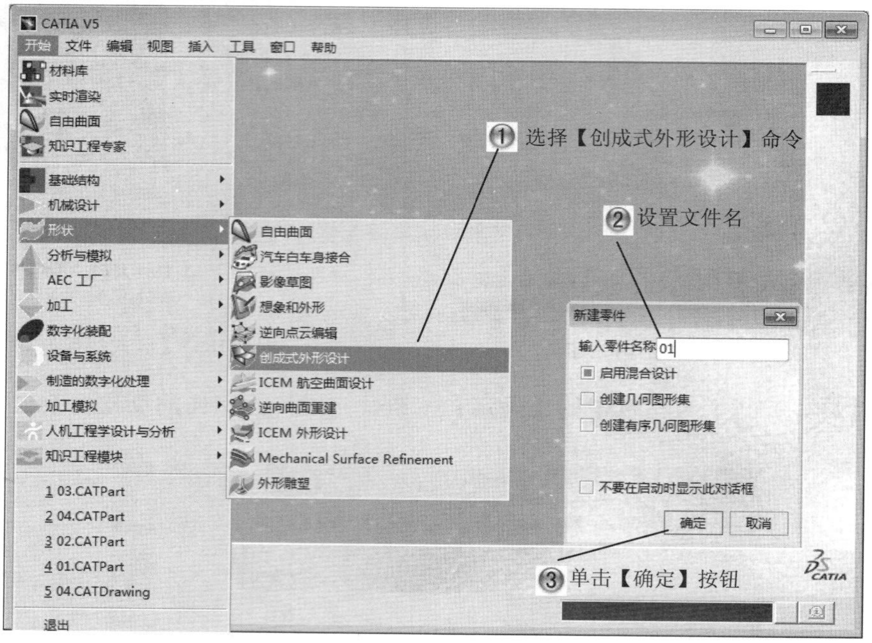

图 8-20　新建零件

Step 2 选择草绘面，如图 8-21 所示。

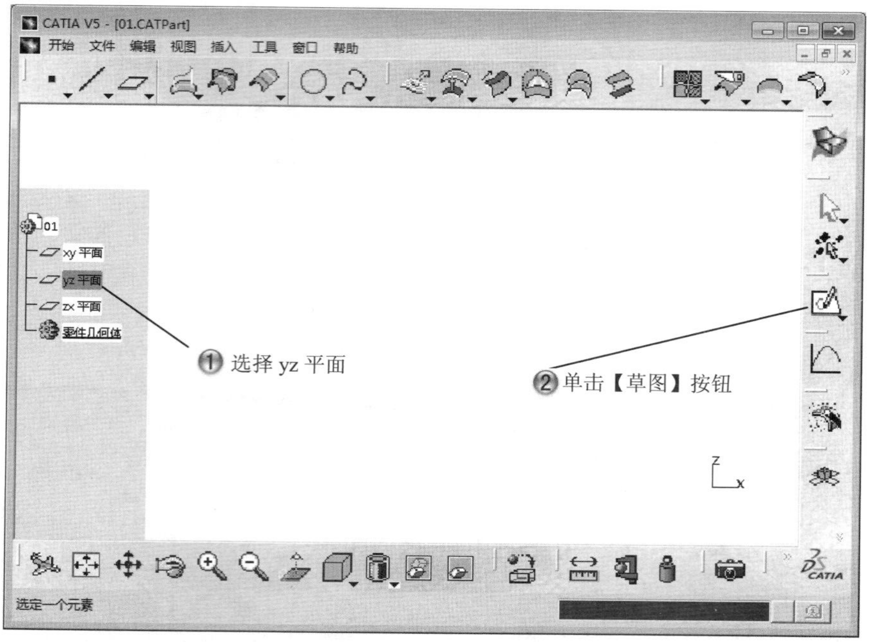

图 8-21　选择草绘面

Step3 绘制圆形，如图 8-22 所示。

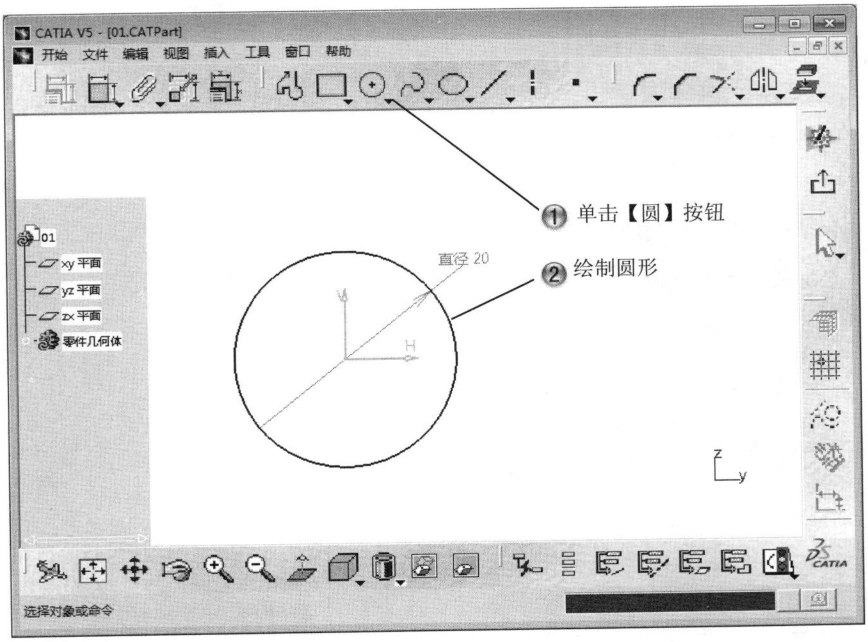

图 8-22　绘制圆形

Step4 创建平面，如图 8-23 所示。

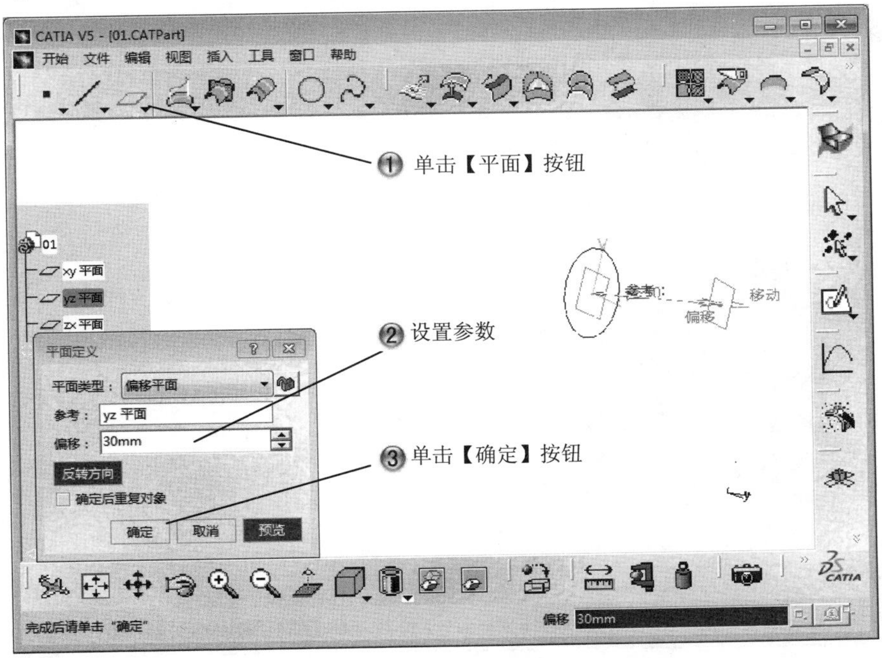

图 8-23　创建平面

Step5 选择草绘面，如图 8-24 所示。

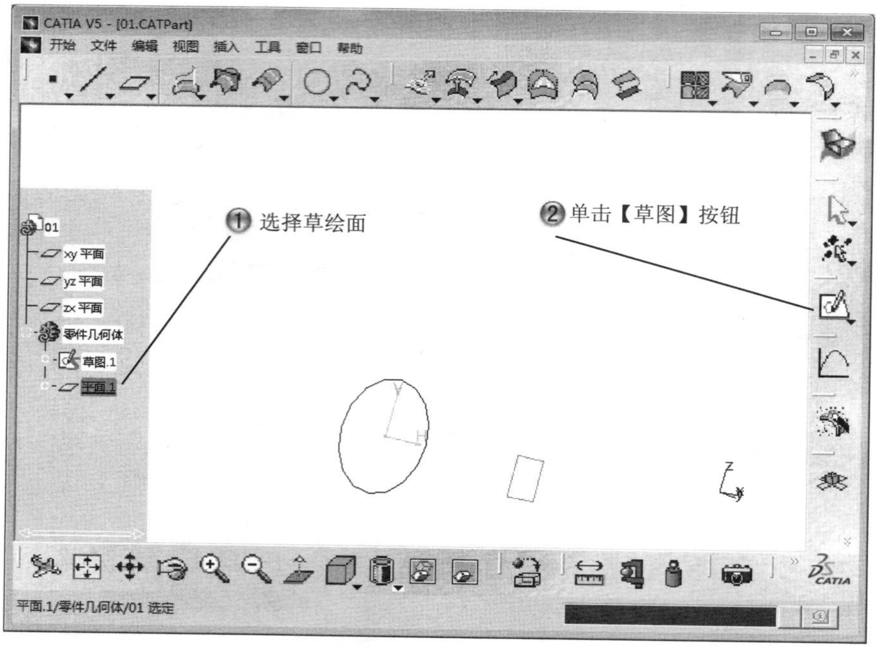

图 8-24　选择草绘面

Step6 绘制圆形，如图 8-25 所示。

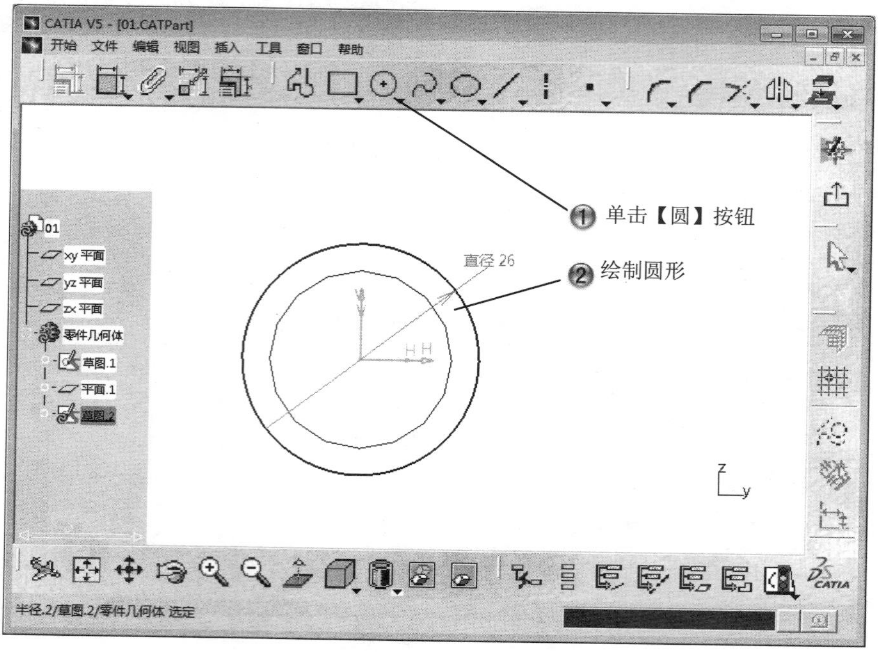

图 8-25　绘制圆形

Step7 创建平面，如图 8-26 所示。

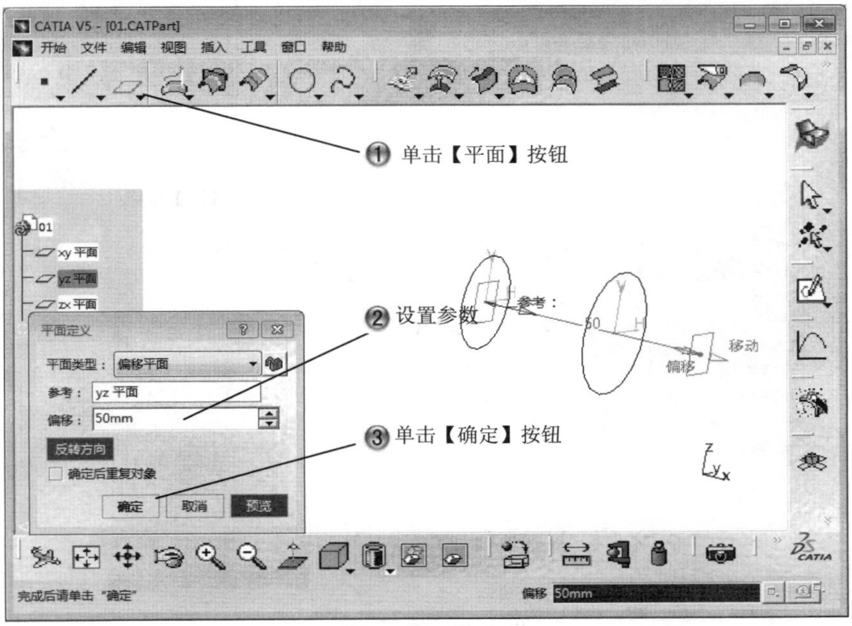

图 8-26 创建平面

Step8 选择草绘面，如图 8-27 所示。

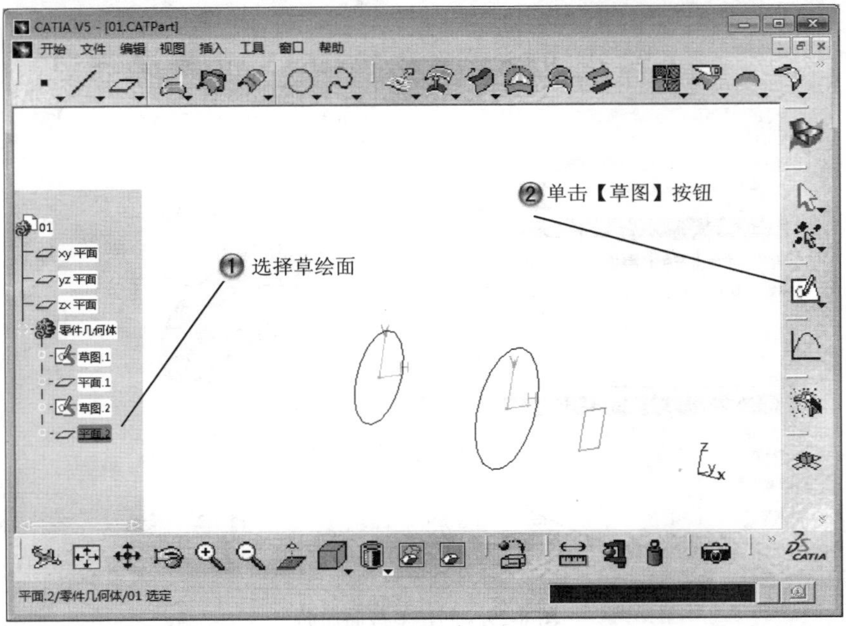

图 8-27 选择草绘面

Step9 绘制圆形，如图 8-28 所示。

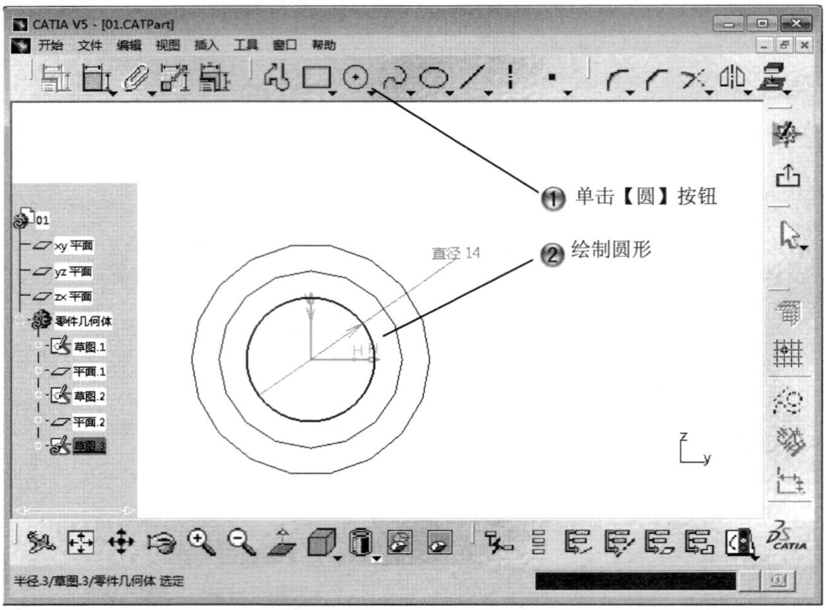

图 8-28　绘制圆形

Step10 创建多截面曲面，如图 8-29 所示。

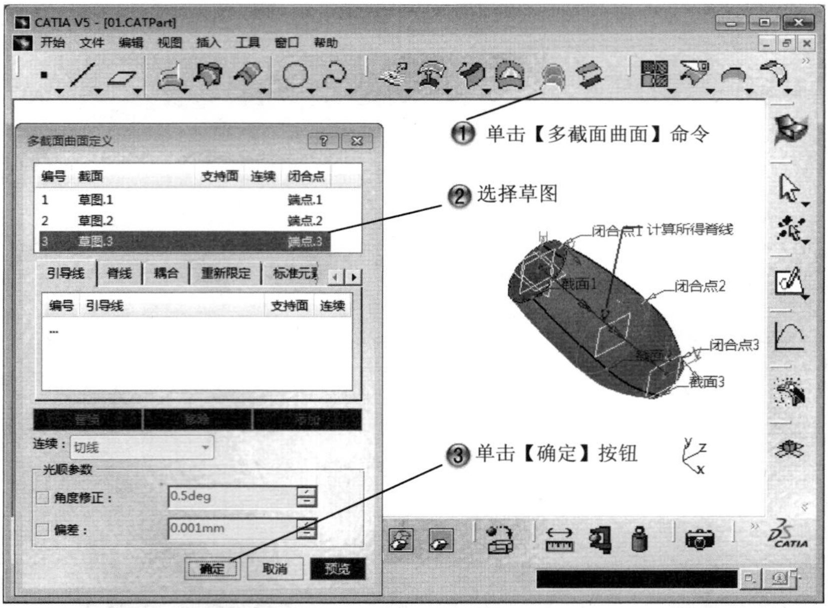

图 8-29　创建多截面曲面

Step11 进入自由曲面模块，如图 8-30 所示。

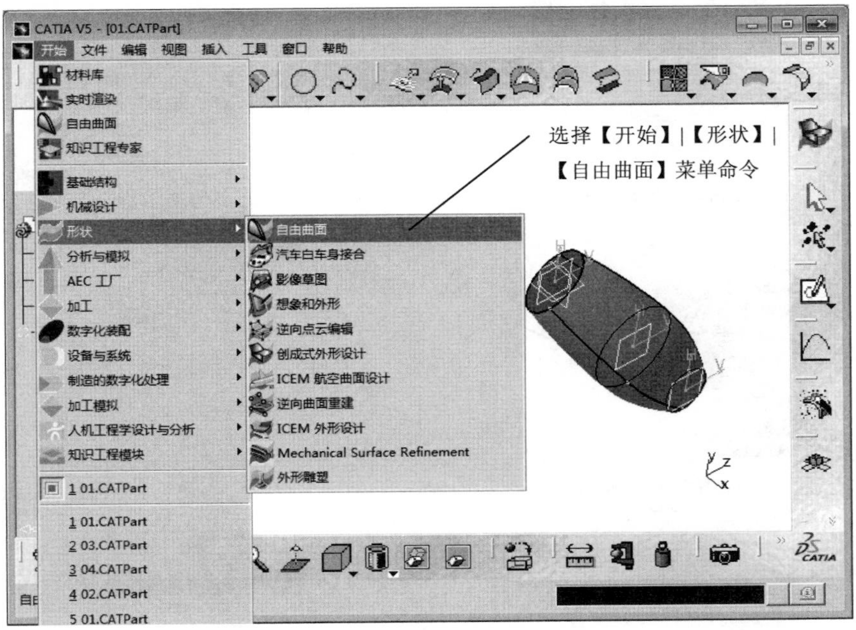

图 8-30　进入自由曲面模块

Step12 创建拉伸曲面，如图 8-31 所示。

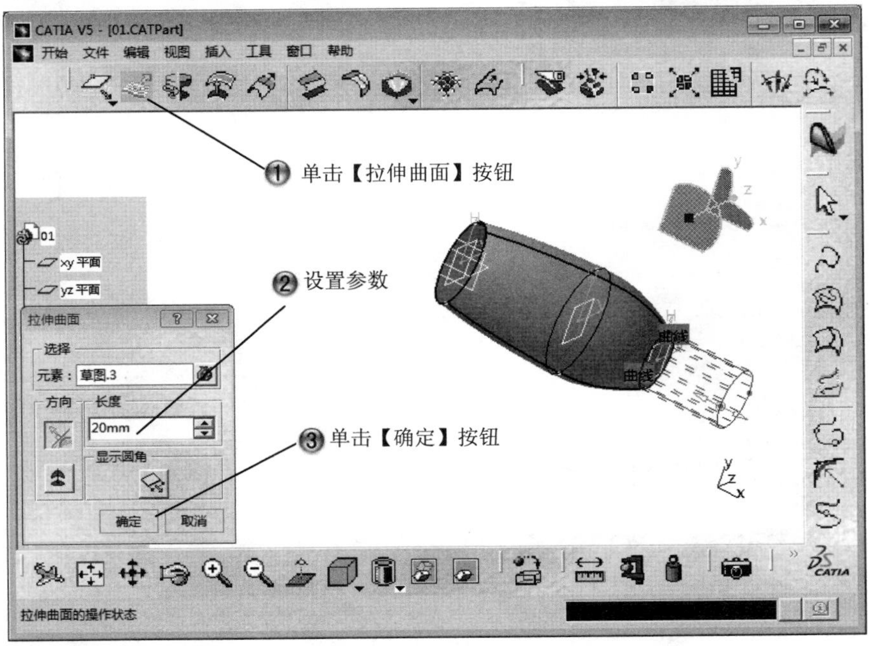

图 8-31　创建拉伸曲面

Step 13 创建平面，如图 8-32 所示。

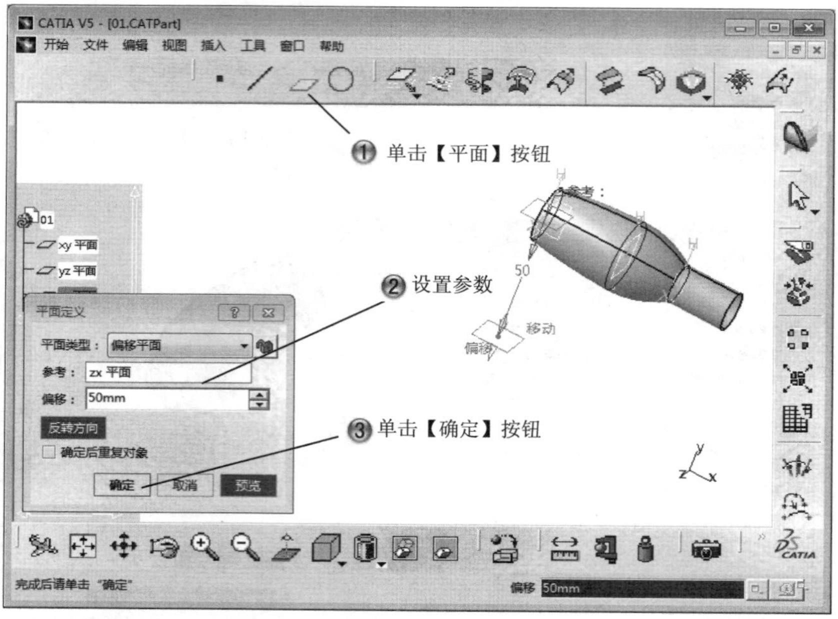

图 8-32　创建平面

Step 14 创建点，如图 8-33 所示。

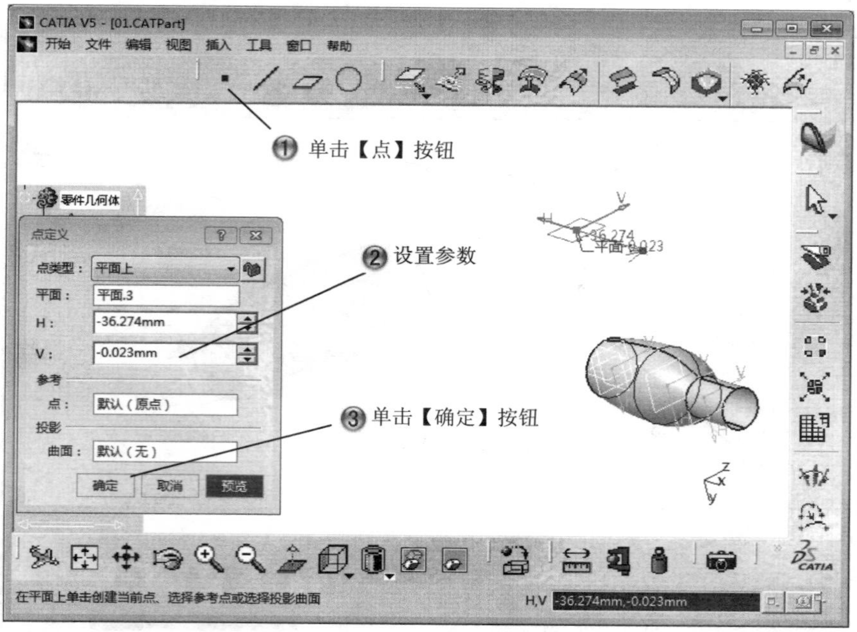

图 8-33　创建点

Step15 创建圆，如图 8-34 所示。

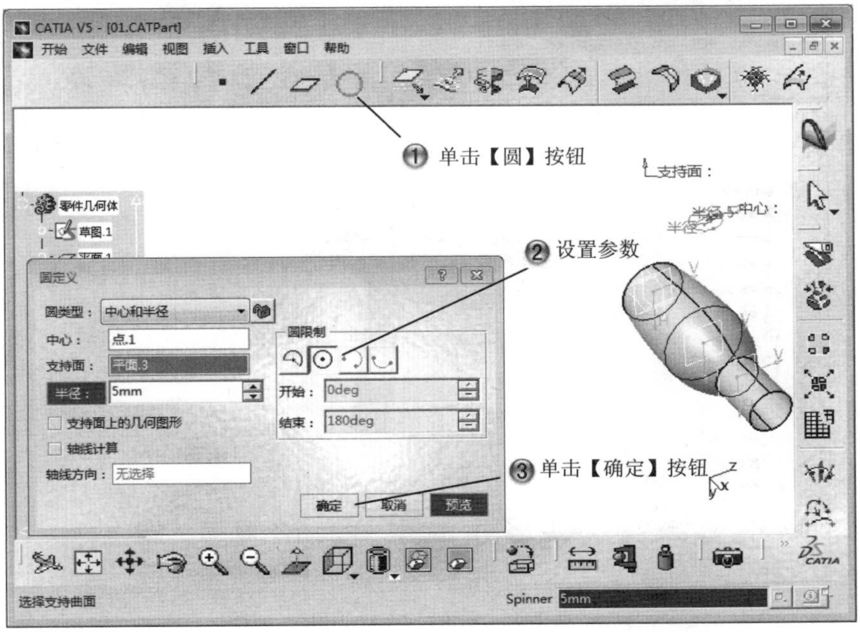

图 8-34　创建圆

Step16 创建拉伸曲面，如图 8-35 所示。

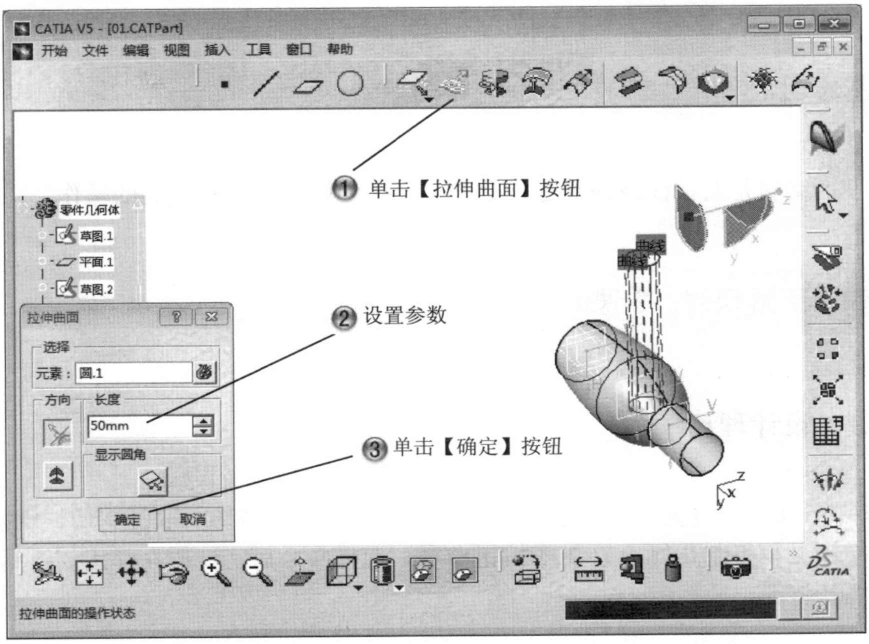

图 8-35　创建拉伸曲面

Step 17 完成自由曲面模型，如图 8-36 所示。

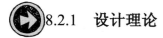

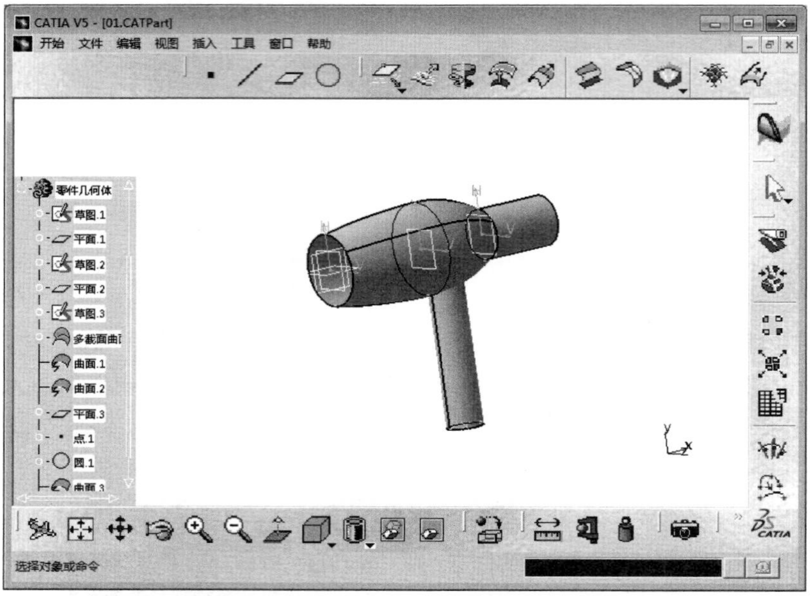

图 8-36 完成自由曲面模型

8.2 编辑自由曲面

基本概念

自由曲面编辑是对曲面或曲线进行分割、连接分解、转换和复制的操作。

课堂讲解课时：2 课时

8.2.1 设计理论

CATIA V5 提供了【几何操作】工具栏，该工具栏包括剪切、取消剪切、连接、拆散、分解、转换精灵和复制几何参数 7 个按钮命令。选择命令后，一般在弹出的对话框中进行设置，生成新特征。

8.2.2 课堂讲解

1. 修剪

单击【操作】工具栏中的【中断曲面或曲线】按钮，系统弹出【断开】对话框，设置参数，如图 8-37 所示。

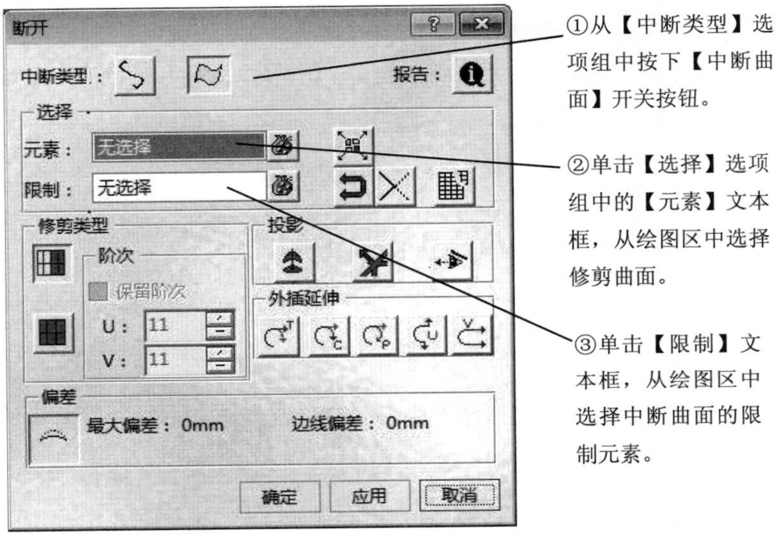

图 8-37 【断开】对话框

单击【断开】对话框中的【确定】按钮，完成曲面的中断操作，效果如图 8-38 所示。

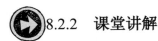

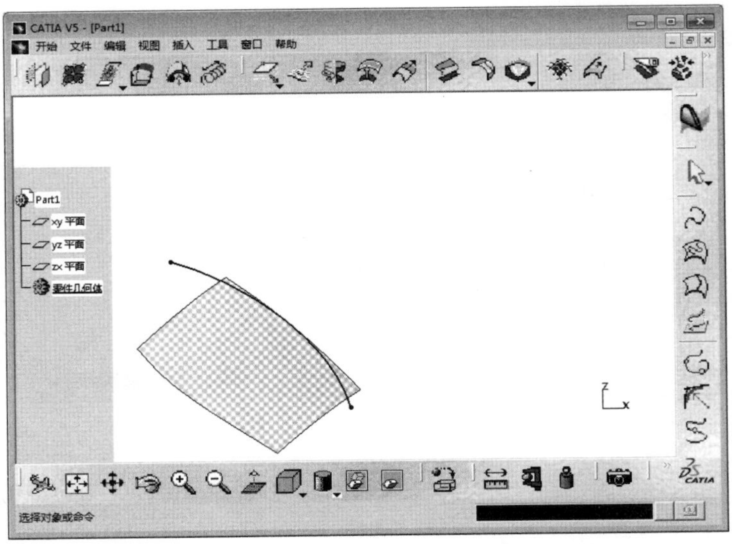

图 8-38 中断后的曲面

2. 取消修剪

单击【操作】工具栏中的【取消修剪曲面或曲线】按钮，系统弹出【取消修剪】对话框，参数设置，如图 8-39 所示。

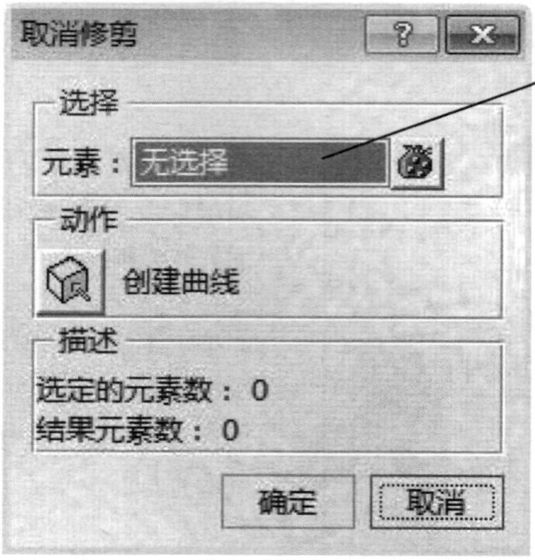

图 8-39 【取消修剪】对话框

单击【取消修剪】对话框中的【确定】按钮，完成取消修剪的创建，效果如图 8-40 所示。

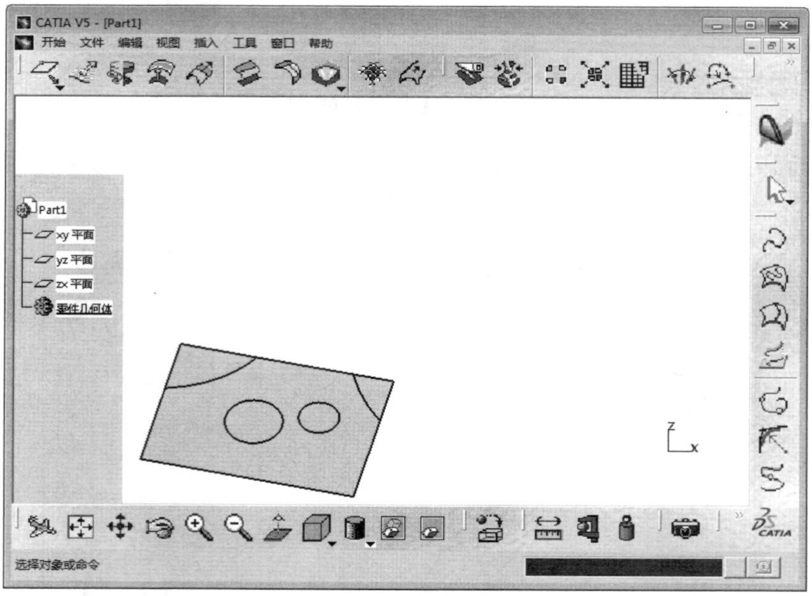

图 8-40 取消修剪后的曲面

3. 连接

单击【操作】工具栏中的【连接】按钮，系统弹出【连接】对话框，参数设置，如图 8-41 所示。

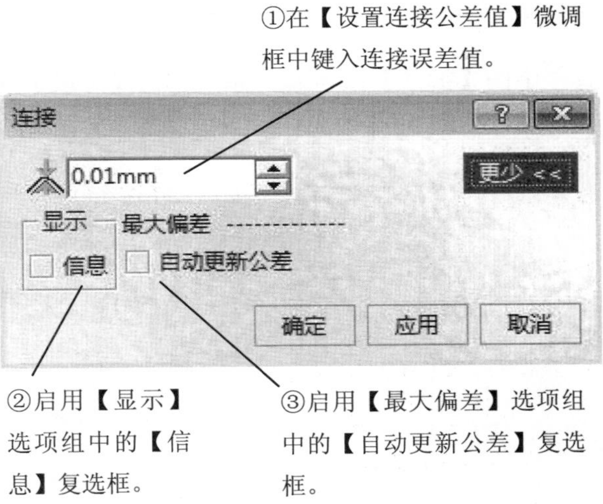

图 8-41 【连接】对话框

【信息】复选框是在几何屏幕上显示连接结果对象的最大偏差及各项参数；【自动更新公差】复选框是在设置的公差值太低时自动更新该值。

名师点拨

使用矩形框选的方法，从绘图区中选择要连接的对象，可以是多单元曲线、两单元曲面、多条连续曲线或两个连续曲面。单击【连接】对话框中的【确定】按钮，完成连接操作，如图 8-42 所示。

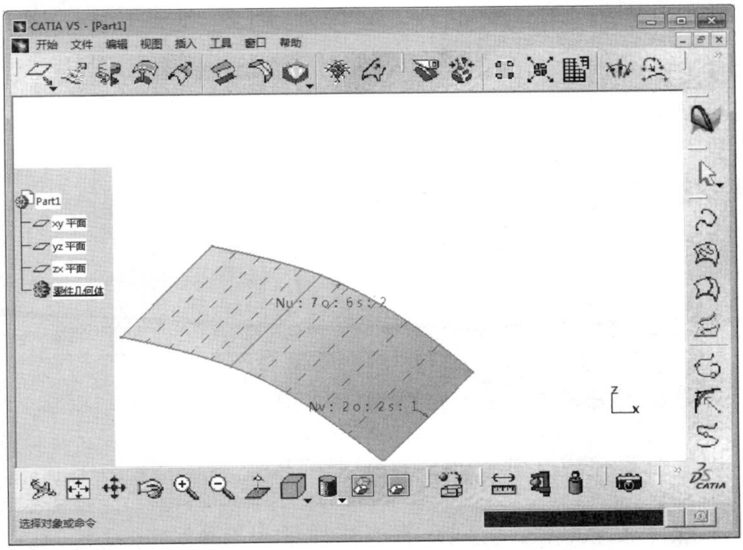

图 8-42 连接预览效果

4. 拆散

单击【操作】工具栏中的【拆散】按钮，系统弹出【分段】对话框，从绘图区中选择要分段的对象，参数设置，如图 8-43 所示。

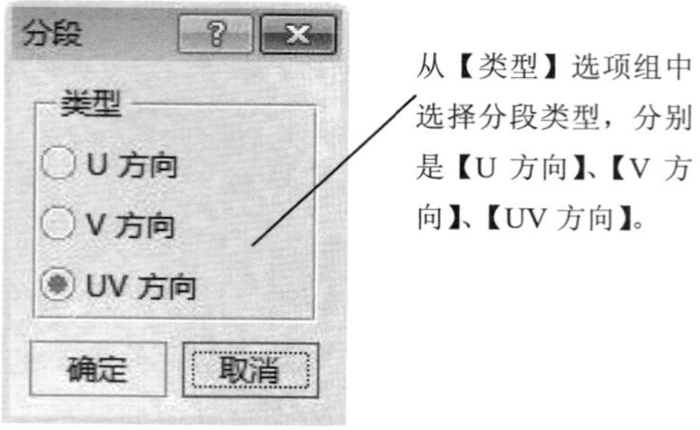

图 8-43 【分段】对话框

单击【分段】对话框中的【确定】按钮，完成曲面的拆散，效果如图 8-44 所示。

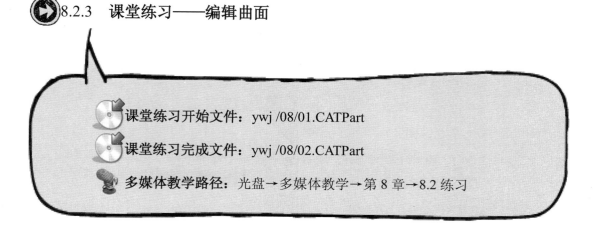

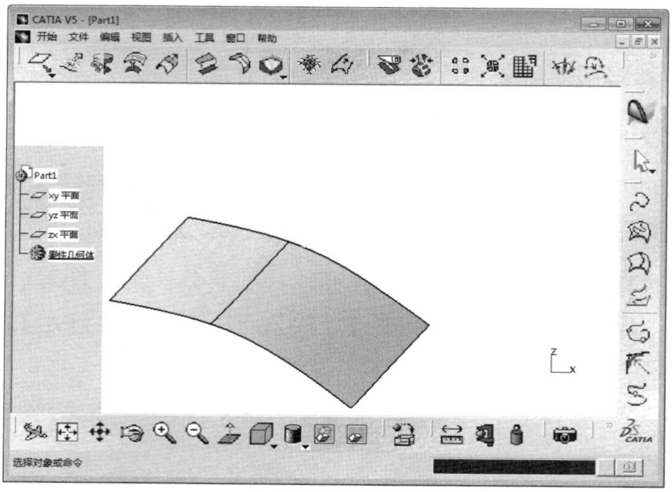

图 8-44 拆散后的曲面

8.2.3 课堂练习——编辑曲面

课堂练习开始文件： ywj /08/01.CATPart

课堂练习完成文件： ywj /08/02.CATPart

多媒体教学路径： 光盘→多媒体教学→第 8 章→8.2 练习

Step1 打开零件，如图 8-45 所示。

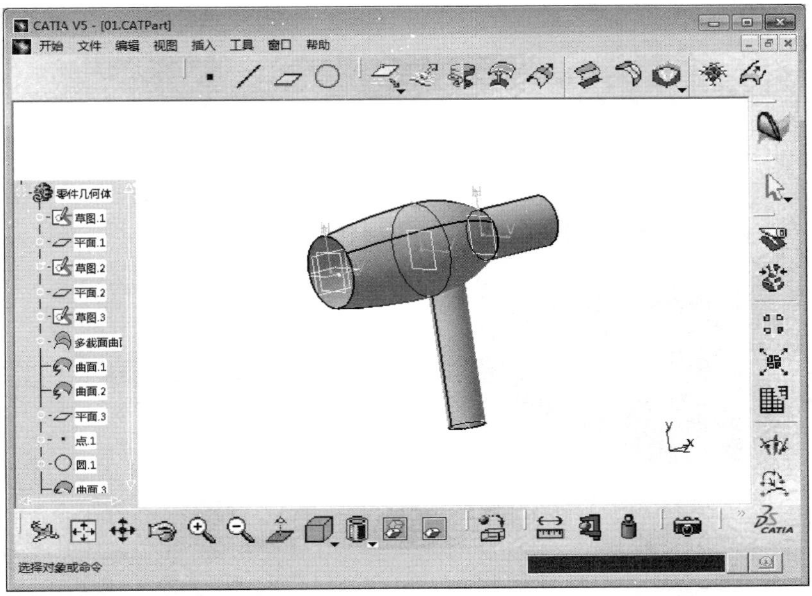

图 8-45　打开零件

Step2 断开曲面，如图 8-46 所示。

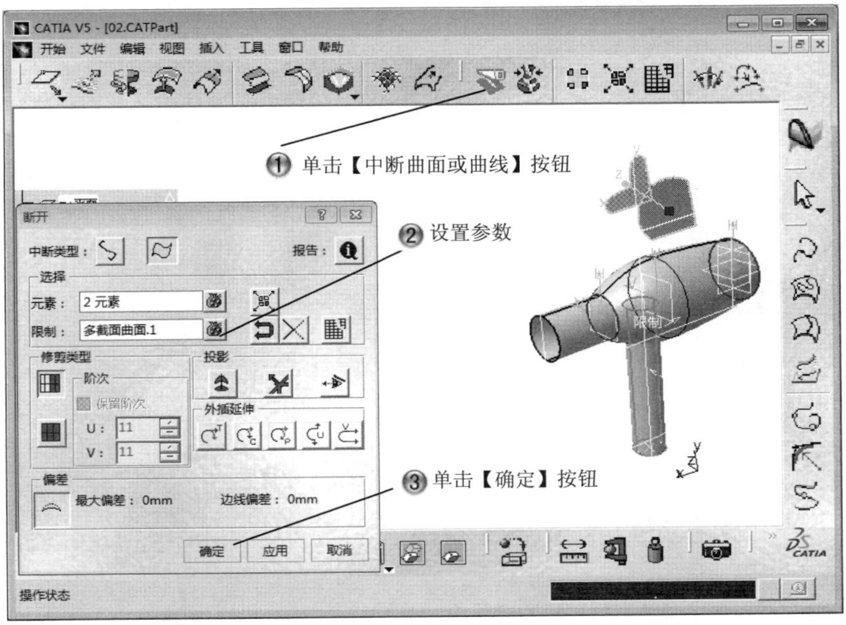

图 8-46　断开曲面

Step3 拆解曲面，如图 8-47 所示。

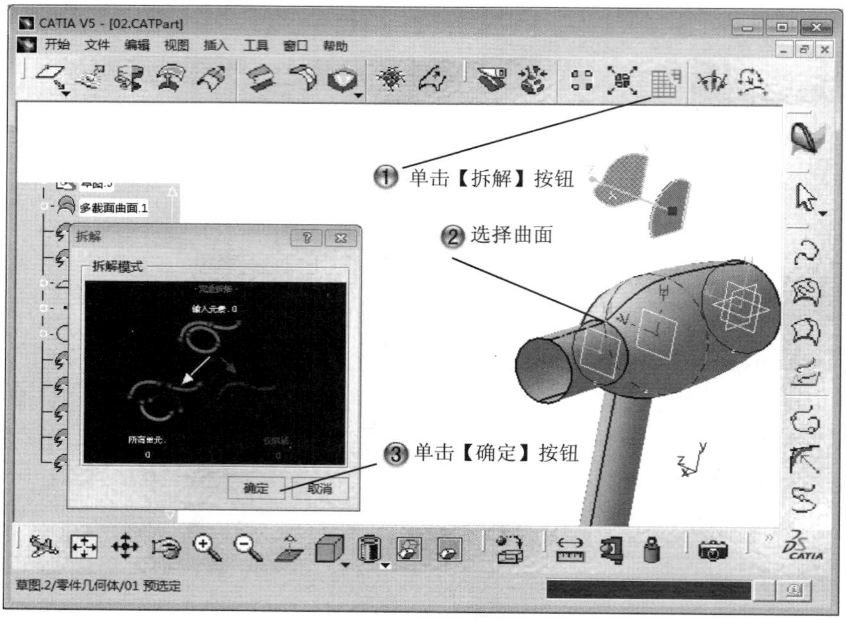

图 8-47 拆解曲面

Step4 连接曲面，如图 8-48 所示。

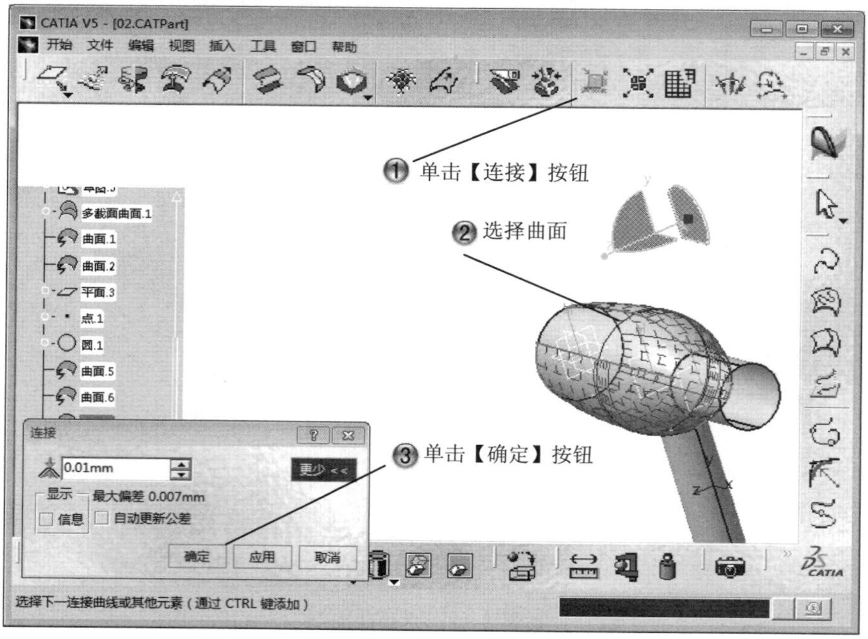

图 8-48 连接曲面

Step5 完成曲面编辑，如图 8-49 所示。

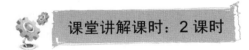

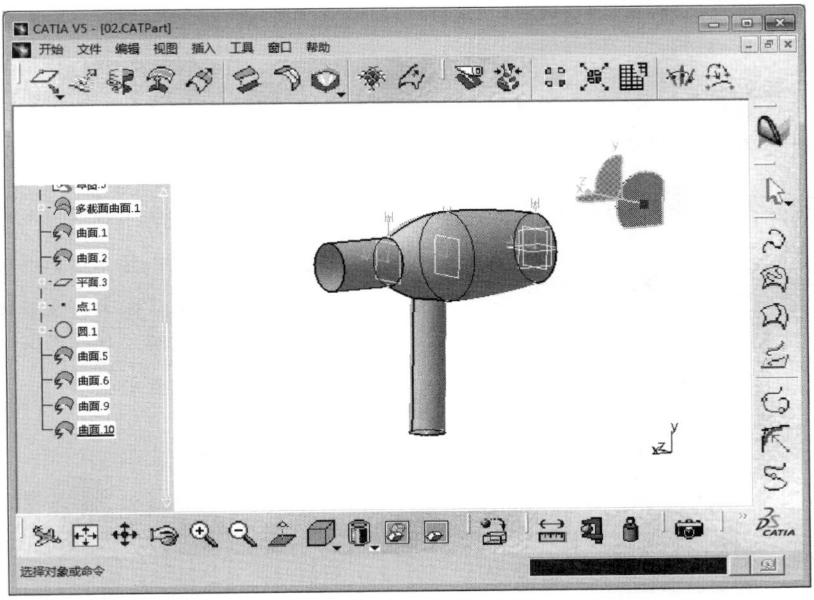

图 8-49　完成曲面编辑

8.3　曲线曲面分析

基本概念

完成曲面模型之后，进行曲线曲面的分析，便于查找设计中的矛盾和不符合要求的地方。曲线曲面分析包括曲线连续性和曲率分析、距离、截面曲率、反射、曲率、拐点曲线、高亮、环境和斑马线分析这些命令。

课堂讲解课时：2 课时

8.3.1　设计理论

在完成曲面之后进行分析是曲面建模的一个重要步骤，本节主要学习曲线曲面分析，其中包括曲线连续性和曲率分析、距离、截面曲率、反射、曲率、拐点曲线、高亮、环境、斑马线分析和光源管理这些内容。

8.3.2 课堂讲解

1. 曲线连续性分析

单击【形状分析】工具栏中的【连接检查器分析】按钮，系统弹出【连接检查器】对话框，参数设置，如图 8-50 所示。

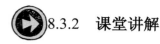

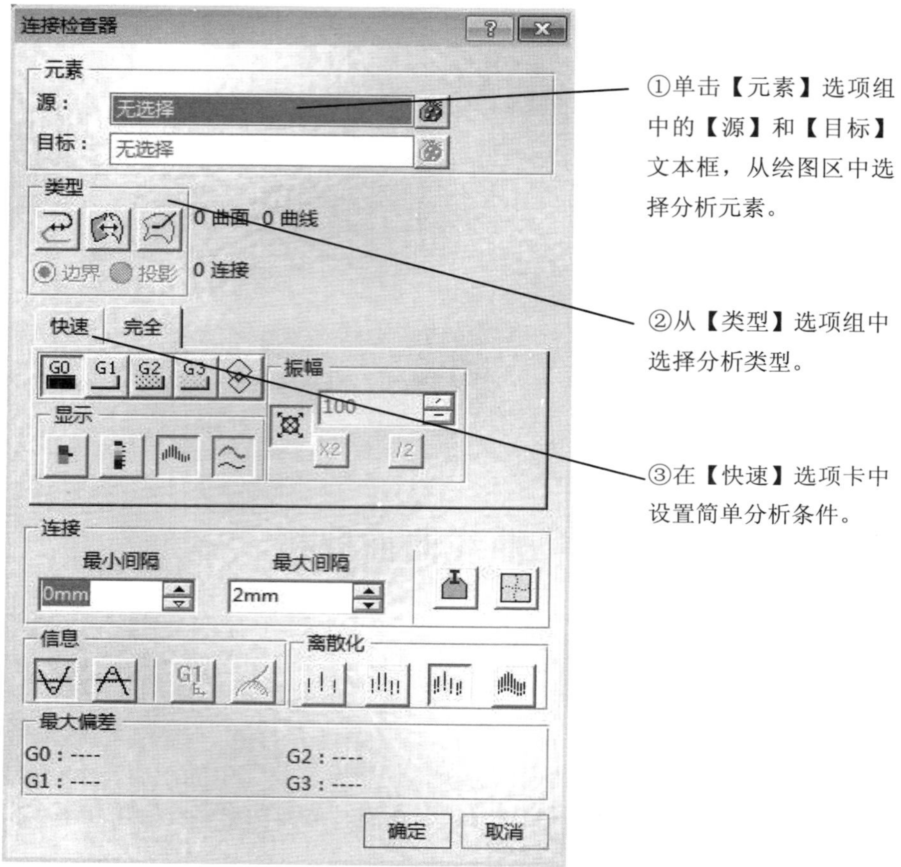

图 8-50 【连接检查器】对话框

单击【连接检查器】对话框中的【梳】开关按钮或者【包络】开关按钮，图形中显示分析结果，如图 8-51 所示。

2. 曲线曲率梳分析

单击【形状分析】工具栏中的【针状分析】按钮，系统弹出【箭状曲率】对话框，参数设置，如图 8-52 所示。

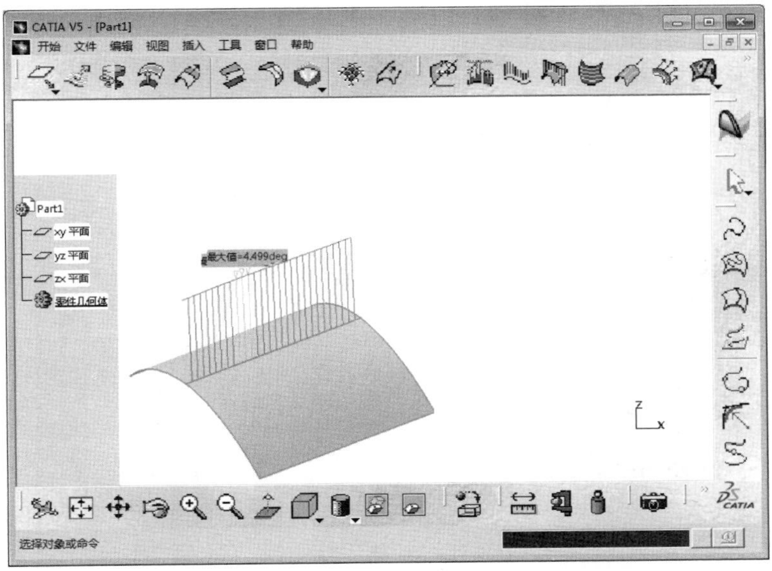

图 8-51　分析结果

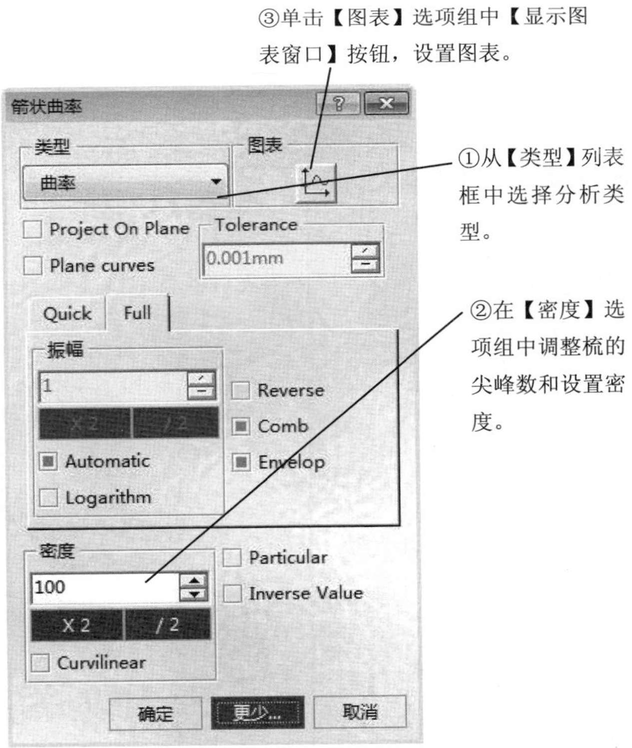

图 8-52　【箭状曲率】对话框

从绘图区中选择分析的曲线，单击【箭状曲率】对话框中的【确定】按钮，将在图形中显示梳状分析结果，如图 8-53 所示。

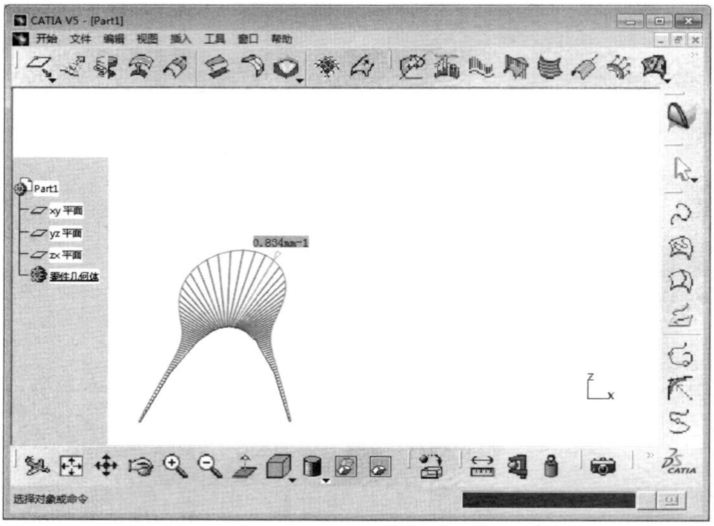

图 8-53　梳状分析结果

3. 截面曲率分析

单击【形状分析】工具栏中的【切除面分析】按钮，系统弹出【分析切除面】对话框，参数设置，如图 8-54 所示。

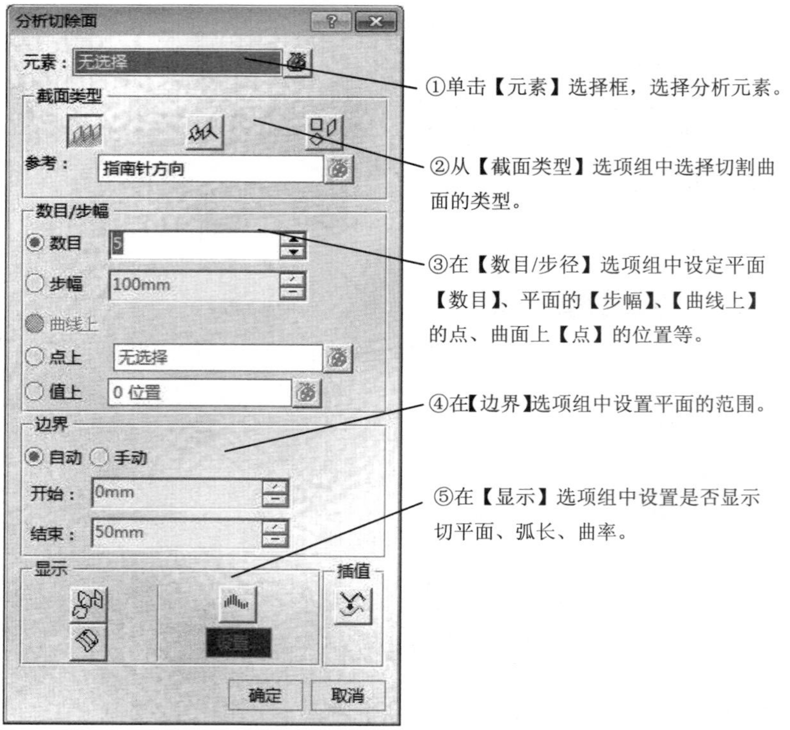

图 8-54　【分析切除面】对话框

从绘图区中选择要分析的曲面，单击【分析切除面】对话框中的【确定】按钮，分析结果如图 8-55 所示。

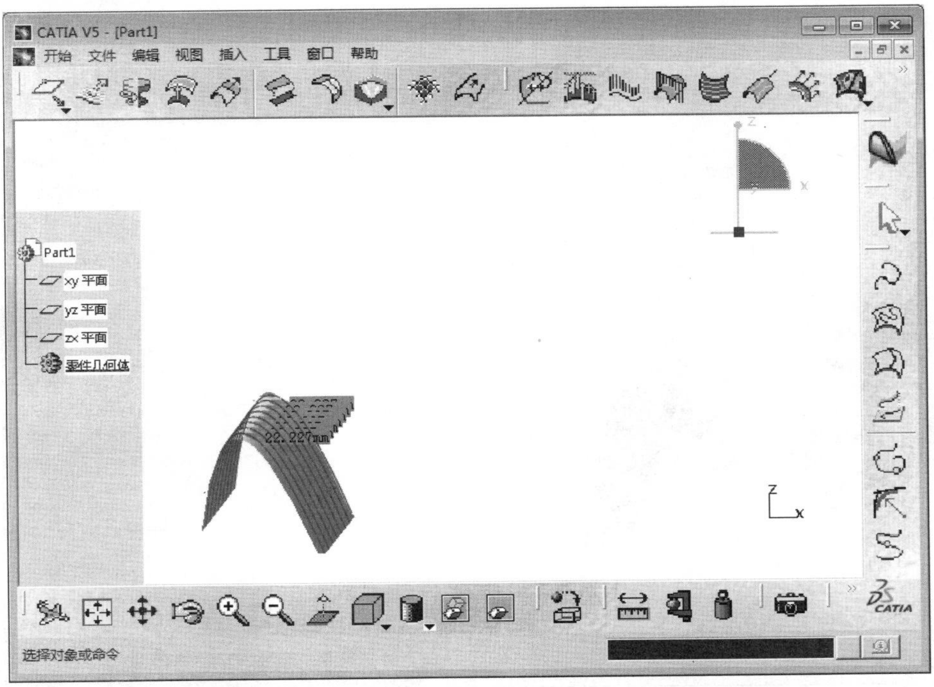

图 8-55　分析结果

4. 反射分析

单击【形状分析】工具栏中的【反射线】按钮，系统弹出【反射线】对话框，在绘图区中选择要分析的曲面，参数设置，如图 8-56 所示。

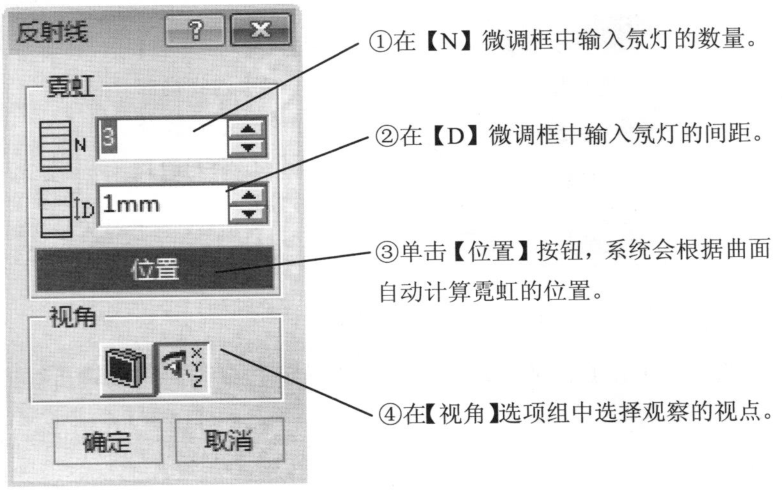

反射线
霓虹
N 3
D 1mm
位置
视角
确定
取消
①在【N】微调框中输入氖灯的数量。
②在【D】微调框中输入氖灯的间距。
③单击【位置】按钮，系统会根据曲面自动计算霓虹的位置。
④在【视角】选项组中选择观察的视点。

图 8-56　【反射线】对话框

调节指南针至合适位置，单击【反射线】对话框中的【确定】按钮，完成反射线的分析，效果如图 8-57 所示。

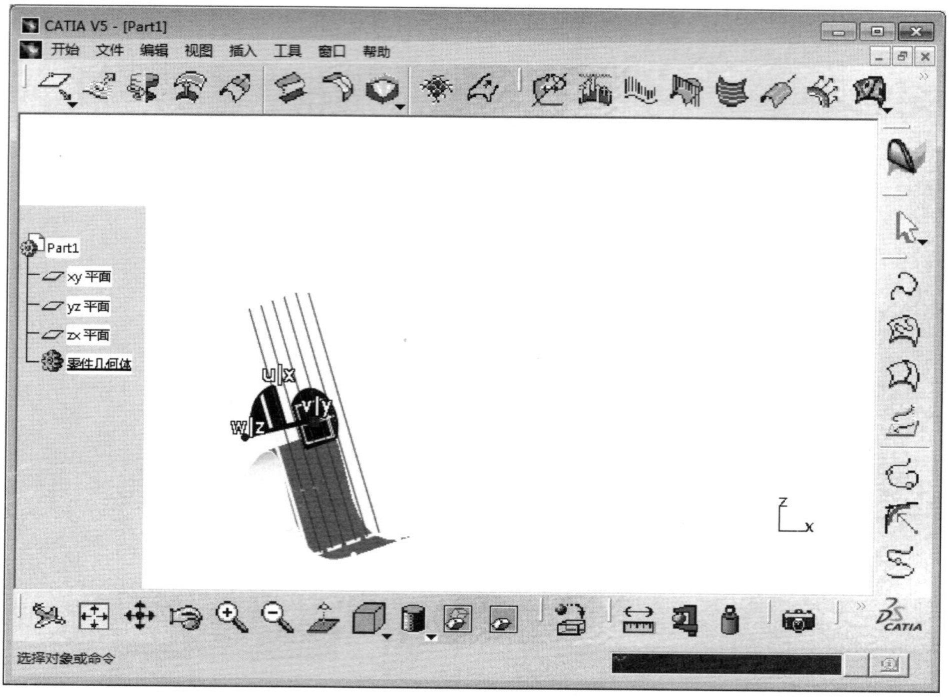

图 8-57　反射线效果

5. 拐点曲线分析

单击【形状分析】工具栏中的【衍射线】按钮，系统弹出【衍射线】对话框，从绘图区中选择要分析的曲面，参数设置，如图 8-58 所示。

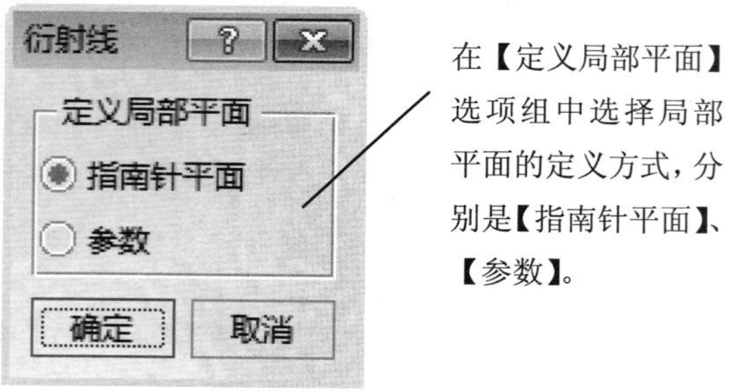

图 8-58　【衍射线】对话框

调整指南针方向，单击【衍射线】对话框的【确定】按钮，完成转折线的分析，效果如图 8-59 所示。

6. 高亮分析

单击【形状分析】工具栏中的【亮度显示线分析】按钮，系统弹出【强调线】对话框，从绘图区中选择要分析的曲面，设置如图 8-60 所示。

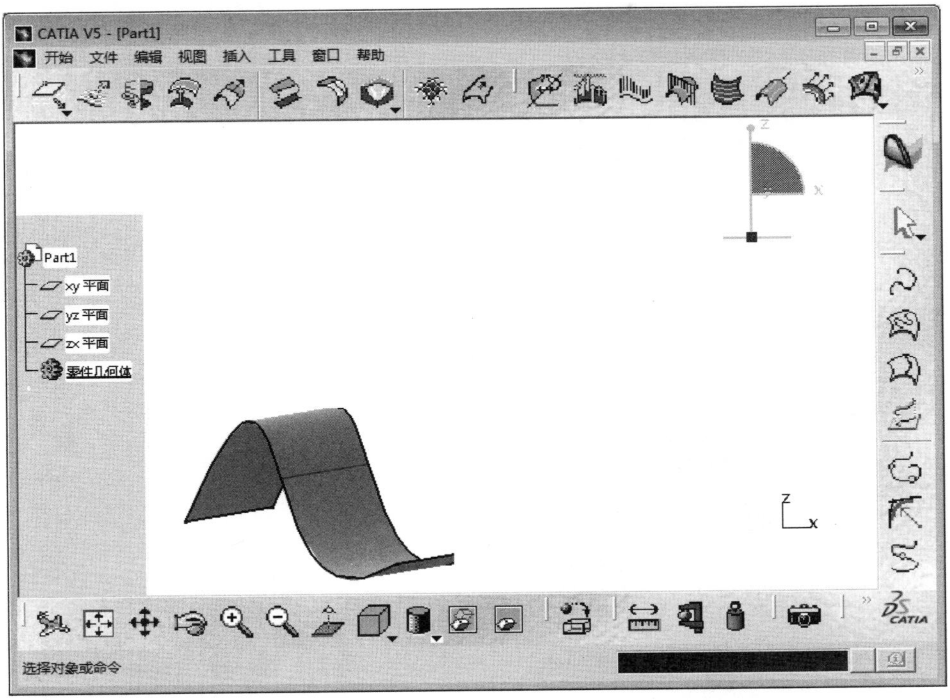

图 8-59　转折线结果

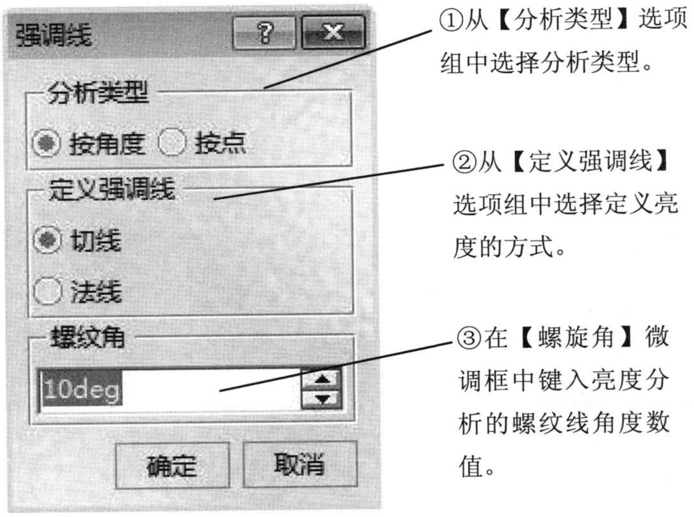

图 8-60　【强调线】对话框

单击【强调线】对话框中的【确定】按钮，分析效果如图 8-61 所示。

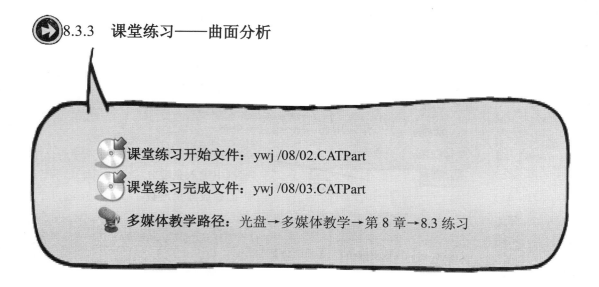

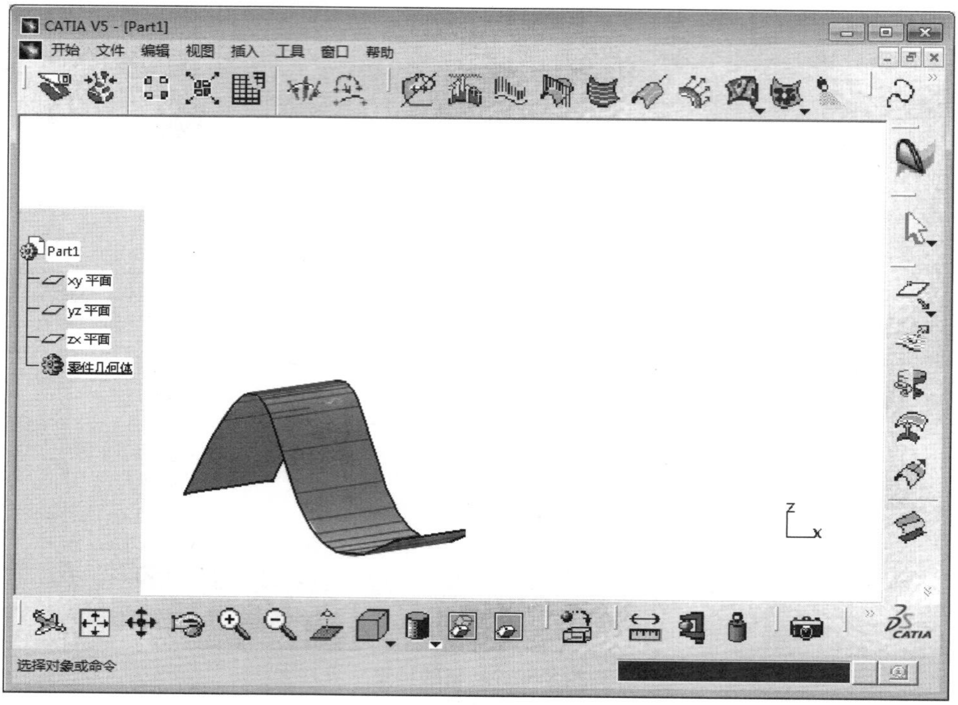

图 8-61 亮度显示线分析

8.3.3 课堂练习——曲面分析

课堂练习开始文件：ywj /08/02.CATPart

课堂练习完成文件：ywj /08/03.CATPart

多媒体教学路径：光盘→多媒体教学→第 8 章→8.3 练习

Step1 打开零件，如图 8-62 所示。

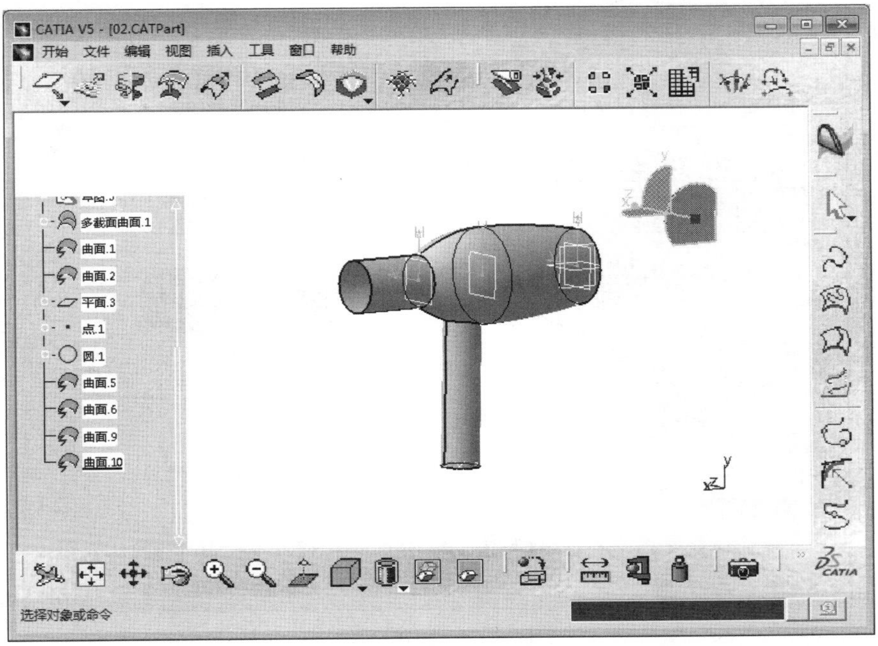

图 8-62 打开零件

Step2 连接检查，如图 8-63 所示。

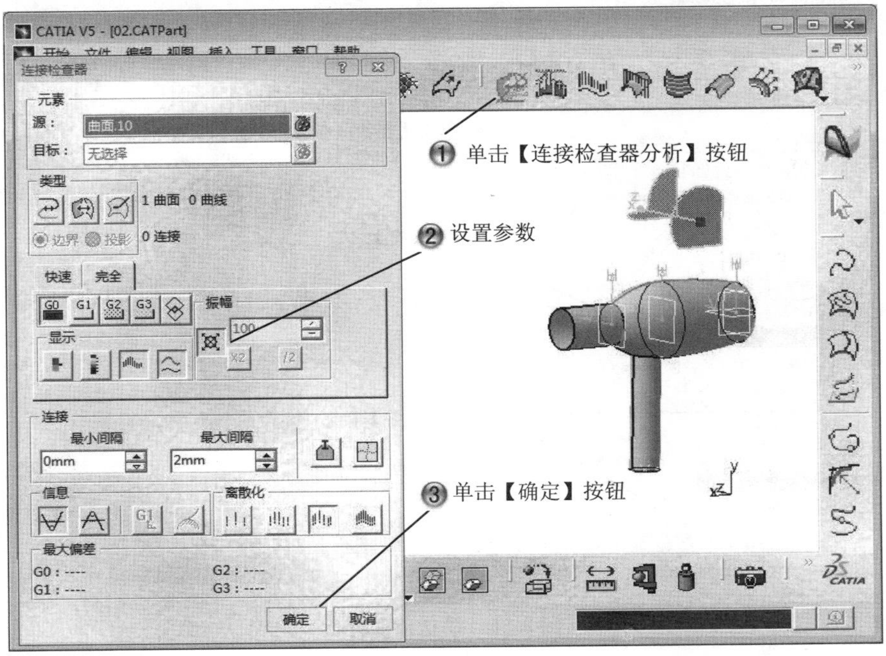

图 8-63 连接检查

Step3 距离分析，如图 8-64 所示。

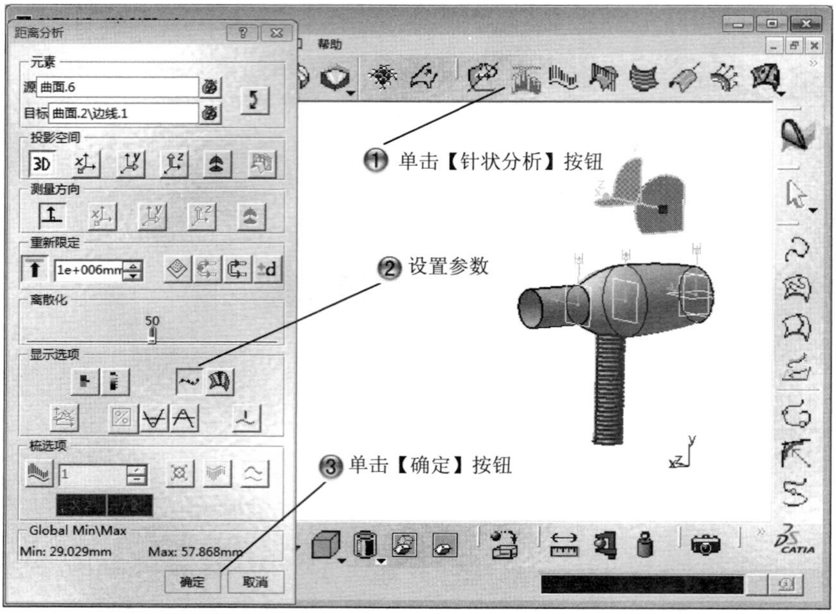

图 8-64　距离分析

Step4 箭状曲面分析，如图 8-65 所示。

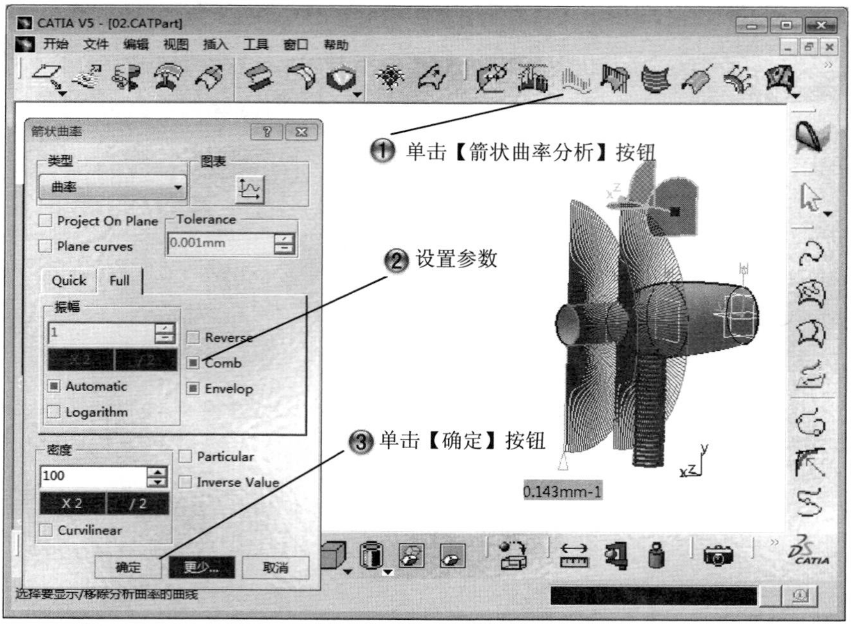

图 8-65　箭状曲面分析

Step5 分析切除面，如图 8-66 所示。

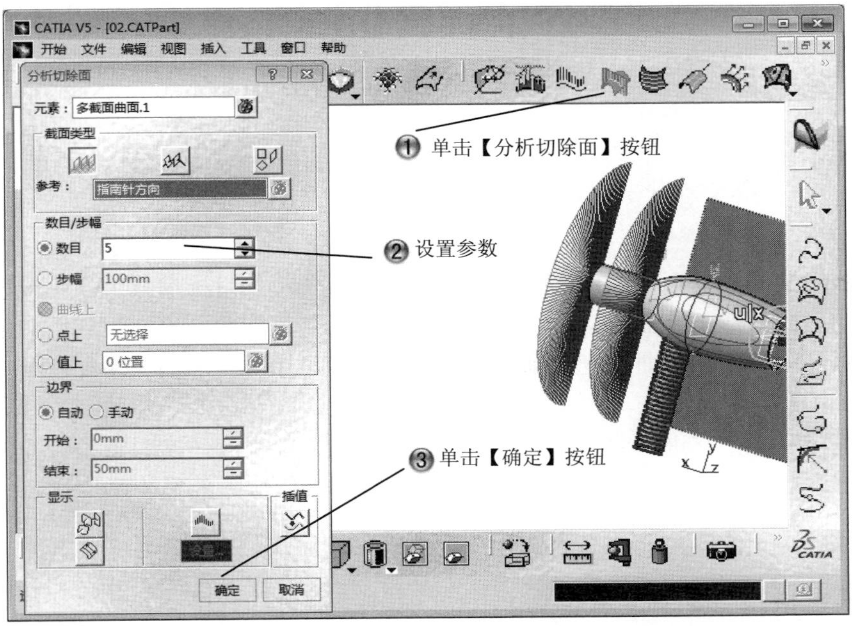

图 8-66　分析切除面

Step6 完成曲面分析，如图 8-67 所示。

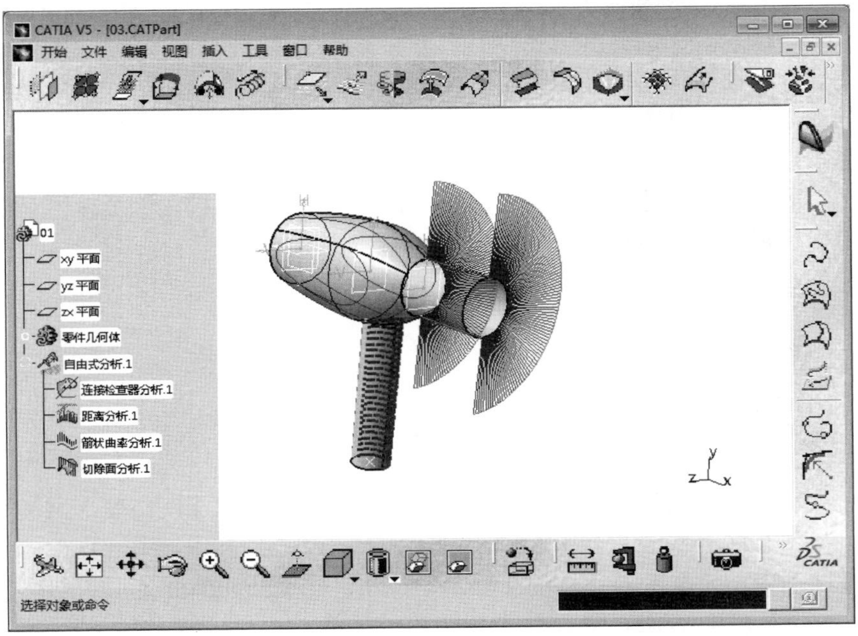

图 8-67　完成曲面分析

8.4 曲面优化和渲染

基本概念

基于曲线的曲面变形是将曲面从一组参考曲线，变形到目标曲线上而生成新的曲面。基于曲面的曲面变形是将曲面从一组参考曲面，变形到目标曲面上而生成新的曲面。外形渐变是将曲面从一组参考曲线变形到目标曲线上，并可以对变形曲面增加连续性约束，形成新曲面。

曲面优化和渲染在进行曲面设计时，首先设计曲面的优化，实时渲染是在曲面模型完成的情况下进行的，为了赋予模型的真实材质，得到近似实际效果的照片。

课堂讲解课时：2 课时

8.4.1 设计理论

本节主要介绍曲面优化设计和实时渲染模块的使用，曲面优化设计包括中心凹凸曲面、基于曲线的曲面变形、基于曲面的曲面变形、外形渐变和自动圆角化曲面；曲面设计完成后，需要进行后期渲染处理，生成更加逼真的渲染效果，对前期产品的验证和推广起着一定的作用。实时渲染包括建立各种场景、建立各种光源和摄影机，以及如何建立旋转轴、运动仿真和生成视频。

8.4.2 课堂讲解

1. 创建中心凸凹曲面

单击【高级曲面】工具栏中的【凹凸】按钮，系统弹出【凹凸变形定义】对话框，参数设置，如图 8-68 所示。

单击【凹凸变形定义】对话框的【确定】按钮，完成凸凹曲面变形的创建，效果如图 8-69 所示。

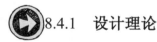

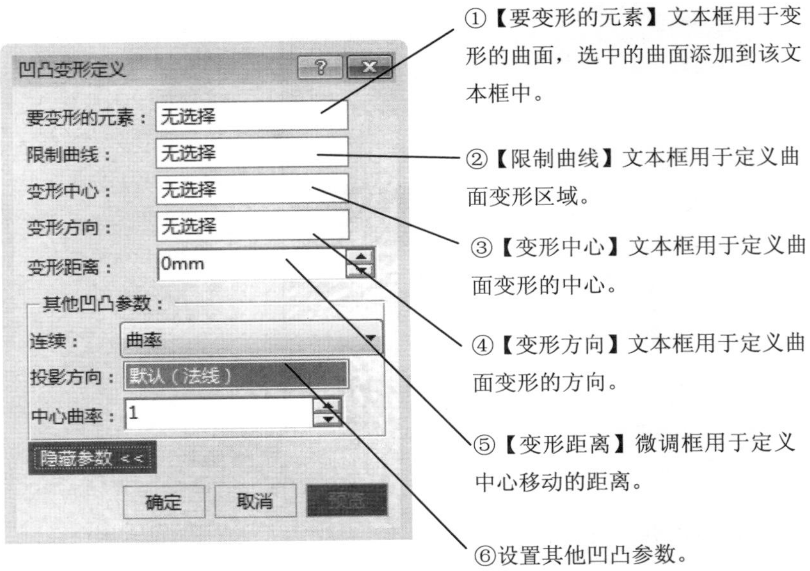

图 8-68　【凹凸变形定义】对话框

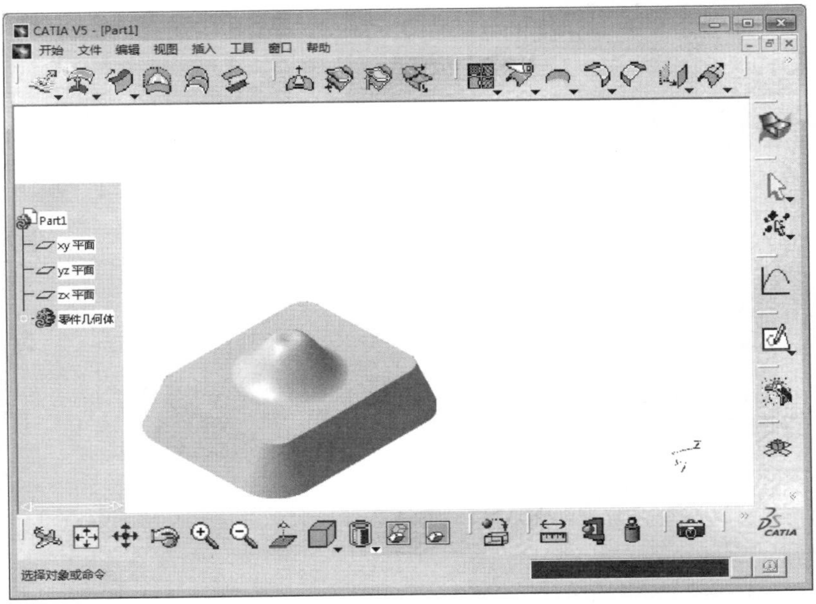

图 8-69　凸凹变形曲面

2. 基于曲线的曲面变形

单击【高级曲面】工具栏中的【包裹曲线】按钮，系统弹出【包裹曲线定义】对话框，设置参数，如图 8-70 所示。

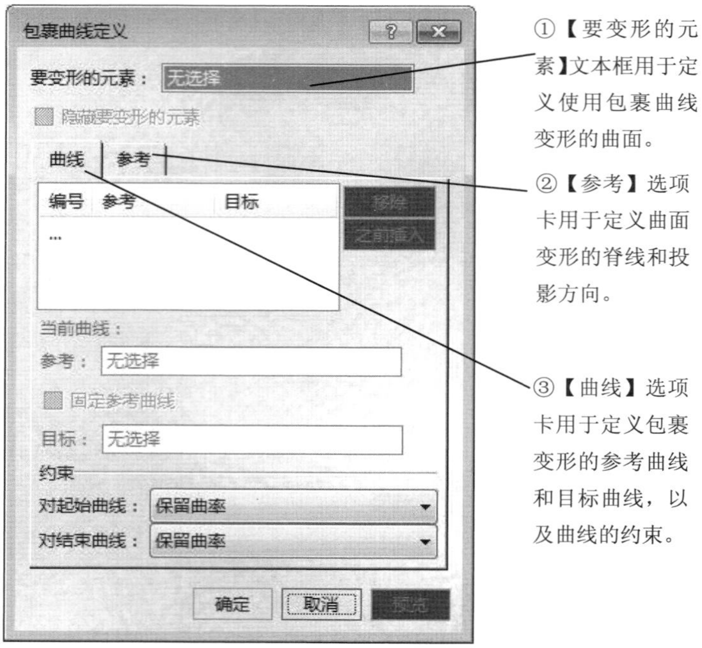

图 8-70　【包裹曲线定义】对话框

单击【包裹曲线定义】对话框的【确定】按钮，完成基于曲线的曲面变形的操作，最终效果如图 8-71 所示。

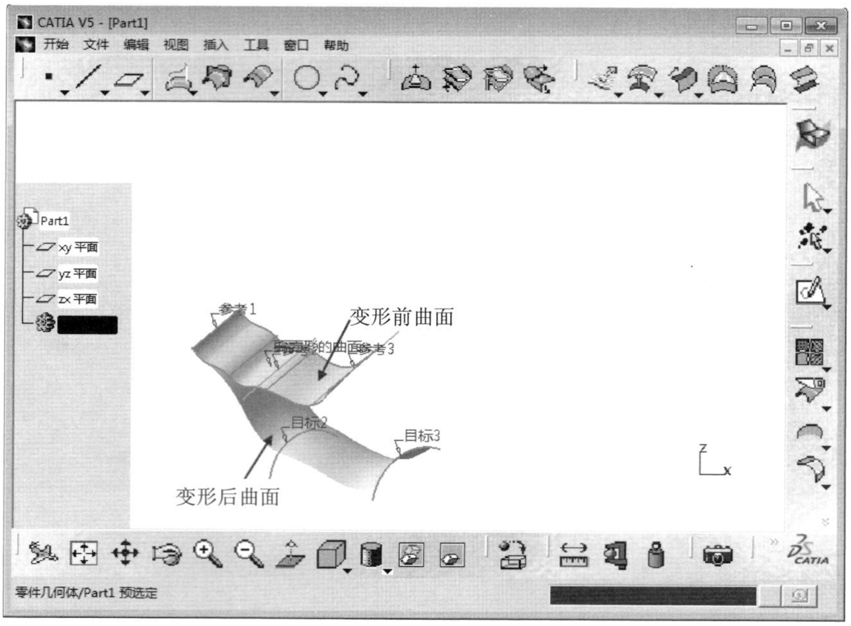

图 8-71　变形曲面

3．基于曲面的曲面变形

单击【高级曲面】工具栏中的【包裹曲面】按钮，系统弹出【包裹曲面变形定义】对话框，参数设置，如图 8-72 所示。

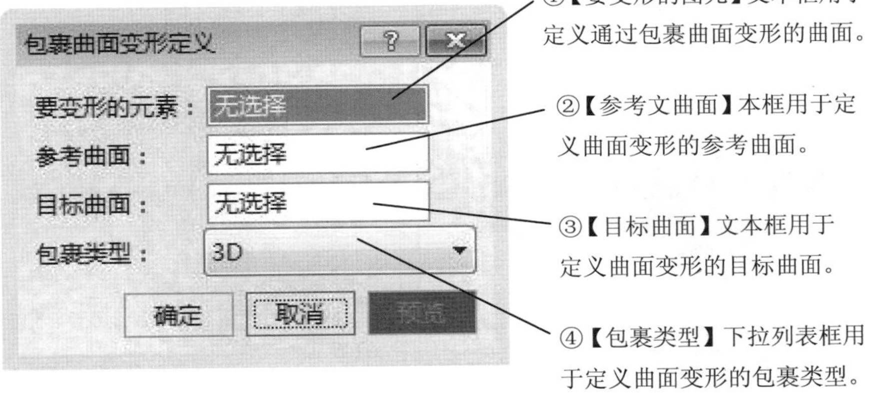

图 8-72　【包裹曲面变形定义】对话框

单击【包裹曲面变形定义】对话框的【确定】按钮，完成基于曲面的曲面变形的操作，最终效果如图 8-73 所示。

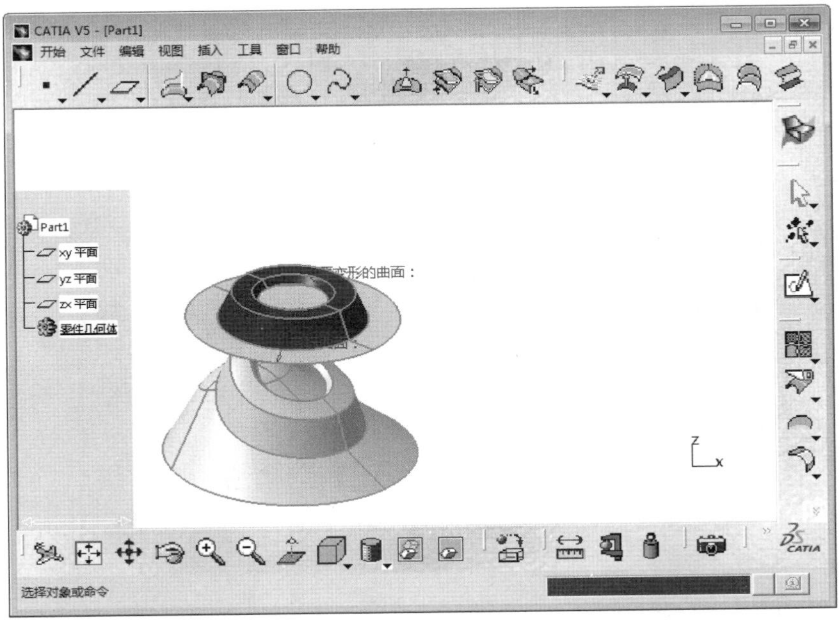

图 8-73　变形曲面

4．外形渐变

单击【高级曲面】工具栏中的【外形渐变】按钮，系统弹出【外形变形定义】对话框，参数设置，如图 8-74 所示。

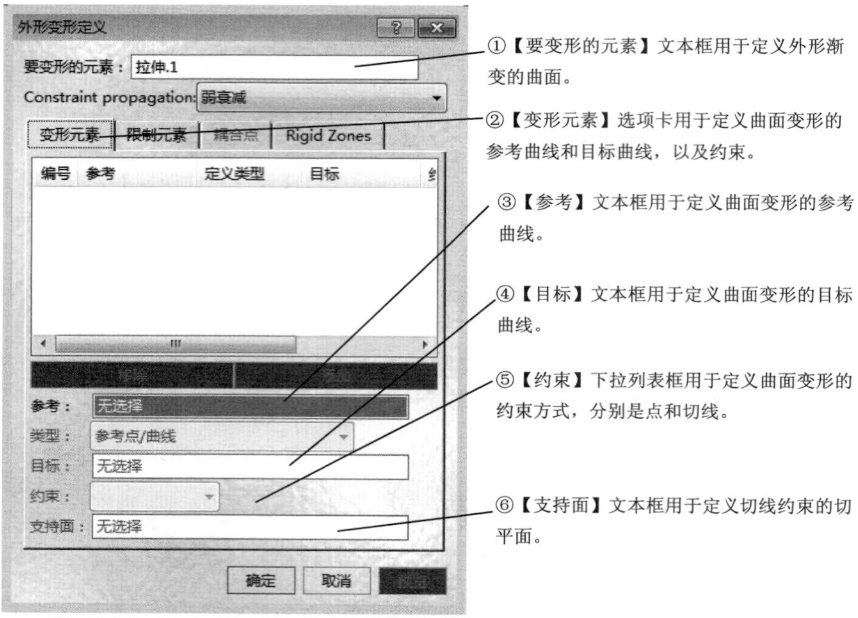

图 8-74　【外形变形定义】对话框

单击【外形变形定义】对话框的【确定】按钮，完成曲面外形的渐变操作，效果如图 8-75 所示。

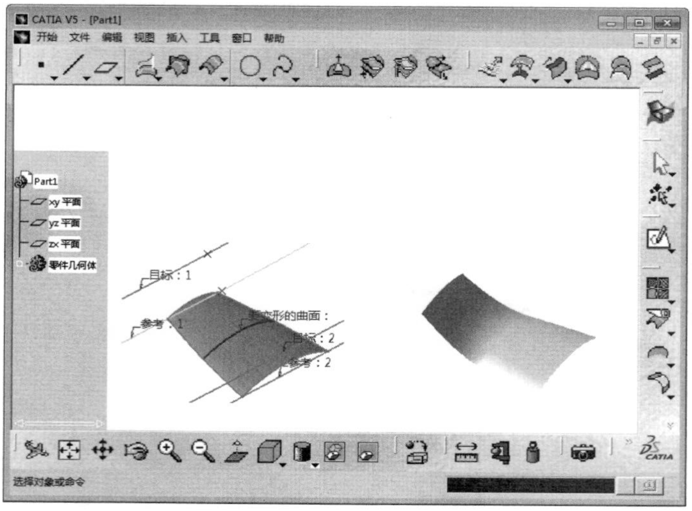

图 8-75　外形渐变效果

5. 实时渲染

应用材料是将实际中的材质赋予产品模型，从而观察产品在实际材质下的情况。选择菜单栏中的【开始】|【基础结构】|【实时渲染】命令，切换到渲染模块。单击【应用材料】工具栏中的【应用材料】按钮，系统弹出的【库（只读）】对话框，如图 8-76 所示。

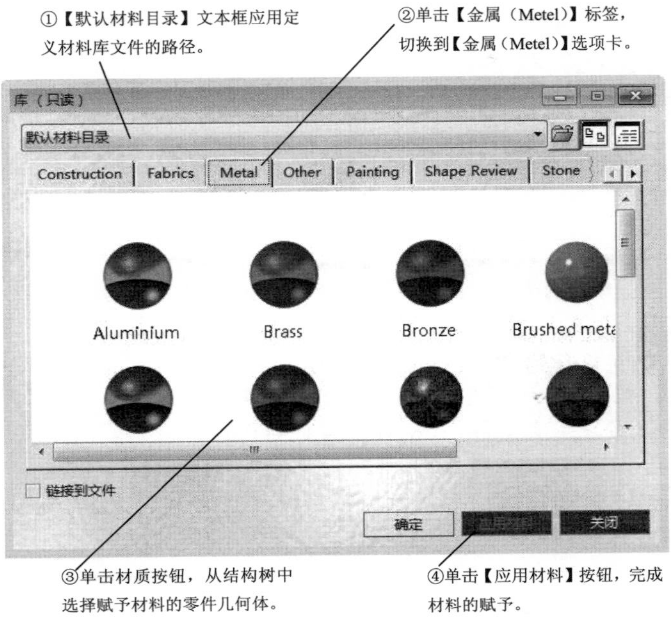

图 8-76　【库（只读）】对话框

6. 场景编辑器

通过场景编辑器，可以模拟产品在实际环境下的逼真效果。在 CATIA 中可以建立场景、建立光源、建立摄像机等操作。

在 CATIA 中可以建立盒子环境、球形环境、圆柱形环境和自定义环境。单击【场景编辑器】工具栏中的【创建箱环境】按钮右下黑色三角，展开【创建环境】工具栏。单击【创建环境】工具栏中的【创建箱环境】按钮，在工作区创建盒形环境，效果如图 8-77 所示。

图 8-77　箱环境

8.4.3 课堂练习——曲面优化和渲染

课堂练习开始文件：ywj /08/02.CATPart

课堂练习完成文件：ywj /08/04.CATPart

多媒体教学路径：光盘→多媒体教学→第 8 章→8.4 练习

Step 1 打开零件，如图 8-78 所示。

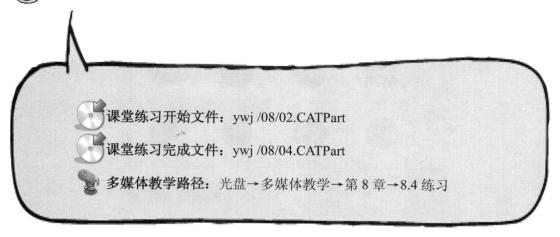

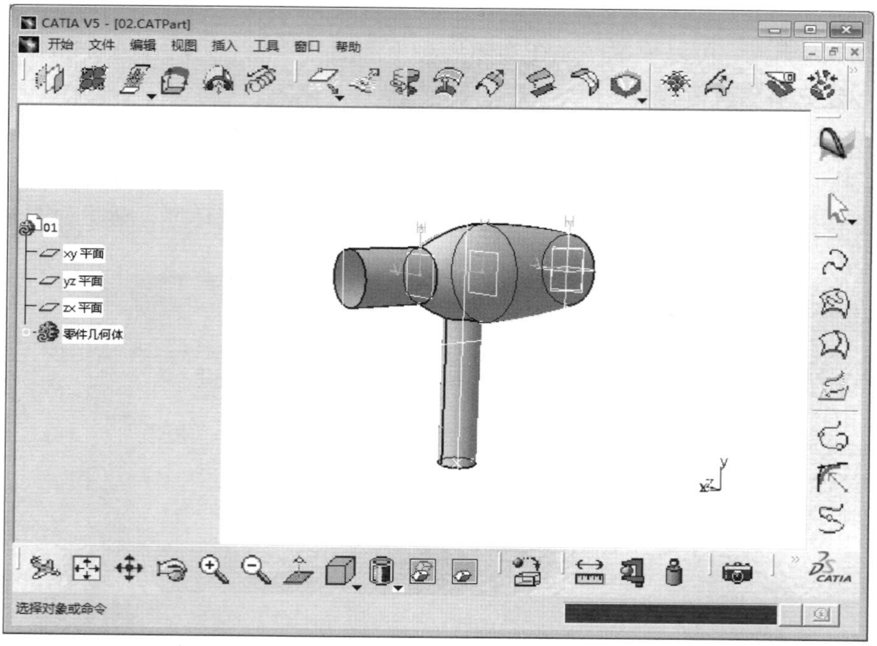

图 8-78 打开零件

Step2 接合曲面，如图 8-79 所示。

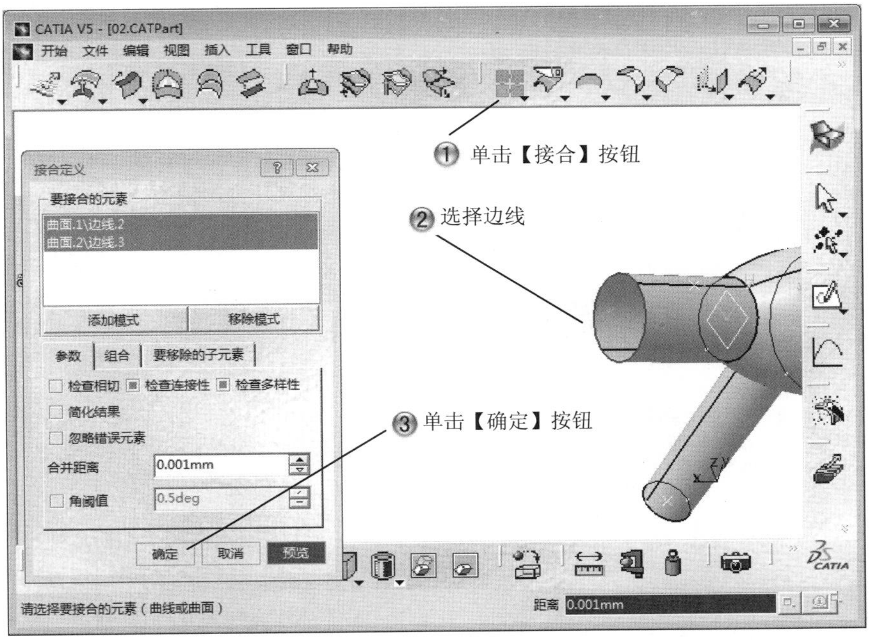

图 8-79 接合曲面

Step3 创建点，如图 8-80 所示。

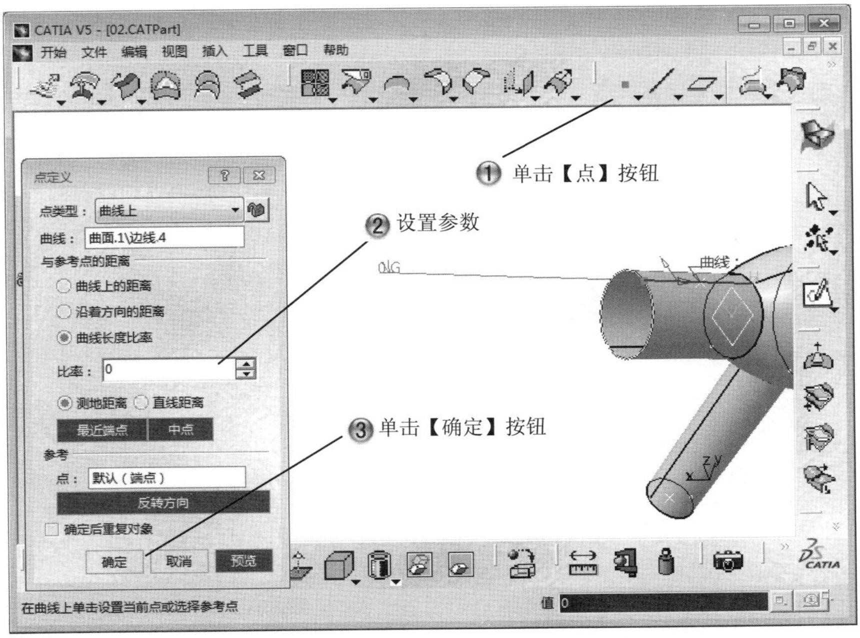

图 8-80 创建点

Step4 创建包裹曲线，如图 8-81 所示。

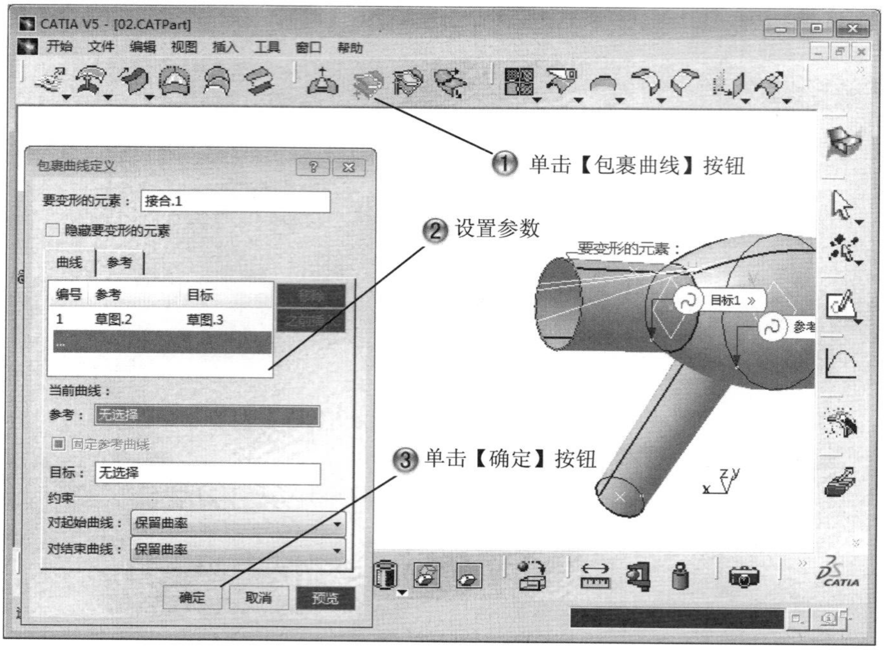

图 8-81 创建包裹曲线

Step5 完成曲面优化，如图 8-82 所示。

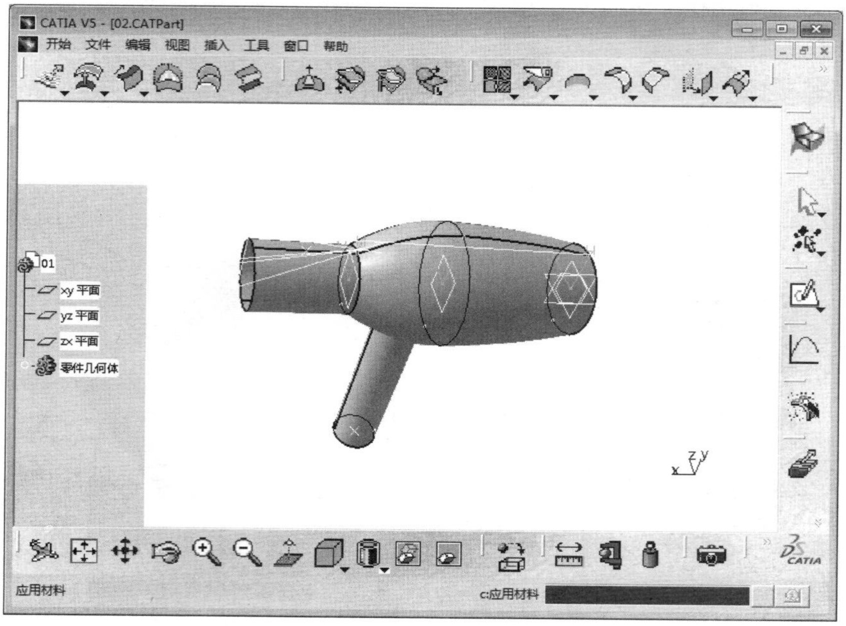

图 8-82 完成曲面优化

Step6 添加材质，如图 8-83 所示。

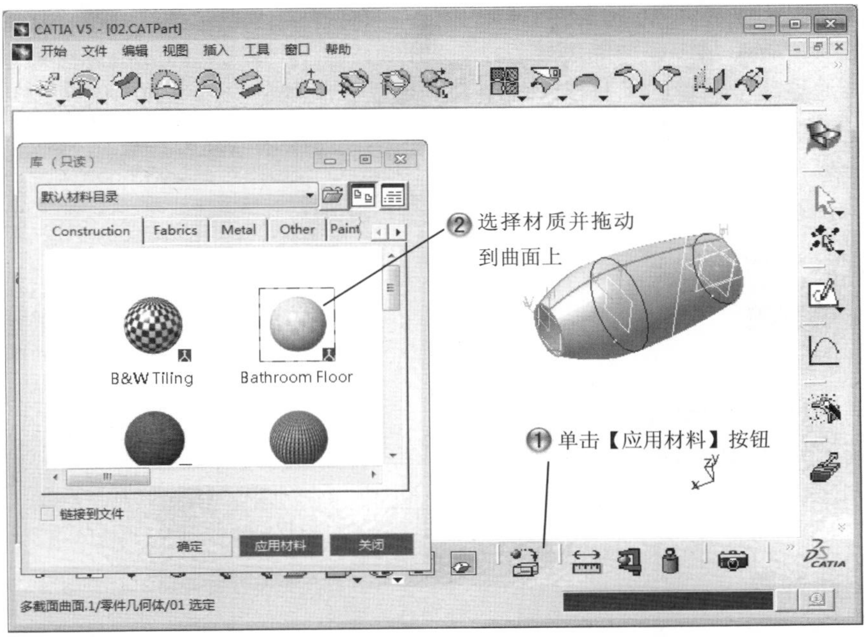

图 8-83　添加材质

Step7 零件渲染，如图 8-84 所示。

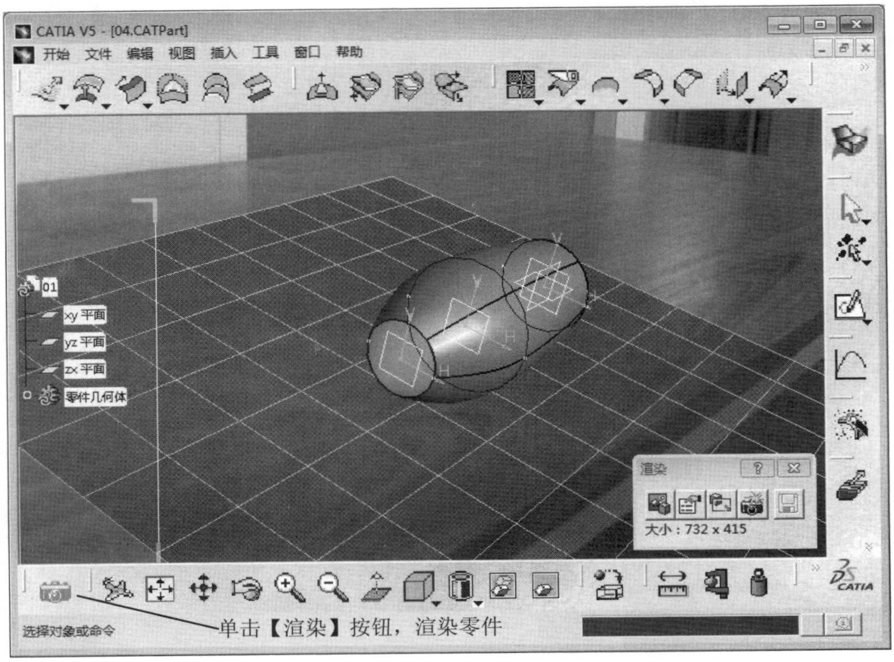

图 8-84　零件渲染

8.5　专家总结

本章主要讲解了自由曲面的创建方法、曲面的编辑、曲线曲面分析以及去优化渲染等基础内容。通过这些简单的工具操作的组合，可以完成复杂的自由曲面创建。

8.6　课后习题

8.6.1　填空题

（1）进入自由曲面模块的方法是________。

（2）曲面分析的作用是________。

（3）创建自由曲面的命令有________、________、________、________。

8.6.2　问答题

（1）自由曲面和普通曲面的区别？

（2）曲面优化的作用是？

8.6.3　上机操作题

如图 8-85 所示，使用本章学过注塑来创建一个手柄曲面模型。

练习步骤和方法：

（1）绘制空间曲线。

（2）创建创建网格曲面，并创建曲面接合部分。

（3）编辑曲面特征。

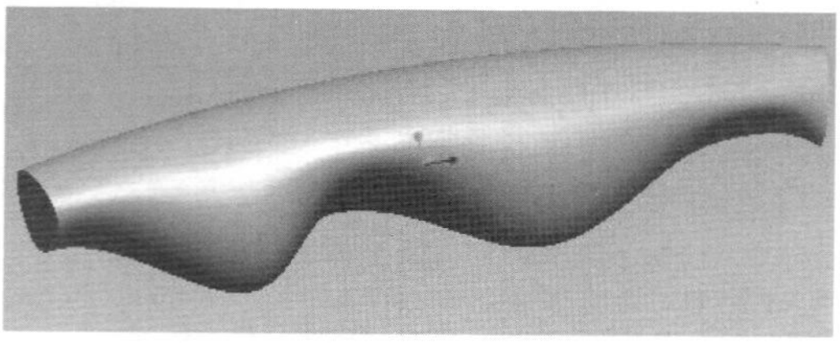

图 8-85　手柄曲面模型

第 9 章　数字化曲面设计

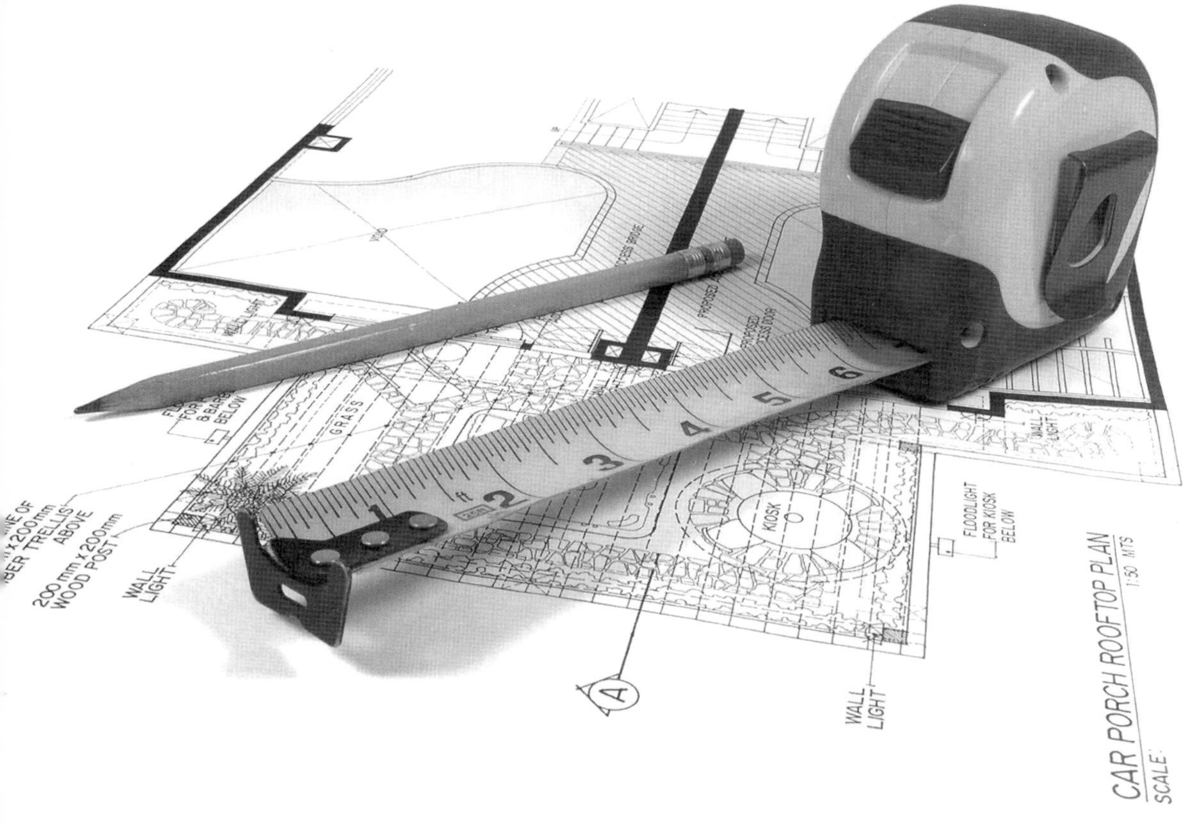

课训目标	内　容	掌握程度	课　时
	点云数据处理	了解	1
	绘制曲线	熟练运用	2
	创建曲面	熟练运用	2

课程学习建议

数字曲面设计是逆向设计的前期处理工作，通过对实体的扫描，可以得到实体的空间位置信息文件，通常把这种文件称为点云文件或数据文件。数字曲面设计就是将点云文件导入导出软件，并对文件进行去除坏点、绘制截面线、绘制特征线，以及质量检查等操作。点云经过编辑处理后，结合 CATIA 中的其他模块，如创成式外形设计、自由曲面设计等模块，完成产品的逆向建模。

本章介绍数字点云处理，以及创建和编辑数字曲面的方法和步骤。

本课程主要基于软件的数字化曲面模块来讲解，其培训课程表如下。

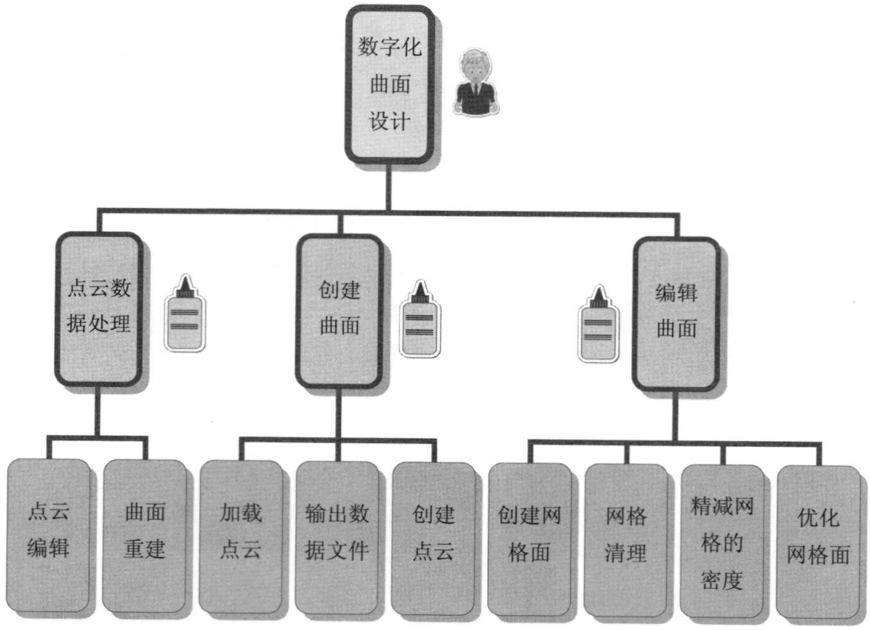

9.1 点云数据处理

基本概念

逆向点云编辑模块主要功能是生成点云和网格面，以及对其进行的编辑，即点云的导入导出、点云网格化、点云编辑处理、点云操作以及分析等。

逆向曲面重建模块的主要功能是通过点云或网格面生成曲线、曲面，它与逆向点云编辑模块配合能够完成各种数字曲面的设计任务。

课堂讲解课时：1 课时

9.1.1 设计理论

CATIA 提供了两大数字曲面设计模块：逆向点云编辑、逆向曲面重建，在进行数字曲面设计，首先需要生成点云并编辑。

9.1.2 课堂讲解

1. 点云编辑

选择【开始】|【形状】|【Digitized Shape Editor（逆向点云编辑）】菜单命令，系统弹出如图 9-1 所示的【新建零件】对话框。

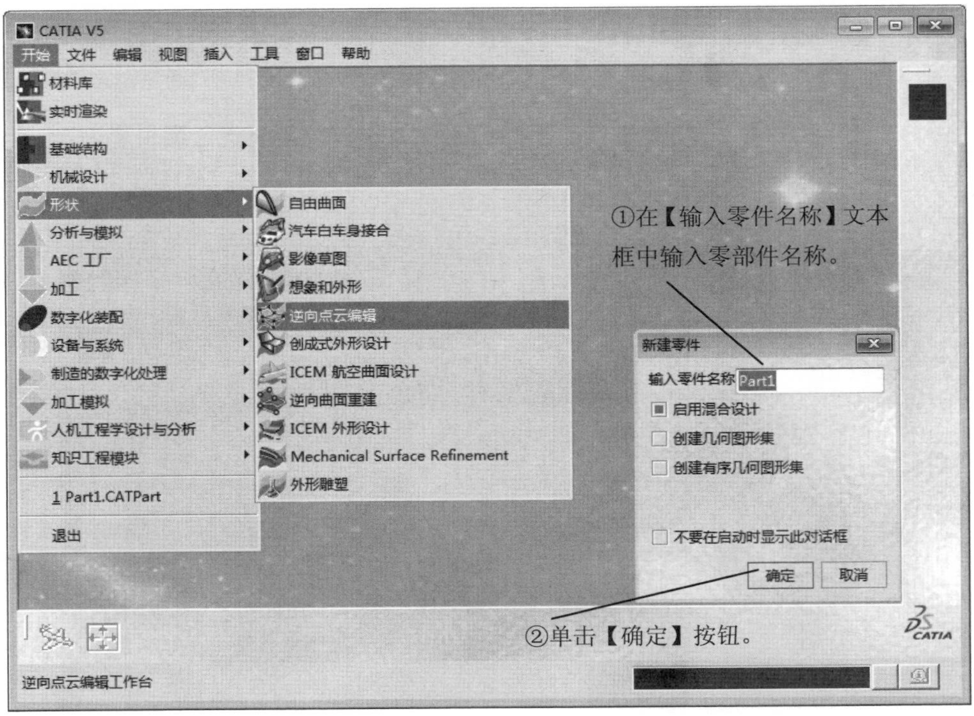

图 9-1 【新建零件】对话框

进入逆向点云编辑界面，如图 9-2 所示。

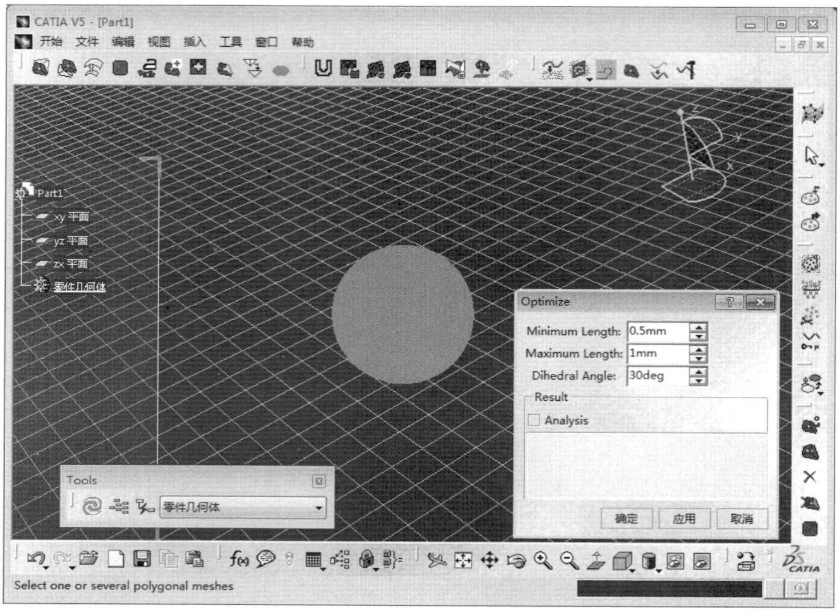

图 9-2 逆向点云编辑界面

2. 曲面重建

在生成点云并编辑后，需要进行曲面的创建等工作。在逆向点云编辑界面中，如果曲面重建程序，选择【开始】|【形状】|【逆向曲面重建】菜单命令，系统弹出【新建零件】对话框，创建新零件，如图 9-3 所示。

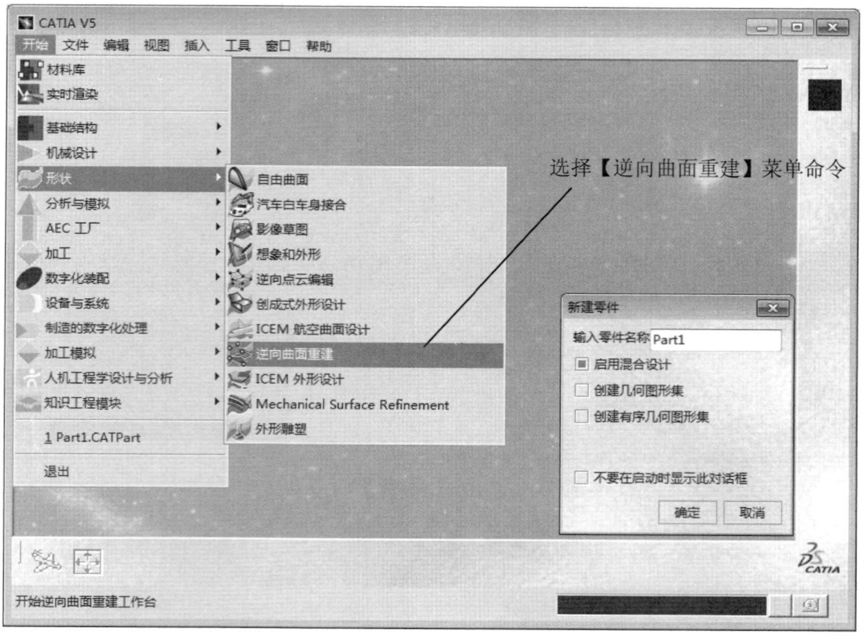

图 9-3 选择【开始】|【形状】|【逆向曲面重建】菜单命令

切换到逆向曲面重建界面，如图 9-4 所示。

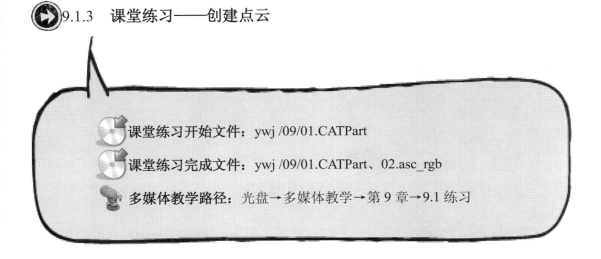

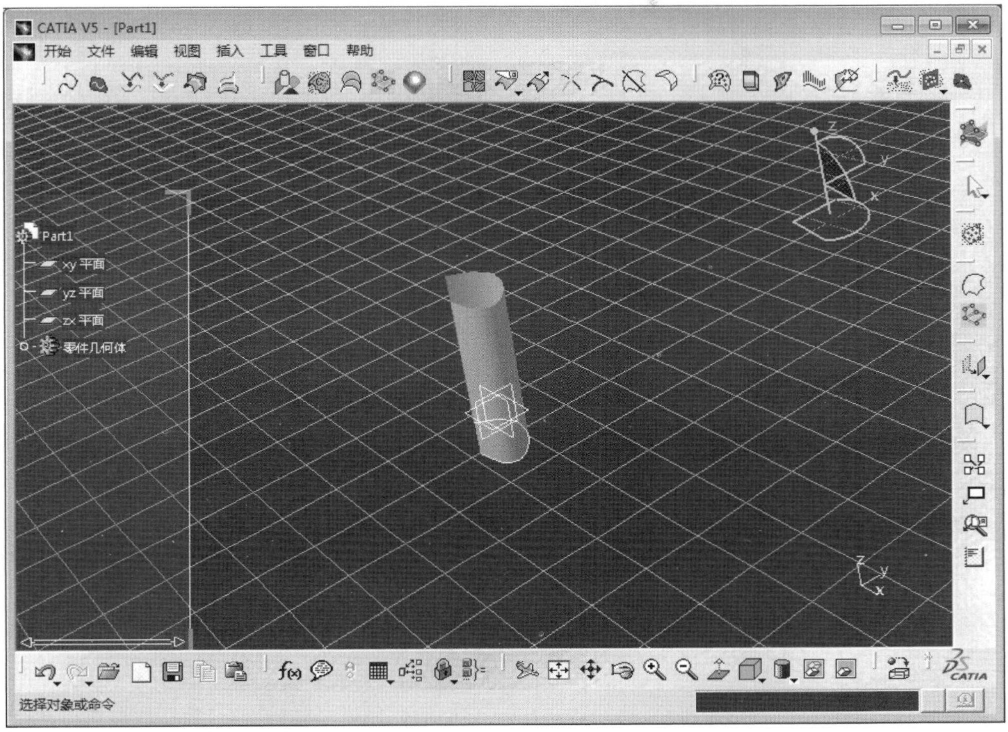

图 9-4　逆向曲面重建界面

9.1.3　课堂练习——创建点云

课堂练习开始文件： ywj /09/01.CATPart

课堂练习完成文件： ywj /09/01.CATPart、02.asc_rgb

多媒体教学路径： 光盘→多媒体教学→第 9 章→9.1 练习

Step1 新建点云文件，如图 9-5 所示。

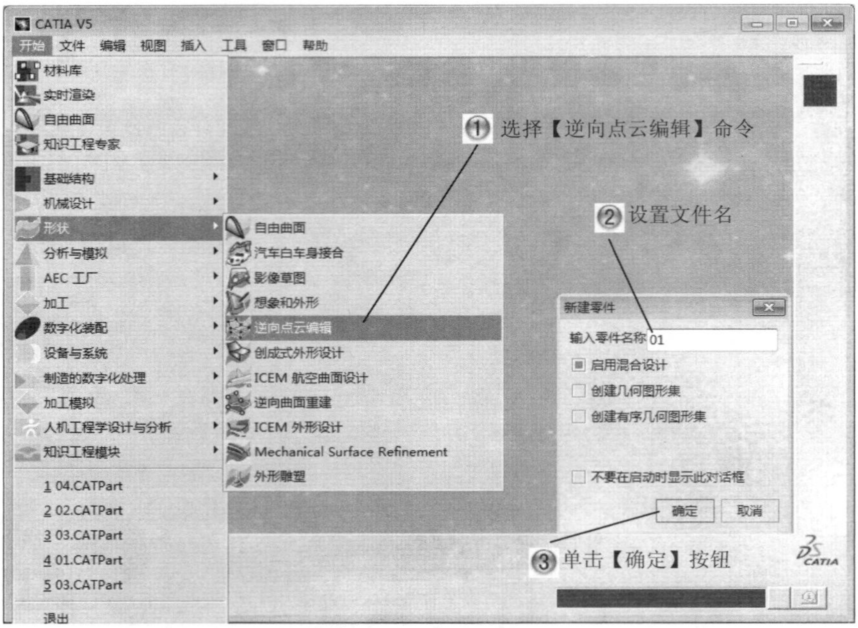
① 选择【逆向点云编辑】命令
② 设置文件名
③ 单击【确定】按钮

图 9-5　新建点云文件

Step2 创建六面体点云，如图 9-6 所示。

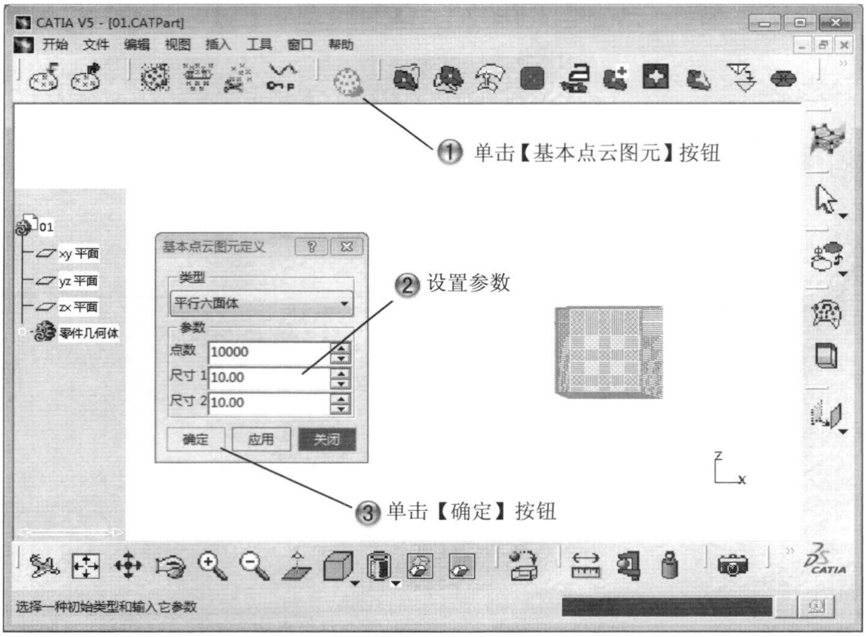
① 单击【基本点云图元】按钮
② 设置参数
③ 单击【确定】按钮

图 9-6　创建六面体点云

Step3 创建球体点云，如图 9-7 所示。

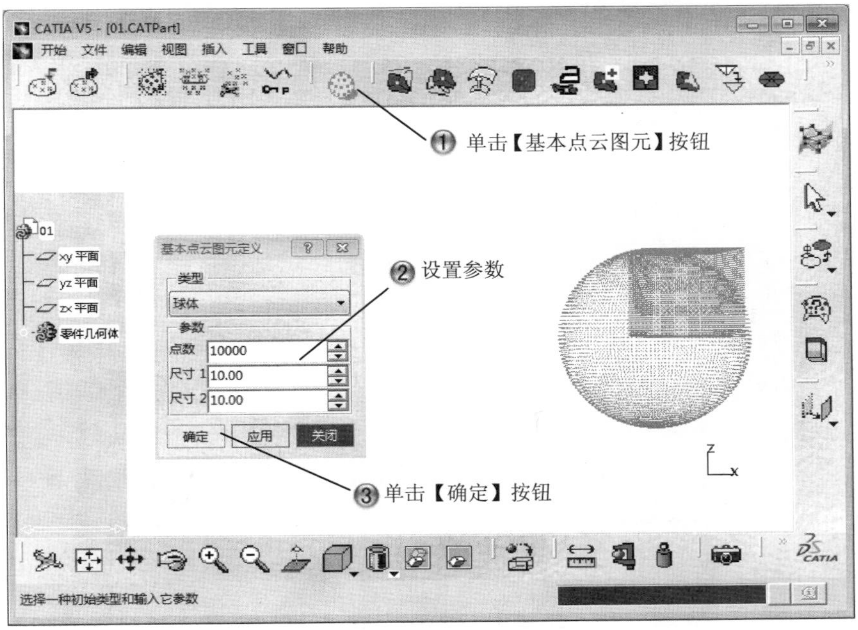

图 9-7 创建球体点云

Step4 输出图元，如图 9-8 所示。

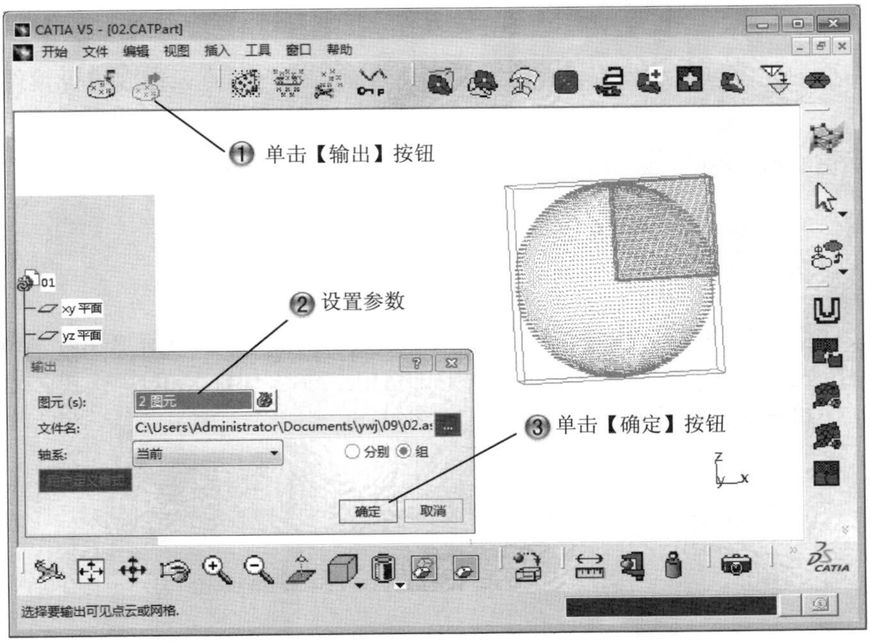

图 9-8 输出图元

Step5 完成点云处理。如图 9-9 所示。

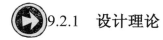

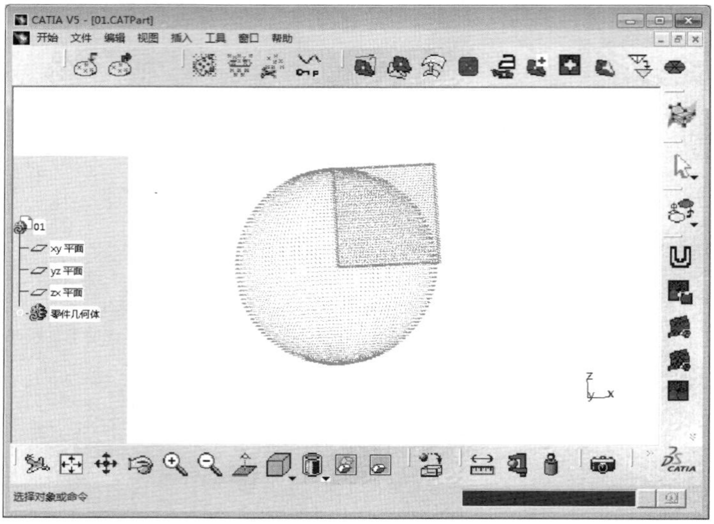

图 9-9 完成点云处理

9.2 创建曲面

基本概念

创建曲面的内容包括加载点云、输出和创建点云，可以对点云曲面进行操作。

课堂讲解课时：2 课时

9.2.1 设计理论

点云文件格式多种多样，CATIA V5 可以识别的文件格式有 Ascii RGB、Atos、Cgo、Gom-3D、Hyscan、Iges、Kreon、SRTM、Steinbichler、Stl、3D-Xml 等格式。点云曲面的创建过程是加载点云、创建点云，最后进行输出即可。

9.2.2 课堂讲解

1. 加载点云

单击【点云输入】工具栏中的【输入】按钮，系统弹出如图 9-10 所示的【输入】对

话框，通过该对话框可以完成输入云点的设置。

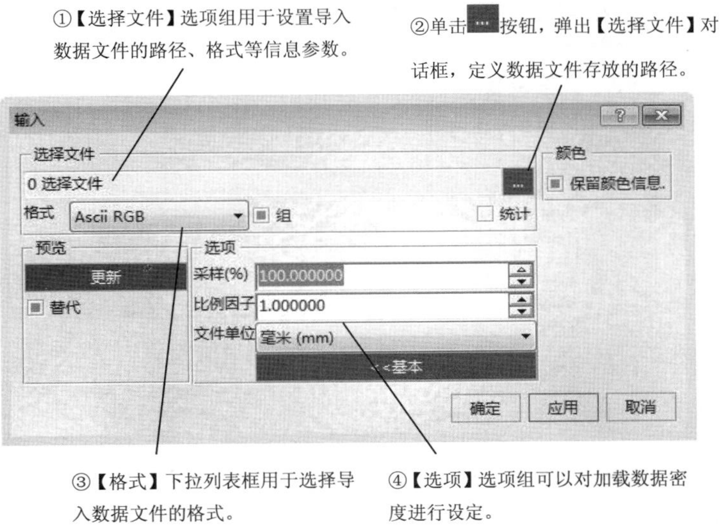

图 9-10 【输入】对话框

单击【输入】对话框的【更新】按钮，即可预览读入的数据点，并且在几何显示区显示点云的范围，用鼠标拖动 6 个绿色控制点，改变导入点云的范围，如图 9-11 所示。

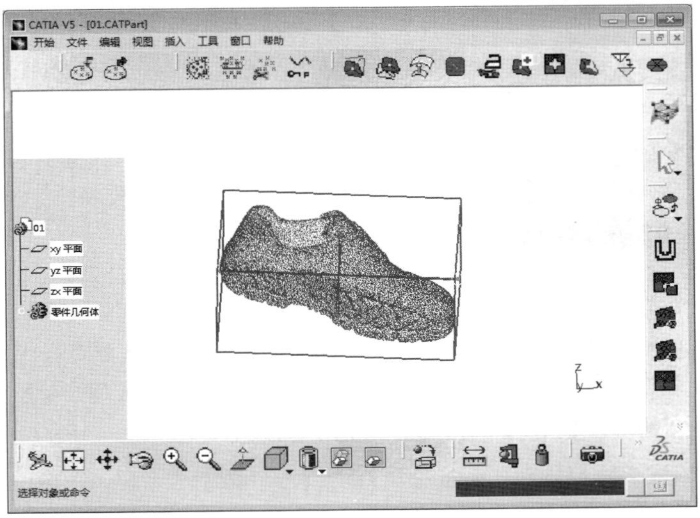

图 9-11 点云预览

在【输入】对话框的【格式】列表中可以选择输入的格式，如图 9-12 所示。

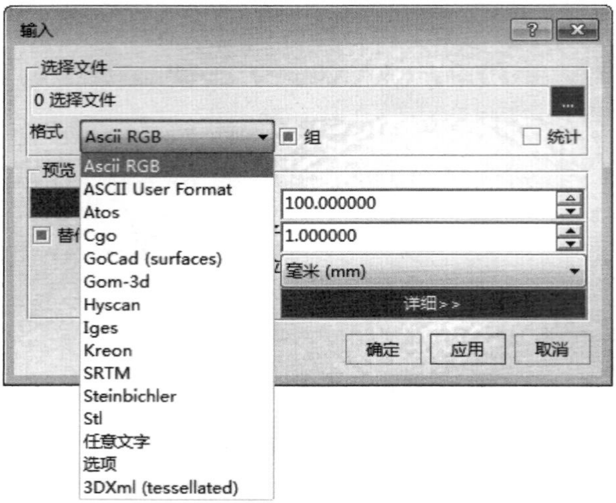

图 9-12　【格式】列表

2. 输出数据文件

点云的坐标值可以用不同的格式保存为数据文件。单击【点云输入】工具栏中的【输出】按钮，系统弹出如图 9-13 所示的【输出】对话框，利用该对话框可以输出 Ascii RGB、ASCII User Format、Cgo、Stl 等格式数据文件。

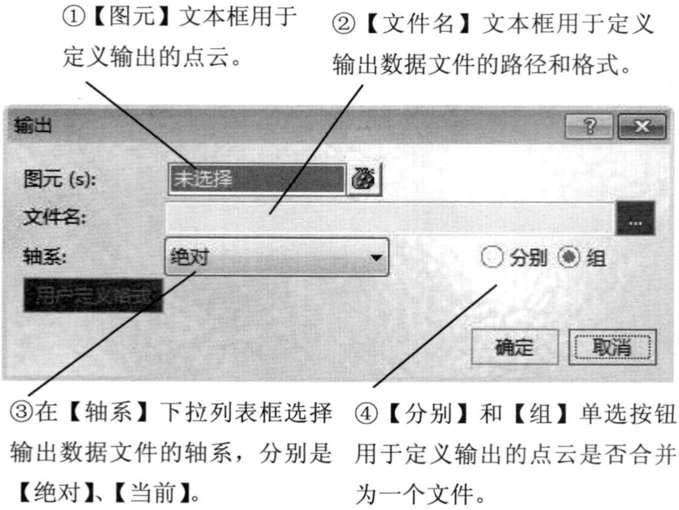

①【图元】文本框用于定义输出的点云。
②【文件名】文本框用于定义输出数据文件的路径和格式。
输出
图元 (s):
未选择
文件名:
轴系:
绝对
分别
组
确定
取消
③在【轴系】下拉列表框选择输出数据文件的轴系，分别是【绝对】、【当前】。
④【分别】和【组】单选按钮用于定义输出的点云是否合并为一个文件。

图 9-13　【输出】对话框

单击【输出】对话框的按钮，系统弹出如图 9-14 所示的【另存为】对话框，设置输出文件路径、文件名称、文件格式。

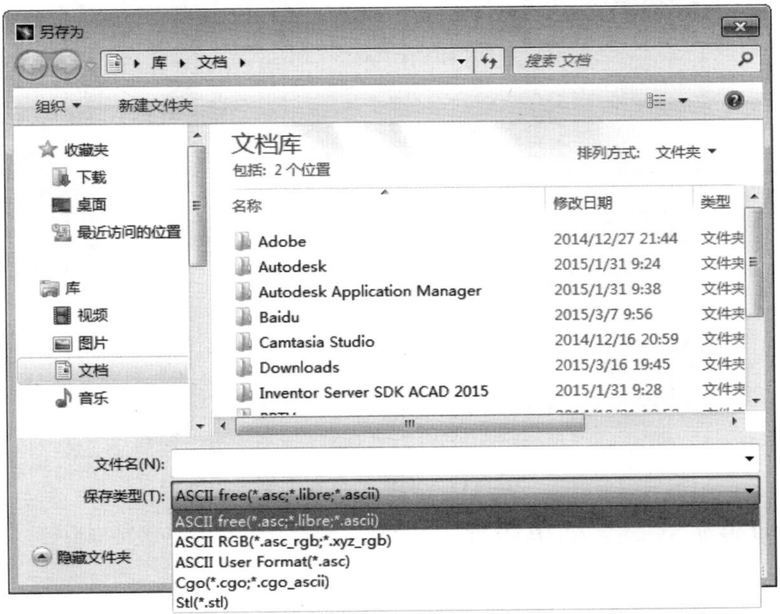

图 9-14 【另存为】对话框

完成输出点云的设置后，单击【输出】对话框的【确定】按钮，完成点云的保存，保存后的文件可以用【记事本】或【写字板】打开并编辑，如图 9-15 所示。

3. 创建点云

在 Catia V5 中可以创建简单规则形状点云。单击【基本点云图元】工具栏中的【基本点云图元】按钮，系统弹出如图 9-16 所示的【基本点云图元】对话框，利用该对话框可以生成简单的点云。

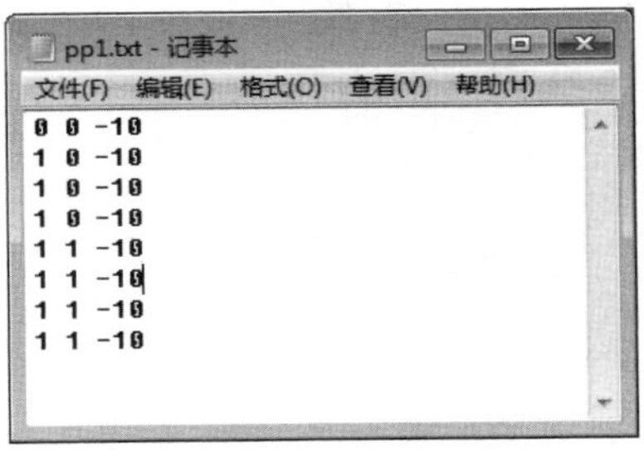

图 9-15 数据文件

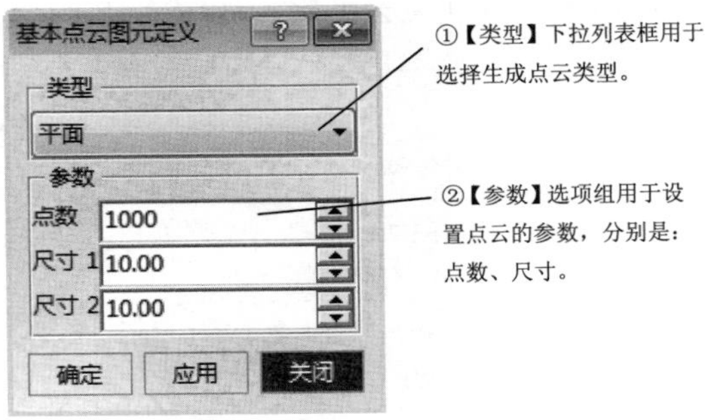

图 9-16 【基本点云图元定义】对话框

【类型】下拉列表框生成的点云类型，分别是：平面、平行六面体、球体、圆柱体，效果如图 9-17 所示。

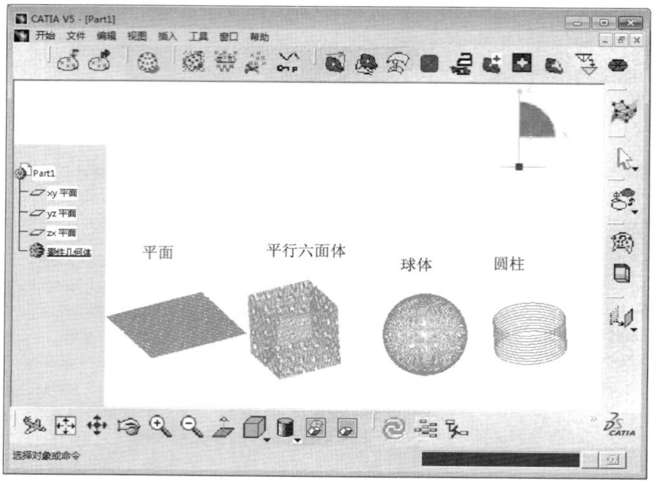
平面
平行六面体
球体
圆柱

图 9-17　创建的点云类型

9.2.3　课堂练习——编辑点云

课堂练习开始文件： ywj /09/01.CATPart

课堂练习完成文件： ywj /09/02.CATPart

多媒体教学路径： 光盘→多媒体教学→第 9 章→9.2 练习

Step 1 新建点云编辑，如图 9-18 所示。

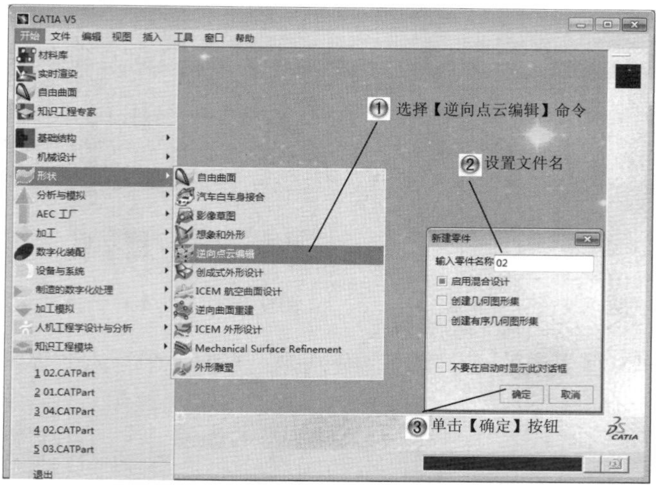
① 选择【逆向点云编辑】命令
② 设置文件名
③ 单击【确定】按钮

图 9-18　新建点云编辑

Step2 输入点云数据，如图 9-19 所示。

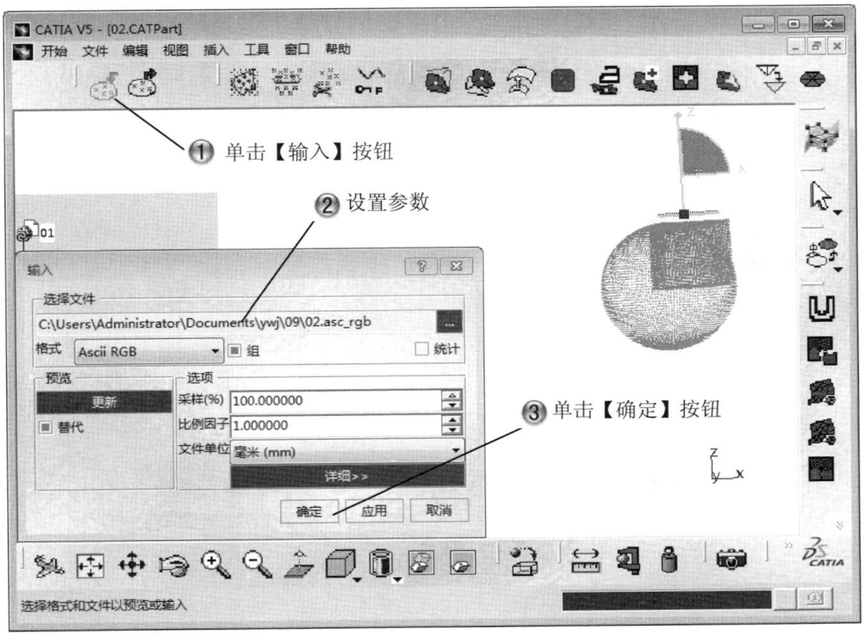

图 9-19　输入点云数据

Step3 创建圆柱点云，如图 9-20 所示。

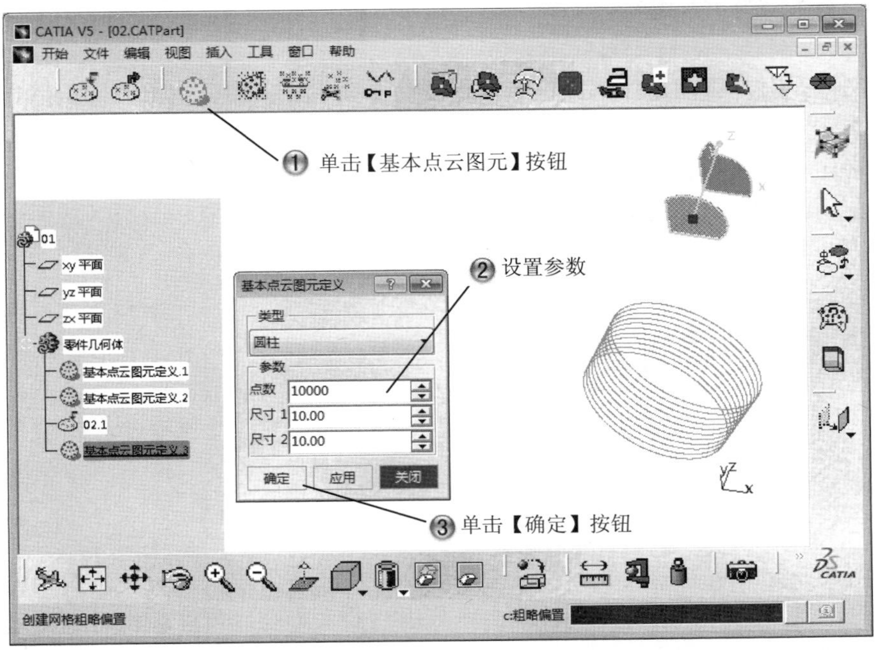

图 9-20　创建圆柱点云

Step4 完成点云编辑，如图 9-21 所示。

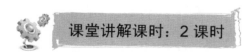

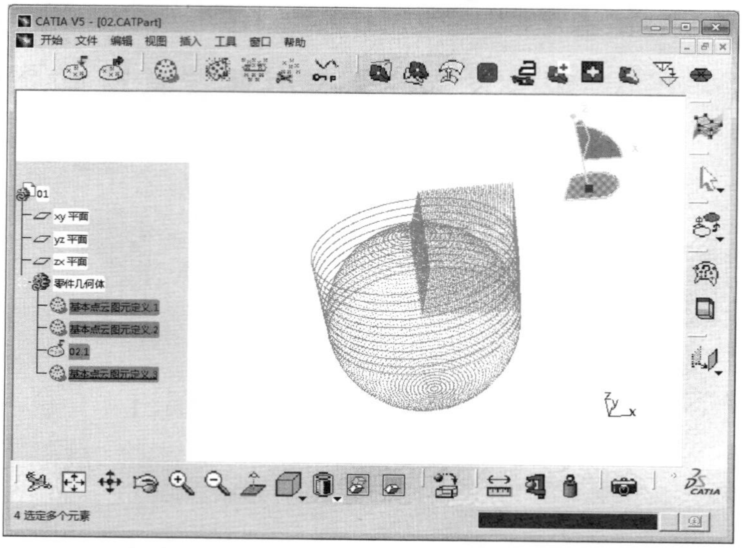

图 9-21　完成点云编辑

9.3　编辑曲面

基本概念

建立网格是对点云网格化，提供实体视图而不会生成曲面。网格清理是清理中断、复制和方向不一致的三角形、无法形成外形的边界、顶点等网格坏面等。精减是降低网格密度，使网格面更加简易。当网格密度过大时，系统运行比较慢，在不影响产品特征的情况下，可以使用该工具降低网格密度。优化网格面是通过重新分配和改造网格面中的三角形优化现有的网格面。

课堂讲解课时：2 课时

9.3.1　设计理论

用于创建曲面的边界曲线要保持光滑连续，避免产生尖角、交叉和重叠。另外在进行创建曲面时，需要对所利用的曲线进行曲率分析，曲率半径尽可能大，否则会造成加工困难和形状复杂。

通过点云网格化，可以在点云上建立三角片网格，使点云的几何形状更加明显，方便点云轮廓的建立。网格化功能使用【网格】工具栏，该工具栏包含网格建立、偏移、粗略偏移、反转边线、平缓网格、网格清理、孔填充等 10 个功能按钮。

9.3.2 课堂讲解

1. 创建网格面

单击【网格】工具栏中的【创建网格】按钮，系统弹出【创建网格】对话框，参数设置，如图 9-22 所示。

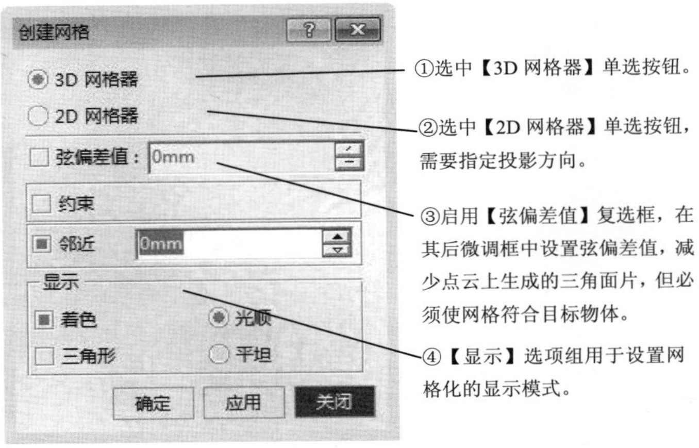
创建网格
3D 网格器
2D 网格器
弦偏差值：
0mm
约束
邻近
0mm
显示
着色
光顺
三角形
平坦
确定
应用
关闭
①选中【3D 网格器】单选按钮。
②选中【2D 网格器】单选按钮，需要指定投影方向。
③启用【弦偏差值】复选框，在其后微调框中设置弦偏差值，减少点云上生成的三角面片，但必须使网格符合目标物体。
④【显示】选项组用于设置网格化的显示模式。

图 9-22 【创建网格】对话框

2. 网格清理

选择要清理的网格面。

单击【网格】工具栏中的【网格清理】按钮，系统弹出【网格清理】对话框，设置参数，如图 9-23 所示。

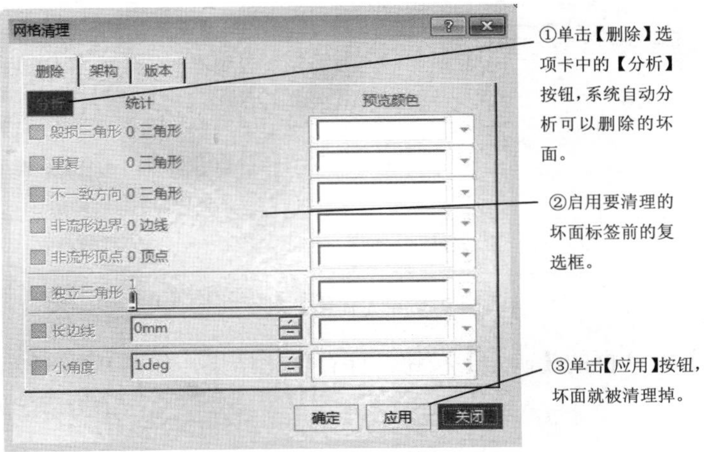
网格清理
删除
架构
版本
分析
统计
预览颜色
毁损三角形 0 三角形
重复 0 三角形
不一致方向 0 三角形
非流形边界 0 边线
非流形顶点 0 顶点
独立三角形
长边线
0mm
小角度
1deg
确定
应用
关闭
①单击【删除】选项卡中的【分析】按钮，系统自动分析可以删除的坏面。
②启用要清理的坏面标签前的复选框。
③单击【应用】按钮，坏面就被清理掉。

图 9-23 【网格清理】对话框

3. 精减网格密度

单击【网格】工具栏中的【精减】按钮，系统弹出的【精减】对话框，设置参数，如图 9-24 所示。

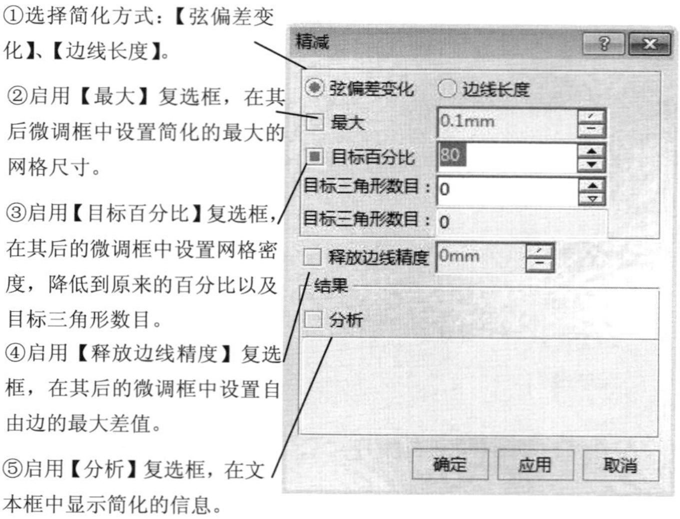

①选择简化方式：【弦偏差变化】、【边线长度】。
②启用【最大】复选框，在其后微调框中设置简化的最大的网格尺寸。
③启用【目标百分比】复选框，在其后的微调框中设置网格密度，降低到原来的百分比以及目标三角形数目。
④启用【释放边线精度】复选框，在其后的微调框中设置自由边的最大差值。
⑤启用【分析】复选框，在文本框中显示简化的信息。
精减
弦偏差变化
边线长度
最大
0.1mm
目标百分比
80
目标三角形数目：
0
目标三角形数目：
0
释放边线精度
0mm
结果
分析
确定
应用
取消

图 9-24 【精减】对话框

4. 优化网格面

单击【网格】工具栏中的【优化】按钮，系统弹出【优化】对话框，参数设置，如图 9-25 所示。

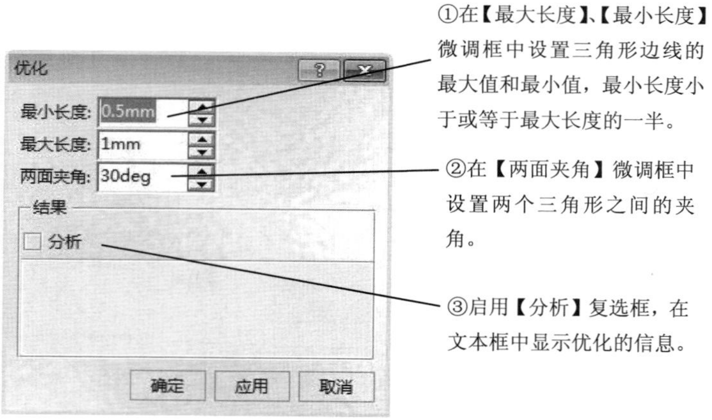

优化
最小长度:
0.5mm
最大长度:
1mm
两面夹角:
30deg
结果
分析
确定
应用
取消
①在【最大长度】、【最小长度】微调框中设置三角形边线的最大值和最小值，最小长度小于或等于最大长度的一半。
②在【两面夹角】微调框中设置两个三角形之间的夹角。
③启用【分析】复选框，在文本框中显示优化的信息。

图 9-25 【优化】对话框

单击【优化】对话框的【确定】按钮，保存优化结果，如图 9-26 所示为最佳化前后的对比图。

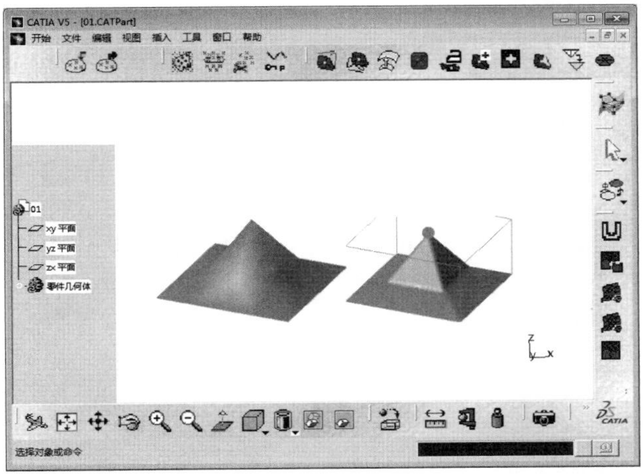

图 9-26　最佳化前后对比图

9.3.3　课堂练习——编辑曲面

课堂练习开始文件：ywj /09/02.CATPart

课堂练习完成文件：ywj /09/03.CATPart

多媒体教学路径：光盘→多媒体教学→第 9 章→9.3 练习

Step 1 打开点云文件，如图 9-27 所示。

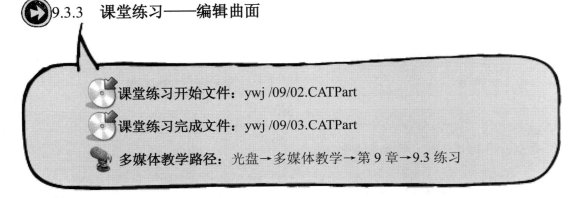

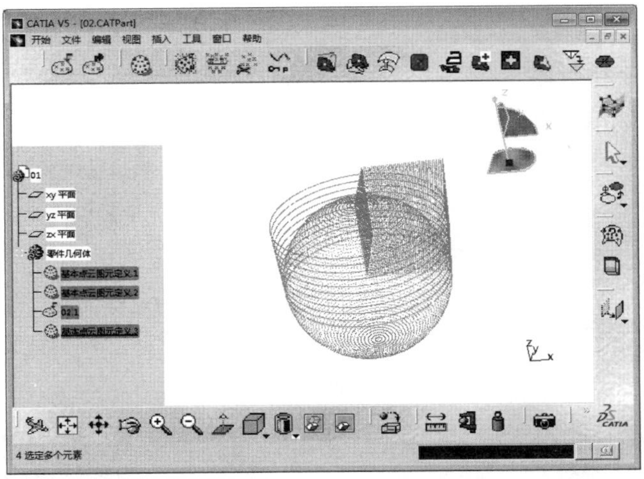

图 9-27　打开点云文件

Step2 创建网格，如图 9-28 所示。

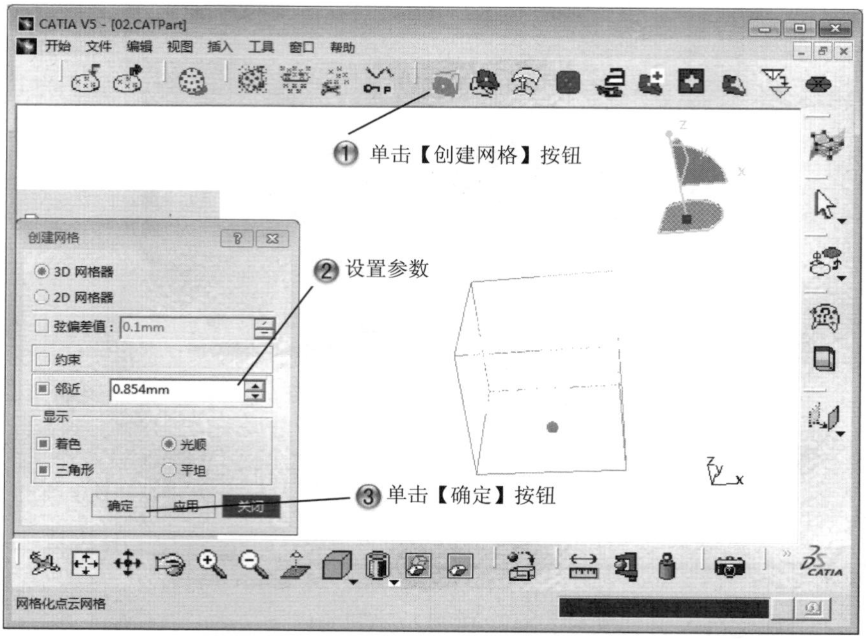

图 9-28　创建网格

Step3 网格清理，如图 9-29 所示。

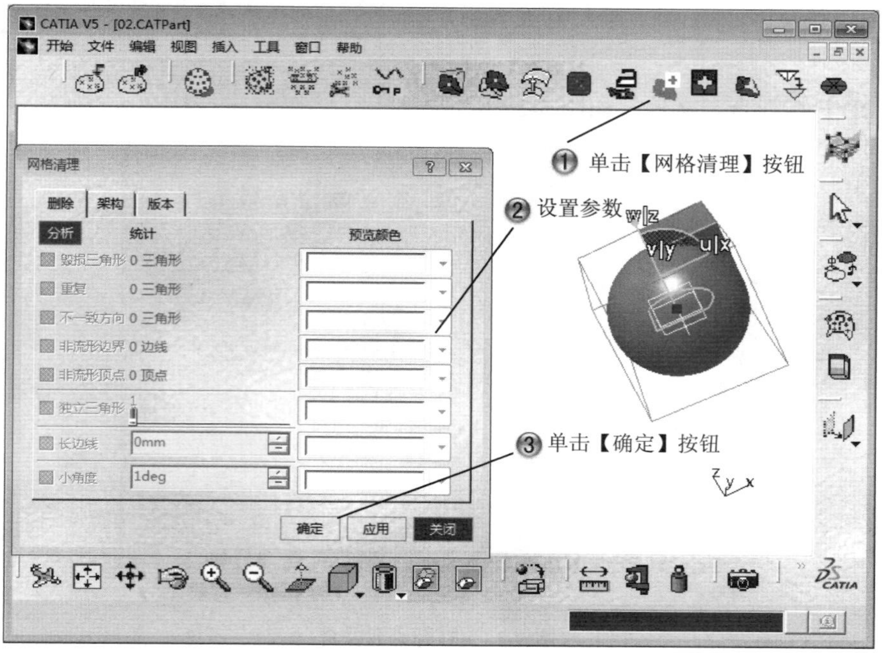

图 9-29　网格清理

Step4 完成编辑曲面，如图 9-30 所示。

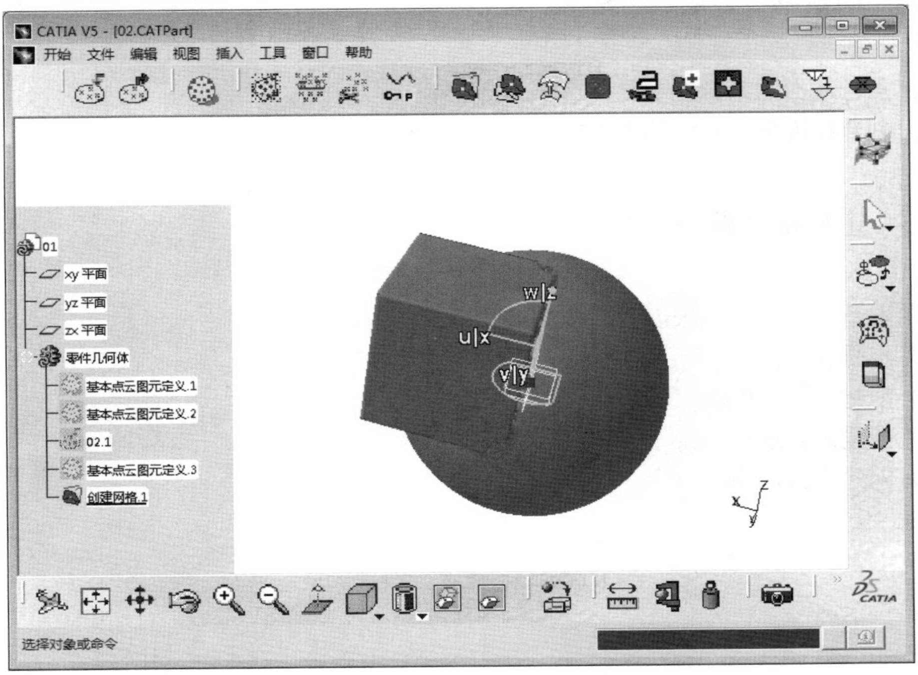

图 9-30　完成编辑曲面

9.4　专家总结

本章重点讲述了数字曲面设计和编辑的过程。首先介绍了点云的数据处理，包括数据文件的加载和输出的方法等内容，然后介绍了点云的网格化操作、创建点云曲面的方法。通过本章学习，读者要掌握数字曲面设计的方法和技巧。

9.5　课后习题

9.5.1　填空题

（1）数字化曲面的作用是________。
（2）点云的基本含义是________。
（3）创建点云曲面的方法是________。

9.5.2 问答题

（1）点云曲面的来源主要是什么？
（2）创建标准形状点云的方法？

9.5.3 上机操作题

使用本章学过的知识来创建三角形形状点云曲面。
练习步骤和方法：
（1）创建点云文件。
（2）创建点云形状。
（3）创建点云曲面。

第 10 章　模具设计基础

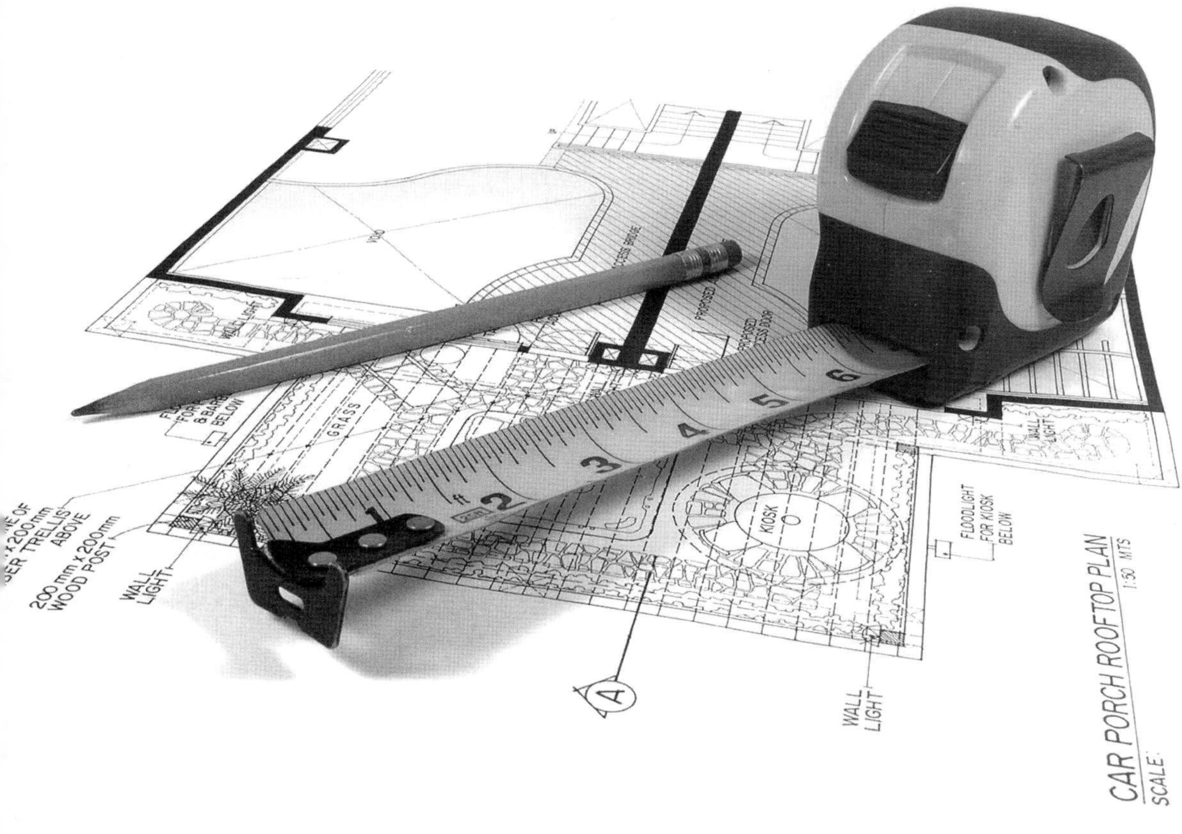

课训目标	内　容	掌握程度	课　时
	模型分型设计	熟练运用	2
	型芯和型腔	熟练运用	2
	模架库和标准件	熟练运用	2

课程学习建议

模具是工业产品在生产时使用的工艺装备，主要应用于制造业和加工业。它作为成形工具，主要配合冲压、锻造、铸造成型机械来使用，并和塑料、橡胶、陶瓷等非金属材料制品成型加工用的成型机械相配套。在 CATIA 中，主要是通过模架设计和自动拆模设计两个模块的配合完成模具设计，本章主要来讲解这两个模块的使用方法。

本章按照模具设计的顺序，分别介绍模具的分型设计、型芯和型腔设计，最后介绍模架和标准件的添加。

本课程主要基于软件的模具模块来讲解，其培训课程表如下。

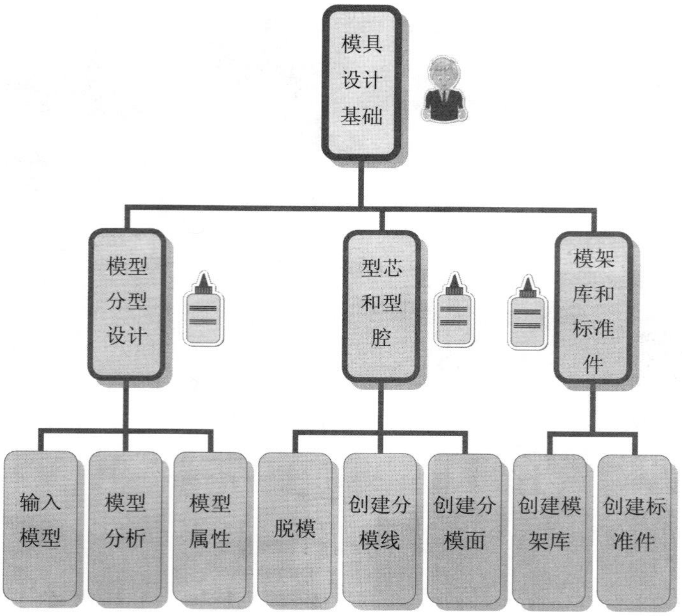

10.1 模型分型设计

基本概念

输入模型是将零部件加载到自动分模设计平台中。脱模方向分析是对模具制品进行脱模方向的分析，确定模具制品是否能够进行脱模以及选择合理的脱模方向。边界盒是在模具制品周围生成一个盒体外形。模型属性用于显示模型的属性并生成 HTML 报告。剖面是将模型进行剖切，显示剖面的结构形状。墙体厚度分析是对模具制品的壁厚进行分析并显示结果。

课堂讲解课时：2 课时

10.1.1 设计理论

自动拆模设计主要是对零部件的分模面进行设计。主要是通过输入零件、生成脱模方向、创建分模面等步骤完成分型面的设计。在分型设计中，首先要输入模具制品文件，然后对其进行分模面的设计、模架的设计等。

在进行模具设计之前，需要创建模架和自动拆模设计文件。选择【开始】|【机械设计】|【模架设计】菜单命令，在模型树中选择“Product1”节点，再选择【开始】|【机械设计】|【自动拆模设计】菜单命令，进行拆模设计。

10.1.2 课堂讲解

1. 输入模型

单击【输入模型】工具栏中的【输入模型】按钮，系统弹出【输入模具零件】对话框，设置参数，如图 10-1 所示。

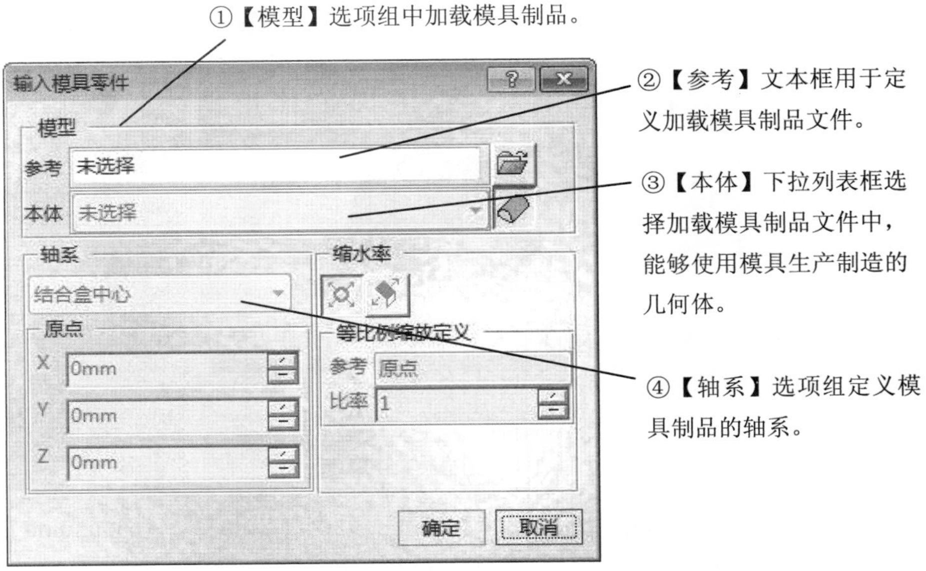
①【模型】选项组中加载模具制品。
②【参考】文本框用于定义加载模具制品文件。
③【本体】下拉列表框选择加载模具制品文件中，能够使用模具生产制造的几何体。
④【轴系】选项组定义模具制品的轴系。
输入模具零件
模型
参考 未选择
本体 未选择
轴系
结合盒中心
原点
X 0mm
Y 0mm
Z 0mm
缩水率
等比例缩放定义
参考 原点
比率 1
确定
取消

图 10-1 【输入模具零件】对话框

2. 脱模方向分析

单击【输入模型】工具栏中的【脱模方向分析】按钮，系统弹出【脱模方向分析】对话框，参数设置，如图 10-2 所示。

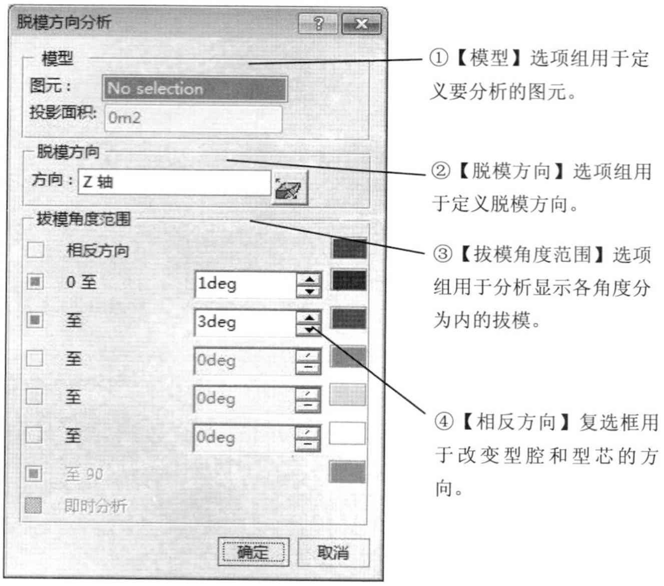

图 10-2　【脱模方向分析】对话框

单击【脱模方向分析】对话框中的【确定】按钮，完成分析，如图 10-3 所示。

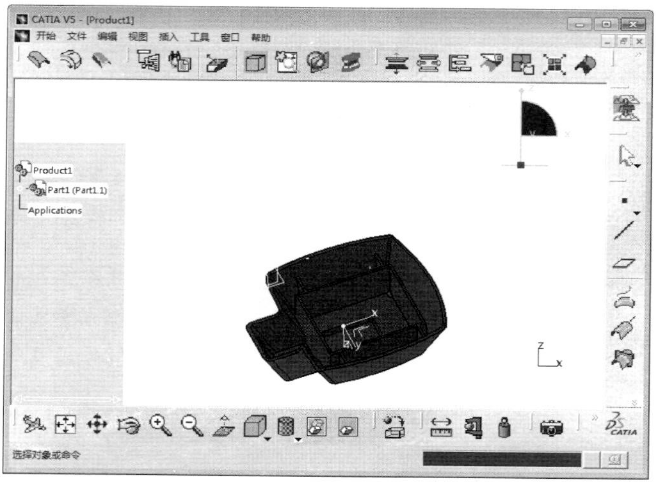

图 10-3　脱模方向分析

3. 生成边界盒

单击【输入模型】工具栏中的【边界盒】按钮，系统弹出的【创建 Bounding Box（边界盒）】对话框，选择加载的模具制品，设置如图 10-4 所示。

在【定义边界盒（Bounding Box Definition）】选项组中选择生成边界盒的类型为【长方体（Box）】，则边界盒如图 10-5 所示。

在【定义边界盒（Bounding Box Definition）】选项组中选择生成边界盒的类型为圆柱体（Cylinder），则边界盒如图 10-6 所示。

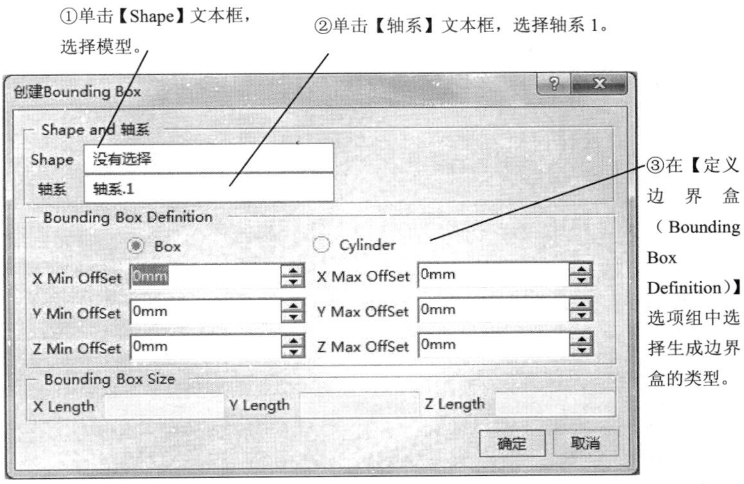

图 10-4 【创建 Bounding Box】对话框

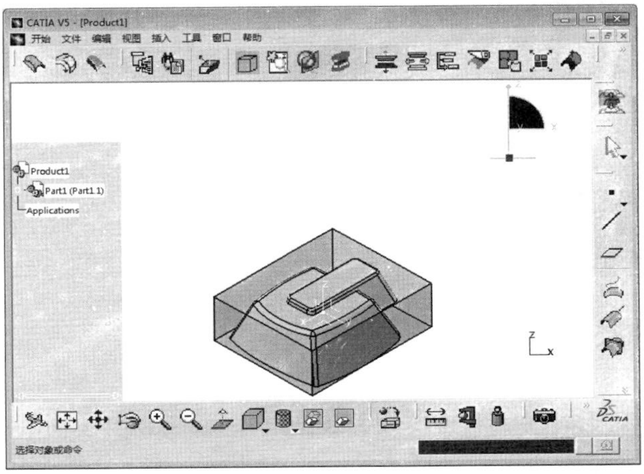

图 10-5 长方体边界盒

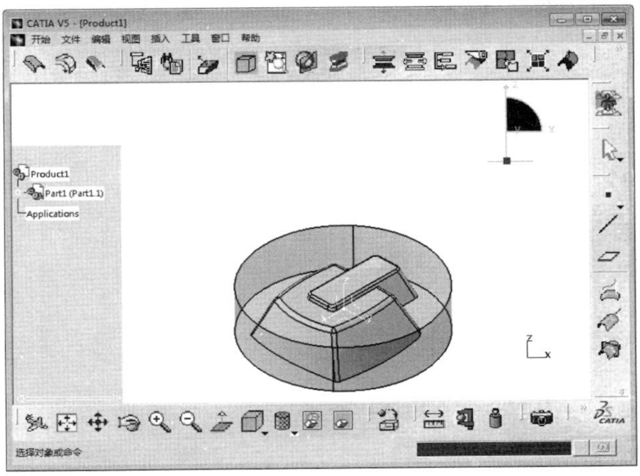

图 10-6 创建的圆柱体边界盒

4. 模型属性

单击【输入模型】工具栏中的【模型属性】按钮，系统弹出【模式属性】对话框，设置参数，如图 10-7 所示。

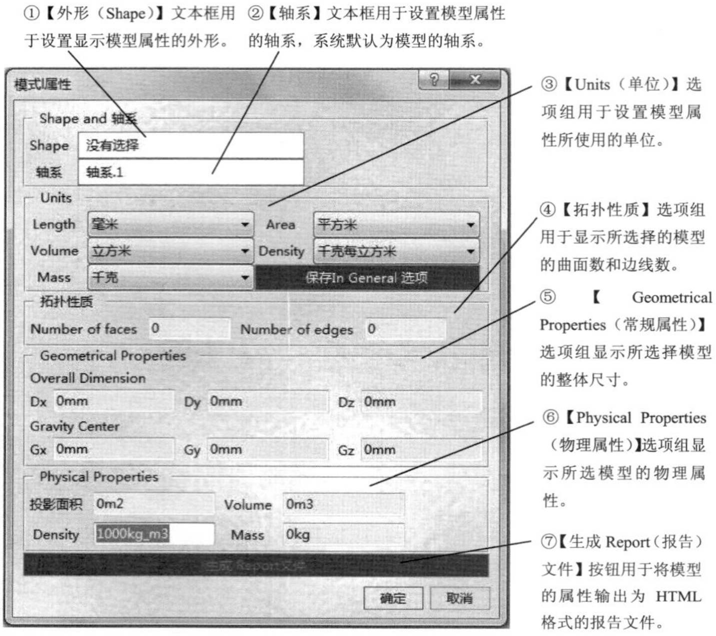

图 10-7　【模式属性】对话框

5. 创建剖面

单击【输入模型】工具栏中的【剖面】按钮，系统弹出【切割定义】对话框和截面窗口，如图 10-8 所示。

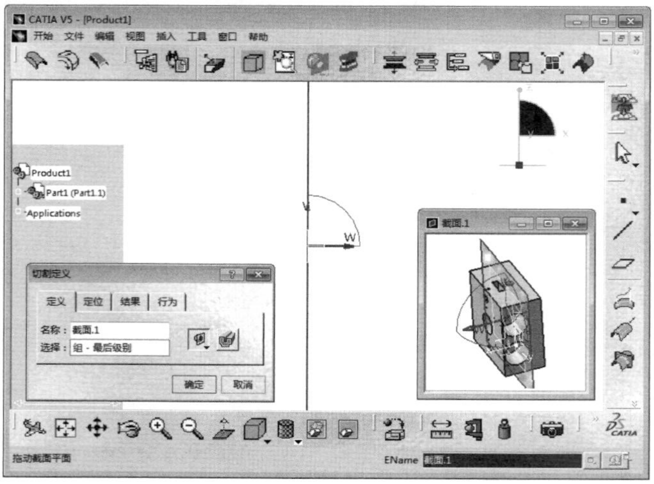

图 10-8　【切割定义】对话框和截面窗口

【切割定义】对话框的参数设置，如图 10-9 所示。

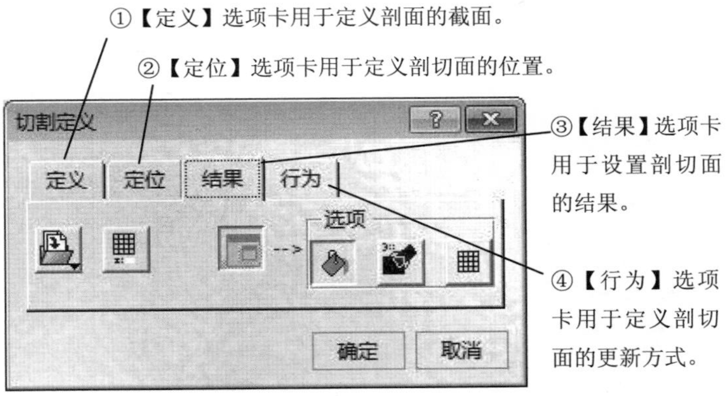

①【定义】选项卡用于定义剖面的截面。
②【定位】选项卡用于定义剖切面的位置。
切割定义
定义
定位
结果
行为
选项
确定
取消
③【结果】选项卡用于设置剖切面的结果。
④【行为】选项卡用于定义剖切面的更新方式。

图 10-9 【切割定义】对话框

6. 墙体厚度分析

单击【输入模型】工具栏中的【墙体厚度分析】按钮，系统弹出【墙体厚度分析】对话框，设置参数，如图 10-10 所示。

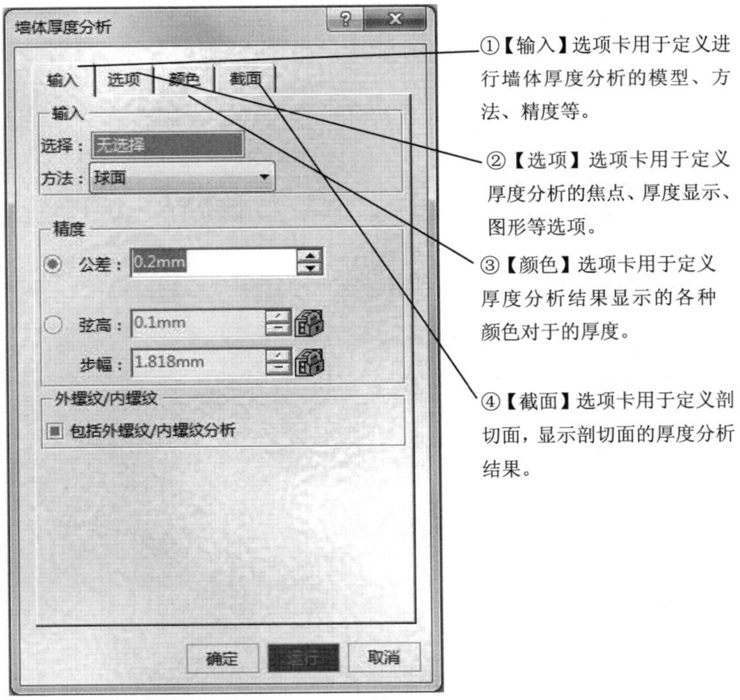

②【选项】选项卡用于定义厚度分析的焦点、厚度显示、图形等选项。
③【颜色】选项卡用于定义厚度分析结果显示的各种颜色对于的厚度。

图 10-10 【墙体厚度分析】对话框

单击【墙体厚度分析】对话框的【运行】按钮，系统弹出【正在更新】对话框，更新后的结果，如图 10-11 所示。

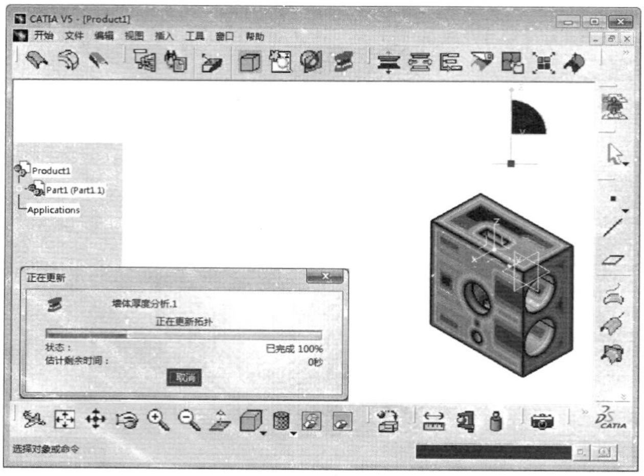

图 10-11 【正在更新】对话框和运行结果

10.1.3 课堂练习——创建模具模型

课堂练习开始文件：ywj /10/01.CATPart

课堂练习完成文件：ywj /10/02.CATPart

多媒体教学路径：光盘→多媒体教学→第 10 章→10.1 练习

Step 1 选择草绘面，如图 10-12 所示。

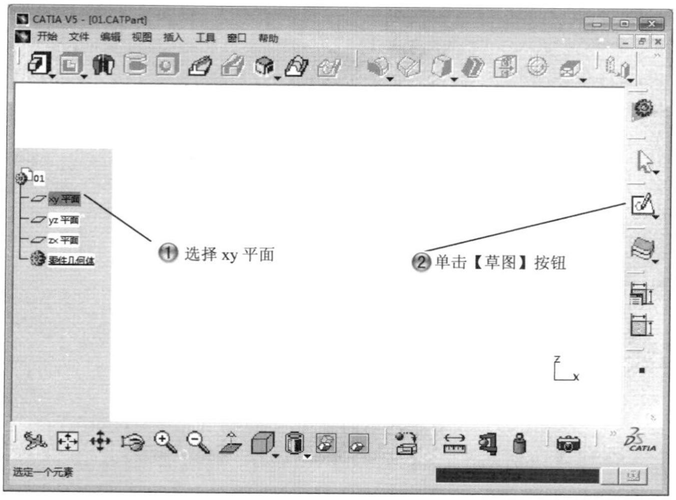

① 选择 xy 平面
② 单击【草图】按钮

图 10-12 选择草绘面

Step2 绘制圆形，如图 10-13 所示。

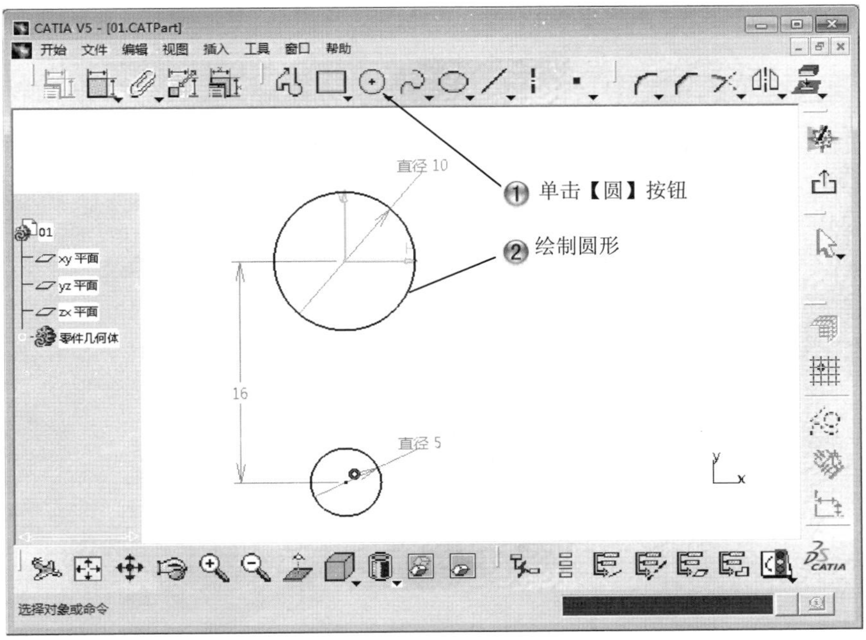

图 10-13 绘制圆形

Step3 绘制切线，如图 10-14 所示。

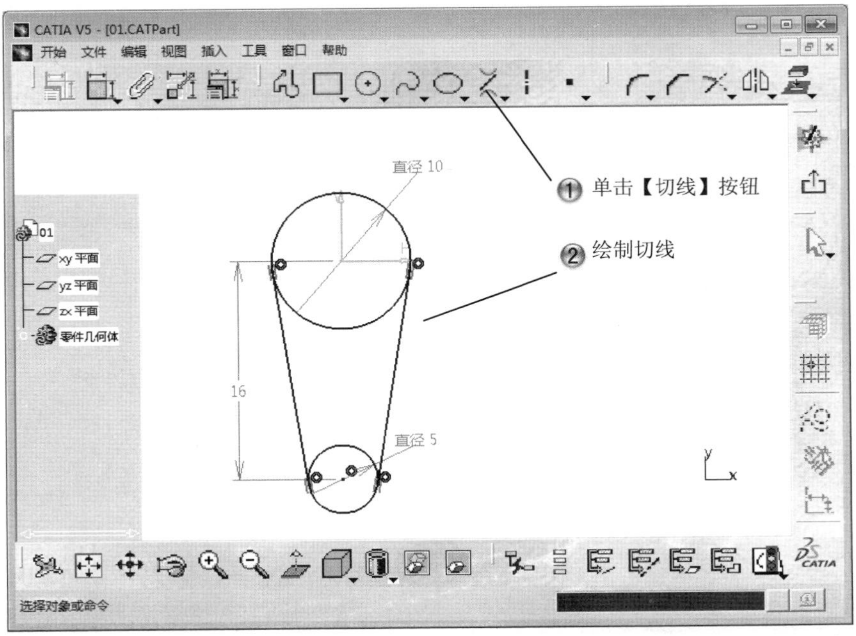

图 10-14 绘制切线

Step4 修剪草图，如图 10-15 所示。

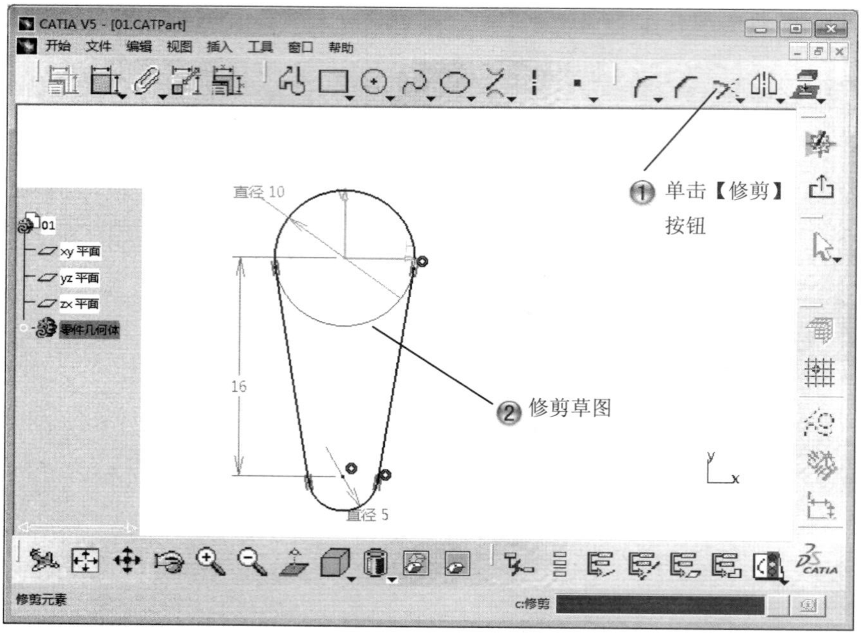

图 10-15　修剪草图

Step5 创建凸台，如图 10-16 所示。

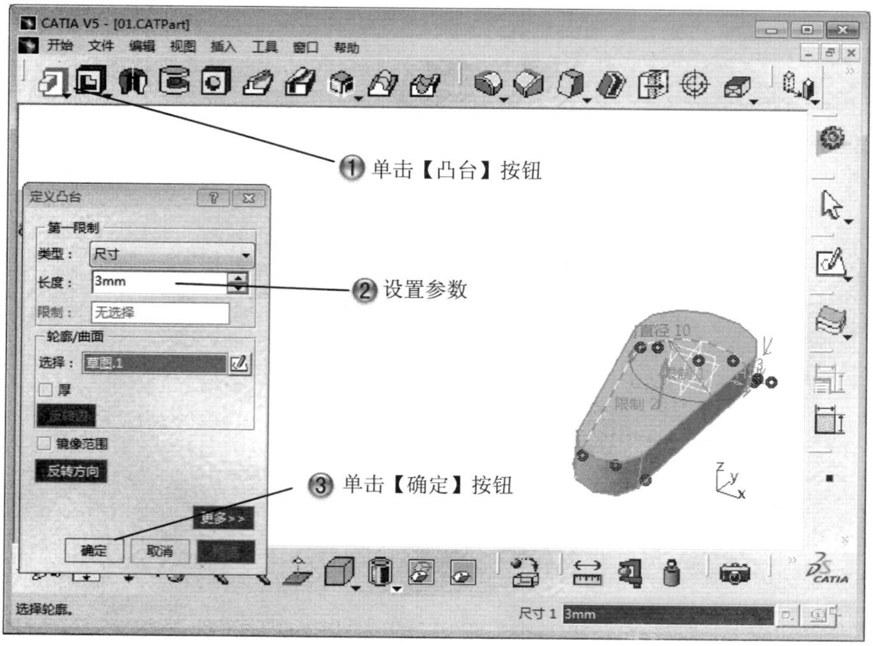

图 10-16　创建凸台

Step6 选择草绘面，如图 10-17 所示。

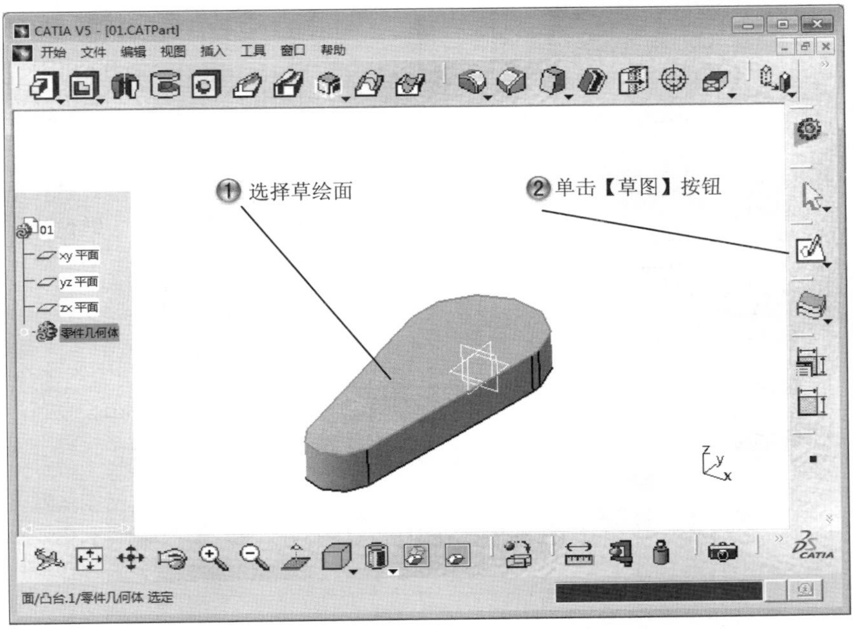

图 10-17 选择草绘面

Step7 绘制圆形，如图 10-18 所示。

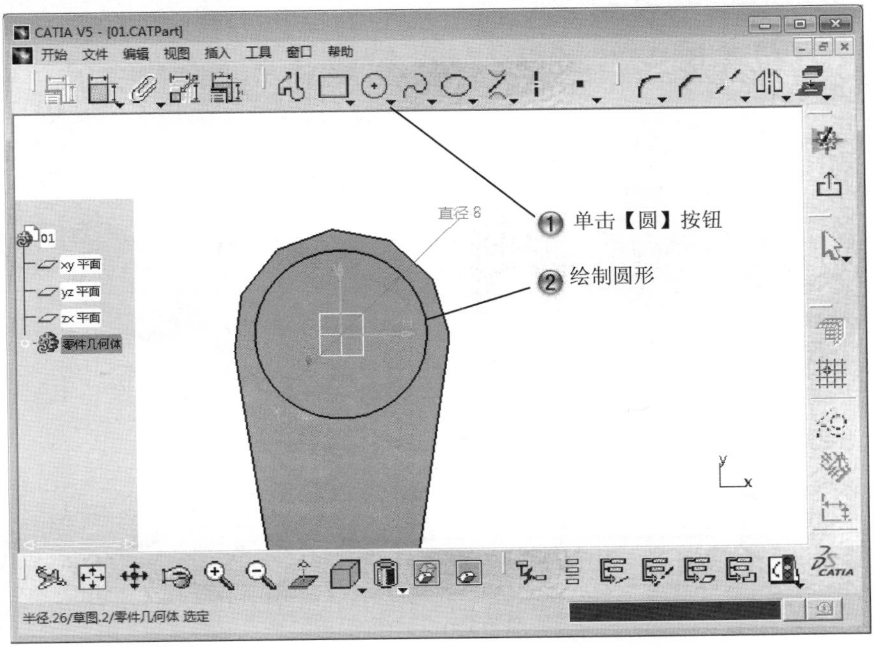

图 10-18 绘制圆形

Step8 创建凸台，如图 10-19 所示。

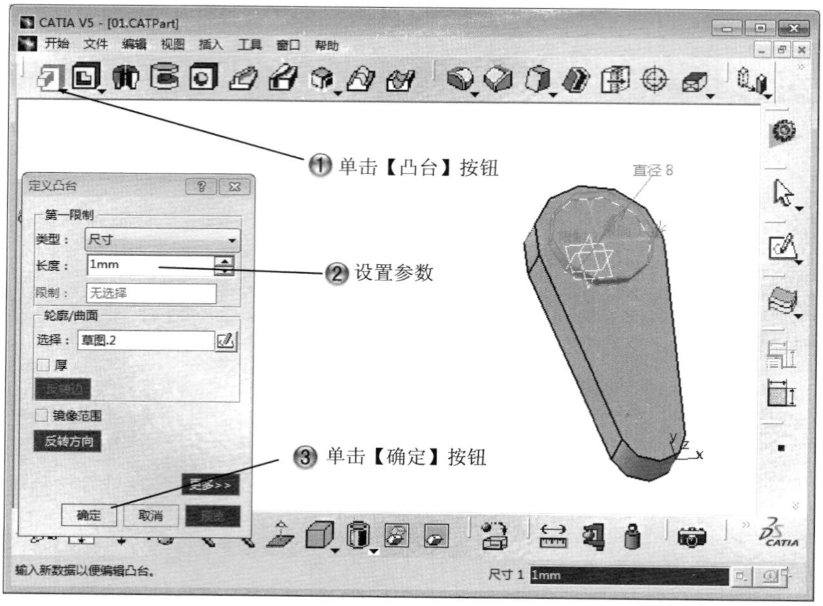

图 10-19　创建凸台

Step9 创建孔，如图 10-20 所示。

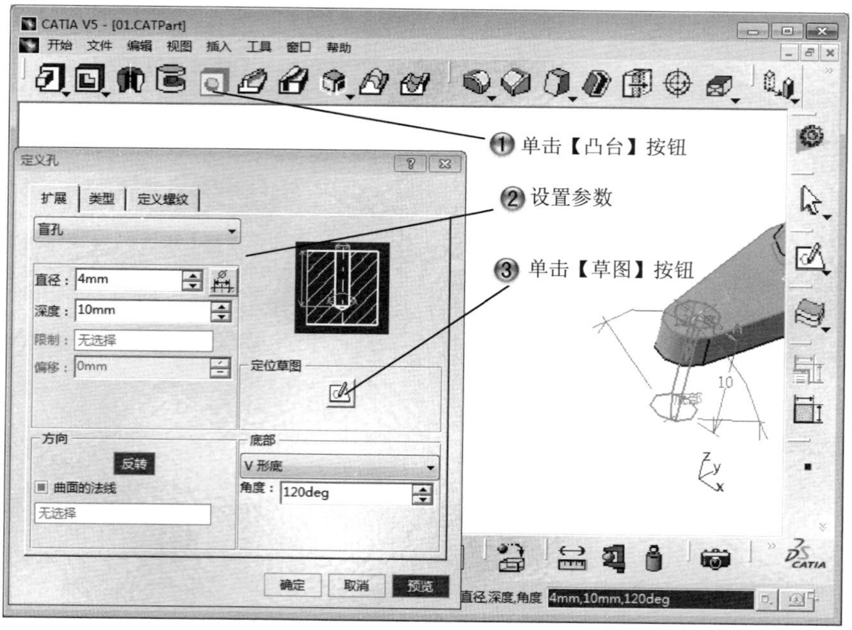

图 10-20　创建孔

Step10 定位孔，如图 10-21 所示。

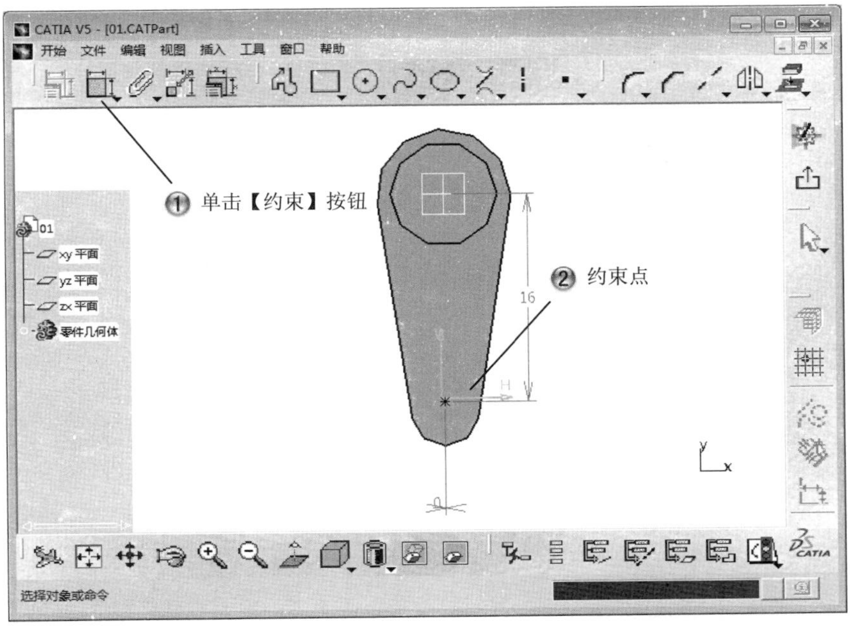

图 10-21　定位孔

Step11 进入模架模块，如图 10-22 所示。

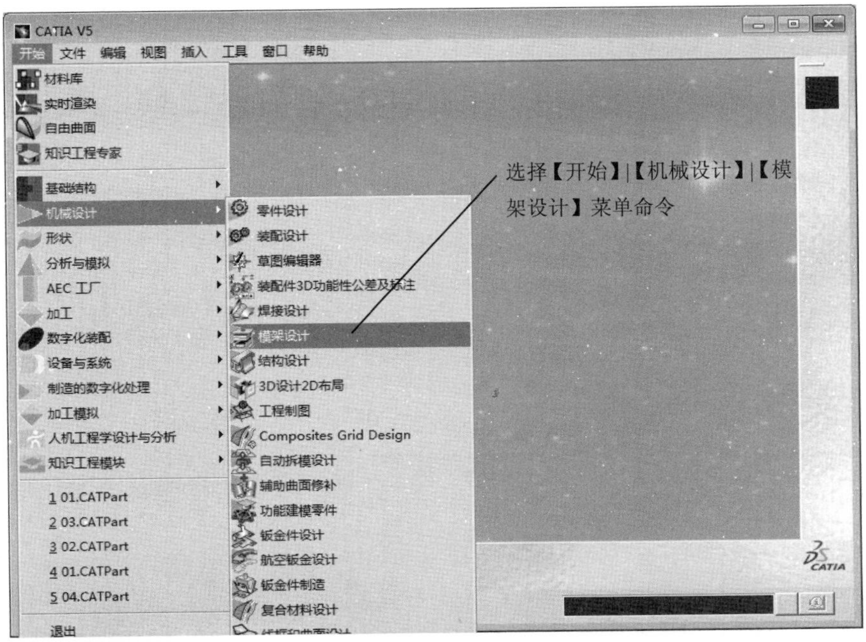

图 10-22　进入模架模块

Step 12 选择“Product1”节点，如图 10-23 所示。

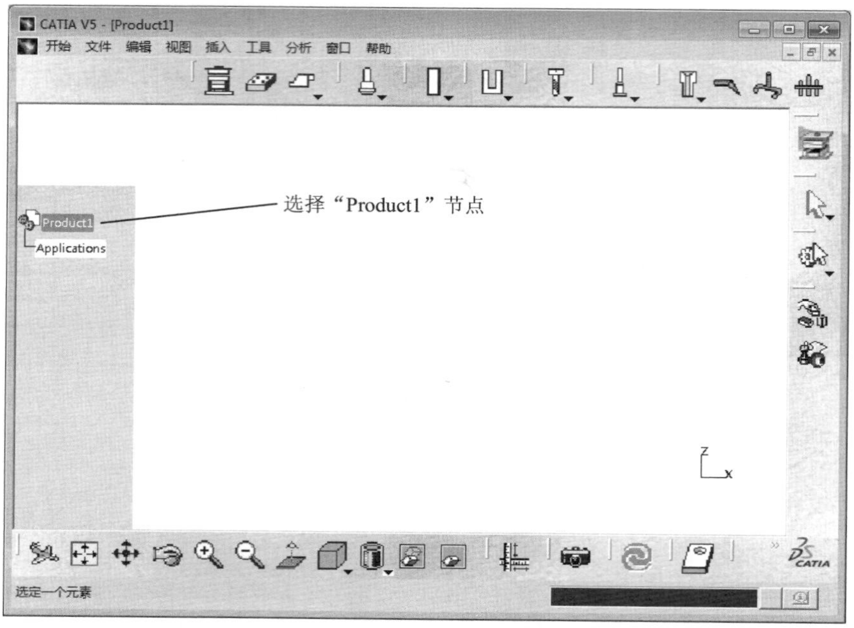

图 10-23　选择“Product1”节点

Step 13 进入拆模模块，如图 10-24 所示。

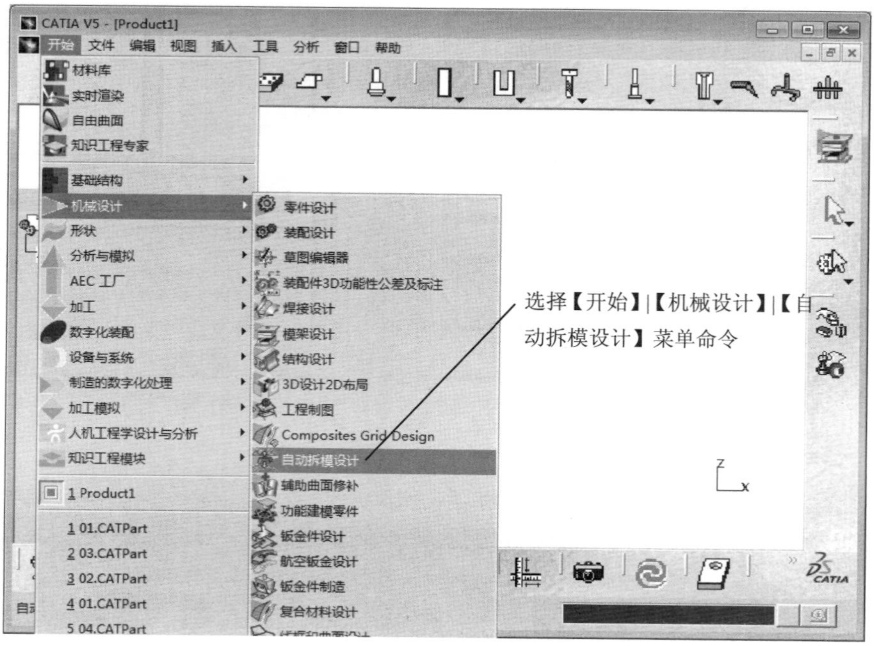

图 10-24　进入拆模模块

Step14 输入模型，如图 10-25 所示。

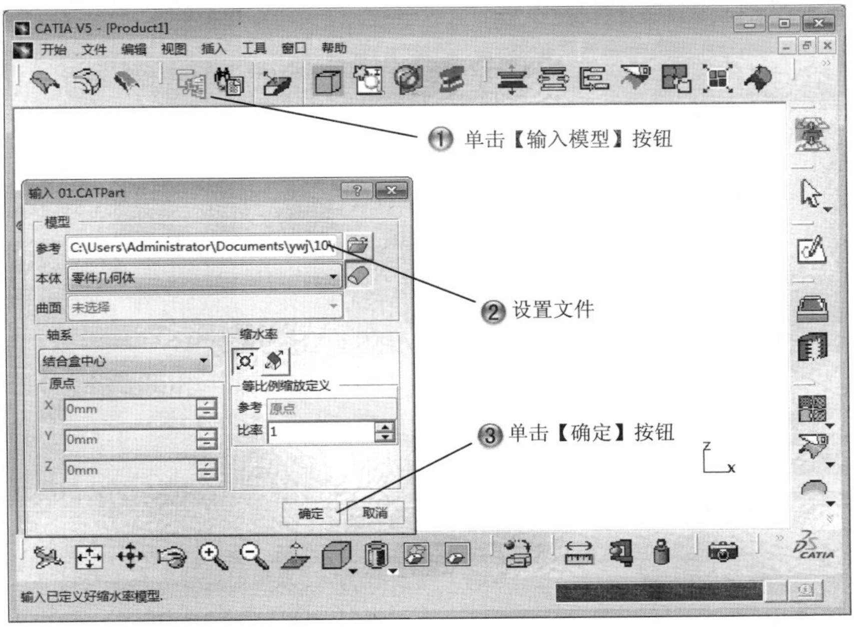

图 10-25 输入模型

Step15 创建工件，如图 10-26 所示。

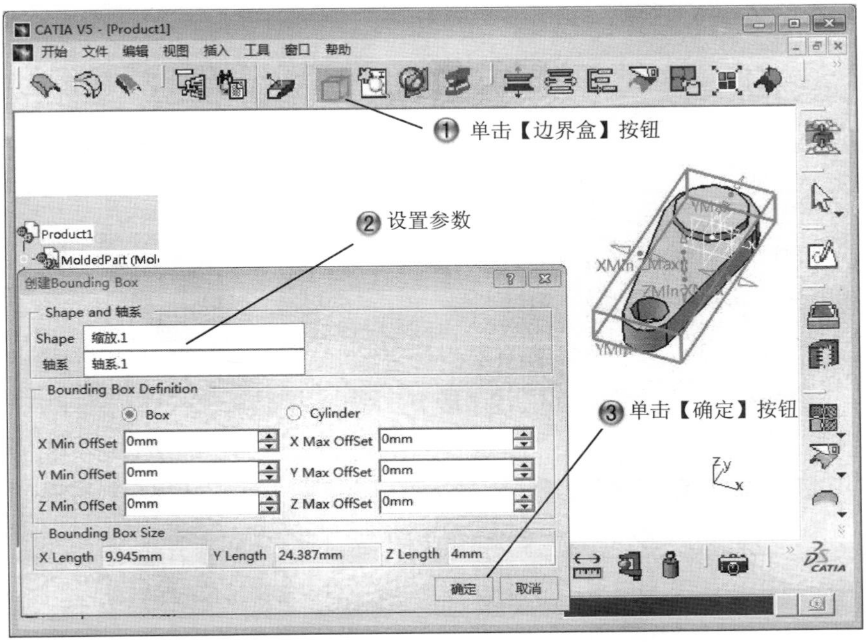

图 10-26 创建工件

Step16 设置模型属性，如图 10-27 所示。

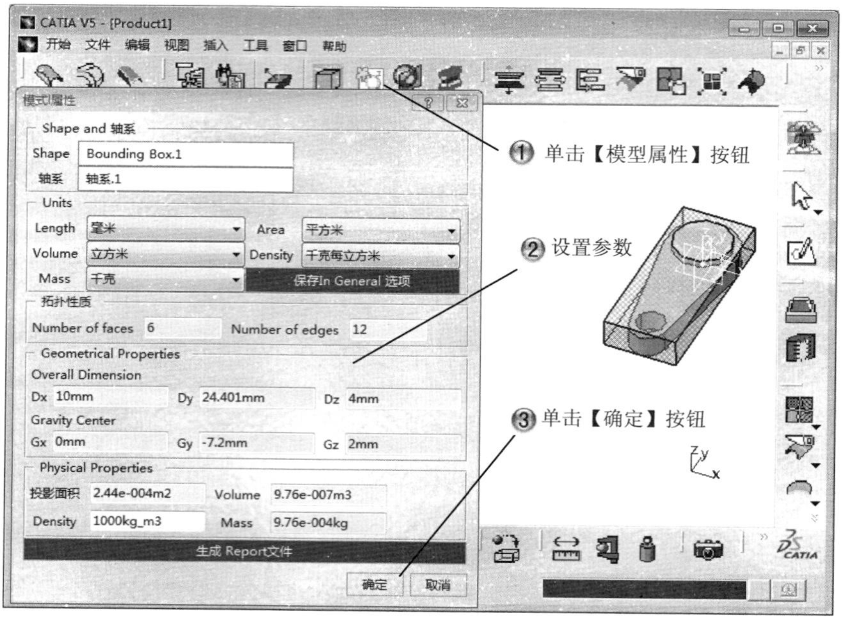
① 单击【模型属性】按钮
② 设置参数
③ 单击【确定】按钮

图 10-27 设置模型属性

Step17 厚度分析，如图 10-28 所示。

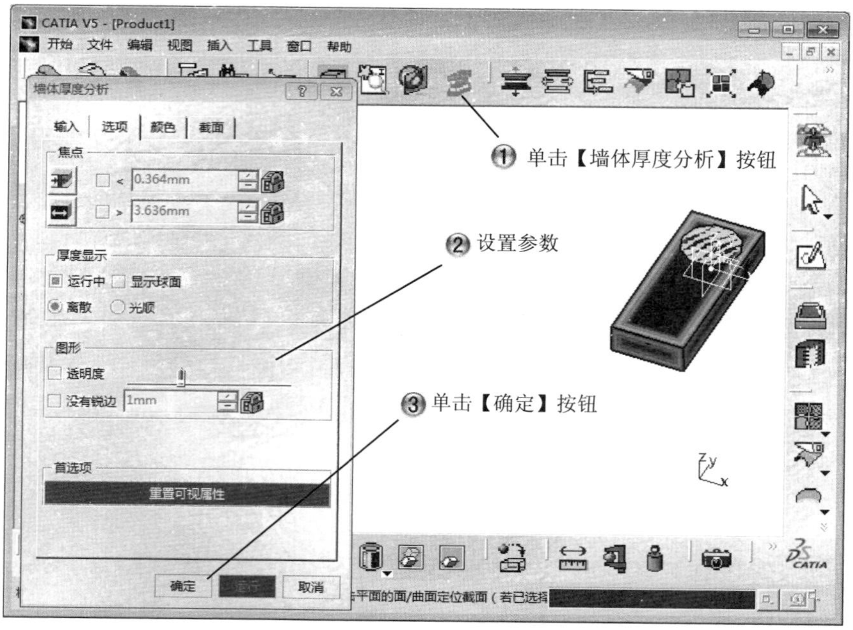
① 单击【墙体厚度分析】按钮
② 设置参数
③ 单击【确定】按钮

图 10-28 厚度分析

Step 18 完成模具模型创建，如图 10-29 所示。

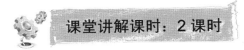

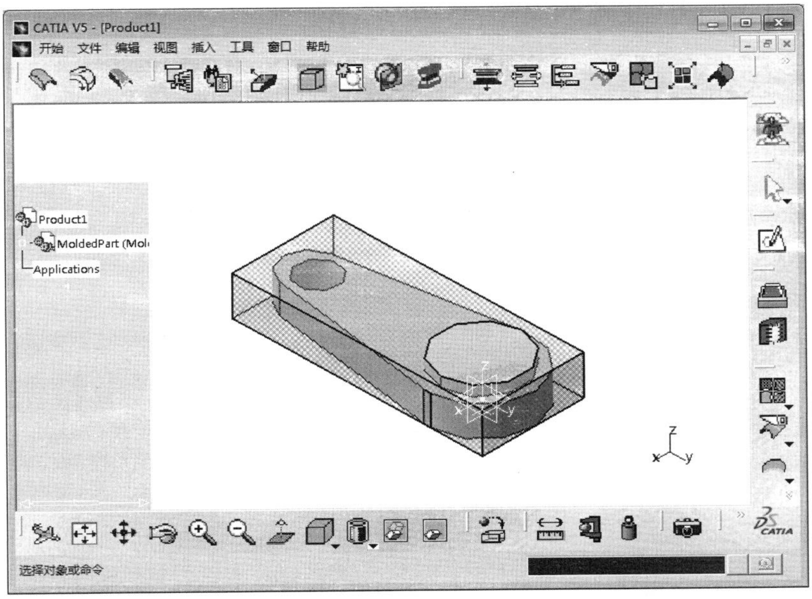

图 10-29　完成模具模型创建

10.2　型芯和型腔

基本概念

脱模方向是通过定义主要的脱模方向生成模穴和模仁，并以不同的颜色显示。

课堂讲解课时：2 课时

10.2.1　设计理论

型芯和型腔是模具设计的核心内容，通过分模面的设计，可以很轻松生成型芯和型腔。本节介绍生生成型芯和型腔的创建方法，主要是生成脱模方向和创建分模面。

10.2.2 课堂讲解

1. 脱模方向

（1）生成主脱模方向

单击【脱模方向】工具栏中的【脱模方向】按钮，罗盘吸附到当前的轴系上，同时系统弹出的【主要脱模方向定义】对话框，从绘图区中选择模型，设置参数，如图 10-30 所示。

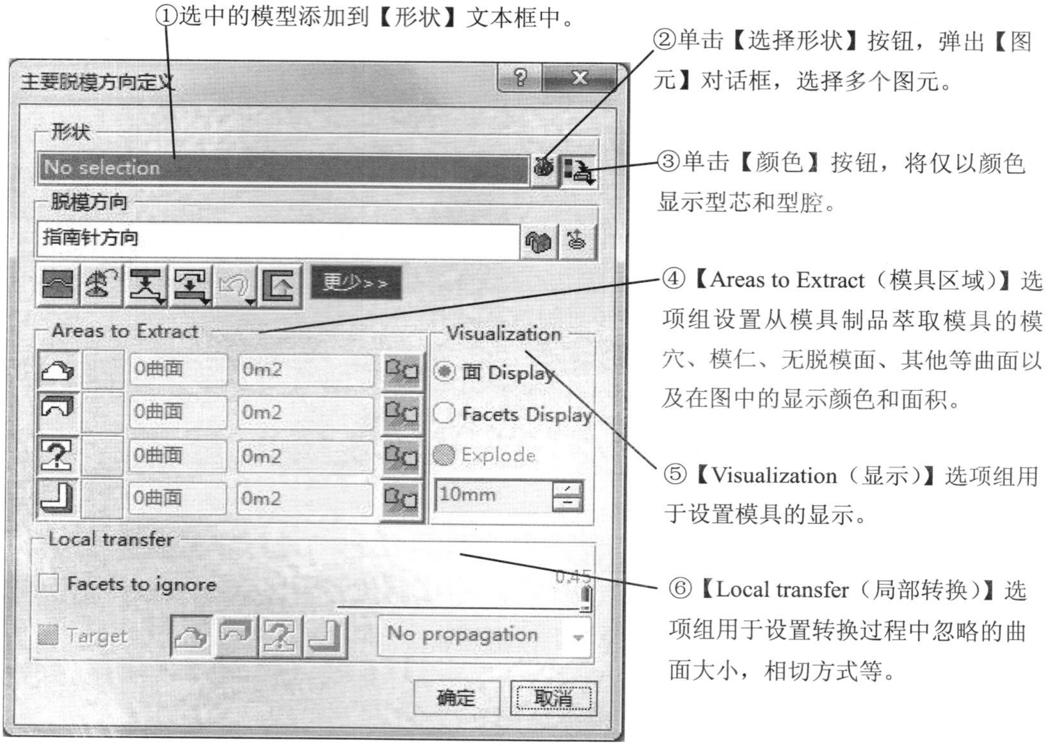
①选中的模型添加到【形状】文本框中。
②单击【选择形状】按钮，弹出【图元】对话框，选择多个图元。
③单击【颜色】按钮，将仅以颜色显示型芯和型腔。
④【Areas to Extract（模具区域）】选项组设置从模具制品萃取模具的模穴、模仁、无脱模面、其他等曲面以及在图中的显示颜色和面积。
⑤【Visualization（显示）】选项组用于设置模具的显示。
⑥【Local transfer（局部转换）】选项组用于设置转换过程中忽略的曲面大小，相切方式等。
主要脱模方向定义
形状
No selection
脱模方向
指南针方向
更少>>
Areas to Extract
0曲面
0m2
Visualization
面 Display
Facets Display
Explode
10mm
Local transfer
Facets to ignore
Target
No propagation
确定
取消

图 10-30 【主要脱模方向定义】对话框

通常，红色为型芯、绿色为型腔、黄色为滑块、蓝色为其他、粉红色为无脱模方向。单击【主要脱模方向定义】对话框的【确定】按钮，完成脱模，如图 10-31 所示。

（2）创建次要脱模方向

定义滑块和斜顶方向是对主脱模方向中，未能分模的面重新定义为新的脱模方向。生成的既不是模穴也不是模仁，而是滑块或定出块。单击【脱模方向】工具栏中的【定义滑块和斜顶方向】按钮，系统弹出【滑块和斜顶脱模方向定义】对话框，该对话框的各项含义和【主要脱模方向定义】对话框相同，如图 10-32 所示。

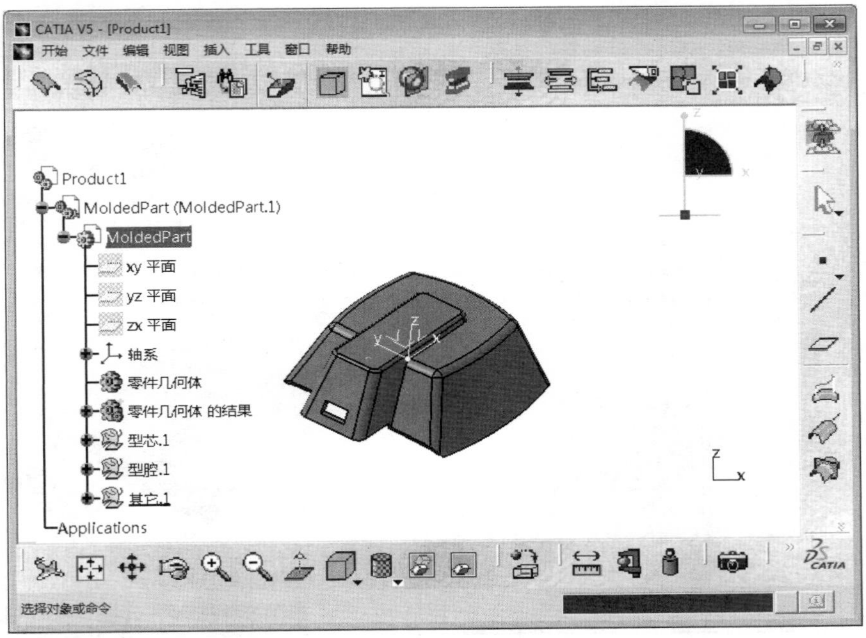

图 10-31　创建的脱模

图 10-32　【滑块和斜顶脱模方向定义】对话框

（3）修改脱模方向

修改脱模方向是定义或修改曲面的脱模方向。单击【脱模方向】工具栏中的【修剪面方向】按钮，系统弹出【曲面方向】对话框，利用该对话框更改脱模方向的效果，如图 10-33 所示。

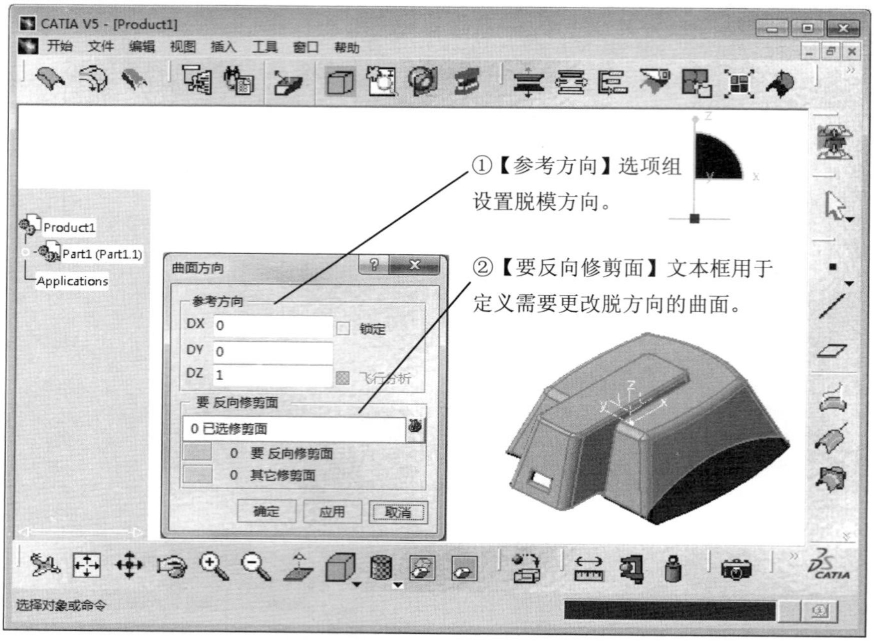

图 10-33 【曲面方向】对话框和更改脱模方向

2. 创建分模线

（1）创建分模线

分模线是从模具中分离模穴和模仁的曲线。单击【曲线】工具栏中的【分模线】按钮，系统弹出【分模线】对话框，参数设置，如图 10-34 所示。

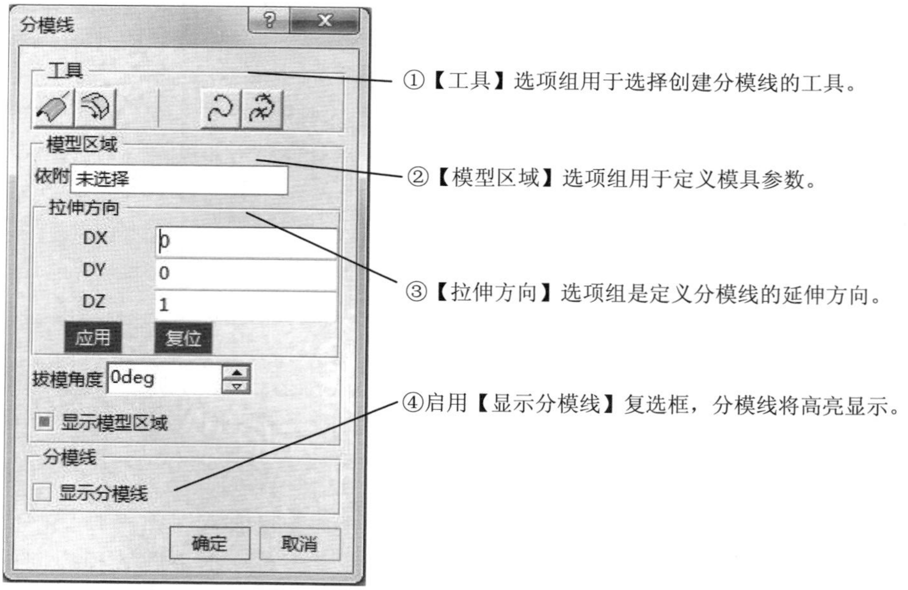

图 10-34 【分模线】对话框

（2）连接边线

连接边线是提取曲面上的边线生成分模线。单击【曲线】工具栏中的【链结边线】按钮，系统弹出【链结边线】对话框，参数设置，如图 10-35 所示。

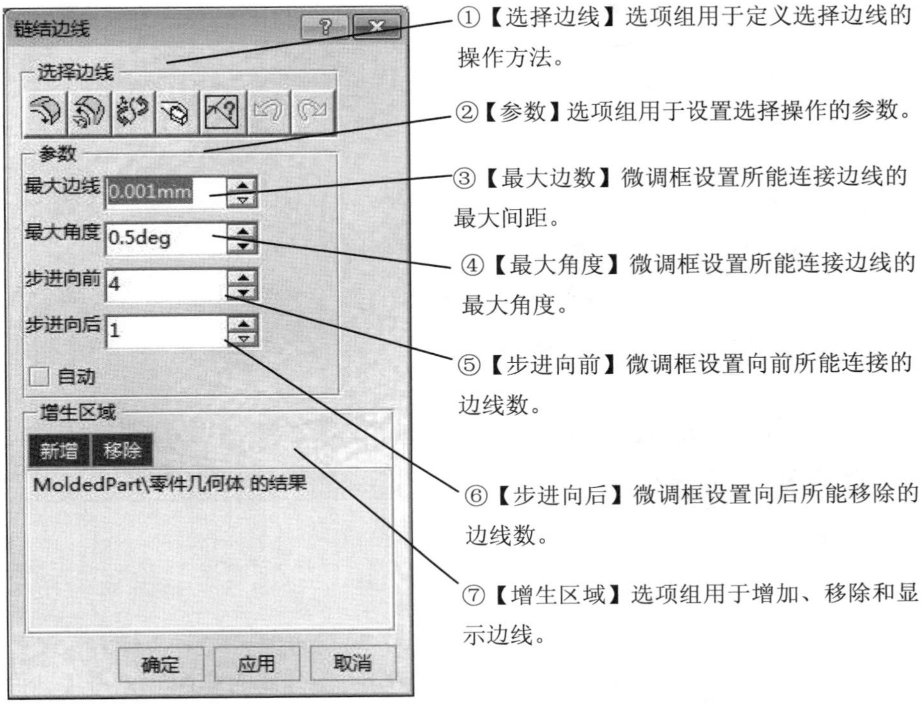
链结边线
选择边线
参数
最大边线 0.001mm
最大角度 0.5deg
步进向前 4
步进向后 1
自动
增生区域
新增 移除
MoldedPart\零件几何体 的结果
确定 应用 取消
①【选择边线】选项组用于定义选择边线的操作方法。
②【参数】选项组用于设置选择操作的参数。
③【最大边数】微调框设置所能连接边线的最大间距。
④【最大角度】微调框设置所能连接边线的最大角度。
⑤【步进向前】微调框设置向前所能连接的边线数。
⑥【步进向后】微调框设置向后所能移除的边线数。
⑦【增生区域】选项组用于增加、移除和显示边线。

图 10-35　【链结边线】对话框

（3）依据颜色创建分模线

依据颜色创建分模线是通过型芯、型腔等不同颜色的分界线生成分模线。单击【曲线】工具栏中的【依据颜色创建分模线】按钮，系统弹出【按颜色建立分模线】对话框，从绘图区中选择颜色曲面，设置参数，如图 10-36 所示。

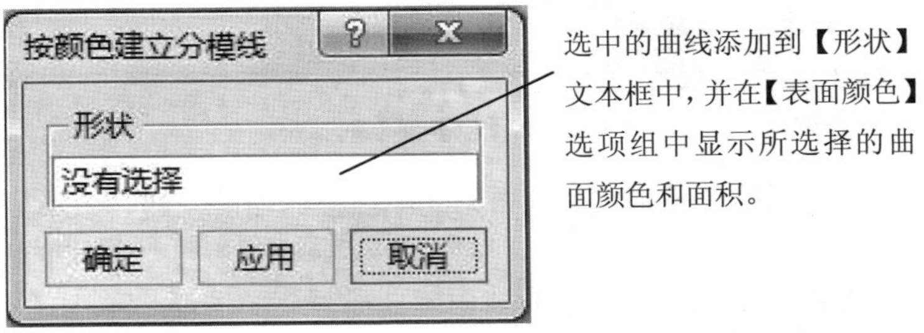
按颜色建立分模线
形状
没有选择
确定 应用 取消
选中的曲线添加到【形状】文本框中，并在【表面颜色】选项组中显示所选择的曲面颜色和面积。

图 10-36　【按颜色建立分模线】对话框

单击【按颜色建立分模线】对话框的【确定】按钮，完成分模线的创建，如图 10-37 所示。

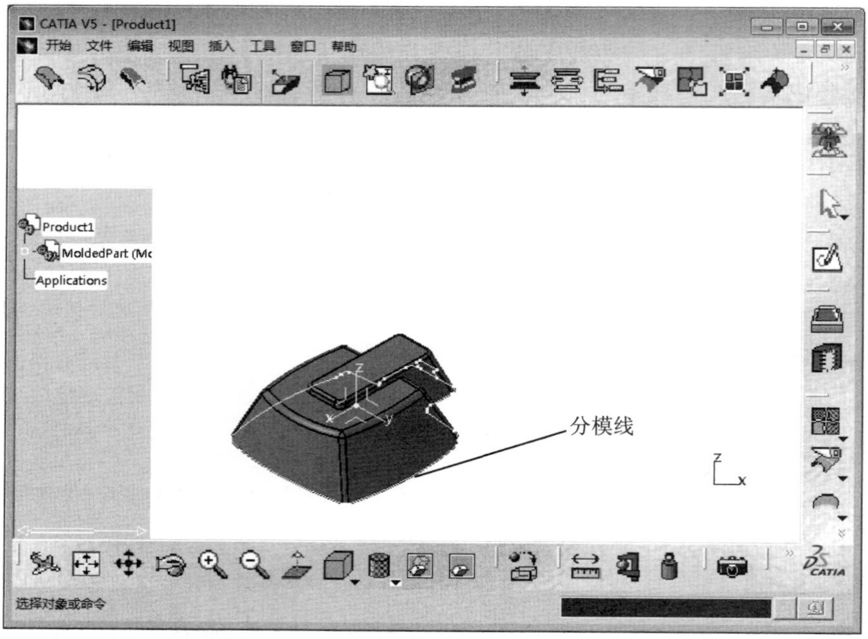

图 10-37　分模线

3. 创建分模面

（1）填补面

填补面是填补实体表面上的孔，生成新的与依附实体分离的曲面。单击【曲面】工具栏中的【填补面】按钮，系统弹出【填补面】对话框，如图 10-38 所示。

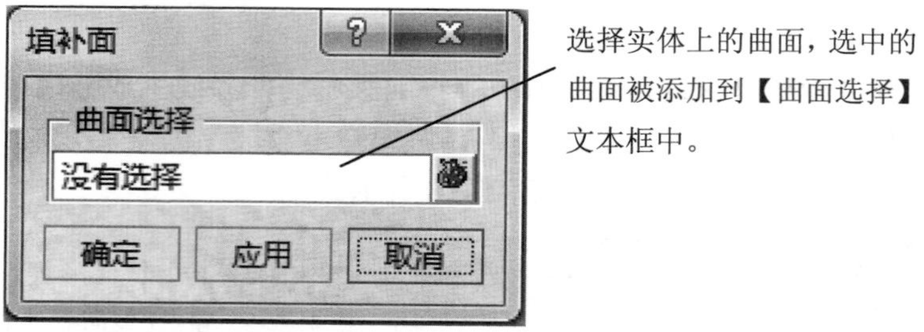

图 10-38　【填补面】对话框

单击【填补面】对话框的【确定】按钮，完成填补曲面的创建，效果如图 10-39 所示。

（2）填补曲面

填补曲面是填补曲面上孔，生成新的与依附曲面分离的曲面。单击【曲面】工具栏中的【填补曲面】按钮，系统弹出【填充曲面】对话框，如图 10-40 所示。

单击【填充曲面】对话框的【确定】按钮，完成填补曲面的创建，效果如图 10-41 所示。

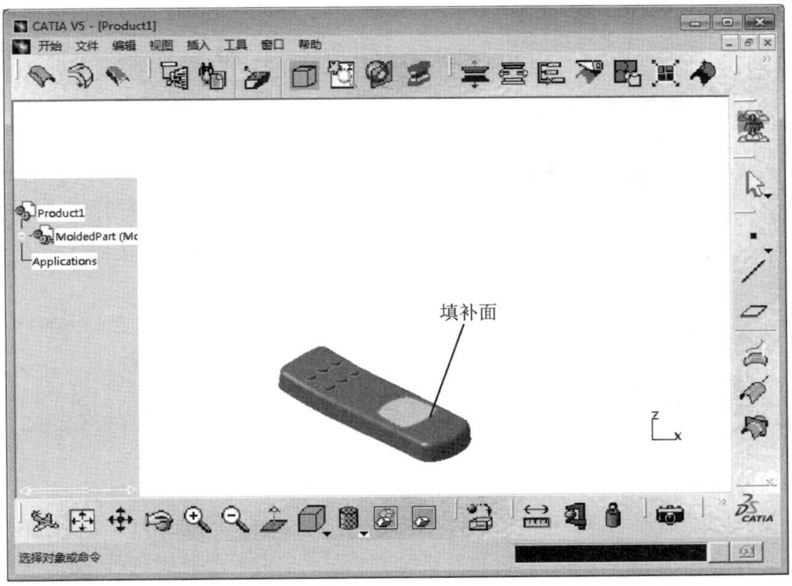

图 10-39　填补面

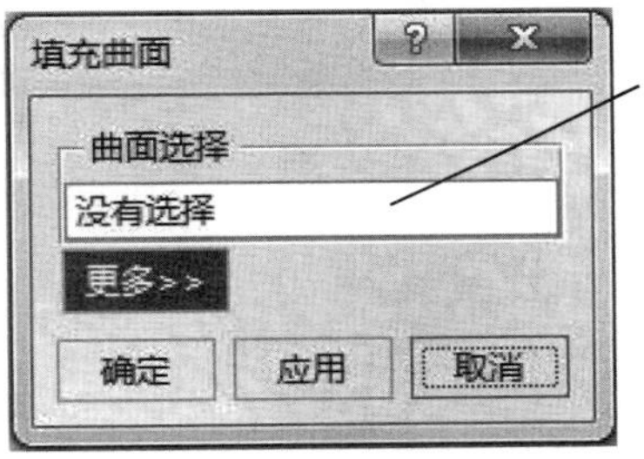

图 10-40　【填充曲面】对话框

图 10-41　填充曲面

（3）创建分模面

分模面是通过扫掠和拉伸生成分模面。单击【曲面】工具栏中的【分模面】按钮，系统弹出【分模面定义】对话框，参数设置，如图 10-42 所示。

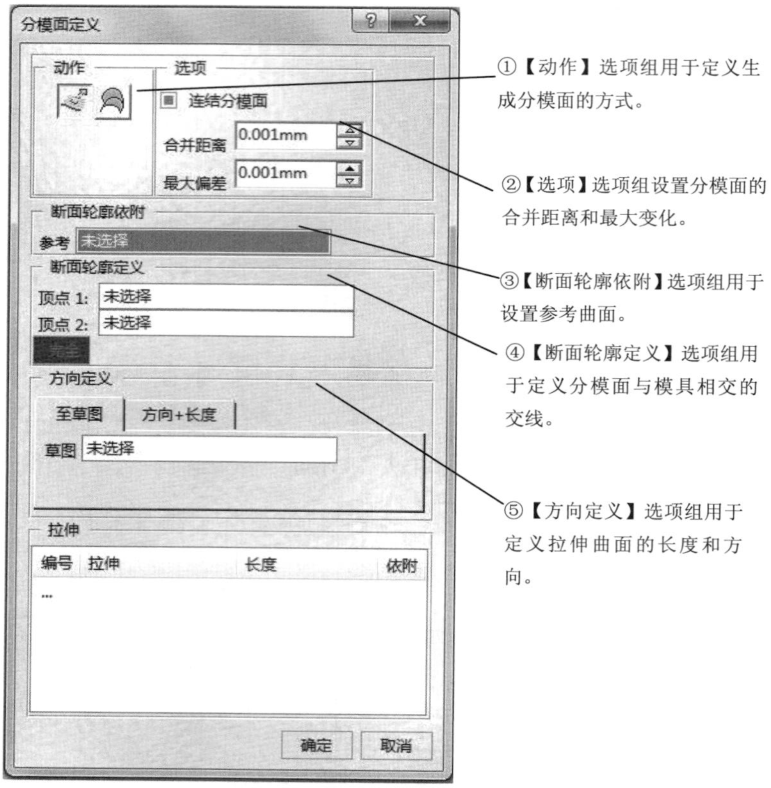
分模面定义
动作
选项
连结分模面
合并距离
0.001mm
最大偏差
0.001mm
断面轮廓依附
参考
未选择
断面轮廓定义
顶点 1:
未选择
顶点 2:
未选择
方向定义
至草图
方向+长度
草图
未选择
拉伸
编号
拉伸
长度
依附
确定
取消
①【动作】选项组用于定义生成分模面的方式。
②【选项】选项组设置分模面的合并距离和最大变化。
③【断面轮廓依附】选项组用于设置参考曲面。
④【断面轮廓定义】选项组用于定义分模面与模具相交的交线。
⑤【方向定义】选项组用于定义拉伸曲面的长度和方向。

图 10-42　【分模面定义】对话框

（4）简化曲面

简化曲面是通过计算将曲面简化，便于生成型芯和型腔。单击【曲面】工具栏中的【简化曲面】按钮，系统弹出【简单曲面】对话框，参数设置，如图 10-43 所示。

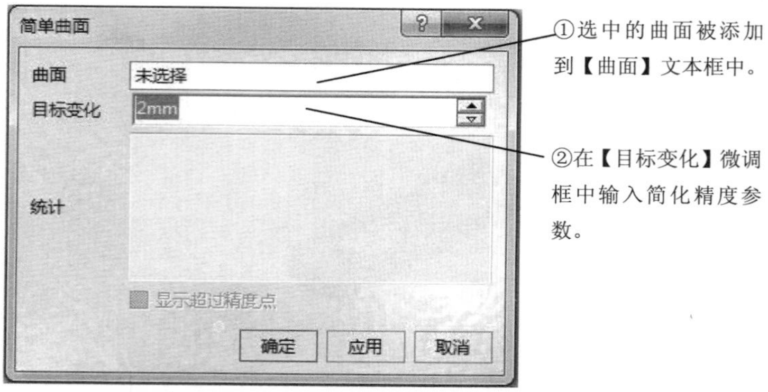
简单曲面
曲面
未选择
目标变化
2mm
统计
显示超过精度点
确定
应用
取消
①选中的曲面被添加到【曲面】文本框中。
②在【目标变化】微调框中输入简化精度参数。

图 10-43　【简单曲面】对话框

单击【简单曲面】对话框的【确定】按钮，完成曲面的简化，如图 10-44 所示。

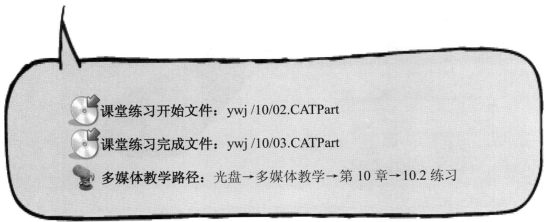

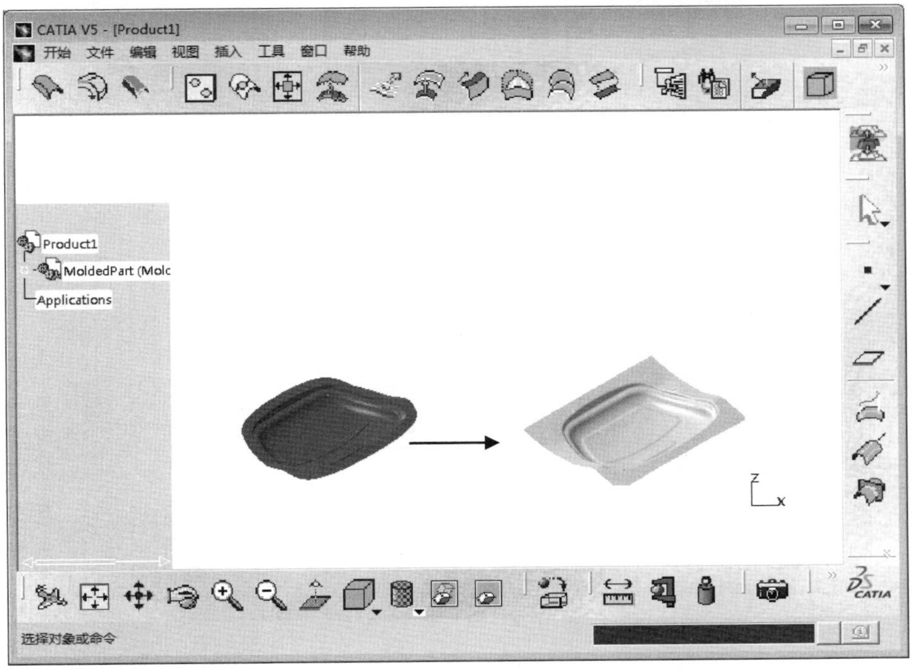

图 10-44　曲面简化前后

10.2.3　课堂练习——模具分模

课堂练习开始文件：ywj /10/02.CATPart

课堂练习完成文件：ywj /10/03.CATPart

多媒体教学路径：光盘→多媒体教学→第 10 章→10.2 练习

Step1 打开模具文件，如图 10-45 所示。

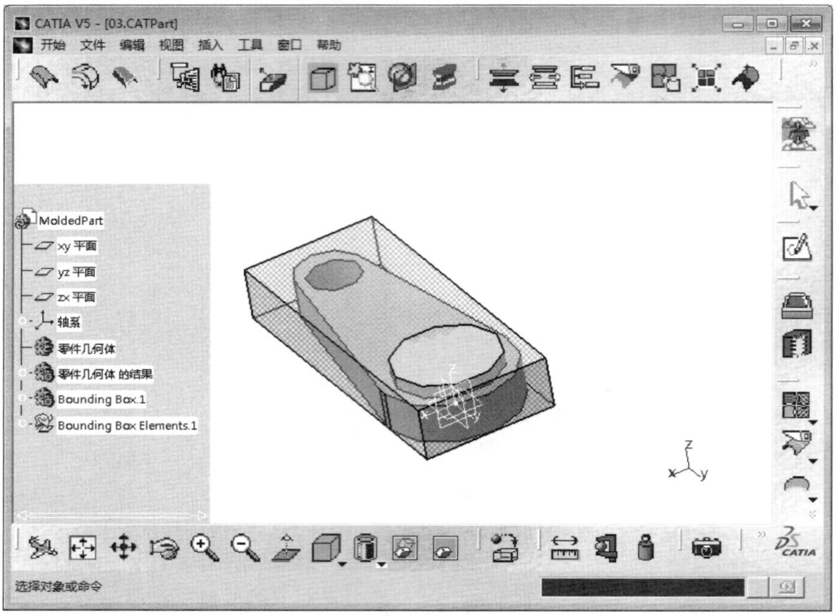

图 10-45 打开模具文件

Step2 设置脱模方向，如图 10-46 所示。

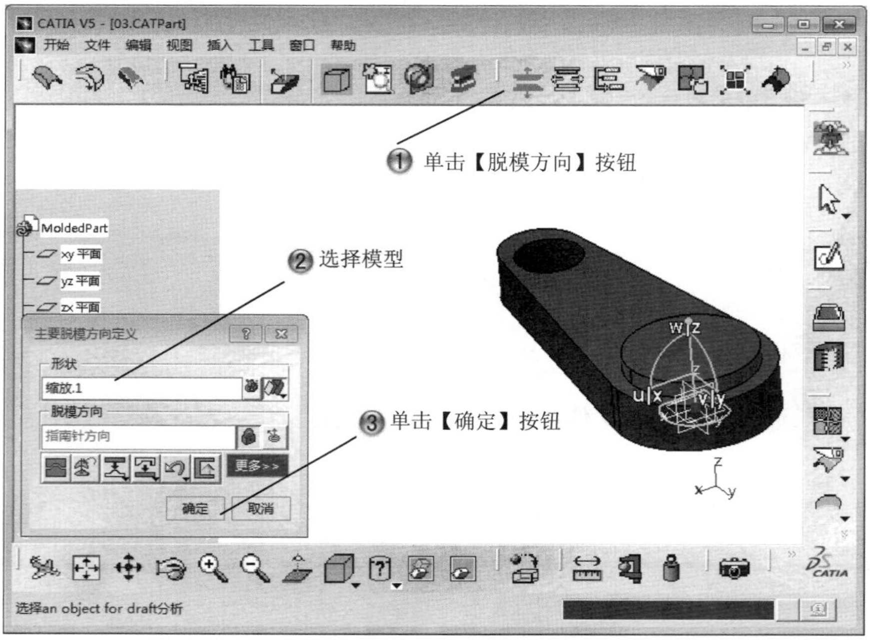

图 10-46 设置脱模方向

Step3 创建分模线，如图 10-47 所示。

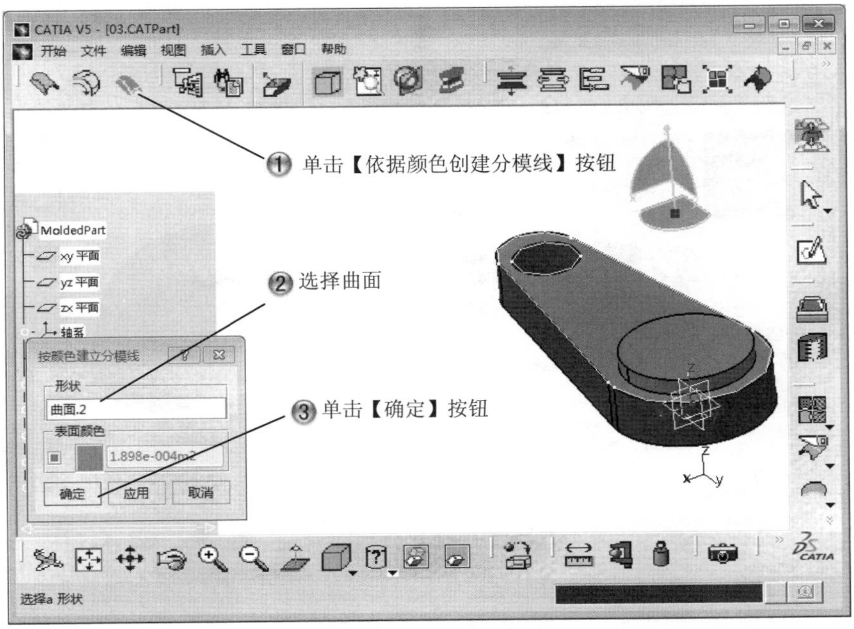

图 10-47　创建分模线

Step4 填补面，如图 10-48 所示。

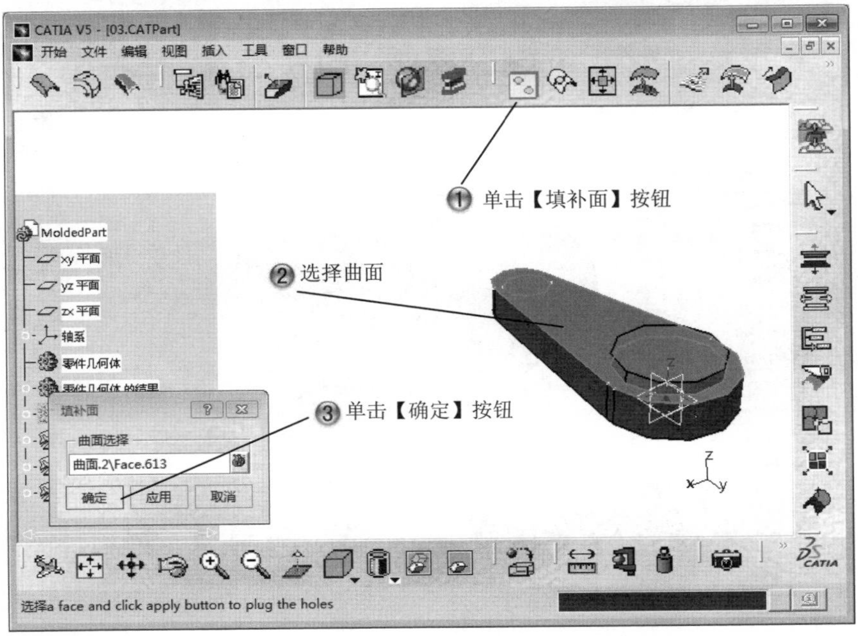

图 10-48　填补面

Step5 创建扫掠曲面，如图 10-49 所示。

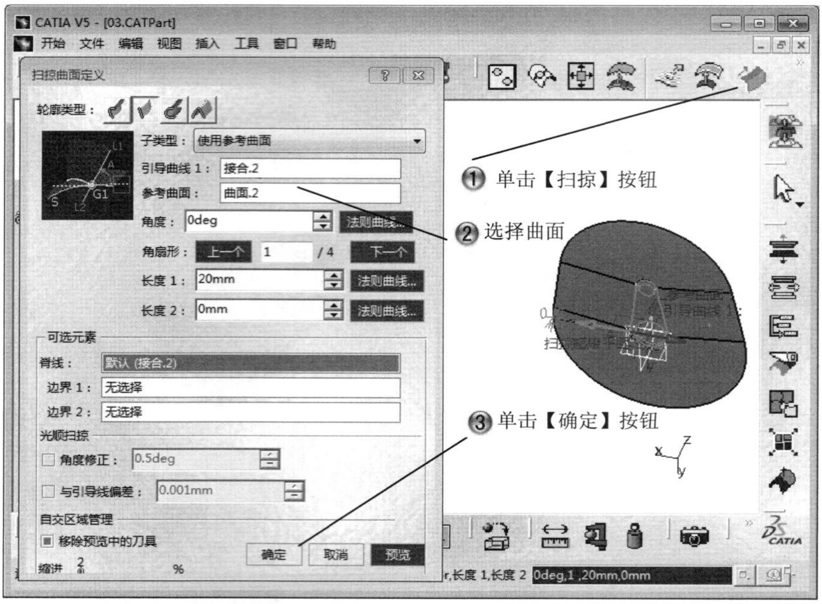

图 10-49　创建扫掠曲面

Step6 完成分模，如图 10-50 所示。

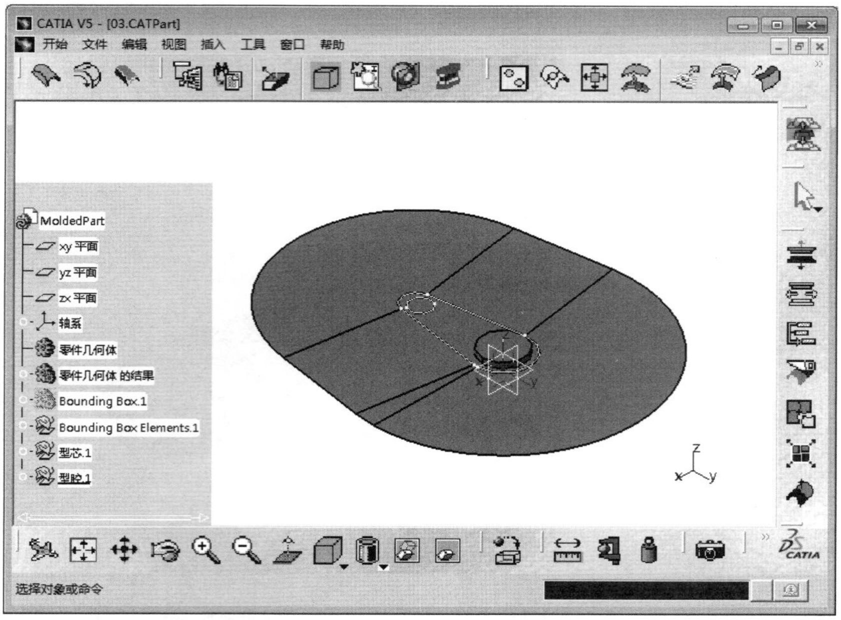

图 10-50　完成分模

10.3 模架库和标准件

基本概念

模座基础件是模座的主要部件，它包括上下模、模具平板和滑块等部件。CATIA 提供了【模板部件】工具栏，用于添加模具主要部件。

课堂讲解课时：2 课时

10.3.1 设计理论

经过前面对模具制品进行自动分模设计后，选择【开始】|【机械设计】|【模架设计】菜单命令，切换到模架设计平台进行模座的设计。模座设计是本节的核心内容，模座主要由上下模和一些附属件组成。CATIA 提供了标准件，只需添加，同时设置各种参数即可。还提供了大量供模座设计中使用的标准件，如固定、导入、定位等。

10.3.2 课堂讲解

1. 创建模座基础

（1）创建新模具

创建新模具在当前模型组件中添加模架。单击【模板部件】工具栏中的【创建新模具】按钮，系统弹出【创建新模架】对话框，同时一个框架式的模座显示在模具制品周围，如图 10-51 所示。

创建的模架，如图 10-52 所示。

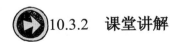

图 10-51 【创建新模架】对话框

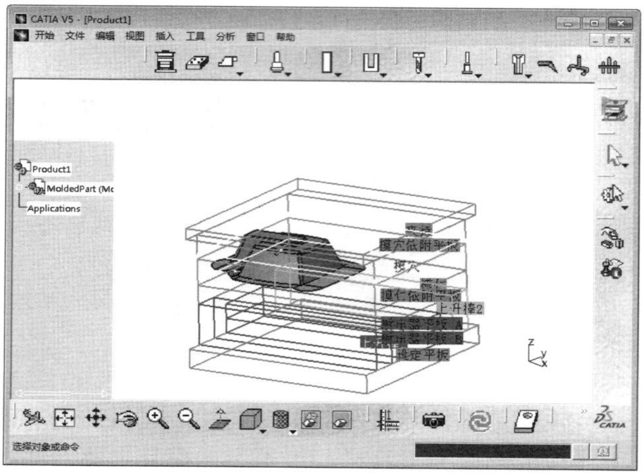

图 10-52 添加的模架

调整对话框中各选项微调框中的数值，使模座各部分尺寸符合设计意图，也可以单击【创建新模架】对话框的【标准件库】按钮，系统弹出如图 10-53 所示的【目录浏览器】对话框，选择所需模座，单击【确定】按钮，模座加载到当前视图中。

（2）添加模具平板

添加模具平板是用于在已有的模座中添加模具的主要部件。单击【模板部件】工具栏中的【添加模具平板】按钮，系统弹出【增加模板】对话框，设置参数，如图 10-54 所示。

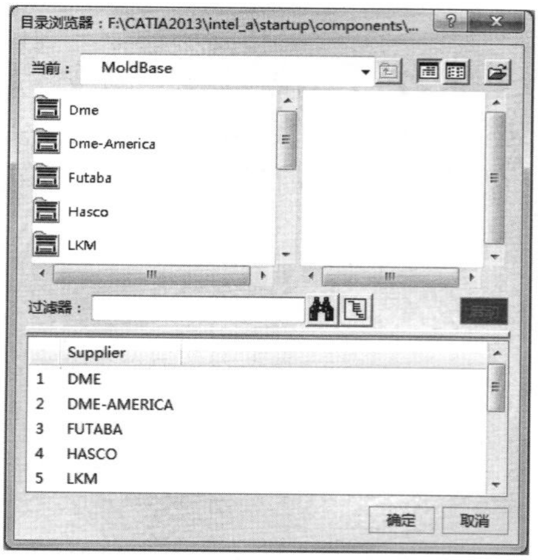

图 10-53 【目录浏览器】对话框

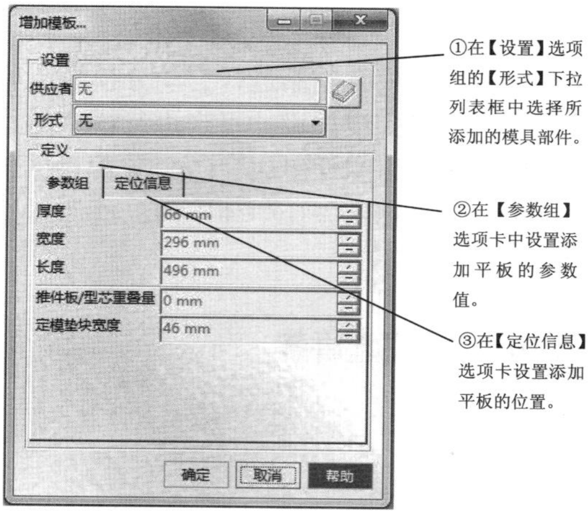

图 10-54 【增加模板】对话框

（3）添加滑块

单击【模具平板】工具栏中的【新增滑块】按钮，系统弹出【定义滑动】对话框。选择放置平面，在进入的草图中选择定位点，在对话框中设置各种参数，单击【确定】按钮完成滑块的添加，如图 10-55 所示。

不同的滑块造型，如图 10-56 所示。

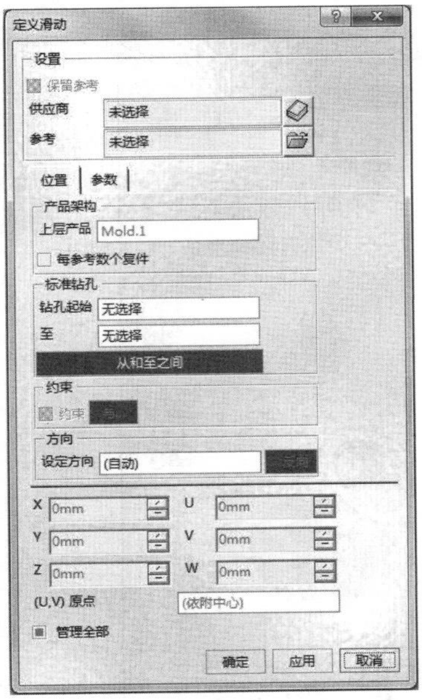

图 10-55 【定义滑动】对话框

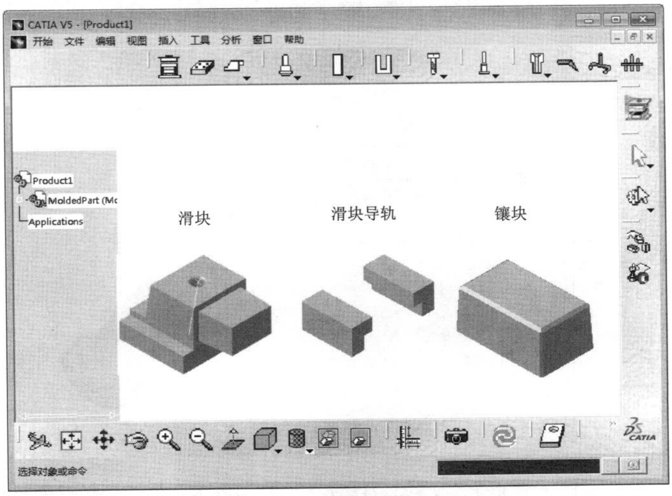

图 10-56 不同的滑块

2. 建立浇注口

建立浇注口是在模穴、模仁之间生成液体材料流入模型内部的开口。单击【注射部件】工具栏中的【增加入口】按钮，系统弹出【点定义】对话框，如图 10-57 所示。

之后系统弹出【浇口定义】对话框，其中的内容与选择的浇注口类型有关，如图 10-58 所示。

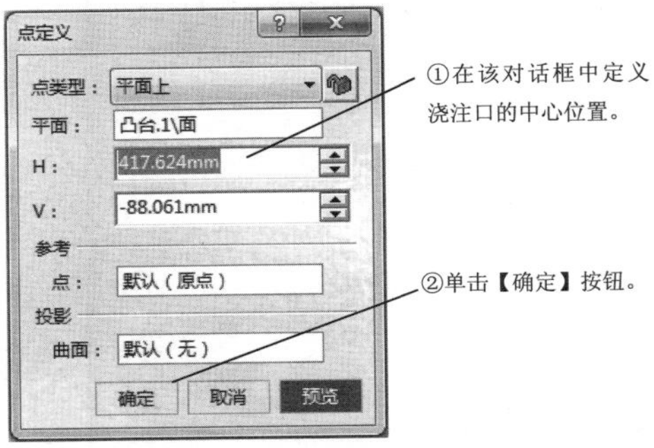

图 10-57 【点定义】对话框

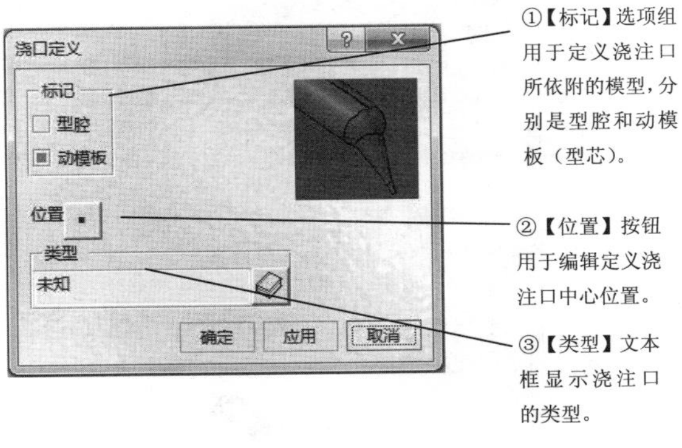

浇口定义
标记
型腔
动模板
位置
类型
未知
确定
应用
取消
①【标记】选项组用于定义浇注口所依附的模型，分别是型腔和动模板（型芯）。
②【位置】按钮用于编辑定义浇注口中心位置。
③【类型】文本框显示浇注口的类型。

图 10-58 【浇口定义】对话框

3. 添加标准件

(1) 导入分件

导入分件主要包括导柱和导套，通过单击【导引分件】工具栏中的功能按钮，然后在弹出的对话框中设置参数和位置，即可完成导入分件的添加，效果如图 10-59 所示。

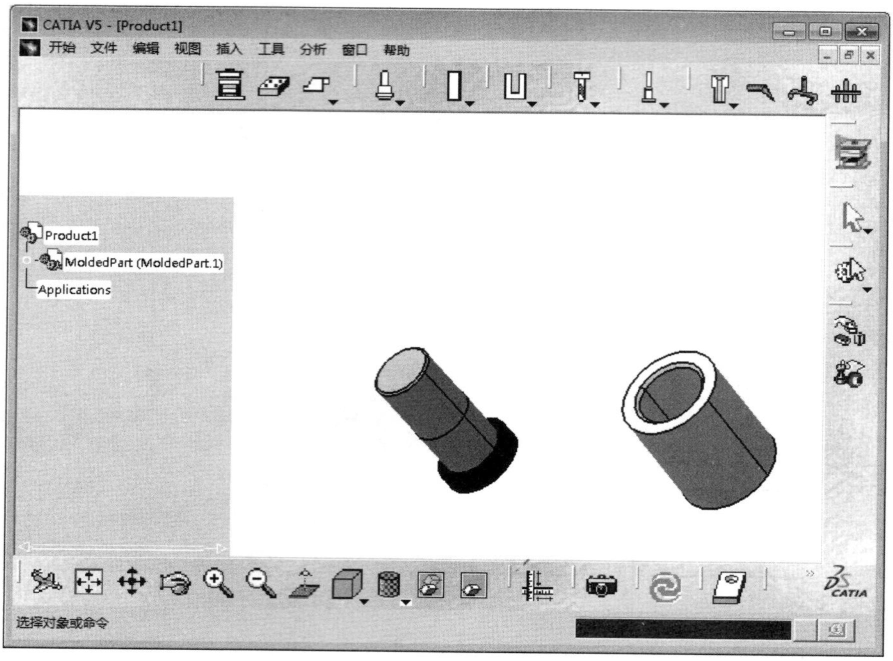

图 10-59　导引分件

（2）定位分件

定位分件主要包括导套、定位环、定位销等。通过【定位分件】工具栏中的功能按钮，即可生成的导套、定位环、定位销等标准件，如图 10-60 所示。

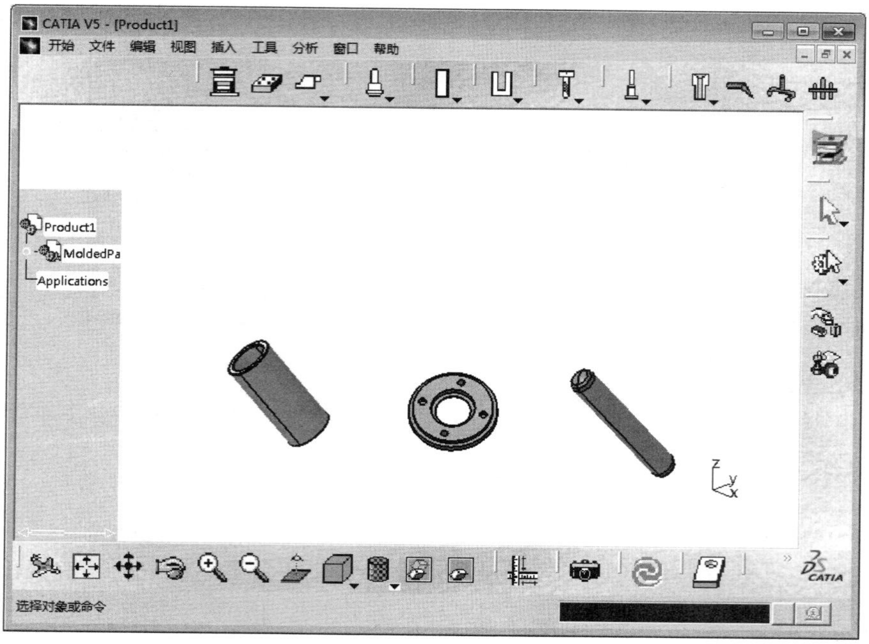

图 10-60　定位分件

（3）固定分件

定位分件是固定其他部件的零件，主要包括螺钉、沉头螺钉、顶丝等。通过【固定分件】工具栏的按钮，创建固定分件，如图 10-61 所示。

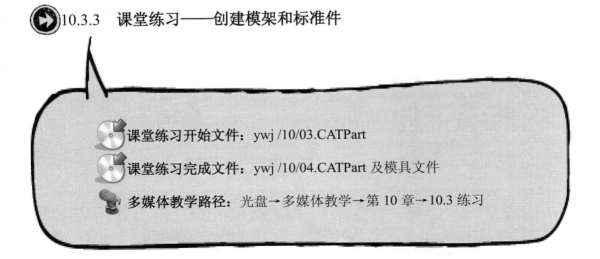

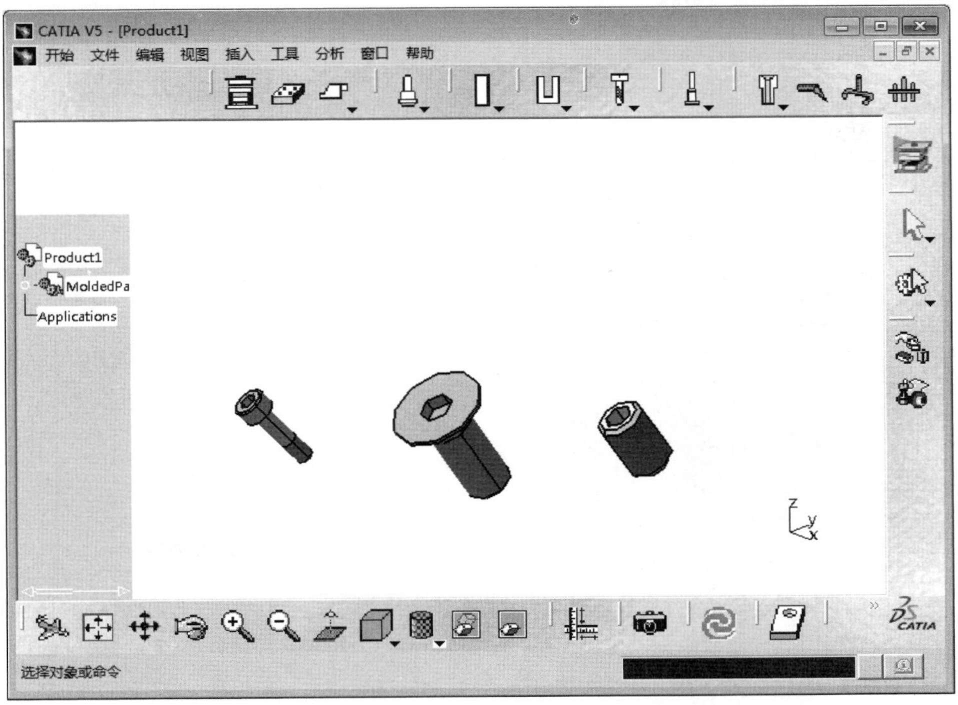

图 10-61　固定分件

10.3.3　课堂练习——创建模架和标准件

课堂练习开始文件：ywj /10/03.CATPart

课堂练习完成文件：ywj /10/04.CATPart 及模具文件

多媒体教学路径：光盘→多媒体教学→第 10 章→10.3 练习

Step1 进入模架模块，如图 10-62 所示。

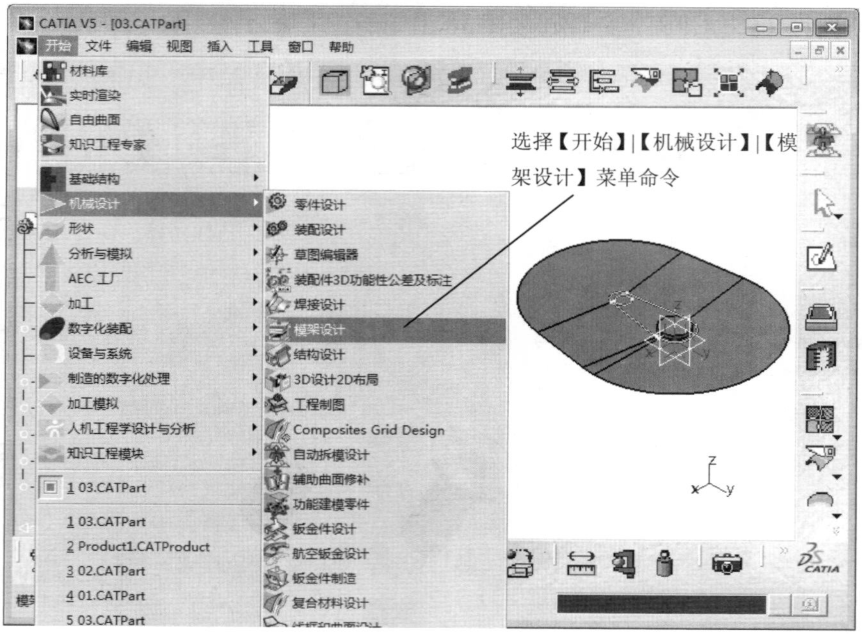
CATIA V5 - [03.CATPart]
选择【开始】|【机械设计】|【模架设计】菜单命令

图 10-62　进入模架模块

Step2 创建模架，如图 10-63 所示。

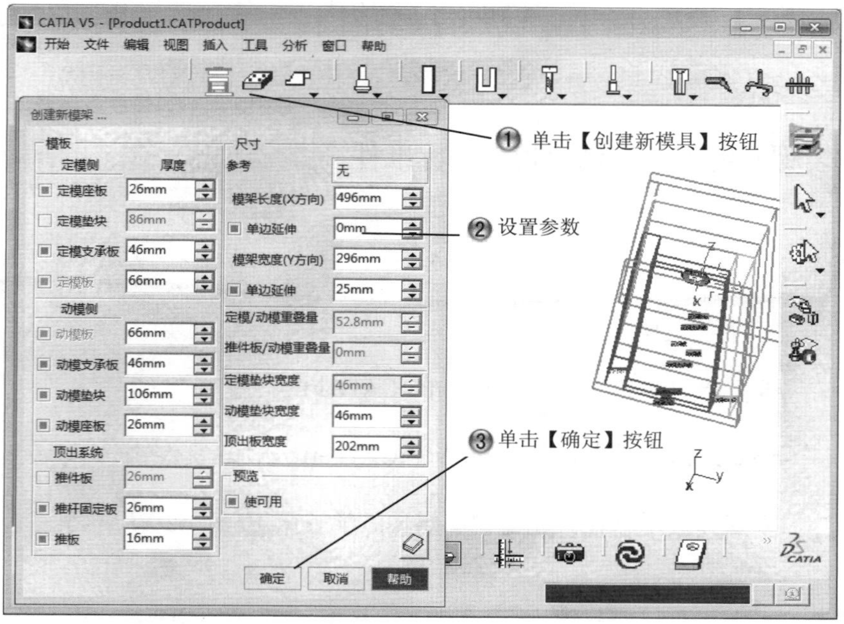
CATIA V5 - [Product1.CATProduct]
① 单击【创建新模具】按钮
② 设置参数
③ 单击【确定】按钮

图 10-63　创建模架

Step3 完成加载模架，如图 10-64 所示。

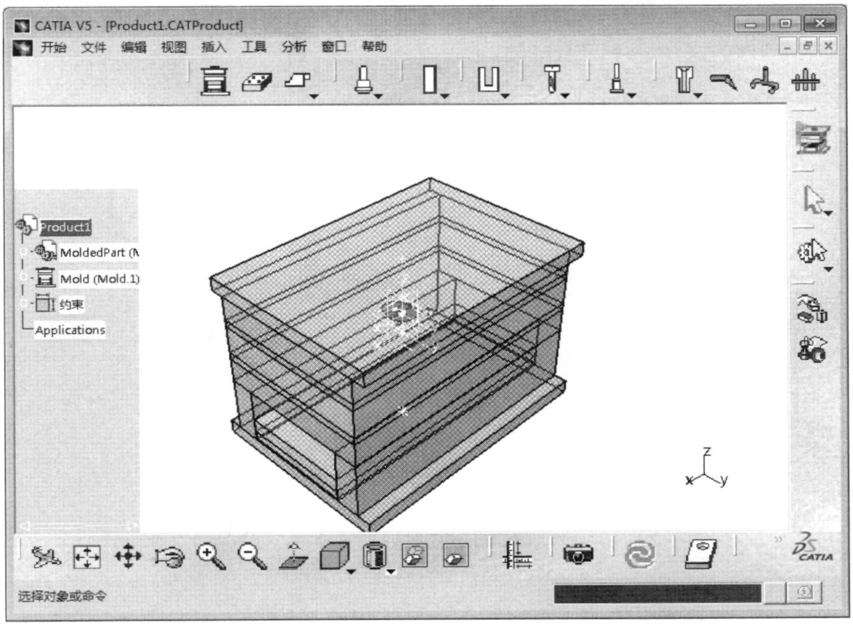

图 10-64　完成加载模架

Step4 创建镶块，如图 10-65 所示。

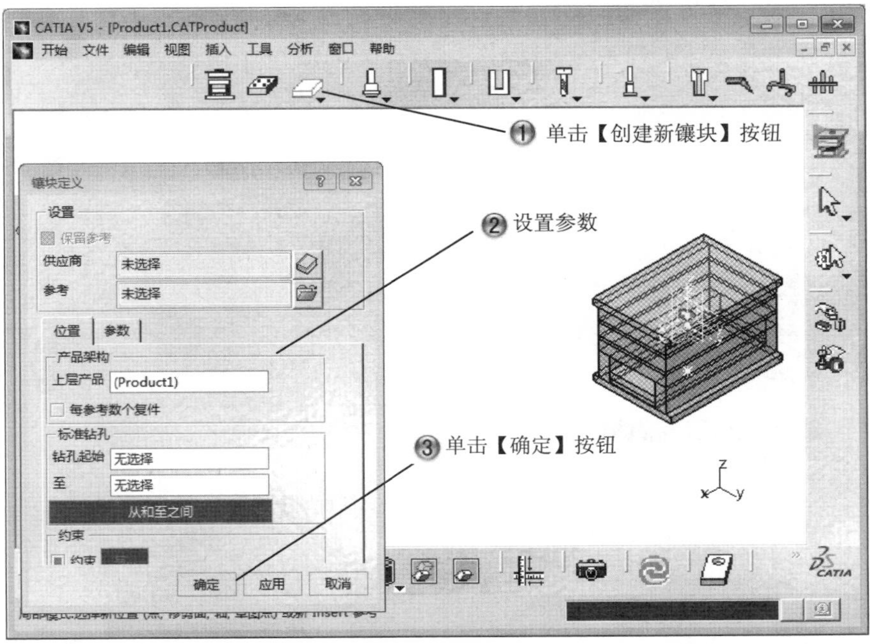

图 10-65　创建镶块

Step5 设置镶块参数，如图 10-66 所示。

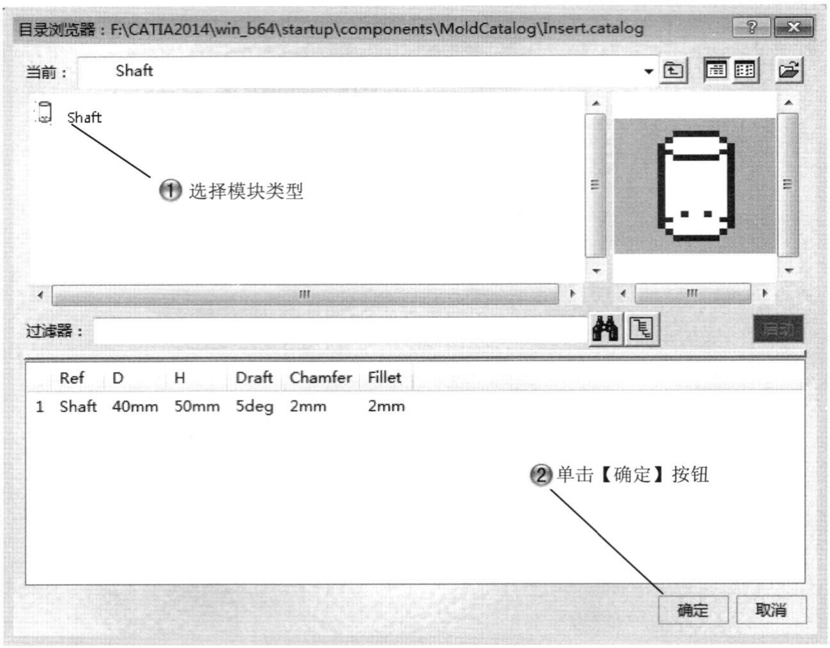

图 10-66 设置镶块参数

Step6 放置镶块，如图 10-67 所示。

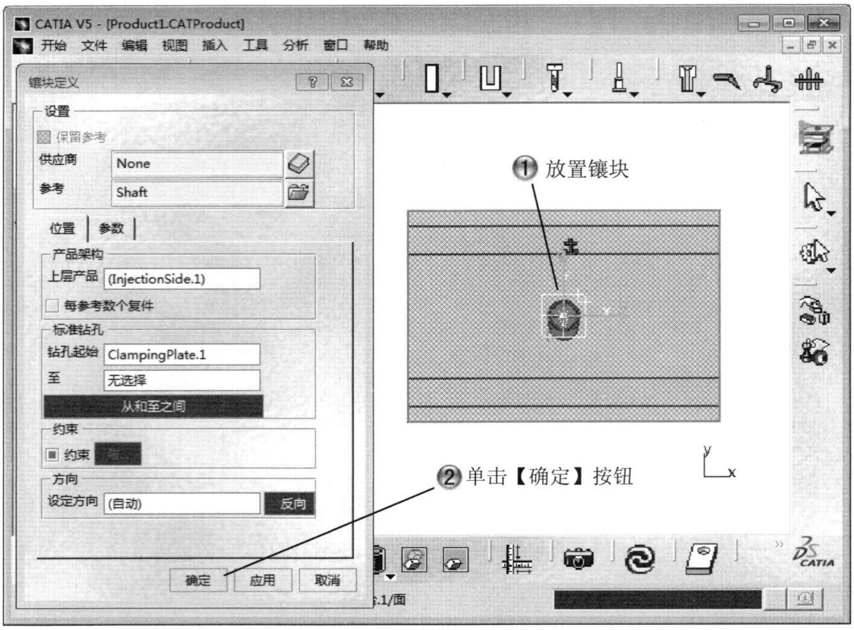

图 10-67 放置镶块

Step7 完成模架库和标准件创建，如图 10-68 所示。

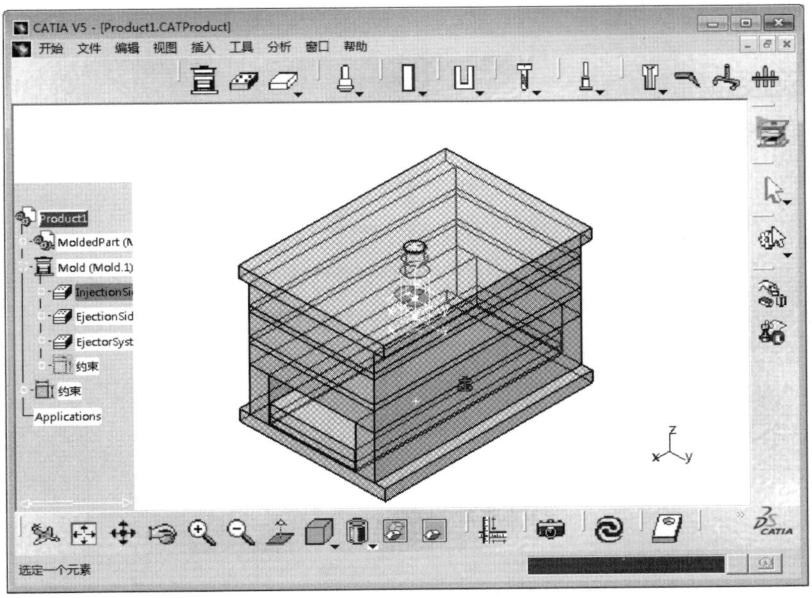

图 10-68　完成模架库和标准件创建

10.4　专家总结

本章主要讲述了自动分模设计和模座设计两个模块。首先介绍了模型的分型设计，型芯和型腔的设计，然后介绍了创建模架的基础和添加其他模具标准件。应该熟练掌握这些模具设计的工具的使用方法以及模具的设计技巧。

10.5　课后习题

10.5.1　填空题

（1）模具的作用是________。

（2）创建模具分型面的命令是________。

（3）模具分型的步骤是________、________、________、________。

10.5.2　问答题

（1）模架的作用是什么？
（2）标准件在模架中的作用？

10.5.3　上机操作题

如图 10-69 所示，使用本章学过的知识来创建螺母模型，并创建其模具。
练习步骤和方法：
（1）创建模具零件。
（2）模具分型。
（3）创建型芯型腔。
（4）创建模架库。

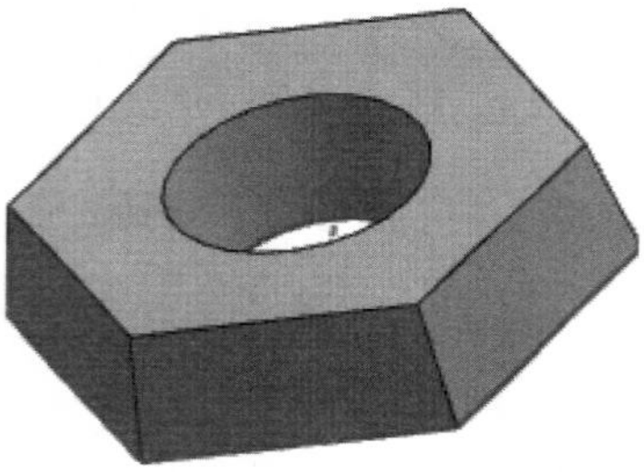

图 10-69　螺母模型

第 11 章　数控加工基础

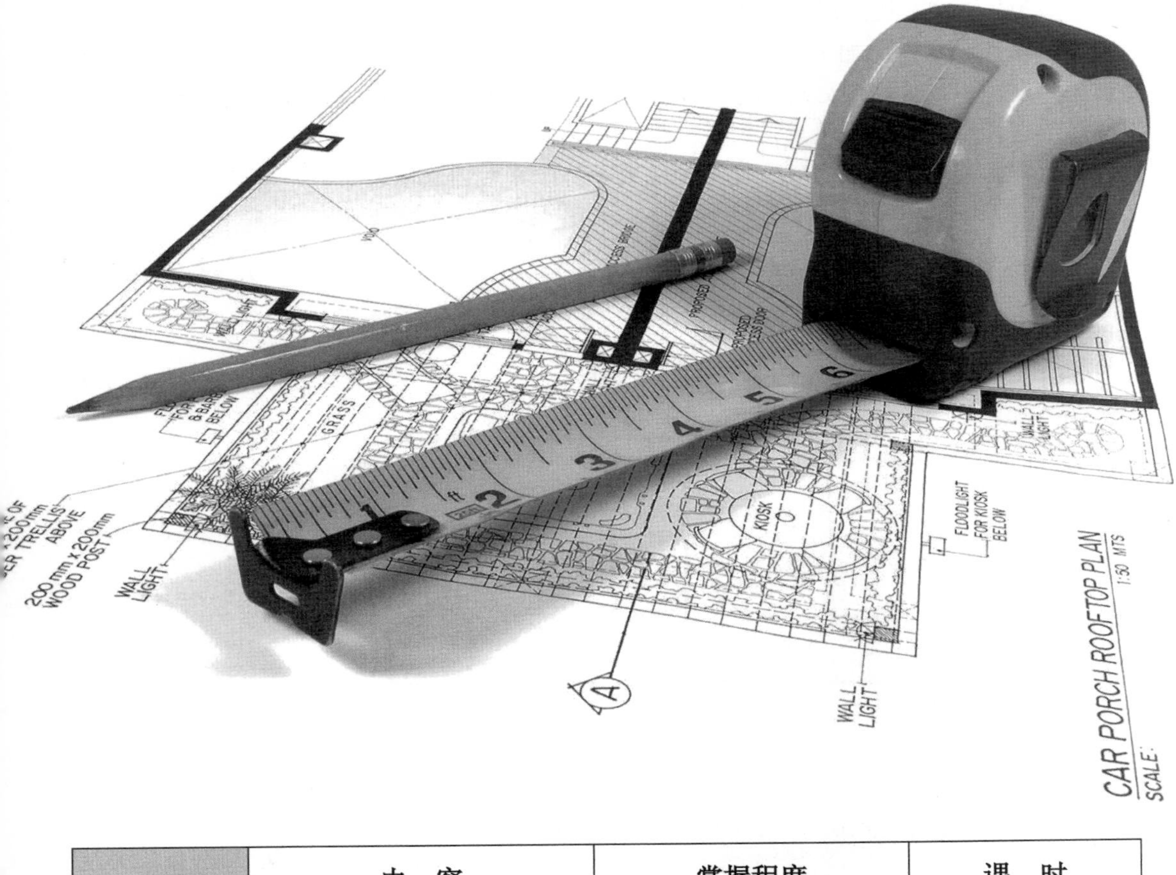

课训目标	内　容	掌握程度	课　时
	父参数组操作	熟练运用	2
	数控加工操作	熟练运用	2
	后处理和车间文档	熟练运用	2

课程学习建议

随着工业的不断发展，数控加工程序设计已成为制造业中不可缺少的一部分。CATIA 提供了多个功能强大的程序设计模块，包括车床加工、二轴半加工、曲面加工、进阶加工、NC 制造检阅和 STL 快速成型等模块。

本章重点介绍曲面加工程序设计模块，这些内容包括加工之前父参数的设置，多种曲面加工方法，最后介绍后处理和车间文档。在掌握曲面加工程序设计模块的基础上，读者很容易学习和掌握其他模块。

本课程主要基于软件的数控加工模块来讲解，其培训课程表如下。

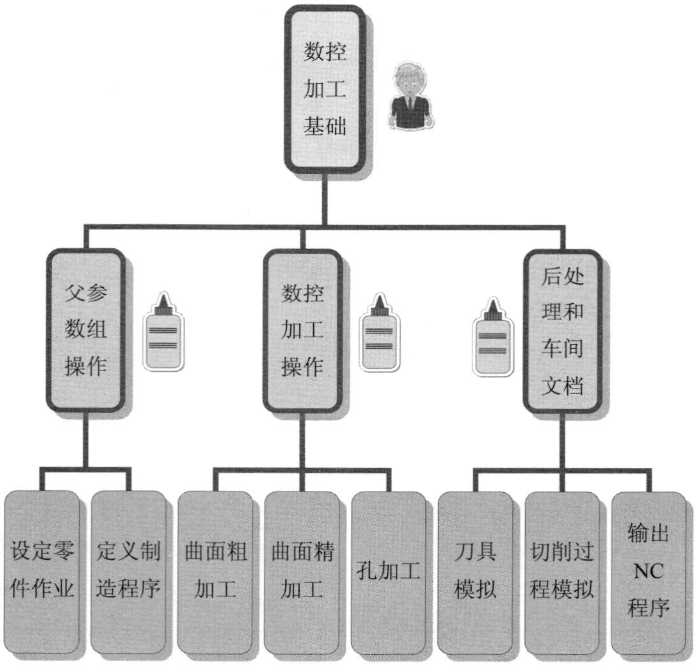

11.1　父参数组操作

基本概念

加工程序是设定加工零件依附于特定机器的工具。定义制造程序是用于安排 NC 加工作业的流程，在各制造程序内包含程序的设定，辅助设定等工具。

课堂讲解课时：2 课时

11.1.1 设计理论

CATIA 的加工制造程序包括零件作业和制造程序两大部分：

（1）零件作业程序：设定加工零件依附于特定机器，并整合各辅助图素，刀具等给予各种机器作业（制造程序及加工法）设定。

（2）制造程序：用于安排 NC 加工作业的流程，在各制造程序内包含程序的设定，辅助设定等。经过计算与处理可以产生加工程序码。

11.1.2 课堂讲解

1. 设定零件作业

首先打开要加工的零件，选择【开始】|【加工】|【曲面加工】菜单命令。当进入曲面加工程序设计平台，自动初始化加载“ProcessList”、“ProduceList”和“ResourcesList”档案到结构树中。双击特征树中的“加工设定.1”进行零件作业设定，系统弹出如图 11-1 所示【零件加工动作】对话框。

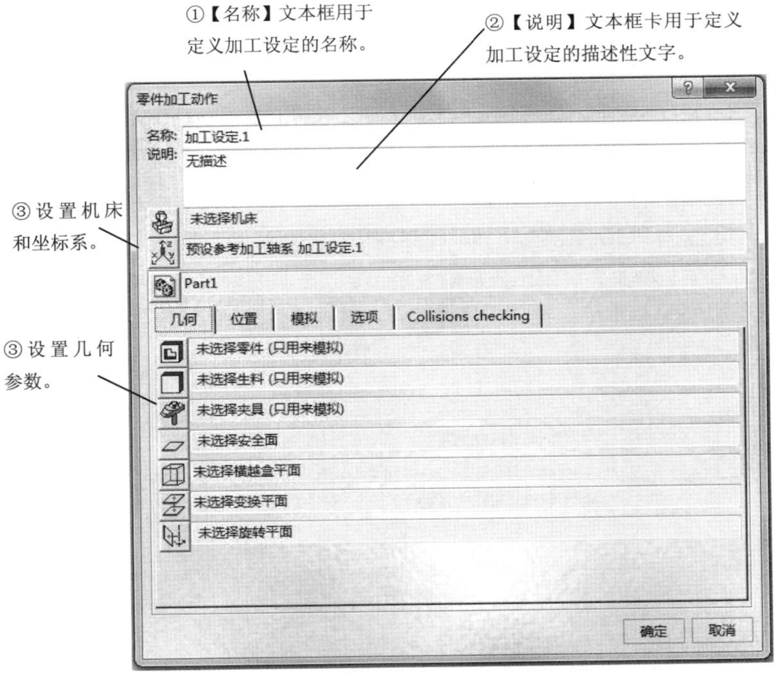

图 11-1 【零件加工动作】对话框

单击【零件加工动作】对话框的【机床】按钮，系统弹出【加工编辑器】对话框。可以在该对话框中进行机床的设定，如图 11-2 所示。

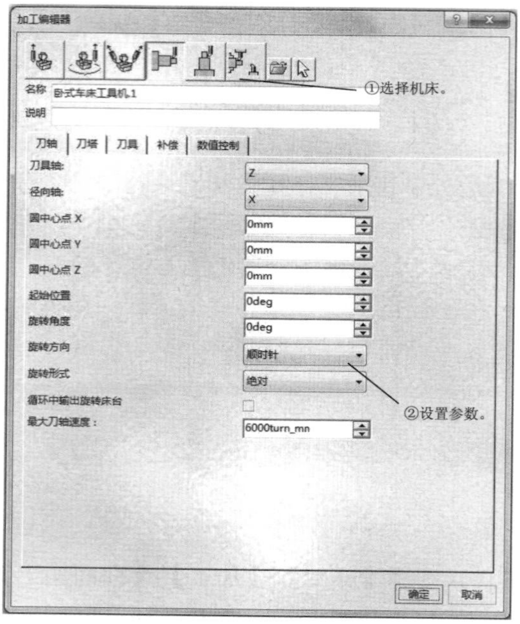

图 11-2　【加工编辑器】对话框

2. 定义 NC 制造程序

加工程序中包含若干个加工步骤，在一个零件加工操作中，可以包含多个加工程序组。当进入该模块已经有一个程序初始化在结构树中，单击【制造程序】工具栏中的【定义制造程序】按钮，在制造程序中增加一个新的制造程序。双击特征树中【制造程序】节点按钮，系统弹出的【制造程序】对话框，参数设置，如图 11-3 所示。

单击【制造程序】对话框中的【刀具路径播放】按钮，系统弹出【槽铣】对话框，在对话框中操作进行刀具路径模拟，如图 11-4 所示。

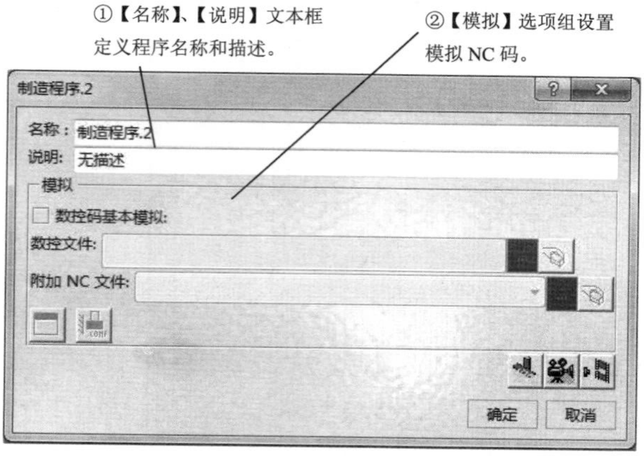

图 11-3　【制造程序】对话框

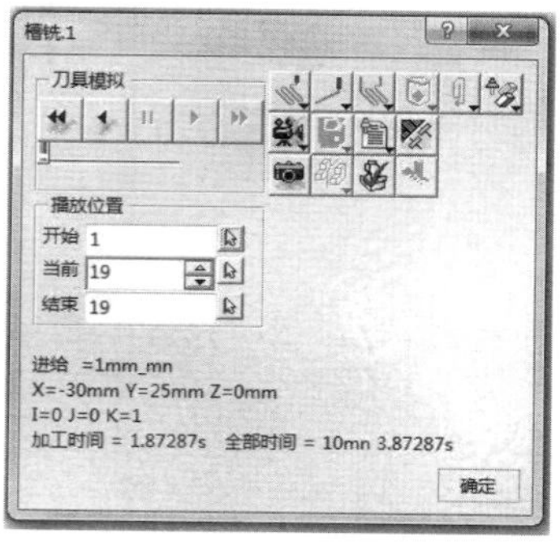

图 11-4　【槽铣】对话框

11.1.3 课堂练习——设置父参数

课堂练习开始文件：ywj /11/01.CATPart

课堂练习完成文件：ywj /11/02.CATProcess

多媒体教学路径：光盘→多媒体教学→第 11 章→11.1 练习

Step1 选择草绘面，如图 11-5 所示。

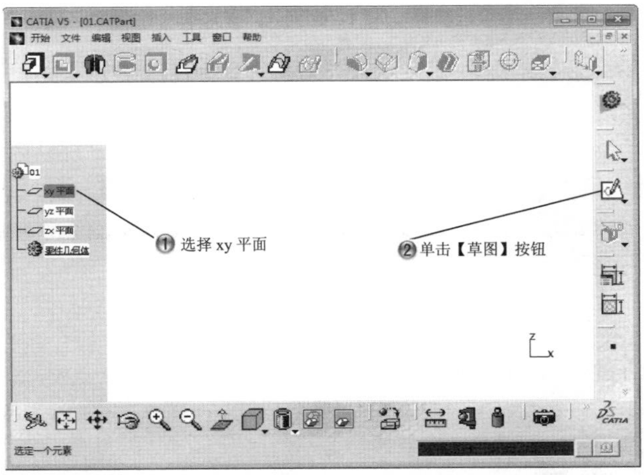
①选择 xy 平面
②单击【草图】按钮

图 11-5　选择草绘面

Step2 绘制矩形，如图 11-6 所示。

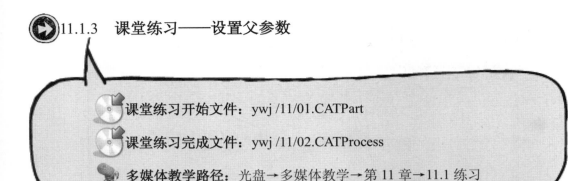

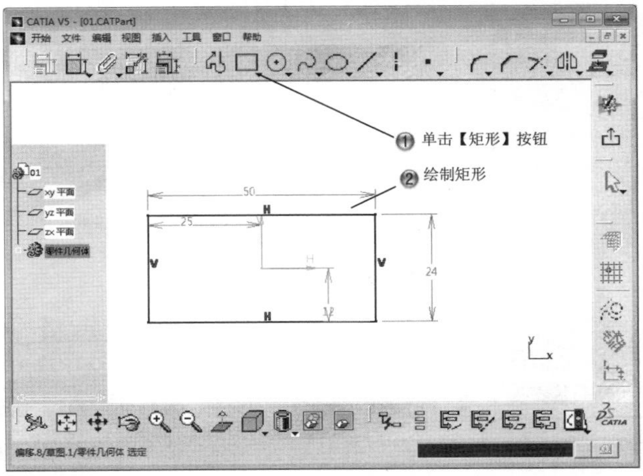
①单击【矩形】按钮
②绘制矩形
50
25
24
12

图 11-6　绘制矩形

Step3 创建圆角，如图 11-7 所示。

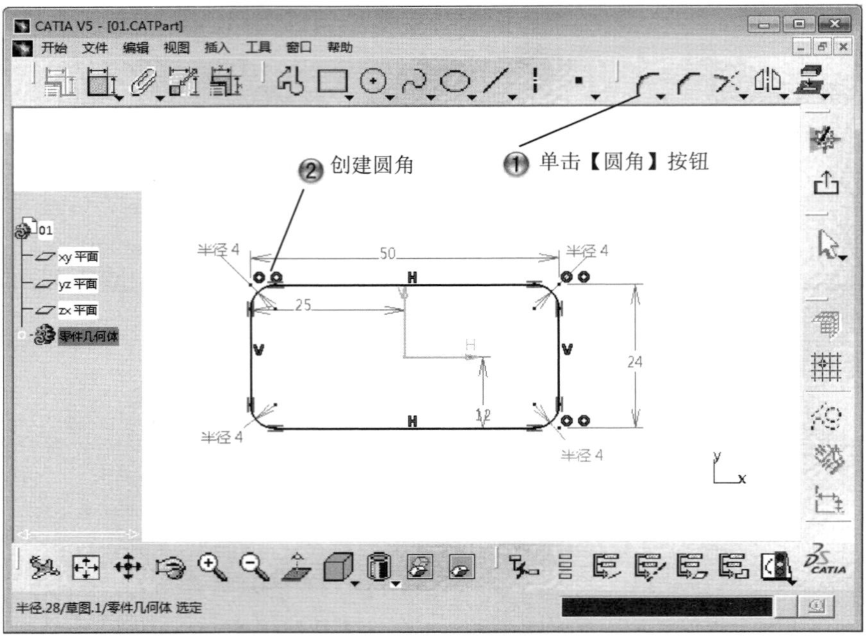

图 11-7 创建圆角

Step4 创建凸台，如图 11-8 所示。

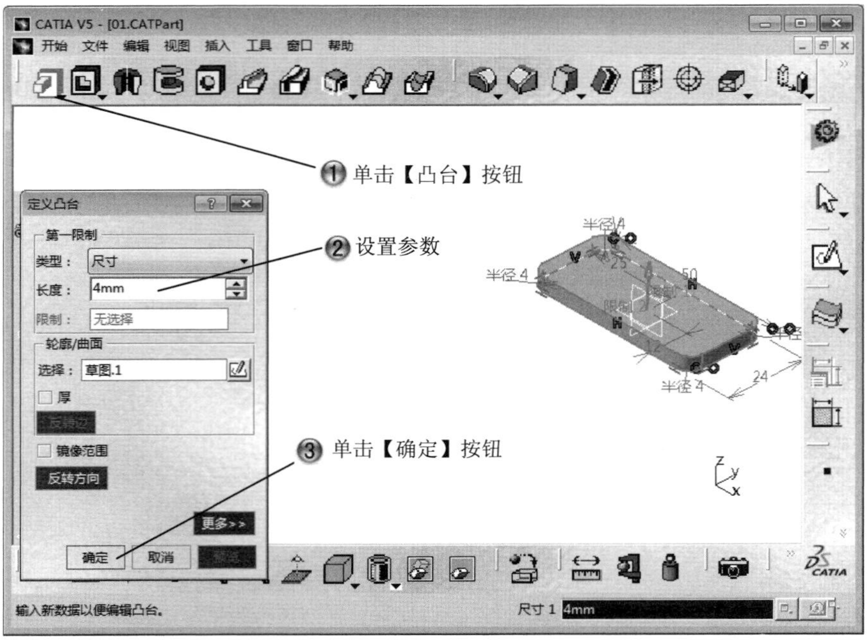

图 11-8 创建凸台

Step5 选择草绘面，如图 11-9 所示。

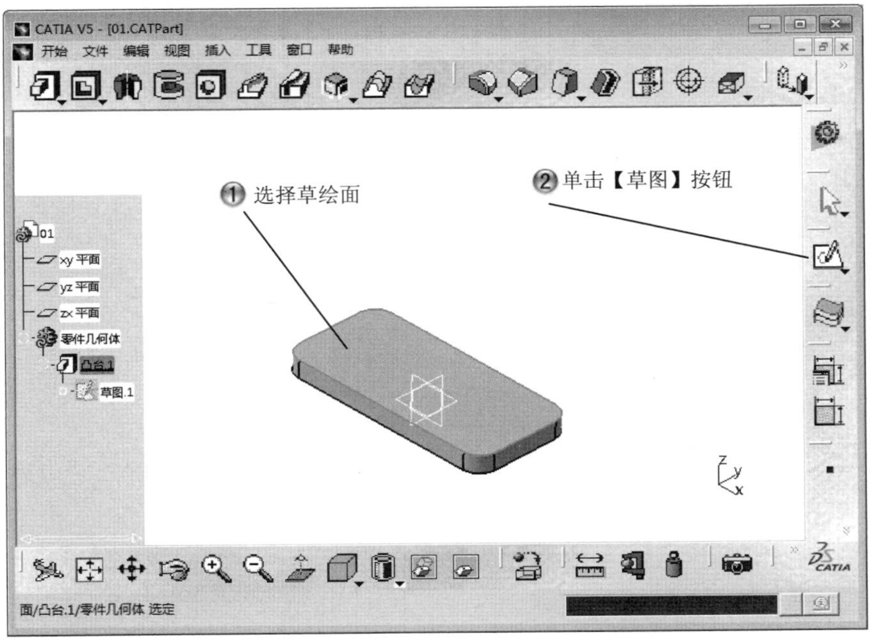

图 11-9 选择草绘面

Step6 绘制矩形，如图 11-10 所示。

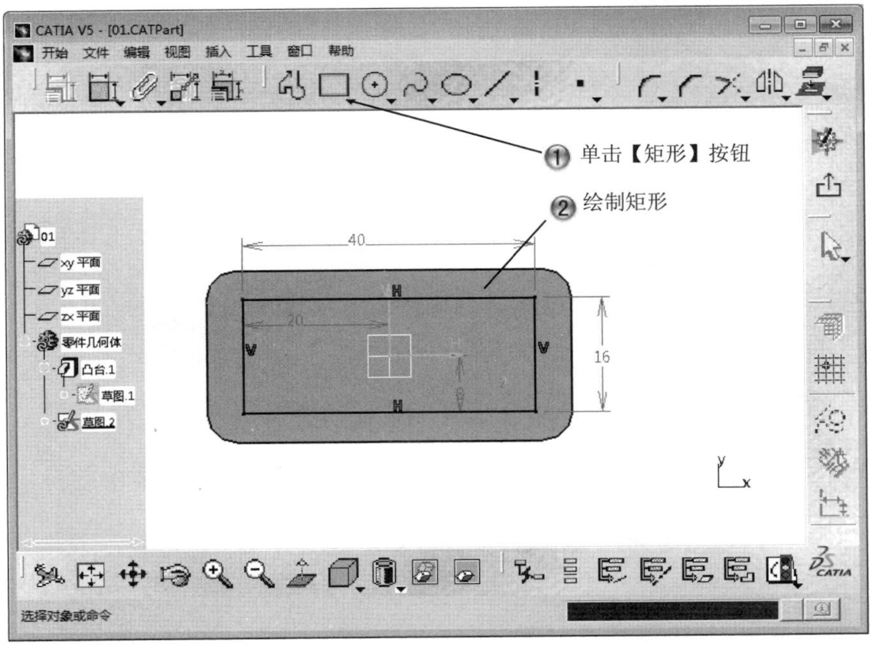

图 11-10 绘制矩形

Step7 创建圆角，如图 11-11 所示。

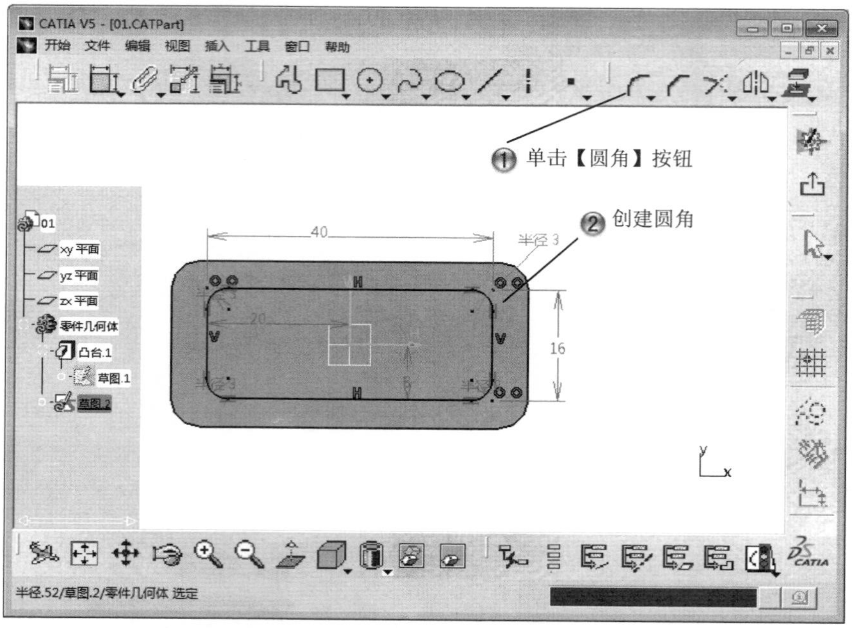

① 单击【圆角】按钮
② 创建圆角

图 11-11　创建圆角

Step8 创建凸台，如图 11-12 所示。

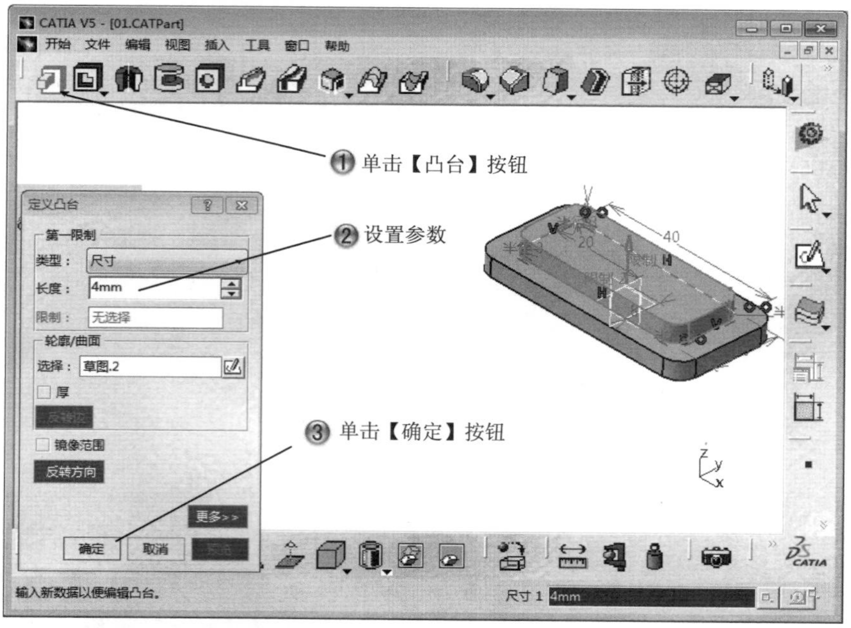

① 单击【凸台】按钮
② 设置参数
③ 单击【确定】按钮

图 11-12　创建凸台

Step9 创建孔，如图 11-13 所示。

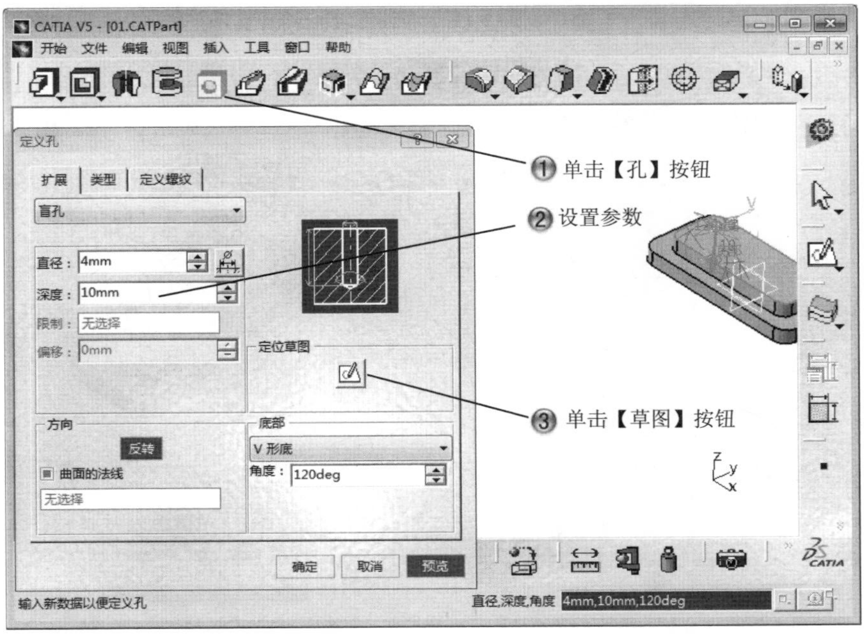

图 11-13　创建孔

Step10 约束点，如图 11-14 所示。

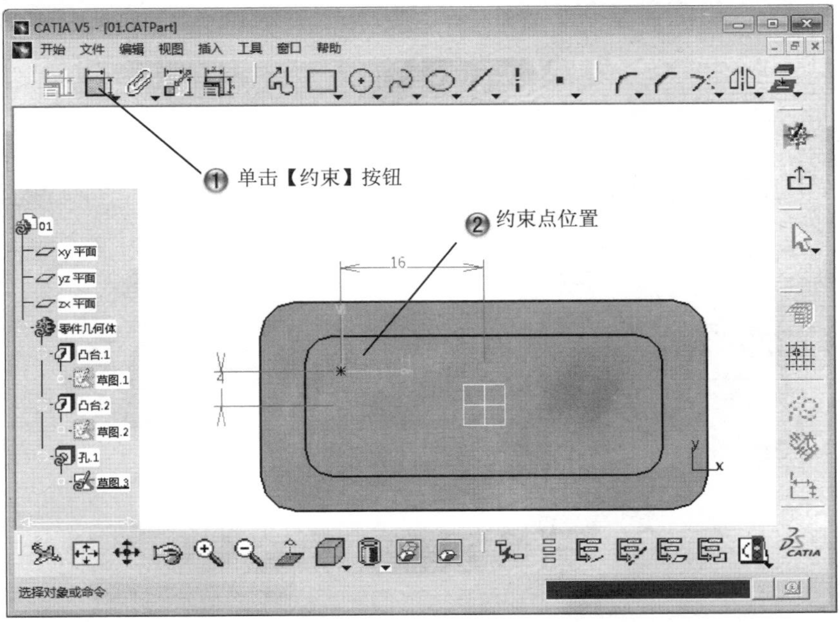

图 11-14　约束点

Step 11 创建阵列孔，如图 11-15 所示。

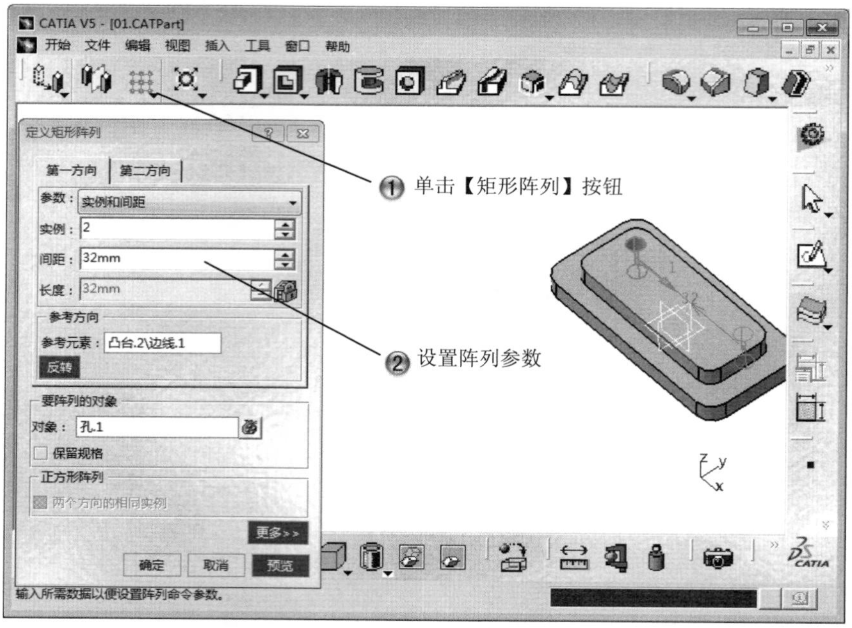

图 11-15 创建阵列孔

Step 12 设置阵列参数，如图 11-16 所示。

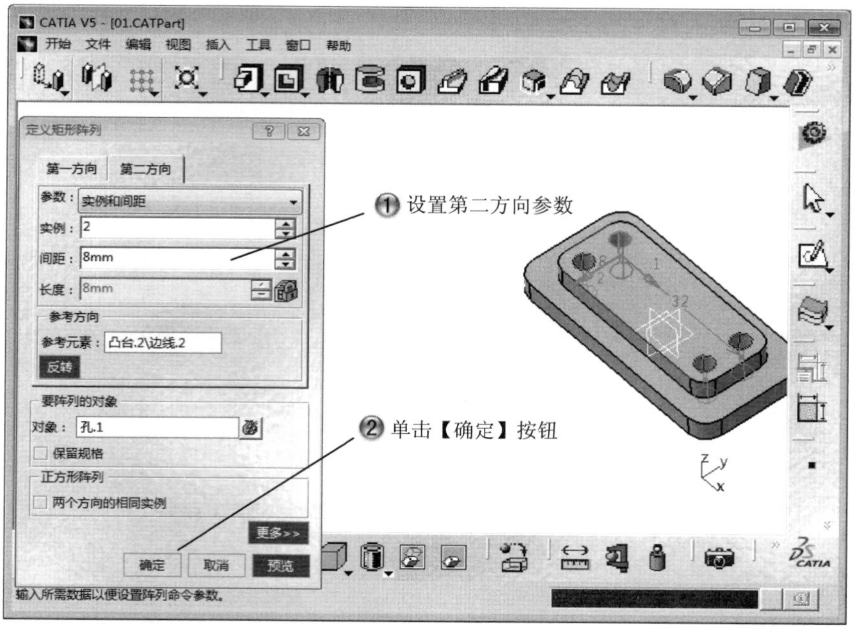

图 11-16 设置阵列参数

Step13 选择草绘面，如图 11-17 所示。

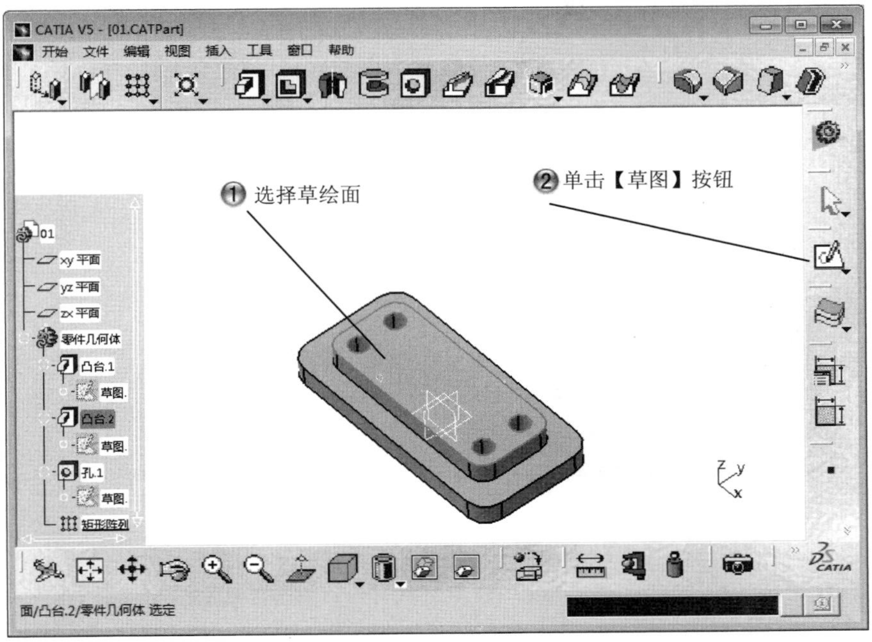

图 11-17 选择草绘面

Step14 绘制矩形，如图 11-18 所示。

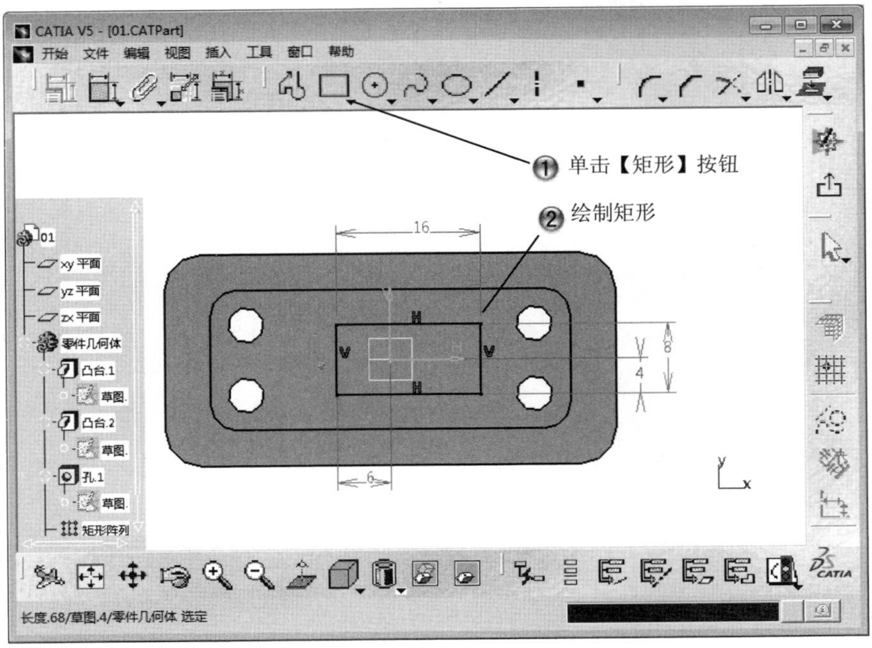

图 11-18 绘制矩形

Step15 绘制圆形，如图 11-19 所示。

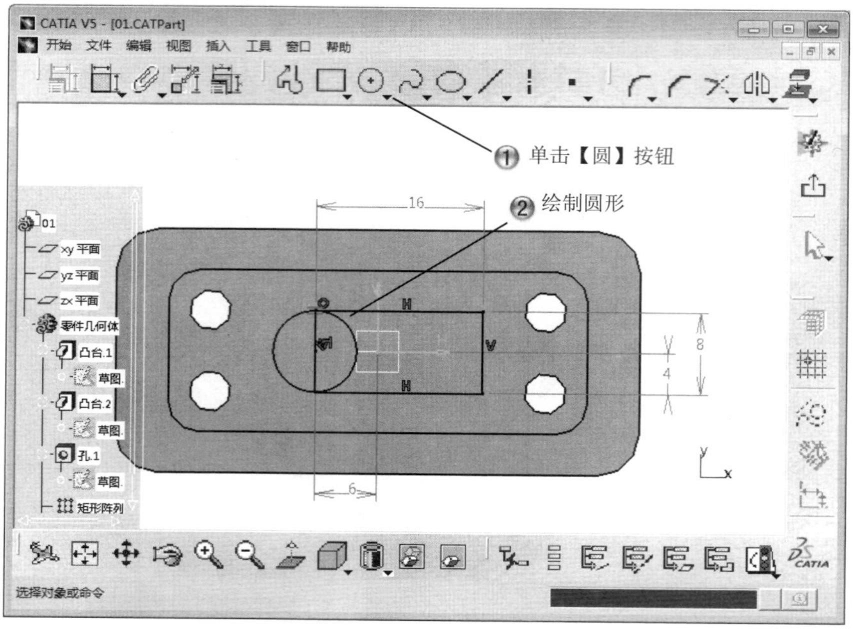

图 11-19　绘制圆形

Step16 修剪草图，如图 11-20 所示。

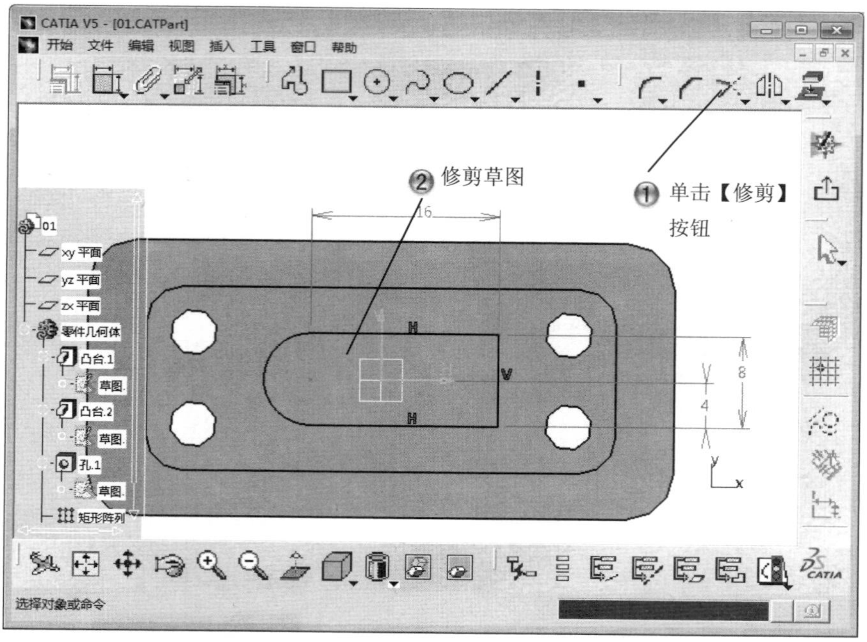

图 11-20　修剪草图

Step17 创建凹槽，如图 11-21 所示。

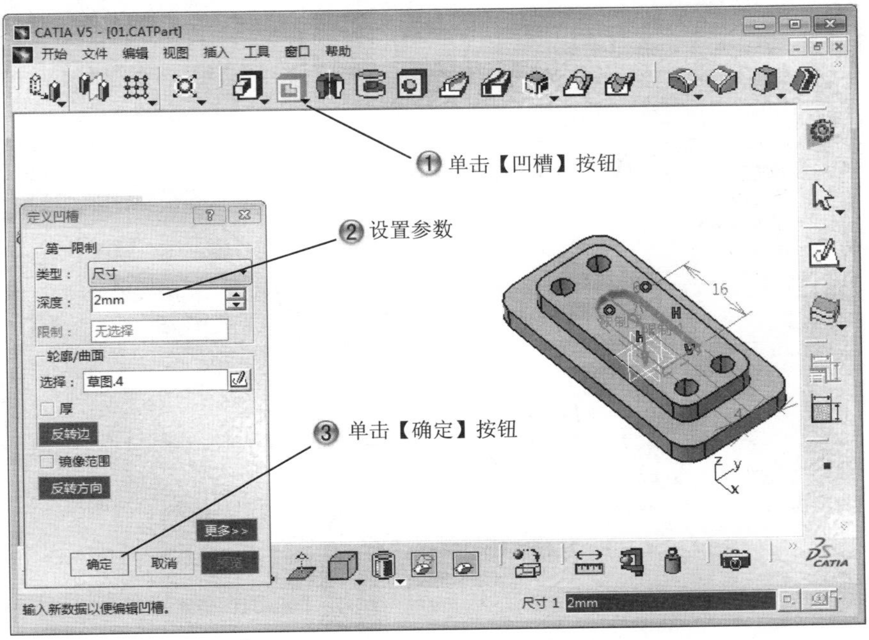

图 11-21　创建凹槽

Step18 进入加工模块，如图 11-22 所示。

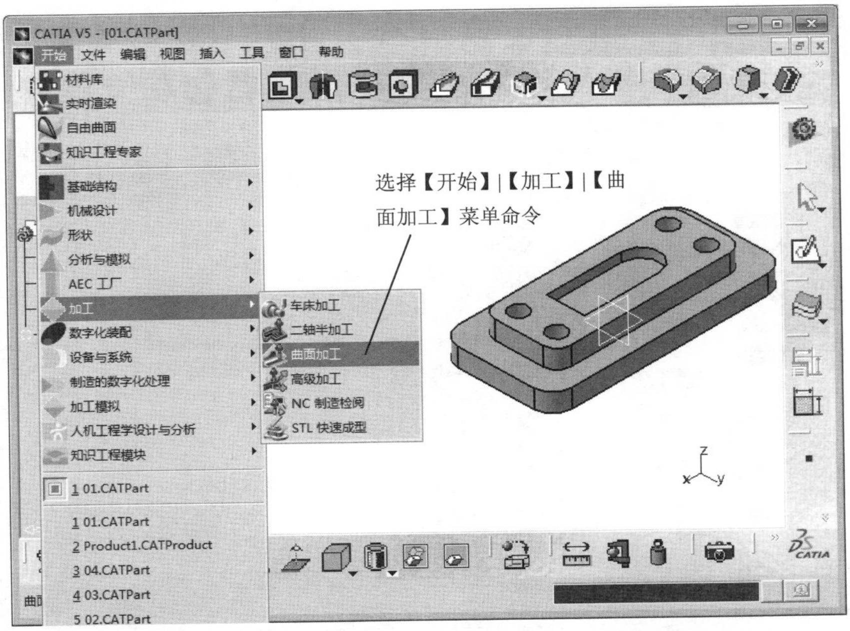

图 11-22　进入加工模块

Step19 创建生料，如图 11-23 所示。

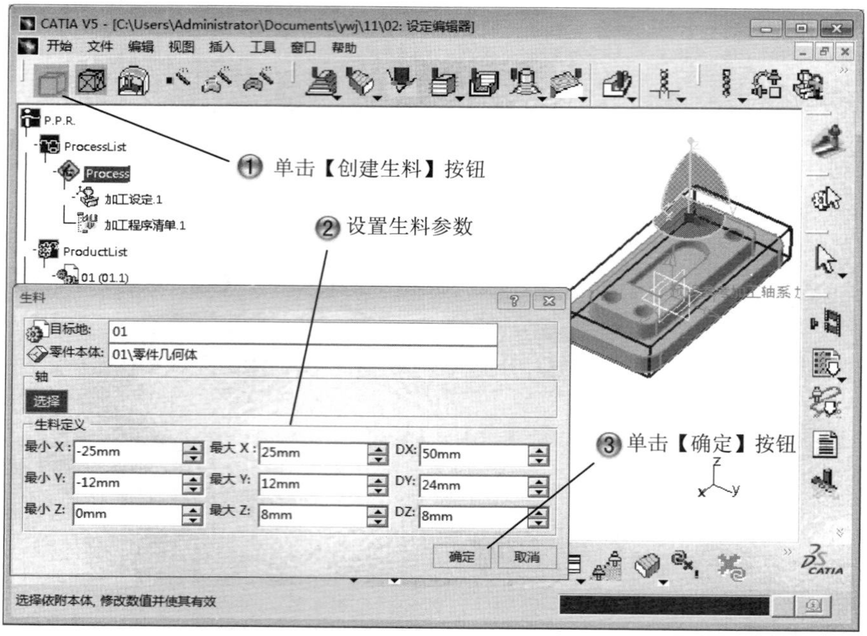

图 11-23　创建生料

Step20 设置零件加工动作，如图 11-24 所示。

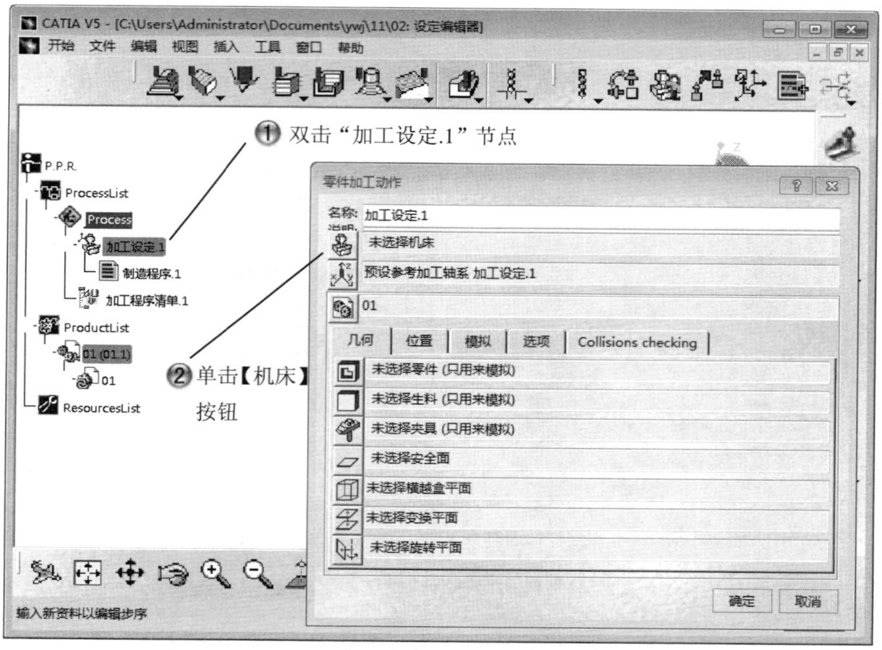

图 11-24　设置零件加工动作

Step21 设置机床参数，如图 11-25 所示。

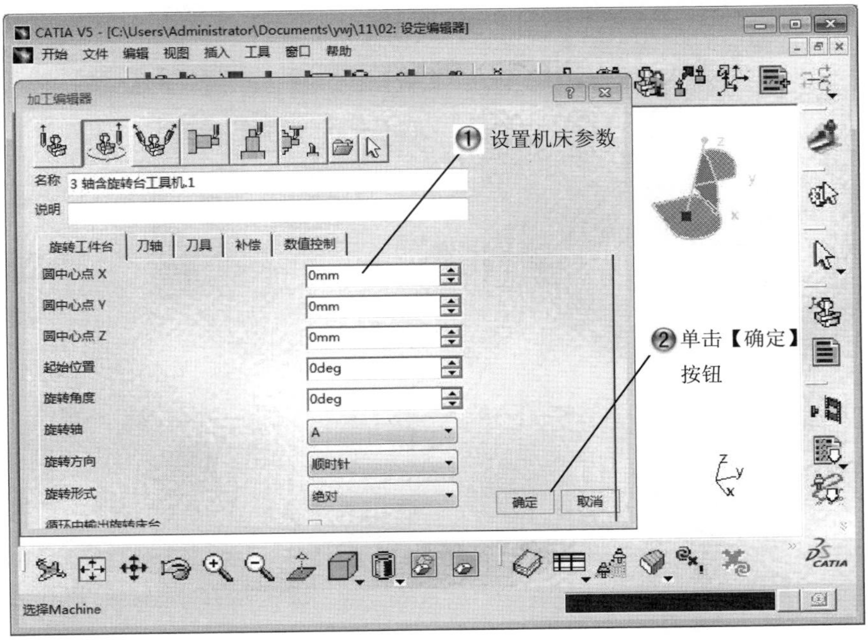

图 11-25 设置机床参数

Step22 单击选择零件按钮，如图 11-26 所示。

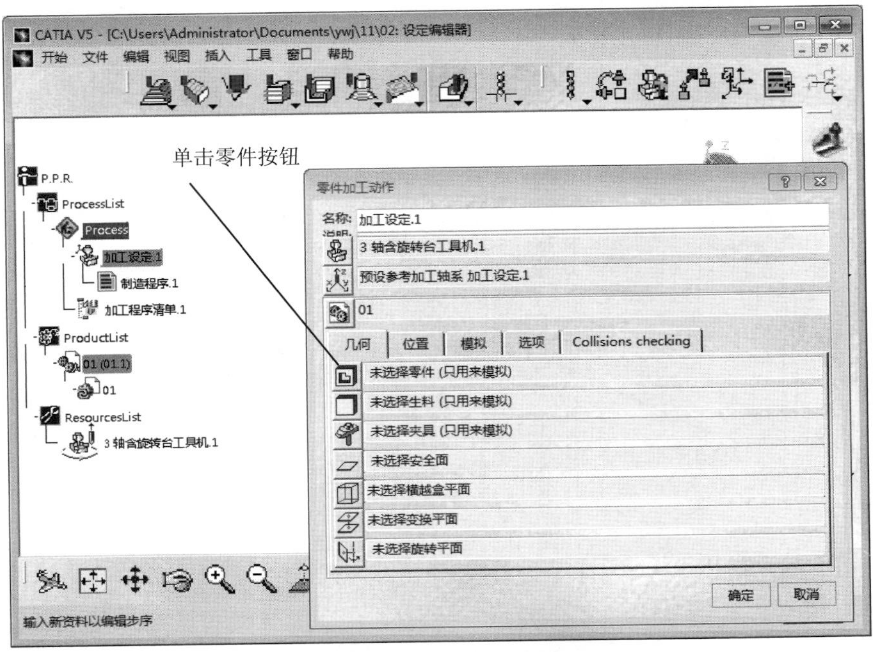

图 11-26 单击选择零件按钮

Step23 选择加工零件，如图 11-27 所示。

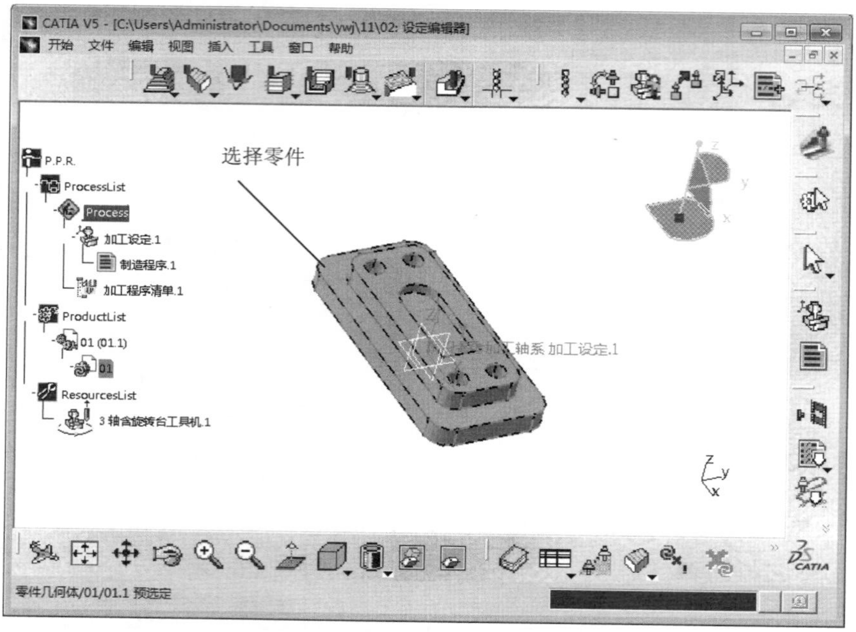

图 11-27 选择加工零件

Step24 单击选择生料按钮，如图 11-28 所示。

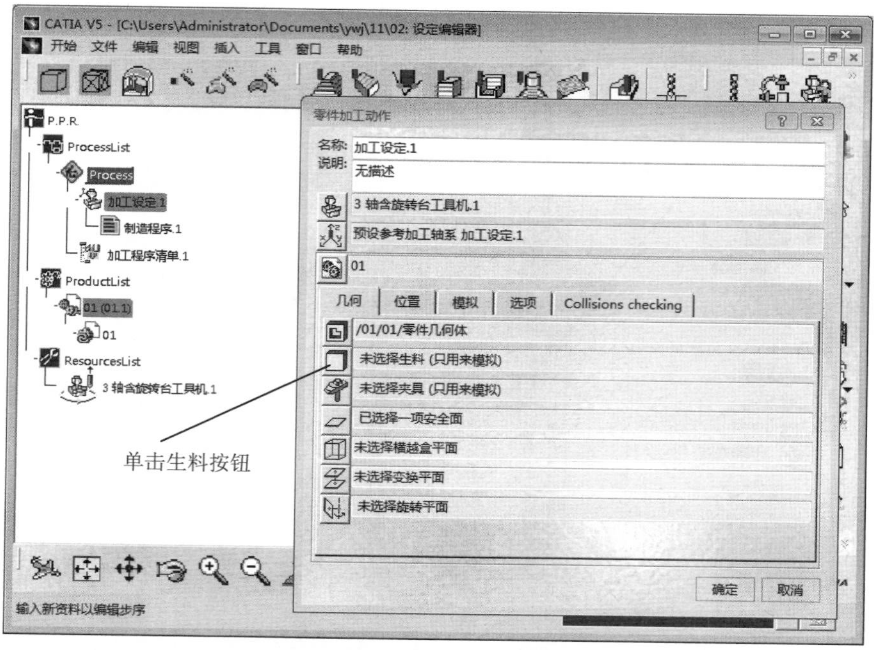

图 11-28 单击选择生料按钮

Step25 选择生料，如图 11-29 所示。

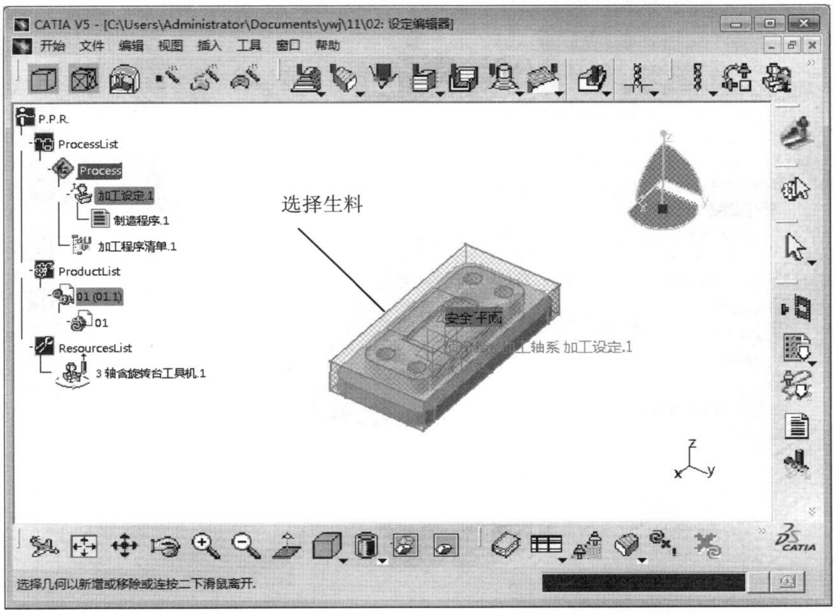

图 11-29 选择生料

Step26 单击安全面按钮，如图 11-30 所示。

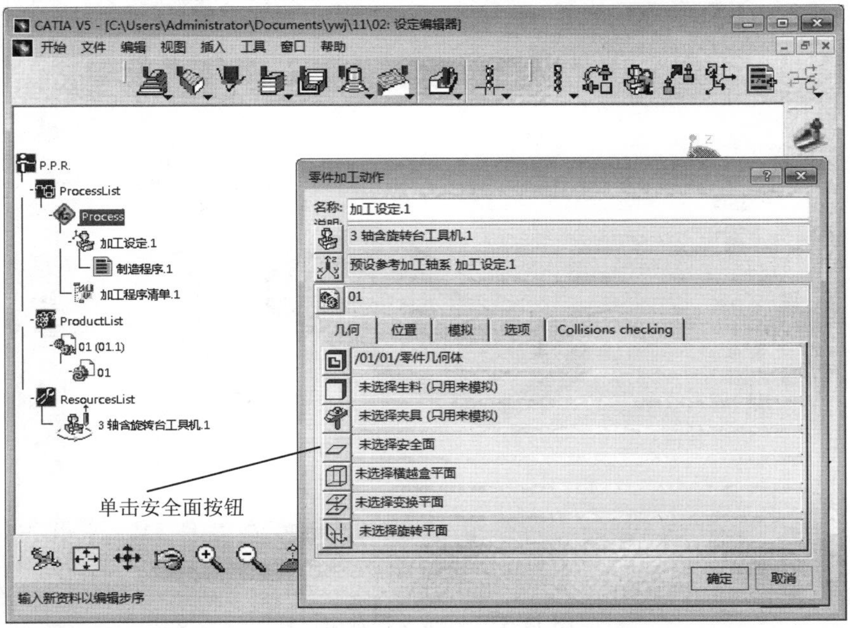

图 11-30 单击安全面按钮

Step27 设置安全面，如图 11-31 所示。

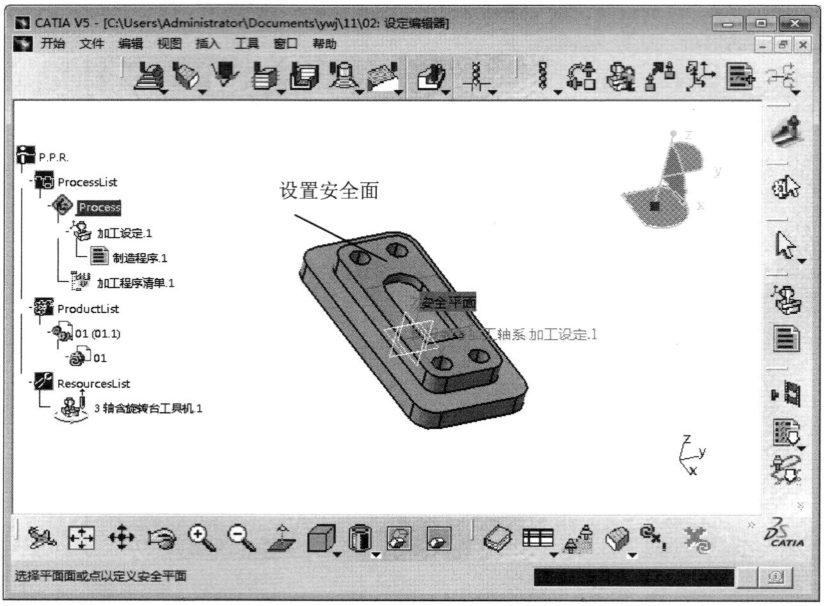

图 11-31　设置安全面

Step28 完成父参数组设置，如图 11-32 所示。

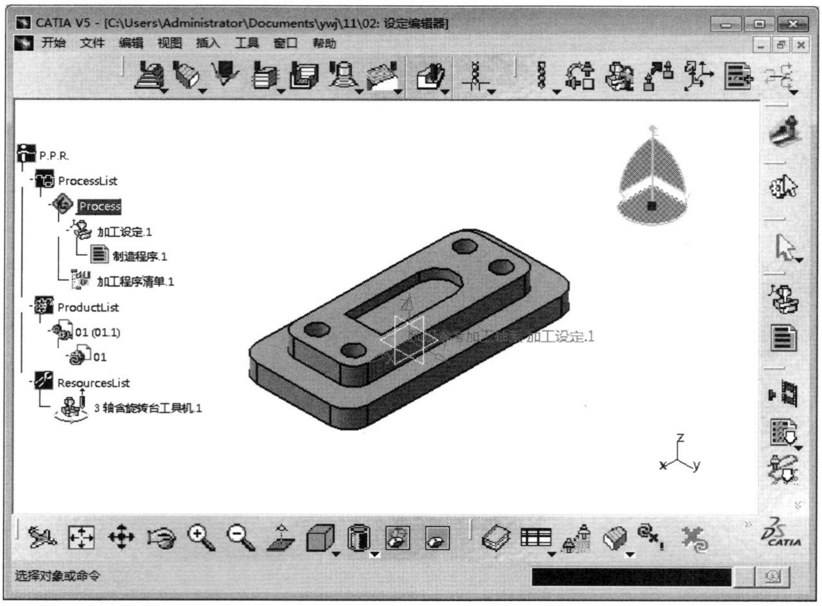

图 11-32　完成父参数组设置

11.2 数控加工操作

基本概念

粗加工可以对指定的毛坯进行加工，并且以最大的切削速度将毛坯中多余的材料去除。半精加工和精加工的加工方式相同，有导引切削、4 轴曲线扫掠、多轴导引、残料清角、等高线加工、多轴管加工工序、外形导引加工、等参数线加工、多轴外形导引、涡旋铣削、多轴螺旋铣削、减重槽、外形切削、多轴曲线加工和钻孔等多种加工方式。孔是 CATIA 中最常见的孔特征创建命令。

课堂讲解课时：2 课时

11.2.1 设计理论

CATIA 提供了各种加工工具栏。由于建立加工程序的过程基本相同，本节中详细讲解具有代表性的加工方法。建立各种加工程序中，需要对刀具路径、几何参数、刀具、进给与转速、进刀/退刀 5 个选项卡进行设置，只是选项卡中设置的内容有所不同。

11.2.2 课堂讲解

1. 曲面粗加工

粗加工有 3 种加工方式：等高降层粗铣、导引式降层粗铣、插铣。等高降层粗铣是建立以等高的方式去切削材料建立加工程序。

单击【加工程序】工具栏中的【等高降层粗铣】按钮，从绘图区中选择加工的零件，系统弹出的【等高降层粗铣】对话框，单击【几何参数】标签，切换到的【几何参数】选项卡，如图 11-33 所示。

单击【等高降层粗铣】对话框的【刀具路径】标签，切换到【刀具路径】选项卡，对刀具路径进行设置，如图 11-34 所示。

单击【等高降层粗铣】对话框的【刀具】标签，切换到的【刀具】选项卡，在选项卡中对刀具进行设置，如图 11-35 所示。

单击【等高降层粗铣】对话框的【进给与转速】标签，切换到【进给与转速】选项卡，设置进给速度和主轴转速等参数，如图 11-36 所示。

单击【等高降层粗铣】对话框的【进刀/退刀】标签，切换到的【进刀/退刀】选项卡，可以定义刀具的进刀、退刀、连续进刀、连续退刀以及切换刀具之间的连接，如图 11-37 所示。

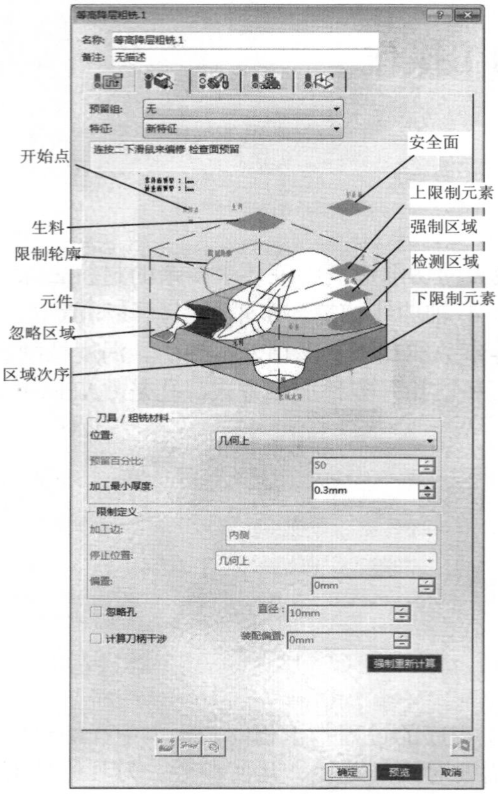

图 11-33 【等高降层粗铣】对话框

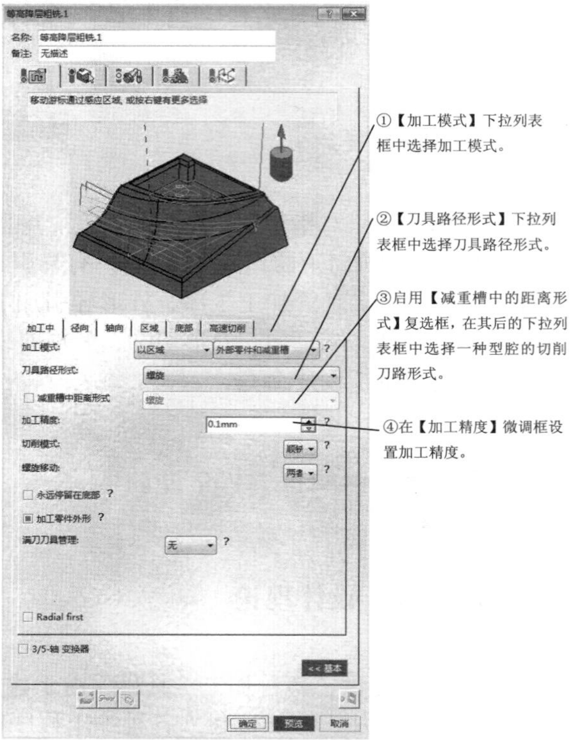

①【加工模式】下拉列表框中选择加工模式。
②【刀具路径形式】下拉列表框中选择刀具路径形式。
③启用【减重槽中的距离形式】复选框，在其后的下拉列表框中选择一种型腔的切削刀路形式。
④在【加工精度】微调框设置加工精度。

图 11-34 【等高降层粗铣】对话框【刀具路径】选项卡

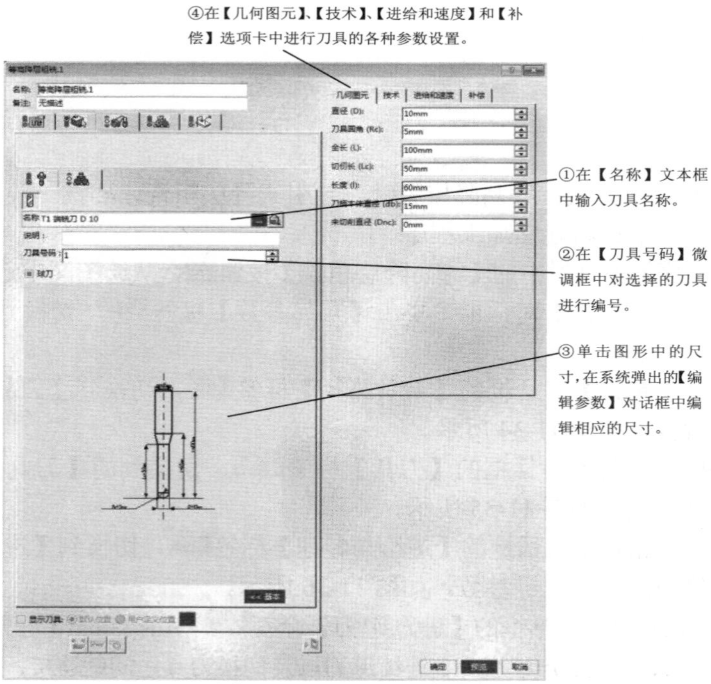

④在【几何图元】、【技术】、【进给和速度】和【补偿】选项卡中进行刀具的各种参数设置。
①在【名称】文本框中输入刀具名称。
②在【刀具号码】微调框中对选择的刀具进行编号。
③单击图形中的尺寸，在系统弹出的【编辑参数】对话框中编辑相应的尺寸。

图 11-35 【刀具】选项卡

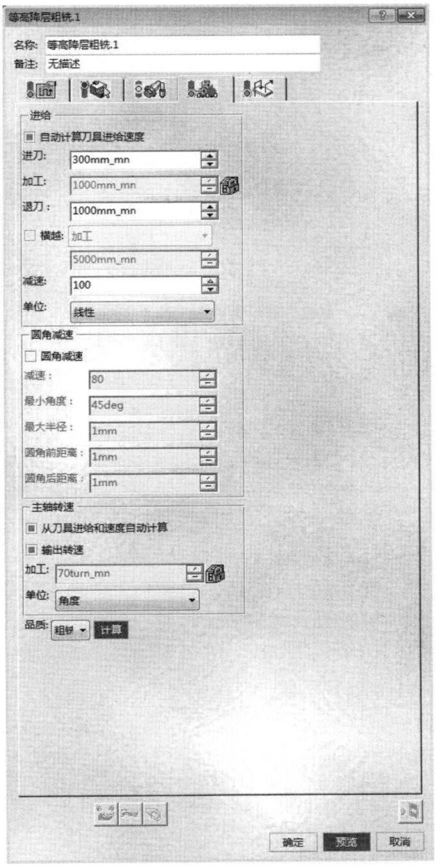

图 11-36 【进给与转速】选项卡

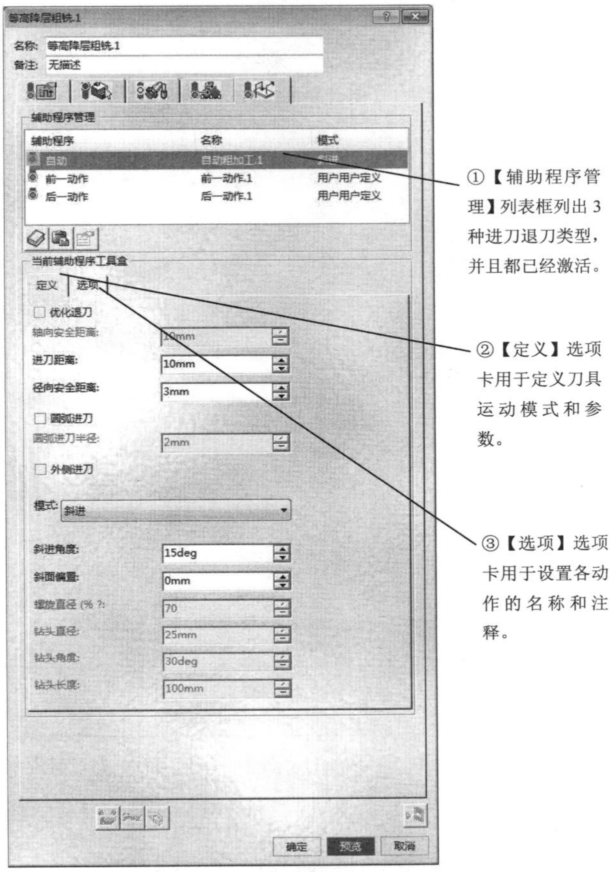

图 11-37 【进刀/退刀】选项卡

2. 曲面精加工

曲面等参数线加工的切削路径是由所加工的曲面等参数线 U、V 决定的。单击【加工程序】工具栏中的【等参数线加工】按钮，从绘图区中选择加工的零件，系统弹出的【曲面等参数线加工】对话框，单击【几何参数】标签，切换到【几何参数】选项卡，如图 11-38 所示。

单击【曲面等参数线加工】对话框中的【刀具路径】标签，切换到【刀具路径】选项卡，对刀具路径进行设置，如图 11-39 所示。

【曲面等参数线加工】对话框中的其他选项卡含义，如图 11-40 所示。

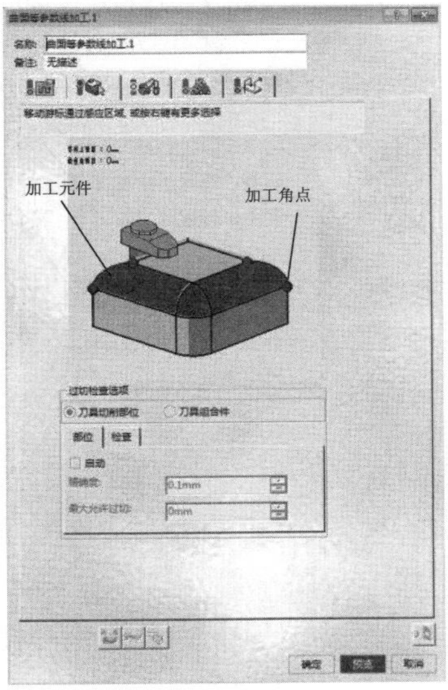

图 11-38 【曲面等参数线加工】对话框【几何参数】选项卡

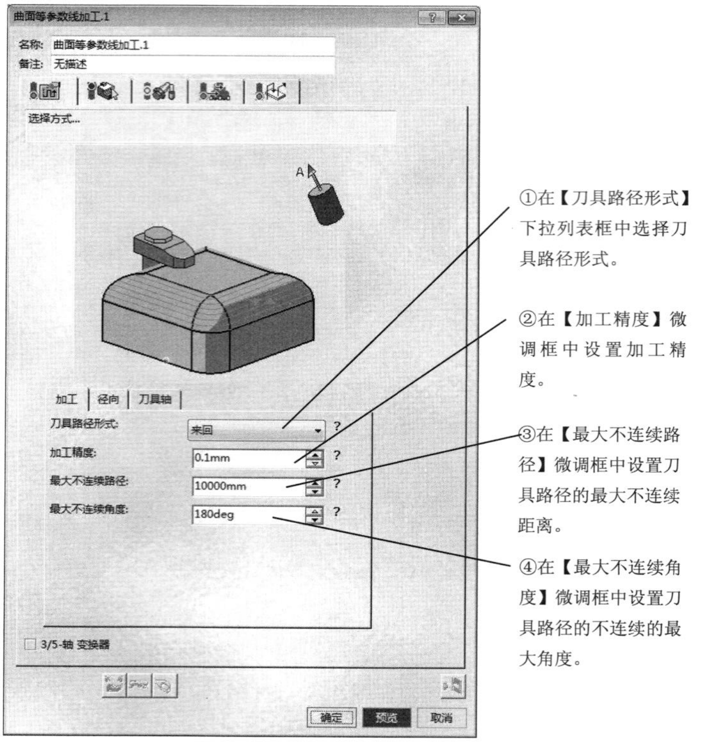

图 11-39 【刀具路径】选项卡

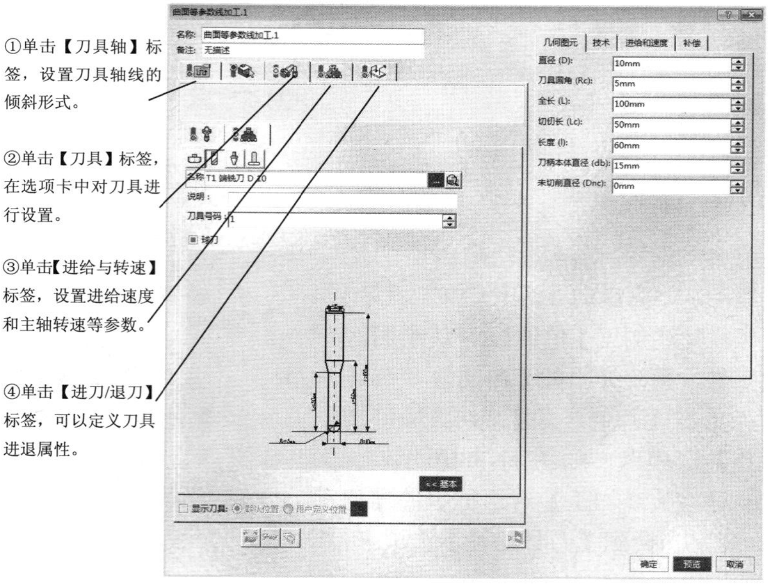

图 11-40 【刀具】选项卡

3. 孔加工

单击加工程序】工具栏中的【钻孔】按钮，从绘图区中选择加工零部件，系统弹出的【钻孔】对话框，单击【刀具路径】标签，切换到【刀具路径】选项卡，参数设置，如图 11-41 所示。

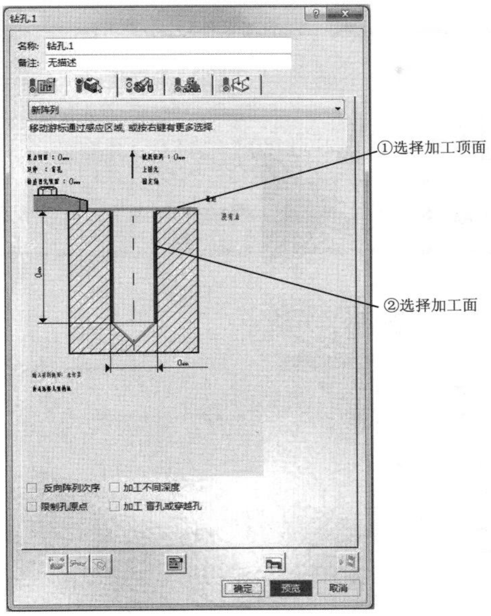

图 11-41　【钻孔】对话框【几何参数】选项卡

打开【钻孔】对话框的【刀具轴】选项卡，设置刀具加工参数，如图 11-42 所示。

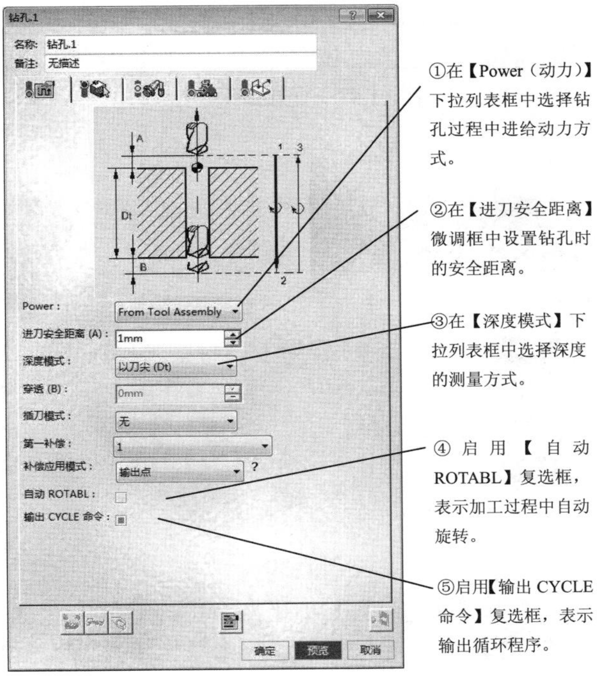

图 11-42　【刀具轴】选项卡

11.2.3 课堂练习——创建插铣加工

课堂练习开始文件：ywj /11/02.CATProcess

课堂练习完成文件：ywj /11/03.CATProcess

多媒体教学路径：光盘→多媒体教学→第 11 章→11.2 练习

Step1 打开加工零件，如图 11-43 所示。

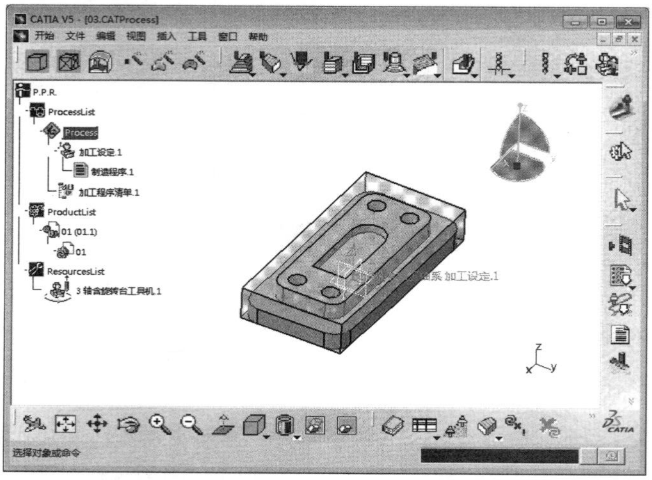

图 11-43 打开加工零件

Step2 选择加工命令，如图 11-44 所示。

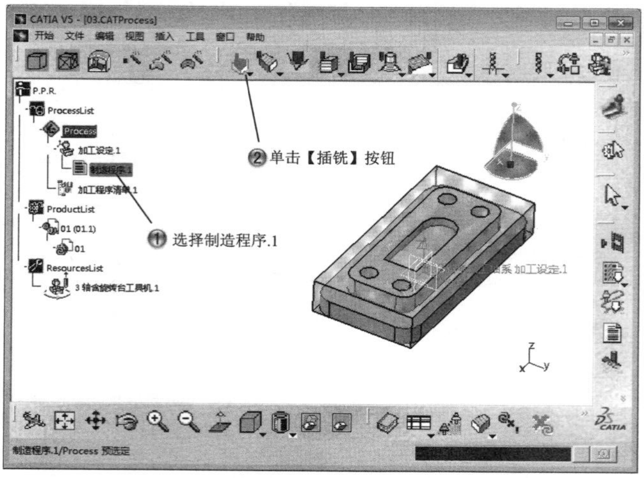

图 11-44 选择加工命令

Step3 单击生料区域，如图 11-45 所示。

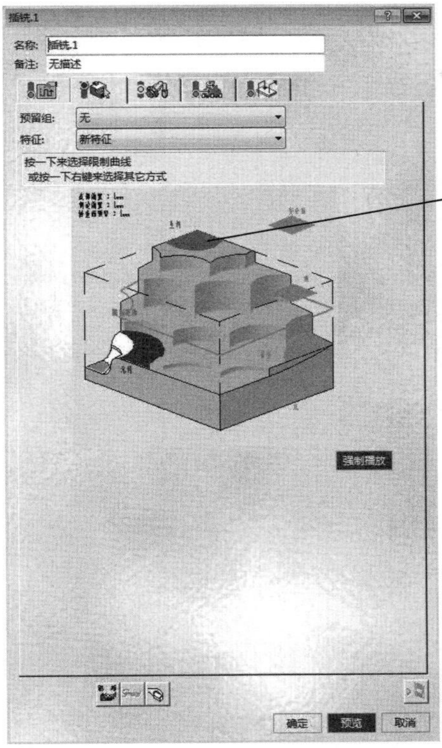

图 11-45　单击生料区域

Step4 选择生料，如图 11-46 所示。

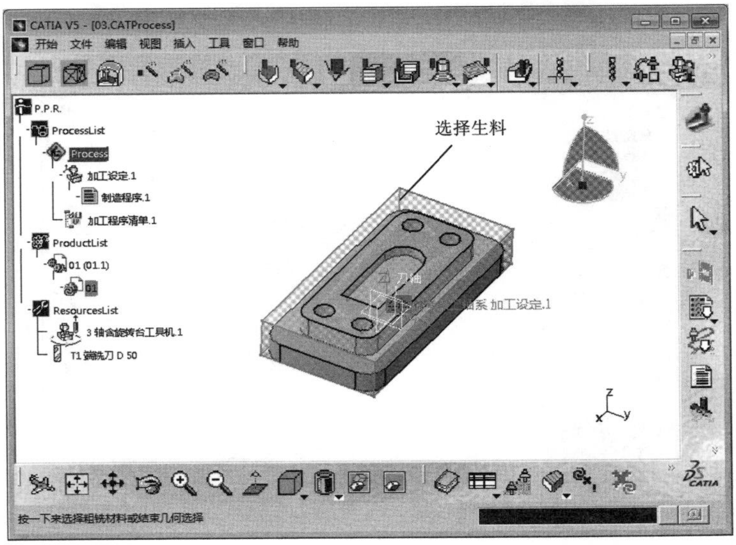

图 11-46　选择生料

Step5 单击元件区域，如图 11-47 所示。

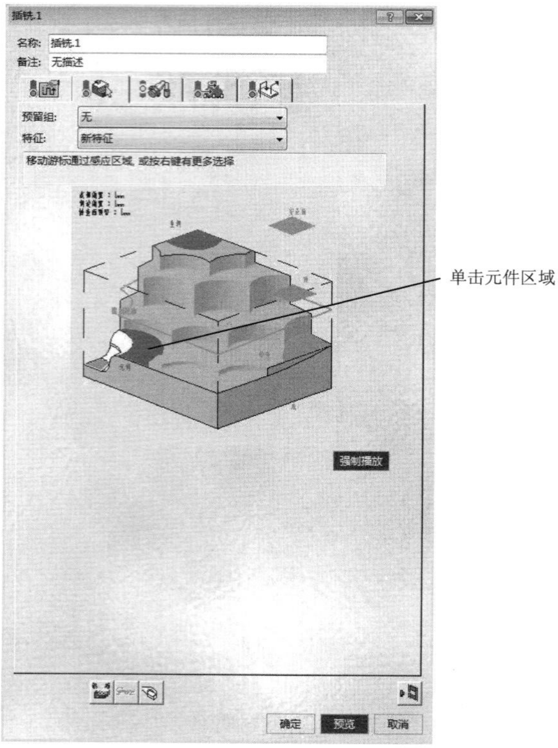

图 11-47　单击元件区域

Step6 选择加工零件，如图 11-48 所示。

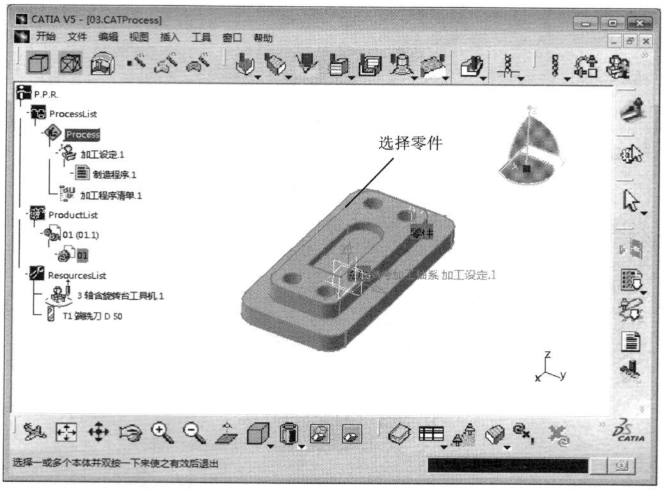

图 11-48　选择加工零件

Step7 选择加工限制曲线，如图 11-49 所示。

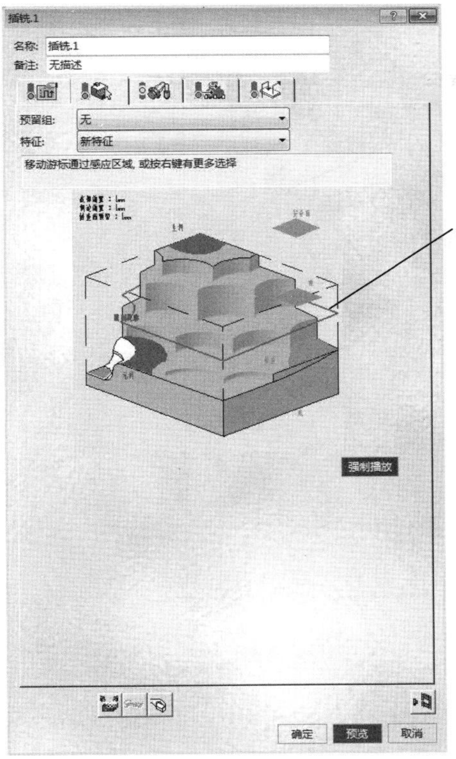

图 11-49 选择加工限制曲线

Step8 选择加工边线，如图 11-50 所示。

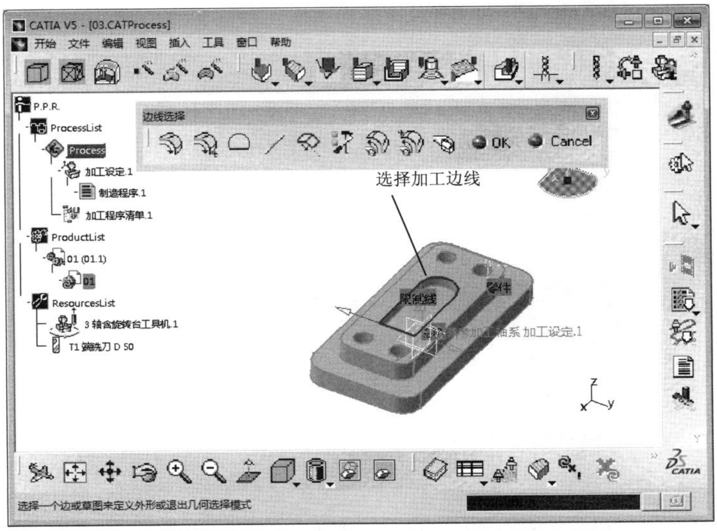

图 11-50 选择加工边线

Step9 设置刀路样式，如图 11-51 所示。

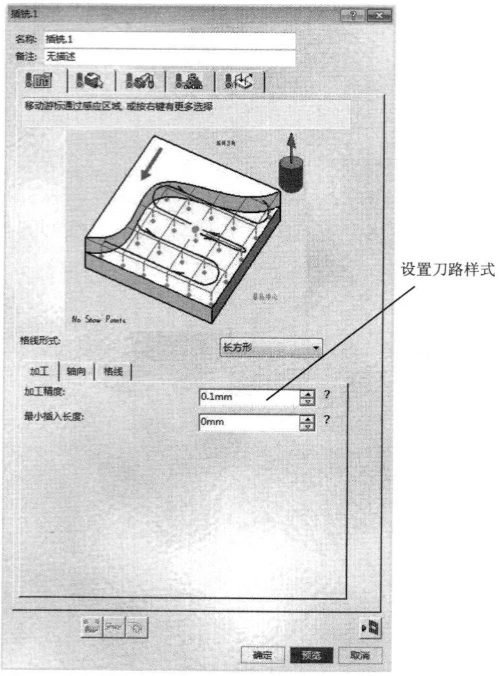

图 11-51　设置刀路样式

Step10 设置刀具参数，如图 11-52 所示。

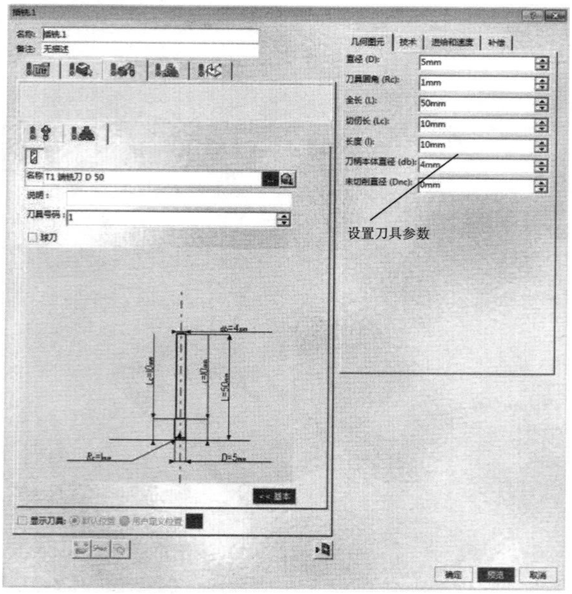

图 11-52　设置刀具参数

Step11 设置加工参数，如图 11-53 所示。

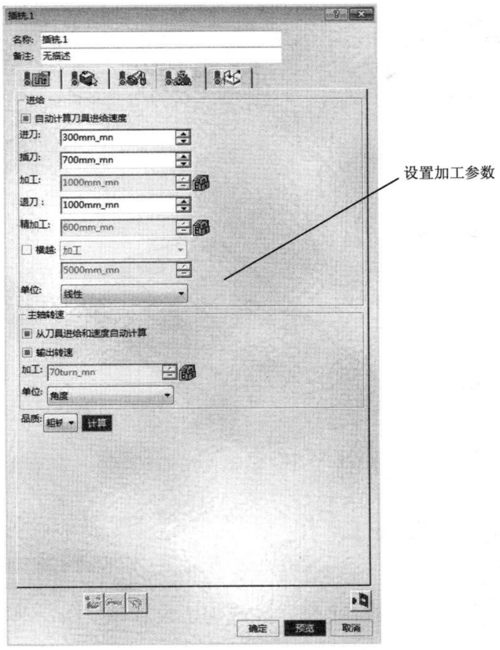

图 11-53　设置加工参数

Step12 设置进刀程序，如图 11-54 所示。

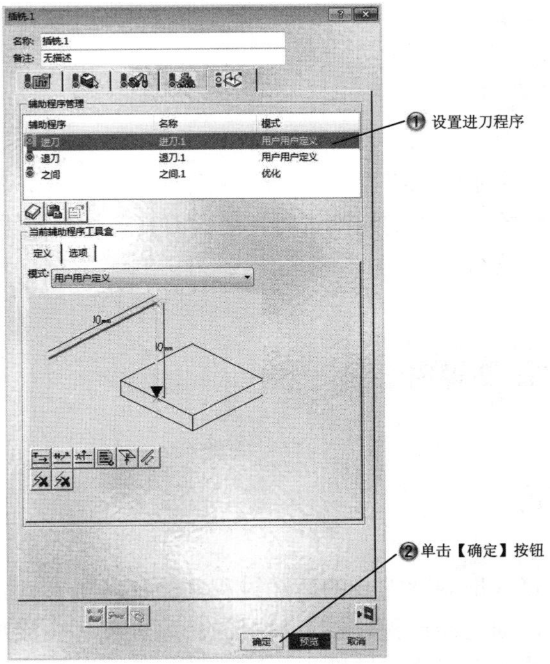

图 11-54　设置进刀程序

Step 13 完成加工设置，如图 11-55 所示。

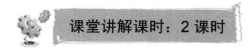

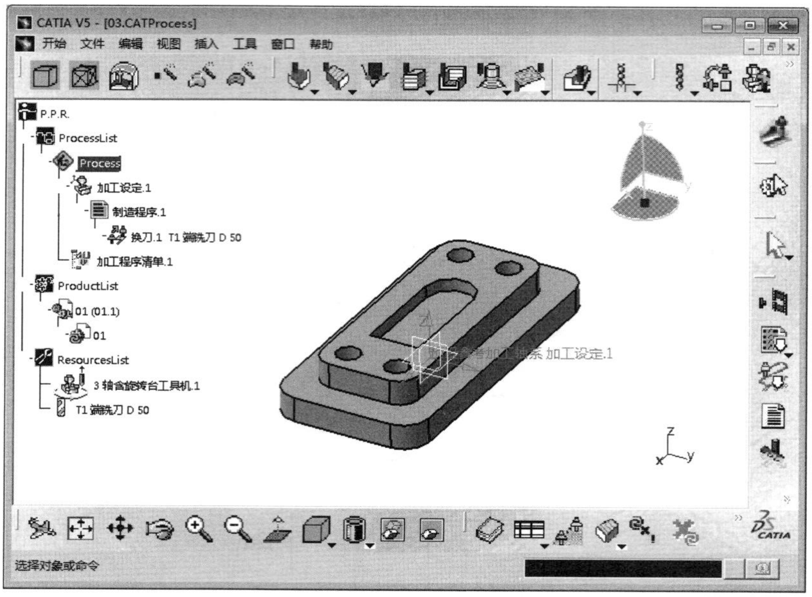

图 11-55　完成加工设置

11.3　后处理和车间文档

基本概念

刀路模拟是通过已建立起的加工程序，将刀具路径显示出来，后处理即模拟数控加工的走刀过程。也可以模拟数控加工的切削过程，观察刀具的切削过程以及工件的加工情况。车间文档就是刀路的数字文件。

课堂讲解课时：2 课时

11.3.1　设计理论

刀具模拟是让用户直观地观察刀具的运动过程，验证各种参数定义的合理性。切削过程模拟可以观看刀具的切削运动过程，以及材料的去除过程。完成加工操作后，还需要通过后处理将加工操作中的加工刀路，转换为数控机床可以识别的数控程序。

11.3.2 课堂讲解

1. 刀具模拟

进入刀具模拟的方法很多，单击【槽铣】对话框或【NC 输出管理】工具栏中的【刀具路径播放】按钮，系统弹出【槽铣】对话框，参数设置，如图 11-56 所示。

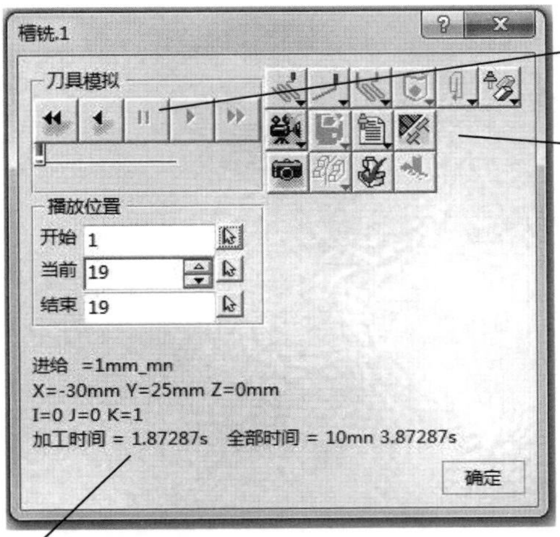
槽铣.1
刀具模拟
播放位置
开始 1
当前 19
结束 19
进给 =1mm_mn
X=-30mm Y=25mm Z=0mm
I=0 J=0 K=1
加工时间 = 1.87287s 全部时间 = 10mn 3.87287s
确定
①【刀具模拟】选项组用于控制刀具模拟运动。
③右侧按钮是用于定义刀具模拟播放模式类型、刀具在运动过程中的显示模式、切削模拟、相片以及各种分析工具。
②显示切削的信息，包括进给速率、当前刀尖的坐标（X，Y，Z）、刀具方向矢量的 3 个分量（I、J、K）以及加工时间、全部时间。

图 11-56 【槽铣】对话框

2. 切削过程模拟

在刀具模拟对话框或制造程式对话框中，单击按钮，切换到模拟窗口中。在特征树中选择加工程序，在模拟对话框中单击操作按钮进行模拟。

3. 输出 NC 程序

CATIA 提供了【NC 输出管理】工具栏，该工具栏包含以批式作业中产生 NC 码和以互动式作业中产生 NC 码两种工具。这两工具的使用方法基本相同。

单击【在批式作业中产生二维码】按钮，弹出【以批次方式产生 NC 码】对话框，如图 11-57 所示。

互动式模式只能对当前加工窗口中的加工过程进行处理，【以批次方式产生 NC 码】对话框【输入】文本框是灰色的，无法重新选择其他加工文件进行处理。

名师点拨

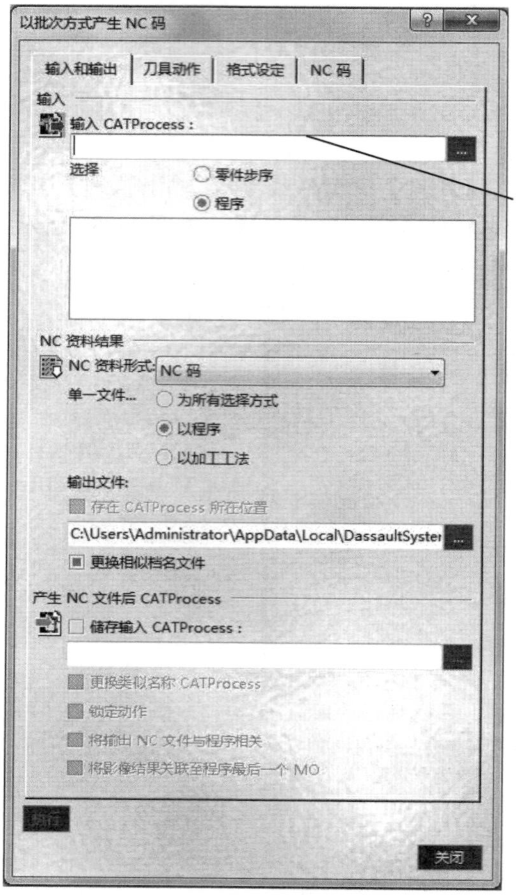

在【输入 CATProcess】文本框选择一个 CATProcess 文件进行输出数控程序操作。

图 11-57 【以批次方式产生 NC 码】对话框

单击【以批次方式产生 NC 码】对话框的【执行】按钮，生成数控程序的 NC 代码和刀具位置文件，都可以用记事本打开，如图 11-58、图 11-59 所示。

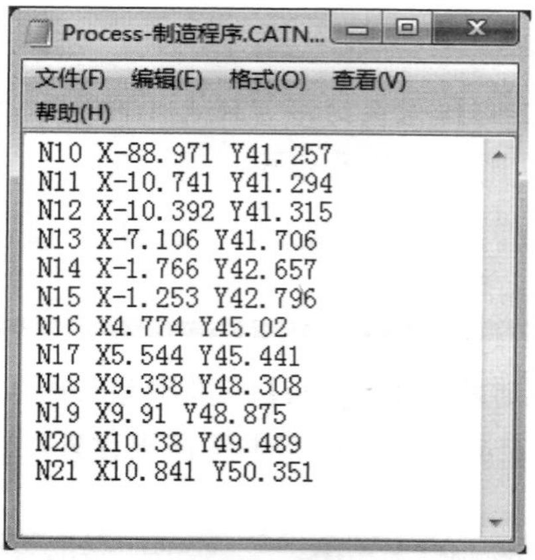


```
N10 X-88.971 Y41.257
N11 X-10.741 Y41.294
N12 X-10.392 Y41.315
N13 X-7.106 Y41.706
N14 X-1.766 Y42.657
N15 X-1.253 Y42.796
N16 X4.774 Y45.02
N17 X5.544 Y45.441
N18 X9.338 Y48.308
N19 X9.91 Y48.875
N20 X10.38 Y49.489
N21 X10.841 Y50.351
```

图 11-58 NC 代码

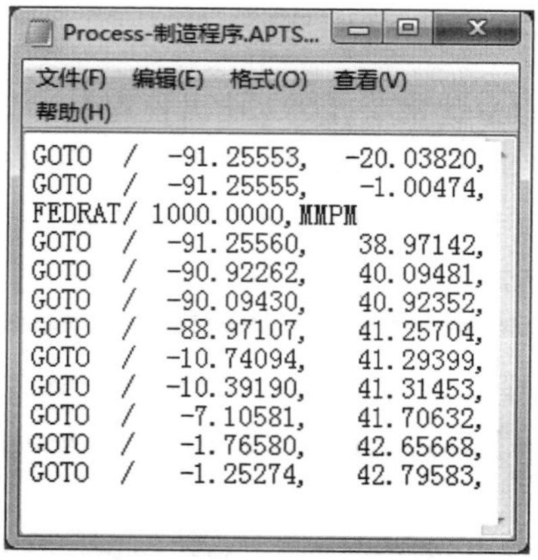


```
GOTO  /  -91.25553,   -20.03820,
GOTO  /  -91.25555,    -1.00474,
FEDRAT/ 1000.0000,MMPM
GOTO  /  -91.25560,    38.97142,
GOTO  /  -90.92262,    40.09481,
GOTO  /  -90.09430,    40.92352,
GOTO  /  -88.97107,    41.25704,
GOTO  /  -10.74094,    41.29399,
GOTO  /  -10.39190,    41.31453,
GOTO  /   -7.10581,    41.70632,
GOTO  /   -1.76580,    42.65668,
GOTO  /   -1.25274,    42.79583,
```

图 11-59 刀具位置文件

11.3.3 课堂练习——后处理

课堂练习开始文件：ywj /11/03.CATProcess

课堂练习完成文件：ywj /11/03.CATProcess

多媒体教学路径：光盘→多媒体教学→第 11 章→11.3 练习

Step1 打开加工零件，如图 11-60 所示。

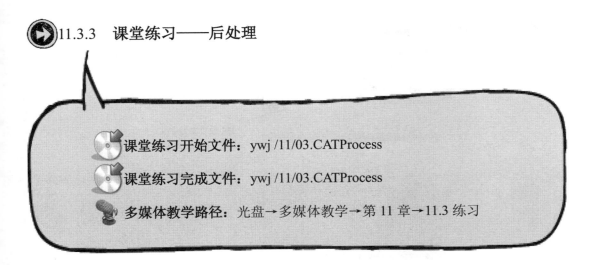

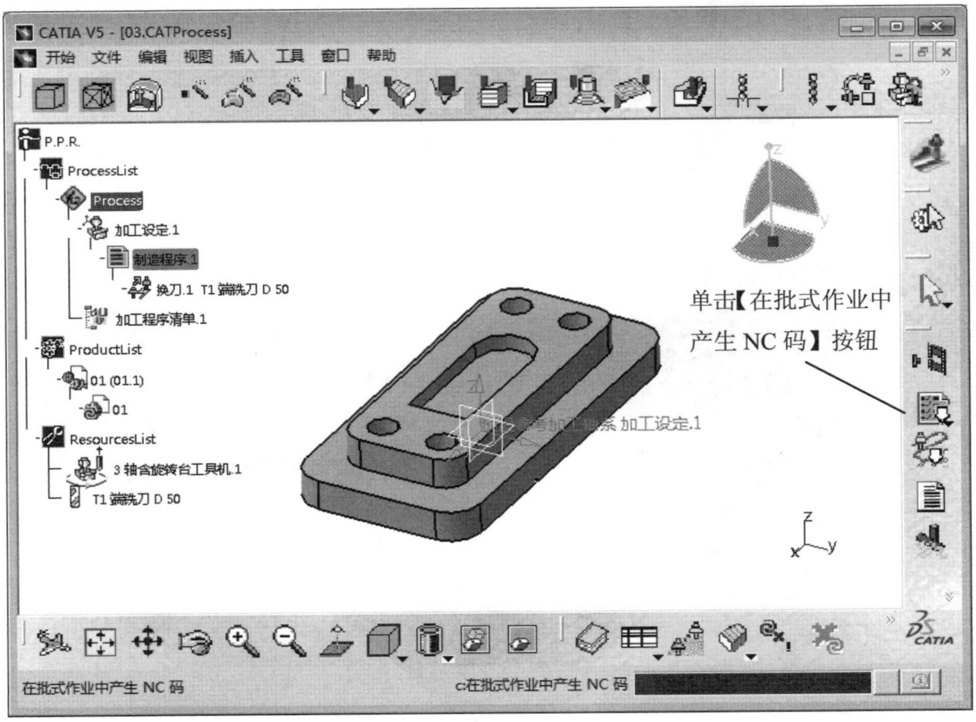

图 11-60 打开加工零件

Step2 生成 NC 码，如图 11-61 所示。

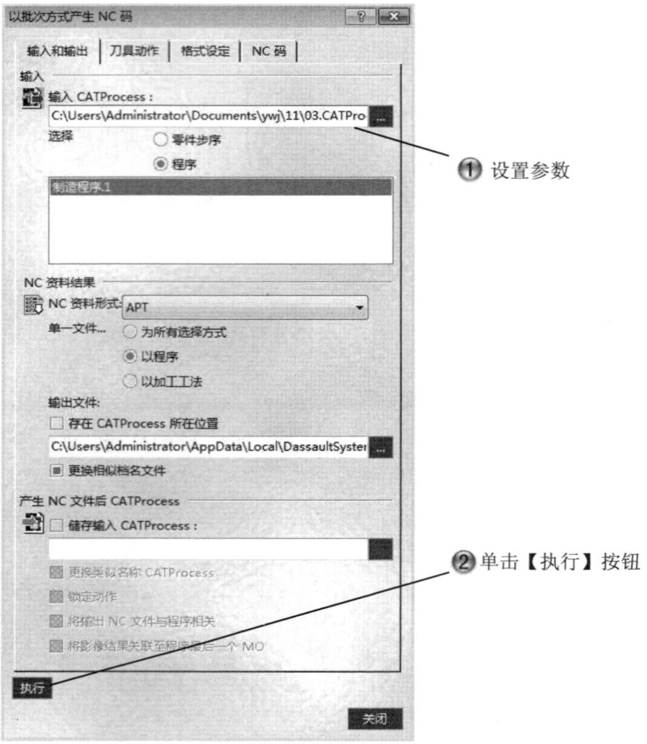

图 11-61　生成 NC 码

Step3 选择命令，如图 11-62 所示。

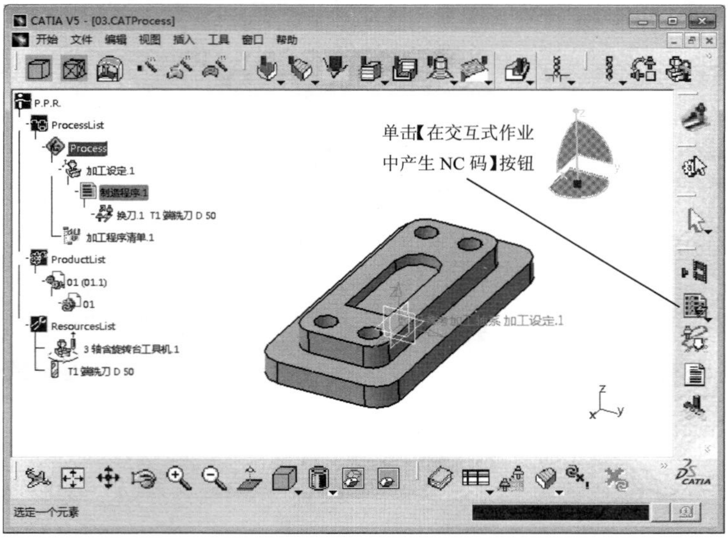

图 11-62　选择命令

Step4 生成 NC 码，如图 11-63 所示。

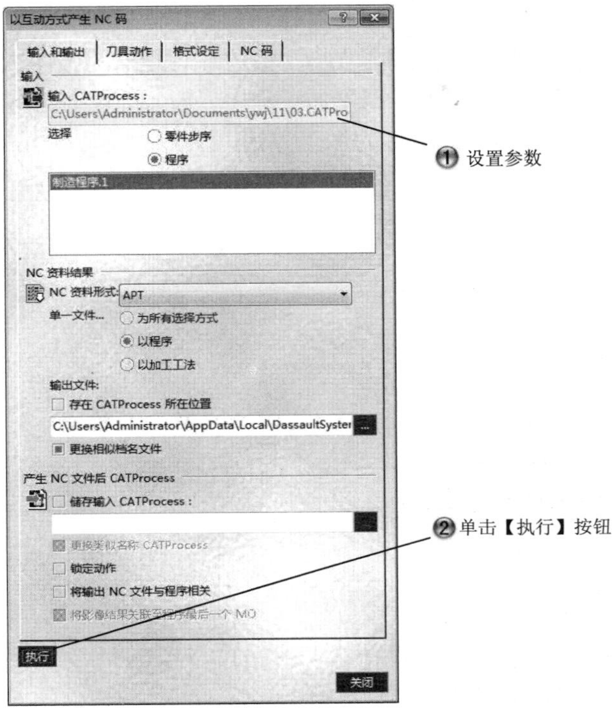

图 11-63　生成 NC 码

Step5 刀路模拟，如图 11-64 所示。

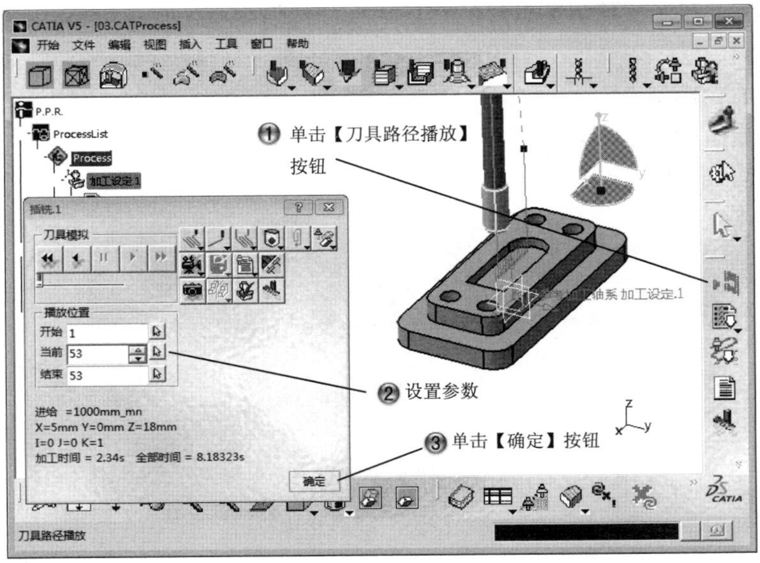

图 11-64　刀路模拟

11.4 专家总结

数控加工已成为制造业中普遍的加工方法。数控编程也成为技术人员必须掌握的技能。本章主要介绍了设定零件父参数操作、创建加工程序以及加工特征和辅助几何元素的建立。读者可以在实践中不断学习和掌握更多的加工方法。

11.5 课后习题

11.5.1 填空题

（1）数控加工的作用是________。

（2）数控加工模块的命令是________。

（3）父参数组的操作有________、________、________、________。

11.5.2 问答题

（1）曲面加工和点位加工的区别是什么？

（2）后处理文件的生成方法？

11.5.3 上机操作题

如图 11-65 所示，使用本章学过的知识来创建齿轮模型的加工程序。

练习步骤和方法：

（1）创建齿轮模型。

（2）创建曲面加工工序。

（3）创建插铣工序。

图 11-65 齿轮模型